国家出版基金项目
NATIONAL PUBLICATION FOUNDATION

"十二五"国家重点图书出版规划项目

中国水资源

胡四一 王 浩 主编

黄河水利出版社
·郑州·

内 容 提 要

　　本书是一部中国水资源综合性著作,包括上、下篇,上篇共 9 章,涉及中国水资源现状、问题、配置、节约、保护、调度和管理等各个领域;下篇共 6 章,包括气候变化对水资源的影响、农业水资源配置、河湖生命健康、水生态补偿机制、水资源环境经济、智慧流域等当前水资源研究的热点问题。

　　本书可供水资源、水文、环境、生态等领域的科研、管理和教学人员阅读,也可供水资源相关管理人员、关心中国水资源问题的社会公众等参考使用。

图书在版编目(CIP)数据

　　中国水资源/胡四一,王浩主编. —郑州:黄河水利出版社,2016.9
　　ISBN 978 - 7 - 5509 - 1560 - 2

　　Ⅰ.①中…　Ⅱ.①胡…　②王…　Ⅲ.①水资源 - 研究 - 中国　Ⅳ.①TV211

中国版本图书馆 CIP 数据核字(2016)第 233581 号

组稿编辑:岳德军　电话:0371 - 66022217　E-mail:dejunyue@163.com

出　版　社:黄河水利出版社
　　　　地址:河南省郑州市顺河路黄委会综合楼 14 层　　邮政编码:450003
发行单位:黄河水利出版社
　　　　发行部电话:0371 - 66026940、66020550、66028024、66022620(传真)
　　　　E-mail:hhslcbs@126.com
承印单位:河南瑞之光印刷股份有限公司
开本:787 mm × 1 092 mm　1/16
印张:36.5
字数:840 千字　　　　　　　　　　　　　印数:1—2 000
版次:2016 年 9 月第 1 版　　　　　　　　印次:2016 年 9 月第 1 次印刷

定价:180.00 元

前　言

　　水是生命之源、生产之要、生态之基,事关人类生存、经济发展和社会进步。我国是世界主要经济体中受水资源胁迫程度最高的国家。人多水少,水资源时空分布不均,与耕地、能源、矿藏分布不适配是我国基本水情。20 世纪 80 年代以来,受气候变化和人类活动的综合影响,我国水资源整体朝着不利的方向演变,水资源问题日益凸显,正常年份全国缺水 500 亿 m^3,水资源与能源、环境并列为影响经济社会可持续发展的三大制约性因子,成为经济社会发展的主要瓶颈。如何实现中国水资源的可持续利用、水资源的保护已引起全社会广泛关注,当前以及未来一段时期,中国的水资源能否满足庞大人口规模的食物供应需求,能否支撑社会经济的平稳快速发展,能否维系水生态系统的健康良性运行,能否有效应对气候变化的影响,这些科学问题已经成为国际学术前沿热点。

　　中国历来高度重视水资源问题,2011 年发布了中央一号文件《中共中央 国务院关于加快水利改革发展的决定》,明确了新形势下水利的战略要求,着力加快发展农田水利建设,推动水利实现跨越式的发展,把水利工作摆上党和国家事业发展更加突出的位置。2012 年《国务院关于实行最严格水资源管理制度的意见》发布,对水资源管理的目标和任务提出了明确要求。2014 年,习近平总书记提出了"节水优先、空间均衡、系统治理、两手发力"的新时期治水思路,成为新时期治水兴水的科学指南。针对中国的基本国情、水情,结合新形势下中国水资源管理的战略要求,考虑强人类活动和气候变化对中国水资源演变的影响,开展中国水资源演变机制、开发利用、节约保护、系统调控研究,已经成为事关国计民生的重大事情。

　　本书是对水资源基础科学问题和前沿热点问题的系统总结,全书分上、下两篇,共 15章。其中,上篇从中国的基本国情出发,对水资源的基础条件与开发利用情况进行了评价,系统识别了中国水资源面临的突出问题,在此基础上,研究提出了中国水资源供需情势与战略选择,并进一步从中国水资源配置、水资源节约、水资源保护、水生态修复、水资源调度、水资源管理等方面开展了研究,系统总结了近年来水资源研究的理论、技术与实践创新成果。该篇由 9 章构成,第 1 章由贾仰文、牛存稳撰写;第 2 章由仇亚琴、卢琼、张象明、张海涛、郝春沣撰写;第 3 章由赵勇、何凡、翟家齐、王庆明撰写;第 4 章由游进军、褚俊英撰写;第 5 章由王建华、李海红、秦长海、王丽珍撰写;第 6 章由唐克旺、杨爱民撰写;第 7 章由王芳、高晓薇、王琳、孙赫英、何婷、慕星撰写;第 8 章由雷晓辉、蒋云钟撰写;第 9章由王建华、胡鹏、蒋云钟、彭文启、汪党献撰写。下篇针对当前中国水资源研究的热点问题,如全球气候变化的水资源响应及其应对、粮食安全与农业水资源配置、河湖生命健康、流域水生态补偿机制、水资源环境经济核算、智慧流域开展了专项研究,该部分注重理论联系实际、深入浅出,揭示各专题研究的最新进展。该篇由 6 章构成,其中,第 10 章由严登华、杨志勇撰写;第 11 章由汪林、贾玲撰写;第 12 章由徐志侠、易建军、王兴勇、秦景、毛远意撰写;第 13 章由张春玲、许凤冉撰写;第 14 章由甘泓、秦长海、卢琼、张象明、杜霞撰写;第 15 章由蒋云钟、冶运涛撰写。全书由胡四一、王浩、王建华统稿。

本书注重多学科的交叉融合,凝聚了作者长期从事水文水资源科研与管理实践的最新进展,对于科学认识中国水资源的基本特征与演变趋势,指导中国水资源的利用与保护实践具有一定的理论和实践指导意义。本书编撰充分考虑以下 6 方面的特点:一是系统性,力争通过本书,让读者系统把握我国水资源整体概貌,同时对中国水资源的现状、问题、配置、节约、保护、调度和管理等具体问题也能够有系统的认识。二是时代性,反映当前中国水资源存在的主要问题和薄弱环节,全面体现新时期治水思路,以及水资源配置、节约、保护、调度和管理等实践工作中的新举措。三是理论性,对水资源基本概念、理论、方法进行科学、权威的阐述,理清并统一对水资源相关基础问题的认知。四是实践性,紧密结合我国水资源节约、保护、配置、调度和管理等实践,尤其是充分反映近十几年来我国水资源管理和实践的重大行动与举措。五是科普性,本书的主要对象是水资源相关管理人员和社会公众,尽量做到通俗易懂。六是前瞻性,突出新时期我国水资源的前沿和热点问题,研判未来一段时期水资源配置、节约、保护、调度和管理等重点和方向。

在本书研究和写作过程中,得到了张建云院士、王超院士、康绍忠院士、高而坤教授、任光照教授、张德尧教授、徐子恺教授、陈敏建教授、王忠静教授、汪党献教授、沈大军教授等专家的大力支持和帮助,在此表示衷心的感谢。

受时间与作者水平限制,书中难免存在疏漏之处,敬请读者不吝批评赐教。

作 者
2016 年 6 月

目 录

下篇　中国水资源的重大专题

上篇　中国水资源的基本问题

第1章　水、水循环与水资源

1.1　水

1.1.1　水的性质

1.1.1.1　水的物理性质

在常态下,水是无色无味的液体,并且具有"三态"(固、液、气)物理变化特性。水的密度在温度 3.98 ℃ 时最大,为 1 kg/L;当温度在 3.98 ℃ 以上时,水的密度随温度升高而减小;当温度在 0~3.98 ℃ 时,水的密度随温度的升高而增大。标准大气压时,水的冰点为 0 ℃,沸点为 100 ℃,水的比热容较其他物体的大,液态水的比热容为 1 cal/(g·℃),冰的比热容约为 0.5 cal/(g·℃)。在 100 ℃ 和一个标准大气压情况下,水的汽化热为 539 cal/g,在常温常压下,水的汽化热为 584 cal/g,当水汽凝结成液态时放出相同的热量。在 0 ℃ 和一个标准大气压情况下,冰的溶解热为 79.7 cal/g,当水冻结成冰时放出相同的热量。水的导热性较其他液体的小,在 20 ℃ 时,水的热导率为 0.001 43 cal/(s·cm·℃),冰的热导率为 0.005 4 cal/(s·cm·℃)。水对一般固体的附着力较水的内聚力大,所以水一般都能湿润各种固体。水的表面张力较大,常温下表面张力系数为 0.073 N/m。在附着力和表面张力的共同作用下,水能沿毛细管上升,称为毛细管现象。水的压缩力很小,一般认为不可压缩。水的运动黏度在 20 ℃ 时为 1.010×10^{-6} m²/s。纯水几乎是不导电的,天然水有微弱的导电性。光在水中的传播速度为 2.25×10^{8} m/s,是在空气中的 3/4。声波在水中的传播速度为 1 483 m/s(《中国大百科全书·水文科学》编辑委员会,1992)。

1.1.1.2　水的化学性质

水的热稳定性很高,当水蒸气被加热到 2 000 K 以上时,也只有极小部分离解为氢和氧。在一定条件下,水能同多种比较活泼的金属以及少数非金属发生反应,放出氢气;凡是能溶于水的酸性氧化物或碱性氧化物,都能与水反应,生成相应的含氧酸或碱。水分子中两个氢原子与一个氧原子形成的结构,使整个水分子正负电荷不相重合而显有极性,所以水分子是极性分子。水分子的极性使分子互相吸引形成氢键,氢键导致分子之间彼此结合,形成聚合的水分子(H_2O),而不引起水的化学性质改变,这种现象称为水分子的缔合。水的许多特性可用水分子的缔合来解释。气态水由几乎彼此独立的水分子组成。固态水的全部水分子结合在一起,成为一个巨大的缔合分子,冰的结构具有极大的空隙。液态水中既有复杂程度不等的缔合分子,又有简单的水分子。水是一种很好的溶剂,不但能溶解离子型化合物,而且能溶解某些单质和某些分子型化合物。自然界,水中通常溶有氧和二氧化碳等气体,钾、钠、钙、镁等金属离子和生物原生质中的氮、磷、硅、铁等。纯水具有极微弱的导电能力,能电离出极少量的氢离子和氢氧根离子。纯水在 22 ℃ 时,正、负离子浓度相等,为 1×10^{-7} g/L。水溶液的酸碱性用 pH 表示,pH 等于水溶液中氢离子浓度的负对数,pH = 7 为中性,pH 越小,酸性越强;pH 越大,碱性越强。天然水的 pH 一般为 6.8~8.5,其数值大小主要取决于溶于水中的游离二氧化碳、碳酸盐和碳酸氢盐相互之间含量关系《中国大百科全书·水文科学》编辑委员会,1992)。

1.1.1.3　水的资源性质

水作为一种自然资源,具有如下性质(李广贺,2010)。

1. 循环再生性

水作为资源具有循环再生性,这是它与其他固体资源的本质区别,它是在循环中形成的一种动态资源。在全球大气环流和陆地水循环运动作用下,水处在不断开采、补给和消耗、恢复的循环再生之中,不断地供给人类活动和生态系统。

2. 储量有限性

水作为资源,处在不断的消耗和补充过程中,具有恢复性强的特征,但实际上全球淡水资源的储量是十分有限的。全球的淡水资源仅占全球总水量的 2.5% ,大部分储存在极地冰帽和冰川中,真正能够被人类直接利用的淡水资源量仅占全球总水量的 0.8% 。可见,水循环过程是无限的,水资源的储量是有限的。

3. 利害两重性

水既可造福于人类,又可危害人类生存,具有利害两重性。《荀子·王制》提到:水则载舟、水则覆舟,说明古人对水的利害两重性有着清醒的认识。水的时空分布均匀且质量适宜,将会促进区域经济发展、自然环境的保护和修复以及人类社会进步。否则,可能会产生旱涝灾害与污染事故。

4. 用途多样性

水是人类活动中被广泛利用的资源,不仅广泛应用于农业、工业和生活,还用于发电、水运、水产、旅游和环境改善等。在各种不同的用途中,消耗性用水与非消耗性或消耗很小的用水并存,表现出一水多用的特征。用水目的不同对水质的要求各不相同。

5. 时空分布不均匀性

水作为资源,时空分布的不均匀性是它的又一特性。全球水的分布表现为极不均匀性,如亚洲的径流模数为 10.5 L/(s·km^2),大洋洲的澳大利亚的径流模数仅为 1.3 L/(s·km^2),而大洋洲除澳大利亚外各岛的径流模数高达 51.0 L/(s·km^2),最高的和最低的相差数倍或数十倍。我国水资源在区域上分布极不均匀,总体上表现为东南多、西北少,沿海多、内陆少,山区多、平原少。在同一地区中,受大气过程的影响,降水存在很大的年际变化和季节变化特征,水在不同时间的分布差异性很大。

1.1.2　水的功能

水作为一种重要的自然资源,具有很多对自然环境和人类社会都至关重要的功能(姜弘道,2010),主要包括以下几个方面。

1.1.2.1　水是生命之源

首先,水对地球上生命的诞生和发展起到了至关重要的作用。关于生命是如何产生的,至今仍有许多尚未弄清的问题,但是从有机质水溶液中产生原始生命的看法,原则上已被许多学者所接受。一些科学家认为,在地球上出现生命和生物演化之前,经历了长期化学演化阶段和由最简单的化学元素形成可能产生生命物质的有机化合物的阶段。1953 年,美国物理学家斯·米列尔通过对气体混合物(氢分子 H_2、甲烷 CH_4、氨 NH_3 和水汽 H_2O)放电,合成了一系列氨基酸,用实验证明在地球出现生命之前的主导条件下产生复杂有机化合物的可能性。这些化合物在落入某一水体之后,由于水层的保护,避免了强烈的太阳辐射作用。随后,进一步经历了复杂含碳化合物的合成过程。

可以完全合乎逻辑地推测,生命应该是在连续覆盖着地球表面的水介质中胚育和进化的,生命最初出现在海中,只是后来才到达陆上。上到岸上的两栖类生物把诞生地——海水中的一些物质留在其体内,逐渐地转入血液中。人血中溶解的化学元素的相对含量非常接近于海水,如表 1-1 所示,表明至今人体内还保留着从海洋中起源的痕迹。

表 1-1　海水和人血中溶解的化学元素的相对含量　　　　　　　　　（%）

元素	氯	钠	氧	钾	钙	其他
海水	55.0	30.6	5.6	1.1	1.2	6.5
人血	49.3	30.0	9.9	1.8	0.8	8.2

注:资料来源于夫·弗·杰尔普戈利茨,1971 年。

水也是一切有机体最主要的组成部分。地球上所有生物或多或少都含有水,平均含量为 80%。也就是说,有机体几乎 4/5 的质量是水。据估计,地球上所有的动植物含有近 11 200 亿 t 水,相当于同时灌满世界上所有河槽水量的一半。可以通俗地说,在人类和动物的血管里,在植物的根、茎、叶中,流动着地球所有河槽水量的一半。

水还是任何生物新陈代谢过程不可缺少的媒质。人体中的消化作用、物质交换、血液循环、组织的合成,都是在水溶液中完成的,并都有水的参与。人体中的有毒残余物质随水排出,约 140 g 的肾在一昼夜中通过和纯化约 2 m^3 的血液。换句话说,一昼夜通过肾的血液量是全部人血量的 360 倍,约 41 min 轮换一回。由汗腺析出及由皮肤表面散失的水,调节了人体的温度。水是眼泪的主要成分(占 99%),不停地湿润眼睛,冲洗眼睛中的灰尘,人一昼夜要耗费 0.5 ~ 1 mL 眼泪。心脏每分钟要泵出 3.5 ~ 5.5 L 血液。一个活到 60 岁的人,心脏压出的血液近 150 000 m^3,相当于一个深 2 m、直径近 300 m 的湖水量。如果人体中水量失去正常,减少 1% ~ 2%(0.5 ~ 1 L)就会感到口渴;减少 5%(2 ~ 2.5 L),皮肤就会开始起皱纹,口腔就会"干涸",意识模糊;当失水 14% ~ 15%(7 ~ 8 L)时,人将死亡。没有食物,人能存活近一个月,而没有水连一个星期都活不到。人为了维持生命,每昼夜需要摄入折合为 1.5 L 水的饮料或食物。从原始植物出现到现在的 6 亿年中,由于光合作用从水中摄取的水量约为 170 亿 km^3。水是连接着地球上一切生命的链条,生物所需的各种物质借助于水在生态系统中无止境地流动。

此外,水还是大气圈中氧的源泉。水分子和二氧化碳(CO_2)在植物(包括海藻)光合作用下,克服了氢、氧原子的结合力,分解出氧,排入空气中,留下碳(C)和氢(H)用于植物生长。这是地球上最大的生物化学过程之一。在补充大气圈的氧的过程中,起重要作用的不是高等地面植物,而是聚集于海洋表面的细小的藻类植物——浮游植物。植物在光合作用中输送到大气中的氧,每年约有 1 500 亿 t。

1.1.2.2　水是生产之要

水是最重要的资源,农业生产和工业生产均依存于水。在人类发展历史中,除日常生活中用水外,水最早用于灌溉,发展农业。其次是利用水能,如古代的水车、水磨,现在的水电站等。全球河流水能蕴藏量约 50.5 亿 kW,海洋潮汐能量 10 亿多 kW。水还由于具有独特的性质,被工业广泛用作能量转化和力的传递介质,例如热电厂、水压机和各种冷却装置。水域利于交通和旅游,水运是现代世界的主要运输形式之一。人类每年从河、湖、海洋中获取大量动植物,提取重要的矿物和元素。此外,水还具有重要的医疗意义。随着世界经济的发展和人口的增长,水作为资源已日趋短缺。水能兴利,也能为害,洪水常给人们造成严重损失。随着人类文明的不断进步,人与水的关系不断发展。古代,人类被动地适应水而生存,人与水的关系表现为趋利避害。近代,人类兴建大量工程,控制水害,开发水利,人与水的关系表现为兴利除害。现代,人类把兴利除害提高到新的水平,认识到水资源短缺和水作为环境要素被污染对人类生存和社会发展产生的严重影响,开始自觉地调整人和水的关系。

1.1.2.3　水是生态之基

水是生物新陈代谢过程不可缺少的物质,并通过蒸发蒸腾过程为生态系统保持适宜的温度。同时,水调节着地球环境,为生态系统保持一个适宜的外部条件。

首先,水是地球气候的调节器。由于水的特大热容量,世界大洋成为一个巨大的恒温器,使世界范围内气温标准化,调节了世界的气候。

大气中的水汽能拦阻地球辐射热量的 60%,使之不向宇宙空间散失,保证地球不致冷却。据计算,若大气圈中的水蒸气含量减少一半,地球表面的平均温度将降低 5 ℃左右,从 14.3 ℃降到 9 ℃。水汽的这种作用称为温床效应。海洋和陆地水体在夏季吸收和积累大量热量,使气温不致过高,在冬季把热量缓慢地释放出来,使气温不致过低,这种调节作用在白天和夜间也同样存在,从而使地球上的气候变得温和。倘若大洋表层水的温度场发生突变,气候便发生异常。冰融化和水蒸发时消耗热量以及冻结和凝结时放出潜热,对气温也起到了调节作用。

水圈除通过调节气温影响气候外,陆地上水量分布的不均匀也是造成各地气候不同的重要因素。匈牙利水文学家 Szesztay(1965)提出一种气候分区法,用蒸发量和降水量的比值作为一个地区的气候指标,定义为干旱系数 α:

$$\alpha = E_0/P \tag{1-1}$$

式中:E_0 为平均年蒸发能力;P 为平均年降水量。

根据气温和干旱系数 α,全球陆地分为 9 类,即按照 $\alpha > 2$、$0.5 \leqslant \alpha \leqslant 2$ 和 $\alpha < 0.5$ 将湿润程度分出干旱(A)、中等(M)和湿润(H)三个等级,按照月平均气温的最高值 T_{max} 和最低值 T_{min} 的变化范围($T_{max} < 0$ ℃、$T_{min} \leqslant 0$ ℃ $\leqslant T_{max}$ 和 $T_{min} > 0$ ℃),将温暖程度分出寒冷(C)、中等(M)和温暖(W)三个等级,由此构成 9 类地区,见表 1-2。9 类地区中有 4 类地区,即 MM、MH、WM 和 WH 能产生地表径流,占陆地总面积 1.5 亿 km² 的 62% 左右,其余 38% 为无径流区,其中 CA 为冷原荒漠;CM 和 CH 为极地冰盖和冰川;MA 和 WA 为沙漠和半沙漠区。

表1-2　气候分区

$\alpha = E_0/P$	月平均气温 T		
	$T_{max} < 0\ ℃$ 寒冷，C	$T_{min} \leq 0\ ℃ \leq T_{max}$ 中等，M	$T_{min} > 0\ ℃$ 温暖，W
$\alpha > 2$ 干旱，A	CA	MA	WA
$0.5 \leq \alpha \leq 2$ 中等，M	CM	MM	WM
$\alpha < 0.5$ 湿润，H	CH	MH	WH

水在整个地球范围内还起着塑造地球面貌的作用。水的冷热变化使岩石崩裂，形成土壤；雨水、小溪、河流冲刷着山脉形成深切的峡谷，并搬运了大量疏松物质，形成宽阔的冲积平原，冰川削平了山谷，留下了冰蚀丘陵和湖泊；地下水对灰岩和其他岩石的溶蚀，造成了喀斯特地貌；淋滤了岩石的地下水，每年把30亿t可溶物质带到海洋。

据估计，世界所有河流每年带入海洋的固态物质（淤泥、沙等）有220亿t，平均每年每平方千米侵蚀150t左右，我国黄河陕县以上的侵蚀量为2 280 t/（km²·年）。地质学家斯·马·格里戈里也夫估计，按照现今被风和水破坏的速度，若没有不断的地壳运动，陆地表面在11 000万年内将全部夷为与世界大洋水面一样平的平地。水的地球化学作用在于，它一方面破坏了地壳中元素的共生组合，使部分元素迁移、分散和积聚；另一方面又形成了新的元素共生组合。

1.1.3　水的分布

地球表面积为5.1亿 km²，水圈（地壳表层、表面和围绕地球的大气层中气态、液态和固态的水组成的圈层）内全部水体总储量达13.86亿 km³。海洋面积3.61亿 km²，占地球总表面积的70.8%；含盐量为35 g/L的海洋水量为13.38亿 km³，占地球总储水量的96.5%。陆地面积为1.49亿 km²，占地球总表面积的29.2%；水量仅为0.48亿 km³，占地球水储量的3.5%（李广贺，2010）。

在陆地存储的水体中并不全是淡水。据统计，陆地上的淡水量仅为0.35亿 km³，占陆地水储量的72.9%，其中的0.24亿 km³（占淡水储量的69.6%）分布于冰川、多年积雪、两极和多年冰土中，在现有的经济技术条件下很难被人类所利用。人类可利用的淡水资源量只有0.11亿 km³，占淡水总量的30.4%，主要分布在600 m深度以内的含水层、湖泊、河流、土壤中。地球上各种水的储量见表1-3。

地球上水的储量巨大，但可供人类利用的淡水资源在数量上极为有限，不到全球水总储量的1%。即使如此，有限的淡水资源分布极不均匀。世界各地淡水资源的分布差异较大，最丰富的是大洋洲各岛（除澳大利亚外）和南美洲，其中尤以赤道地区的水资源最为丰富。水资源较为缺乏的地区是中亚南部、阿富汗、阿拉伯和撒哈拉。西伯利亚和加拿大北部地区因人口稀少，人均水资源量相当高。

表 1-3　地球上水的储量

种类	总储量 （×10³ km³）	占总水量的 百分比（%）	占淡水总量的 百分比（%）
海水	1 338 000	96.5	
地下水	23 400	1.70	
（咸水）	12 870	0.94	
（淡水）	10 530	0.76	30.1
土壤水（淡水）	16.5	0.001	0.05
冰川（淡水）	24 064	1.74	68.7
永久冻土底冰（淡水）	300	0.022	0.86
湖水	176.4	0.013	
（咸水）	85.4	0.006	
（淡水）	91	0.007	0.26
沼泽水（淡水）	11.5	0.000 8	0.03
河川水（淡水）	2.12	0.000 2	0.006
生物体中的水（淡水）	1.12	0.000 1	0.003
大气水（淡水）	12.9	0.001	0.04
合计	1 386 000	100	
合计（淡水）	35 029.2	2.53	100

数据来源：World Water Resources at the Beginning of the 21st Century，UNESCO。

1.2　水循环

1.2.1　水循环动力与基本过程

1.2.1.1　水循环及其动力

1. 自然水循环

地球上各种形态的水，在太阳辐射和地心引力等的作用下，通过蒸发、水汽输送、凝结降水、下渗以及径流等环节，不断地发生相态转换和周而复始运动的过程，称为水循环（或水文循环），示意图见图 1-1。水循环是地球上一个重要的自然过程，因此又称自然水循环。它通过降水、截留、入渗、蒸散发、地表径流、地下径流等各个环节，将大气圈、水圈、岩石圈和生物圈相互联系起来，并在它们之间进行水量和能量的交换，是自然地理环境中最主要的物质循环。

形成水循环的内因是水的物理特性，即水的"三态"（固、液、气）转化，它使水分的转移与交换成为可能。水循环的外因是太阳辐射和地心引力。其中，太阳辐射是水循环的

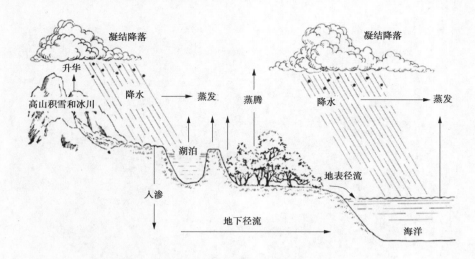

图 1-1　自然水循环示意图

原动力,它促使冰雪融化、水分蒸发、空气流动等;地心引力能保持地球的水分不向宇宙空间散逸,使凝结的水滴、冰晶得以降落到地表,并使地面和地下的水由高处向低处流动。

2."自然－人工"二元水循环

水是人类生存和经济社会发展的重要基础资源。人类活动的加剧,如水利工程的兴建和城市化的发展,打破了自然水循环系统原有的规律和平衡,极大地改变了水循环的降水、蒸发、入渗、产流、汇流等过程,使原有的水循环系统由单一的受自然主导的循环过程转变成受自然和人工共同影响、共同作用的新的水循环系统,这种水循环系统称为"自然－人工"(或"自然－社会")二元水循环系统(陈家琦等,2001;王浩等,2001),如图 1-2 所示。

随着人类改造自然能力的增强,先后通过傍河取水、修建水库取水、开采地下水、跨流域调水等措施,极大地改变了原有的自然水循环模式,因此二元水循环除原有的太阳辐射和地心引力两种天然驱动力外,还增加了人工动力系统这种新的驱动力。

1.2.1.2　水循环基本过程

自然界的水循环基本过程包括蒸发、水汽输送、降水、下渗以及径流等环节。

1. 蒸发

蒸发是水分通过热能交换从固态或液态转换为气态的过程,是水分从地球表面和水体进入大气的过程。蒸发过程是水循环的重要环节,陆地上年降水量的 66% 是通过蒸发返回大气的。需要说明的是,此处所指的蒸发包括水面蒸发、陆地蒸发和植物蒸腾。影响蒸发的因素很多,包括太阳辐射的供应、水汽梯度,以及水温、气温、风、气压等。

2. 水汽输送

水汽输送是指大气中的水汽由气流挟带着从一个地区上空输送到另一个地区的过程。陆地和海洋表面的水经蒸发后,如果不经过水汽输送就只能降落到原地,不会形成地区间或全球水循环。而实际上,蒸发返回大气中的水分通过水汽输送可能会降落到其他地方,增加了水循环的复杂性和多样性。大气中的水汽是全球水循环过程中最活跃的成

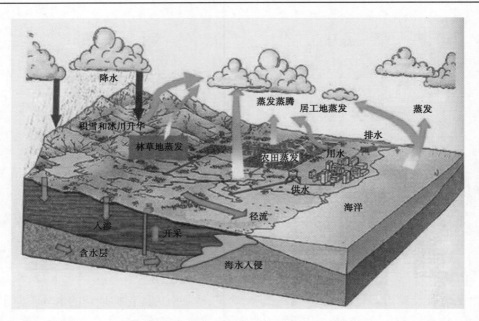

图 1-2　"自然－人工"二元水循环示意图

分,其更新速度远快于其他任何水体,也正是由于大气中水汽活跃地更新和输送,才实现了全球各水体间的水量连续转换和更新。

3. 降水

降水是水汽在大气层中微小颗粒周围进行凝结,形成雨滴,再降落到地面的过程。降水主要来自于大气中的云,但有云不一定能形成降水,因为云滴的体积很小,不能克服空气的阻力和上升气流的顶托。只有当云滴增长为雨滴并足以克服空气阻力和上升气流的顶托,在降落至地面的过程中才不至于被蒸发掉时,降水才能形成。降水是水循环中一个十分重要的过程,自然界中的水资源以及能被人类所利用的水资源均来自于大气的降水。

4. 下渗

降落到地面上的水只有一部分可能形成径流,另外的可能被蒸发掉或下渗到地面以下。下渗是地下径流和地下水形成的重要过程,它不仅直接决定着地面径流量的大小,同时影响着土壤水的变化和地下径流的形成。影响下渗的因素主要包括土壤均质性、土壤质地和孔隙率等土壤因素,土壤初始含水率,地表结皮,雨型、雨强等降水因素,以及植被、坡度、坡向、耕作措施等下垫面因素。

5. 径流

径流又称为河川径流,等于地表径流、地下径流和壤中流之和。在大气降水降到地面以后,一部分水分通过蒸发返回大气,一部分通过下渗进入土壤,一部分可能蓄积在地表低洼处,剩余的水量在一定条件下可能会形成地表径流,当下渗的水量达到一定程度后会形成地下径流。影响径流量大小的主要因素包括降水、蒸发、温度、湿度等气象条件,地理位置,地形条件,植被,水利工程、城市建设等人为因素。

1.2.2 不同尺度的水循环及其伴生过程

全球水循环时刻都在进行着,根据其发生的空间不同可分为海陆间水循环、海上内循环和内陆水循环三种尺度。

1.2.2.1 海陆间水循环

海陆间水循环,又称外循环或大循环,是指发生在全球海洋与陆地间的水交换过程。其具体过程是:广阔海洋表面的水经过蒸发变成水汽,水汽上升到空中随着气流运动,被输送到陆地上空,其中一部分水汽在适当的条件下凝结,形成降水。降落到地面上的水,一部分沿地面流动形成地表径流,一部分渗入地下形成地下径流。二者经过江河汇集,最后又回到海洋。通过这种水循环运动,陆地上的水就不断得到补充,水资源得以再生。

1.2.2.2 海上内循环

海上内循环,是指海洋面上的水蒸发成水汽,进入大气后在海洋上空凝结,形成降水,最后又降到海面。

1.2.2.3 内陆水循环

内陆水循环,是指降落到陆地上的水,其中一部分或全部通过陆面、水面蒸发和植物蒸腾形成水汽,被气流带到上空,经冷却凝结形成降水,最终仍降落到陆地上。一般来说,由内陆水循环运动而补给陆面上水体的水量很少。

1.2.3 水循环周期

水循环使得地球上各种形式的水以不同的周期或速度更新。水的这种循环复原特性,可以用水的更替周期来表示。由于各种形式水的储蓄形式不同,各种水的交换周期也不一样。据计算,大气中总含水量约为 1.29×10^5 亿 m^3,而全球年降水总量约为 5.77×10^6 亿 m^3,则大气中的水汽平均每年转化成降水 44 次,即大气中的水汽平均每 8 天多就会循环更新一次。全球河流总储水量约为 2.12×10^4 亿 m^3,而河流年径流量约为 4.7×10^5 亿 m^3,则全球的河水每年转化为径流 22 次,即河水平均每 16 天多更新一次(左其亭,王中根,2006)。各种水体的更替周期如表 1-4 所示。

表 1-4 各种水体的更替周期

水体种类	更替周期	水体种类	更替周期
永冻带底冰	10 000 年	湖泊	17 年
极地冰川和雪盖	9 700 年	沼泽	5 年
海洋	2 500 年	土壤水	1 年
高山冰川	1 600 年	河川水	16 天
深层地下水	1 400 年	大气水	8 天

1.2.4 全球水循环要素与水量平衡

地球上的水时时刻刻都在循环运动,从相当长的时间尺度看,地球表面的蒸发量同返回地球表面的降水量相等,处于相对平衡状态,总水量没有太大变化。但对某一流域来说,水量的年际变化往往很明显,降水量的时空差异性导致了区域水量分布极其不均。

在水循环过程中,水量平衡是一个重要的基本规律。根据水量平衡原理,某个流域在某一段时期内,水量收入和支出差额等于该流域储水量的变化量。一般流域水量平衡方程式可表达为

$$P - E - R = \Delta S \tag{1-2}$$

式中:P、E、R、ΔS 分别为流域的降水量、蒸发量、径流量和蓄变量(储水量变化量)。

从多年平均来看,流域蓄变量的值趋于零,流域多年平均水量平衡方程式为

$$P_0 = E_0 + R_0 \tag{1-3}$$

式中:P_0、E_0、R_0 分别为流域多年平均降水量、蒸发量、径流量。

对于海洋来说,其蒸发量大于降水量,多年平均水量平衡方程式为

$$P_0 = E_0 - R_0 \tag{1-4}$$

对于全球来说,多年平均水量平衡方程式为

$$P_0 = E_0 \tag{1-5}$$

据估算,全球平均每年海洋上约有 5.05×10^6 亿 m^3 的水蒸发到空中,而总降水量约为 4.58×10^6 亿 m^3,总降水量比总蒸发量少 0.47×10^6 亿 m^3,这与陆地注入海洋的总径流量相等(左其亭,王中根,2006)。全球水平衡如表 1-5 所示。

表 1-5　全球水平衡

分区		面积（万 km^2）	总量（$\times 10^{12} m^3$）			深度（mm）		
			降水	径流	蒸发	降水	径流	蒸发
海洋		36 100	458	-47	505	1 270	-130	1 400
陆地		14 900	119	47	72	800	315	485
陆地	外流区	11 900	110	47	63	924	395	529
	内流区	3 000	9	—	9	300	—	300
全球		51 000	577	—	577	1 130	—	1 130

1.2.5　全球陆地水体概况

地球的总储水量约为 1.38×10^{10} 亿 m^3,其中海水约 1.34×10^{10} 亿 m^3,占全球总水量的 96.5%。其余水量分布在陆地水体中,其中地表水占 1.78%,地下水占 1.69%。地球水总量中,淡水量约为 3.5×10^8 亿 m^3,主要通过海洋蒸发和水循环产生,仅占全球总储水量的 2.53%。淡水中只有少部分分布在湖泊、河流、土壤和浅层地下水中,大部分则以冰川、永久积雪和多年冻土的形式存储。其中,冰川储水量约为 2.4×10^8 亿 m^3,约占世界淡水总量的 69%。

按水面面积排序,世界上最大的 10 个湖泊见表 1-6。我国最大的湖泊是青海湖(咸水湖),面积 4 489 km^2,在世界上排第 35 位,也是东亚最大的湖泊。兴凯湖(淡水湖)是我国与俄罗斯的界湖,面积 4 190 km^2,在世界上排第 38 位。我国境内最大的淡水湖泊是鄱阳湖,其次是洞庭湖,它们是典型的面积变化的湖泊,在枯水期与洪水期水面面积变化较大。

表1-6　世界上水面面积最大的10个湖泊

序号	湖泊名称	面积（km²）	最大水深（m）	水量（km³）	涉及国家	备注
1	里海 Caspian Sea	371 000	1 025	78 200	俄罗斯、哈萨克斯坦、土库曼斯坦、伊朗、阿塞拜疆	咸水湖
2	密歇根 - 休伦湖 Michigan-Huron	117 702	282	8 458	美国、加拿大	淡水湖。密歇根湖、休伦湖物理上是一个水体。若对两个湖分开考虑，则休伦湖、密歇根湖分别为世界第三、第四大淡水湖
3	苏必利尔湖 Superior	82 414	406	12 100	美国、加拿大	淡水湖。若密歇根 - 休伦湖作为两个湖，则苏必利尔湖是世界上最大的淡水湖
4	维多利亚湖 Victoria	69 485	84	2 750	坦桑尼亚、乌干达、肯尼亚	淡水湖。非洲最大的湖。若密歇根 - 休伦湖作为两个湖，则维多利亚湖是世界上第二大淡水湖
5	坦噶尼喀湖 Tanganyika	32 893	1 470	18 900	坦桑尼亚、布隆迪、刚果、赞比亚	淡水湖。世界第二深湖
6	贝加尔湖 Baikal	31 500	1 637	23 600	俄罗斯	淡水湖。世界最深湖，水量最多的淡水湖
7	大熊湖 Great Bear Lake	31 080	446	2 236	加拿大	淡水湖。加拿大境内最大的湖
8	马拉维湖 Malawi	30 044	706	8 400	马拉维、坦桑尼亚、莫桑比克	淡水湖。非洲第二深湖。鱼类种类世界湖泊中最多
9	大奴湖 Great Slave Lake	28 930	614	2 090	加拿大	淡水湖。北美洲最深的湖
10	艾利湖 Erie	25 719	64	489	美国、加拿大	淡水湖。美国、加拿大之间五大湖中最浅的湖

资料来源：http://en.wikipedia.org/wiki/List_of_lakes_by_area。

世界上长度最大的 10 条河流见表 1-7。我国的长江与黄河分别排在第 3 位和第 5 位。

表 1-7　世界上长度最大的 10 条河流

序号	河流名称	长度 （km）	流域面积 （万 km²）	发源地、流经地及注入海洋
1	尼罗河	6 670	287	发源于维多利亚湖西群山,流经坦桑尼亚、布隆迪、卢旺达、乌干达、苏丹、埃及等国境,注入地中海
2	亚马孙河	6 400	705	发源于安第斯山脉,流经秘鲁、巴西等国境,注入大西洋
3	长江	6 300	180.7	发源于唐古拉山脉,流经中国境内,注入东海
4	密西西比河 – 密苏里河	6 020	322	发源于落基山脉,流经美国国境,注入墨西哥海湾
5	黄河	5 464	75.2	发源于巴颜喀拉山北麓的约古宗列盆地,流经中国境内,注入渤海
6	额毕 – 额尔齐斯河	5 410	297.5	发源于阿尔泰山,流经俄罗斯、哈萨克斯坦等国境,注入北冰洋
7	澜沧江 – 湄公河	4 667	79.5	发源于唐古拉山脉,流经中国、缅甸、老挝、泰国、柬埔寨、越南等国境,注入南海
8	刚果河	4 640	370	发源于扎伊尔沙巴高原,流经赞比亚、扎伊尔、中非、刚果、喀麦隆、安哥拉等国境,注入大西洋
9	勒拿河	4 400	249	发源于贝加尔山,流经俄罗斯国境,注入北冰洋
10	黑龙江 – 阿穆尔河	4 350	184.3	发源于肯特山,流经中国、俄罗斯国境,注入鞑靼海峡

1.2.6　人类活动对水循环的影响

　　水循环是地球上最基本的物质循环和最活跃的自然现象,它影响着水文气象变化、生态平衡和水资源的开发利用。另外,人类活动和环境条件(如气候)的变化又影响着水循环过程,进而影响了水资源条件和开发利用。人类活动对水循环的影响主要包括以下几个方面。

1.2.6.1　下垫面条件

　　下垫面是地形、地面覆盖物、土壤、地质构造等多种天然因素和人工因素的综合体,是影响流域天然水循环过程的重要因子。人类在利用自然并改造自然的活动中,逐渐改变了流域的下垫面条件,这些活动包括农业活动、水利工程建设、水土保持和城市化建设等。

　　农业活动是人类较早开始的改造自然的活动,从零星的种植活动到大规模的耕地建设,到近几十年来随着人口的增长,逐渐出现的陡坡开荒、毁林造田、砍伐森林和过度放牧等。大面积的农业活动改变了局地的微地貌和地势,改变了表层土壤结构,影响了水循环的产汇流过程;拦蓄、引水工程,供水与灌溉工程等水利工程建设改变了河流的天然形态,影响着水的汇流过程,水库的调蓄作用改变了水资源的时空分布,增强了蒸发、入渗等水文过程,改变了水循环的天然情势;水土保持建设在减少水土流失的同时,改变了地表覆盖条件、地面坡度,改变了局地的植被条件和土壤水动力特性,影响了水循环的垂向和水平过程;城市化建设使得原来的自然陆面可能变成了不透水的道路、广场或房屋,而这些不透水表面阻止了雨水或融雪渗入地下,影响了入渗、蒸发及径流等水文过程。另外,不透水表面要比草场、牧场、森林和耕地平滑,因而城市区域的地表径流流速加大,随着径流量的增加,区域内各部分径流汇集到管道及渠道里,区域内不同位置的汇流加快,改变了天然水循环的自然规律(左其亭等,2008)。

1.2.6.2　人工取用水

　　天然条件下的水循环经历了蒸发、水汽输送、降水、下渗及径流等环节,进行着周而复始的复杂水循环运动。由于人类生活、生产的需要,从地表和地下取水,其中一部分水分被消耗,一部分水分在使用后又排入到河道、渠道或其他水体,改变了自然水循环过程。人工取用水就是指水资源从天然水循环系统中取出到最终回归天然水循环系统当中的一系列过程,包括供水—用水—耗水—排水等过程。人工取用水在循环路径和循环特性两个方面改变了天然状态下的水循环特征。

　　人类对地表水和地下水的开采改变了天然水循环的流向,从天然主循环圈分离出一个侧支循环,地表水的开发减少了河流水量,地下水的开采改变了包气带和含水层的特性,影响了天然地表水－地下水量交换特性。用水和耗水改变了主循环圈的蒸发及入渗形式,最后通过排水过程将侧支循环回归到主循环圈中。供用耗排人工侧支循环和天然主循环相互响应、相互反馈,二者之间存在紧密的水力联系,循环通量此消彼涨(仇亚琴,2006)。

1.2.6.3　气候变化

　　近百年来,地球气候正经历一次以全球变暖为主要特征的显著变化,气候变化问题已成为各国政府和专家关心的全球性问题之一。引起气候变化的因素很多,既有自然因素,又有人为因素。2007年,政府间气候变化专门委员会(IPCC)在其第四次评估报告中指出,气候变暖已经是"毫无争议"的事实,人类活动很可能是导致气候变暖的主要原因。多数科学家研究认为,人类活动排放大量温室气体引起全球变暖将是未来全球气候变化的主流趋势。

　　气候变化必然会引起水循环的变化,对水循环的各个环节产生直接影响。气候变化通过海平面上升、大气环流变化、蒸发增加、冰雪条件变化等驱动降水、蒸发、入渗、土壤湿度、河川径流、地下水径流等一系列的变化,导致径流情势、洪水强度和频率、枯水强度及持续时间等的变化,增加水文极端事件发生的概率,导致水资源时空分布的重新分配,进而影响水资源管理系统和社会经济系统,如供水、灌溉、航运、城市排水、水力发电、洪水调度、水土保持及水污染控制等(张建云等,2007)。随着全球气候的持续变暖,气候变化对水循环和水资源的影响以及减缓和适应性对策研究已成为当今科学研究的热点。

1.3　水资源

1.3.1　水资源定义的历史沿革

水资源是人类社会一切生产、生活的基础物质,水资源是国民经济建设和发展不可或缺的重要自然资源。水和水资源在自然物质概念上是不同的,水资源不等于水,水资源只占地球系统中水的十万分之三,水资源是非常有限的,是一种不可替代的资源。水资源包括经人类控制并直接可供灌溉、发电、给水、航运、养殖等用途的地表水和地下水,以及江河、湖泊、井、泉、潮汐、港湾和养殖水域等。

水资源的含义十分丰富,对水资源概念的界定也多种多样。对水资源的定义一般有广义和狭义之分。广义的水资源,是指地球上水的总体,包括大气中的降水、河湖中的地表水、浅层和深层的地下水、冰川、海水等。在《中国水利百科全书·水文与水资源分册》中,水资源被定义为"地球上各种形态(气态、液态或固态)的天然水"。狭义的水资源,是指与生态系统保护和人类生存与发展密切相关的、可以利用的而又逐年能够得到恢复和更新的淡水,其补给来源为大气降水。

水资源这个名词最早出现于正式的机构名称,是 1894 年美国地质调查局(USGS)设立的水资源处(WRD)。现在一般意义上的水资源是指和其他自然资源一道作为人类生存发展所必需的条件的陆面地表水和地下水的总称。《不列颠百科全书》中将水资源定义为"自然界一切形态(液态、固态、气态)的水"。到了 1963 年,英国国会通过的《水资源法》,将水资源的定义改写为"具有足够数量的可用水源",将水资源定义为自然界中水的特定一部分。1988 年,联合国教科文组织(UNESCO)和世界气象组织(WMO)定义水资源为"作为资源的水应当是可供利用或可能被利用,具有足够数量和可用质量,并且可适合对某地为对水资源需求而能长期供应的水源"。1991 年,《水科学进展》编辑部组织了一次笔谈,就水资源的定义和内涵进行讨论。陈家琦教授在"水问题论坛"上对讨论的观点做了扼要的阐述。但其中很多主要观点是一致的,如果考虑到可持续发展的问题,一个国家或地区的水资源可归纳为以下含义:水资源是指水体中的特有部分,即由大气降水补给,具有一定数量和可供人类生产、生活直接利用,且年复一年地循环再生的淡水,它们在数量上等于地表径流、地下径流的总和(对平原地区地下径流还要加上潜水蒸发部分)。从以上定义中不难看出,水资源是自然界一切水体的一个特定部分,而在特定条件下,可以与水体中其他部分相互转化。

1.3.2　水资源的服务功能及其基本属性

水资源具有多功能的特点,除具有水的一般特性外,还具有自然资源所具有的社会属性和经济属性。水是生态系统进行能量交换和物质循环的载体,也是人类社会生存和发展所必需的要素和环境。生物体利用水输送营养物质以维持其生存和发育,人类也可以利用水来满足自身的需要,例如利用水所蕴含的能量来获取所需的电力。一般来说,水资源的服务功能具有以下几种:

(1)为社会提供所需产品的功能。是指水资源及水生态系统可以提供给社会生产和生活所必需的,可用于市场交换的产品。常见的水生态系统提供的产品主要有居民生活用水、产业用水、渔业产品、水电蓄能以及水源地温5个方面。

(2)调节气候及环境的功能。是指水生态系统通过其生态过程所形成的有利于生产与生活的环境条件与效用,主要包括地表水调蓄、地下水调蓄与补给、水质净化、气候调节、洪水调蓄、净化空气等功能。

(3)生态环境支持功能。是指水生态系统所形成的支撑发展的条件与效用,主要包括水生态系统的初级生产、固碳、生产氧气、为水生生物提供生境、保持生物多样性,以及改善居民生活质量、为工业和农业等产业创造生产条件、预防地面沉降、形成地质景观等。

(4)水生态文化服务功能。是指水资源及水生态系统的美学、文化、教育功能,主要包括旅游休闲娱乐功能、景观功能以及水文化传承功能等。主要体现在水及水生态系统依托独特的地域特征,给人们带来的美学景观享受,并藉此提高了旅游景区价值,提升了水景观周边房地产的价值,地热水(温泉)带来的疗养保健功能,河流湖泊承载的历史文化价值等方面。

水由于上述功能性派生出两个方面的属性,即社会属性和经济属性。所谓社会属性,就是人类社会的生存、发展都离不开水,水是不可或缺的生产、生活资料。水利作为基础产业,它在一定程度上带有公益性,不能完全靠市场经济杠杆控制,而应当因地制宜和因事制宜,在经济规律的范畴内灵活机动地制定水价和水政策。同时它的多功能性和稀缺性,而决定了它具有商品的基本属性。因此,水经济成为国民经济的有机组成部分。因此,同其他资源一样,水资源应该有价值和价格,不能无条件地使用。否则,不仅会影响水利事业的发展,而且会造成极大的浪费。更值得注意的是,水被使用后一般会变质,变质的水会污染环境、恶化生态、危及人类生存发展。

1.3.3　水资源概念的内涵与外延

早期的《不列颠百科全书》认为"自然界一切形态(液态、固态、气态)的水"都算水资源。在《资源科学百科全书》中,水资源被定义为"可供人类直接利用、能不断更新的天然淡水,主要指陆地上的地表水和地下水"。对于地下水来说,只有参与自然水循环的地下水才属于我们研究的水资源的范围,而对地下水的取用量只能取决于降水入渗补给地下水的量。而对那些地质年代形成的深层地下淡水,由于因隔水层不能参加水循环,因此不能列入现代水资源的范畴,这些属于比石油、煤更为宝贵的资源,非特殊时期不能取用。因此,水资源属于自然资源范畴。

1988 年,联合国教科文组织(UNESCO)和世界气象组织(WMO)给出水资源的定义
为:"作为资源的水应当是可供利用或可能被利用,具有足够数量和可用质量,并且可适
合对某地为对水资源需求而能长期供应的水源"。显然,这里已经涉及社会资源范畴。

截至目前,虽然对于水资源概念的内涵进行阐述的理论有很多,但是关于水资源的内
涵还没有一个公认的非常严谨的文字描述。我们认为,水资源属于资源的一部分,水资源
的定义应当反映资源的基本内涵和外延,并体现出其自身的基本属性。

资源的内涵和外延随着社会生产力的发展、科学技术的进步和人类认识的深化而不
断拓展,是一个历史可变的范畴。周光召主编的《21 世纪学科发展丛书(资源科学卷)》
认为,"从现代的认识来看,资源由自然资源、社会资源和知识资源三部分组成"。自然资
源是指人类可以利用的自然形成的物质与能源,是可用的自然物;社会资源是指在一定的
时空条件下,人类通过自身劳动,在开发利用资源过程中所提供的物质财富和精神财富的
统称;知识资源是从社会资源中剥离出来的一类资源。

水资源属于资源的一部分,具有资源的共性,应由自然水资源(如江河湖泊水、地下
水)、社会水资源(如水产品或水商品)、知识水资源(水资源知识,如水资源学)三部分组
成。水资源首先是自然水资源,其次通过人类开发、利用、治理、配置、节约与保护活动转
化为物质财富和精神财富,从而形成社会资源,再次由于水利实践发展的需要而从社会资
源中剥离出来的关于水资源的学问,进而形成知识资源。通常所说的水资源,一般特指作
为自然资源的水资源。

在我国现行水法体系框架下,作为自然资源的水资源,尚未附加人类劳动,属于国家
所有;但是其取水权或使用权可以依法取得,取得的前提条件是投入取水设施或设备附加
于自然水资源的人类劳动,使自然水资源转化为社会水资源,同时不对自然资源和生态环
境造成不良影响;作为社会水资源的水源,属于劳动产品或用于交换的劳动产品,其所有
权或使用权属于开发利用自然水资源的主体,水产品可依法自行消费或者转让。

1.3.4　全球及各大洲水资源概况

河流的年径流量包含大气降水和高山冰川融水产生的动态地表水,以及绝大部分的
动态地下水,基本上反映了水资源的数量和特征,所以各国通常用多年平均河川径流量来
表示水资源量。全球陆地多年平均河川年径流量为 4.45×10^5 亿 m^3,其中有 1.0×10^4 亿
m^3 排入内陆湖,其余的全部流入海洋。包括 2.3×10^4 亿 m^3 南极冰川径流在内,全球年径
流总量约为 4.68×10^5 亿 m^3。

世界各大洲的自然条件不同,导致降水和径流差别很大(见表1-8)。以年降水量和
年径流深计算,大洋洲各岛(除澳大利亚外,包括新西兰、伊里安、塔斯马尼亚等)水量最
丰富,多年平均降水量达 2 700 mm,年径流深也达到 1 500 mm。但澳大利亚大陆却是水
量最少的地区之一,年降水量只有 460 mm,年径流深只有 40 mm,其2/3 的地区为荒漠和
半荒漠。南美洲的水量也较丰富,平均年降水量为 1 600 mm,年径流深为 660 mm,相当
于全球陆地平均年径流深的 2 倍。欧洲、亚洲和北美洲的年降水量和年径流深都接近全
球陆面平均值。非洲大陆因为有大面积的沙漠,虽然其年降水量接近全球平均值,但是其
年径流深只有不到全球陆面平均值的一半。南极洲的降水不多,只有全球平均降水量的

20%,但是其降水全部以冰川形式储存,其淡水总储量占到世界淡水总量的62%。

表1-8　世界各大洲年降水和年径流分布

洲名	面积 (万 km²)	年降水		年径流		径流系数
		mm	×10³km³	mm	×10³km³	
亚洲	4 347.5	741	32.2	332	14.41	0.45
非洲	3 012.0	740	22.3	151	4.57	0.20
北美洲	2 420.0	756	18.3	339	8.20	0.45
南美洲	1 780.0	1 596	28.4	661	11.76	0.41
南极洲	1 398.0	165	2.31	165	2.31	1.00
欧洲	1 050.0	790	8.29	306	3.21	0.39
澳洲	761.5	456	3.47	39	0.30	0.09
大洋洲(各岛)	133.5	2 704	3.61	1 566	2.09	0.58
全球陆地	14 902.5	798	118.88	314	46.85	0.39

资料来源:贺伟程,世界水资源。见:中国大百科全书·水利,北京:中国大百科全书出版社,1992,295-296。

1.3.5　世界各国水资源量

地球上的水,尽管数量巨大,但能直接被人们生产和生活利用的却十分稀少。首先,地球上储量最多的海水,由于其盐分太高,不能饮用、不能灌溉,也难以直接用于工业生产。其次,地球的淡水资源仅占其总水量的2.5%,而在这极少的淡水资源中,又有70%以上被冻结在南极和北极的冰盖中,加上难以利用的高山冰川和永冻积雪,有87%的淡水资源难以利用。人类真正能够利用的淡水资源是江河湖泊和地下水中的一部分。全球淡水资源不仅短缺,而且地区分布极不平衡。按地区分布,巴西、俄罗斯、加拿大、中国、美国、印度尼西亚、印度、哥伦比亚和刚果等9个国家的淡水资源占了世界淡水资源的60%,约占世界人口总数40%的80个国家和地区严重缺水。目前,全球80多个国家的约15亿人口面临淡水不足,其中26个国家的3亿人口完全生活在缺水状态。预计到2025年,全世界将有30亿人口缺水,涉及的国家和地区达40多个。21世纪水资源正在变成一种宝贵的稀缺资源,水资源问题已不仅仅是资源问题,更成为关系到国家经济、社会可持续发展和长治久安的重大战略问题。

世界各国(地区)水资源量统计数据见表1-9。限于篇幅,以下从亚洲、欧洲和美洲各选两个国家,对美国、英国、法国、日本、印度和巴西6个国家的水资源概况做简要介绍。

表 1-9　世界各国（地区）水资源量

国家和地区名称	人口（千人）	降水量（mm）	实际可更新水资源总量						人均水资源量（m³）	用水量占实际可更新水资源总量比例
			合计（×10⁹ m³）	占实际可更新水资源总量比例					
				地表水	地下水	重复量	入境量			
1　Afghanistan（阿富汗）	24 926	300	65				15%	2 610	36%
2　Albania（阿尔巴尼亚）	3 194	1 000	42	55%	15%	6%	35%	13 060	4%
3　Algeria（阿尔及利亚）	32 339	100	14	12%	92%	6%	3%	440	42%
4　Angola（安哥拉）	14 078	1 000	148	98%	39%	21%	0	10 510	0.2%
5　Antigua and Barbuda（安提瓜和巴布达）	73	2 400	0.1				0	1 370	
6　Argentina（阿根廷）	38 871	600	814	34%	16%	16%	66%	20 940	4%
7　Armenia（亚美尼亚）	3 052	600	10	60%	40%	13%	14%	3 450	28%
8　Aruba（阿鲁巴）	101								
9　Australia（澳大利亚）	19 913	500	492	89%	15%	4%	0	24 710	5%
10　Austria（奥地利）	8 120	1 100	78	71%	8%	8%	29%	9 570	3%
11　Azerbaijan（阿塞拜疆）	8 447	400	30	20%	22%	14%	73%	3 580	57%
12　Bahamas（巴哈马群岛）	317	1 300	0.02				0	63	
13　Bahrain（巴林）	739	100	0.1	3%	0	0	97%	157	258%
14　Bangladesh（孟加拉国）	149 664	2 700	1 211	7%	2%	0	91%	8 090	7%
15　Barbados（巴巴多斯）	271	2 100	0.1	10%	92%	2%		296	105%
16　Belarus（白俄罗斯）	9 852	600	58	64%	31%	31%	36%	5 890	5%
17　Belgium（比利时）	10 340	800	18	66%	5%	5%	34%	1 770	
18　Belize（伯利兹）	261	2 200	19				14%	71 090	1%

续表 1-9

国家和地区名称	人口（千人）	降水量（mm）	实际可更新水资源总量						人均水资源量（m³）	用水量占实际可更新水资源总量比例
			合计（×10⁹ m³）	占实际可更新水资源总量比例						
				地表水	地下水	重复量	入境量			
19　Benin（贝宁）	6 918	1 000	26	38%	7%	6%	61%		3 820	1%
20　Bermuda（百慕大群岛）	82	1 500								
21　Bhutan（不丹）	2 325	1 700	95	100%	0	95%	0.4%		40 860	
22　Bolivia（玻利维亚）	8 973	1 100	623	45%	21%	17%	51%		69 380	0.20%
23　Bosnia and Herzegovina（波斯尼亚和黑赛哥维那）	4 186	1 000	38						8 960	
24　Botswana（博茨瓦纳）	1 795	400	12	7%	14%	1%	80%		6 820	1%
25　Brazil（巴西）	180 654	1 800	8 233	66%	23%	23%	34%		45 570	1%
26　Brunei Darussalam（文莱）	366	2 700	9	100%	1%	1%	0		23 220	
27　Bulgaria（保加利亚）	7 829	600	21	94%	30%	26%	1%		2 720	49%
28　Burkina Faso（布基纳法索）	13 393	700	13	64%	76%	40%	0		930	6%
29　Burundi（布隆迪）	7 068	1 200	15	65%	48%	48%	35%		2 190	2%
30　Cambodia（柬埔寨）	14 482	1 900	476	24%	4%	3%	75%		32 880	1%
31　Cameroon（喀麦隆）	16 296	1 600	286	94%	35%	33%	4%		17 520	0.3%
32　Canada（加拿大）	31 744	500	2 902	98%	13%	12%	2%		91 420	2%
33　Cape Verde（佛得角）	473	400	0.3	60%	40%	0	0		630	9%
34　Central African Rep.（中非共和国）	3 912	1 300	144	98%	39%	39%	2%		36 910	0.02%
35　Chad（乍得）	8 854	300	43	31%	27%	23%	65%		4 860	0.5%

续表 1-9

国家和地区名称	人口（千人）	降水量（mm）	实际可更新水资源总量					人均水资源量（m³）	用水量占实际可更新水资源总量比例
			合计（×10⁹ m³）	占实际可更新水资源总量比例					
				地表水	地下水	重复量	入境量		
36 Chile（智利）	15 996	700	922	96%	15%	15%	4%	57 640	1.4%
37 China（中国）	1 320 892	600	2 830	96%	29%	26%	1%	2 140	21%
38 China,Taiwan Prov.（中国台湾）	22 894	2 400	67	94%	6%	0	0	2 930	
39 Colombia（哥伦比亚）	44 914	2 600	2 132	99%	24%	24%	1%	47 470	1%
40 Comoros（科摩罗）	790	1 800	1.2	17%	83%	0	0	1 520	
41 Congo,Dem Rep.（刚果民主共和国）	54 417	1 500	1 283	70%	33%	33%	30%	23 580	0.03%
42 Congo（刚果）	3 818	1 600	832	27%	24%	24%	73%	217 920	0.005%
43 Costa Rica（哥斯达黎加）	4 250	2 900	112	67%	33%	0	0	26 450	2%
44 Cote d'ivoire（科特迪瓦）	16 897	1 300	81	91%	47%	43%	5%	4 790	1%
45 Croatia（克罗地亚）	4 416	1 100	106	26%	10%	0	64%	23 890	
46 Cuba（古巴）	11 328	1 300	38	83%	17%	0	0	3 370	22%
47 Cyprus（塞浦路斯）	808	500	0.8	72%	53%	24%	0	970	31%
48 Czech Rep.（捷克共和国）	10 226	700	13	100%	11%	11%	0	1 290	20%
49 Denmark（丹麦）	5 375	700	6	62%	72%	33%	0	1 120	21%
50 Djibouti（吉布提）	712	200	0.3	100%	5%	5%	0	420	3%
51 Dominica（多米尼克）	79	3 400							
52 Dominican Republic（多米尼加共和国）	8 872	1 400	21	100%	56%	56%	0	2 370	16%
53 Ecuador（厄瓜多尔）	13 192	2 100	424	102%	32%	32%	0	32 170	4%

续表 1-9

国家和地区名称	人口（千人）	降水量（mm）	实际可更新水资源总量						人均水资源量（m³）	用水量占实际可更新水资源总量比例
			合计（×10⁹ m³）	占实际可更新水资源总量比例						
				地表水	地下水	重复量	入境量			
54　Egypt（埃及）	73 390	100	58	1%	2%	0	97%		790	118%
55　El Salvador（萨尔瓦多）	6 614	1 700	25	70%	24%	24%	30%		3 810	5%
56　Equatorial Guinea（赤道几内亚）	507	2 200	26	96%	38%	35%	0		51 280	0.4%
57　Eritrea（厄立特里亚）	4 297	400	6				56%		1 470	5%
58　Estonia（爱沙尼亚）	1 308	600	13	91%	31%	23%	1%		9 790	1%
59　Ethiopia（埃塞俄比亚）	72 420	800	122	16%	100%	16%	0		1 680	2%
60　Fiji（斐济）	847	2 600	29				0		33 710	0.2%
61　Finland（芬兰）	5 215	500	110	97%	2%	2%	3%		21 090	2%
62　France（法国）	60 434	900	204	87%	49%	48%	12%		3 370	20%
63　French Guiana（法属圭亚那）	182	2 900	134				0		736 260	
64　French Polynesia（法属波利尼西亚）	248									
65　Gabon（加蓬）	1 351	1 800	164	99%	38%	37%	0		121 390	0.1%
66　Gambia（冈比亚）	1 462	800	10	38%	6%	6%	63%		5 470	0.4%
67　Palestinian Territories（巴勒斯坦加沙地带）	1 376	300	0	0	82%	0	18%		41	
68　Georgia（格鲁吉亚）	5 074	1 000	63	90%	27%	25%	8%		12 480	6%
69　Germany（德国）	82 256	700	154	69%	30%	29%	31%		1 870	31%
70　Ghana（加纳）	21 377	1 200	50	55%	49%	47%	43%		2 490	1%
71　Greece（希腊）	10 977	700	74	75%	14%	11%	22%		6 760	10%

续表 1-9

国家和地区名称	人口 （千人）	降水量 （mm）	实际可更新水资源总量						人均 水资源量 （m³）	用水量占 实际可更 新水资源 总量比例
			合计 （×10⁹ m³）	占实际可更新 水资源总量比例						
				地表水	地下水	重复量	入境量			
72　Greenland （格陵兰）	57	600	603					0	10 578 950	
73　Grenada （格林纳达）	80	1 500								
74　Guadeloupe （瓜德罗普）	443	200								
75　Guatemala （危地马拉）	12 661	2 700	111	91%	30%	23%	2%		8 790	2%
76　Guinea （几内亚）	8 620	1 700	226	100%	17%	17%	0		26 220	1%
77　Guinea-Bissau （几内亚比绍共和国）	1 538	1 600	31	39%	45%	32%	48%		20 160	0.40%
78　Guyana （圭亚那）	767	2 400	241	100%	43%	43%	0		314 210	1%
79　Haiti （海地）	8 437	1 400	14	77%	15%	0	7%		1 660	7%
80　Honduras （洪都拉斯）	7 099	2 000	96	91%	41%	31%	0		13 510	1%
81　Hungary （匈牙利）	9 831	600	104	6%	6%	6%	94%		10 580	7%
82　Iceland （冰岛）	292	1 000	170	98%	14%	12%	0		582 190	0.1%
83　India （印度）	1 081 229	1 100	1 897	64%	22%	20%	34%		1 750	34%
84　Indonesia （印度尼西亚）	222 611	2 700	2 838	98%	16%	14%	0		12 750	3%
85　Iran,Islamic Rep. （伊朗）	69 788	200	138	71%	36%	13%	7%		1 970	53%
86　Iraq（伊拉克）	25 856	200	75	45%	2%	0	53%		2 920	57%
87　Ireland （爱尔兰）	3 999	1 100	52	93%	21%	19%	6%		13 000	2%
88　Israel （以色列）	6 560	400	2	15%	30%	0	55%		250	122%
89　Italy （意大利）	57 346	800	191	89%	22%	16%	5%		3 340	23%

续表 1-9

国家和地区名称	人口（千人）	降水量（mm）	实际可更新水资源总量						人均水资源量（m³）	用水量占实际可更新水资源总量比例
			合计（×10⁹ m³）	占实际可更新水资源总量比例					
				地表水	地下水	重复量	入境量		
90　Jamaica（牙买加）	2 676	2 100	10	59%	41%	0	0	3 510	4%
91　Japan（日本）	127 800	1 700	430	98%	6%	4%	0	3 360	21%
92　Jordan（约旦）	5 614	100	1	45%	57%	25%	23%	160	115%
93　Kazakhstan（哈萨克斯坦）	15 403	200	110	63%	6%	0	31%	7 120	32%
94　Kenya（肯尼亚）	32 420	700	30	57%	10%	0	33%	930	5%
95　Korea, Dem. Peoples Rep.（朝鲜）	22 776	1 400	77	86%	17%	16%	13%	3 390	12%
96　Korea, Rep.（韩国）	47 951	1 100	70	89%	19%	15%	7%	1 450	27%
97　Kuwait（科威特）	2 595	100	0.02	0	0	0	100%	8	2.227%
98　Kyrgyzstan（吉尔吉斯坦）	5 208	400	21	214%	66%	54%	0	3 950	49%
99　Lao Peoples Dem. Rep（老挝）	5 787	1 800	334	57%	11%	11%	43%	57 640	1%
100　Latvia（拉脱维亚）	2 286	600	35	47%	6%	6%	53%	15 510	1%
101　Lebanon（黎巴嫩）	3 708	700	4	93%	73%	57%	1%	1 190	31%
102　Lesotho（莱索托）	1 800	800	3	173%	17%	17%	0	1 680	2%
103　Liberia（利比里亚）	3 487	2 400	232	86%	26%	26%	14%	66 530	0
104　Libyan Arab Jamahiriya（利比亚）	5 659	100	1	33%	83%	17%	0	106	802%
105　Lithuania（立陶宛）	3 422	700	25	62%	5%	4%	38%	7 280	1%
106　Luxemburg（卢森堡）	459	900	3	32%	3%	3%	68%	9 750	
107　Macedonia, Fr Yugoslav Rep.（马其顿）	2 066	600	6	84%	0	0	16%	3 100	

续表 1-9

国家和地区名称	人口（千人）	降水量（mm）	实际可更新水资源总量						人均水资源量（m³）	用水量占实际可更新水资源总量比例
			合计（×10⁹ m³）							

国家和地区名称	人口（千人）	降水量（mm）	合计（×10⁹ m³）	地表水	地下水	重复量	入境量	人均水资源量（m³）	用水量占实际可更新水资源总量比例
108　Madagascar（马达加斯加）	17 901	1 500	337	99%	16%	15%	0	18 830	4%
109　Malawi（马拉维）	12 337	1 200	17	93%	8%	8%	7%	1 400	6%
110　Malaysia（马来西亚）	24 876	2 900	580	98%	11%	9%	0	23 320	2%
111　Maldives（马尔代夫）	328	2 000	0.03	0	100%	0	0	91	
112　Mali（马里）	13 409	300	100	50%	20%	10%	40%	7 460	7%
113　Malta（马耳他）	396	400	0.1	1%	99%	0	0	130	110%
114　Martinique（马提尼克）	395	2 600							
115　Mauritania（毛利塔尼亚）	2 980	100	11	1%	3%	0	96%	3 830	15%
116　Mauritius（毛里求斯）	1 233	2 000	3	86%	32%	18%	0	2 230	22%
117　Mexico（墨西哥）	104 931	800	457	79%	30%	20%	11%	4 360	17%
118　Moldova, Rep.（摩尔多瓦）	4 263	600	12	9%	3%	3%	91%	2 730	20%
119　Mongolia（蒙古）	2 630	200	35	94%	18%	11%	0	13 230	1%
120　Morocco（摩洛哥）	31 064	300	29	76%	34%	10%	0	930	44%
121　Mozambique（莫桑比克）	19 182	1 000	217	45%	8%	6%	54%	11 320	0.30%
122　Myanmar（缅甸）	50 101	2 100	1 046	84%	15%	14%	16%	20 870	3%
123　Namibia（纳米比亚）	2 011	300	18	23%	12%	0	66%	8 810	2%
124　Nepal（尼泊尔）	25 725	1 300	210	94%	10%	10%	6%	8 170	5%
125　Netherlands（荷兰）	16 227	800	91	12%	5%	5%	88%	5 610	9%

续表 1-9

国家和地区名称	人口 (千人)	降水量 (mm)	实际可更新水资源总量						人均水资源量 (m³)	用水量占实际可更新水资源总量比例
			合计 (×10⁹ m³)	占实际可更新水资源总量比例						
				地表水	地下水	重复量	入境量			
126 New Caledonia (新喀里多尼亚)(岛)	233	1 500								
127 New Zealand (新西兰)	3 904	1 700	327	0	0	1%			83 760	
128 Nicaragua (尼加拉瓜)	5 597	2 400	197	94%	30%	28%	4%		35 140	1%
129 Niger (尼日尔)	12 415	200	34	3%	7%	0	90%		2 710	6%
130 Nigeria (尼日利亚)	127 117	1 200	286	75%	30%	28%	23%		2 250	3%
131 Norway (挪威)	4 552	1 100	382	98%	25%	24%	0		83 920	1%
132 Oman (阿曼)	2 935	100	1	94%	97%	91%	0		340	137%
133 Pakistan (巴基斯坦)	157 315	300	223	21%	25%	22%	76%		1 420	76%
134 Panama (巴拿马)	3 177	2 700	148	97%	14%	12%	0		46 580	1%
135 Papua New Guinea (巴布亚新几内亚)	5 836	3 100	801	100%			0		137 250	0.01%
136 Paraguay (巴拉圭)	6 018	1 100	336	28%	12%	12%	72%		55 830	0.10%
137 Peru (秘鲁)	27 567	1 500	1 913	84%	16%	16%	16%		69 390	1%
138 Philippines (菲律宾)	81 408	2 300	479	93%	38%	30%	0		5 880	6%
139 Poland (波兰)	38 551	600	62	86%	20%	19%	13%		1 600	26%
140 Portugal (葡萄牙)	10 072	900	69	55%	6%	6%	45%		6 820	16%
141 Puerto Rico (波多黎各)	3 898	2 100	7				0		1 820	
142 Qatar (卡塔尔)	619	100	0.1	2%	94%	0	4%		86	554%
143 Reunion (留尼汪)	767	2 100	5	90%	56%	46%	0		6 520	

续表 1-9

国家和地区名称	人口（千人）	降水量（mm）	实际可更新水资源总量						人均水资源量（m³）	用水量占实际可更新水资源总量比例
			合计（×10⁹ m³）	占实际可更新水资源总量比例						
				地表水	地下水	重复量	入境量			
144 Romania（罗马尼亚）	22 280	600	212	20%	4%	4%	80%		9 510	11%
145 Russian Federation（俄罗斯）	142 397	500	4 507	90%	17%	11%	4%		31 650	2%
146 Rwanda（卢旺达）	8 481	1 200	5	100%	69%	69%	0		610	1%
147 Saint Helena（圣赫勒拿）	5	800								
148 Saint Kitts and Nevis（圣基茨和尼维斯）	42	2 100		15%	85%	0	0		560	
149 Saint Lucia（圣卢西亚岛）	150	2 300								
150 Saint Vincent and the Grenadines（圣文森特和格林纳丁斯）	121	1 600								
151 Samoa（萨摩亚群岛）	180	3 000								
152 Sao Tome and Principe（圣多美和普林西比）	165	2 200	2.2						13 210	
153 Saudi Arabia（沙特阿拉伯）	24 919	100	2.4	92%	92%	83%	0		96	722%
154 Senegal（塞内加尔）	10 339	700	39	60%	19%	13%	33%		3 810	4%
155 Serbia and Montenegro（塞尔维亚和黑山）	10 519			20%	1%	1%	79%		19 820	
156 Seychelles（塞舌尔）	82	2 000								
157 Sierra Leone（塞拉利昂）	5 168	2 500	160	94%	31%	25%	0		30 960	0.2%
158 Singapore（新加坡）	4 315	2 500	0.6						139	

续表 1-9

国家和地区名称	人口（千人）	降水量（mm）	实际可更新水资源总量						人均水资源量（m³）	用水量占实际可更新水资源总量比例
			合计（×10⁹ m³）	占实际可更新水资源总量比例						
				地表水	地下水	重复量	入境量			
159　Slovakia（斯洛伐克）	5 407	800	50	25%	3%	3%	75%		9 270	
160　Slovenia（斯洛文尼亚）	1 982	1 200	32	58%	42%	42%	41%		16 080	
161　Solomon Islands（所罗门群岛）	491	3 000	45						91 040	
162　Somalia（索马里）	10 312	300	14	40%	23%	21%	56%		1 380	23%
163　South Africa（南非）	45 124	500	50	86%	10%	6%	10%		1 110	31%
164　Spain（西班牙）	41 128	600	112	98%	27%	25%	0		2 710	32%
165　Sri Lanka（斯里兰卡）	19 218	1 700	50	98%	16%	14%	0		2 600	25%
166　Sudan（苏丹）	34 333	400	65	43%	11%	8%	77%		1 880	58%
167　Suriname（苏里南）	439	2 300	122	72%	66%	66%	28%		277 900	1%
168　Swaziland（斯威士兰）	1 083	800	4.5				41%		4 160	18%
169　Sweden（瑞典）	8 886	600	174	98%	11%	11%	2%		19 580	2%
170　Switzerland（瑞士）	7 164	1 500	54	76%	5%	5%	24%		7 470	5%
171　Syrian Arab Rep.（叙利亚）	18 223	300	26	18%	16%	8%	80%		1 440	76%
172　Tajikistan（塔吉克斯坦）	6 298	500	16	396%	38%	19%	17%		2 540	75%
173　Tanzania（坦桑尼亚）	37 671	1 100	91	88%	33%	31%	10%		2 420	2%
174　Thailand（泰国）	63 465	1 600	410	48%	10%	7%	49%		6 460	21%
175　Togo（多哥）	5 017	1 200	15	73%	39%	34%	22%		2 930	1%
176　Tonga（汤加）	105	2 000								

续表 1-9

国家和地区名称	人口（千人）	降水量（mm）	实际可更新水资源总量					人均水资源量（m³）	用水量占实际可更新水资源总量比例
			合计（×10⁹ m³）	占实际可更新水资源总量比例					
				地表水	地下水	重复量	入境量		
177　Trinidad and Tobago（特立尼达和多巴哥）	1 307	1 800	3.8				0	2 940	8%
178　Tunisia（突尼斯）	9 937	300	4.6	68%	32%	9%	9%	460	60%
179　Turkey（土耳其）	72 320	600	214	87%	32%	13%	1%	2 950	18%
180　Turkmenistan（土库曼斯坦）	4 940	200	25	4%	1%	0	97%	5 000	100%
181　Uganda（乌干达）	26 699	1 200	66	59%	44%	44%	41%	2 470	
182　Ukraine（乌克兰）	48 151	600	140	36%	14%	12%	62%	2 900	27%
183　United Arab Emirates（阿拉伯联合酋长国）	3 051	100	0.2	100%	80%	80%	0	49	1 538%
184　United Kingdom（英国）	59 648	1 200	147	98%	7%	6%	1%	2 460	6%
185　United States of America（美国）	297 043	700	3 051				8%	10 270	16%
186　Uruguay（乌拉圭）	3 439	1 300	139	42%	17%	17%	58%	40 420	2%
187　Uzbekistan（乌兹别克斯坦）	26 479	200	50	19%	17%	4%	77%	1 900	116%
188　Venezuela, Bolivarian Rep.（委内瑞拉）	26 170	1 900	1 233	57%	18%	17%	41%	47 120	1%
189　Viet Nam（越南）	82 481	1 800	891	40%	5%	4%	59%	10 810	8%
190 Palestine Territories（巴勒斯坦）	2 386		0.8	10%	90%	0	0	320	
191　Yemen（也门）	20 733	200	4	98%	37%	34%	0	198	162%

续表 1-9

国家和地区名称	人口（千人）	降水量（mm）	实际可更新水资源总量						人均水资源量（m³）	用水量占实际可更新水资源总量比例
			合计（×10⁹m³）	占实际可更新水资源总量比例					
				地表水	地下水	重复量	入境量		
192　Zambia（赞比亚）	10 924	1 000	105	76%	45%	45%	24%	9 630	2%
193　Zimbabwe（津巴布韦）	12 932	700	20	66%	25%	20%	39%	1 550	13%
全球陆地	6 587 232	807	55 150					8 372	7%

注：1. 实际可更新水资源总量为考虑国际河流的分水协议及上游用水消耗后，一个国家或地区的水资源总量。

2. 资料来源：Water：A Shared Responsibility，The United Nations World Water Development Report 2（2006）。

1.3.5.1　美国水资源概况

美国地处北美洲中部，总面积 937 万 km²。辽阔的地域上平原、山脉、丘陵、沙漠、湖泊、沼泽等各种地貌类型均有分布，山地占国土面积的 1/3，丘陵及平原占 2/3，境内地势东、西两侧高，中间低，东部与西部大致以南北向的落基山东麓为界，也是美国太平洋水系和大西洋水系的分水岭，两边的气候和自然条件差异较大。美国大陆多年平均年降水量为 760 mm，分布不均匀。一般来说，西部降水少于东部。最多在太平洋西北地区，可达5 080 mm，最少在亚利桑那州和加利福尼亚州南部，多年平均年降水量只有 127 mm。以西经 95°为界，可将美国本土划分成两个不同区域：西部 17 个州为干旱和半干旱区，年降水量在 500 mm 以下，西部内陆地区只有 250 mm 左右，科罗拉多河下游地区不足 90 mm，是全美水资源较为紧缺的地区；东部年降水量为 800~1 000 mm，是湿润与半湿润地区。美国水资源总量为 29 702 亿 m³，人均水资源量接近 12 000 m³，是水资源较为丰富的国家之一。

美国河流大都为南北走向，主要水系为：墨西哥湾水系，由密西西比河及格兰德河等河流构成，流域面积占美国本土面积的 2/3；太平洋水系，包括科罗拉多河、哥伦比亚河、萨克拉门托河等；大西洋水系，包括波托马克河以及哈得逊河等；白令海水系，由阿拉斯加州的育空河及其他诸河构成；北冰洋水系，包括阿拉斯加州注入北冰洋的河流。

1.3.5.2　英国水资源概况

大不列颠和北爱尔兰联合王国（简称英国）由大不列颠岛和爱尔兰岛北部以及附近约 5 500 个岛屿组成，国土面积约 24.4 万 km²，人口 5 600 万。气候属海洋性温带阔叶林气候。全国年平均降水量约 1 100 mm，折合降水总量 2 684 亿 m³。苏格兰多年平均年降水量 1 431 mm，而英格兰只有 912 mm。全国降水量年际、年内分配比较均匀。每年 3~6月的降水量可占全年的 27%。7 月至次年 2 月的降水量占全年的 73%。全国河川多年平均年径流量为 1 200 亿 m³。英国水管理的主要任务是供水和水环境保护。英国的供水水源大部分为地表水，地下水在总供水量中占 30% 左右，并有逐年减少的趋势。

1.3.5.3　法国水资源概况

法国国土面积约 55.1 万 km^2,地势西北低而东南高,平原面积占全国面积的 60%,丘陵地区面积占全国面积的 20%。西南与西班牙接境处为比利牛斯山区。气候受海洋性气候、大陆性气候和地中海气候影响,除南部地区属亚热带地中海气候外,大部分地区属海洋性温带阔叶林气候。全国多年平均年降水量约 820 mm,折合降水总量 4 500 亿 m^3。全国多年平均年河川径流量约 1 800 亿 m^3。降水在地区分布也不均匀,地中海沿岸、部分大西洋沿岸和内陆区年降水量不足 600 mm,而东部洛林地区及西南部阿坤廷盆地年降水量可达 900 mm,有的山区年降水量可高达 2 000 mm,全国多年平均年径流量为 1 850 亿 m^3。

1.3.5.4　日本水资源概况

日本为岛国,国土面积 37.7 万 km^2,其中本州岛为最大,面积 22.74 万 km^2。日本列岛北起北海道,南至冲绳岛,南北长约 3 000 km,而东西宽则只有 300 km,因此南北气候差异较大,但均属海洋性气候。北部冬季降雪较多,每到春季有较大融雪径流发生,中部和南部气候与中国江南相似,但梅雨天气常出现于 6、7 月间,而在 8、9 月间又常受到热带风暴袭击,并带来暴雨洪水,在这一点上又和中国东部有相似之处。

在日本,山地丘陵约占日本国土面积的 72%,平原地区只占国土面积的 28%。东京一带的关东平原是日本最大的平原,占总平原面积的 15%。山脉在日本北部呈南北走向,而南部的山脉则呈东西走向,两者相交于本州的东部,即“中央山结”地区。世界闻名的富士山就位于这个山结地区。日本的耕地面积约 421 万 hm^2,耕地面积占日本国土面积的 11%。日本的森林覆盖率较高,达 67%。

日本全国多年平均年降水量为 1 800 mm,北海道中部地区年降水量不足 1 000 mm,而西南太平洋沿岸和中部日本海沿岸的一些地区可达到 3 000 mm 以上。日本全国的多年平均年径流量(以河川径流量计算)为 5 470 亿 m^3,但年际变化较大。

日本河流的特点是全部为中小河流,源短流急。最大的河流是利根川,流域面积不过 16 840 km^2,全流域多年平均年降水量 1 190 mm,洪枯水比例相差悬殊,洪水是利根川水资源治理利用的大问题。日本最大的淡水湖泊是琵琶湖,湖面面积约 674 km^2,最大湖水深可达 104 m。

1.3.5.5　印度水资源概况

印度位于南亚次大陆,伸入印度洋形成印度半岛,海岸线共长 6 080 km,国土面积 297 万 km^2。其西北边境为喜马拉雅山区,海拔高于 7 000 m;中部为平原,包括印度河平原和恒河平原;南部为高原,平均海拔 600 m。印度气候各地差异较大,半岛的大部分地区属季风型热带草原气候,半岛西南部为热带雨林气候,恒河流域属季风型亚热带森林气候,但内陆地区如印度河平原则属亚热带草原沙漠气候,比较干旱少雨,西北部属于山地气候,垂直温差较大。印度全国多年平均年降水量为 1 170 mm,无论在时程分配上或地区分布上都十分不均匀。印度的东北部气候湿润,降水较多,其中阿萨姆邦降水最多,年降水量达 4 000 mm 以上,是世界上年降水量最多的地区之一;而中部地区拉贾斯坦沙漠地区年降水量仅 100 ~ 200 mm,气候干旱。印度年降水的时程分布受季风影响明显。影响印度的季风有来自阿拉伯海方向的西南季风和来自孟加拉湾方向的东北季风,前者多发生在6～9月,后者则发生在1～2月。在西南季风期间降水十分集中,6～9月的降水量可占全年降水量的74%,而季风前(3～5月)降水量占全年的10%,季风后(10～12月)的降水量占全年的13%,冬季或东北季风期(1～2月)的降水量只占全年的2.6%。

印度的河流包括五大水系,即恒河、布拉马普特拉河(上游为雅鲁藏布江)、印度河、南部沿海诸河和西部沿海诸河。前面三大水系都源于喜马拉雅山区,其补给源来自融雪、冰川和降水,河川径流量大,且无论是年内分配和年际变化都不算大;而后两大水系来水主要受季风气候影响,雨季流量很大,旱季的枯水径流量较小。

恒河是印度流域面积最大的河流,流域面积有97.6万 km²,多年平均年径流量为5 100亿m³。而发源于中国西藏境内的布拉马普特拉河,流域面积为58万 km²,但因流经雨量丰沛地区,其多年平均年径流量达5 400亿 m³,是印度各河中年径流量最丰富的河流。印度河也发源于中国西藏,在西藏境内称森格藏布,或称狮泉河,总流域面积96万km²,其中在巴基斯坦境内的有56.1万 km²,年径流总量为2 072亿 m³,而在印度境内的年径流量只有770亿 m³。东部沿海水系的马哈那迪河及哥达维利河以北(不包括哥达维利河)的河流共有流域面积13万多 km²,年径流量为1 230亿 m³。而哥达维利河和科里希纳河共有流域面积约57万 km²,年径流量近2 250亿 m³。西部沿海水系有塔普蒂河、纳尔马达河等,流域面积总共约16万 km²,年径流量共3 050亿 m³。印度境内河川年径流量总计约20 850亿 m³。

1.3.5.6　巴西水资源概况

巴西位于南美洲大陆东部,国土东西长与南北长大致相等,国土面积约851万 km²,在南美洲是国土面积最大的国家。国土的多半为高原,少半是平原和低地。大部分地区属热带,但气候比较温和,森林资源丰富,覆盖率达67%,森林资源在世界各国中占第2位。

巴西的降水十分丰沛,全国多年平均年降水量达1 000 mm以上。每年的1～6月为湿季,降水量占全年的90%。亚马孙河上游及其河口地区和圣保罗州临海地区,年降水量大于2 000 mm。巴西东北地区降水较少,年降水量小于1 000 mm,其余大部地区年降水量为1 000～1 500 mm。巴西年河川径流总量为82 330亿 m³,在世界各国中占第1位。

亚马孙河全流域面积约705万 km²,是世界第一大河,全流域多年平均年径流量69 380亿 m³,相当于全球河川年径流量的15%,是中国全国河川年径流总量的2.56倍。亚马孙河流域在巴西境内有4 787 787 km²,占巴西全国面积的56%。

第2章　中国水资源及其开发利用状况

2.1　水资源调查评价

2.1.1　区域气候特征

　　中国位于亚欧大陆东部,太平洋西岸,北端自漠河以北黑龙江主航道中心线至最南端南沙群岛的曾母暗沙,东端自黑龙江与乌苏里江汇合处到最西端的新疆帕米尔高原边界,处于海洋和大陆气流场的交互作用带,是世界上季风气候最为显著的国家之一。

　　海洋和陆地热力性质的差异以及太阳辐射随季节的变化,导致冬夏间海洋与陆地上气压的季节变化,使得我国形成了典型的大陆性季风气候。受大陆性季风气候的影响,我国气候季节变化明显,冬季寒冷干燥,多偏北风;夏季温暖湿润,多偏南风。同时形成了气温年较差大、降水集中于夏季、降水的强度和变化幅度大的特点,大陆性季风气候显著的特点使我国夏季普遍高温多雨,雨热同期。

　　由于我国幅员辽阔、地形复杂,气候具有复杂多样的特点。不同温度带和干湿区是气候复杂多样的重要标志。我国自北向南有寒温带、中温带、暖温带、亚热带、热带和独特的青藏高寒区,从沿海向内陆有湿润区、半湿润区、半干旱区和干旱区,水热配合类型多,气候复杂多样。如在中温带中可划分中温带湿润地区、中温带半湿润地区、中温带半干旱地区、中温带干旱地区等,造成气候类型十分复杂。我国地形复杂多样,山脉纵横,气候垂直变化显著,更增添了气候的复杂性。

　　与世界同纬度的其他国家或地区相比,我国是大陆性气候特征最为显著的国家之一,具有冬季严寒、夏季炎热的特点。大部分地区冬季温度比世界上同纬度其他地区偏低5～15 ℃。全国气温年较差大,南岭以南地区在20 ℃以内,长江中下游一带在20～30 ℃,华北地区在30～40 ℃,东北地区在40 ℃以上,都远大于同纬度的其他国家或地区。

2.1.2　地形地貌特点

　　我国的地形地貌的特点为:地势西高东低,呈阶梯状分布;山脉众多,起伏显著;地貌类型复杂多样。

2.1.2.1　地势西高东低,呈阶梯状分布

　　我国地势西高东低,自西向东逐级下降,形成一个阶梯状斜面,呈三级阶梯状分布,形成我国地貌总轮廓的显著特征。

　　西南部的青藏高原,平均海拔在4 000 m以上,为第一阶梯;大兴安岭—太行山—巫山—云贵高原东一线以西与第一阶梯之间为第二阶梯,海拔在1 000～2 000 m,主要为高原和盆地;第二阶梯以东,海平面以上的陆面为第三阶梯,海拔在500 m以下,主要为丘陵

和平原。

西高东低、呈阶梯状下降的地势地貌特点,对河流的影响最显著。我国著名的大江大河,大都发源于第一、二级地形阶梯上。在地势呈阶梯状急剧下降的地段,河流下切,坡陡流急,峡谷栉比,水力资源丰富,适宜大型水利枢纽工程的梯级开发。

2.1.2.2　山脉众多,起伏显著

我国是一个多山的国家,山地占全国总面积的 1/3。从最西的帕米尔高原到东部的沿海地带,从最北的黑龙江畔到南海之滨,众多山脉,纵横交错,构成了我国地貌基本骨架,控制着地貌形态类型空间分布的格局。如果把分割的高原、盆地中崎岖不平的山地性高原、黄土高原、丘陵性高原、方山丘陵性盆地,连同起伏和缓的丘陵在内称为广义的山地,约占全国陆地总面积的 65%。

我国山脉虽然纵横交错,分布范围广泛,但其分布具有一定的规律性,不仅是构成宏观地貌分布格局的骨架,而且也是重要的地理分界线。根据走向,我国山脉可以分为南北走向、东西走向、北西走向、北东走向四种类型。众多的山脉纵横交织,把中国大地分隔成许多网格,镶嵌于这些网格中的分别是高原、盆地、平原和海盆,从而构成我国地貌网格状分布的格局。

起伏显著、地区间海拔差别大也是我国地貌的特色。起伏显著的地表,在各地形成不同类型的山地垂直景观,使我国的自然地理环境更加复杂。

2.1.2.3　地貌类型多样,地形复杂

我国地域辽阔,地质构造、地表组成物质及气候水文条件都很复杂,按地貌形态不同可分为山地、高原、丘陵、盆地、平原五大基本类型。山地和高原的面积最广,分别占全国面积的 33% 和 26%;其次是盆地,占 19%;丘陵和平原占的比例都较小,分别为 10% 和 12%。高山、高原以及大型内陆盆地主要分布于西部地区,丘陵、平原以及较低的山地多位于东部地区。

除以上五种基本地貌类型外,由于地势垂直起伏大,海陆位置差异明显所引起的外营力的地区差别及地表组成物质不同等,我国还形成了冰川、冰缘、风沙、黄土、喀斯特、火山、海岸等多种特殊地貌。

2.1.3　主要流域水系与水资源分区

中国是世界上河流众多的国家之一,绝大多数河流分布在气候较为湿润和多雨的东部与南部地区,西北地区则河流稀少,且有较大范围的无流区。全国流域面积在 50 km² 以上的河流有 45 203 条,总长度为 150.85 万 km;流域面积在 100 km² 及以上的河流有 22 909 条,总长度为 111.46 万 km;大于 1 000 km² 的有 2 221 条,总长度为 13.25 万 km,主要集中在长江、黄河、珠江、淮河、海河、松花江和辽河等大江大河流域内。

河流按其最后归宿可划分为两类:一类为注入海洋的外流河;另一类为流入封闭的湖(泊)沼(泽)或消失于沙漠的内流河(或称内陆河)。我国内流河与外流河的地理界线大致北起大兴安岭西麓,基本上沿东北—西南方向,经阴山、贺兰山、祁连山、日月山、巴颜喀拉山、念青唐古拉山、冈底斯山以及青藏高原西南缘一线,以东地区的河流基本为外流河,以西的河流主要为内流河。中国外流河流域面积约占全国面积的 64%,其多年平均降水

总量约占全国降水总量的91%,河川径流量约占全国河川径流量的96%;内流河流域面积约占全国面积的36%,多年平均降水总量约占全国降水总量的9%,河川径流量约占全国河川径流量的4%。

　　根据我国河流径流情势、水资源分布特点及自然地理条件,按其相似性对我国的水资源进行分区。水资源分区除考虑水资源分布特征及自然条件的相似性或一致性外,还需兼顾水系和行政区划的完整性,便于按流域与行政分区统一评价、规划和管理水资源,满足农业规划、流域规划、水资源估算和供需平衡分析等的要求。全国按流域水系划分为10个水资源一级区;在一级区划分的基础上,按基本保持河流完整性的原则,划分为80个二级区;结合流域分区与行政区域,进一步划分为214个三级区。全国水资源分区见图2-1和表2-1。

图 2-1　全国水资源一级区示意图
表 2-1　全国水资源分区

水资源一级区	水资源二级区	水资源三级区个数
松花江区	额尔古纳河、嫩江、第二松花江、松花江(三岔口以下)、黑龙江干流区间、乌苏里江、绥芬河、图们江	18
辽河区	西辽河、东辽河、辽河干流、浑太河、鸭绿江、东北沿黄渤海诸河	12
海河区	滦河及冀东沿海、海河北系、海河南系、徒骇马颊河	15
黄河区	龙羊峡以上、龙羊峡至兰州、兰州至河口镇、河口镇至龙门、龙门至三门峡、三门峡至花园口、花园口以下、内流区	29

续表 2-1

水资源一级区	水资源二级区	水资源三级区个数
淮河区	淮河上游、淮河中游、淮河下游、沂沭泗河、山东半岛沿海诸河	15
长江区	金沙江石鼓以上、金沙江石鼓以下、岷沱江、嘉陵江、乌江、宜宾至宜昌、洞庭湖、汉江、鄱阳湖、宜昌至湖口、湖口以下干流、太湖	45
东南诸河区	钱塘江、浙东诸河、浙南诸河、闽东诸河、闽江、闽南诸河、台澎金马诸河	11
珠江区	南北盘江、红柳江、郁江、西江、北江、东江、珠江三角洲、韩江及粤东诸河、粤西桂南沿海诸河、海南岛及南海各岛诸河	22
西南诸河区	红河、澜沧江、怒江及伊洛瓦底江、雅鲁藏布江、藏南诸河、藏西诸河	14
西北诸河区	内蒙古内陆河、河西内陆河、青海湖、柴达木盆地、吐哈盆地小河、阿尔泰山南麓诸河、中亚西亚内陆河区、古尔班通古特荒漠区、天山北麓诸河、塔里木河源、昆仑山北麓小河、塔里木河干流、塔里木盆地荒漠区、羌塘高原内陆区	33

2.1.4 水资源数量[1]

2.1.4.1 降水量

1. 多年平均降水量

根据第二次全国水资源评价成果,全国 1956~2000 年多年平均年降水深为 649.9 mm,相应多年平均年降水量为 61 775 亿 m³。南方地区(包括东南诸河、珠江、西南诸河和长江 4 个水资源一级区,下同)面积占全国面积的 36.3%,多年平均年降水量占全国的 67.8%。北方地区(包括松花江、辽河、黄河、淮河、海河和西北诸河 6 个水资源一级区,下同)面积占全国面积的 63.7%,多年平均年降水量占全国的 32.2%。近 50 年来,全国降水量的变化不大,但北方地区的变化十分显著,整体呈现由偏丰向偏枯状态发展,20 世纪 90 年代以来,少雨成为了北方多数流域的共同特征。

2. 地区分布

受季风气候和地形的影响,中国降水空间分布极不均匀,总体特点是:东南地区降水量大,西北地区降水量小;山丘区降水普遍大于平原区,山地迎风坡降水多于背风坡。长江以南的湘赣山区、浙江、福建、广东大部、广西东部地区、云南西南部、西藏东南隅、四川西部山区、台湾、香港以及澳门等地多年平均年降水深超过 1 600 mm,其中海南山区多年平均年降水深超过 2 000 mm,中印边境东端一些地区,多年平均年降水深达 6 000 mm 以上。沂沭泗流域下游、淮河秦岭以南、长江中下游和云南、贵州、四川、广西等省(自治区)

---

[1] 本节中的全国水资源数量含台湾省和香港及澳门特别行政区,数据来源于《中国水资源及其开发利用调查评价》,中国水利水电出版社,2014。

的大部多年平均年降水深在 800 ~ 1 600 mm。华北平原,东北三省(除长白山区外,平均年降水深可达 1 000 mm),山西和陕西两省大部分地区,甘肃、青海东南部,新疆北部、西部山区,四川西北部和西藏东部等地区多年平均年降水深在 400 ~ 800 mm。东北西部、内蒙古东部、宁夏东南部、甘肃大部、青海、新疆部分山地和西藏部分地区多年平均年降水深在 200 ~ 400 mm。内蒙古西部,宁夏西北部,甘肃北部,青海柴达木盆地,新疆塔里木盆地、准噶尔盆地,藏北高原大部等地区多年平均年降水深在 200 mm 以下,其中藏西北地区降水深在 100 mm 以下,塔里木盆地和东疆平均年降水深不足 25 mm。根据第一、第二次全国水资源评价绘制的 1956 ~ 1979 年系列和 1980 ~ 2000 年系列中国年均降水深等值线图中等雨量线的分布可以看出,200 mm、400 mm 和 800 mm 等雨量线略呈南移东扩态势,西部、东北北部和南方大部分地区年降水量呈增加趋势,其中以南方沿海降水增加最多。全国多年平均年降水深等值线图(1956 ~ 2000 年)见图 2-2。

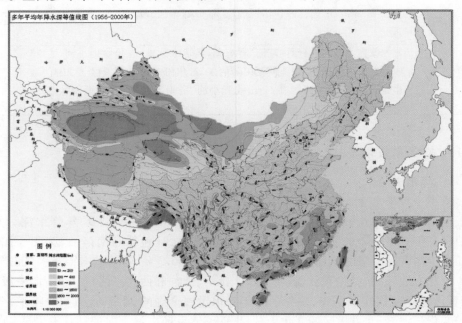

图 2-2　全国多年平均年降水深等值线图(1956 ~ 2000 年)

3. 年际与年内变化

全国降水在年内分配上很不均匀,降水集中程度较高。我国雨带的移动与副热带高压脊线的季节性移动密切相关,具有明显的季节性推移规律,各地雨季出现及持续时间长短不一,降水季节分配极不均匀。我国大部分地区在汛期 4 个月内的降水量占全年降水量的 60% ~ 80%,北方地区降水更为集中,海河区、松花江区和辽河区汛期 4 个月内的降水量占全年降水量均超过了 75%。我国从南到北的汛期最大 4 个月的期间不同,分别为 4 ~ 7 月、5 ~ 8 月、6 ~ 9 月和 7 ~ 10 月不等。全年中连续 3 个月最小降水量占全年降水量的比值,由南到北的变化为 10% ~ 3%。

我国降水的年际变化大。西北地区降水年际变化最大,大部分地区变差系数 C_v 值在 0.40 以上,西北三大干旱盆地超过了 0.60,其中塔里木盆地和准噶尔盆地局部地区超过

0.70;东北地区和华北大部一般在 0.30 左右,局部地区超过 0.40;自祁连山、秦岭、淮河至沂蒙山一线以南地区,年降水深变差系数一般在 0.25 以下;西南地区降水年际变化最小,变差系数一般在 0.20 以下。最大年降水深和最小年降水深的比值,西北地区最大,大部分地区超过 10;东北大部分地区一般为 2~4;华北地区一般为 3~6,局部超过 6;江南和华南地区一般在 4 以下,西南地区最小,在 2.5 以下。与世界同纬度的其他地区相比,我国降水的年际变化要大一些。

2.1.4.2　蒸发量

1. 水面蒸发

水面蒸发主要受气压、气温、地温、湿度、风力、辐射等气象因素的综合影响。一般而言,随日照和辐射等因素的变化,空气中水汽含量的饱和程度差异很大,总体而言,空气中水汽饱和程度越低,水面蒸发越大。水面蒸发量是表征一个地区蒸发能力的重要参数。

在我国,多年平均年水面蒸发量变化各地差别较大。总体而言,高温、干燥地区的水面蒸发量大,低温、湿润地区的水面蒸发量小;西部地区普遍高于东部地区,北方地区一般高于南方地区,平原地区一般高于山丘区。

内蒙古东北端、黑龙江大部、辽宁东部及长江中下游地区多年平均年水面蒸发量在800 mm 以下,其中大兴安岭北部不足 500 mm。西北的高原和盆地、青藏高原以及云南中西部的干热河谷等地区多年平均年水面蒸发量在 1 200 mm 以上。其中,从内蒙古高原西部向西到阿拉善高原北部、新疆东北局部地区多年平均年水面蒸发量高达 2 400 mm。东北平原大部、海河流域、淮河流域、黄河中下游、长江上游局部及下游局部、珠江中下游、东南诸河、西南诸河大部以及青藏高原部分地区多年平均年水面蒸发量为 800~1 200 mm。根据实测资料分析,西北诸河区黑河流域的拐子湖站,多年平均水面蒸发量高达 2 777 mm,是全国最高值;长江区思南以下的沿河站,多年平均水面蒸发量为 440 mm,是全国最低值。全国多年平均年水面蒸发量等值线图(1980~2000 年)见图 2-3。

我国水面蒸发量年际变化及其地区差异较降水量变化小,总体上北方地区变幅和地区差异大于南方地区。全国水面蒸发量变差系数变化范围在 0.07~0.18,最大年水面蒸发量和最小年水面蒸发量的比值一般为 1.3~1.9。

2. 陆地蒸发

陆地蒸发量是指当地降水量中通过陆地表面土壤蒸发和植物蒸散发以及水体蒸发而消耗的总水量,这部分水量也是当地降水形成的土壤水补给通量。经对各流域水文循环平衡要素的分析计算,1956~2000 年全国多年平均年陆地蒸发量为 356.9 mm,相当于同期多年平均年降水深的 55.0%。其中,北方地区多年平均年陆地蒸发量为 248.5 mm,相当于其多年平均年降水深的 75.8%,南方地区多年平均年陆地蒸发量为 547.3 mm,相当于其多年平均年降水深的 45.1%,见表 2-2。

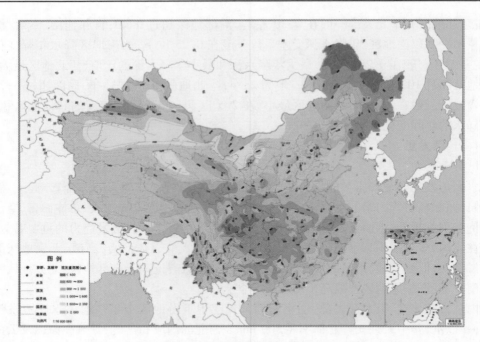

图 2-3　全国多年平均年水面蒸发量等值线图(1980～2000 年)

表 2-2　水资源一级区陆地蒸发量

水资源一级区	多年平均年陆地蒸发量(mm)	与相应降水量比(%)
松花江区	358.3	71.0
辽河区	400.0	73.4
海河区	425.4	79.5
黄河区	361.3	81.5
淮河区	599.9	71.5
长江区	533.4	49.1
其中太湖流域	743.2	62.8
东南诸河区	701.3	39.3
珠江区	734.0	47.4
西南诸河区	404.1	37.1
西北诸河区	125.8	78.0
北方地区	248.5	75.8
南方地区	547.3	45.1
全国	356.9	55.0

3. 干旱指数

干旱指数为年水面蒸发量与年降水深的比值,是反映一个地区气候干湿程度的综合指标。以干旱指数对全国各地区进行分类,可将全国分为干旱区(干旱指数大于7.0)、半干旱区(干旱指数为3.0~7.0)、半湿润区(干旱指数为1.0~3.0)、湿润区(干旱指数为0.5~1.0)和十分湿润区(干旱指数小于0.5)5个分区。

十分湿润区主要分布在湖南中部山地,江西、湖北、湖南三省交界山区,安徽、浙江、福建、江西四省交界山丘区,广西西北部山区及西藏东南部山地,香港、澳门及台湾大部等;湿润区主要分布在秦岭、淮河以南、青藏高原东部以及云南西南部和西藏东南角;半湿润区主要分布在青藏高原东部、云贵高原中部、华北平原、松辽平原及内蒙古东部;半干旱区主要分布在西藏中部、青海西部、甘肃中部、宁夏、陕西西北及内蒙古中部等地区;干旱区主要分布在西北诸河的内蒙古高原西部、河西走廊以北地区、柴达木盆地、塔里木盆地、准噶尔盆地及青藏高原西北部沙漠及半沙漠区。

2.1.4.3　地表水资源量

地表水资源量是指由当地降水形成的河流、湖泊、冰川等地表水体中可以逐年更新的动态水量,用天然河川径流量表示。根据第二次全国水资源评价成果,全国1956~2000年多年平均地表水资源量为27 388亿 m^3,折合年径流深288.1 mm,见表2-3。南方地区多年平均地表水资源量为23 010亿 m^3,占全国的84.0%。北方地区为4 378亿 m^3,占全国的16.0%。近50年来,全国地表水资源量变化不大,但北方地区的年代变化十分显著,整体呈现由偏丰向偏枯状态发展,其中海河区和辽河区地表水资源量衰减较为剧烈。

表2-3　水资源一级区水资源总量

水资源一级区	降水量(亿 m^3)	地表水资源量(亿 m^3)	地下水资源量(亿 m^3)		水资源总量(亿 m^3)	产水系数
			资源量	其中重复量		
松花江区	4 719	1 296	478	282	1 492	0.32
辽河区	1 713	408	203	113	498	0.29
海河区	1 712	216	235	81	370	0.22
黄河区	3 544	607	376	264	719	0.20
淮河区	2 767	677	397	162	911	0.33
长江区	19 370	9 856	2 492	2 390	9 958	0.51
其中太湖流域	434	160	53	37	176	0.41
东南诸河区	4 372	2 656	666	647	2 675	0.61
珠江区	8 973	4 723	1 163	1 149	4 737	0.53
西南诸河区	9 186	5 775	1 440	1 440	5 775	0.63
西北诸河区	5 421	1 174	770	668	1 276	0.24
北方地区	19 875	4 378	2 458	1 569	5 267	0.27
南方地区	41 900	23 010	5 760	5 625	23 145	0.55
全国	61 775	27 388	8 218	7 194	28 412	0.46

注:数据来源于第二次水资源综合规划。

1. 地区分布

地表水资源量的分布除受降水的影响外,还受下垫面条件以及人类活动等多种因素的影响。因此,其分布趋势基本上与降水量相似,也是由东南向西北递减,但其不均匀性比降水量更为突出。东南诸河区大部、珠江区东部和南部、长江区东南部、西南诸河区西藏东南部和云南西南边陲地带以及长江流域中上游的湖南、重庆、四川交界的山地多年平均径流深大于 800 mm,其中雅鲁藏布江下游中印边界一带径流深高达 5 000 mm;黑龙江、吉林、辽宁东部山地、淮河流域、长江流域大部、西南诸河云南大部及西藏东部、珠江流域西江上游以及黄河中上游部分地区多年平均径流深为 200~800 mm;松嫩平原、三江平原、辽河下游平原、华北平原大部、大兴安岭、长白山西侧山地、燕山和太行山地、祁连山、唐古拉山及新疆西部山地多年平均径流深为 50~200 mm,大部分属于半湿润区,是水多向水少的过渡地带;多年平均径流深为 10~50 mm 的区域主要分布在我国半干旱区;多年平均径流深小于 10 mm 的区域主要分布在西北诸河区。全国多年平均年径流深等值线图(1956~2000 年)见图 2-4。

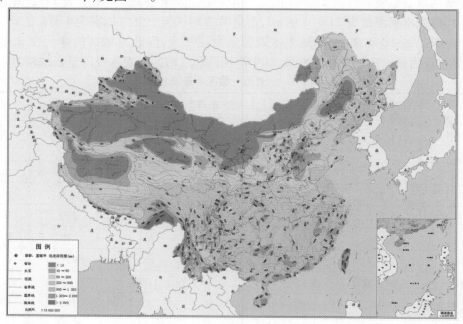

图 2-4　全国多年平均年径流深等值线图(1956~2000 年)

2. 年际变化

地表水资源量的年际变化与降水的年际变化相应,但由于受下垫面和人类活动等多种因素的影响,其年际变化幅度比降水的变化幅度更大。从部分测站统计资料分析,北方地区变差系数普遍较大,辽河、海河、淮河区大部分测站的年径流变差系数 C_v 值大多在 0.5 以上,其中潮白河苏庄站、淮河中渡站达 0.59,黄河、松花江为 0.2~0.4;南方地区大部分测站的 C_v 值一般较小,长江为 0.15 左右,东南诸河、珠江为 0.2~0.3。从年径流量极值比(最大年径流量与最小年径流量的比值)来看,长江以南一般在 5 以下,长江以北

高达10以上,如海河区的承德站高达21.2;以冰川融水补给为主的河流的年径流量极值
比一般较小,如新疆伊犁河流域的雅马渡站仅为1.7。

3.年内分布

我国河川径流量的年内分配多集中于汛期4个月,松花江区、辽河区多年平均连续最
大4个月径流量占多年平均年径流量的60%~70%;海河区、黄河区多年平均连续最大4
个月径流量占多年平均年径流量的60%~80%,其中海河区的集中度相对较高;西北诸
河区连续最大4个月径流量占多年平均年径流量的60%~90%;南方4个水资源一级区
多年平均连续最大4个月径流量占多年平均年径流量的50%~70%,其中东南诸河区径
流的集中度相对较低。

2.1.4.4　地下水资源量

地下水资源量指地下饱和含水层逐年更新的动态水量,即降水和地表水入渗对地下
水的补给量。山丘区采用排泄量法计算,包括河川基流量、山前侧渗流出量、潜水蒸发量
和地下水开采净消耗量,以总排泄量作为地下水资源量。平原区采用补给量法计算,包括
降水入渗补给量、地表水体入渗补给量、山前侧渗补给量和井灌回归补给量,将总补给量
扣除井灌回归补给量作为地下水资源量。

根据第二次全国水资源评价成果,全国矿化度小于或等于2 g/L的浅层地下水的
1980~2000年多年平均年地下水资源量为8 218亿 m^3,其中矿化度小于或等于1 g/L的
地下水资源量为7 972亿 m^3,矿化度为1~2 g/L的地下水资源量为246亿 m^3。北方地区
多年平均地下水资源量占全国多年平均地下水资源量的29.9%,南方地区占70.1%。

山丘区多年平均年地下水资源量为6 770亿 m^3,占全国多年平均年地下水资源量的
82.4%,山丘区地下水资源量的分布特点是南方多(占79.6%)、北方少(占20.4%)。平
原区多年平均年地下水资源量为1 765亿 m^3,占全国多年平均年地下水资源量的21.5%,
其中山丘区与平原区地下水资源量间的重复计算量为317亿 m^3。平原区地下水资源量
的分布特点与山丘区不同,是北方多(78.4%)、南方少(占21.6%)。

在我国地下水资源量中,地下水资源量的94.9%由降水入渗补给形成,5.1%由地表
水体入渗补给形成。山丘区地下水资源量全部由当地降水直接补给形成,从其排泄途径
来看,96.9%的地下水资源量通过河川基流排泄,3.1%通过山前侧渗、潜水蒸发和地下水
开采等途径排泄。平原区地下水资源量的58.1%由当地降水直接补给形成,35.8%由地
表水体入渗补给形成,其余为山前侧渗补给形成;从其排泄途径来看,有41.6%通过潜水
蒸发排泄,21.8%通过河道排泄,34.8%通过开采排泄,1.8%通过侧向流出排泄。

北方地区平原区地下水总补给量是我国北方地区的重要供水水源。从其补给来源
看,北方地区由当地降水直接补给形成的地下水资源量占该地区地下水资源量的
85.85%,地表水体入渗补给形成的地下水资源量占该地区地下水资源量的14.15%。各
水资源一级区中,淮河、海河平原和松辽平原以降水入渗补给量为主,占总补给量的70%
左右;黄河平原以降水入渗补给量和地表水体入渗补给量为两大主要补给来源。西北诸
河平原区以地表水体入渗补给量为主,占总补给量的75%左右,见图2-5。北方平原区总
排泄量中,45%为潜水蒸发,39%为实际开采,14%为河道排泄,约2%通过侧向流出。

我国地下水资源量的地区分布受大气降水、地表水体分布、水资源利用方式的影响,

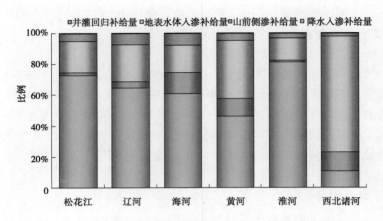

图 2-5　北方地区各水资源一级区平原地下水补给量组成

同时受包气带岩性特征、地下水埋深及植被条件等因素的影响。从地下水资源量模数（单位面积的多年平均年地下水资源量）分布来看,总趋势是由东南向西北递减。南方地区由于降水丰沛、地下水补给来源充足,平均地下水资源量模数为 17 万 m^3/km^2,北方地区平均地下水资源量模数为 5 万 m^3/km^2,北方地区平均地下水资源量模数仅为南方地区的 29%。

2.1.4.5　水资源总量及可利用量

1.水资源总量

水资源总量是指评价区内当地降水形成的地表和地下产水总量,即地表径流量与降水入渗补给量之和,主要由两部分组成:第一部分为河川径流量,即地表水资源量;第二部分为降雨入渗补给地下水而未通过河川基流排泄的水量,即地下水与地表水资源计算之间的不重复计算水量,主要包括潜水蒸发量及开采净消耗量。

根据第二次全国水资源评价成果,1956 ~ 2000 年全国水资源总量为 28 412 亿 m^3。其中,北方地区多年平均年水资源总量为 5 267 亿 m^3,占全国的 18.5%;南方地区为 23 145 亿 m^3,占全国的 81.5%。我国水资源总量的地区分布为南方多、北方少,山区多、平原少。

在全国水资源总量(见表 2-3)中,地表水资源量为 27 388 亿 m^3,占水资源总量的 96.4%;地下水资源量为 8 218 亿 m^3,占水资源总量的 28.9%,其中地下水资源量与地表水资源量的不重复计算水量为 1 024 亿 m^3,占水资源总量的 3.6%。北方地区由于地下水开发利用程度普遍较高,地下水开发夺取的潜水蒸发和河川基流量大,因此地下水资源与地表水资源的不重复计算水量较大,占全国不重复计算总水量的 86.2%;南方地区占全国的 13.8%。

2.水平衡分析

流域或区域尺度的水循环过程十分复杂,降水、地表水、土壤水和地下水之间密切联系而相互转化,通过水量循环而达到动态平衡,见图 2-6。水平衡分析是分析流域或区域的水量转换关系。在天然水循环状态下,流域或区域尺度的水平衡关系主要考虑降水、径流、入渗、蒸发等要素,而随着经济社会的不断发展,人类对水资源的扰动变得更加强烈,水平衡关系发生了明显的变化。也就是说,人类对水循环的干扰,打破了原有天然水循环系统的规律和平衡,使原有的水循环系统由单一的受自然主导的循环过程转变成受自然和人为共同影响、共同作用的新的水循环系统,并形成了新的水平衡关系。

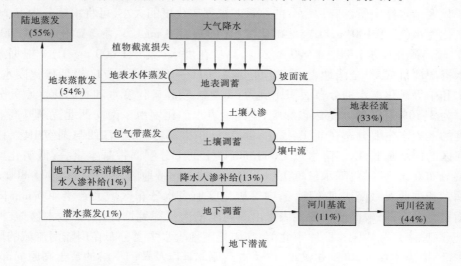

图 2-6　水循环及水平衡要素概念框图

　　根据 1956～2000 年水文系列及其用水情况进行的水平衡分析,全国有 54% 的降水消耗于地表蒸散发,33% 的降水形成地表径流,13% 的降水直接入渗补给地下水,合计有46% 的降水形成水资源总量。

　　全国由地表水体、土壤植被蒸散发和潜水蒸发组成的陆地蒸发量约占降水量的55%,河川径流量约占降水量的 44%(其中河川基流量占河川径流量的 25%)。此外,地下水开采所消耗的降水入渗补给量占降水量的 1%。

　　3. 水资源可利用量

　　水资源可利用量是指在保护生态环境和保证水资源可持续利用的前提下,通过采取经济合理、技术可行的措施,在当地水资源量中可供河道外消耗利用的最大水资源量。水资源可利用量由地表水资源可利用量和地下水可开采量组成,是一个流域和区域可资经济社会系统利用的最大一次性水量。对于一个流域而言,水资源可利用总量是由流域的地表水资源可利用量与平原区浅层地下水可开采量相加再扣除地表水资源可利用量与平原区浅层地下水可开采量之间的重复计算水量。根据第二次全国水资源评价成果,在全国水资源总量中,水资源可利用总量约为 8 140 亿 m³,水资源可利用率(水资源可利用总量与水资源总量的比值)为 29%,其中地表水资源可利用量占水资源可利用总量的 92%,不重复的地下水量约占 8%。

2.1.5　水资源质量

2.1.5.1　天然地表水水化学特征

　　天然地表水是一种复杂的溶液,含有多种化学成分,其中 Ca^{2+}、Mg^{2+}、Na^+、K^+、Cl^-、

SO_4^{2-}、HCO_3^-、CO_3^{2-}为天然水中常见的 8 种离子,约占天然水中离子总量的 98%。天然地表水水化学特征指未受人类活动影响或影响较小的天然水化学状况。我国河流天然水质总体状况比较好,矿化度和总硬度均比较低。

矿化度指水体中所含各种盐分的总量。根据矿化度的大小,可将水体分为五个级别:极低矿化度水(小于 100 mg/L)、低矿化度水(100 ~ 300 mg/L)、中等矿化度水(300 ~ 500 mg/L)、较高矿化度水(500 ~ 1 000 mg/L)、高矿化度水(大于 1 000 mg/L)。根据第二次全国水资源评价成果,全国地表水矿化度变幅为 11 ~ 101 000 mg/L,极低矿化度水、低矿化度水和中等矿化度水的分布面积比例为 68.4%,较高矿化度水和高矿化度水的分布面积比例为 31.6%。受降水等因素影响,全国地表水矿化度由东南向西北逐渐升高。极低矿化度的地表水主要分布在浙江、福建、台湾、广东大部分地区、江西与湖南山区,以及西南诸河区的伊洛瓦底江,与降水量 1 600 mm 以上的十分湿润带基本重叠;低矿化度地表水主要分布在 3 个区域:降水量 800 ~ 1 600 mm 的湿润带地区、松花江区 400 ~ 800 mm 的半湿润带和藏西及藏南诸河等地区;中等矿化度地表水分布区域大致沿 400 mm 降水等值线横贯全国东西;较高矿化度地表水由西向东依次贯穿羌塘高原、柴达木盆地、河西走廊、黄土高原南部和内蒙古高原东北部;高矿化度地表水主要分布在内陆河流域的柴达木盆地中部、塔里木盆地、准噶尔盆地、内蒙古高原北部以及黄河中游的黄土高原局部地区。

水的硬度包括碱金属以外的所有金属离子,除钙离子、镁离子外,其他金属离子如铁离子、铝离子、锰离子、锶离子等都构成水体的硬度,各种硬度之和称为总硬度。但由于水体内铁离子、铝离子、锰离子、锶离子等含量极少,因此一般淡水的硬度主要由钙离子、镁离子含量决定。全国地表水总硬度分布受降水空间分布规律影响,与矿化度的地带分布规律基本一致。全国总硬度小于 150 mg/L 的软水和极软水面积占 42.0%,介于 150 ~ 300 mg/L 的适度硬水占 33.5%,介于 300 ~ 450 mg/L 的硬水占 11.3%,大于 450 mg/L 的极硬水占 13.2%。

水化学类型主要反映地表水化学的组成,是研究地表水水化学特征及分布规律的综合指标之一。根据阿列金分类方法,我国地表水水化学类型主要有重碳酸钙、重碳酸钠、硫酸钙、硫酸钠、氯化钠等 5 种。我国地表水以重碳酸盐类水分布面积最广,约占全国总面积的 78%。陕甘宁黄土高原、海河平原盐渍土地区、沿海非石质性海岸段河水以及局部受盐湖影响的河流,大多数为氯化物或硫酸盐类水,分布面积分别占全国面积的 17% 和 1%。我国地表水优势阳离子为钙质,面积占 67%;其次为钠质(钾加钠),占 31%;另有少量镁质,占 2%。

2.1.5.2　河流水质

河流水质不仅反映了自身的水环境状况,而且对湖泊、水库等其他地表水水体的质量有着重大的影响。

根据水资源公报,2012 年,全国全年 Ⅰ ~ Ⅲ类水河长占评价河长(20.1 万 km)的比例为 67.0%,Ⅳ类水河长占 11.8%,Ⅴ类水河长占 5.5%,劣Ⅴ类水河长占 15.7%。

我国河流的污染以有机污染为主,主要超标项目为氨氮、化学需氧量、高锰酸盐指数、五日生化需氧量、溶解氧和挥发酚。重金属污染主要出现在西南诸河和长江区等局部区域。黄淮海平原、辽河平原、长江三角洲、珠江三角洲等地区河流的化学需氧量、高锰酸盐指数、氨氮和溶解氧等水质指标污染较为严重。海河南系、淮河中上游是我国挥发酚的重点污染区域,局部区域污染十分严重。

受降水、地表水的时空分布和人类活动等因素影响,我国河流水质的空间分布特点大致为:南方河流水质状况整体优于北方,其中西南诸河水量丰沛且受人类活动影响较小,废污水排放量小,属于河流水质最好的流域;河流上游河段水质优于中下游河段,其中城镇附近河段水质普遍较差;西部地区河流水质好于中部地区,中部地区好于东部地区,环京津地区、长三角和珠三角等人口密集、经济相对发达地区河流水质污染严重。

2.1.5.3　水库湖泊水质

根据水资源公报,2012年,在540座有水质监测资料的水库中,全年水质为Ⅰ~Ⅲ类的占评价水库总数的88.7%;Ⅳ类水库占6.7%;Ⅴ类水库占2.0%;劣Ⅴ类水库14座,占2.6%。从营养化状况来看,贫营养水库占0.6%,中营养水库占66.8%,富营养水库占32.6%。其中,轻度富营养水库占富营养水库总数的84.7%;中度富营养水库25座,占富营养水库的14.7%;重度富营养水库1座,占富营养水库的0.6%。主要污染项目是总磷、高锰酸盐指数、五日生化需氧量和氨氮等。

湖泊水体的更新周期较长,一些与江河联系密切的吞吐湖更新周期较短,为几个月或几年,而高原深水湖泊的更新周期则长达几百年甚至上千年。所以,湖泊的纳污能力远低于河流,一旦受到污染便很难治理。湖泊水质评价采用湖内水域分区的方式进行。根据水资源公报,2012年,在监测的112个湖泊约2.6万 km^2 水面中,全年水质为Ⅰ~Ⅲ类的水面占评价水面面积的44.2%,Ⅳ~Ⅴ类的占31.5%,劣Ⅴ类的占24.3%。

2.1.5.4　水功能区水质达标状况

水功能区是指为满足水资源开发利用和节约保护需求,根据水资源自然条件和开发利用现状,按照流域综合规划、水资源保护规划和经济社会发展要求,在相应水域按其主导功能划定范围并执行相应水环境质量标准的水域。水功能区划采用两级体系,一级区划旨在从宏观上调整水资源开发利用与保护的关系,二级区划主要协调不同用水行业间的关系。

根据水资源公报,2012年,全国评价水功能区4870个,满足水域功能目标的有2306个,占评价水功能区总数的47.4%。其中,满足水域功能目标的一级水功能区(不包括开发利用区)占55.9%,二级水功能区占42.3%。

2.1.5.5　地下水水质

根据水资源公报,2012年,依据10个省(自治区、直辖市)所辖范围内的1040眼水质监测井的资料评估的地下水水质为:水质适合各种用途的Ⅰ类、Ⅱ类监测井占评价监测井总数的3.4%;适合集中式生活饮用水水源及工农业用水的Ⅲ类监测井占20.6%;适合除饮用外其他用途的Ⅳ~Ⅴ类监测井占76.0%。主要污染项目是总硬度、硝酸盐、亚硝酸盐、氨氮等。在10个省级行政区中,海南Ⅱ类、Ⅳ类监测井各占一半;上海以Ⅰ~Ⅲ类监测井为主;北京Ⅰ~Ⅲ类、Ⅳ~Ⅴ类监测井各占一半;其他各省(自治区、直辖市)以Ⅳ类、Ⅴ类监测井为主。

2.2　水资源开发利用评价

2.2.1　水资源开发利用现状

2.2.1.1　供水设施与供水量

1. 供水设施

新中国成立以来,我国的供水基础设施不断得到充实和完善,基本满足了国民经济发展的需要。至 2012 年,我国已建成大、中、小型水库共 97 543 座,形成总库容 8 255 亿 m^3。其中,大型水库 544 座,总库容 5 506.24 亿 m^3,占全部水库库容的 66.7%。大、中、小型水库为我国供水、发电、防洪等发挥了重要作用,全国总库容已占多年平均河川径流量的 30.9%,对调节年内和年际的河川径流起到了很好的效果。此外,至 2011 年,我国还建成了大、中、小型水闸 97 256 处,供水机电井 541 万眼,其中配套机电井 495 万眼,配套装机容量 5 405 万 kW。

从各水资源一级区看(见表 2-4),水库座数最多的为长江区,占全国总数的 52.9%,珠江区和淮河区水库座数也较多,分别占全国的 16.0% 和 11.3%。水库总库容最大的为长江区,占全国总数的 36.3%,珠江区和黄河区水库总库容较大,分别占全国的 16.9% 和 9.9%。水库总库容超过当地多年平均河川径流量的一级区有海河区、黄河区和辽河区,水库总库容接近当地多年平均河川径流量的一级区为淮河区,这 4 个水资源一级区对当地地表水的调控能力已很高。水库总库容占当地多年平均河川径流量最小的一级区为西南诸河区,其比例仅为 5.0%,对当地地表水的调控能力很低。水闸数量最多的为长江区,占全国总数的 39.2%,淮河区和珠江区水闸数量也较多,分别占全国的 21.9% 和 10.9% 左右。地下水供水机电井数量最多的为淮河区和海河区,分别占全国的 35.3% 和 28.4%,黄河区和松花江区地下水供水机电井数量也较多,均占全国的 11% 左右。

2. 供水量

供水量指各种水源工程设施为用水户提供的包括输水损失在内的水量之和,按供水的受水区统计。供水量根据水源工程类型不同,分为地表水源工程供水量、地下水源工程供水量和其他水源工程供水量 3 大类。地表水源工程供水量可细分为蓄水工程供水量、引水工程供水量、提水工程供水量、调水工程供水量,调水工程供水量仅包括跨水资源一级区的调水工程供水量。地下水源工程供水量可细分为浅层地下水源工程供水量、深层承压水源工程供水量、微咸水源工程供水量。其他水源工程供水量可细分为污水处理工程回用量(中水、再生水)、雨水集蓄工程供水量、海水淡化工程供水量。

2012 年,我国各种水源工程为经济社会用水户提供的供水总量为 6 131.2 亿 m^3。其中,地表水水源工程供水量为 4 952.8 亿 m^3,占供水总量的 80.8%;地下水水源工程供水量为 1 133.8 亿 m^3,占总供水量的 18.5%;其他水源工程供水量 44.6 亿 m^3,占总供水量的 0.7%,图 2-7。此外,沿海地区还直接利用了 488.8 亿 m^3 的海水,主要作为工业企业的冷却用水,未计入供水总量中。

表 2-4　各水资源一级区供水基础设施状况

水资源一级区名称	水库			水闸（处）	机电井		
	座数（座）	总库容（亿 m³）	总库容/地表水资源量*（%）		总数（万眼）	其中配套机电井	
						眼数（万眼）	装机容量（万 kW）
松花江	2 815	568	43.8	1 913	62.4	56.9	564.4
辽河	1 164	470	115.2	2 093	32.1	30.6	355.4
海河	2 103	357	165.2	7 371	153.7	145.4	1 412.6
黄河	3 261	815	134.2	2 571	59.5	55.4	788.1
淮河	10 974	545	80.5	21 276	191.1	168.0	1 465.3
长江	51 636	2 997	30.4	38 132	22.1	19.8	341.5
东南诸河	7 361	621	31.2	7 195	2.4	1.6	35.0
珠江	15 655	1 395	29.6	10 639	4.0	3.4	79.5
西南诸河	1 712	287	5.0	131	0.1	0.1	10.1
西北诸河	862	201	17.1	5 935	14.0	13.6	352.9
合计	97 543	8 255	30.9	97 256	541.4	494.8	5 404.8

注：数据来源于《中国水利统计年鉴》，水库统计采用 2012 年数据，机电井统计采用 2011 年数据；本表中地表水资源量不包含台湾省和香港及澳门特别行政区。

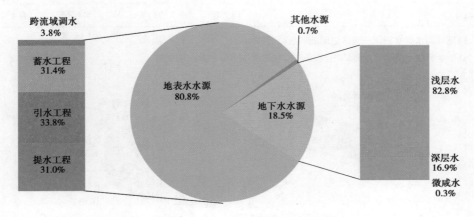

图 2-7　2012 年全国供水量组成

在地表水源供水量中，蓄水工程供水量占 31.4%，引水工程供水量占 33.8%，提水工程供水量占 31.0%，水资源一级区间调水量占 3.8%，如图 2-7 所示。全国跨水资源一级区调水主要分布在黄河下游向其左右两岸的海河流域和淮河流域调水，以及长江下游向淮河流域调水。其中，海河流域从黄河引水 40.3 亿 m³，淮河流域从长江、黄河分别引水91.4 亿 m³ 和 28.4 亿 m³，山东半岛从黄河引水 15.7 亿 m³，长江流域从淮河引水 5.5 亿m³，甘肃河西走廊内陆河从黄河引水 2.2 亿 m³。在地下水供水量中，浅层地下水占

82.8%,深层承压水占16.9%,微咸水占0.3%。在其他水源供水量中,污水处理回用量35.8亿 m³,通过雨水收集等设施直接利用的集雨蓄水工程水量7.7亿 m³,海水淡化水量1.1亿 m³。

2012年水资源一级区供水量见表2-5。在各水资源一级区中,长江区供水量较大,约占全国供水量的32.7%,西南诸河区供水量较小,不到全国的2%。2012年水资源一级区供水量占全国总供水量比例见图2-8。

表2-5　2012年水资源一级区供水量　　　　　　　　（单位:亿 m³）

水资源一级区	地表水源供水量	其中流域调水	地下水源供水量	其中深层水	其他水源供水量	总供水量
松花江区	289.2		213.6	33.4	0.7	503.5
辽河区	97.5		104.7	2.0	3.5	205.8
海河区	126.5	40.3	231.7	52.4	13.7	371.8
黄河区	251.1	0.1	130.5	56.4	7.0	388.6
淮河区	461.7	135.5	181.5	25.5	4.4	647.7
长江区	1 913.1	6.3	80.8	6.5	8.9	2 002.8
东南诸河区	326.0		9.6	0.2	1.4	337.0
珠江区	826.7	0.3	34.7	6.1	3.2	864.6
西南诸河区	103.8		4.2	0.1	0.1	108.0
西北诸河区	557.2	2.2	142.5	9.2	1.6	701.3
全国	4 952.8	184.7	1 133.8	191.7	44.6	6 131.2

注:1. 跨流域调水指水资源一级区之间的调水。

　　2. 其他水源供水指污水处理回用量、集雨蓄水工程供水量和海水淡化量。

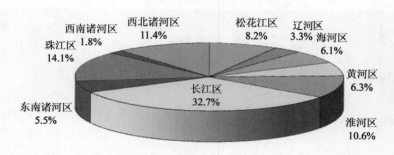

图2-8　2012年水资源一级区供水量占全国总供水量比例

按我国南北方地区统计,2012年南方地区供水量3 312.5亿 m³,占全国总供水量的54.0%;北方地区供水量2 818.7亿 m³,占全国总供水量的46.0%。北方地区供水量约相当于多年平均年水资源总量的53.5%,个别流域供水量甚至超过了水资源总量。南方4区均以地表水源供水为主,其供水量占总供水量的95%以上;北方6区供水组成差异较大,除西北诸河区地下水供水量仅占总供水量的 20.3％ 外,其余 5 区地下水供水量均占有较大比例,其中海河区和辽河区的地下水供水量分别占其总供水量的 62.3％ 和 50.9％。2012 年供水量分布见图 2-9 和图 2-10。

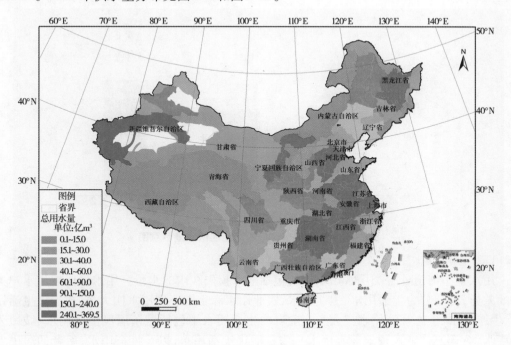

图 2-9　2012 年总供水量分布

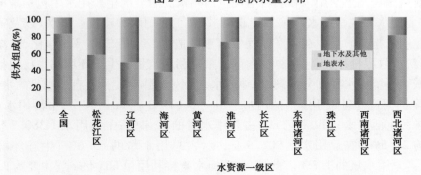

图 2-10　2012 年水资源一级区供水量组成

从东、中、西部地区来看[1],2012 年东部地区供水总量为 2 181.1 亿 m^3 ,占全国供水总量的 35.6％ ,见图 2-11。其中,地表水源工程供水量占 82.0％ ,地下水源工程供水量占 16.9％ ,其他水源工程供水量占 1.1％ 。中部地区供水总量为 1 965.6 亿 m^3 ,占全国供水总量的 32.0％ 。其中,地表水源工程供水量占 76.7％ ,地下水源工程供水量占 23.0％ ,其

---

[1]　东部地区:北京、天津、河北、辽宁、上海、江苏、浙江、福建、山东、广东、海南;中部地区:山西、吉林、黑龙江、安徽、江西、河南、湖北、湖南;西部地区:内蒙古、广西、重庆、四川、贵州、云南、西藏、陕西、甘肃、青海、宁夏、新疆。

他水源工程供水量占 0.3%。西部地区供水总量为 1 984.5 亿 m³,占全国供水总量的 32.3%。其中,地表水源工程供水量占 83.5%,地下水源工程供水量占 15.8%,其他水源工程供水量占 0.7%。

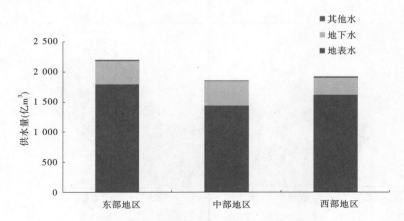

图 2-11　2012 年东、中、西部地区供水量示意图

2.2.1.2　用水量

用水量指河道外各类用水户取用的包括输水损失在内的水量。用水量依据用水户类别的差异,可划分为生活用水、工业用水、农业用水和生态环境用水四大类,或居民生活用水、生产用水、生态环境用水三大类。前者的生活用水中包括城镇居民生活用水、城镇公共用水(含第三产业及建筑业等用水)、农村居民生活用水,以及牲畜用水;后者的居民生活用水仅包括城镇居民生活用水和农村居民生活用水。后者的生产用水中包括了第一产业用水(含农业用水和牲畜用水)、第二产业用水(含工业用水和建筑业用水)以及第三产业用水。工业用水指工矿企业在生产过程中用于制造、加工、冷却、空调、净化、洗涤等方面的用水,按新水取用量计,不包括企业内部的重复利用水量。生态环境用水仅包括人为措施供给的城镇环境用水和部分河湖、湿地补水,而不包括降水、径流自然满足的水量。

2012 年全国河道外各类用水户的用水总量为 6 131.2 亿 m³。其中,生活用水(包括城镇和农村居民生活用水)739.7 亿 m³,占总用水量的 12.1%;工业用水 1 380.7 亿 m³,占总用水量的 22.5%;农业用水 3 902.5 亿 m³,占总用水量的 63.6%;生态环境补水 108.3 亿 m³,占总用水量的 1.8%。此外,全国海水直接利用量 663 亿 m³,主要为火(核)电冷却用水,不计入海水用水总量之中。

各水资源一级区由于自然条件和水资源条件、经济结构和用水水平等不同,用水结构差异也较大(见图 2-12)。各水资源一级区中,生活用水量占总用水量的比例,西北诸河区、松花江区和西南诸河区较低,为 2%~8%;东南诸河区、珠江区和海河区较高,为 15%~18%。工业用水量占总用水量的比例,西北诸河区较低,仅为 3.2%;长江区和东南诸河区较高,在 35% 左右;其他水资源一级区一般为 10%~23%。农业用水量占总用水量的比例,西北诸河和西南诸河区较高,分别为 92.9% 和 80.9%;长江区和东南诸河区较低,为 50% 左右,其他水资源一级区一般为 65%~80%。

从东、中、西部地区来看,其用水量分别为 2 181.1 亿 m³、1 965.6 亿 m³、1 984.5 亿

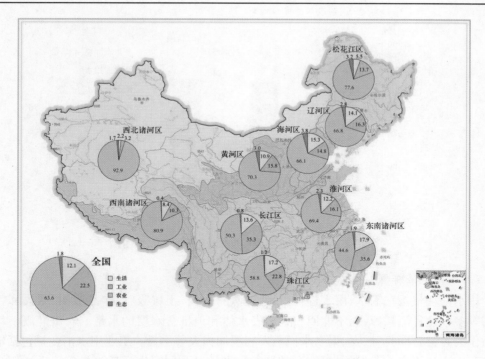

图2-12 2012年水资源一级区用水量组成

m³,分别占全国总用水量的35.6%、32.1%、32.3%。我国东、中、西部经济社会发展水平不同,经济结构差异显著,且由东至西人口密度逐渐降低,第一产业比例增加,第二产业比例降低,与之相对应,东、中、西部地区的用水组成特点是:由东至西,生活用水量和工业用水量比例降低,农业用水量比例增加,见表2-6、图2-13。

表2-6 2012年水资源一级区用水量 （单位:亿 m³）

水资源一级区	农田灌溉	林牧渔畜	工业	其中:直流火核电	城镇生活	农村生活	生态环境	总用水量
松花江区	369.8	21.4	68.9	17.1	21.2	6.3	15.9	503.5
辽河区	122.9	14.5	33.6		22.7	6.3	5.8	205.8
海河区	221.9	23.8	55.2	0.4	40.1	16.6	14.2	371.8
黄河区	244.8	28.1	61.4		30.5	11.9	11.8	388.6
淮河区	401.1	48.4	104.3	13.1	51.6	27.5	14.9	647.7
长江区	909.5	98.0	707.1	346.4	209.8	62.1	16.4	2 002.8
东南诸河区	131.9	18.4	119.9	19.8	46.5	13.7	6.5	337.0
珠江区	428.6	80.5	197.0	53.8	112.7	35.7	10.1	864.7
西南诸河区	73.0	14.5	11.1		5.0	4.1	0.4	108.0
西北诸河区	499.9	151.5	22.2	0.4	12.0	3.5	12.2	701.3
全国	3 403.4	499.1	1 380.7	451.1	552.1	187.6	108.3	6 131.2

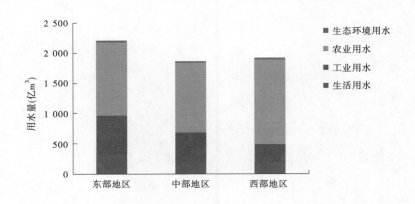

图 2-13　2012 年东、中、西部地区用水量示意图

2.2.1.3　用水消耗量

用水消耗量指在输水、用水过程中,通过蒸腾蒸发、土壤吸收、产品吸附、居民和牲畜饮用等多种途径消耗掉,而不能回归到地表水体和地下含水层的水量。农田灌溉消耗量包括作物蒸腾、棵间蒸散发、渠系水面蒸发和浸润损失等水量。工业用水消耗量包括输水损失和生产过程中的蒸发损失量、产品带走的水量以及厂区生活耗水量等。生活用水消耗量包括输水损失以及居民家庭和公共用水消耗的水量。

2012 年全国河道外各类用水户耗水总量为 3 244.5 亿 m³,耗水率(耗水量占用水量的百分比)为 53%。其中,农业耗水量 2 506.3 亿 m³,耗水率 64%;工业耗水量 328.5 亿 m³,耗水率 24%;生活耗水量 322.8 亿 m³,耗水率 44%;生态环境耗水量 86.9 亿 m³,耗水率 80%。

从东、中、西部地区来看,其耗水量分别为 1 090.2 亿 m³、1 020.1 亿 m³、1 151.4 亿 m³,分别占全国总用水量的 33.4%、31.3%、35.3%。东部地区和中部地区耗水率差别不大,约为 51%;西部地区耗水率相对较大,约为 58%。

在各水资源一级区中,由于气候条件、用水结构、节水水平等因素的差异,耗水率差别较大。辽河区、海河区、淮河区、西南诸河区和西北诸河区耗水率较高,长江区、东南诸河区和珠江区耗水率较低,详见图 2-14。

2.2.2　水资源开发利用程度与用水水平

2.2.2.1　开发利用程度

一个区域的水资源开发利用程度的高低,可通过分析计算该区域水资源利用率的高低来体现。水资源利用率可通过地表水利用率、平原区浅层地下水开采率、水资源总量利用率来反映。

地表水利用率为一个区域的当地地表水年供水量(包括供到区域外的水量,但不包括区域外供入的水量)占该区域多年平均地表水资源量的百分比。2012 年,全国地表水利用率为 18.6%,南北方差异很大。在各水资源一级区中,黄河区、淮河区、西北诸河区

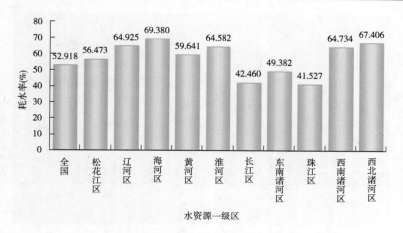

图 2-14　2012 年各水资源一级区耗水率示意图

注:数据来源于 2012 年水资源公报。

和海河区的地表水利用率较高,分别为 56.8%、49.0%、47.3% 和 39.9%。辽河区、松花江区、长江区、珠江区和东南诸河区的地表水利用率差异不大,为 15% ~25%。西南诸河区地表水利用率最低,不足 2%,见图 2-15。

平原区浅层地下水开采率为一个平原的浅层地下水年开采量占该平原多年平均总补给量的百分比。2012 年,我国北方平原区浅层地下水开采率为 46.8%,其中海河和辽河区较高,分别为 89.5% 和 77.3%;松花江区、淮河区和黄河区平原区浅层地下水开采率差异不大,为 40% ~55%;西北诸河区平原区浅层地下水开采率相对较低,仅为 30.2%,见图 2-15。

水资源总量利用率为一个区域的当地年供水总量(包括供到区域外的水量,但不包括区域外供入的水量)占该区域多年平均水资源总量的百分比。一般认为一个区域的水资源总量利用率超过 40%,将对当地的生态环境产生不同程度的影响。2012 年全国水资源总量利用率为 21.4%,南北方差异很大。各水资源一级区中,海河区水资源总量利用率最高,高达 89.5%;黄河区和淮河区也较高,分别为 66.1% 和 56.8%;西北诸河区、辽河区和松花江区分别为 54.8%、41.3% 和 33.7%,长江区、珠江区、东南诸河区差异不大,为 17% ~21%;西南诸河区最低,不足 2%,见图 2-15。

2.2.2.2　用水水平

用水水平是一个区域经济发展水平、产业结构、科学技术、水资源条件、用水设施、水资源管理水平、节约用水状况等因素的综合反映。用水水平可以用生产单位产值(产品)、单位面积或每人所使用的水量来体现,其数值越大,则表明单位指标用水量越高,用水水平越低。

根据 2012 年经济社会指标和用水量分析,全国的人均综合用水量为 454 m^3。各水资源一级区的人均综合用水量差异较大。其中,西北诸河区由于人均灌溉面积多,且亩均用水量大,人均综合用水量高达 2 214 m^3,比全国平均值高出 3.9 倍;松花江区也由于人均灌溉面积较多,人均综合用水量较多,为 778 m^3,比全国平均值高出 71%;长江区、东南诸河区、珠江区和西南诸河区的人均综合用水量与全国平均值基本相当,为 450 ~500 m^3;

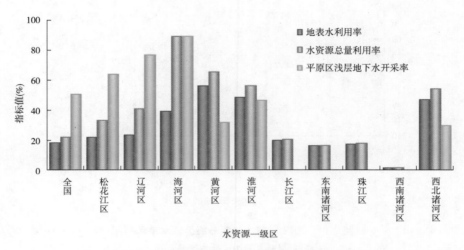

图 2-15　2012 年水资源一级区水资源开发利用程度示意图

海河区、辽河区、黄河区和淮河区人均综合用水量较低,不足 400 m³。

2012 年,全国的万元国内生产总值用水量为 118 m³(按当年价计算)。各水资源一级区的万元国内生产总值用水量差异也较大。其中,西北诸河区、西南诸河区万元国内生产总值用水量较大,分别为 592 m³ 和 300 m³;海河区万元国内生产总值用水量最低,为 51 m³,仅为全国平均值的 43%。

2012 年,全国的万元工业增加值用水量为 69 m³(按当年价计算)。各水资源一级区的万元工业增加值用水量受水资源条件、工业产业结构、节水水平等因素影响,差异较大。其中,西南诸河区万元工业增加值用水量较大,达 169 m³;海河区、辽河区、黄河区和淮河区万元工业增加值用水量较低,不足 30 m³。

2012 年,全国的农田实际灌溉亩均用水量为 404 m³。各水资源一级区的农田实际灌溉亩均用水量受气候条件、水资源条件、灌溉水源、种植结构、节水水平等因素影响,有所差异。其中,珠江区、西北诸河区和西南诸河区农田实际灌溉亩均用水量超过 500 m³;海河区和淮河区农田实际灌溉亩均用水量较低,不足 250 m³。

2012 年,全国的城镇和农村生活人均日用水(含居民生活用水和公共用水)量分别为 216 L 和 79 L。各水资源一级区的城镇生活人均日用水量受气候条件、水资源条件、生活水平、生活习惯等因素影响,有所差异。珠江区、东南诸河区和长江区城镇生活人均日用水量超过 250 L,黄河区、淮河区和海河区不足 150 L;珠江区和东南诸河区农村居民生活人均日用水量在 120 L 左右,其他水资源一级区农村居民生活人均日用水量大多为 50~80 L。

2012 年,农田灌溉水有效利用系数为 0.516。总体来看,东部地区农田灌溉水有效利用系数要高于中部地区和西部地区,见图 2-16。上海、北京、天津、河北和山东 5 个省(直辖市)农田灌溉水有效利用系数超过了 0.6;西藏自治区不足 0.4,其他省(自治区、直辖市)为 0.4~0.6。

近几十年来,我国水资源利用效率有大幅度提高。根据《中国水资源公报》统计,全国万元国内生产总值用水量和万元工业增加值用水量均呈显著下降趋势,农田实际灌溉

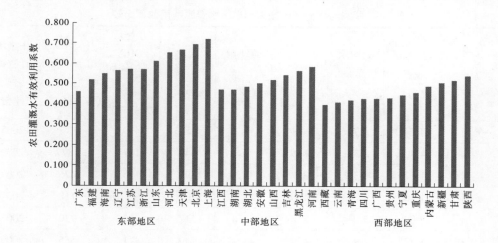

图 2-16　2012 年省级行政区农田灌溉水有效利用系数

亩均用水量总体上呈缓慢下降趋势,人均生活用水量基本维持在 410～450 m³,但是与发达国家和世界先进水平相比还有较大差距,见表 2-7、表 2-8。

表 2-7　2012 年各水资源一级区用水水平

水资源一级区	人均 GDP（万元/人）	人均用水量（m³/人）	万元 GDP用水量（m³/万元）	农田实际灌溉亩均用水量（m³/亩）	人均生活用水量（L/d）		万元工业增加值用水量（m³/万元）
					城镇生活	农村生活	
松花江区	3.918	778	199	376	162	60	64
辽河区	5.165	360	70	401	178	78	24
海河区	4.898	252	51	216	135	69	18
黄河区	4.118	328	80	378	144	53	26
淮河区	3.946	326	83	246	149	72	29
长江区	4.144	454	109	443	252	80	91
东南诸河区	5.706	425	74	462	267	119	59
珠江区	4.277	470	110	764	297	122	58
西南诸河区	1.677	503	300	562	203	76	130
西北诸河区	3.74	2 214	592	619	234	54	45
全国	3.842	454	118	404	216	79	69

表 2-8　我国与世界部分国家和地区水资源利用效率比较

	国家	水资源总量①（亿 m³）	人均水资源量②（m³/人）	用水总量③（亿 m³）	农业用水比重③（%）	人均用水量③（m³/人）	万美元GDP用水量④（m³/万美元）	万美元工业增加值用水量⑤（m³/万美元）	用水统计数据对应年份
高收入	美国	28 180	8 977	4 784	40.2	1 583	429	972	2005
	日本	4 300	3 371	815	67	644	167	87	2009
	德国	1 070	1 307	323	0.3	391	155	476	2007
	英国	1 450	2 293	130	10.2	207	72	118	2007
	法国	2 000	3 044	316	12.4	512	210	730	2007
	意大利	1 825	2 996	454	44.1	790	411	585	2000
	加拿大	28 500	81 709	380	6.1	1 067	449	1 649	2009
	西班牙	1 112	2 406	325	60.5	699	438	385	2008
	韩国	648.5	1 297	333	47.7	669	401	70	2011
	澳大利亚	4 920	21 689	225	31.4	1 011	400	1 053	2010
	荷兰	110	656	106	0.7	637	236	981	2008
	瑞典	1 710	17 968	26.2	4.1	275	86	186	2007
	丹麦	60	1 077	6.6	36.1	126	42	12	2009
	芬兰	1 100	20 408	16.3	3.1	297	115	271	2005
	新加坡	6	113	24	4.2	562	198	342	2005
	以色列	7.5	95	21.3	49	274	126	—	2010
中等收入	中国	28 412	2 098	6 087	63.6	454	1 592	716	2012
	巴西	54 180	27 273	581	54.6	306	755	565	2006
	墨西哥	4 090	3 384	803	76.7	673	1 147	445	2011
	俄罗斯	43 130	30 049	662	19.3	455	2 426	4 250	2001
	土耳其	2 270	3 068	401	73.8	573	1 427	561	2003
	南非	448	875	125	62.7	272	941	213⑤	2000
	阿根廷	2 760	6 717	326	66.1	865	1 146	512⑤	2000
	泰国	2 245	3 362	573	90.4	845	3 299	355	2007
	马来西亚	5 800	19 836	112	22.4	433	947	871	2005
	委内瑞拉	7 224	24 116	90.6	43.8	308	777	142⑤	2000
	智利	8 840	50 616	267	85.8	653	2 629	819	2007
	哈萨克斯坦	643.5	3 831	211	66.2	1 304	5 219	3 821	2010

续表 2-8

国家		水资源总量①（亿 m³）	人均水资源量②（m³/人）	用水总量③（亿 m³）	农业用水比重③（%）	人均用水量③（m³/人）	万美元GDP用水量④（m³/万美元）	万美元工业增加值用水量⑤（m³/万美元）	用水统计数据对应年份
低收入	印度	14 460	1 169	7 610	90.4	613	7 819	703	2010
	印度尼西亚	20 190	8 179	1 133	81.9	505	6 866	976	2000
	菲律宾	4 790	4 953	816	82.2	860	6 804	2 189	2009
	巴基斯坦	550	307	1 835	94	1 038	17 059	522	2008
	埃及	18	22	683	86.4	973	6 841	1 303	2000
	乌克兰	531	1 165	192	6.2	408	4 254	9 909	2005
	越南	3 594	4 048	820	94.8	965	18 323	1 648	2005
	刚果（布）	2 220	51 187	4.6	8.7	142	132	36⑤	2002
	蒙古	348	12 446	5.5	43.6	206	3 255	5 987	2009

数据说明：①水资源总量指国（境）内多年平均可更新水资源总量，数据来源于 FAO 的 AQUASTAT 数据库，其中中国数据按照《全国水资源综合规划》进行了更新。

②各国人口均采用 2012 年统计数据。

③数据来源于 FAO 的 AQUASTAT 数据库，用水量指取用新鲜淡水量，不包含非常规水资源利用量。其中，中国为按照《中国水资源公报》总用水量扣除其他水源供水量后的数据，加拿大、澳大利亚、日本、韩国、以色列分别按照其官方发布的最新数据进行了更新。

④用各国对应年份的用水总量（或工业用水量）除以 GDP（或工业增加值）计算得到，其中各国 GDP 和工业增加值数据来源于世界银行 WDI 数据库（采用 2000 年不变美元价），各国用水总量和工业用水量数据来源同③。

⑤鉴于 FAO 的 AQUASTAT 数据库更新了南非、阿根廷、委内瑞拉、刚果（布）工业用水量统计数据（均更新到 2005 年），此 4 国万美元工业增加值用水量均为 2005 年数据。

2.2.3　水资源开发利用演变趋势

2.2.3.1　水资源开发利用历程

　　新中国成立以来，党和国家对水利事业高度重视，投入了大量的资金，水利事业得到了前所未有的发展，1950～2012 年期间，全国水利基建投资完成额合计达 2.1 万亿元，兴建了大量的防洪除涝、农田灌溉、水力发电、城镇供水、农村供水、水土保持、内河航运等水利工程，在抗御洪涝灾害，预防干旱灾害，保证农业持续稳定增产，为工业及城乡生活供水，解决边远山区和牧区居民和牲畜饮水困难，以及保护生态与环境等方面做出了重要贡献。

　　截至 2012 年年底，全国共修建了 9.8 万座大中小型水库，发挥了巨大的防洪、灌溉、发电、供水、航运、养殖等综合效益；对主要江河进行了不同程度的治理，整修、新修堤防 28 万 km，保护人口 5.7 亿人，保护耕地 6.4 亿亩（1 亩 = 1/15 hm²，下同），初步控制了常遇洪水的灾害，基本保障了工农业生产的发展和城乡的防洪安全；农田灌排条件有了很大改善,有效灌溉面积达 8.1 亿亩,3.28 亿亩易涝耕地得到了治理;初步治理了水土流失面积 103.0 万 km²,农村饮水安全人口达到 7.49 亿人,基本满足了经济社会发展对水的需求。

新中国成立以来,我国的水资源开发利用进程大致可划分为三个阶段:

第一阶段:1949～1956 年,水利建设以归顺河堤、疏通排洪通道、引水灌溉、减轻洪涝灾害为主的恢复治理阶段。该阶段对安定社会、恢复生产发挥了巨大的作用。

第二阶段:1957～1979 年,以水资源开发利用为主,结合江河治理阶段。20 世纪 50～60 年代,进行了大规模的水资源开发治理活动,注重满足经济发展特别是人们对粮食的需要。在这一时期修建了大量的蓄水、引水和农田基本建设工程,供水能力显著增加,灌溉面积扩大,农田抗灾能力明显加强。20 世纪 70 年代初,我国开始在北方地区大规模开发利用地下水,对经济社会发展,特别是对城市供水和农业灌溉等起到了重要作用。在此期间,由于大规模的水工程建设,开发利用的水资源与经济社会发展的各项用水要求逐步趋于平衡,或天然水体环境容量与排水的污染负荷逐渐趋于平衡,个别地区在枯水年份、枯水期出现供需不平衡的缺水现象。

第三阶段:1980 年至今,从强调水资源的开发利用向水资源可持续利用和强化管理转变的阶段。由于这一阶段我国特别是北方地区气候偏旱,加之人口迅速增长和经济快速发展,对水资源的需求不断增加,用水量越来越大,水体污染趋于严重,全国出现较为普遍的缺水现象。为解决城市以及重要地区严重的缺水问题,重点兴建了一批供水骨干工程,逐步开展节约用水工作,使一些城市水资源供需矛盾有所缓解。这一阶段的主要特点是:在水资源开发利用中强调要与国土整治规划、国民经济生产力布局及产业结构的调整等紧密结合,重视生态与环境用水,对水资源实行统一管理和可持续的开发利用。从宏观上统筹考虑社会、经济、环境等各个方面的因素,使水资源开发、利用、保护和管理有机结合,使水资源与人口、经济、环境协调发展,通过合理开发、调配、节约利用、有效保护、强化管理,实现水资源总供给与总需求的基本平衡。"98 大水"之后,中央及时调整水利工作方针,大幅度增加水利投入,坚持人与自然协调发展,强调水资源的配置、节约和保护,改革水的管理体制,强化水资源的统一和科学管理,使我国从传统水利向现代水利转变,虽然这一阶段我国水资源短缺问题仍很普遍,水污染和局部地区生态与环境恶化趋势仍未得到有效遏制,但总体上对水资源开发利用中的生态与环境保护问题更加重视,水利的各项工作和水利的发展进入了新的阶段。

2.2.3.2　变化趋势

自新中国成立以来,随着我国经济社会的不断发展,水利事业也取得了辉煌的成就。水利工程供水基础设施基本满足了国民经济的用水需求。1949～1980 年,全国用水量快速增长(见图 2-17),用水量从 1 031 亿 m³ 增加到 4 406 亿 m³,平均年均增长率为 4.80%。1980～2000 年,全国用水量增长速度放缓,用水量增加到 5 621 亿 m³,平均年均增长率为 1.22%,这期间用水弹性系数(用水年均增长率与国内生产总值增长率之比)仅为 0.12。2000～2012 年,全国用水量增长速度进一步放缓,用水量增加到 6 131.2 亿 m³,平均年均增长率为 0.72%,这期间用水弹性系数仅为 0.069。从人均综合用水量来看,1949～1980 年期间增长较快,人均综合用水量从 190 m³ 提高到 446 m³。1980 年以后,人均综合用水量基本保持稳定,为 420 ~ 450 m³。

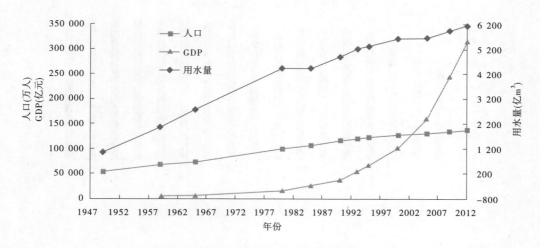

图 2-17　1949 ~ 2012 年全国用水量变化示意图

1980 ~ 2012 年间,全国供水总量从 4 406.4 亿 m³ 增加到 6 131.2 亿 m³,增加了 1 724.8 亿 m³,年均增长率为 1.04%,见图 2-18。其中,地表水供水量增加了 1 214.5 亿 m³,其占供水总量的比例由 84.8% 下降到 80.8%;地下水供水量增加了 487.3 亿 m³,其占供水总量的比例由 14.7% 增加到 18.5%。同期,全国用水总量与供水总量以相同的速度增长(见图 2-19),人均用水量基本稳定,但用水效率大幅提高,万元国内生产总值用水量从 2 911 m³ 下降到 194 m³(2000 年可比价),下降了约 94%。在用水总量中,生活用水随着人口的增长和生活水平的提高,其用水量持续稳步增加,这一期间用水量增加了 509.7 亿 m³,年均增长率为 3.71%。工业用水则随着经济的高速发展,其用水量也持续增加,这期间增加了 963.2 亿 m³,年均增长率为 3.81%,但工业用水弹性系数仅为 0.367。随着工业结构调整,用水效率以及水管理水平提高,万元工业产值用水量由 1980 年的 645 m³(2000 年可比价)降至 2012 年的 69 m³,减少了 89%。1980 ~ 2012 年全国用水指标变化见图 2-20。生活用水和工业用水的比例,分别由 6.2% 和 9.5% 提高到12.1%和 22.5%。农业用水量则受气候变化和实际灌溉的影响而上下波动,农田实际灌溉亩均用水量不断下降,由 588 m³ 降低到 404 m³,农业用水量比例由 84.3% 减小到 63.6%。

2.2.4　水资源开发利用主要特点

(1)我国水资源禀赋条件并不优越,时空分布不均,水资源开发利用难度大。

我国水资源总量列居世界第 6 位,但由于人口众多、土地广阔,人均和亩均水资源占有量均很低,水资源并不丰富。全国平均人均占有水资源量为 2 080 m³(按 2010 年人口计算),仅为世界人均占有量的 28%;耕地亩均占有量 1 440 m³,约为世界平均水平的一半。

我国水资源地区分布不均,与土地资源和生产力布局不相匹配。总体上水资源分布南方多、北方少,东部多、西部少,山区多、平原少。南方地区国土面积占全国的 36%,人

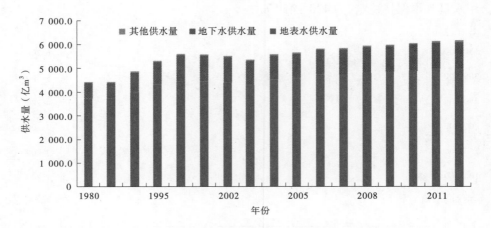

图 2-18　1980～2012 年全国供水量变化示意图

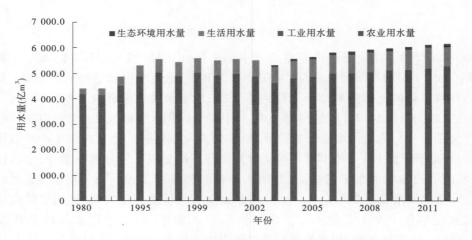

图 2-19　1980～2012 年全国用水量变化示意图

口占 54%，耕地占 40%，GDP 占 56%，而水资源总量占全国的 81%；北方地区国土面积占全国的 64%，人口占 46%，耕地占 60%，GDP 占 44%，但水资源总量仅占全国的 19%。其中，黄河区、淮河区、海河区 3 个水资源一级区国土面积占全国的 15%，耕地占 35%，人口占 35%，GDP 占 32%，水资源总量仅占全国的 7%，人均水资源占有量不足 500 m³，是我国水资源供需矛盾最为尖锐的地区。我国水资源分布不均，年内、年际变化较大，使得区域间水资源条件差异很大，水旱灾害频繁，部分地区水资源供需矛盾尖锐，给水资源开发利用造成了较大的困难。

（2）全国开发利用程度总体不高，区域间水资源开发利用差异大，部分地区缺水严重。

长期以来，我国水资源开发利用的基础设施建设滞后于经济社会发展的需要，水资源基础设施难以满足全面建成小康社会和实现现代化的要求。目前，许多流域和区域的天然径流调蓄能力还较低，骨干水资源配置工程建设尚未完成，尚未形成合理的水资源配置

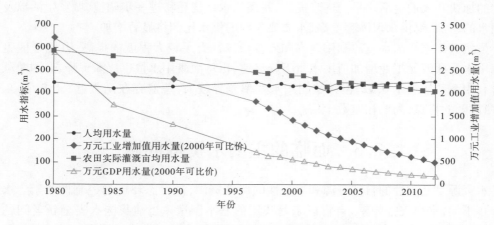

图 2-20　1980～2012 年全国用水指标变化图

格局。

　　我国区域间水资源开发利用程度差别很大,南方地区水资源开发利用程度普遍较低,北方地区则普遍存在水资源开发利用过度和不合理利用水资源的现象。北方地区除松花江区外,水资源开发利用程度均在 40% 以上,其中海河区当地水源供水量已接近多年平均水资源量。海河区、黄河区、淮河区、西北诸河区和辽河区已超过或接近其水资源开发利用的极限,水资源的过度开发利用已引发了一系列生态环境问题。总体上看,北方地区大多数河流水资源开发利用潜力已十分有限,只有周边部分河流,如松花江区、辽河区周边跨界河流以及西北诸河区跨界河流目前水资源开发利用程度较低,尚有一定的潜力。南方地区水资源开发利用尚有一定的潜力,但南方地区当地水资源需求有限,向外流域调水的代价很大。因此,未来必须在转变发展模式、加强节水治污的基础上,进一步优化我国水资源配置的格局和水源结构。水资源配置中不但要统筹解决河道外供水不足造成的缺水问题,还要解决水资源过度开发和不合理利用挤占的生态环境用水问题。对超用和挤占生态环境用水的地区和河流要通过对水资源的合理调配,逐步退减挤占的生态环境用水,对尚有一定开发利用潜力的河流,要在保护生态环境的前提下适度合理开发,保障经济社会又好又快发展和生态环境改善。

　　(3)用水总量增长趋势变缓,生活用水、工业用水持续增加,农业用水基本稳定,用水效率不断提升,但区域差异大。

　　1980 年以来,虽然我国用水增长速度有所降低,但用水量仍在持续增长,用水结构在不断调整,对用水安全的要求越来越高。1980 年以来,全国农业用水基本持平,但农业用水量占总用水量的比重已由 1980 年的 84.3% 下降到 2012 年的 63.6%。生活和工业用水显著增加,生活用水量年均增长率达 3.71% ,用水比例由 6.2% 提高到 12.1% ;工业用水量年均增长率达 3.81% ,用水比例由 9.5% 提高到 22.5% 。其中,南方地区和东部地区工业和城镇用水增长显著,高于北方地区和西部地区;北方地区特别是黄淮海地区由于水资源减少和当地水资源开发利用程度已很高,用水量增加较慢,甚至有所减少。

　　目前,我国城镇人均生活综合用水量为 216 L/d,农村人均居民生活用水量仅为 79 L/d,均低于发达国家和同等发展中国家的人均用水水平。随着经济社会的发展,城镇化进程的加快和人们生活水平的逐步提高,我国用水结构还将进一步调整,城乡生活以及工业用水的增加,对供水保障程度高、水质要求好的供水比例将显著增加。

虽然近年来我国水资源利用效率和效益较以往有了较大程度的提高,万元地区生产总值用水量和万元工业增加值用水量下降迅速,亩均灌溉用水量也逐渐下降,全国灌溉水综合利用系数接近于0.52,但区域间用水效率差异较大,普遍存在南方低、北方高,东部高、西部低的特点,高低相差数十倍。

2.3　面临的主要水资源问题

水资源是基础性的自然资源和战略性的经济资源,是生态环境的控制性要素。水资源分布不均,水旱灾害频繁,自古以来是我国的基本国情。当前我国水安全新老问题交织,水资源短缺、水生态损害、水环境污染等问题严重,在全球气候变化影响日趋显著,我国工业化、城镇化进程不断加速的情况下,水资源供需矛盾更加突出,水污染问题日益凸显,水环境负荷日趋加重,造成了河流断流、湖泊湿地萎缩、地下水超采、海(咸)水入侵、水体功能衰退、水土流失严重等生态环境问题。因此,我国水资源的可持续利用直接影响到国民经济、社会发展以及生态环境状况,直接关系到全面建成小康社会目标的实现,水资源问题已经成为我国迫切需要解决的战略性问题和重大瓶颈问题。

2.3.1　水资源短缺

随着经济社会的发展和人口的增长,人类对水资源的需求不断增加,再加上对水资源的不合理开发和利用,很多国家和地区都出现不同程度的缺水问题,水资源短缺已是当今世界普遍面临的主要水危机,并呈现日益加剧之势。通常,水资源短缺分为资源型缺水、工程型缺水、水质型缺水、管理型缺水等类型。

2.3.1.1　资源型缺水

根据第二次全国水资源评价成果,我国水资源总量为28 412亿 m^3,人均水资源量约为2 080 m^3,不足世界人均水平的28%;耕地亩均水资源量1 440 m^3,约为世界平均水平的50%。随着我国人口峰值的到来,我国人均水资源量将进一步下降到1 700 m^3,逼近世界公认的缺水警戒线。

受降水、地形、地质、土壤植被以及人类活动等综合影响,我国水资源地区分布不均,总体上呈南方多于北方、东部多于西部、山区多于平原的态势。北方地区人均水资源量约为900 m^3,属于重度缺水地区。其中,黄河区、淮河区、海河区3个水资源一级区人均水资源量低于500 m^3,属于极度缺水地区。近30年来,由于气候持续干旱和人类活动对下垫面的影响,北方地区水资源数量明显减少,水资源短缺更趋严重。黄河区、淮河区、海河区、辽河区4个水资源一级区降水量平均较以往偏少6%,水资源总量减小了11%,尤以海河区的水资源衰减最为突出,近30年降水量减少了10%,水资源总量减少了25%。受全球气候变化影响,我国水资源北少南多的分布格局将进一步加剧;随着我国工业化、城镇化的高速发展,人类活动对降水的利用及下垫面的改变仍将持续,这些变化将使得原已十分紧张的北方地区水资源供需形势更加严峻。

受我国特殊的地形地貌特征和季风气候的影响,我国水资源的年际、年内变化也很大。我国降水和河川径流的年内集中程度较高,60%~80%集中在汛期,北方部分地区的集中程度甚至更高。同时,我国降水和河川径流的年际变化也较大,降水量最大值与最小值比较,南方地区一般相差2~3倍,北方地区一般相差3~6倍;河川径流量最大值与最小值比较,南方地区一般相差5倍以下,北方地区可相差10倍以上,并常出现连续丰水或连续枯水的情况。因此,我国的水资源时空分布不均且与生产力布局不相匹配的特点更加突出,即使在水资源相对丰富的南方地区,由于天然来水过程与经济社会用水需求不一致,也存在局部资源型缺水问题。

2.3.1.2　工程型缺水

我国水资源时空分布的不均匀性决定了大部分地区需要通过水利工程调蓄天然水资源来满足经济社会的用水需求。新中国成立以后特别是改革开放以来,党和国家对水利事业高度重视,投资兴建了大量的蓄水、引水、提水、调水和地下水井等水利工程,我国水利改革发展取得显著成就。全国总供水量由1949年的1 030亿m³增加到2012年的6 131.2亿m³,已建成大中小型水库9.8万多座,总库容8 255亿m³;已建成引水工程80多万处,现状年引水能力约2 000亿m³;已建成提水工程30多万处,现状年提水能力约1 500亿m³。但是,与经济社会发展对水利的要求相比,水利投入强度明显不够,建设进度明显滞后。目前,许多流域和区域的骨干水资源配置工程建设缓慢,尚未形成合理的水资源配置格局;中小河流和大江大河主要支流防洪能力低、小型水库病险率高、山洪灾害威胁大、抗旱水源工程严重不足;部分地区供水工程结构也不尽合理,供水保障程度较低。在全国地表水供水设施中,引提水工程供水能力所占比例较大,蓄水工程仅占地表水供水能力的32%;而在蓄水工程供水设施中,又是中小型水库和塘坝工程供水能力所占比例较大,达到了68%,由于调蓄能力小、控制程度低,这些工程的供水保障程度相对不高。上述水利工程建设的突出薄弱环节,导致即使在我国水资源相对丰富的西南等地,也依然存在工程型缺水问题。

2.3.1.3　水质型缺水

水质指水的物理、化学、生物学特征和性质。天然水体在岩石风化和土壤生成作用下,挟带无机物、矿物、有机物,形成了不同区域的水质本底状况。随着人口增加、城市扩张和经济发展,人类将含有大量污染物的废污水排入水域,对有机物、营养盐及光能进入水体的方式及数量产生了重大影响,并显著改变着天然水体的水质状况。我国目前进行的水质评价主要分为两大类:一类是按河流、湖泊、水库、地下水不同水体类型进行的水质类别评价,另一类是按水体使用功能进行的水功能区水质达标评价。

我国河流水质的地域分布特点主要表现为:河流上游河段水质优于中下游河段,城市及其下游河段水质普遍较差;南方河流水质状况整体优于北方,东部发达地区(如环京津地区、长三角和珠三角等人口密集、经济相对发达地区)的水质劣于中西部地区。河流污染以有机污染为主,主要超标项目为氨氮、化学需氧量、高锰酸盐指数、五日生化需氧量、溶解氧和挥发酚,重金属污染主要出现在西南诸河和长江流域的局部区域。2012年《中国水资源公报》统计显示,在全国评价的20.1万km河长中,有33%的河流水质劣于Ⅲ类,主要位于江河中下游和经济发达、人口稠密的地区,其中海河流域、辽河流域、太湖流域超过一半的评价河长水质劣于Ⅴ类,水污染十分严重。我国参与评价的水库、湖泊以中富营养状态为主,其水质状况通常还与蓄水量密切相关,蓄水量越小,水质状况越差。按照地表水功能区水质管理目标评价,2012年我国全年水功能区达标率不足65%。在我国地下水开发利用较多的平原区,浅层地下水水质为Ⅳ类、Ⅴ类的面积已超过60%。水质的不断恶化和水体功能的丧失,已对供水安全构成了严重威胁。

2.3.1.4　管理型缺水

随着经济社会的发展,我国的用水需求不断变化,用水结构不断调整,但依然存在水资源管理粗放、用水效率低下、水资源浪费严重、经济结构和生产力布局与水资源承载能力不相适应等状况。我国水资源开发过度与粗放利用现象并存。区域间水资源开发利用程度差别很大,海河区、黄河区、淮河区、辽河区和西北诸河区的水资源开发利用程度超过了40%,部分缺水地区的水资源开发利用率甚至超过了100%,水资源的无序开发和过度开发引发了河流断流、地下水超采、湖泊萎缩、湿地退化、地面沉降和海水入侵等一系列生态环境问题。同时,用水粗放与浪费进一步加剧了水资源短缺局面。与发达国家相比,我国的水资源利用效率总体上仍较低。全国平均单方水 GDP 产出仅为世界平均水平的1/3;亩均灌溉用水量为 430 m^3 左右,灌溉水有效利用系数仅为 0.5 左右,而发达国家为0.7~0.8;一般工业用水重复利用率在 60% 左右,而发达国家已达 85%。此外,部分地区在经济社会发展、城市建设以及生产力布局中考虑水资源因素不够,在水资源短缺地区盲目上马高耗水、重污染项目,盲目扩大工业园区和灌溉面积,盲目扩大人工生态规模,导致已经十分尖锐的水资源供需矛盾进一步加剧。

2.3.1.5　现状缺水状况

我国流域或区域的缺水状况通常涵盖了上述两种或两种以上类型,即属于混合型缺水。现状缺水是指近期经济社会发展规模条件下,在设定来水情况下,河道外经济社会用水与其合理需求之间的差值。也就是说,现状缺水既包括供水不足而造成的缺水,又包括以牺牲生态环境为代价而导致的不合理供水。根据《全国水资源综合规划》基准年供需平衡分析,我国现状多年平均河道外缺水量为 404 亿 m^3,缺水率为 6.3%,挤占河道内生态环境用水量 132 亿 m^3,其中黄河区、淮河区、海河区、辽河区 4 个水资源一级区缺水量占全国总缺水量的 66%。北方地区多年平均河道外缺水量为 337 亿 m^3,缺水率为11.5%,挤占河道内生态环境用水量 132 亿 m^3,主要表现为资源型缺水和管理型缺水;南方地区多年平均河道外缺水量为 67 亿 m^3,缺水率为 1.9%,主要表现为工程型缺水,部分地区存在资源型缺水。

随着我国工业化、城镇化的高速发展,我国水资源时空分布不均且与生产力布局不相匹配的特点更加突出。全国近 2/3 的城市存在不同程度的缺水。农业平均每年因旱成灾面积达 2.3 亿亩,每年因旱减产平均达 100 亿~150 亿 kg,每年由于缺水造成的经济损失达 2 000 亿元。近年来我国出台的实施西部大开发、促进中部崛起、推动东部地区率先发展、振兴东北老工业基地等一系列区域经济发展规划,都对用水保障提出了更高的要求,区域水资源供需矛盾也将更加尖锐。

2.3.2　水环境污染

我国地表水体和地下水体污染十分严重,点源污染不断增加,非点源污染日渐突出,部分水体丧失其使用功能,水污染加剧的态势尚未得到有效遏制。水污染问题日益复杂化、尖锐化,呈现出复合性、流域性和长期性,已经成为我国最严重的水问题。

2012 年全国点污染源(包括工业污染源和城镇生活污染源)废污水总排放量为 785 亿 t,其中工业废水排放量占废污水总排放量的 2/3;城镇生活污水排放量占废污水总排放量的 1/3。工业废水和城镇生活污水排放与人口增长、经济发展、工业化和城镇化进程、城镇生活用水和工业用水增长等密切相关。近 30 年来,随着我国人口的快速增长和经济的高速发展,工业化和城镇化进程明显加快,城镇生活用水和工业用水呈现快速增长的态势,相应地,城镇生活污水和工业废水的排放量也呈现快速增长的趋势。1980 ~ 2012 年,全国城镇生活用水量由 80.0 亿 m³ 增加到 552.1 亿 m³,年均增长率达 6.2%,工业用水量由 417.5 亿 m³ 增加到 1 380.7 亿 m³,年均增长率达 3.8%,城镇生活用水和工业用水量之和占总用水量的比例由 11.3% 提高到 34.6%。与用水量增长趋势一致,全国废污水排放量由 236 亿 m³ 增加到 785 亿 m³,年均增长率为 3.8%。从全国废污水排放总量的年代变化可以看出,20 世纪 80 年代废污水排放总量年均增长率约为 5.9%,90 年代年均增长率约为 3.9%,21 世纪以来年均增长率约为 2.1%,即我国废污水排放量尽管增速较快,但年均增长率总体趋缓,再加上现状较低的处理率及处理程度,对江河湖库水体造成了严重的污染,严重威胁水资源供水安全。

随着人类经济社会活动的加剧,非点源也成为我国水体污染的主要污染源之一。近 30 年来,我国农业生产、畜禽养殖、农村居民生活水平、城市数量及规模均有很大的发展,全国化肥施用量由 1 269.4 万 t 增加到 5 404.4 万 t,牲畜(包括大牲畜和小牲畜)养殖数量由 5.9 亿头增加到 8.8 亿头,农村生活用水量由 194 亿 m³ 增加到 301.5 亿 m³,城市数量由 223 个增加到 654 个,城市建成区面积由 7 438.0 km² 增加到 38 107.3 km²,导致由农田径流、畜禽养殖、农村居民、水土流失和城市径流等形成的非点源污染大幅度增加,其主要污染物 COD、氨氮、总氮、总磷的负荷产生量已相当于点源污染物排放量的 4 ~ 9 倍,现状入河比例已达 40% ~ 68%。非点源污染涉及范围广、影响因素复杂,而且治理难度很大,其对水体水质最直接的影响是使水库、湖泊等水体富营养化加剧。2012 年《中国水资源公报》湖库营养化状况评价结果表明,在全国评价的 521 座水库中,贫营养水库占 0.6%,富营养水库占 32.6%。在全国评价的 112 个代表性湖泊中,贫营养湖泊有 1 个,占评价湖泊总数的 0.9%;中营养湖泊有 38 个,占评价湖泊总数的 33.9%;富营养湖泊有 73 个,占评价湖泊总数的 65.2%。我国湖库的富营养化现象极为严重,对生产、生活用水及水生生物的生存环境造成较大影响。

此外,对全国江河湖库 906 个底质样品的评价表明,80.8% 的样品底质重金属含量高于当地土壤元素背景值,底质重金属含量超过土壤环境质量标准的比例达 36.6%,反映了河湖底质中重金属严重富集的趋势。

由于严重的水污染,我国许多地表水体的使用功能部分或全部丧失,仅考虑点源污染的影响,现状污染物入河量超过其纳污能力的水功能区就已达 33%,其主要点源污染物入河量为其纳污能力的 4 ~ 5 倍,部分河流高达 13 倍。2012 年,全国地表水功能区达标比例为 63.5%。我国平原区浅层地下水也受到不同程度的人为污染,面积约为 51 万 km²,占地下水水质评价区面积的 26%,其中轻污染区(Ⅳ类)占 13.4%,重污染区(Ⅴ类)

占 12.7%，以长江区太湖流域、辽河区、淮河区、海河区污染最为严重，其污染面积合计占全国污染面积的 45.0%，分别占其平原区浅层地下水评价面积的 91%、59%、46% 和 42%。

地表水体和地下水体的严重污染，使得我国供水水质与饮用水水质状况堪忧。据统计，全国约有 12.8% 的原水水质不合格，对居民生活、工农业发展造成极大的影响。根据对 1 073 个地表水和 115 个地下水集中饮用水水源地常规水质监测项目的水质评价，水源地水质不合格的比例分别为 25% 和 35%。部分水源地还存在有机污染物超标的现象。因此，水环境污染导致许多地区缺乏满足水质要求的供水水源，必然加剧水资源的供需矛盾。

2.3.3　水生态退化

水生态系统是水生物群落与水环境共同构成的动态平衡系统，是人类生存和发展的重要载体和物质基础。受人口增长、经济社会发展方式粗放以及气候变化等因素的影响，我国的水生态系统保护依然面临着严峻的挑战。伴随着水资源的过度开发、水污染的加剧和水利设施管理的不善，水生态问题日益凸现，呈现江河断流、湖泊萎缩、湿地减少、地面沉降、海水入侵、水生物种受到威胁等状况，淡水生态系统功能"局部改善、整体退化"的局面仍将持续。我国水生态系统亟待解决的问题如下：

一是水污染依然严重，已经成为威胁我国水生态系统安全的主要因素。2012 年，全国有 785 亿 t 的废污水排入江河湖泊，在监测评价的 20.1 万 km 长河流中，约 33% 的河长受到不同程度的污染，平原地区以及城市下游河道污染尤其严重，水库、湖泊富营养化问题突出。严重的水污染导致水体使用功能逐渐丧失，水环境容量承载力下降，水生态系统功能和自我修复功能衰退，并累及与水生态系统密切关联的湿地系统、土地系统、植物系统、动物系统、生物系统等，直接危及人类的生活质量与生命安全，造成一系列严重的经济、社会、生态后果。

二是部分河流水资源开发利用超过了水资源承载能力，断流情况严重。受人类活动的影响，北方河流实际径流量较天然径流量显著减少，入海水量大幅度衰减，河道断流和萎缩严重。据 2012 年《中国水资源公报》统计，黄河区、淮河区、海河区、辽河区和西北诸河区的水资源开发利用程度达到 40% ~72%，黄河区、淮河区、海河区、辽河区的入海水量由 20 世纪 50 年代的 1 521.6 亿 m³ 下降到 21 世纪初的 853.2 亿 m³。对北方地区 514 条河流的调查结果表明，有 49 条河流发生过断流，断流河段总长度为 7 428 km，占发生断流河流总长度的 35%。河流断流情况以海河区、辽河区和西北诸河区最为严重，其断流河段长度分别占发生断流河流总长度的 51%、39% 和 33%，导致河流功能衰减或基本丧失。南方部分地区由于水资源过度开发，河流水量减少，河流自净能力降低，部分河流遇干旱情况咸潮上溯等也时有发生。

三是对湖泊、湿地的侵占和不合理开发利用，使得我国湖泊和湿地萎缩明显。与 20 世纪 50 年代相比，湖面面积大于 1 km² 湖泊的总面积减少了 14 850 km²，约占 50 年代湖泊面积的 15%；湖面面积大于 10 km² 的湖泊中有 231 个发生不同程度的萎缩，其中干涸湖泊 89 个，干涸面积 4 289 km²；天然陆域湿地面积由 20 世纪 50 年代的 4 881 万 hm² 下降到 21 世纪初的 3 530 万 hm²,减少幅度达 28%,导致湿地生态功能明显下降,生物多样性受到威胁。

湖泊演变与其构造、成因、气候及水文情势变化以及人类活动的影响密切相关。20世纪 50 年代以来,我国湖泊萎缩现象较为明显,有些湖泊甚至完全干涸,湖泊生态系统遭到破坏,生态功能丧失。与 50 年代相比,湖面面积大于 1 km² 的湖泊中,面积减少约占 50年代湖泊面积的 15%,发生萎缩的湖泊主要分布在长江区和西北诸河区,其萎缩面积分别占总萎缩面积的 54% 和 27%;其中,干涸湖泊干涸面积超过湖泊萎缩总面积的 1/3。据统计,泥沙淤积和围湖造田等导致萎缩的湖泊面积约占湖泊萎缩总面积的 2/3,水资源开发利用过度和气候波动引起的湖泊萎缩面积约占 1/3。长江、淮河及其以南地区湖泊萎缩主要受泥沙淤积和围湖造田的影响,如鄱阳湖和洞庭湖由于长期泥沙淤积和 20 世纪50~70 年代的大规模围湖造田,湖面面积分别减少了 28% 和 40%,储水量分别减少了20% 和 43%。青藏高原湖泊的变化除小部分受局部水土资源开发影响外,主要受气候变化的影响,如三江源地区由于气候干旱,来水减少导致部分湖泊萎缩。

我国天然陆域湿地面积减少的主要原因是围垦及水土资源的过度开发。20 世纪 50年代以来,全国共围垦开发各类天然陆域湿地的面积近 1 100 万 hm²,占湿地面积减少量的 81%。在我国西北、东北、江淮平原以及滨海地区,土地资源的过度开发利用是湿地萎缩的主要原因。在我国北方部分地区,湿地上游区域生产用水和生活用水的大幅度增加,减少了湿地的流入水量或引起湿地周边地下水位下降,挤占了湿地的生态环境用水,由此可见,水资源的过度开发也是部分湿地萎缩的主要原因之一。此外,在我国的青藏高原地区,如三江源湿地,由于气温升高,下层起隔水作用的冻土层融化,湿地水分渗漏损失加剧,使得湿地面积萎缩甚至成为干草甸。

四是与水资源开发利用相关的其他生态环境问题,主要包括土壤盐渍化、林草地退化和土地沙化等。土壤盐渍化主要由大水漫灌、灌排不配套或灌溉水含盐量较高等因素引起。据有关部门统计,全国土壤盐渍化总面积约占国土面积的 1.8%,主要分布在塔里木盆地周边以及天山北麓山前冲积平原地带、河套平原、华北平原及黄河三角洲等地。草地退化主要由干旱缺水、过度放牧以及落后的生产方式等造成。据有关部门调查统计,全国草地退化面积约占草地总面积的 57%,主要分布在干旱半干旱地区。我国湿润地区的林地退化主要由乱砍滥伐树木和林地开垦等造成;干旱半干旱地区特别是西北内陆河地区的林地退化,则主要由经济活动导致的林木生长地水分条件变化引起,由于土壤水分持续亏缺,河流两岸及尾闾的林木生长衰退以致干枯死亡。我国土地沙化的原因是多方面的,既受近年来北方地区持续干旱、部分地区降水减少等自然因素的影响,又受乱砍滥伐、滥垦过牧及水资源过度开发等人为因素的影响。据有关部门调查统计,我国土地沙化面积呈增加趋势,全国土地沙化总面积占国土总面积的 18%,主要分布在新疆、内蒙古、西藏、青海、甘肃、河北、陕西、宁夏、四川、山东等 10 省(自治区)。面对我国日益尖锐的水资源短缺矛盾,对与水资源开发利用相关的生态环境的修复和保护将是一项十分艰巨的任务。

2.3.4　地下水超采

我国北方地区地下水开发利用程度普遍较高,在总供水量中占有较大的比例,据统计,2012 年海河区、辽河区的地下水供水量分别占总供水量的 63.8% 和 54.7% 。近 30 年来,北方地区的地下水开采量增加较快,浅层地下水开采量从 1980 年的 480 亿 m³ 增加到 2012 年的 761 亿 m³,增加了 58.5% 。尽管地下水的开发利用在一定程度上减缓了水资源的供需矛盾,促进了区域经济社会的发展,但由于许多地区的实际开采量超过了地下水可开采量,地下水位持续下降。与 1980 年比较,北方平原区浅层地下水储存量呈显著减少趋势,其中河北、北京平原区浅层地下水储存量累计分别减少 689 亿 m³ 和 86 亿 m³。

第3章　我国水资源供需态势及其战略选择

3.1　我国城乡供水保障成就

　　我国是世界上人口最多的农业大国,又是世界上水旱灾害最严重的国家之一,除水害、兴水利,历来是治国安邦的大事。新中国成立以来,在党和政府的领导下,经过全国人民的艰苦努力,水利事业得到迅速发展,初步形成了与社会主义现代化建设相适应的水资源开发、利用、保护与管理体系,使水资源发挥了巨大的社会效益、经济效益和环境效益,有效地保障了国民经济的发展和社会进步。

3.1.1　水资源供给能力稳步提升

　　改革开放后,我国经济发展突飞猛进,城市化建设速度加快,工农业生产和人民生活水平不断提高,对水资源的量和质都提出了更高要求。与之相对应,我国供水能力有了极大提高,现状年实际供水量达到 6 000 亿 m³,是新中国成立初期的近 6 倍,如表 3-1 所示,基本满足了城乡经济社会和生态环境的用水需求,有效应对了多次严重干旱,最大程度地减轻了旱灾损失。据统计,改革开放以来,我国以年平均 1% 的用水低增长,支撑了年平均 9% 以上的国民经济的高速增长;以世界平均 60% 的人均综合用水量,创造了高于世界平均 3 倍的国内生产总值增长率❶。

表 3-1　新中国成立以来用水量增长情况　　　　　（单位:亿 m³）

年份	指标	农业	工业	生活	生态	总计
1949	用水量	1 001	24	6		1 031
1959	用水量	1 938	96	14		2 048
1965	用水量	2 545	181	18		2 744
1980	用水量	3 912	457	68		4 437
1993	用水量	3 817	906	475		5 198
1998	用水量	3 766	1 126	543		5 435
2008	用水量	3 663	1 397	729	120	5 909
2012	用水量	3 899.4	1 379.5	741.9	110.4	6 131.2

　　改革开放后,城市供水迅猛发展,全国的城市供水总量由 1978 年的 78.8 亿 m³ 增加

---

❶　新中国 60 年城乡供水综述,中国网,http://www.china.com.cn/news/txt/2009-08/14/content_18337478_2.html。

到 2008 年的 500.1 亿 m³,增长了 5.3 倍,年平均增长率 6.1%;2008 年年底,全国设市城市 655 座,管道长度 48 万多 km,用水普及率 94.7%,用水人口 3.5 亿多人。与 1949 年相比,供水能力增加了 109.6 倍,供水总量增加了 55.8 倍,供水管道长度增加了 71.9 倍,用水人口增加了 38 倍,如表 3-2 所示。

表 3-2 新中国成立以来城市供水能力等情况

年份	供水能力		供水总量		供水管道长度		有自来水厂的城市		用水人口	
	能力 (万 m³/d)	增长 倍数	总量 (亿 m³)	增长 倍数	长度 (km)	增长 倍数	城市数 (座)	增长 倍数	人数 (万人)	增长 倍数
1949	240.6	—	8.8	—	6 589	—	72	—	900	—
1978	2 530.4	9.5	78.8	8	35 984	4.5	182	1.5	6 267	6
2008	26 604.0 (9.5)	109.6	500.1 (5.3)	55.8	480 084 (12.3)	71.9	655	8.1(2.6)	35 087 (4.6)	38

注:表格数据摘自 http://www.chinacitywater.org/rdzt/jishuzhuanti/60years/ 中国供水六十年专题;括号中的数字是
与 1978 年相比增长的倍数。

此外,党和政府高度重视农村饮水工作,积极采取措施帮助群众解决饮水问题。农村集中式供水人口比例提高到 58%,解决了超过 3 亿农村不安全人口饮水的问题,实现了从"饮水解困"到"饮水安全"的提升,提前 6 年实现了联合国水与卫生千年发展目标。截至 2009 年,全国农田有效灌溉面积从 2.4 亿亩扩大到 8.77 亿亩,占世界总数的 1/5,居世界首位。我国以占全国耕地 48% 的灌溉面积,生产了占全国总产量 75% 的粮食和90% 的棉花、蔬菜等经济作物。灌区成为我国粮食安全保障的重要基地。目前,我国实现了粮食等农产品供给由长期短缺到总量基本平衡、丰年有余的历史性转变。我们用占全球约 6% 的淡水资源、9% 的耕地,解决了占世界 21% 人口的粮食问题,特别是 2004 年以来,中国粮食连续 6 年增产,这是对世界粮食安全的一个重大贡献。

3.1.2 水资源保障工程体系逐渐完备

新中国成立后,尤其是改革开放以来,我国把供水设施建设放在国家基础设施建设的突出位置,随着水库、机电井、引水提水工程、城乡供排水设施等供水工程的大量兴建(见表 3-3),供水能力有了显著提高,全国水利工程供水能力由新中国成立初期的 1 000 亿 m³[1] 提高到 2008 年的 7 491 亿 m³[1],2010 年实际供水量 6 022 亿 m³,比 1980 年供水量增加了 1 590 亿 m³,已基本形成了较完备的供水安全保障工程体系。随着水资源调控和保障能力大幅提升,我国在中等干旱年份可基本保证城乡供水安全[2]。

---

[1] 中华人民共和国水利部,兴利除害富国惠民——新中国水利 60 年,中国水利水电出版社,2009。
[2] 陈雷部长就第六届世界水论坛相关内容接受《中国日报》专访,http://www.mwr.gov.cn/ztpd/2012ztbd/dljsjs-lt/mtbd/201203/t20120312_315433.html。

表 3-3　全国水利建设重要指标

水资源一级区	有效灌溉面积（×10³hm²）	已建水库（座）	水库库容（m³）	堤防长度（km）	水闸（座）	机电井（眼）	2010年供水量（亿m³）
松花江区	5 979.1	2 475	5 812 367	20 591	1 394	612 275	456.6
辽河区	3 273	1 248	4 239 504	24 837	1 236	308 868	208.9
海河区	8 361	2 095	3 231 546	34 406	3 177	1 535 616	368.3
黄河区	6 021.5	2 773	8 439 631	15 717	791	592 269	392.3
淮河区	11 897.2	8 966	6 672 494	68 073	7 366	1 883 867	639.3
长江区	16 142.5	45 197	24 632 651	74 919	11 968	194 760	1 983.1
东南诸河区	2 237	7 446	5 779 941	19 186	7 994	36 516	342.5
珠江区	4 725.2	14 909	10 560 008	22 335	7 767	38 815	883.5
西南诸河区	1 172.3	1 971	655 198	4 146	362	1 387	108
西北诸河区	6 543.6	793	1 600 984	9 894	1 245	132 677	639.5
全国	66 352.4	87 873	71 624 324	294 104	43 300	5 337 050	6 022

资料来源：中华人民共和国水利部，2011中国水利统计年鉴，中国水利水电出版社，2011。

　　在加强水源工程建设的同时，为解决区域间水资源分布不均问题，缓解重点缺水地区的水资源供需矛盾，通过科学规划、合理布局、适量调度，建设了引滦入津、引滦入唐、引黄济青、引碧入连以及西安黑河引水等一批跨流域调水工程，确保更大范围水资源优化配置。2011年，全国跨水资源一级区调水量占总供水量的3.6%，其中，海河流域引黄河水39.5亿m³，淮河流域从长江、黄河分别引水89.6亿m³和27.2亿m³，山东半岛从黄河引水15.7亿m³，长江流域从淮河、钱塘江、澜沧江分别引水4.9亿m³、0.03亿m³和0.7亿m³，桂贺江从湘江引水0.3亿m³，甘肃河西走廊内陆河从黄河引水2.6亿m³❶。为了解决我国北方地区缺水问题，实施了举世瞩目的南水北调工程，最终调水规模为年均448亿m³，2013年年底，南水北调东线一期工程正式通水，2014年年底，南水北调中线一期工程正式通水，将对缓解我国北方水资源严重短缺问题，促进南北方经济、社会与人口、资源、环境的协调发展发挥重要作用。

3.1.3　水资源管理体系基本建成

　　新中国成立后，特别是改革开放以来，针对我国经济社会快速发展与资源环境矛盾日益突出的严峻形势，党中央、国务院把解决水资源问题摆上重要位置，采取了一系列重大政策措施，1988年《中华人民共和国水法》正式颁布，标志着我国水资源管理步入法制的轨道。进入21世纪以来，水资源管理不断取得新的进展和突破。确立了流域管理与行政

❶　中华人民共和国水利部，2011年中国水资源公报。

区域管理相结合的水资源管理体制,水务体制改革大力推进,取水许可、水权制度、水资源有偿使用、水资源论证、水功能区管理、入河排污口监管等一系列制度逐步建立并完善,特别是最严格水资源管理制度的施行标志着我国水资源管理工作进入了新的历史阶段。

2012 年,国务院发布了《关于实行最严格水资源管理制度的意见》(简称《意见》),这是继 2011 年中央一号文件和中央水利工作会议明确要求实行最严格水资源管理制度以来,国务院对实行这项制度做出的全面部署和具体安排,对于解决中国复杂的水资源、水环境问题,实现经济社会的可持续发展具有重要意义和深远影响。《意见》共分 5 章 20 条,明确提出了实行最严格水资源管理制度的指导思想、基本原则、目标任务、管理措施和保障措施。《意见》主要内容概括来说,就是确定"三条红线",实施"四项制度"❶。

"三条红线":一是确立水资源开发利用控制红线,到 2030 年全国用水总量控制在 7 000亿 m³ 以内。二是确立用水效率控制红线,到 2030 年用水效率达到或接近世界先进水平,万元工业增加值用水量降低到 40 m³ 以下,农田灌溉水有效利用系数提高到 0.6 以上。三是确立水功能区限制纳污红线,到 2030 年主要污染物入河湖总量控制在水功能区纳污能力范围之内,水功能区水质达标率提高到 95% 以上。为实现上述红线目标,进一步明确了 2015 年和 2020 年水资源管理的阶段性目标。

"四项制度":一是用水总量控制。加强水资源开发利用控制红线管理,严格实行用水总量控制,包括严格规划管理和水资源论证,严格控制流域和区域取用水总量,严格实施取水许可,严格水资源有偿使用,严格地下水管理和保护,强化水资源统一调度。二是用水效率控制制度。加强用水效率控制红线管理,全面推进节水型社会建设,包括全面加强节约用水管理,把节约用水贯穿于经济社会发展和群众生活生产全过程,强化用水定额管理,加快推进节水技术改造。三是水功能区限制纳污制度。加强水功能区限制纳污红线管理,严格控制入河湖排污总量,包括严格水功能区监督管理,加强饮用水水源地保护,推进水生态系统保护与修复。四是水资源管理责任和考核制度。将水资源开发利用、节约和保护的主要指标纳入地方经济社会发展综合评价体系,县级以上人民政府主要负责人对本行政区域水资源管理和保护工作负总责。

3.1.4　节水型社会建设取得了显著成效

节水型社会建设是建设资源节约型、环境友好型社会的重要组成部分,是解决我国水资源短缺问题的根本性举措。近年来,水利部门稳步推进节水型社会建设,建设了 100 个全国节水型社会建设试点和 200 个省级节水型社会建设试点,形成全国试点和省级试点相互促进、共同发展的格局。加快水价改革,终端水价制、超定额累进加价、丰枯季水价、"两部制水价"等制度得到推广,农业水价综合改革全面启动,通过调整水价推动了节水。以水权水市场理论为指导,积极探索不同类型地区节水型社会建设模式和政府引导、市场调节、公众参与的运行机制,突出了市场在水资源配置中的调节作用。

"十一五"时期,围绕以水资源总量控制与定额管理为核心的水资源管理体系、与水

---

❶ 胡四一副部长解读《国务院关于实行最严格水资源管理制度的意见》,http://www.mwr.gov.cn/zwzc/zcfg/jd/201204/t20120416_318845.html。

资源承载能力相适应的经济结构体系、水资源优化配置和高效利用的工程技术体系、公众自觉节水的行为规范体系等"四大体系"建设,节水型社会建设取得了显著成效,用水效率和效益明显提高。超额完成了全国万元 GDP 用水量下降20%和万元工业增加值用水量下降30%的规划目标。用水总量快速增长的趋势得到了有效遏制。全国主要节水指标完成情况见表3-4。

表3-4　全国主要节水指标完成情况

指标	2005 年	2010 年(目标)		2010 年(实际达到)	
		绝对值	相对值	绝对值	相对值
万元 GDP 用水量(m³)	304	<240	下降 20%	191	下降 37.2%
万元工业增加值用水量(m³)	169	<115	下降 30%	105	下降 37.9%
农业灌溉用水有效利用系数	0.45	0.5		0.5	

　　与水资源承载力相适应的经济结构体系建设力度加大,各地产业发展进一步趋向节水减排[1]。国家严把水资源论证关,在产业布局和城镇发展中充分考虑水资源条件,在水资源短缺和生态环境脆弱地区坚决遏制建设高耗水、重污染项目。国家发展和改革委员会规定,北方缺水地区新建、扩建燃煤电厂禁止取用地下水,严格控制使用地表水,鼓励利用城市污水处理厂的中水或其他废水。火电厂建设要与城市污水处理厂统一规划,配套同步建设。坑口电站项目首先考虑使用矿井疏干水。黄河流域规定,无余留黄河水量指标的省(自治区、直辖市),新增引黄用水项目必须通过水权转换方式在分配给本省(自治区、直辖市)水量指标内获得黄河取水权。国家对从事符合条件的节水所得和使用专用节水设备的企业抵扣、免征减征企业所得税,将农业节水机械设备纳入财政补贴范围,有力地促进了节水产业发展。

3.2　我国缺水现状及影响

　　根据《全国水资源综合规划》成果,我国现状多年平均总缺水量536 亿 m³,其中河道外缺水量为 404 亿 m³,缺水率为 6.3%,挤占河道内生态环境用水量 132 亿 m³。北方地区多年平均河道外缺水量为 337 亿 m³(黄河区、淮河区、海河区、辽河区 4 个水资源一级区缺水量占全国总缺水量的66%),缺水率为 11.5%,挤占河道内生态环境用水量 132 亿 m³,主要表现为资源型缺水和管理型缺水;南方地区多年平均河道外缺水量为 67 亿 m³,缺水率为 1.9%,主要表现为工程型缺水,部分地区存在资源型缺水。全国缺水地区主要分布在黄淮海平原,辽河流域,关中平原,淮河中游北部,山东半岛,西北石羊河、黑河流域,新疆天山北坡、吐哈盆地、塔城盆地,鄂尔多斯盆地等区域。因为干旱和缺水,我国工业生产、农业生产和城乡人民生活等每年都要遭受巨大损失和严重影响。

[1] 胡四一副部长在全国节水型社会建设经验交流会上的讲话——全面落实最严格水资源管理制度,努力开创节水型社会建设工作新局面,2010。

3.2.1　我国干旱灾害概况及演变趋势

从整个世界来看,洪水是所有自然灾害中最主要的一种灾害,目前世界上各类自然灾害所造成的损失中洪涝占 40%、热带气旋占 20%、干旱占 15%、地震占 15%、其他占 10%。从我国情况看,根据统计分析,在各种自然灾害中,水旱灾害最为严重,其直接经济损失占自然灾害总损失的 72%。其中,干旱是最重要的自然灾害,干旱损失约占全部受灾损失的 48%,洪涝灾害占 24%,虫灾占 12%,风雹、霜冻等占 9%,其他(如地震等)占 7%。这与中国水资源的相对短缺有密切关系❶。

1949 年以前,平均每两年有一次旱灾。1949 年以后,累计发生较严重干旱 17 次,旱灾成灾面积大于 1 500 万 hm² 的重旱灾年和极旱灾年共 10 年。近年来,随着全球气候变暖趋势的加剧,极端天气事件增多、增强,区域降水和河川径流变化波动明显增大,再加上受降水时空分布不均影响,直接导致干旱灾害发生频率升高,重、特大旱灾年份增多。1991～2010 年,中国有 9 年发生了重大干旱,发生频次为 45%。其中,1997～2000 年北方大部分地区发生持续 4 年严重干旱,2006～2007 年重庆、四川发生百年不遇的夏秋冬春四季连旱,2009 年全国又连续发生 4 次大范围严重干旱,如表 3-5 所示。特别是 2009 年入秋开始发生的西南大旱,在云南、贵州、广西、四川和重庆等省(自治区、直辖市)出现了严重干旱,其中云南大部、贵州西部和南部、广西西北部旱情达到特大干旱等级。本次西南地区旱情持续时间之长、发生范围之广、影响程度之深、造成损失之重,均为历史罕见,对人们日常生活、生产,对国民经济、社会心理、社会稳定都造成巨大冲击。

表 3-5　21 世纪以来全国干旱灾害情况

年份	受灾面积 (万 hm²)	成灾面积 (万 hm²)	成灾率 (%)	分布范围
2000	4 054.067	2 678.333	60	东北西部、华北大部、西北东部、黄淮、长江中下游地区旱情严重
2001	3 848.0	2 370.2	61.58	华北、东北、西北、黄淮春夏旱,长江上游冬春旱,中下游晴热高温、夏旱,东部秋旱
2002	2 220.73	1 324.733	59.7	华北、黄淮、东北西部及南部、华北、西北东南部及四川、广东东部、福建南部连续 4 年重旱
2003	2 485.2	1 447.0	58.2	江南、华南、西南伏秋连旱,湘、赣、浙、闽、粤秋冬旱
2004	1 725.533	795.067	46.1	华南和长江中下游大范围秋旱,粤、桂、湘、赣西、琼、苏、皖降雨量为新中国成立以来同期最小值,华南部分地区秋冬春连旱

❶　中国水利水电科学研究院,水利与国民经济协调发展研究报告,2004。

续表 3-5

年份	受灾面积 （万 hm²）	成灾面积 （万 hm²）	成灾率 （%）	分布范围
2005	1 602.8	847.933	52.9	宁、蒙、晋、陕春夏秋连旱,粤、桂、琼发生严重秋旱,云南初春旱
2006	2 073.8	1 341.133	64.7	川、渝伏旱,重庆极端高温,长江中下游夏旱,两广秋冬旱
2007	2 938.6	1 617.0	55	内蒙古东部、华北、江南大部、华南西部、西南的东南部夏旱,华南湘、赣、闽、两广秋冬旱
2008	1 213.68	679.752	56	江南、华南北部、东北旱,云南连旱
2009	2 925.88	1 319.71	45.1	华北、黄淮、西北东部、江淮春旱
2010	1 325.861	898.647	67.78	云、桂、黔、渝秋冬春大旱,华北、东北秋旱

数据来源:历年《中国水旱灾害公报》。

根据 50 多年来的旱灾资料分析,我国在严重干旱年(以 2000 年为例)旱灾直接经济损失占 GDP 的 2.5%,一般干旱年(90 年代平均)旱灾直接经济损失占 GDP 的 1.1%,而美国年均旱灾损失仅占 GDP 的 0.01%。基于我国具体国情和水情,较为合理的干旱灾害损失,一般干旱年旱灾损失应当控制在 GDP 的 0.8%,严重干旱年旱灾损失应当控制在 GDP 的 1.5%以内[1]。据 1950~2010 年的统计资料,我国旱灾发生的范围和强度,以及受灾人数和财产损失程度均有增长的趋势:一是干旱灾害的范围扩大,在传统的北方旱区旱情加重的同时,南方和东部多雨区旱情也在扩展和加重;二是旱灾影响的领域在扩展,旱灾对经济社会的影响广泛,已从过去的农业扩展到城市生活、工业等领域,成为影响经济社会可持续发展的突出制约因素;三是干旱灾害加剧了生态环境恶化,使原本就十分匮乏的水资源变得更为紧缺,从而进一步加剧了草场退化、土地沙化、地下水位下降、湿地萎缩、生物多样性锐减等生态危机[2]。

3.2.2　缺水对农业的影响

农业是我国第一用水大户,也是受缺水影响最大的产业之一。根据《全国水资源综合规划》成果,多年平均情况下,农业缺水 166 亿 m³。根据《中国水旱灾害公报》统计数据,1949~2000 年,全国累计农田受旱面积 201.1 亿亩,成灾面积 89.5 亿亩,减产粮食 10.2 亿 t,年均受旱面积 3.2 亿亩,成灾面积 1.4 亿亩,减产粮食 0.16 亿 t。与此同时,全国农作物年均因旱损失仍呈现居高不下的态势,由 20 世纪 50 年代的年均 43.5 亿 kg 上升到 90 年代的 209.4 亿 kg,2000 年以来高达 308.3 亿 kg。

近几年旱灾仍然频繁发生。2010 年,全国因旱作物受灾面积 1 325.861 万 hm²,其中

---

[1]　经济社会与水旱灾害——国家防总秘书长、水利部副部长鄂竟平在全国防汛抗旱工作会议上的讲话,2006。
[2]　陈雷,应对西南特大干旱的实践与思考,时事报告,2010(5)。

成灾面积898.647万 hm²、绝收面积267.226万 hm²,因旱粮食损失168.48亿 kg,经济作物损失387.93亿元,直接经济总损失1 509.18亿元;2011年,全国有29个省(自治区、直辖市)发生了干旱灾害,作物受灾面积1 630.420万 hm²,其中成灾面积659.860万 hm²、绝收面积150.540万 hm²,粮食损失232.07亿 kg,经济作物损失252.07亿元,直接经济总损失1 028.00亿元。2012年,全国有21个省(自治区、直辖市)发生干旱灾害,作物受灾面积933.333万 hm²,其中成灾面积350.853万 hm²、绝收面积37.380万 hm²,因旱粮食损失116.12亿 kg,经济作物损失144.09亿元,直接经济损失533.00亿元。

3.2.3　缺水对工业的影响

　　工业是仅次于农业的第二用水大户,工业用水量占全国用水总量的20%左右。2000~2004年,北方连续大旱的每年夏秋之季,天津、济南、青岛、大连等城市多次牺牲工业企业利益,诸多工厂停产以保城市居民用水。由于工业单位用水量的GDP产值远高于农业,因而单位缺水造成的经济损失也远大于农业。据20世纪90年代初估算,每年因缺水影响工业产值2 000多亿元[❶]。2011年,万元工业增加值(当年价)用水量为78 m³,即单位用水量所产生的增加值平均为128.2元/m³。当前全国工业年缺水量为15亿~18亿m³(估计值),按2011年水平估算,因缺水造成的工业直接经济损失为1 923亿~2 307亿元。

3.2.4　缺水对城市的影响

　　在全国640个城市中,缺水城市达300多个,其中严重缺水城市114个,日缺水量达1 600万 m³。据不完全统计,1950年以来全国共发生较大的城市缺水事件100多起,其中属于资源型缺水的约占65%,主要是北方缺水地区和沿海地区缺乏淡水资源的城市;属于工程型缺水的约占20%;属于水质型缺水的约占5%;属于混合型缺水的约占10%,主要是长江三角洲、珠江三角洲和淮河流域的城市。据水利部2007年对集中式饮用水水源地的调查,约14%的水源地水质不合格。据中华人民共和国环境保护部2011年对地级以上城市集中式饮用水水源环境状况调查,约35.7亿 m³水源水质不达标,占总供水量的11.4%。在全国城镇中,饮用水水源地水质不安全涉及的人口1.4亿人,且城市供水水源地单一,全国有应急备用水源工程的城市仅约150个,各省(自治区、直辖市)有应急备用水源工程的城市均未达到其城市总数的一半,特别是以地表水源为主的南方地区,一旦发生水污染事件,缺少规避风险的有效途径。各省(自治区、直辖市)城市应急备用水源情况见图3-1。此外,受经济社会发展程度的制约,中西部地区小城镇供水问题突出,还存在供水水源单一、净水厂规模较小、处理工艺相对落后、管网规划和建设相对滞后等问题。

3.2.5　缺水对生态的影响

　　为了弥补供水不足和保障发展,许多地区以牺牲生态环境为代价,过度开发水资源,

---

　　❶ 李原园,李宗礼,郦建强,等.水资源可持续利用与河湖水系连通.中国水利学会2012学术年会特邀报告汇编,2012。

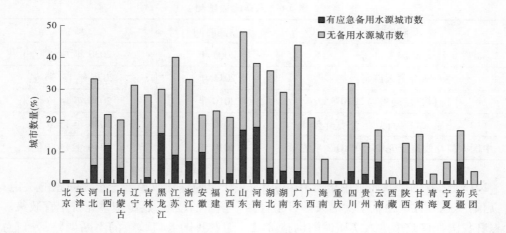

图3-1 各省(自治区、直辖市)城市应急备用水源情况

通过超采地下水和挤占河道内生态环境用水而形成不合理供水量。根据《全国水资源综合规划》成果,多年平均超采地下水215亿 m³,挤占河道内生态环境用水达132亿 m³,合计达347亿 m³,占总缺水量的65%。我国北方的海河流域、黄河流域、淮河流域、辽河流域以及西北诸河区各流域水资源开发利用程度都在40%～101%,其中海河区当地水源供水量已超过多年平均水资源量,海河流域、黄河流域、淮河流域、辽河流域及西北诸河区一次性供水量已相当于其水资源可利用总量的115%、106%、73%、98%和90%,已接近甚至超过其开发利用的阈值,致使流域内呈现出有河皆干、有水皆污、地下水超采漏斗遍布的严峻态势,河流生态功能严重退化。同时,水资源短缺而引发的地下水位下降、天然植被衰败、耕地和草原沙化、沙尘暴等生态环境问题在北方地区特别是西北内陆河地区尤为严重。

3.3　水需求主要驱动因子演变趋势

21世纪初期是我国实现社会主义现代化第三步战略的关键时期,根据国民经济和社会发展预测,以下几个因素成为水资源需求的主要驱动力。

3.3.1　人口数量

中国人口与发展研究中心主任姜卫平于2010年5月19日在人口研究前沿与展望国际研讨会上指出,根据现在公布的总和生育率,人口宏观管理与决策支持系统(PADIS)预测,未来中国人口总量将不会突破15亿。姜卫平说,目前中国公布的总和生育率是1.6～1.8,PADIS按此预测,中国人口总量将会在2040年前后达到14.7亿左右后开始减少,2050年将下降到14.5亿左右。联合国以及国内相关机构对我国的人口高峰进行了预测(见表3-6),结果均表明我国人口高峰可能会在2030～2040年间出现,今后十几年,中国人口仍将保持惯性增长,年均净增长700万人左右。

表 3-6　人口峰值预测

预测机构	预测时间	峰值
联合国人口司	2003 年	2030 年 14.5 亿
联合国人口司	2011 年	2025 年 13.95 亿
中国科学发展报告 2010❶	2010 年	2030 年 14.6 亿
中国国家人口和计划生育委员会	2010 年	2033 年 15.0 亿
中国人口与发展研究中心 PADIS 系统	2010 年	2040 年 14.7 亿

　　2013 年,党的十八届三中全会《中共中央关于全面深化改革若干重大问题的决定》提出:启动实施一方是独生子女的夫妇可生育两个孩子的政策,逐步调整完善生育政策。这标志着我国人口政策进入实质性的调整阶段。随着我国人口政策的不断调整,人口总量的高峰期延迟出现的可能性较大,其峰值也可能会有所提高。人口增长带来的用水刚性需求将会进一步增加。

3.3.2　城市化率

　　根据 2010 年《中小城市绿皮书》,"十二五"期间,我国将进入城镇化与城市发展双重转型阶段,预计城镇化率到 2015 年达到 52%,到 2030 年将达到 65% 左右。根据历年来中国城市化率的发展变化规律,采用非线性回归进行拟合(相关系数达到 0.991 7),采用该式对我国的城市化率进行预测,见图 3-2。根据分析,中国将会在 2039 ~ 2042 年城市化率达到 70% ~ 75%。城市化率的不断提高和居民生活水平的提高,将导致人均用水量随之增加,居民生活用水量逐年持续增加。

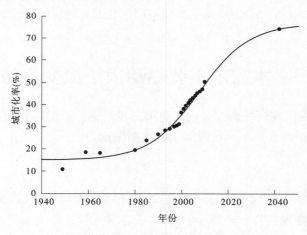

图 3-2　中国城市化率变化预测图

---

❶　牛文元,中国科学发展报告 2010,2010。

3.3.3　粮食需求

解决我国人口吃饭问题,必须坚持粮食立足自给的基本国策。在未来世界经济一体化的进程下,尽管我国水土资源紧缺,生产粮食不具有经济优势和比较利益,但仍应充分利用我国水土资源和丰富的劳动力资源,以及国际国内的两大市场,在保障粮食稳定增长的同时,大力发展附加值较高的农产品。根据我国政府发布的粮食白皮书,按人均占有粮食 400 kg,人口总量 15 亿计算,全国粮食产量要求达到 6 亿 t。据有关专家研究分析,全国耕地面积将由目前的 20.89 亿亩(人均 1.7 亩)下降到 19 亿亩(人均 1.2 亩),而其中灌溉面积将达到 9 亿~9.5 亿亩,比 2000 年增加 0.6 亿~1.1 亿亩。在通过节水措施提高农业水有效利用率的情况下,农业需水基本与当前持平[1]。但由于受粮食生产重心北移的影响,北方农业水资源缺口将会加大。

3.3.4　国民经济

根据党的"十五大"提出的我国经济发展分三步走的战略目标,21 世纪中叶,我国经济将达到世界中等发达国家水平。经有关部门预测,到 2030 年期间年均增长速度为7.2%,2030 年人均 GDP 达到 7 万元。在经济持续增长的同时,经济结构进一步得到优化调整,2030 年第一产业、第二产业、第三产业增加值构成比例为 4:46:50。预计 2030 年全国工业增加值总量将达到 46 万亿元,工业需水将保持增长态势,而且重化工业重心呈由南向北,由东部向中西部转移态势,将加重本已紧张的北方水资源形势。

3.4　供需态势综合分析

综合我国水资源开发利用现状主要驱动因子演变趋势分析,未来我国水资源供需态势将呈现如下显著特征。

3.4.1　随着我国城市化、工业化进程及人口总量增长,用水需求总量将不断增长,但增速逐步放缓,将在 2030~2040 年达到用水峰值

3.4.1.1　行业用水将延续农业用水相对稳定、工业用水和生活用水持续增加的趋势

1949 年以来,我国用水总量整体上经历了一个快速增长的过程,2000 年以后各行业用水量总体上呈现出农业用水总量相对稳定并随降雨状况上下波动、工业用水和生活用水比例持续上升的趋势。在今后一段时期内,这一行业用水变化趋势仍将延续,用水需求总量将不断增长,但增速逐步放缓。

目前,我国工业用水量占总用水量的 1/4 左右,仍处于工业化加速发展的重要阶段。尽管通过建设资源节约型、环境友好型工业可以提高工业特别是高用水行业的用水效率,然而在"十一五"期间,火力发电、钢铁、石油及化工、造纸、纺织、煤炭等高用水行业节水工作已经得到深入推进,在重复利用、废水回用、非常规水资源利用等方面取得积极进展,重点用水行

---

[1]　水利部,全国水资源综合规划,2010。

业单位产品水耗与国际先进水平相比差距缩小,因此今后的节水潜力明显下降。未来工业节水将更多围绕工艺节水展开,主要依靠工艺技术进步,推动难度相对较大。因此,随着工业化进程的加快,在2030~2040年达到用水高峰之前工业用水量还将持续增长。

如前所述,根据最新的人口统计数据和人口政策分析,未来我国人口总量的高峰期将出现在2030年以后,人口总数将达到15亿左右。目前我国城镇人口比重为49.68%,研究认为,城市化水平在超过了50%以后,速度还要加快,2040年左右城市化率达到70%~75%,在2050年会超过70%甚至80%,城市人口将大量增加,用水定额高的城镇人口比重会大幅度提高,而且农村人口的生活水平也会不断提高。尽管节水技术的发展有助于减少生活用水,但节水技术的发展还难以完全抵消推动生活用水增加的三大因素——人口增长、城市化和生活水平的提高,因此我国生活用水的增长还将持续较长的时间。

3.4.1.2　用水峰值在2030~2040年出现

事实上,用水量变化拐点出现的时间点会受到人口增长、经济社会发展、产业结构调整、节约用水及用水定额、水资源循环利用水平、水价、水资源需求管理水平以及生态环境保护的需要等多种因素综合作用。关于中国用水的长期预测已有较丰富的成果,人们普遍认为中国的用水将继续长期增长,但对何时达到峰值尚没有统一认识[1]。基于以下几点考虑,可认为用水需求还将长期增长,在短期内不会达到峰值:

(1)我国仍处于重化工业阶段,能源、原材料消耗远未达到顶点,经济规模仍将保持快速增长态势。

(2)过去10多年我国发展速度很快,但经济结构优化升级缓慢,实践表明,寻找新增长模式的经济转型是一个渐进式的过程,不可能一蹴而就。

(3)随着我国人口政策调整,人口生育高峰出现时间可能延迟,数量也将大于预期,人口增加带来的用水刚性需求也将随之加大。

(4)由于种种因素,历史上对生态环境欠账太多,随着生态文明建设被纳入中国特色社会主义事业总体布局,生态用水需求将出现长期持续增长。

国内有学者通过分析国内外经济发达国家和地区第三产业在三次产业结构中的比例、人均国内生产总值以及城市化率与总用水量的关系,结果表明一个国家或地区的第三产业GDP占国内生产总值的比重达到60%左右、城市化率为70%~75%时,其总用水量达到峰值。采用这种方法对中国的用水量进行分析,同时结合人口、社会发展等多种因素,我国将在2030~2040年达到用水高峰,随后我国进入后工业化阶段,产业结构趋向合理化,人口规模稳定,总用水量将出现趋于平稳甚至出现逐渐减少的趋势。

3.4.2　多重影响因素相互交织,严峻性、复杂性和长期性是我国未来水资源问题的基本态势

3.4.2.1　在气候、人类活动等多重因素作用下,水资源问题正在经历深刻变化

以往的水问题一般被总结为"水多、水少、水脏、水浑"等四个方面,其中"水多"是洪

---

[1] 贾绍凤,张士锋,中国的用水何时达到顶峰,水科学进展,2000。

涝的问题,其余三方面均属于水资源领域的问题,具体指水资源短缺、水环境恶化和水生态失衡。随着经济社会发展和环境演变,水资源条件和驱动与压力因子也随之变化,新时期我国水资源正在经历深刻变化,具体表现在:人类活动与气候变化影响加剧,水资源系统脆弱性和不确定性增强;供需水逆向演变,资源型与竞争性缺水问题突出等并存,水污染形式与组分更趋复杂和多样,极端气象事件频发和社会经济活动强度加大,极端水事件和突发水事件随之增加。

3.4.2.2 在我国社会经济转型的大背景下,水资源问题更趋严峻、复杂,并将长期存在

随着经济社会发展,水资源工作面临的任务早已从农业社会的人饮、灌溉等传统任务,发展成为涵盖水资源供给、水环境保护、水生态修复和水灾害防治的综合性任务,涉及社会、经济、生态的各个方面,面临着气候变化、产业布局不匹配、区域发展不均衡、突发水污染增多、生态欠账多等多重危机和挑战。水资源问题规模已从局部或部分河段扩展为流域性、区域性影响。当前我国社会经济转型正处于攻坚阶段,一方面是水供给面临的生态保护、污染防治的边界约束日益严重,另一方面是对水需求的量、质、保障率要求不断提高。在此背景下,未来水资源问题将更趋严峻、复杂,并长期存在。

3.4.3 随着北方地区源头约束问题进一步凸显,水资源对粮食及能源安全的保障面临挑战

3.4.3.1 我国北方地区面临的供水源头约束日益严峻

根据《全国水资源综合规划》成果,多年平均全国总缺水量为 536 亿 m^3,北方地区就占 87.5%,达到 469 亿 m^3。而北方地区中黄河区、淮河区、海河区、辽河区 4 个水资源一级区缺水量占全国总缺水量的 66%,也就是说我国的缺水问题主要存在于北方。在水缺口的巨大压力下,水资源利用量不断增加,北方地区除松花江流域外,当前各流域水资源开发利用程度都在 40% ~ 101%,其中海河区当地水源供水量已超过多年平均水资源量,海河流域、黄河流域、淮河流域、辽河流域及西北诸河区一次性供水量已相当于其水资源可利用总量的 115%、106%、73%、98% 和 90%,已接近甚至超过其开发利用的阈值。资源型缺水已成为北方地区的主要缺水类型。

3.4.3.2 粮食生产和能源开发重心北移将使得有限的水资源承载更大压力

当前我国北方粮食产量已经达到全国粮食产量的一半以上。根据《全国新增 1 000 亿斤粮食生产能力规划(2009—2020 年)》,在 2020 年要实现增产 1 000 亿斤粮食的战略目标,而北方地区的增产任务在 60% 以上,其中东北区承担新增粮食产能任务 150.5 亿 kg,占全国新增产能的 30.1%,黄淮海区承担新增粮食产能建设任务 164.5 亿 kg,占全国新增产能的 32.9%。可以预见,粮食生产重心北移的趋势将进一步加强,在北方地区现状农业用水缺口较大的情况下,保障新增粮食生产任务的用水将面临更大挑战。

根据《国民经济和社会发展第十二个五年规划纲要》和《能源发展"十二五"规划》,为了满足全国能源增长的需求,将在"十二五"期间建设山西、鄂尔多斯盆地、内蒙古东部地区、西南地区和新疆五大国家综合能源基地。五大国家综合能源基地中,除西南地区是以水电为主体兼有煤炭和火电外,山西、鄂尔多斯盆地、内蒙古东部地区和新疆均是以煤炭开采加工、煤化工、火力发电、石油开发及天然气开发为主,属高用水产业,而山西、鄂尔

多斯盆地、内蒙古东部地区和新疆均属于我国北方缺水乃至严重缺水地区。能源开发带来的巨大水需求将使得有限的水资源承载更大压力。

3.4.4　水利工程建设、治水体制改革和节水技术升级是解决未来水资源问题的三大主要途径

3.4.4.1　水利工程仍然是国家基础设施的短板

我国水资源开发利用的基础设施建设相对滞后,无法提供有效的水资源调蓄能力,无论是与发达国家相比,还是与国内其他领域基础设施相比,水利基础设施建设明显滞后,水利工程尚有很大的发展空间。以库容为例,世界大坝委员会中国大坝协会公布的最新资料,截至 2007 年年底,我国水库总库容达到 6 924 亿 m^3,在世界排第四,但是人均库容仅有 533 m^3,仅为美国的 9.6%,在世界上处于较低水平,见图 3-3。

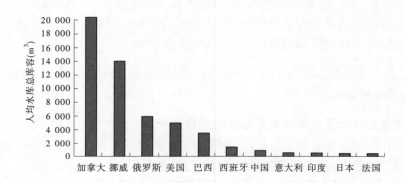

图 3-3　中国与部分国家人均水库总库容比较(2007 年)

3.4.4.2　建立符合国情特征的水资源管理模式与制度是时代要求

我国具有悠久的水资源开发、利用和管理的历史,在社会经济发展的各个阶段都具有其标志性水资源管理理念和模式,这些水资源管理方式与特定时期的水资源供需关系和科学技术水平相协调,从而成为国家民族存亡兴盛的重要推手。由此可见,水资源管理模式的转变是不同时代背景下的必然战略选择。当前,我国的水资源管理方式仍可以称为供水管理。这一传统的水资源管理模式已明显不能适应水资源可持续发展的要求,使得水资源浪费和破坏存在机会主义行为。从"以需定供"、供水管理向"以供定需"、需水管理的水资源管理模式转变已势在必行。

3.4.4.3　节水技术升级可能为解决水资源问题提供较大空间

从微观用水技术角度上看,工农业节水技术升级是缓解水资源压力的关键性因素。未来中国农业节水关键技术包括高效节水灌溉、雨水利用技术、农业综合节水技术、灌区节水管理技术。工业生产类型繁多且用水过程千差万别,但对任何一种生产来讲,先进的节水技术都可以节省大量资源。2012 年,美国国家情报委员会(NIC)发布的《全球水安全》报告认为,缓解缺水的最大潜力是通过科学技术降低农业需水量。因此,节水技术的突破和推广应用有可能对我国水资源可持续利用做出重大贡献。

3.5　我国水资源战略选择

人多水少是我国的基本国情,随着工业化、城镇化发展,人口增长和全球气候变化影响加剧,我国水资源条件更为复杂,水资源供需矛盾突出仍然是今后一个时期可持续发展的主要瓶颈,保障国家水资源安全的任务将越来越艰巨。水资源安全保障战略总体思路如图 3-4 所示。

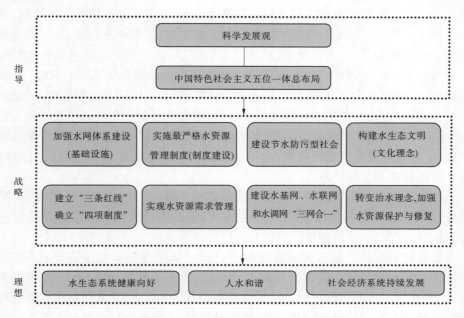

注:图中水基网、水联网和水调网分别指江河水系等实体网络、
水资源监控和智能化辅助决策网络、水资源决策与实时调控网络,详见下文

图 3-4　水资源安全保障战略总体思路

3.5.1　落实最严格水资源管理制度,推进水资源管理方式的转型升级

以最严格水资源管理制度为抓手,围绕水资源配置、节约和保护"三个环节",通过健全制度、落实责任、提高能力、强化监管"四项措施",落实水资源开发利用控制、用水效率控制和水功能区限制纳污控制"三条红线",建立用水总量控制制度、用水效率控制制度、水功能区限制纳污制度、水资源管理责任和考核制度"四项制度",推动水资源管理方式实现从供水管理向信息化、精细化的需水管理转型,实现水资源监管能力和综合执法能力的全面升级。

一是认真做好《关于实行最严格水资源管理制度的意见》的宣传、贯彻工作。面向全社会广泛持久深入地宣传《关于实行最严格水资源管理制度的意见》,提高社会各界对实行最严格水资源管理制度的认识,增强贯彻落实自觉性。制订《关于实行最严格水资源管理制度的意见》实施方案和任务分工,细化工作任务,明确目标要求,落实责任主体。

二是加快"三条红线"指标分解确认。组织指导流域机构加快"三条红线"分省指标协调确认工作,要求各省级行政区尽快完成分省指标确认。加快推进 25 条跨省重要江河水量分配工作。

三是扎实推动配套政策法规的完善和落实。推动出台《节约用水条例》《水资源论证条例》等法规规章,严格落实水资源论证、取水许可等管理制度,强化水资源管理政策法规落实情况的监督检查,提升水资源管理执法监察能力。

四是强化水资源配置、节约和保护。强化建设项目水资源论证管理,加快推进规划水资源论证工作。组织制订重要江河流域水量调度方案、应急调度预案和调度计划,强化水资源统一调度。开展全国地下水超采区划定和复核工作,公布地下水超采区,明确禁采和限采范围。组织实施《节水型社会建设"十二五"规划》,组织制定高耗水工业和服务业用水定额国家标准,指导各省(自治区、直辖市)加快完善用水定额体系,加快制定节水强制性标准,加强计划用水管理,公布重点用水监控单位名录,实施用水监控管理,规范和加强高耗水服务业用水管理,实施节水器具推广行动,深入推进节水型社会建设试点工作。按照《全国重要江河湖泊水功能区划》,完善水功能区的区划体系,推进饮用水水源地达标建设工作,妥善应对突发性水污染事件。组织编制《全国水资源保护规划》,努力构建水资源保护管理体系和工程体系。

五是加快实施水资源监控能力建设。全面启动水资源监控管理系统建设,按照 3 年基本建成、5 年基本完善的目标,建立重要取水户、重要水功能区和主要省界断面三大监控体系,基本形成国家、流域和省级水资源监控管理系统。

六是建设好实行最严格水资源管理制度试点。按照率先确立水资源管理"三条红线",率先出台实行最严格水资源管理制度意见、实施方案和考核办法,率先建成水资源管理系统,率先建立水资源管理行政首长负责制的总体要求,加快最严格水资源管理制度试点建设步伐,力争在关键环节和重点领域取得突破,为全面实行最严格水资源管理制度提供经验和示范。

3.5.2　深入开展节水型社会建设,促进经济发展方式加快转变

建设节水型社会,形成减水化的经济发展方式和先进用水文明。通过源头管理,对允许取水量、耗水量和排污量进行科学界定和综合管理,在此基础上开展经济社会可用水量分配、优化经济结构和产业布局,实施面向不同用水主体需求的差别化配置管理,从根本上抑制需求,实现用水的减量化和合理化。通过用水全过程管控,从取水、输水、用水、排水等环节对重点用水户实施精细化监控与管理,促进水资源开发利用的节约,实现"反弯"式的水资源利用方式,保障社会经济的可持续发展。

建设节水型社会的主要措施有:通过制定流域和区域水资源规划,明晰初始用水权;确定水资源的宏观控制指标和微观定额指标,明确各地区、各行业、各部门乃至各单位的水资源使用权指标,确定产品生产或服务的科学用水定额;综合运用法律、行政、工程、经济、科技等多种措施,保证用水控制指标的实现;特别注意运用经济手段,发挥价格对促进节水的杠杆作用;通过制定规则,建立用水权交易市场,实行用水权有偿转让,引导水资源实现以节水、高效为目标的优化配置。节水型社会建设要落实三个体系的建设,即开展用

水制度改革,建立与用水权指标控制相适应的水资源管理体系;通过调整经济结构和产业结构,建立与区域水资源承载能力相适应的经济结构体系;建设水资源配置和节水工程,建立与水资源优化配置相适应的水利工程体系。

节水是减少污水排放的主要措施,无论水资源短缺的地区还是水资源丰富的地区,都需要建设节水型社会,提高水资源的利用效率和效益。这是因为:粗放的用水方式是粗放的经济增长方式的表现,节水型社会建设,可以推动产业结构调整,促进经济增长方式转变,降低发展成本。丰水地区的水资源丰富是相对的,就全国而言,水资源是宏观稀缺的,任何地方都没有浪费水资源的权力。丰水地区和缺水地区建设节水型社会,目的都是提高水资源的利用效率和效益,都是为了促进科学发展。所不同的是:缺水地区的水权分配受控于"宏观控制指标";可以充分利用水权交易市场,实现水资源的优化配置。丰水地区的水权分配取决于"微观定额指标";注重发挥水价的调节作用,实现水资源的高效利用。

建立政府调控、市场引导、公众参与的节水型社会管理体制,实现流域水资源统一管理和区域涉水事务的统一管理,是建设节水型社会的体制保障。尤其要强调的是,建设节水型社会要鼓励社会公众以各种方式广泛参与,使得相关利益者能够充分参与政策的制定和实施过程。如成立用水户协会,参与水权、水量的分配、管理、监督和水价的制定。用水户协会要实行民主选举、民主决策、民主管理、民主监督,充分调动广大用水户参与水资源管理的积极性。

3.5.3　加强水网体系规划建设,实现水利基础设施的战略升级

一个地区的物理水网,是不同时期治水实践的物质基础和客观载体,其系统的完善与否、功能发挥得好坏,会直接影响人们的生活质量、经济社会发展和生态环境状况。正因为如此,水网和电网、交通网、信息网(包括通信网和互联网)等并列为现代社会的四大基础性网络。但物理水网要实现其多元化的目标和功能,除完善的物理网络体系外,离不开两方面支持,一是信息支持,这需要通过信息网络的传递来实现;二是决策支持,这需要通过管理网络的调控来实现。因此,完整的水网体系实质上是由水物理网、水信息网、水调度网有机耦合而成的网络体系。

加强水物理网规划和建设,一是要开展以河湖水系连通为主要内容的国家水物理网规划和建设,以南水北调东、中、西线工程沟通长江、淮河、黄河、海河,形成四横三纵的水网络主体框架,辅以一批区域性的调水工程、引水工程、调蓄工程和其他水资源工程,初步形成具备一定水资源配置功能的网络体系,在其覆盖范围内实现水资源的南北调配、东西互济。二是大力推进城乡集中供水工程和输配水管网系统建设,通过水厂处理工艺升级改造和管网更新改造,解决因水源污染和供水设施落后造成的供水水质不达标问题,降低管网漏损率,扩大公共供水服务范围,推进城乡统筹区域供水,推进供水企业水质检测能力建设,完善水质监测体系。

加强水信息网规划和建设,要以提高水资源监控能力和智能化辅助决策为核心,提升对"自然－社会"二元水循环与网络载体信息的感知能力和预判能力。一是建成完善的水利信息化基础设施。建设布局合理、功能齐全、高度共享的水利信息综合采集体系,基

本满足水利业务应用需要;扩展全国水利信息网和视频会议系统覆盖范围,实现县级以上水利部门的互联互通;基本建成国家、流域和省级水利数据中心,实现水利重要信息资源的共享;加快水利卫星通信网建设,增强水利应急通信保障能力。二是形成完善的水利信息化业务应用体系。全面完成水利信息化重点工程建设并发挥效益,逐步实现跨业务系统的协同应用,完成所有地市级以上水利部门的门户网站建设,水利系统电子政务应用和服务体系日臻完善,社会管理与公共服务的信息化水平显著提高。三是建立完善的水利信息化保障环境。建立科学系统的信息技术标准体系,完成全国重要水利信息系统安全等级保护工作,建立可靠的信息安全保障体系、高效的系统运行维护体系和专业人才队伍,提高信息安全保障能力。

加强水管理网规划和建设,要围绕水循环预报决策和调配控制,以提升水资源多目标科学决策与水循环实时调控能力为目标。按照民生水利、人水和谐等新时期现代治水理念的指导,不断完善洪水风险管理、最严格水资源管理和水生态文明等制度体系,为水资源调度提供顶层制度指导。要按照兴利服从防洪、区域服从流域、电调服从水调的原则,抓紧制订完善主要江河水资源调度方案、应急调度预案和调度计划,全面实施水资源统一调度,为保障防洪安全、供水安全、粮食安全和生态安全奠定科学扎实的基础。研发和应用复杂水资源系统的防洪、供水、灌溉、发电、航运等多目标分析和决策技术,建设水资源调度决策会商平台,提升复杂水系统的调度能力;大力推进水资源系统调度的控制与执行体系建设,保障调度指令的精确和及时实施。

3.5.4　构建水生态文明,强化水资源保护与水生态修复力度

把生态文明理念融入到水资源开发、利用、治理、配置、节约、保护的各方面和水利规划、建设、管理的各环节,坚持节约优先、保护优先和自然恢复为主的方针,通过加强水资源节约保护、实施水生态综合治理等措施,大力推进水生态文明建设,完善水生态保护格局,实现水资源可持续利用,提高生态文明水平。以城市为重点,已开展许多水生态系统保护与修复试点工作,以流域为单元,积极实施生态调水,加快修复生态脆弱河湖系统。

编制水资源保护规划,做好水资源保护顶层设计。全面落实《全国重要江河湖泊水功能区划》,严格监督管理,建立水功能区水质达标评价体系,加强水功能区动态监测和科学管理。从严核定水域纳污容量,制定限制排污总量意见,把限制排污总量作为水污染防治和污染减排工作的重要依据。加强水资源保护和水污染防治力度,严格入河湖排污口监督管理和入河排污总量控制,对排污量超出水功能区限排总量的地区,限制审批新增取水和入河湖排污口,改善重点流域水环境质量。严格饮用水水源地保护,划定饮用水水源保护区,按照"水量保证、水质合格、监控完备、制度健全"的要求,大力开展重要饮用水水源地安全保障达标建设,进一步强化饮用水水源应急管理。

确定并维持河流合理流量和湖泊、水库以及地下水的合理水位,保障生态用水基本需求,定期开展河湖健康评估。加强对重要生态保护区、水源涵养区、江河源头区和湿地的保护,综合运用调水引流、截污治污、河湖清淤、生物控制等措施,推进生态脆弱河湖和地区的水生态修复。加快生态河道建设和农村沟塘的综合整治,改善水生态环境。严格控制地下水开采,尽快建立地下水监测网络,划定限采区和禁采区范围,加强地下水超采区

和海水入侵区治理。深入推进水土保持生态建设,加大重点区域水土流失治理力度,加快坡耕地综合整治步伐,积极开展生态清洁小流域建设,禁止破坏水源涵养林。合理开发农村水电,促进可再生能源应用。建设亲水景观,促进生活空间宜居适度。

第4章　水资源配置

4.1　水资源配置及其历史沿革

4.1.1　水资源配置的概念

4.1.1.1　资源配置的含义

由于研究领域和研究角度存在着差别,因此对资源的概念存在着各种不同的理解,但一般认为资源有广义、狭义之分。广义的资源指人类生存发展和享受所需要的一切物质的和非物质的要素,狭义的资源主要是指自然资源,包括具有社会有效性和相对稀缺性的自然物质或自然环境。资源是一个相对概念,随着社会生产力水平的提高和科学技术的进步,先前尚不知其用途的物质逐渐被人类发现和利用。因此,随着社会发展,资源的种类日益增多,资源的概念也不断深化和发展。简单地说,资源是指在一定历史条件下能被人类开发利用以提高自己福利水平或生存能力的、具有某种稀缺性的、受社会约束的各种环境要素或事物的总称。

资源利用是自人类社会出现之后即产生的一个话题,在生产力水平低下的时代主要是考虑更高效的资源开发利用,而资源的整体稀缺性制约有限。进入近代社会以来,随着工业化水平的提高,资源开发的范围扩大,强度和效率快速上升,资源稀缺性的制约表现得越来越明显,资源问题逐渐凸显,《寂静的春天》(Cerson,1965)、《增长的极限》(罗马俱乐部,1972)、《只有一个地球》(沃德等,1976)等著作作为人类敲响了资源开发和环境关系的警钟,促进了对资源及其与人类社会关系的深入研究。对资源利用的研究也不再局限于探索快速有效的开发方式,更高的目标是使人类能够通过了解资源的有限性,正视自身的位置,更好地保护资源,与环境协调相处。资源科学也逐步系统化,形成了一门研究资源的数量、质量、地域组合特征、空间结构与分布规律、时间演化规律、形成环境以及合理开发、规划、利用、改造、更新、保护与管理的科学。

资源配置属于现代资源科学体系的一个分支,其内在要求是资源对社会的效用性和对于人类的相对稀缺性,而两者均依人类的需要而成立。决定资源配置的两大属性是资源的稀缺性和外部性。

4.1.1.2　资源稀缺性决定的配置

稀缺性是资源配置的必要性条件,稀缺性引出了如何有效配置和利用资源这个问题。资源的稀缺性一般是指相对稀缺,即相对于人们现时的或潜在的需要而言是稀缺的。如空气虽然对于人类生存极端重要,但没有稀缺性可言,也无须人工手段进行调控分配,因此没有产生对空气资源进行配置和调控的研究需求。但对大多数自然资源来说,从全局或者局部而言几乎都是稀缺的。

按照经济学观点,资源的稀缺性是相对于人类无限的需求而言的,为了满足这种需求就需要更多的物品和劳务,从而需要更多的资源,而在一定时间与空间范围内资源总是有限的,相对不足的资源与人类绝对增长的需求相比造成了资源的稀缺性。在社会经济发展的一定阶段,相对于人们的需求而言,资源总是表现出相对的稀缺性,从而要求人们对有限的、相对稀缺的资源进行合理配置,以便用最少的资源耗费,生产出最适用的商品和劳务,获取最佳的效益。

资源稀缺性与人类需求和调配能力密切相关。一方面,资源的稀缺性与人类的需求相关,戈壁、沙漠、荒漠等自然资源由于人类在现有水平下还没有足够的需求,因而没有相对的稀缺性,也没有对其进行分配的要求;另一方面,由于自然资源天然分布的不均匀性,其稀缺性是相对的,对资源的调控分配能力可以在一定程度上缓解资源的区域紧缺性。

由资源稀缺性带动的资源配置包括两种方式:第一种方式是市场配置,即以市场为基础的资源配置方式,主要是鼓励市场形成价格和自由交易,强调效率和优胜劣汰的竞争机制。第二种方式是政府配置,强调政府干预的合理性和必要性,即政府发挥宏观调配的作用对资源进行配置,采取的手段主要是计划与许可发放、管制、指标配额等。

4.1.1.3　资源外部性决定的配置

对资源价值的"外部性"认识始于传统经济学对于资源开发利用对环境影响认识的局限性。第二次世界大战结束后,西方国家经济快速发展,人们的生产水平不断提高。同时,由资源过度开发利用和污染物大量排放造成的生态环境破坏日趋严重,生态灾难事件大量增加。到了20世纪60年代中后期,环境危机蔓延,西方各国为此付出了沉重代价,资源开发利用的"外部性"影响也逐渐受到重视。从"外部性"分析资源价值和资源配置成为近半个世纪来资源经济学的一个重要研究方向,体现了新的环境资源稀缺论和环境价值观。

外部性概念在经济学中一直处于发展中,不同的经济学家对外部性给出了不同的定义。但本质上都是体现某个经济主体对另一个经济主体产生一种外部影响,而这种外部影响又不能通过传统的市场配置机制衡量价值,即稀缺性主导下的资源配置存在不能解决价值缺失的问题。影响资源配置的外部性主要包括环境性影响和代际间影响两类。

环境外部性影响主要体现在资源利用过程中产生的对环境和生态破坏的负效应,从而影响了其他部门或者整个社会的公共利益。一些企业通过过度或不规范地使用资源造成生态环境破坏,把本应自己支付的环境成本转嫁到别人身上来增加自己的盈利,致使其对周围环境造成不良影响,而并未为此付出任何补偿费用,就产生了环境外部不经济性。环境外部性影响要求资源配置不仅需要从市场机制衡量配置的效益,还需要纳入环境、生态方面的影响因素。市场定价没有考虑环境外部不经济性是低估环境资源价值的主要原因之一,也是导致环境问题和资源不合理利用的重要因素。

代际间外部性影响主要体现为当前的资源配置不能充分考虑未来的需求而产生的负效应,这种外部性也称为"当前向未来延伸的外部性"。在稀缺性导向的配置体系下,各类资源用户对具有同等竞争性需求,通过市场或者计划配置主要解决当前的资源分配,而不能考虑资源衰减后对未来的影响。实际上资源开发、环境破坏等资源问题已经危及子孙后代的生存,代际外部性问题日益突出。代际外部性问题主要是要解决人类代际之间行为的相互影响,尤其是要消除前代对后代、当代对后代的不利影响。代际间外部性影响实际体现了可持续发展理念,也是一种社会公平性的体现。

4.1.1.4　水资源配置内涵

水资源作为一种可再生的资源,对其资源稀缺性的认识是逐步建立的。人类最初受开发手段的制约,对水资源的一度认识是"取之不尽、用之不竭",进入近代具备大规模开发水资源的条件后,其有限性和稀缺性特征也越来越明显。

水资源既具备一般自然资源的特征,同时有其自身的特殊性。水资源的特殊性体现在其多重属性特征。一方面,水资源具有一般资源的经济属性,提供人类生产过程所必需的生产资料使水具有经济价值;另一方面,水是生命之源,具有重要的生态属性,是整个生物系统运转的支撑,这一属性决定了水资源的配置还要考虑到水对自然界提供持续发展的基本保障。这两大属性也说明了水资源的配置受到稀缺性和外部性两方面的制约。一方面,水资源的稀缺性决定了其配置应该符合经济学原理,资源分配导向应为以较少的资源代价获取较大的产出效益;另一方面,外部性要求决定了水资源的配置必须考虑公平性,公平性既体现在对不同区域、行业部门的用水公平,同时体现在作为对资源同样具有依赖和需求的生态环境系统也有权利与人类享有水资源,以及代际间的公平,也就是可持续性。

根据上述原则,可以认为水资源配置就是研究如何利用好水资源,一般是在一个特定流域或区域内,以符合稀缺性和外部性导向的原则,对水资源利用需求、利用方式进行调控,并通过工程措施与非工程措施在各用水户之间进行科学分配。从工作内容讲,水资源配置实际上是一个综合的体系,由工程措施和非工程措施组成,其基本功能涵盖两个方面:在需求方面通过调整产业结构、建设节水型经济并调整生产力布局,抑制需水增长势头,以适应较为不利的水资源条件;在供给方面主要是协调各项竞争性用水,加强管理,并通过工程措施改变水资源的天然时空分布来适应生产力布局。两个方面相辅相成,以促进区域的可持续发展。从工作范围讲,水资源配置实际包括需水管理和供水管理两方面的内容。在需水管理方面通过调整产业结构与生产力布局,积极发展高效节水产业抑制需水增长势头,以适应较为不利的水资源条件;在供水管理方面则是通过工程措施和管理手段改变水资源天然时空分布与生产力布局不相适应的被动局面。

4.1.2　水资源配置发展历程

4.1.2.1　国内水量分配历史

人类的起源与水休戚相关,自有人类社会以来,就开始了依河傍水而生,以农业灌溉、河道航运为目的进行着水资源利用。我国是一个历史悠久的文明古国,也是对水资源开发利用最早的国家之一,水利事业的发展也可追溯到公元前21世纪(姚汉源,1987)。在进入近代社会以前,水量分配已经体现在各种治水实践中。

周代的"井田沟洫制度"(熊达成等,1989)不仅反映了当时的水利发展和社会进步,也在一定程度上体现了水量分配的思想,即以"遂"配水。随着社会发展对粮食需求的提升,水利工程在水量配置中的重要性显著增加。公元前256年,秦国蜀郡太守李冰修建的都江堰工程,实现了防洪、灌溉与航运等综合效益,使成都平原成为"水旱从人,不知饥慬"。都江堰工程在调控水量过程中贯穿的"平四六、分潦旱"反映了朴素的自然与人类社会水量分配的思想,使人、地、水三者高度协合统一,是全世界迄今为止仅存的一项持续使用至今的"生态水利工程"。同期,秦国修建的郑国渠,西起泾阳,引泾水向东,下游入洛水,全长 150 多 km,灌溉面积达 110 万亩,实现了对泾河水资源的利用。

在水量配置管理方面,也有丰富的积累。自秦代的《秦律·田律》开始,到唐代的《水部式》、宋代的《农田水利约束》、金代的《河防令》,至民国年间的《河川法》《水利法》,不同时代均对水资源利用和水量分配提出了相关的管理制度。《汉书·儿宽传》中记载有"定水令,以广溉田";西汉后期,在发展灌溉的同时,制定"为民作均水约束,刻石立于田畔,以防纷争"。隋唐对水量分配管理有更详细生动的记载,诸如什么地方安斗门,如何节约用水,怎样组织人力、物力维修,以及工作人员配备等,都有具体的规定。如唐代《水部式》中要求关键配水工程要定有分水比例;干渠上不许修堰壅水,支渠上只许临时筑堰;灌溉农田面积要事先统计清楚;灌溉用水实行轮灌,并按规定时辰启闭闸门,从而使灌区内田亩都能均匀受益,当遇旱季时,"水为五分,三分入白渠,二分入清渠"。这说明在古代社会中对水资源的分配已经有了充分的认识。

水量配置问题在缺水的西北地区一直是社会焦点。黑河中下游用水矛盾一直是一个历史问题,每当灌水紧张时,上游灌溉导致下游水荒受旱,争水、抢水时有发生,配水不均常常引起社会的不安。雍正四年(1726 年),为解决甘肃内部张掖、高台、临泽、金塔诸县的分水矛盾,驻甘巡抚年羹尧订立了"均水制"。每年农历四月、五月,上游不得引水灌溉,分别向下游放水 5 d 和 10 d,并动用军事力量保障。"均水制"即是一种强调区域公平的水量配置制度。

但历史上的分水实践与现代意义的水资源配置还是不尽相同。水资源配置实际上和人类社会协调发展密不可分。近 100 年来,随着社会进步和科学技术的发展,水资源与社会关系日趋紧密,与生态环境的关系也得到更加深入的认识,从而使得水资源配置不仅仅是分好、用好水资源,更重要的是通过水资源的优化配置落实区域整体发展规划,保障生态环境战略安全,将区域资源禀赋与发展方向、需水、节水、水资源保护、工程建设与运行管理、生态安全等更多方面引水综合到一起,形成了真正意义上的水资源配置。

4.1.2.2　国外水资源配置相关研究

水资源系统分析是实现水资源配置的基础,国外对水资源配置的研究更多是在水资源系统分析和模拟的框架下进行的。数学分析技术和计算机技术的发展为构建复杂的水资源配置分析工具奠定了基础。

以水资源系统分析为手段、水资源合理配置为目的的各类研究,首先源于 20 世纪 40年代 Masse 提出的水库优化调度问题。50 年代以后,随着系统分析与优化技术的引入以及 60 年代计算机技术的发展,水资源系统模型技术得以迅速发展。水资源系统的复杂性以及存在包括政治、社会、决策人偏好等各种非技术性因素,使得简单使用某些优化技术并不能取得预期的结果,而模拟模型技术可更加详细地描述水资源系统内部复杂关系,通过有效的分析计算,获得满意的结果,为水资源宏观规划及实际调度运行提供充分的科学依据。

美国陆军工程师兵团(USACE)于 1953 年在美国密苏里河流域研究 6 座水库的调度

问题,构建了最早的水资源系统模拟模型,为定量化分析复杂系统水资源分配问题开辟了道路。Masse 等在 1962 年提出了模拟技术在评价流域开发经济指标中的应用实例。D. H. Marks于 1971 年提出了水资源系统线性决策规划后,采用数学模型的方法描述水资源系统问题更为普遍。随着系统分析理论的发展、优化技术的引入,以及计算机技术的发展,水资源系统模拟模型和优化模型的建立、求解和运行的研究与应用工作不断得到提高。美国麻省理工学院(MIT)于 1979 年完成的对阿根廷 Rio Colorado 流域的水资源开发规划是最具成功和有影响的例子。其中,应用模拟模型技术对流域水量的利用进行了研究,提出了多目标规划理论、水资源规划的数学模型方法,并加以应用。

J. M. Shafer 等(1978)提出在水资源系统模拟框架下的水资源配置和管理,并建立了流域管理模型。N·伯拉斯所著《水资源科学分配》(1983)是较早地系统研究水资源分配理论与方法的专著。它总结了 20 世纪六七十年代发展起来的水资源系统工程学,较为全面地论述了水资源开发利用的合理方法,围绕着水资源系统的设计和应用这个核心问题,着重介绍了运筹学数学方法和计算技术在水资源工程中的应用。1996 年,世界水理事会成立,同时决定每三年举办一次有关水资源问题的大型国际活动,这就是世界水资源论坛。世界水资源论坛为国际间重要的水资源会议,历届世界水资源论坛均对水与社会发展关系、水资源的合理开发利用提出了系列的主题,充分分析了水资源与社会经济发展的关系,确定了水资源开发在可持续发展中的基本准则和地位,这些理念贯穿在水资源配置研究过程中,丰富和深化了水资源配置的分析思路和手段。

由于水资源短缺的普遍性,世界银行(1995)在总结各种水资源配置方法不同地区应用的基础上,提出了以经济目标为导向,在深入分析用水户和各方利益相关者的边际成本和效益下配置水资源的机制。20 世纪 90 年代以来,水资源系统规划管理软件得到了长足发展,为水资源配置提供了更多的工具。相对而言,国外在水资源模拟的软件产品上处于领先优势,开发的模型具有较高的应用价值,充分利用计算机技术进行系统化集成,比较有代表性的有丹麦的 MIKEBASIN,奥地利的 Waterware,美国的 WMS、Riverware、Aquarius,澳大利亚的 ICMS,瑞典的 WEAP 等,这些软件工具都是在流域模拟、工程调度等基础上实现水资源的分配以及环境生态等相关分析,为水资源规划管理服务。

4.1.2.3　国内水资源配置发展历程

在 20 世纪 80 年代以前,虽然开展了很多与水量利用分配相关的工作,但在国内并没有准确地提出水资源配置这一概念。北方地区的严重缺水促进了水资源配置研究的需求,以后随着可持续发展概念的深入,其范围不仅仅针对水资源短缺地区,逐渐扩展到不同特征的流域区域。从内容上看,水资源系统规模的日趋增大、影响因素逐渐增多,导致其结构更趋复杂,从而对水资源配置提出了更高、更新的要求。从最初的水量分配到目前协调考虑流域和区域经济、环境和生态各方面需求进行有效的水量宏观调控,水资源配置研究日益受到重视。

从"六五"攻关开始,国家相继将北方地区的水资源问题列为国家科技攻关项目,针对不同阶段出现的问题,重点研究了水资源配置的理论方法和对策措施。水资源配置涉及社会、经济、环境等各个方面,工作方向与国家总体战略思路密切相关,从而以国家层面的攻关项目为主线形成了几个比较有特色的研究阶段。

1."六五"期间——水资源评价

水资源评价是水资源配置的基础,也是分析流域和区域水资源问题的基础。华北地区山区与平原径流明显减少和水资源过量开发,造成了地下水漏斗、平原区河道干涸、湖泊湿地萎缩、地表水和地下水污染等生态环境恶化问题,严重影响到华北地区水资源安全,引起党和国家的高度重视。1983 年,国家将"华北地区水资源评价和开发利用研究"列为"六五"国家科技攻关项目第 38 项,对该地区的水资源状况进行了深入研究。"六五"攻关中对水资源评价做了大量基础性工作,比较科学全面地对华北地区水资源数量、质量和特点进行了评价,并建立了大量水文水资源观测站点,为后期的水循环规律研究奠定了基础。

2."七五"期间——"四水转化"与地表水、地下水联合配置

继"六五"之后,在"七五"国家科技攻关项目第 57 项《华北地区及山西能源基地水资源研究》提出了水循环转换规律基础上的区域水资源开发利用研究。"七五"课题在"六五"期间对水资源评价的基础上,通过降水—地表水—土壤水—地下水的"四水转化"水循环规律分析,提出了华北地区地表水资源量、地下水资源量、水资源总量及水资源可利用量等评价成果。通过对水资源评价和"四水转化"规律的分析,开展了华北地区各业节水、地表地下水联合运用、非传统水源开发利用、规划水平年的供需平衡分析等,初步形成了华北水资源综合规划与管理的系统科技支撑。南京水文水资源研究所采用系统工程方法建立了地下水和地表水联合优化调度的系统仿真模型,并在国家"七五"攻关项目中进一步完善并应用。通过"七五"研究工作的开展,将水资源分配的概念从以水库调度为主要内容的地表径流分配为主推进到了地下水和地表水的联合调控,并考虑到了地表水文过程和地下水转换的动态关系,从水源上扩展了配置的口径。

3."八五"期间——基于区域宏观经济的水资源配置

从 20 世纪 80 年代开始,随着我国经济的高速发展,水资源的社会经济属性越来越明显,水资源配置与区域宏观经济越来越密切。在最初的水资源配置研究和工作实践中,存在"以需定供"和"以供定需"两种片面思想的水资源配置模式。无论是"以需定供"还是"以供定需",都将水资源的需求和供给分离开来考虑,要么强调需求,要么强调供给,忽视了水资源供需与区域经济发展的动态协调。为了避免这两种单一分析方式的弊端,以协调区域经济发展和供需动态平衡为目标的基于宏观经济的水资源优化配置理论研究应运而生。

因此,在"八五"攻关项目"黄河治理与水资源开发利用"中,以中国水利水电科学研究院为主进行了"华北宏观经济多目标水资源规划模型"课题的研究,进一步研究了基于宏观经济的水资源合理配置理论和方法,并结合联合国开发计划署的技术援助项目"华北水资源管理"(UNDP CPR /88 /068),开发出华北宏观经济水资源优化配置模型,构建了相应的模型系统。在"华北地区宏观经济水资源规划管理的研究"课题中,首次利用水资源宏观经济理论,提出和建立了华北地区宏观经济水资源规划管理的理论与方法。基于区域宏观经济的水资源配置方法主要通过分析宏观经济系统、水资源系统和水环境系统间相互联系的规律,给出了水量的供需平衡、水环境的污染与治理平衡、水投资的来源与使用平衡之间的定量关系,形成了区域水资源优化配置决策支持系统。

　　"八五"项目研究对水资源配置理论做了深入推进,提出水资源配置与社会经济需求的密切关系并实现了量化分析与优化模型构建,确定了社会发展需求推动下的水资源配置目标,为水资源配置开拓了更广阔的空间。

　　4."九五"期间——基于二元水循环模式和面向生态的水资源配置

　　随着我国人口的增长和社会经济的发展,用水量不断攀升,造成或加剧了一些流域河湖干涸、河道断流、地下水位下降等生态环境问题。对于缺水地区而言,水资源问题衍生的核心社会经济用水和生态用水之间的不平衡,两大系统在流域水资源调配格局不当所引起的经济、生态后果。

　　西北地处内陆腹地,干旱少雨,历史和现状都表明西北地区社会经济发展的最大制约因素是水,以及因缺水造成的十分脆弱的生态系统。大规模水资源开发利用改变了原有的水循环过程和结构,使得西北地区的生态问题日趋突出。水资源合理配置是西北地区实施西部大开发战略成败的关键,水问题是西部大开发必须首先解决的重大科技问题。基于此,在国家实施西部大开发的总体战略下,提出了"九五"国家重点科技攻关计划"西北地区水资源合理开发利用与生态环境保护研究"项目,以西北地区水资源合理配置、水资源承载能力、生态保护准则及生态需水为攻关突破口,开展了跨部门、多学科的联合攻关,促进西北地区人口、资源、环境与社会经济协调健康发展。

　　"九五"西北水资源攻关课题的三项关键技术是:西北地区的发展界限——水资源承载能力,生态系统的允许状态——生态保护准则与生态需水,社会经济发展、生态系统保护与水资源合理开发利用的相互关系——水资源合理配置。其中,生态系统需水量的研究为基础,为水资源合理配置及承载能力分析提供了依据。水资源配置的研究为核心,通过合理配置确定国民经济用水和生态系统用水的合理比例,同时为资源承载能力计算提供基础,通过水资源承载能力的分析,平衡协调区域发展模式、生态系统质量、水资源开发利用格局三者之间关系,达到对区域可持续发展的最大支撑能力。

　　通过西北水资源"九五"攻关研究,提出了内陆河流域的水资源二元演化模式及基于二元模式的水资源评价层次化体系,建立了干旱区生态需水量的计算方法,提出了针对西北生态脆弱地区的水资源合理配置方案。研究结论指出,在原则上坚持水土平衡,以水定发展规模,提高水资源与土地资源和矿产资源的匹配程度;坚持水量平衡,统筹考虑经济发展用水和生态建设用水;黄河流域坚持水沙平衡,进行减沙增水的综合调控;内陆河流域片坚持水盐平衡,通过地表水－地下水联合利用解决春旱和次生盐渍化问题。在区域发展层次,进行流域内和流域间的水资源统一配置,合理权衡需要与可能、近期与远期、局部与全局、经济与生态的关系。在水资源开发利用层次上,妥善处理除害与兴利、节流与开源、开发与保护、工程与管理的关系。通过水资源的合理配置、高效利用和统一管理,促进当地内涵发展方式的实现和生态型经济结构的调整,逐步实现向以提高水资源利用效率为中心的开发模式转变。

　　在"九五"攻关成果基础上,中国工程院"西北水资源"项目组经过广泛深入研究,进一步提出了水资源配置必须服务于生态环境建设和可持续发展战略,实现人与自然和谐共存,在水资源可持续利用和保护生态环境的条件下合理配置水资源。在对西北干旱半干旱地区水循环转换机制研究的基础上,得出生态环境和社会经济系统的耗水各占50%

的基本配置格局。该项研究为面向生态的水资源配置研究奠定了理论基础。

5."十五"攻关——基于多属性和实时调度的水资源配置调控

随着流域水资源问题的普遍化和严重化,建立与流域水资源条件相适应的合理生态保护格局和高效经济结构体系,针对水资源的经济、生态、环境等综合效果统一合理调配流域水资源,是实现流域可持续发展的根本出路。在实践中,一些流域开始尝试对流域水资源实行统一调配,如黄河流域实行非汛期水量统一调度,防止河道断流。但由于流域水资源真正的统一调配刚刚起步,调控目标和手段尚不够,对水资源的多重属性效应考虑不足,同时技术条件难以支撑从配置到实际调度,跟不上流域水资源统一管理和调配的要求。

针对上述问题,"十五"科技攻关重大项目"水安全保障技术研究"提出面向全属性功能的流域水资源配置。在天然条件下,水资源具有三种基本属性,即因其物理性质所具有的自然属性,因其化学性质而具有的环境属性,因其生命组成物质特性而具有的生态属性。自社会经济系统取用水开始,水资源便具有了特定的社会经济服务功能,水资源具备明显的社会属性和经济属性。上述五种基本属性关联伴生,某一属性的破坏不仅影响与其伴生的资源服务功能,而且会给其他属性功能的实现带来负面影响,因此流域水资源合理配置必须以维护水资源自然、生态、环境、社会和经济等全属性功能为目标。清华大学21世纪发展研究院和中国科学院－清华大学国情研究中心(2002)组成联合课题组,以黄河为背景,从自然科学和社会科学两方面,探讨如何引入水权和水市场优化水资源配置,以及转型期水管理体制改革问题,对转型期水资源配置问题进行了前瞻性的研究。

流域水循环过程模拟是水资源调配的科学基础,流域水资源形成和演化依存于水循环,在此理论指导下,"十五"攻关中首次提出并实践了以"模拟—配置—评价—调度"为基本环节的流域水资源调配四层总控结构,为流域水资源调配研究提供了较为完整的框架体系。该层次化结构体系可以实现流域水资源的基础模拟、宏观规划与日常调度,以及各环节之间的耦合和嵌套,进而通过流域水资源调配管理信息系统的构建,为规划配置和管理调度提供较为全面的技术支持。

从时间尺度上看,流域水资源配置方案采用的是长系列过程模拟方法,受水文过程随机性和实时调度事前决策的影响,合理配置方案不能直接应用于水资源实时调度。"十五"成果中提出了与合理配置方案相嵌套的水资源实时调度的方案生成与操作方法,即"宏观总控、长短嵌套、实时决策、滚动修正"方法。其中,"宏观总控"是指实时调度是以流域水资源合理配置方案作为总控;"长短嵌套"是根据中长期气象和来水预报信息制订长时段调度预案,并以此为上层嵌套方案,根据实时调度时段预报信息制订短期调度方案;"实时决策"是逐时段预报当前时段降雨、径流、气象、土壤墒情信息,并结合水情状况做出当前时段的调度决策;"滚动修正"就是根据新的径流信息、气象信息、土壤墒情信息修正历史预报信息所带来的偏差,逐时段、逐月滚动修正,直到调度期结束。通过上述过程,有效实现了规划层面的宏观水资源配置方案和操作层面的实时调度方案的总控与嵌套,保障了水资源实时调度的宏观合理性及可操作性。

在配置的水资源范围上,"十五"攻关中做了进一步扩展为全口径水源配置,从常规水源扩展到了非常规水源,包括径流性水资源、地下水资源等被纳入到配置范围,土壤水、大气水通量等也通过植被生长调控、雨水利用等方式得到合理配置,除了一次性的水资源,污水处理再利用、中水回用等再生性水资源利用也得到了重视。

6.“十一五”——基于流域耗水的水资源整体配置

流域水循环是流域水资源调配的科学基础,对流域水循环的模拟是水资源调配的前提条件,中国水利水电科学研究院对此做了一系列具有延续性的工作。“九五”攻关“西北地区水资源合理配置和承载能力研究”提出了二元水循环的认知模式,“黄河流域水资源演变规律与二元演化模型”研究中真正实现二元水循环模拟以及提出基于分布式水文模型的层次化全口径水资源评价方法,通过该研究将流域分布式水文模型和集总式水资源调配模型耦合起来,是实现二元水循环过程的整体模拟的关键,而在海河 GEF 项目中对这一思路进一步做了实践。

从水循环角度分析,考虑水资源利用的供用耗排过程,水资源配置的核心实际上是关于流域耗水(蒸散发总量,ET)的分配和平衡。而以往的水资源配置多是在静态评价的水资源数量和质量基础上进行计算分析的,所以流域水资源配置必须在动态考虑水循环过程和水量供用耗排关系的基础上进行。在评价不同区域允许耗水量基础上实现对区域自然 ET 和人工 ET 的合理配置,从而真正实现流域水循环基础上的水资源整体合理配置。

中国水利水电科学研究院在全国水资源综合规划专题研究“流域及区域通用化水资源供需分析及配置模型分析系统研制”中提出了流域水量平衡和允许耗水量的概念,指出流域水量平衡是指流域某特定时段内总来水量(包括降水量和从流域外流入本流域的水量)、蒸腾蒸发总量(综合净耗水总量)、总排水量(排至流域之外的总水量)之间的平衡关系,而流域的水资源配置通过实际耗水量和允许耗水量的对比确定,通过方案对比分析给出合理的区域水资源消耗量。在海河 GEF 项目中,中国水利水电科学研究院课题组进一步提出了基于流域 ET 的水资源配置,并通过自主构建的二元模型实现了对流域社会经济发展、水循环与水质调控等多重调控因素下流域入海水量目标的 ET 分配,同时对自然 ET 和社会经济产生的 ET 做了划分,首次定量给出了基于二元水循环结构和 ET 分配的流域水资源整体配置。

实现基于 ET 的分配是水资源配置思路的一个重要进步,将水量配置从原有的取用水量配置推进到耗水量配置,将配置与真实节水相关联,对实现流域水循环的调控目标具有重要意义。当然在现有技术条件下,由于 ET 的监测控制存在很大困难,ET 配置还不能真正在管理中实现,仍然需要借助对取用水量和排水量的控制来实现 ET 分配。所以,未来还需要进一步提高遥感监测水平,识别不同地区和用水户的真实耗水量,实现全口径基于监测的 ET 水量配置。

4.2　水资源配置的技术方法

4.2.1　目标、原则与任务

4.2.1.1　目标及原则

水资源短缺、水污染严重和生态环境恶化已成为我国经济社会可持续发展的严重制约因素。水资源是具有多维属性的基础性和战略性资源,是生态与环境的控制性要素,是国民经济和社会发展的重要保障,水资源配置不但关系到经济社会的可持续发展,区域间利益的协调和行业间利益的分配,也关系到水资源可持续利用和生态环境的良性循环。因此,水资源配置的总体目标是水资源利用总体效益最大,实现人与自然和谐为总体战略。

水资源配置具体目标是在流域或特定的区域范围内,遵循有效性、公平性和可持续性的原则,利用各种工程措施与非工程措施,按照市场经济的规律和资源配置准则,通过合理抑制需求、保障有效供给、维护和改善生态环境质量等手段和措施,对多种可利用水源在区域间和各用水部门间进行的调配,提出水资源合理开发利用和保护的途径与手段。

根据资源稀缺性的经济学原理,水资源配置应遵循有效性与公平性的原则;考虑资源开发的外部性影响,则应同时遵循水资源可持续利用的原则。

有效性原则体现了水的经济属性。经济上有效的资源分配,是资源利用的边际效益在用水各部门中都相等,以获取最大的社会效益。其本质是资本的逐利性,同等的资源优先分配给能产生更大效益或回报的部门。同时,考虑水的公共资源性质,这种有效性不是单纯追求经济意义上的有效性,而是同时追求对环境的负面影响小的环境效益,以及能够提高社会人均收益的社会效益,是能够保证经济、环境和社会协调发展的综合利用效益。

公平性原则是基于水的社会属性提出的,以满足不同区域间和社会各阶层间的各方利益进行资源的合理分配为目标。它要求不同区域(上下游、左右岸)之间协调发展,以及发展效益或资源利用效益在同一区域内社会各阶层中公平分配。从纯粹的经济学观点分析,公平性与有效性存在一定对立性,需要在保障公平性的基础上兼顾效率,保障后发展地区和重要用水户的权益。但从长远效应来讲,公平性是保障经济有效性能稳定实现的基础。

可持续原则是水生态和环境属性的体现。水资源配置的可持续原则是基于水循环自身的稳定健康提出的,是一种代际间资源分配的公平性原则,即当代人对水资源的利用不应影响后一代人正常利用水资源的权利。可持续原则以研究一定时期内全社会消耗的资源总量与后代能获得的资源量相比的合理性。可持续原则反映了资源开发利用中人类对自身能力进行约束和控制的理念,是保障人与自然和谐的基本原则。尤其是在水资源进入大规模开发利用阶段后,水资源开发利用过度引发了各种负面效应,水资源的保护和管理日益得到重视,可持续利用是水资源配置的基本原则。

综合水资源配置的三条基本原则,合理的配置模式应以水循环为基础,协调水循环稳定健康与经济社会发展的关系,将流域水资源循环转化与人工用水的供水、用水、耗水、排水过程相适应并互相联系为一个整体,通过对区域之间、用水目标之间、用水部门之间水量和水环境容量的合理分配,促进水资源的高效利用,提高水资源的承载能力,缓解水资源供需矛盾,遏制生态环境恶化的趋势,保障经济社会的可持续发展。

4.2.1.2　主要任务

按照水资源配置的目标和原则,在配置过程中需要考虑不同的影响因素,实现对水资源的综合效应最大化的合理控制和分配。在配置实践工作中,需要解决的主要任务包括以下几个方面:

（1）社会经济发展问题：探索现实可行的社会经济人口发展规模和发展速度，提出适合本地区的社会经济发展方向和合理的工农业生产布局，研究社会对工农业产品种类的可能需求。

（2）水资源需求问题：研究现状条件下各部门的用水结构、水的利用效率，提高用水效率的主要技术和措施，分析未来各种经济发展模式下国民经济各行业及生态环境对水资源的需求。

（3）水环境污染问题：评价现状的水环境质量，研究工农业生产所造成的水环境污染程度，制定合理的水环境保护和治理标准，分析各经济部门在生产过程中各类污染物的排放率及排放总量，预测河流水体中各主要污染物的浓度。

（4）水价问题：研究水资源短缺地区由缺水造成的国民经济损失，水的影子价格分析，水利工程经济评价，水价的制定依据，分析水价对社会经济发展的影响、水价对水需求的抑制作用。

（5）水资源开发利用方式、水利工程布局等问题：现状水资源开发利用评价、供水结构分析、水资源可利用量分析、规划工程可行性研究、各种水源的联合调配、各类规划水利工程的合理规模及建设次序。

（6）供水效益问题：分析各种水源开发利用所需的投资及运行费，根据水源的特点分析各种水源的供水效益，包括工业效益、农业灌溉效益、生态环境效益，分析水工程的防洪、发电、供水三方面的综合效益。

（7）生态问题：生态环境质量评价，生态保护准则研究，生态耗水机制与生态耗水量研究，分析生态环境保护与水资源开发利用的关系。

（8）供需平衡分析：在不同的水工程开发模式和区域经济发展模式下的水资源供需平衡分析，确定水工程的供水范围和可供水量，以及各用水单位的供水量、供水保证率、供水水源构成、缺水量、缺水过程及缺水破坏深度分布等情况。

根据上述主要任务，水资源配置中需要解决的主要关系包括以下几个方面：

（1）生态与经济用水配置。

水资源具有保障国民经济发展和维护生态与环境质量的双重功能，由此形成了国民经济用水需求和生态用水需求。合理协调经济用水和生态用水的关系，是流域水资源循环再生能力维持的基础，也是水资源合理配置的基本前提。由于水资源问题在中国日益突出，经济用水总量不断增加，对水循环的影响日趋明显，应争取优先安排最为必要的生态用水。所以，配置计算中需要考虑经济用水和生态用水之间的合理比例。

协调经济用水与生态用水关系涉及许多深层次的问题，包括调整产业布局、利用高新技术加强节水和提高用水效率、治污和用水定额管理、控制经济用水总量。同时，流域生态系统的变化会对水循环产生反作用，如下垫面和植被状态变化对产流的影响等。但水资源配置中主要是对经济用水及其退水、排水进行控制，减少对水循环的影响。还需要考虑特枯水年或连续枯水年经济用水和生活用水适度挤占生态用水的水量和经济补偿问题等。

（2）城市与农村用水配置。

保障城乡用水公平性是水资源配置的社会公平性原则的重要体现。城市用水的特点是经济发达、取水强度高、要求较高的供水保证率、能够承担较高的供水水价。随着城市化和工业化进程的推进,需水量不断增加,受水资源总量的限制,客观上形成了流域城乡用水竞争的格局。同时,由于城市用水的上述特点,许多原来以农村为供水对象的水利工程逐步转变成为城市供水水源,造成城市用水在总用水中的比例不断升高,这也是社会发展的客观规律。由于水资源总量短缺,城乡用水竞争的最终结果是城市和农村均不能满足需要,城乡都大量超采地下水,挤占生态用水。在实施进行水资源配置时,应处理好城市用水和农村用水的关系,既要遵循经济规律,基本满足城市用水需求,又要保障农村广大地区生活用水的基本需求,尽可能保障生产用水。

(3)当地水与外调水配置。

在本地水资源不能完全支撑本流域综合需求时,跨流域调水是缓解水资源短缺的有效措施。在同时存在本地水资源和跨流域调水的区域,应科学调配本地水和外调水,实现多水源联合调度。

跨流域调水和本地水配置在规划和实施阶段应采用不同的原则完成。为实现水资源的可持续利用,区域发展模式要适应当地水资源条件,优先充分利用本地水资源是水资源开发利用的一般性准则,只有在用水负荷超过当地水资源承载能力时,才考虑实施跨流域调水以弥补当地水资源的不足,这是规划和工程建设时必须考虑的基本原则。在考虑跨流域调水时,应坚持"三先三后"的方针,即先节水后调水,在受水区充分节水的前提下考虑从外流域的调水量;要先治污后通水,同步考虑各地的供水增加与污水处理能力的增加;要先生态后用水,保证最小生态用水量并在可能的基础上逐步改善。

而在跨流域调水工程建成后,为提高工程利用效率、降低运行管理成本,应权衡调入区和调出区的水文水资源状况,统一科学调配当地水与外调水,使供水经济效率最高,同时各类工程的运行调度也尽量合理。考虑外调水具有成本高、保证程度高、水质较好等特点,一般供水价承受能力强的城镇用水,同时通过水源置换将原来供城镇用户的水源转移到农村用户,实现受水区城镇和农村供水之间的水量置换关系。

(4)地表水与地下水配置。

地表水和地下水是水资源配置中最主要的两种水源,是水资源配置中的重要工作。在天然水循环驱动和人类活动影响双重作用下,地表水和地下水的水资源量和水资源可利用量之间存在复杂的转化关系。地表水资源的开发利用影响水循环过程对地下水的补给。地下水的超采已经成为突出的水问题之一,由此引发的地下水污染、地面沉降等问题已经影响到区域的可持续发展。

因此,应当考虑用户对水源的需求,基于地表水与地下水的整体转化关系、供水工程的联合配置,分析供水工程联合调度合理性,调整地表水与地下水利用的关系。通过合理的地表水、地下水联合优化配置,实现在丰水季节和丰水年份更充分地利用降水和地表水,枯水季节或枯水年份以地下水作为水源补充,保护性地开采地下水。充分发挥地表水、地下水补偿作用,既合理、有效地利用水资源,缓解资源供需矛盾,又保障了地下水储量的多年采补平衡,实现水循环的稳定健康。

(5)常规水源与非常规水源配置。

非常规水源主要是指可以规律性更新的地表水源和地下水源,包括雨洪水资源、微咸水、海水以及再生水等。非常规水源虽然现状可利用量较小，但开发前景大。正确处理常规水源和非常规水源开发利用的关系，对提高区域水资源承载能力和经济可持续发展具有重要意义。

　　根据多水源补偿利用的基本原则，由于非常规水源数量有限、调控能力较弱，而且用户比较固定，所以应在已有能力范围内优先利用。如优先利用雨水，加大天然生态系统和人工生态系统对雨水的直接利用量；以地表水水源供水补充有效降水的不足，再以地下水水源来补偿地表水供水的不足。

　　(6) 水量与水质联合配置。

　　水资源的数量和质量都是其重要属性，满足水质要求的水资源才能对相应的用水户产生效益。现有的水资源合理配置中，通常比较重视水资源数量的调节与控制，而忽视水资源质量的调控。已有的水资源配置研究集中在水资源量的高效合理利用方面，形成了以水资源数量为主的优化配置理论和方法，解决了有限水资源量实现最大经济效益的问题。如果在配置中没有将供水、用水、排水和水资源质量管理有机结合起来，就不符合水质水量统一管理的要求，也难以符合水资源利用的综合要求。可见，水量与水质联合配置具有重要的理论意义和实践价值。

　　和水量配置一样，只有以流域为单位进行水质水量统一配置，才能真正实现流域水环境质量的根本改善。首先，基于分质供水的水量水质合理配置模型和方法是今后的研究方向之一。其次，配置方案合理性评价也是流域水资源调配理论的重要组成之一，水量与水质联合配置的评价指标体系与评价方法需要专门研究。此外，水量水质实时调度需要考虑水文和其他决策信息的随机特性，因而以合理配置方案及其提供的规则为决策依据，在决策过程中辅以滚动修正的水量水质联合实时调度方法值得研究。

4.2.2　决策机制

4.2.2.1　水平衡决策机制

　　由于人类水资源不合理的开发利用，水循环稳定健康受到威胁和破坏是诸多水问题的共同症结所在。因此，维持水循环的稳定健康是确保经济社会和生态环境可持续发展的前提，水资源配置中首先要遵循水平衡决策机制。

　　水平衡决策机制是从流域水循环过程中的有效蒸发和无效蒸发的平衡协调角度出发，确保人工侧支耗水量不超过允许径流耗水量。水平衡决策机制决定了多目标方向下流域的总体调控方向。

　　通过流域水平衡决策机制实现对流域可消耗水量的控制，一方面起到了协调经济社会和生态环境平衡关系的作用，水平衡的目标是保证水循环的稳定健康。为维护生态健康和环境质量提供基础保障条件，要求经济耗用水在不牺牲生态和环境的范围内实现有效利用配置。另一方面水平衡决策机制在本质上起到了推进流域用水高效性的调控。在同样的流域允许耗水量条件下，用水效率的提高必然减少相同产业结构和生产规模下的耗用水量，在同等的经济效益基础上产生更多的生态效益和环境效益。而在保障一定生态效益和环境效益目标基础上，通过水平衡决策机制能推动相同耗用水和行业用水约束条件下的单位产值耗用水量的降低，从而促进行业用水公平条件下的高效用水，在允许耗水量范围内实现最具有经济社会价值的水量分配,实现水资源的高效利用。

4.2.2.2　经济决策机制

经济决策机制体现了水循环调控的高效性原则,在不同用水的效益和社会福利基础上分析水资源有效调控的方向,通过水资源不同方式利用的经济效益差别实现在公平的基础上对水资源的更高效利用。

经济决策机制主要是以边际成本替代性作为抑制需水或增加供给的基本判据,根据社会净福利最大和边际成本替代两个准则确定合理的供需平衡水平。在宏观经济层次,抑制水资源需求需要付出代价,增加水资源供给也要付出代价,两者间的平衡应以更大范围内的全社会总代价最小(社会净福利最大)为准则;在微观经济层次,不同水平上抑制需求的边际成本在变化,不同水平上增加供给的边际成本也在变化,二者的平衡应以边际成本相等或大体相当为准则。依据边际成本替代准则,在需水侧进行生产力布局调整、产业结构调整、水价格调整、分行业节水等措施,抑制需求过度增长并提高水资源利用效率;在供水侧统筹不同水源供水,增加水资源对区域发展的综合保障功能。

以开源和节流的关系为例,当开源的边际成本高于节流的边际成本时,节流在经济上就成为合理的手段,当本地水资源的开源和节流边际成本相等且高于跨流域调水的边际成本时,跨流域调水在经济上就成为了合理手段。对不易定量的生态系统,可以同等效应的资源环境重置成本作为生态环境的价值标准。

通过经济决策机制可以促进水量在不同行业之间的流转,单位用水能产生高附加值的地区和行业可以竞争获取更多水量,通过用水结构调整促进高效用水。

4.2.2.3　社会决策机制

社会决策机制的核心是公平。公平性一方面体现在强势群体和弱势群体之间的均衡、协调生存与发展的矛盾。另一方面体现在地区之间、行业之间、城乡之间、代际之间等多个方面的差异性。社会决策机制是使得这多个方面的用水和相应的效益差距尽量小,主要体现在以下几方面的平衡:

首先是协调城乡发展的矛盾,包括协调城乡生活用水和生产用水的。人均生活用水量反映了人们生活水平的高低,而农村与城镇人均生活用水量差值可以综合衡量城乡间用水的差异性,反映城乡之间的公平性。农业用水事关粮食安全,但在有限的水资源条件下,其他高产值行业的快速增长,必然导致粮食生产能力下降。应当立足保障粮食安全协调农业与工业、第三产业等城镇用水的关系。

其次是区域用水公平。不同区域对水资源的需求具有竞争性,尤其在缺水地区,这种竞争性更为剧烈。区域间的合理水量配置不仅关系到区域发展的速度与质量,还密切关系到区域的社会稳定。

社会决策机制的公平性还包括行业用水的公平性和代际间公平性。水资源是支撑国民经济各行业发展的关键因素,体现行业间用水的公平性也是水资源配置的一个目标。代际公平性主要由用水是否破坏了水资源的再生性反映。

4.2.2.4　生态决策机制

生态决策机制的核心是可持续原则,该原则的核心是流域开发要维持流域水资源可持续利用,尽量避免对区域生态系统的干扰和破坏。根据上述原则,基于生态的水资源开发利用决策需要考虑流域自然状况,确定水循环生态服务功能的基本要求,满足水资源利用的可持续性。水循环的生态属性表现在维护以水分——生态演替驱动关系,支撑和维持与水相关生态系统的动态平衡。因此,要求水资源配置过程中在实现经济用水高效和公平的同时,需要考虑水循环系统本身健康和对相关生态与环境的支撑。生态决策机制的实质是在保证基本生态功能的基础上提高流域生态服务功能的总价值,扩大生态环境的范围。

4.2.2.5　环境决策机制

水循环的环境属性在于水环境质量对社会的综合效益,针对环境属性的决策机制是以维护水环境可承载性为准则的。环境决策机制的核心手段是对不同服务功能的水体的水质目标控制。水质的控制和水量调控必须联合进行,通过调控使得控制断面水环境、水功能区划满足要求,实现流域污染负荷的达标排放和处理,保持区域水体的自净能力。同时,环境决策机制中还包括对水污染损失的衡量、废污水处理和再生利用的边际成本和效益对水量在行业区域间分配的影响。

4.2.3　分析方法与技术

4.2.3.1　水量平衡分析

1. 水量平衡层次与类别

水量平衡是模拟水资源系统过程必须遵循的基本原则,也是核实检验计算过程的基本准则。在水资源配置中必须以各类水量平衡关系为计算基础。水量平衡可以从不同的角度进行分析,从而得出不同层次与类别的平衡方式。从区域来看,水资源配置存在"点、线、面"等不同层次的平衡。"点"的水量平衡主要对象为水资源系统中各个节点,包括计算单元节点、水利工程节点、分水汇水节点、控制断面等,其平衡关系为计算单元的供需平衡、水量平衡、水量转化关系、水源转化关系,水利工程的水量平衡和分水汇水节点或控制断面的水量平衡等。"线"的水量平衡对象为水资源系统中各类输水线段,包括地表水输水管道、渠道、河道,跨流域调水的输水线路、弃水传输线路、污水排放的传输线路等,其平衡关系为供水量、损失水量和接受水量间的平衡、地表水地下水的水量转化关系等。"面"的水量平衡对象主要为水资源流域完整区域,其平衡关系为流域的供需平衡、水量平衡和水量转化关系。从平衡的类别分析,包括供给与需求的平衡、径流性资源量的平衡、降水和蒸发在内的区域总水量平衡。

2. 供需平衡关系

水资源供需平衡分析是根据对水资源系统中人类经济活动所形成的水资源供用耗排关系及其特点的描述,建立以国民经济用水和生态环境用水与天然水资源在水利工程调度运行下的水资源供给与需求之间进行平衡计算分析。

供需平衡关系分析包括:①通过对流域和区域的水资源供需平衡计算,提出流域和区域供水量和供水保证率、缺水量及缺水破坏程度、弃水量;②水利工程及节点/断面的水供给计算,提出水利工程供水能力和供水保证率、弃水量、损失水量;③分析不同水源利用效率和利用消耗率,提出不同水源利用策略。

3.区域水量总平衡

水资源配置中的水量总平衡需从三个层次加以分析。第一层次对流域总来水量(包括降水量和从流域外流入本流域的水量)、蒸腾蒸发量(净耗水量)、排水量(排至流域外的水量)之间的流域水分平衡关系进行分析,即分析在水资源二元演化模式下,不影响和破坏流域生态系统,不导致生态环境恶化情况下流域允许总耗水量,包括国民经济耗水量与生态耗水量(出河入海水量单独考虑,未包括在内),评价尺度通常为大流域。

第二层次对流域或区域径流性产水量、耗水量和排水量之间的平衡关系进行分析,即分析在人工侧支循环条件下径流性水资源对国民经济耗水和人工生态耗水的贡献,界定允许径流性耗水量、国民经济用水和生态用水大致比例,评价尺度通常为大流域或独立的支流水系。

第三层次对流域、区域、计算单元的供水量与需水量,用水量、耗水量和排水量之间的平衡关系进行分析,采用运筹学方法与专家经验规则方法相互校验的配置技术,分析计算各种水源对国民经济各行业、各用水部门等不同用户之间、不同时段的供需平衡和供用耗排平衡。

4.基于水量平衡的水资源配置分析

基于水量平衡的水资源配置分析核心就是遵循水平衡决策机制。通过分析不同层次和类别的水量平衡,确保水资源的合理利用消耗,实现水资源可持续利用。在流域总水量平衡层面,应分析在水资源二元演化模式下,不影响和破坏流域生态系统,不导致生态环境恶化情况下流域允许总耗水量,界定径流性可耗水量、国民经济用水和生态用水大致比例。在供需平衡层面,应分析用水量、耗水量和排水量之间的平衡关系,分析计算各种水源对国民经济各行业、各用水部门等不同用户之间、不同时段的供需平衡和供用耗排平衡,提高用水效率。

4.2.3.2　配置系统及其概念化处理

1.水资源配置系统

水资源配置系统可定义为,以促进区域可持续发展为目标,由工程措施和非工程措施组成的对水资源实行"优化"配置的综合体系。其基本功能是以改变水资源的天然时空分布来适应生产力布局,并以促进区域可持续发展为目标,协调各项竞争性用水。它可以在水资源余缺情况不同的地区间进行跨地区、跨流域调水;在国民经济不同用水部门间,按照各部门协调发展的投入产出关系实行计划供水;在近期目标和长远目标之间,既要注重水资源的开发利用以满足当前需要,也要积极进行水资源的保护与治理,以形成水资源开发的良性循环;在开源与节流的关系上,扩大供水能力的同时积极开展节水,以控制需水的过度增长;在水资源的开发利用模式上,不仅重视原水的开发,更需注意废污水的处理与回用;在除害与兴利的关系上,要注重化害为利,将洪水、污废水转化为有用的水资源。

按照水资源开发、利用、治理、再利用的过程,可将水资源配置系统内的水利工程分为五类:①水源工程,主要包括水库、闸堰、泵站、地下水井群等;②输水工程,包括河道、渠道、箱涵、管线等;③用户单元,包括生活用水、工业用水、农业用水、河道内用水的有关用水设施;④排水工程,包括城市下水道系统、农村排水渠道及排污河流等;⑤污水处理及回用工程,包括污水处理厂及处理设施、处理后回用设施及地下水回灌设施等。在上述五项分类中,水源工程、用户单元和污水处理回用工程均可作为水资源配置系统网络中的节点,而输水工程和排水工程则成为联系各个节点的弧,各类有关的工程参数则成为节点与弧的容量及相关的约束条件。

以上水资源配置系统的工程硬件是实现水资源合理配置的前提,合理配置的真正实现还要有政策法规体系、行政管理体系、经济分配机制和水量优化调度策略等。政策法规体系主要有《中华人民共和国水法》(1988,2002)、《中华人民共和国水污染防治法》(1984,1996)、《中华人民共和国水土保持法》(1991)、《中华人民共和国防洪法》(1997)等,由国务院颁发的对大江大河及跨省、跨地区重要河流和国际河流的各类分水条例、河道管理条例、取水许可实施办法、水资源费征收管理办法等,以及各地方政府发布的各种地方性条例、办法等。行政管理体系主要由国家水利部、各级地方水行政主管部门以及按流域、水系和河流设立的流域管理机构组成。促进水资源优化配置的经济机制由水费和水资源费组成,水费一般为维持供水单位实现简单再生产的内部成本,而水资源费则是为保证水资源的可持续利用而进行的水情预报监测、水土保持、河道整治、水源地涵养和防洪排涝等活动而发生的社会成本。通过水费和水资源费的调节,一方面缩小同一地区内利用不同水源的用户的费用差别;另一方面,规范用户行为,达到节约用水的目的。水量优化调度策略是采用系统分析方法及最优化技术,研究有关水资源配置系统管理适用的各个方面,并选择满足既定目标和约束条件的最佳调度策略。

2. 配置系统的概念化处理

复杂系统一般具有众多的元素和显性或隐性的相互关联过程,必须通过识别系统主要过程和影响因素抽取其中的主要环节和关键环节并忽略次要信息,建立从系统实际状况到数学表达的映射关系,进而实现系统模拟。

水资源系统属于复杂巨系统,科学的水资源配置必须建立在对水资源系统完整、准确的数学反映基础之上。系统概化即是对复杂系统实现准确可控的数学模拟和描述,通过抽象和简化清晰反映系统中元素之间的关系,有意识地忽略事物的某些次要特征,实现对系统完整的认识和把握。通过系统概化可以实现实际系统到数学表达的映射和转换。

典型的水资源系统中,各类水源作为系统输入在工程、节点与用水户等实体间完成相应的传输转化并影响系统总体状态。各类实体在不同过程中承担着控制和影响水量运动进程的作用,其物理特征和决策者的期望反映了该实体在系统中承担的角色。对水资源系统的概化就是选取并提炼与模拟过程相关元素的特征参数,以点线概念对整个系统作模式化处理,为构建数学分析模型奠定基础。

按照上述概化原则可以分类概括出一般水资源系统中的主要元素,如表 4-1 所示。

3. 水资源系统网络节点图

系统网络图是系统概化的最终直观表现形式。分析系统概化元素基本关系,可以得到如图 4-1 所示的系统节点图。该图反映了对不同区域水资源系统的概化分析,用数学方式描述了各类水源的运动转化关系。

表 4-1　水资源系统概化要素及其对应实体

基本元素	类型	所代表系统实体
点	工程节点	蓄引提工程(包括水电站)、跨流域调水工程
	计算单元	一定区域范围内多类实体的概化集合,包括区域内用水户、面上分布的用水工程(包括不作单独考虑的地表水工程和地下水工程)、非常规水源(海水、雨水)利用工程、污水处理与再利用工程等
	水汇	汇水节点,系统水源最终流出处,如海洋、湖泊尾闾、出境等
	控制节点	通江湖泊(湿地)、有水量或水质控制要求的河道或渠道断面
线	河道/渠道	代表水源流向和水量相关关系的节点间有向线段,如天然河道、供水渠道、污水排放途径、地表水和地下水转换关系等

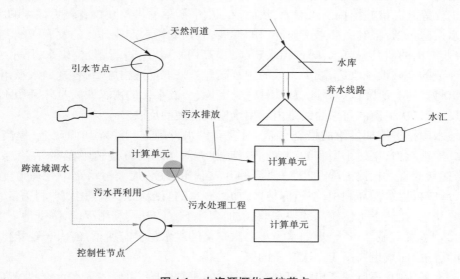

图 4-1　水资源概化系统节点

系统网络图中不同元素以有向弧线连接,表示水量在各基本元素间的传输转化。不同的水量转换关系以不同类别的弧线表示。系统网络图是进行水资源配置的工作基础,通过水资源系统网络图可以明确各水源、用水户、水利工程相互关系,建立系统供用耗排等各种水量传输转化关系,指导水资源配置模型编制。

4.2.3.3　三次平衡分析方法

1. 以现状供水能力为基础的水资源供需一次平衡

水资源供需一次平衡分析,在供水方面是以现状供水能力并适当考虑多年平均水资源量的衰减,在需水方面是以现状用水水平且不考虑新增节水措施的前提下,来分析用水需求增长情况下的水资源供需矛盾。其目的是充分暴露未来供需中可能发生的最大缺口,为合理配置节水、治污、挖潜及其他新增供水措施的分析工作提供定量基础。

在水资源需求方面,考虑人口增长、城市化程度提高、生活用水定额增加、不增加投资前提下的产业结构调整和各部门经济量的相对变化,但各部门经济存量的用水效率不变,经济增量的用水效率提高。农业原有灌溉面积的定额不变,新增灌溉面积的定额有所下降。总之,在不考虑新增节水措施前提下预测水资源需求的增长。

在水资源供给方面,考虑人类活动导致的多年平均水资源量的衰减,如土地利用格局变化导致的流域产水量变化、人工侧支水循环导致的水资源时空变化等。对当地地表水,将最小生态需水量扣除后作为其国民经济的水资源可利用量。对超标污水直接利用,从现状供水量中予以扣除。对过境水量,按水资源使用权的界定量或现状开发利用量计算。对地下水可利用量,一是在供需分析中除特殊情况外不再考虑深层承压水的开采利用,二是在多年平均采补平衡的原则下确定浅层地下水的可开采量。

2. 以当地水资源承载能力为基础的水资源供需二次平衡

水资源供需二次平衡分析,是在一次平衡分析的基础上,立足于当地水资源,通过加大产业结构调整力度和新增各项节水措施等来压缩需求的增长速度,通过治污回用和新建供水工程等开源措施挖掘供水潜力,从而使一次平衡下的供需缺口有较大幅度的减小。

节水措施包括:限制高耗水产业部门的发展,鼓励低耗水产业部门的发展;开展生活、工业、农业方面的器具型节水,降低用水定额,提高用水效率;进行蓄水、供水、用水、排水等各个环节的基础设施改造,减少无效的跑冒滴漏。采取上述措施后,各规划水平年的水资源需求将普遍有所降低。因此,从某种意义上说,一次平衡的需求曲线是外延用水模式发展的反映,二次平衡的需求曲线是内涵用水模式发展的反映。

当地水源挖潜增加供给的措施包括:对现有供水设施进行除险加固改造,提高其蓄水、供水、输水能力;兴建小型和微型水利设施,加大对雨水的直接利用程度;在有条件的地方,修建新的蓄、引、提工程,加大水资源的开发利用程度;加大污水集中处理力度和回用程度,形成再生水循环利用;在沿海地区,加大海水的直接利用和淡化处理利用量,以替代一部分淡水;在地下水位较高的缺水地区,加大地下水的开发利用程度,降低地下水位,以减少无效蒸发。显然,各个规划水平年二次平衡的供水量要有所增加,大于现状供水能力,从而其供给曲线也要高于一次平衡的供给曲线。

在二次平衡中,还反映了市场机制对水资源需求的影响,主要体现在水价的提高对水资源需求过度增长的抑制作用。这包括几个方面:水价提高,高耗水产业的利润下降甚至亏损,在本地区的竞争能力下降,而节水产业和清洁生产产业的竞争力相对提高;水价提高,原来缺乏经济激励机制的一些节水措施变得有利可图,器具型节水措施在更大程度上得到采用;水价提高,人们的节水意识增强,一些具有弹性的水资源需求受到抑制,可用可不用的水尽量少用或不用。

3. 以外调水补充当地水为基础的水资源供需三次平衡

水资源供需三次平衡分析,是在二次平衡分析的基础上,进一步考虑跨流域调水补充当地缺水后,将当地水与外调水作为一个整体进行合理配置后的平衡分析。

对于水资源调出区,要在充分满足其经济发展和生态环境用水的需求前提下,分析其可调水量;并根据外调水量与当地水资源时空分布的互补关系特性和受水区各用水户的缺水状况,在二次平衡分析的基础上,考虑外调水与新增退水内在关系后,确定直接进入受水区的外调水量及其合理的分配范围。对于受水区,分析外调水调入后对受水区各个单元之间的影响。根据上述分析提出不同的调水方案组合,通过对整个流域的合理配置分析提出既满足国民经济用水和最小生态用水需求,又切实经济可行的调水规模及其区域分配的推荐方案。鉴于跨流域调水是一项复杂的系统工程,可以提出若干推荐方案供决策选择。

在水资源合理配置分析中,要充分考虑市场机制对水资源供给的影响。随着当地水资源开发利用程度的加大,其开发利用的边际成本也在提高,开始超过节水的边际成本,这时受市场规律调节,节水的力度将自动增大。当节水和当地水资源开发利用的边际成本基本相等,且高于跨流域调水的边际成本时,跨流域调水在经济上将更为合理。充分考虑这种相互作用和内在关系,可使提出的推荐方案更为合理。

综上所述,经三次水资源平衡和合理配置后,应能得出合理的受水范围、调水规模及其分配情况,进而提出跨流域调水的总体布局和平衡方案。

4.2.3.4 配置效果评价

配置效果评价是水资源配置工作的一项重要内容。由于配置结果涉及范围大、层次多,因此是一项复杂系统的工作。水资源配置方案的比选应根据方案经济比较结果及社会、环境等因素综合确定。对配置方案及其主要措施要进行技术经济分析,根据有效性、公平性和可持续性原则,从社会、环境、效益等方面按具体制定的评比指标体系,采用适当评价方法,对配置方案进行分析比较,选出综合表现最好的方案作为推荐方案。

对配置评价要从水资源所具有的自然、社会、经济和生态等属性出发,分析对区域经济发展各方面的影响,采用完善的指标体系对其进行评价,全面衡量推荐方案实施后对区域经济社会系统、生态环境系统和水资源调配系统的影响。评价指标的选择应当遵循以下几个原则:

(1)科学性。评价指标应具有明确的科学内涵,概念准确,能真实反映区域水资源开发利用结构和模式特征,并能表征水资源利用与社会经济发展及生态环境协调发展的状态关系以及动态变化过程。

(2)完备性。评价指标要能全面反映水资源配置及其相关领域的特征及相互关系,即指标体系应由社会、经济、人口、生态环境、资源及其相互依存和相互制约关系等各方面因素组成;指标体系应以定量化指标为主,对一些难以量化但又较能反映问题的因素可用定性指标加以描述。

(3)灵敏性。评价指标要在反映水资源合理配置本质特征上和配置方案实施影响上具有相当的敏感性;选择敏感性强的指标有助于配置方案的鉴别和方案后预评价。

(4)可操作性。评价指标的选择要考虑获得资料的可能性和统计计算的可行性;指标的名称及概念要有直接针对性,并且既要考虑国际惯例的通用性,又要尊重国内各专业领域甚至大众的认同性。

(5)时效性。评价指标不仅要包含能反映水资源供需平衡动态过程的评价量,其本身的指标属性还要具有因时间变化而导致状态变化的应对能力。

根据上述原则,选取的指标应能够反映不同方案之间的差别,反映区域当地特点,并可以进行量化分析。评价指标应综合反映技术、经济、环境和社会等方面的需求,反映配置方案实施后水资源开发利用与经济社会发展之间的协调程度,设定配置模式所产生的社会效益、经济效益和生态效益。

　　以指标为基础进行评价是一种多目标、多层次的复杂决策问题,可以计算得到代表决策者偏好的系统综合表现。多目标求解、赋值方法、无量纲(因次)化、相关性分析等是以指标体系为基础进行评价的基本技术,包括层次分析法、模糊评价法、"压力－状态－响应(P－S－R)"、投影寻踪法、主成分分析法等。

4.2.4　配置模型

　　水资源配置模型一般包括优化模型和模拟模型,两类模型具有不同的特点和适用范围。

　　优化方法以数学方程反映物理系统中的各物理量之间的动态依存关系,如表达各类水量平衡关系的水量平衡方程。这些方程又可以进一步分成两类:一类为在决策过程中应当遵循的基本规律及其适用范围,即数学模型中的约束条件;另一类则为决策所追求的目标或衡量决策质量优劣的若干标准,即数学模型的目标函数及其辅助性的评价指标体系。

　　优化方法一般需对模型结构和系统约束做出简化,因此仿真性能受到影响。通过优化模型可以更严格地反映各类约束,具有较强的结构性,但必须合理地权衡各种影响决策的因素,避免考虑因素过多而出现"维数灾"使得模型难以求解。

　　按照优化方法目标和约束的建立原则,水资源配置的目标函数可以是以供水的净效益最大为基本目标函数,也可以同时考虑供水量最大、水量损失最小、供水费用最小或缺水损失最小等目标函数。系统约束条件主要包括:①水量平衡方程,包括用水户、工程以及渠道等各类涉及水量传输交换的过程;②河道内用水约束,包括河道内各控制断面的生态、发电和航运等用水量,由外部给定;③地下水开采量和地下水位约束,约束值可以是外部给定阈值,也可由模型本身计算给出;④工程蓄水和分水约束;⑤水库调度方式约束,包括在不同来水和蓄水状况下对不同类别用水户的水量分配;⑥非常规水源利用约束;⑦渠道过流能力、电站保证出力等约束。

　　模拟模型是根据对系统实际过程的深入分析,模仿实际系统的各种效应,对系统输入给出预定规则下的响应过程。对于水资源配置,模拟模型的基本思路就是,按照符合实际流程的逻辑推理对水资源配置系统中的水资源存蓄、传输、供给、排放、处理、利用、再利用、转换等进行定量分析和计算,以获得水资源的配置结果。模拟模型根据不同的输入信息以内部预定的逻辑判断给出相应的系统输出结果。所以,模拟模型也可以看作是一种带有复杂输入、输出和中间过程,并可以由外部控制的"冲击－响应"模型。但与神经网络等"黑箱"模型不同,该过程是透明的并可以由外部控制,是一个"白箱"模型。

　　就计算原理而言,模拟技术和优化方法的不同之处在于优化方法可以寻找问题的最优解,有助于寻求系统总体优良的决策方向,通过建立目标函数和系统约束寻求满足给定要求下效益较好的结果。而模拟技术更注重对细节过程做准确可控的描述,所以其计算过程清晰易懂、仿真性强,适合构建输入输出式的系统响应结构。与优化模型比较而言,模拟模型灵活性、适应性更强,便于结合实际情况进行相应的调整,根据需要并结合专业人员的经验进行各种简化和处理。

从模拟和优化模型设计的准则来看,优化模型的优势在于可以方便地设定各种目标和约束,具体运行过程由寻优计算控制,所以其过程具有不可控性,很容易出现过程跳跃和突变等不符合实际的结果。模拟方法则侧重于给定条件下系统的运转过程,以主观预定的运行规则设计相互制约关系。对于模拟模型,由于模拟过程与实际的差异,难免出现结果不够全面和完善,容易陷入对具体细节的纠缠而失去对总体目标的把握。

对于配置模型方法的选用需要结合需求和系统规模,综合优化和模拟两种技术的优势和不足。从求解水资源优化配置决策问题来讲,优化与模拟则是不可分割的。一是宏观经济水资源系统包含许多随机因素,使系统的发展带有不确定性,优化只能从平均的概念出发来求得水资源配置的战略对策,而系统在实际操作过程中受随机因素的影响将会偏离决策目标。二是由于优化侧重于宏观层次上的规划,而对微观方面则进行适当的概化,如果要解答在一定的决策目标下微观层次上的关系则需要用模拟的方法实现。

4.3　中国水资源配置的格局

4.3.1　水资源与社会经济分布特征

我国水资源总量虽然丰富,但单位国土面积水资源量仅为世界平均的83%,全国人均占有水资源量约为 2 100 m³,仅为世界人均占有量的28%;耕地亩均占有水资源量为 1 500 m³ 左右,约为世界平均值的一半。除了总量有限,我国的水资源分布也很不均匀,一方面"南多北少",另一方面"夏多冬少"。

水资源分布与我国的社会经济布局在总体上存在不协调。在经济社会布局上,我国北方大部分地区自然生态状况较为脆弱,而人口众多,耕地面积大,经济社会发展迅速,水资源分布与经济社会发展布局不相匹配。根据2002年开展的全国水资源调查评价成果,1956~2000年同步代表系列,南方地区降水量占全国的68%,北方地区降水量占全国的32%。在水资源总量上,北方地区水资源总量为 5 267 亿 m³,占全国水资源总量的19%;南方地区水资源总量为 23 145 亿 m³,占全国水资源总量的81%。与此对应,北方地区国土面积占全国的64%,人口占46%,耕地面积占60%,GDP 占45%。在北方地区中,黄河、淮河、海河 3 个流域的水资源量与社会经济布局尤其不匹配。黄淮海流域的水资源总量仅占全国的7%,人均水资源占有量不足 450 m³,是我国水资源供需矛盾最为突出的地区之一。

从未来经济发展趋势来看,这种水资源与社会经济分布的不匹配存在加剧趋势。到2030 年,我国北方地区人口、GDP、耕地面积将分别约占全国总量的45%、47%和62%,通过各种节约用水措施和提高本地水资源承载能力的措施,到 2030 年,北方地区配置河道外用水量 3 268 亿 m³,占全国总配置水量的46%,相应对水资源的消耗量为 2 487 亿 m³,占全国总消耗量的54%;南方地区 2030 年人口、GDP、耕地面积将分别约占全国总量的55%、53%和38%,通过各种节约用水措施和供水设施的建设,到 2030 年,南方地区配置河道外用水量 3 846 亿 m³,占全国总配置水量的54%,相应对水资源的消耗量为 2 151 亿 m³,占全国总消耗量的46%,届时我国水资源不合理的配置格局将得到极大改善。特别是黄河区、淮河区、海河区三个水资源一级区是我国水资源最为短缺的地区,通过水资源合理配置,2030 年三个水资源一级区合计的人口、GDP、耕地面积分别约占全国总量的 35%、33% 和 36%,配置水量达到 1 780 亿 m^3,占全国的 25%,对水资源的消耗量为 1 386 亿 m^3,占全国的 30%。

除了区域分布的不均匀,时间分布不均也同样影响到经济用水。我国降水量和河川径流量的 60% ~80% 主要集中在汛期,天然来水过程与经济社会需水过程不相一致,且往往呈现连续丰水或连续枯水的年段,易于造成旱涝灾害,也使得水资源开发利用的难度较大。

因此,水资源分布与社会经济布局的不匹配特征是我国经济社会可持续发展和全面建成小康社会的重要制约因素,全国水资源配置的战略方向一方面是实施符合区域水资源条件的产业发展模式,另一方面通过工程手段也是大区域间水量调配的方向。

4.3.2　水资源配置方向与策略

我国许多流域和区域水资源开发利用的基础设施建设滞后于经济社会发展的需要,大部分地区的用水需求要通过对其天然来水过程进行调蓄后才能满足要求,但目前大部分河流蓄水工程对天然径流的调蓄能力还较低。部分地区水源单一,供水和水源结构配置不合理,一遇干旱或突发情况就导致供水危机。

由于水资源分布的不均匀性,我国区域间水资源开发利用程度差别很大,开发过度与开发不足并存。北方地区除松花江区外,海河区、黄河区、淮河区、辽河区、西北诸河区大部分地区现状水资源开发利用程度已接近或超过其可开发利用的上限,南方地区水资源开发利用虽然尚有一定的潜力,但水资源进一步开发利用和配置的难度和代价也很大。

由于我国水资源分布与经济社会发展格局不相匹配,规划在分析各地区水资源承载能力和供水可能的基础上,通过产业结构与经济布局的调整和水资源配置格局的调整,完善全国水资源配置总体格局。

未来水资源合理调配必须考虑开源、节流和挖潜等多类措施,根据不同区域实际情况制定合理的水资源配置策略,主要包括如下几个方面:

(1)建立科学用水模式,切实提高水资源利用效率,实现水资源可持续利用。

按照强化节水的用水模式,切实转变经济发展方式和用水方式,促进产业结构的调整和城镇、工业布局的优化,降低经济社会发展对水资源的消耗,建立科学的用水和消费模式,控制经济社会用水总量的过度增长。加大对现有水资源开发利用设施的配套与节水改造,推广使用高效用水设施和高效用水技术与方法,建立水资源高效利用体系。

(2)逐步完善水资源配置格局,合理配置水资源,保障供水安全。

根据各地的水资源条件和目前的开发利用状况,合理布局,增强水源建设。选择水资源条件有保障,目前开发利用程度低,对大江大河水源调控、重点灌区开发建设、重点经济区和城乡供水具有重要作用的地区,建设一批大中型骨干水源调蓄工程,增强对天然径流的控制能力,改善重点地区供水状况。

(3)慎重选择跨流域调水工程建设,针对重点缺水地区和当地水资源开发利用程度已经超过当地水资源承载能力的地区,在充分论证、慎重决策的基础上,按照"三先三后"

的原则建设必要的跨流域调水工程。同时,优化供水结构,合理调配各种水源,逐步形成流域和区域控制能力强、调配灵活自如、安全保障程度高的水资源供水网络系统,建立城乡安全供水保障体系,保障城乡供水安全。

(4)切实提高城乡应急抗旱能力,保障重点区域和行业用水安全。在节约用水的前提下,合理调配水源,提高供水能力、改善供水水质、提高供水保障程度,保障城乡饮水安全,粮食安全,重点城市、国家能源基地、重大工业基地和重要经济区的供水安全。制订和完善应急供水预案,提高特枯水年、连续枯水年以及突发事件的应对能力,保障正常社会秩序。

4.3.3　水资源配置格局

4.3.3.1　经济用水与生态用水格局

根据全国水资源规划成果,在以维系良好生态环境为前提,以协调流域和区域水资源承载能力与经济社会发展格局的匹配关系,保障供水安全和水资源可持续利用为目标的前提下,2020年和2030年全国用水总量分别不超过6 700亿 m³和7 000亿 m³。

到2030年,用水消耗量为4 634亿 m³,占全国水资源总量的17%,留给自然生态系统的水量为23 084亿 m³,占水资源总量的83%。该配置方案基本保障了经济社会发展对水资源的需求,同时基本满足了主要江河河道内生态环境用水的要求。2030年,全国河道外用水消耗的水资源量相当于水资源可利用总量的57%,各水资源分区消耗的本地水资源均控制在其水资源可利用量范围内,目前挤占的河道内生态环境用水和超采的地下水基本得到退减。

到2030年,北方地区配置河道外经济社会用水量3 200亿 m³,相应对水资源的消耗量为2 483亿 m³。其中,对本地水资源消耗量为2 066亿 m³,相当于其本地水资源总量的39%,相当于其水资源可利用总量的81%;自然生态系统留用的总水量为3 299亿 m³,相当于其本地水资源总量的63%。南方地区配置的河道外经济社会供水量3 800亿 m³(此外,南方地区向流域外调出水量427亿 m³),相应对南方地区水资源的消耗量为2 578亿 m³,相当于其水资源总量的11%,相当于其水资源可利用量的46%,自然生态系统留用的水量占水资源总量的89%。

4.3.3.2　供水格局

我国水资源可利用量空间分布不均,北方大部分地区本地水资源不足,为提高区域和全国整体水资源承载能力,根据水资源空间分布及区域经济社会发展和生态保护对水资源的要求,对不同流域和水系之间的水量进行合理调配,提高缺水严重地区的水资源承载能力,以改善水资源与经济社会格局不匹配的状况。

到2030年,通过南水北调东、中、西线工程串接长江、淮河、黄河、海河四大流域,形成全国层面"四横三纵"的水源调配格局。全国多年平均跨水资源一级区调(引)出水量为580亿 m³,调(引)入水量为535亿 m³,调入水量比现状增加348亿 m³,调水形成的供水量为473亿 m³。新增调入水量主要分布在海河区、黄河区和淮河区,其新增调入水量占全国新增调入水量的90%。调出水量主要分布在长江、东南诸河和松花江,黄河引出水量主要是向下游沿黄灌区供水。

　　通过水资源合理配置,我国水资源短缺地区的水资源承载能力得到了很大程度的提高,北方缺水的黄河区、淮河区、海河区、辽河区和西北诸河区 5 个水资源一级区的本区供水量中由跨流域调水形成的供水量约占其总供水量的 17%,其中黄淮海区占到 24%。

　　到 2030 年,在配置的 7 000 亿 m³ 河道外总供水量中,地表水(含跨水资源一级区调水供水量 473 亿 m³)供水 5 920 亿 m³,地下水供水 930 亿 m³,其他水源供水 150 亿 m³,总供水量比现状增加 1 000 亿 m³。北方地区在退还挤占的河道内生态用水的基础上,通过跨流域调水等措施增加地表供水量 507 亿 m³;退还 209 亿 m³ 不合理的地下水开采量的同时,在淮北部分地区,嫩江流域,黄河流域宁夏、内蒙古以及新疆南疆等部分有开采潜力的地区适当增加地下水供水量;其他水源供水量由现状的 26 亿 m³ 增加到 151 亿 m³。至2030 年,北方地区的地下水供水比例比现状将有所下降,跨流域调水、非常规用水源有所增加,显著提高了供水保障程度和水资源的循环利用程度。南方地区新增供水量以本地地表水为主,占全国新增供水量的 90%。

4.3.3.3　用水格局

　　到 2030 年,配置城乡生活用水量 1 000 亿 m³、工业供水量 1 700 亿 m³、农业供水量4 000 亿 m³、河道外生态建设水量 300 亿 m³,基本保障居民生活水平提高、经济发展和生态环境改善的用水要求。

　　与现状相比,全国城乡生活配置水量增加到 400 亿 m³,年均增长 2.2%,比 1980 年到现状的增长速度有所减缓,其中北京、天津、上海、浙江、广东等经济发展程度较高、城镇化和工业化水平较高地区的生活用水比例达 20% 以上。城镇生活供水量占全国城乡生活供水量的 80% 以上。未来农业用水与现状相比略有增加,但占总用水量的比例由现状的70% 降低为 57%,在保证和改善 8.4 亿亩农田灌溉面积灌溉条件的同时,保障发展 9 000万亩灌溉面积的水量要求。到 2030 年,13 个粮食主产区农业用水比例占全国农业供水的 70% 以上,东北和长江中下游等水土资源相对丰富地区适当增加部分农业供水量,其余地区农业发展主要依靠节水解决。北方地区黄河区、淮河区、海河区、辽河区以及西北诸河区还要通过节水和水源置换退还部分挤占的生态环境用水和超采的地下水。未来工业生产配置水量比现状增加约 600 亿 m³,年均增长 1.6%,约为 1980 年到现状平均年增长率的 2/5,工业用水占总用水的比例由 19% 增加到 24%,火核电等高用水行业配置水量占全部工业用水量的比重由 32% 下降到 28%。包括城市河湖、绿地、湿地及生态防护林补水等在内的河道外生态建设配置水量由现状的 172 亿 m³ 增加到 2030 年的 300 亿m³,年均增长率达 2.2%。

4.3.3.4　城乡用水分布

　　为保障城镇化及工业化发展进程,2030 年配置城镇用水量(包括工业用水、城镇生活用水和城镇生态用水)2 580 亿 m³,配置农村供水量 4 420 亿 m³。2030 年,全国城乡用水结构由现状的 28∶72 调整为 37∶63。其中,辽河区、海河区、东南诸河区、长江区、珠江区和太湖流域等,城镇和工业较为发达,其城镇用水比例在 35% 以上,其中太湖流域为73%。松花江区、西南诸河区、西北诸河区城镇用水比例分别为 24%、16% 和 10%。

4.3.4　分区水资源配置格局

4.3.4.1　东北地区

东北地区包括松花江流域和辽河流域两个水资源一级区,包括黑龙江、乌苏里江、绥芬河、图们江以及鸭绿江等国际河流。现状条件下,松花江、辽河水资源开发利用程度相对较高,黑龙江干流、额尔古纳河、绥芬河、鸭绿江等国际河流开发利用程度较低。

东北地区的水资源开发利用具有典型的多目标特性。由于流域的水土资源、光热资源比较丰富,作为国家级粮食基地,农业用水会有较大增长。而东北地区属于老工业基地,未来工业发展和调整也与水资源配置布局密切相关。所以,在经济用水方面存在地区和行业部门间的竞争。在河道内经济用水方面,第二松花江、嫩江以及嫩江的水力发电在东北电网中具有重要的调峰作用,而松花江干流的航运兼具东北地区的出海通道功能,也需要得到一定程度保障。从流域生态维持和保护角度分析,松花江流域有多个国家级湿地,目前已不能在自然条件下维持平衡,需要一定规模的人工补水。考虑未来流域开发强度大,社会经济耗水总量占地表水水资源量的比重增长较快,由此带来的松花江干流的生态和航运问题比较突出,因此需要进一步分析社会经济耗水对生态环境用水以及河道内航运用水的影响。此外,松花江流域还承担未来向更为缺水的辽河流域调水的任务,不同线路工程的规模也需要通过综合分析确定。

松花江和辽河的水资源配置具有互补性,需要从整体考虑。松花江区水土资源相对丰富,匹配较好,而目前水资源开发利用程度和用水效率均不高,是未来国家商品粮基地建设的重点地区,规划安排新发展 4 155 万亩灌溉面积,为满足经济社会发展的合理需求,加大开发松花江以及跨界河流的水资源,满足农业增长和粮食产量增加的需求,同时在保障松花江流域的生态健康的前提下向辽河实施跨流域调水。辽河区工业化和城市化程度较高,水资源供需矛盾突出,特别是辽河流域由于对水资源的过度开发,现状水资源的消耗量已超过水资源可利用量,存在超采地下水和挤占生态环境用水的现象,现状缺水率达 15% 左右。未来必须严格控制用水增长,压缩本流域供水量,逐步退还挤占的生态环境用水,适度从松花江区和周边跨界河流调入水量,以提高其水资源承载能力。西辽河是辽河流域生态环境最为脆弱和水资源问题最为突出的地区,现状水资源的消耗量已超过水资源可利用总量,未来主要通过强化节水和调整产业结构控制需求,适当通过跨流域调水增加当地水量,逐步退还地下水超采量和被挤占的流域内生态环境用水量,使经济社会发展和水资源开发利用及生态环境保护步入良性循环。

为满足上述多目标用水需求,东北地区的水资源配置需要综合开源节流并加强水量调控调度等多个手段。未来在强化节水前提下,适度加大跨界河流和边界河流水资源开发利用力度,2030 年全区多年平均总供水量比现状净增加 223 亿 m^3,其中跨界河流地区供水量比现状增加 86 亿 m^3。增供水量主要为地表水量,同时退还超采现状 25 亿 m^3 地下水超采量,地下水供水量占总供水量的比例由现状的 40% 下降到 25%。在新增骨干工程方面,通过区域内兴建吉林中部城市群调水、绰尔河至西辽河调水、引呼济嫩、辽宁省东水西调等骨干跨流域调水工程实现区域内部的水量优化配置,增强水资源整体调控能力。

4.3.4.2　黄淮海流域

黄淮海流域地域辽阔,人口众多,地区间经济差异显著,在地理位置上具有衔接中、东、西三大区域的独特优势,经济基础较为雄厚,在全国宏观生产力布局和经济发展中的地位越来越突出。该地区是我国重要的工业基地、能源基地和粮食基地,在全国经济社会发展中具有十分重要的地位。在农业生产方面,黄淮海流域土地面积广大,耕地资源丰富,光热条件适宜,长期以来一直是我国重要的农业经济区、粮食与棉花的主要产区和重要的商品粮基地,20 世纪 90 年代以来,新增粮食产量占全国总新增产量的 80%。该区也是我国能源和矿产资源最密集的地区,形成了一大批在全国具有重要战略地位的能源、工业基础资源生产加工基地。

该地区经济总量较大,人口众多,城镇密集,工业较为发达,但水资源十分短缺,严重制约了经济社会的发展。该地区当地水资源可利用量为 1 145 亿 m³,全区现状用水对水资源消耗量已相当于水资源可利用量的 92%,其中海河区和黄河区已超过其可利用量,分别高达 110% 和 103%;由于长期缺水,不得不依靠挤占生态用水维持经济社会发展,现状情况下挤占河道内生态用水达 121 亿 m³,超采地下水 137 亿 m³,生态与环境状况日趋恶化。海河南系与北系、汾河与渭河流域及山东半岛是本区水资源矛盾最为突出的地区,其人均水资源量仅为 280 m³,而人均 GDP 为 1.87 万元,分别为全国平均数的 1/8 和 1.25 倍。这些地区现状水资源消耗量均已超过水资源可利用量;现状缺水率达 15% 左右,其中海河南系高达 29%。

以现状供水能力为基础,扣除地下水超采、污水超标利用等不合理供水,黄淮海流域缺水超过 180 亿 m³,若不采取强化节水、新增水源工程和现有工程挖潜等措施,至 2030年黄淮海流域年缺水量将超过 400 亿 m³。

以水资源可利用量控制对当地水资源的消耗,在加大污水处理回用、雨水集蓄利用、海水利用等其他水源利用的基础上,充分挖掘当地水资源的潜力,以跨流域调水和其他水源供水为主,其中跨流域调水量由现状的 143 亿 m³ 增加到 432 亿 m³,增加 289 亿 m³。在弥补现状水资源供需缺口的同时,通过水源置换增加生态环境用水和压减地下水超采,改善和恢复河湖与地下水生态功能,满足国民经济可持续发展对水资源的合理需求。

黄淮海流域水资源配置的战略方向是采用最严格的节水制度,调整经济布局、优化产业结构,严格控制高耗水产业的发展,转变用水模式,提高用水效率和效益,抑制需水过快增长的势头,通过跨流域调水缓解流域的缺水态势,保障供水和生态安全。可以采取的主要措施包括:①大力推进节水措施,包括生活节水、工业节水和农业节水。通过强化节水实现生活需水增幅降低、工业需水微增长、农业需水保持总量基本不变的目标。②大力提高治污挖潜水平。从减轻环境的污染负荷量和充分利用水资源两个方面,对废污水进行处理,并回用于农业、市政和工业等方面,以改善黄淮海流域的环境状况并积极地缓解黄淮海流域的水资源紧缺状况。③提高非常规水源利用量,增强黄淮海流域对海水、雨洪资源、微咸水等流域的非常规水源的利用。④以南水北调工程为中心,构建黄淮海整体水资源配置格局。

尽管采取节水、挖潜等措施可以缓解黄淮海流域的缺水程度,但尚无法彻底解决供需平衡,更不能恢复流域现已严重破坏的生态环境状况。因此,南水北调对于黄淮海流域的水资源供需平衡势在必行。通过南水北调工程东线、中线和西线贯穿长江、淮河、黄河、海河四大流域，形成我国华北地区"四横三纵"的供水工程体系，实现水资源的整体调控配置。

4.3.4.3　长江流域

长江区水资源总量为 9 958 亿 m³，位居各大流域之首。全区现状水资源开发利用程度为 18%，尚有一定的开发潜力。现状长江上游云南、贵州、重庆等山丘区由于缺乏控制性工程，供水不足，下游平原河网地区水污染较为严重，水质性缺水问题较为突出。

考虑未来长江经济带及工业和城镇密集区人口增长和发展以及上、中游地区灌溉面积增加，在强化节水前提下，流域总需水量仍有所增加，水质问题将会有所突出。考虑长江流域未来供水、调水、防洪、发电、航运以及流域水环境治理、水生态保护等多重目标，长江流域水资源配置需要根据上、中、下游的不同特点突出重点，分别落实。

长江流域上游地区现状水资源利用程度低，受地形影响，水资源利用以蓄水工程为主，辅以提水工程供水，但由于缺乏大型骨干水资源调蓄工程，调蓄能力不强，供水能力较低，供水保证率不高，在干旱年份常出现缺水现象，属于工程性缺水地区。这类地区的水资源配置的重点应放在加大蓄水工程特别是控制性骨干工程的建设上，将水资源开发利用与水能资源开发有效结合，同时加强水源区水资源保护和水土涵养。

长江中游地区水资源开发利用条件相对较好，工程建设已具相当规模，但水资源利用效率仍待进一步提高，部分丘陵地区仍存在较严重的缺水现象。中游地区的主要水资源配置措施是通过对现有工程的挖潜、配套和改造提高供用水效率。对于长江中游洞庭湖、鄱阳湖广大平原地区，需要加大节水力度，保障农田灌溉和农村人畜饮水的需求。对于中游沿江部分地区，应以解决水质性缺水为重点，同时要进一步挖掘节约用水的潜力，以满足经济社会发展的需求。中游地区还需要以三峡和葛洲坝工程为中心，联合主要支流控制性工程，加强优化调度，协调防洪与供水以及发电、航运的水量调控关系，协调南水北调和长江流域来水的丰枯补偿关系。

长江下游地区水量丰沛，现状的主要水资源问题是因为工业生产用水激增，引起水环境恶化和产生水质性缺水。该地区要按照节水减排的要求提高水资源利用效率，严格用水定额管理，控制不合理的需求。通过节水减排，在保护水生态与环境的前提下满足经济社会可持续发展对水资源的合理需求。该地区水资源配置应继续发展以引提水为主的本地水源利用，减少地下水开采，控制区域地面沉降，提高供水能力，以适应快速增长的经济发展需要。重点加大水环境保护和污染治理，将下游三角洲地区水网疏浚与水环境治理、供水工程建设结合，重点满足下游地区重点城市和沿江经济带的供水需求，重点解决水质性缺水。同时，结合长江口综合整治工程，协调枯水期供水、南水北调东线引水与长江口地区受咸潮上溯的影响。

4.3.4.4　华南及西南地区

华南与西南地区包括珠江流域、东南诸河与西南诸河三个水资源一级区。

珠江片区包括珠江流域、韩江及粤东诸河、粤西桂南沿海诸河、海南岛及南海各岛诸河流域等水系。珠江区各地水资源状况差异较大，南北盘江，红水河流域和粤东、粤西沿海地区受地形条件限制，工程性缺水较严重。珠江三角洲地区经济发展快，城镇人口迅速发展,加上受水污染和咸潮上溯的影响,水资源供需矛盾趋于紧张。该地区的水资源配置策略是通过建设水源调蓄工程和调水工程,逐步完善地表水、地下水和其他水源统一调配,大型、中型、小型、微型水资源工程合理搭配,蓄水、引水、提水、调水工程有机结合的水资源配置格局,保障地区经济社会发展用水的合理需求。通过大型水利工程增加调控能力,保障重点地区供水安全,改善部分地区天然径流过程,满足珠江入海水量对压咸的需要。通过区域水资源的合理配置,加强城镇供水水源建设,改变城市水源单一、应对突发事件处理能力低的状况。红河、南北盘江及沿海地区,通过跨流域和区域水资源调配,提高了其水资源的承载能力,改善水资源与经济社会格局不匹配的状况。

东南诸河区除钱塘江和闽江两大流域外,其余均为中小河流。东南诸河区水资源总量充沛,现状用水量不高,目前水资源开发利用程度相对较低,仅为15%。东南诸河区主要是沿海经济带和城市密集区,人口增长空间大、经济发展速度快,城乡供水保障要求逐渐升高。本区域的主要水资源调控措施是增加对独流入海河流的调控能力,尤其是加强对闽江、钱塘江等主要河流的水量合理分配,突出解决海岛地区供水,实施必要的区域引调水工程,实现水资源合理调配。

西南诸河区主要包括红河、澜沧江、怒江及伊洛瓦底江、雅鲁藏布江以及藏南诸河、藏西诸河流域。该区现状水资源开发利用程度很低,仅为1.2%,是未来我国的水源战略储备基地。自然地理条件限制与工程控制力不足是导致该地区时段性缺水的主要因素。考虑到西部大开发和落后地区经济发展,西南诸河区未来水资源需求将有较大增长空间,未来主要通过增加工程调控能力加强水资源配置,使得供水能力较现状有较大增长。未来还需要结合水能、航运等综合开发进一步加强西南地区水资源战略储备基地建设,同时注重生态环境保护。

4.3.4.5　西北地区

西北地区干旱少雨、水资源短缺,是典型的绿洲经济,生态十分脆弱,但大部分绿洲地区由于人口增加和经济社会迅速发展,水资源开发利用程度已很高,水资源供需矛盾日益突出。现状西北诸河区水资源开发利用对本地水资源的消耗量已达其水资源可利用量的90%,其中石羊河、黑河、塔里木河、天山北麓、吐哈盆地等均已超过100%,现状水资源消耗量均超过水资源可利用总量,其中石羊河超过水资源可利用总量的1倍。由于水资源开发超过了当地水资源的承载能力,挤占生态环境用水和超采地下水较为严重,下游天然绿洲生态已遭到相当程度的破坏,生态环境遭受的破坏最为严重,水资源问题已经成为社会焦点。该地区只有部分跨界河流尚有一定的开发利用潜力。

西北地区的水资源配置格局主要是协调生态用水与经济用水的平衡关系,严格保障基本生态用水,防止水资源过度开发引起的各类次生环境生态灾害。对于经济用水,主要是通过采取严格的节水措施控制水资源需求增长,严格以水定产。在水源供给方面,优先规划建设再生水利用工程,慎重论证决策建设重点跨流域调水工程,缓解目前水资源超载地区的合理用水,并退还目前经济用水挤占的河道生态水量。适度合理开发跨界河流的水资源,优化配置区域水资源,满足经济发展和生态环境保护对水资源的需求。

该区水资源配置的核心是,要在严格保护生态的前提下,按照区域水资源承载能力调整经济结构以及改变经济增长方式,以水定产、以水定规模,要严格控制高耗水行业,制止盲目扩大灌溉面积和城镇规模。严格控制当地水资源的开发利用程度对维护生态平衡、保障该地区的可持续发展至关重要,规划到 2030 年通过节水、控制产业发展等,将当地地表水供水量大幅降低,将水资源消耗量控制在水资源总量的 50% 以内。同时,通过兴建必要的区域水量调配工程,逐步形成以保护河流和绿洲生态为前提,以跨国界河流合理开发为重要措施,地表水、地下水与其他水源,当地水与外来水统一调配的水资源网络体系。在弥补现状缺水量、改善和恢复河湖与地下水生态系统的同时,为西部大开发的建设提供水资源保障,并使生态脆弱地区生态用水得到很大改善。

4.4　中国水资源配置的典型案例

4.4.1　黄淮海水资源配置

4.4.1.1　水资源问题

黄淮海流域包括黄河、海河和淮河三大流域,国土面积 144 万 km^2,地域辽阔,人口众多,地区间经济差异显著。优越的地理位置、丰富的矿产资源和较为雄厚的经济基础,使其在全国宏观生产力布局和经济发展中的地位越来越突出。在农业生产方面,黄淮海流域土地面积广大,耕地资源丰富,光热条件适宜,长期以来一直是我国重要的农业经济区、粮食与棉花的主要产区和重要的商品粮基地,20 世纪 90 年代以来新增粮食产量占全国总新增产量的 80%。该区也是我国能源和矿产资源最密集的地区,形成了一大批在全国具有重要战略地位的能源、工业基础资源生产加工基地。黄淮海流域作为我国新的经济快速增长地区,在国家粮食安全、能源、原材料工业和城市化发展等方面拥有无可替代的作用。

与密集型的社会经济条件相比,黄淮海流域水土资源匹配严重失衡,人均、亩均用水指标远低于全国平均水平,是我国水资源与经济社会最不适应、供需矛盾最为突出的地区。地下水已经持续多年超采,对区域生态环境造成巨大的负面影响。受人口增加、工业化程度提高,特别是城镇化和生活水平提高的影响,未来的城市生活需水将有较大幅度的增长,农业灌溉面积有所增加,考虑节水效应,农业用水将有所下降。受城镇用水增加的影响,黄淮海流域的主要水问题是城市用水挤占农业用水,农业用水挤占生态用水,造成生态持续恶化。

4.4.1.2　配置目标与思路

海河、淮河、黄河三个流域的地表水开发利用率已分别达到 78%、37% 和 72%。海河、黄河流域已远远超过了开发利用率 40% 以下的安全警戒线,是我国水资源与经济社会最不适应、供需矛盾最突出的地区。

黄淮海流域水资源配置的总体目标就是在科学预测未来流域发展对水资源的需求、生态环境保护要求的基础上,分析本地水资源、跨流域调水、非常规水源等不同水源对不同用户的合理调配,提出长江、淮河、黄河、海河四大流域水量互补余缺的水资源合理配置整体布局方案,研究南水北调条件下,黄淮海流域之间水资源调配合理新格局的构建。通过供需平衡分析识别现状缺水量和水资源开发利用中存在的主要问题,定量提出各规划水平年的需水量、可供水量和缺水量,提出节水、当地水治污挖潜对解决当地缺水问题的贡献和限制条件,研究平水年和中等干旱年条件下水文情势变化对供需平衡的影响。

　　水资源配置目标还包括通过水资源配置提出黄淮海流域水资源开发利用的合理模式,均衡节水和开源、治污和开源、城市和农村、国民经济和生态环境、水量和水质等多重关系。研究南水北调来水与当地水资源联合运用的方式,提出南水北调东、中、西线的合理供水目标与范围;提出南水北调各线的需调水量及外调水量在受水区内的分配建议,分析受水区内城市与农村之间的水量置换关系,受水区内、外的水量置换关系,特殊干旱年的水量调配与补偿关系,以及南水北调工程通水后对农业可持续发展和区域生态恢复的可能贡献。

　　基于黄淮海流域水资源供需态势以及长江流域水资源条件,遵循"先节水后调水、先治污后通水、先生态后用水"的"三先三后"原则,以水资源三次供需平衡为主线,从战略高度对长江流域和黄淮海流域水资源进行统一合理配置。

4.4.1.3　现状供需分析

　　通过分析黄淮海流域的水源与用户供水关系,以地级市为单元构建水资源系统网络图,如图 4-2 所示。以 2000 年作为现状年(其社会经济指标见表 4-2),对黄淮海流域进行现状供需分析。根据对黄淮海流域的现状供需平衡分析,现状条件下黄淮海流域的国民经济缺水量为 180 亿 m^3,其中直接挤占生态用水 117 亿 m^3,在挤占生态用水的同时农业仍严重缺水 63 亿 m^3。按城乡划分,城市地区缺水 74 亿 m^3,农村地区缺水 106 亿 m^3。包括京、津在内的若干重要城市随时面临着供水难以为继的危机。

4.4.1.4　三次平衡分析

　　依据上述三次平衡的思路,在国民经济和生态环境两个层面对黄淮海流域水资源进行合理配置。黄淮海三个流域的水文特性不一样,海河流域和黄河流域平水年和中等干旱年的缺水差异不大,而淮河流域处于气候过渡带,平水年和中等干旱年缺水差异较大。通过对于黄河、淮河、海河三个流域水文丰枯遭遇的分析,认为黄河流域、海河流域 $P=$ 75% 与淮河流域 $P=50\%$ 年份组合具有较好的代表性。在对流域需水和供水预测的基础上,黄淮海流域不同水平年一次供需平衡分析结果见表 4-3。

　　将以上计算结果与一次供需平衡结果进行对比,2010 年二次平衡的缺水率由一次平衡的 23.2% 降为 14.4%,2030 年缺水率更是由一次平衡的 33.0% 降为 18.5%。可以看出,流域内节水和当地水的治污挖潜措施对于区域缺水形势的缓解发挥了很大的作用。

　　水资源二次供需平衡结果表明,在充分发挥当地水资源的承载能力条件下,黄淮海流域仍存在较大的供需缺口,这一缺水量是在采取了节水、治污、当地水挖潜等综合措施后仍然存在的,最终只能依靠外流域调水及其退水来解决。

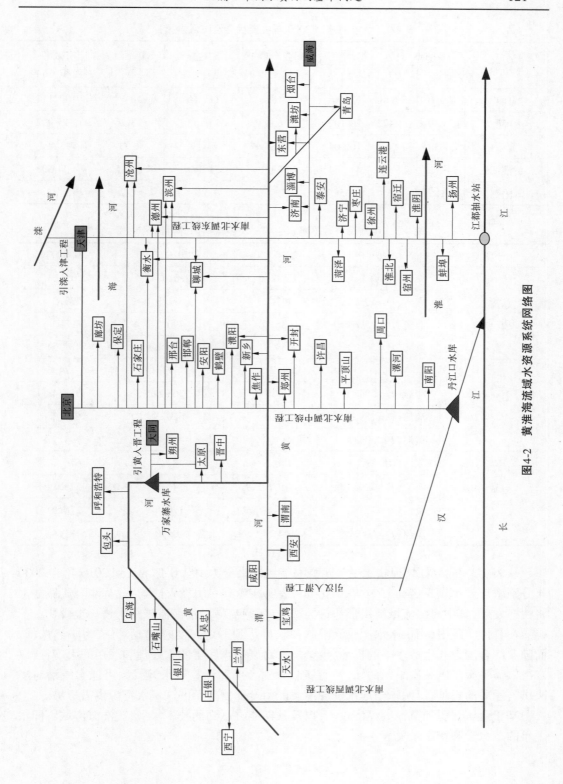

图4-2　黄淮海流域水资源系统网络图

表 4-2　黄淮海流域 2000 年主要社会经济发展指标

流域	人口（万人）			工业产值（亿元）	国内生产总值（亿元）	实灌面积（万亩）	有效灌溉面积（万亩）
	城镇	农村	合计				
海河	4 900	7 848	12 748	16 188	11 416	10 179	11 114
淮河	5 630	14 472	20 102	21 654	14 155	13 255	15 992
黄河	3 843	7 061	10 904	7 489	5 733	6 718	7 492
黄淮海	14 373	29 381	43 754	45 331	31 304	30 152	34 598
占全国比例（%）	31	36	35	31	32	42	42

表 4-3　黄淮海流域不同水平年一次供需平衡分析结果

分项	流域	2000 年	2010 年	2030 年
总需水（亿 m³）	黄淮海	1 592.6	1 816.4	2 051.3
	海河（$P=50\%$）	447.2	511.9	583.5
	淮河（$P=75\%$）	686.6	790.7	890.3
	黄河（$P=50\%$）	458.8	513.8	577.5
总供水（亿 m³）	黄淮海	1 402.3	1 394.1	1 374.6
	海河（$P=50\%$）	367.7	365.0	358.4
	淮河（$P=75\%$）	620.3	620.3	620.3
	黄河（$P=50\%$）	414.3	408.8	395.9
总缺水（亿 m³）	黄淮海	190.3	422.3	676.7
	海河（$P=50\%$）	79.5	146.8	225.1
	淮河（$P=75\%$）	66.3	170.5	270.0
	黄河（$P=50\%$）	44.5	105.0	181.6

　　从表 4-3 可以看出，现状水平年黄淮海流域缺水量为 190.3 亿 m³，到 2010 年和 2030 年分别增加到 422.3 亿 m³ 和 676.7 亿 m³，表明在没有专门投入情景下，黄淮海流域缺水将快速发展，其中海河流域缺水形势最为严峻，黄河流域和淮河流域缺水增长也较快。

　　在具体实践中，当供水水源受到限制和水价达到一定高度时，节水将成为必然选择，而随着综合国力和生活水平的提高，也会加大对废污水和劣质水处理和回用的力度，所以二次供需平衡是以一次平衡的缺口为基础，分别考虑和计算节水、治污、当地水挖潜对解决供需矛盾的贡献，以明晰当地水资源承载能力全部发挥后的流域水资源供需形势。

　　基于流域开源和节流的经济投入，以及预期能够达到的技术水平，黄淮海流域不同水平年的节水量和挖潜量见表 4-4。

表 4-4　黄淮海流域采取各种补水措施后缺水量平衡分析表 （单位：亿 m³）

流域	2010 年		2030 年	
	节水水量	治污挖潜水量	节水水量	治污挖潜水量
黄淮海	114.8	62.5	187.8	144.1
海河	30.7	16.1	51.7	33.4
淮河	49.0	36.5	80.0	85.1
黄河	35.1	9.9	56.1	25.6

黄淮海流域水资源二次供需平衡分析结果见表 4-5。

表 4-5　黄淮海流域不同水平年供需平衡分析结果 （单位：亿 m³）

流域	2010 年			2030 年		
	总需水量	总供水量	总缺水量	总需水量	总供水量	总缺水量
黄淮海	1 701.7	1 456.6	245.0	1 863.6	1 518.6	345.0
海河($P=50\%$)	481.2	381.2	100.0	531.9	391.9	140.0
淮河($P=75\%$)	741.8	656.7	85.0	810.3	705.3	105.0
黄河($P=50\%$)	478.7	418.7	60.0	521.4	421.4	100.0

合理调水规模不仅受受水区的合理需调水量影响,而且受水源区的可调水量、输水工程等因素的约束。经综合分析,南水北调东线工程推荐调水规模 2010 年为 66 亿 ~ 75 亿 m³,2030 年为 96 亿 ~ 105 亿 m³。

将以上所确定的合理外调水量与流域内水资源联合统一配置,进行流域水资源供需平衡计算分析,计算结果见表 4-6。从表中可以看出,实施南水北调后,黄淮海流域总缺水量较二次平衡后有了明显的降低,2030 年推荐方案的缺水量由原来的 345.0 亿 m³ 下降为 144.2 亿 m³。南水北调工程不仅降低了黄淮海流域缺水率,而且使缺水的流域分布变得相对比较均衡,在一定程度上保障了区域的协同均衡发展。

4.4.1.5　配置格局与措施

黄淮海流域水资源主要调配格局包括以下几个方面:

(1)大力推进节水措施,包括生活节水、工业节水和农业节水。通过强化节水实现生活需水增幅降低、工业需水微增长、农业需水保持总量基本不变的目标。

(2)大力提高治污挖潜水平。从减轻环境的污染负荷量和充分利用水资源两个方面,对废污水进行处理,并回用于农业、市政和工业等方面,以改善黄淮海流域的环境状况并积极地缓解黄淮海流域的水资源紧缺状况。

表 4-6　黄淮海流域水资源三次平衡缺水计算结果

流域	基本方案				推荐方案			
	2010 年		2030 年		2010 年		2030 年	
	缺水量（亿 m³）	缺水率（%）	缺水量（亿 m³）	缺水率（%）	缺水量（亿 m³）	缺水率（%）	缺水量（亿 m³）	缺水率（%）
黄淮海	149.2	8.8	158.6	8.5	134.4	7.9	144.2	7.7
海河	39.4	8.2	46.4	8.7	35.9	7.5	43.1	8.1
淮河	54.4	7.3	56.0	6.9	54.4	7.3	56.0	6.9
黄河	55.4	11.6	56.2	10.8	44.1	9.2	45.1	8.7

（3）提高非常规水源利用量，增强黄淮海流域对海水、雨洪资源、微咸水等非常规水源的利用。

（4）以南水北调工程为中心，构建黄淮海整体水资源配置格局。尽快采取节水、挖潜等措施可以缓解黄淮海流域的缺水程度，但尚无法彻底解决供需平衡，更不能恢复流域现已严重破坏的生态状况。因此，南水北调对于黄淮海流域的水资源供需平衡势在必行。通过南水北调工程东线、中线和西线贯穿长江、淮河、黄河、海河四大流域，形成我国华北地区"四横三纵"的供水工程体系，实现水资源的整体调控配置。

4.4.2　黑河水量分配

4.4.2.1　流域概况

黑河流域位于我国西北内陆干旱区，东与石羊河流域相邻，西与疏勒河流域相接，北至内蒙古自治区额济纳旗境内的居延海，与蒙古国接壤，流域东西宽 390 km，南北长 510 km。流域南部为祁连山山地，中部为走廊平原，北部为低山山地和阿拉善高平原，并部分与巴丹吉林大沙漠和腾格里大沙漠接壤。黑河流域总面积 14.29 万 km²，其中甘肃省 6.18 万 km²、青海省 1.04 万 km²、内蒙古约 7.07 万 km²。黑河流域地理位置如图 4-3 所示。

黑河流域的经济、政治、军事和生态环境的战略地位十分重要。流域中游的张掖地区，地处古丝绸之路和今日欧亚大陆桥之要地，农牧业开发历史悠久，素有"金张掖"之美称。20 世纪 60 年代以来，由于中游人口增长和经济发展，黑河进入下游的水量逐渐减少，黑河流域用水矛盾日益凸现，有限的水资源在流域各分区之间得不到合理调配，诱发了较为严重的用水矛盾与纠纷。因此，对水资源进行合理配置对于生态环境的建设、缓解全流域水资源供需矛盾具有重要意义。

4.4.2.2　水资源综合调配方法与措施

流域水资源调配是在流域水循环的基础平台上，对社会经济和生态环境两大系统用水进行合理配置与统一调度，最终实现水资源可持续利用对社会可持续发展的有效支撑，在此过程中所采取的有效调控行为。针对上述问题，本次研究通过模型间的嵌套和耦合，整体实现流域水资源调配过程。模型构架如图 4-4 所示。

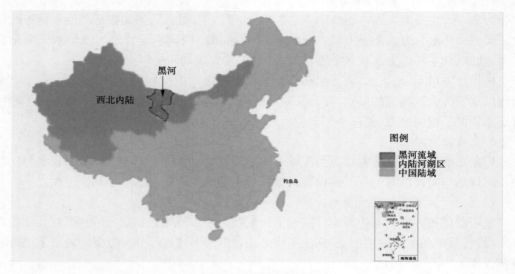

图 4-3 黑河流域地理位置

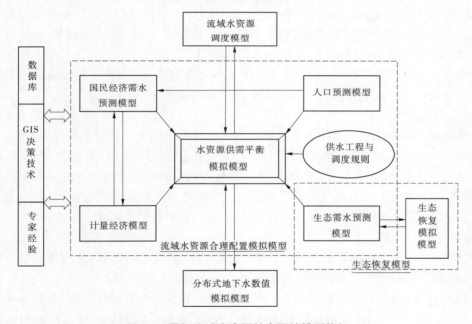

图 4-4 黑河流域水资源综合调控模型构架

1. 水资源系统分析及概化

黑河流域水资源系统概化原则基于整个流域,以黑河干流为主线,以配水计算单元为中心,分行政(省际、县际)区间、不同计算单元,以及各计算单元的引水口门(合并)、黑河干流河道控制断面作为水量控制节点,按传统习惯由莺落峡、正义峡将黑河流域分为上、中、下游控制断面,并且包括与黑河干流有地表水水力联系的支流以及干流通过各种措施能配到水的地域,充分考虑行政区划的完整性划分计算单元。

根据多年实际运行的具体情况和行政隶属关系,黑河干流水资源合理配置计算单元划分为 26 个,主要考虑因素包括中游灌区情况、下游河流形态、国防科研基地和保护区特点。研究采用划分方法能够方便水资源管理,可根据不同需求统计黑河流域水资源配置结果,选取 2010 年作为现状水平年,2020 年作为重点规划水平年。

根据计算单元、地表水、地下水和重要水利工程之间的空间关系和水力联系,考虑黑河流域水资源合理配置的需要,充分反映影响各个主要因素的内在联系,本书绘制了黑河流域水资源系统网络图(见图 4-5)。

2. 主要配置措施

近期水资源配置主要考虑黑河流域近期治理规划和综合治理规划、张掖节水型社会建设的规划与安排。对配置方案设置有重要影响的配置措施包括以下几个方面。

1)黑河干流省际和县级分水方案

水资源配置方案设置中要充分重视黑河流域近期治理规划和张掖节水型社会建设进程的推进,其中最主要的约束是 2013 年后必须在黑河干流省际分水方案的约束下进行水资源配置。

2)产业结构和用水结构调整

黑河流域实现保障生态用水的最主要的措施之一就是进行产业结构和用水结构的调整,如在《张掖市节水型社会建设试点方案》中,张掖市 2015 年三产结构比例调整到34∶34∶32 左右,粮经草比例调整到 42∶46∶12 左右,生活、工业、农业、生态用水比例调整到 4∶4∶71∶21。另外,在《黑河流域近期治理规划》中,张掖市到 2015 年实现退耕还林还草面积 30 万亩。上述规划依据都是配置方案设置的重要参考。

3)水利枢纽工程规划

黑河流域 2010~2020 年间重要水利枢纽主要指干流的正义峡和黄藏寺,以及中游废弃的平原水库。依据《黑河流域近期治理规划》,对于正义峡水库,其位置重要、控制性好、地质条件优越,施工方便,是合理可行的方案,预计 2020 年前发挥效益,因此可以在2020 年各种方案中予以考虑。从中下游灌区节水改造和黑河水量调度考虑,规划黄藏寺水库在 2020 年开工建设,2022 年左右建成生效,在 2020 年水平年不予考虑。

4)节水工程措施

依据黑河流域治理规划和张掖市节水型社会建设试点规划部署,黑河流域各分区将大力开展灌区节水改造,2020 年以前主要考虑以下节水工程措施:

(1)合并引水口门,调整现有渠系。黑河中游及下游的鼎新灌区,目前直接从干流取水的口门有 66 处,引水口门过多,渠系紊乱且过于密集。依据《黑河流域近期治理规划》,2020 年废除引水口 23 处,合并减少干渠 22 条。

(2)衬砌渠系与改造取引水建筑物工程。中游干流及鼎新灌区现有干渠长 1 365 km,支渠长 1 227 km,斗渠长 2 350 km,干渠、支渠、斗渠衬砌率分别只有 36%、40%、27%。考虑水毁、渠道使用寿命等减少因素,2020 年完成干渠、支渠、斗渠渠道衬砌率分别达到 80%、70%、60%。现有灌区建筑物的渠首工程、灌溉渠系建筑物及排水沟建筑物不配套且标准低,经多年运行,损坏严重;同时,灌区合渠并口、渠系调整改造后,也需要增建和改建部分建筑物。规划 2020 年配套、新建建筑物 8 068 座。

(3)完善田间节水工程,包括农毛渠建筑物配套及渠道衬砌防渗、分水口配置等,进

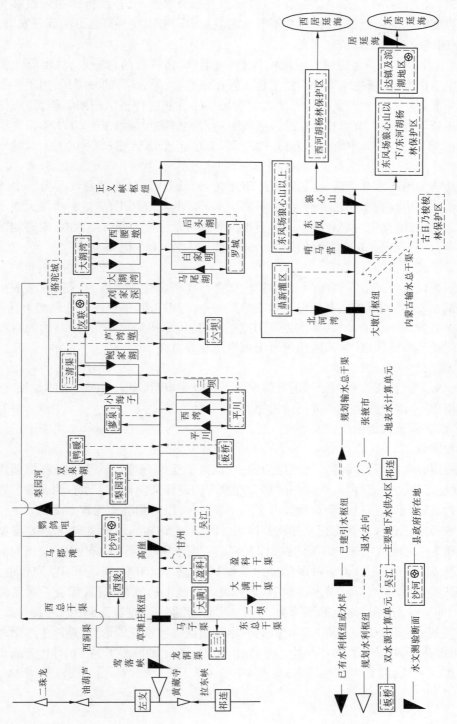

图4-5　黑河流域水资源系统网络图

行土地平整,大力推广小畦灌溉,加强用水管理和耕作节水技术,在经济作物区和农业生产集约化程度较高的国营农场,推广高新节水灌溉技术。考虑现有灌区退耕部分农田,规划 2020 年前完成田间配套 128 万亩。

(4)高新技术节水。考虑黑河流域的气候、地形、作物种植结构特点、对水质的要求和管理水平等因素,高新技术节水面积主要布置在张掖、临泽、高台的井灌区,用于经济作物和果园的灌溉或农业生产集约化程度高的农场。随着灌区种植结构的调整,经济作物种植面积不断增加,高新节水技术在灌区灌溉中所占比例将大幅增加。2020 年将发展高新节水面积 71.7 万亩,其中喷灌 7 万亩、微灌 29.7 万亩、低压管灌 35 万亩。

5)地下水开采

合理地增加地下水开采量,适当降低地下水位可以减少区域无效蒸发。黑河中游地区目前供水比例中地表水所占份额过大,不利于水资源的高效利用,应进一步加大地下水开发力度,其增加的比例主要考虑生态地下水位和经济承受能力两方面因素,中游地区甘州、临泽、高台三区县到 2020 年增加地下水开采量 1.0 亿~1.5 亿 m^3。

6)污水处理再利用

污水资源化具有环境和资源两大效益,应加大污水资源化的力度,在《张掖市节水型社会建设试点方案》中就拟在县区以上城市修建污水处理厂,其中甘州区处理能力达到 6 万 t/d,其余县城为 1 万 t/d。在加大处理力度的同时,不断提高回用率,处理后的污水可用于城镇绿化和农业灌溉,甘州区还可用于电厂冷却等方面。

7)黑河干流河道治理工程

黑河干流河道治理工程包括河道分洪枢纽工程改建、现状堤防加固和堤防延长、修建左岸导控工程、对部分河道主槽进行疏浚等。

4.4.2.3 水资源调配结果

1. 调控方案

本研究以社会经济可持续发展理论为依据,以人 – 生态环境 – 社会 – 经济协调发展为目标,社会、经济、生态环境、资源和效率合理性与协调性共同构成了水资源合理配置的多目标评判准则,不断进行水资源配置方案调整和改善,以得到最佳配置方案。

该方案考虑正义峡水利枢纽发挥调蓄作用,优化产业结构和用水结构,粮经草灌溉面积比例调整为 42:24:34,三产结构调整为 27:37:36,灌溉用水比例下降为 92%,田间配套 128 万亩,干渠、支渠、斗渠渠道衬砌率分别达到 80%、70%、60%,新建 1 500 眼机电井,适度发展井灌,另外发展高新节水面积 71.7 万亩。通过上述各种措施,综合毛灌定额下降到 1 026 m^3/亩,三产用水定额下降为 39 m^3/万元,工业用水定额下降为 253 m^3/万元,生活用水定额下降到 60 L/d 和 103 L/d,同时根据黑河流域水资源形势,遵循中游适时配水、下游相机补水的原则,在多年平均下泄指标为 9.5 亿 m^3 的前提下,4~6 月优先满足中游灌溉用水,7~9 月降低中游保证率,见表 4-7、表 4-8。

表 4-7 推荐方案流域需水量 （单位:万 m³）

区域	生活需水量	工业需水量	农业需水量	生态需水量	总需水量
甘州	2 944	5 399	60 752	9 529	78 624
临泽	765	1 734	27 840	16 585	46 924
高台	676	1 439	22 138	9 653	33 906
鼎新	258	157	6 114	3 699	10 228
额济纳	873	681	2 291	71 945	75 790

表 4-8 推荐方案流域水资源配置结果

区域	供水量（万 m³）	地表水供水量(万 m³)	地下水开采量(万 m³)	缺水率（%）	正义峡下泄水量（亿 m³）	东居延海入湖水量（万 m³）	河水断流时间比
甘州	74 901	66 558	8 343	4.7			
临泽	43 902	41 032	2 870	6.2			
高台	31 440	26 116	5 324	7.3	9.50	2 658	0.252
鼎新	9 460	8 900	560	7.3			
额济纳	68 743	54 412	14 331	9.3			

2.县际断面过流量控制指标

在区域用水耗水与断面过流量之间存在着一定的对应关系,上游莺落峡断面的过流量与中游高崖、平川断面之间具有一定的相关关系,可以用断面过流量的大小来表征区域的用水水平,以监督水资源配置方案的实施效果。

为落实黑河流域水资源调控方案,通过深入研究重要县际断面逐时段过流量模拟,推求了重要县际断面过流量控制指标。根据 45 年长系列的计算结果,通过正义峡分水曲线的强约束,研究得出县际断面高崖、平川的洪水期、作物生长关键期及全年的过水控制指标。

4.4.3 引大济湟工程配置

4.4.3.1 规划背景

根据水利部〔2003〕416 号文件对《青海省引大济湟工程规划报告》的批复,明确引大济湟工程由水库工程、输水工程和灌溉干渠组成,并分三期建设:一期工程为黑泉水库和湟水北干渠一期工程;二期工程为调水总干渠、湟水北干渠二期工程和石头峡水利枢纽;三期工程为西干渠灌溉工程。到 2030 年,原规划引大济湟工程调水总规模为 7.5 亿 m³。其中,分配给北干渠 1.4 亿 m³,干流 5.1 亿 m³,西干渠 1.0 亿 m³;各行业配置的调水量分别为:城镇生活 1.9 亿 m³,供工业 3.2 亿 m³,供城镇生态 0.5 亿 m³,农村生活 0.3 亿 m³,农业 1.6 亿 m³。

截至目前,原规划中一期黑泉水库和湟水北干渠一期扶贫灌溉工程、二期调水总干渠及石头峡水利枢纽工程相继开工建设,取得了阶段性进展。其中,黑泉水库已于2002年建成蓄水,并部分发挥效益。

随着青海省"东部城市群""工业园区""现代设施农业及特色农牧业"等三大发展新战略的实施,湟水干流水资源需求状况发生了深刻变化,引大济湟工程原规划方案已经不能满足现状及未来水资源开发、利用、节约、保护和管理工作的要求,迫切需要重新调整和优化引大济湟工程规划方案和总体格局。

4.4.3.2 区域水资源及开发利用状况

青海省湟水干流水资源总量为22.88亿 m^3。其中,地表水资源量21.61亿 m^3,地下水资源量12.56亿 m^3,地表水与地下水的重复量11.29亿 m^3。湟水干流水资源可利用总量为13.39亿 m^3。总体而言,湟水干流的水污染形势仍比较严峻。其中,湟水上游地区水质较好,但是湟水中下游水质较差,已对当地的水资源开发利用造成严重影响。

2010年引大济湟工程受水区总供水量为11.49亿 m^3,其中地下水供水量为2.84亿 m^3,占总供水量的25%;地下水局部超采量为0.30亿 m^3;水资源开发率为51%,已高于国际公认的合理极限值,未来进一步开发利用潜力不大。

2010年引大济湟工程受水区总用水量为11.50亿 m^3。其中,居民生活用水量1.02亿 m^3,占总用水量的9%;农业用水量8.38亿 m^3,占总用水量的73%;工业、建筑业和三产用水量1.96亿 m^3,占总用水量的17%;城市生态用水量0.14亿 m^3,占总用水量的1%。

根据缺水类型的划分标准,受水区缺水总体上属于资源型缺水与工程型缺水并重,局部存在污染型缺水。因此,解决其未来的缺水问题,需要在节水、治污和产业结构调整的基础上,通过加快跨流域调水工程——引大济湟工程建设进度和适当新建各类控制性供水工程等加以解决。

4.4.3.3 水资源需求分析

预计到2015年,引大济湟工程受水区需水总量为16.40亿 m^3;到2020年,受水区需水总量为19.30亿 m^3;到2030年,受水区需水总量将达到23.51亿 m^3。

由此可知,引大济湟工程受水区2030年需水总量比2010年新增11.35亿 m^3。其中,居民生活新增需水量0.76亿 m^3,工业、建筑业和第三产业新增需水量6.69亿 m^3,农业新增需水量3.65亿 m^3,生态环境新增需水量0.25亿 m^3。

4.4.3.4 水资源配置方案

到2015年,建成"调水总干渠、西干渠以及西干渠甘河供水管线、北干渠一期工程、西宁供水管线(净水管线)、海东供水管线,以及西纳川水库等",实现引大济湟工程受水区供水量为15.71亿 m^3。其中,地表水供水量为11.91亿 m^3,地下水供水量为0.69亿 m^3,其他水源供水量为0.01亿 m^3,毛外调水供水量为3.15亿 m^3,净外调水供水量为3.10亿 m^3。缺水量为0.69亿 m^3,缺水率为4.2%。

黑泉水库各干渠和管线总供水量分别为:北干渠1.12亿 m^3,西宁供水管线2.55亿 m^3,西干渠0.91亿 m^3,海东供水管线0.61亿 m^3。

到2020年,建成"北干渠二期工程、西干渠甘河供水管线扩建工程、西宁供水管线(原水管线)、松多水库以及供水配套工程与农业灌溉配套工程等",实现供水量为18.66

亿 m^3。其中,地表水供水量为 12.23 亿 m^3,地下水供水量为 0.35 亿 m^3,其他水源供水量为 0.03 亿 m^3,毛外调水供水量为 6.22 亿 m^3,净外调水供水量为 6.05 亿 m^3。缺水量为 0.64 亿 m^3,缺水率为 3.3%。

黑泉水库各干渠和管线总供水量分别为:北干渠 1.78 亿 m^3,西干渠 2.28 亿 m^3,西宁供水管线 3.36 亿 m^3,海东供水管线 0.93 亿 m^3。

到 2030 年,基本建成引大济湟工程"一洞二渠五库"和"三横七纵"水资源配置工程总体格局,在不考虑扩大南岸灌溉面积情景,引大济湟工程受水区需水量为 23.51 亿 m^3,供水量为 21.35 亿 m^3。其中,地表水供水量为 13.44 亿 m^3,地下水供水量为 0.31 亿 m^3,其他水源供水量为 0.26 亿 m^3,毛外调水供水量为 7.50 亿 m^3,净外调水供水量为 7.34 亿 m^3。缺水量为 2.16 亿 m^3,缺水率为 9.2%。

黑泉水库各干渠和管线总供水量分别为:北干渠 1.98 亿 m^3,西干渠 2.59 亿 m^3,西宁供水管线 4.07 亿 m^3,海东供水管线 1.13 亿 m^3。推荐在引大济湟工程调水规模 7.5 亿 m^3 的基础上,新增外调水量为 2.02 亿 m^3。若考虑南岸扩大灌溉面积情景,则需新增调水量为 4.46 亿 m^3。

目前,引大济湟工程受水区部分市县存在地下水超采问题,因此未来要逐步压采和关停受水区地下水源和自备水源,并作为应急供水和战略储备水源,但在外调水无法覆盖区域时应适当开采地下水。到 2030 年,地下水总压采量将达到 2.06 亿 m^3,压采率为 77.4%。

总之,在不考虑南岸扩大灌溉面积情景下,2030 年需要新增外调水量 2.0 亿 m^3;若考虑南岸扩大灌溉面积,则需要新增外调水量 4.5 亿 m^3。为了确保湟水干流的协调、健康和可持续发展,需要尽早考虑修建南岸干渠及扩大引大济湟工程调水规模等关乎青海省长远发展的重大问题,组织开展超前研究及谋划,未雨绸缪。

4.4.3.5　工程实施方案

本次修订新增规划工程包括西宁供水管线、海东供水管线、西干渠甘河供水管线、纵线供水管网、湟水南干渠及田间配套工程等。其中,西宁供水管线:从黑泉水库三级电站尾水处接两条管线,一条直接输水到七水厂,再由七水厂向西宁市生活和部分工业及平安县城生活供应净水,而另一条直接给主要工业园区供原水;海东供水管线:黑泉水库三级电站尾水到民和县,管径逐渐变小;湟水南干渠:经西干渠引水到南岸,供给南岸地区农业灌溉。

近期(2011~2015 年),将建成蓄水工程 5 座,包括大华水库、西纳川水库、文祖水库、牙扎水库和元山水库,静态投资为 5.05 亿元;完成引大济湟调水总干渠、北干渠一期和西干渠工程建设,建成西宁供水管线、海东供水管线、西干渠甘河工业园供水管线及五市县的纵线供水管网,静态投资为 83.34 亿元;完成引大济湟工程受水区各工业园区供水配套工程建设,静态投资为 10.41 亿元;完成污水处理厂一期及再生利用工程建设,静态投资为 6.43 亿元。

中期(2016~2020 年),将建设完成北干渠二期工程、松多水库工程以及受水区生活、工业供水与农业灌溉的配套工程,静态投资为 84.7 亿元。

远期(2021~2030 年),完成污水处理厂二期及再生利用工程建设,静态投资为 5.86

亿元(暂未含南干渠)。

到 2030 年,引大济湟工程受水区配置工程(包括蓄水工程、外调水工程及配套工程、工业园区配套工程、污水处理及再生利用工程)全部建成,工程累计静态总投资为 223.09 亿元(包括现状年已完成投资 27.3 亿元和未来新增投资 195.79 亿元;暂未含南干渠投资)。其中,蓄水工程投资为 5.05 亿元,外调水工程及配套工程投资为 195.34 亿元,工业园区配套工程投资为 10.41 亿元,污水处理及再生利用工程投资为 12.29 亿元。

4.4.3.6　主要结论

(1)本次配置规划方案维持原规划工程,建议扩大西干渠原规划规模,并将建成期限提前至 2015 年前后。

(2)到 2030 年,在引大济湟工程调水量保持原规划规模 7.50 亿 m³ 情景下,供给工业和农业的调水量比原规划有所增加,分别增加 1.20 亿 m³ 和 0.27 亿 m³;供给城镇居民生活的调水量比原规划减少了 0.78 亿 m³。

(3)根据配置结果,建议到 2030 年新增引大济湟工程调水规模 2.0 亿 m³,即调水总规模为 9.5 亿 m³;若考虑南岸扩大灌溉面积,则 2030 年需修建南干渠工程,并新增调水规模 4.5 亿 m³,即调水总规模为 12.0 亿 m³。

4.4.4　滦河水量配置

4.4.4.1　流域概况

滦河古称濡水,发源于河北省丰宁县西北巴彦图古尔山麓,经承德到潘家口穿长城入冀东平原,至乐亭县入渤海,流经河北、内蒙古、辽宁三省(自治区),27 个县(旗),如图 4-6 所示。滦河全长 877 km,流域面积 4.47 万 km²,其中山区占 98%、平原占 2%。滦河在山区为砂卵石河床,宽 500~1 000 m,进入平原后为沙质河床,河床宽 2 000~3 000 m,平均年输沙量 2 010 万 m³。滦河支流繁多,沿途汇入常年有水支流 500 余条,其中较大支流有洒河、黑河、横河、清河、长河、沙河、白洋河、青龙河等。此外,还有冀东沿海一些河流,主要有陡河、小青龙河、沂河、洋河、石河等,这些河流源短流急,直接入海,具有山溪性河流向平原河流过渡的特点。

滦河水量较为丰沛,滦县站多年平均径流量 46.3 亿 m³,潘家口站为 24.5 亿 m³。由于降水集中,径流量年内变化很大,70% 的水量集中在汛期 7~9 月;枯季 1 月、2 月来水最少,两月水量之和不足全年的 10%。汛期洪水陡涨陡落、峰高流急为显著特点。滦河水量年际变化悬殊,经常出现连丰、连枯现象。如 1990~1996 年,滦河流域连续丰水,而 1997~2001 年又出现连续干旱,其中 1999 年潘家口水库来水是有水文记录以来最少的一年。

1981 年国务院批准的《关于解决天津城市用水问题的会议纪要》(简称《纪要》)中规定:"在潘家口可分配水量为 19.5 亿 m³ 的条件下,建议分配给天津城市的全年毛水量增为 10 亿 m³,给唐山城市的全年毛水量增为 3 亿 m³,其余部分供唐山地区农业用水。"同时指出,"在桃林口水库建成前,引滦水量的调度也要适当照顾滦河下游的用水,城市工业和农业都要节约用水。"1983 年,原水利电力部又对引滦工程的水量分配作了进一步的细化安排,并报国务院批转天津市和河北省,即当潘家口可分配水量为 19.5 亿 m³ 时(供

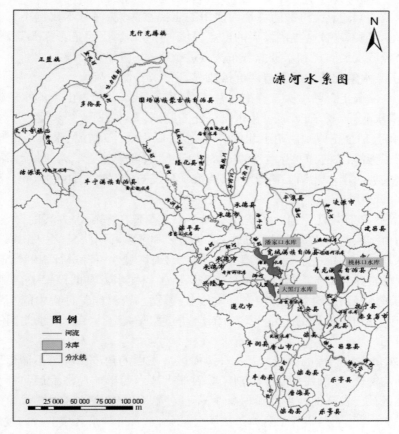

图 4-6　滦河水系图

水保证率为 75%），分水比例仍然按《纪要》规定实行；枯水年份，在桃林口水库建成前，天津市与唐山市各按 50% 进行分配；在桃林口水库建成以后，适当提高天津、唐山两市工业用水和城市生活用水比例，遇较丰年份，在不影响多年调节的条件下，在水量调度上还可照顾唐山地区农业用水。

4.4.4.2　变化环境下滦河水量分配的新问题

变化环境主要包括南水北调工程的实施以及潘家口来水量的减少两大方面。首先，南水北调工程作为缓解我国北方水资源严重短缺局面的重大战略性工程，已进入实施阶段。在这种背景下，海河流域面临着供水体系的重大改变，南水北调工程将成为流域供水体系中的骨干工程，供水格局随之发生实质性变化。其次，潘家口水库来水量呈现明显减少趋势，由此导致引滦工程向唐山市的供水量呈现出急剧下降的趋势，使得唐山市在连续枯水期的缺水形势更为严峻。

综合考虑上述因素，在南水北调工程实施通水后，考虑到潘家口水库来水量的衰减，滦河在津唐分水比例上是否需要再调整成为变化环境下海河流域水资源合理配置问题的焦点。河北省认为，考虑到南水北调中线工程给天津供水、曹妃甸工业区的发展以及唐山对滦河水系的依赖程度较高，有必要在南水北调工程实施后调整滦河分水比例，向唐山市倾斜；天津市认为，滨海新区发展十分迅速，需水量增加较快，加上海水和再生水利用存在较多技术上的问题，滦河水仍将是天津市的主要水源，滦河分水比例不宜调整。总体上看，两者是我国未来社会经济发展的重点区域，滦河分水比例是否需要重新调整，有必要根据国家经济发展布局和水资源分布特点进行统筹分析。

4.4.4.3　引滦水量配置的原则与评价指数

结合南水北调工程和引滦工程的运营情况，以及天津市和唐山市的水资源供需保障情况，确立南水北调工程通水后引滦水量分配的原则，具体如下：

（1）坚持公平公正原则。南水北调工程通水前，引滦工程在枯水年份将50%以上的水量分配给了天津，在连续枯水年份将70%以上的水量分配给了天津，确保了天津经济社会的稳定发展。南水北调工程通水后，从公平公正的角度来看，在枯水年份应减少天津市对滦河水的使用。

（2）系统性和有效性原则。系统性原则要求在引滦工程配水方案的设置中，从整体上考虑唐山市和天津市水资源赋存状况、需求特征和开发利用状况，将天津市和唐山市的水源和用水户纳入到统一水资源合理配置平台上，对区域水资源进行统一配置，进而提出滦河水资源的整体方案。有效性原则是指在引滦工程配水方案的设置中，要系统考虑滦河水资源的整体经济社会效益和生态环境效益，遵循水资源配置过程中的"整体效率/效益优先"原则，不可以简单的水量平均为依据；同时，要充分体现出南水北调工程供水的整体效益原则。

（3）缺水量大致均衡的原则。要从环渤海区域发展的角度来保障不同地区社会发展的公平性和均衡性，不能使部分或个别区域因严重缺水而影响经济发展与社会和谐。应保障不同地区社会发展的公平性和均衡性，不能使部分或个别地区因缺水而严重影响区域发展秩序。因此，应当实行水资源短缺的公平分担，实现整个区域的共同发展。基于以上考虑，进行水资源合理配置后不同单元、不同用途用户的缺水率应当大致均衡，这既是调控的原则之一，也是方案合理性评判的标准之一。

（4）用水效率优先的原则。以充分考虑非常规水源（如海水、再生水、矿井水）的开发利用为补充，不断提高区域水资源承载能力；体现产业结构与布局的调整对区域水资源需求的影响；对于用水效率较高的地区，水资源分配量可相对偏宽松。

（5）尊重历史、逐步修正的原则。引滦入津是在特定时期的产物，南水北调运营后，引滦工程配水方案的设定过程中，要从滦河水资源及其开发利用，以及天津与唐山两市水资源供需平衡及开发利用的发展过程的角度来获取基本信息。从时段上说，要从引滦工程运行前、引滦工程运行后以及南水北调工程运营后等三个时段分析上述议题。受社会经济和水资源开发利用发展阶段的影响，要求在南水北调工程运营后引滦工程配水方案制订的过程中，充分考虑上述影响，采用逐步修正方法，最终达到理想的配水方案。

本研究对于引滦工程分水方案评价指数的选取，力求充分考虑区域水资源条件、供用水历史和现状、未来发展的供水能力和用水需求、节水型社会建设的要求，具体包括四大类，即保障性指标、公平性指标、效率性指标和历史性指标，每类所对应的具体指标见表4-9。

表 4-9　引滦工程分水方案评价指标

指标分类	具体指标
保障性指标	缺水率
公平性指标	人均可供水量 人均生活用水定额
效率性指标	万元第二、第三产业增加值可供水量
历史性指标	引滦水量与多年平均水量之比

4.4.4.4　引滦水量配置方案

在 75% 和 95% 来水频率条件下,2015 年和 2020 年综合指标如图 4-7 所示。随着天津引滦水量的不断减少,2015 年综合指标的变化呈现缓慢下降趋势,当天津引滦水比例不减少时,多指标综合目标指数达最大值,75% 和 95% 来水频率条件下最优值分别为 0.90 和 0.87。2020 年综合指标的变化呈倒 U 形曲线,在 75% 来水频率条件下,拐点为天津引滦水减少 5%;在 95% 来水频率条件下,拐点为天津引滦水减少 15%,多指标综合目标指数达最优值,75% 和 95% 来水频率条件下最优值分别为 0.80 和 0.73。

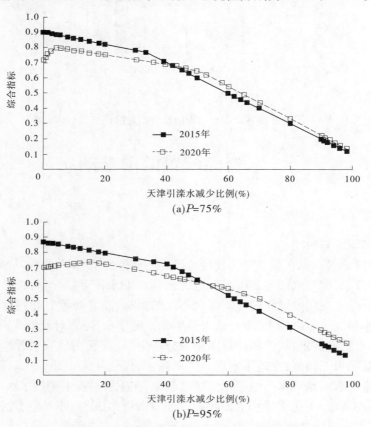

图 4-7　天津与唐山不同水平年综合指标评价

综合考虑保障性指标、公平性指标以及效率性指标的要求,在坚持公平公正、系统性与有效性、尊重历史逐步修正以及可供水量增长大致均衡的原则的前提下,本研究推荐变化环境下引滦工程配水的方案为:在 75% 来水频率条件下,如不考虑潘家口水库来水量的衰减,2015 年天津市引滦水量不需要调整,2020 年总水量调整 0.5 亿 m³,净调整水量为 0.4 亿 m³;如考虑潘家口水库来水量的衰减,2015 年天津市引滦水量仍不需要调整,2020 年总水量调整 0.4 亿 m³,净调整水量为 0.3 亿 m³。在 95% 来水频率条件下,如不考虑潘家口水库来水量的衰减,2015 年天津市引滦水量不需要调整,2020 年总水量调整 1.0 亿 m³,净调整水量为 0.8 亿 m³;如考虑潘家口水库来水量的衰减,2015 年天津市引滦水量仍不需要调整,2020 年总水量调整 0.8 亿 m³,净调整水量为 0.6 亿 m³,如图 4-8 所示。

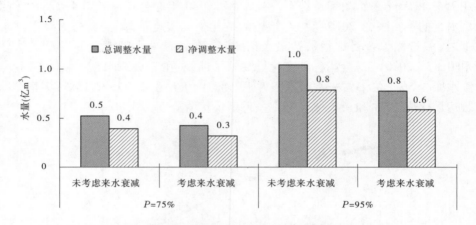

图 4-8　不同方案下天津市和唐山市分水量的调整量(2020 年)

4.5　水资源配置的前沿动态

4.5.1　广义水资源配置

4.5.1.1　实践需求与内涵

我国水资源配置研究在实践需求和可持续发展理论的指引下,得以不断深入和丰富。纵观以前研究成果,配置水源都是可控的地表水和地下水,不包含半可控的土壤水,配置水源不全面,无法实现用水紧张情况下高效用水的目标;配置对象只包括生活用水、工业用水、农业用水和人工生态用水,不包括天然生态系统用水,配置对象不全面,无法保证天然生态系统的水资源需求;在供用耗排水量的分析中,仅仅利用经验估算耗排水量,缺少科学依据,配置结果不精确;在地下水资源的调控中,仅仅从人工地下水取用量的角度研究,而没有将人工取用地下水与地下水位联系起来;在配置过程中割裂了水资源配置与水循环相互之间的效应,不能反映水资源配置过程中水资源、水循环和生态演变过程,无法准确预测区域生态系统稳定状况。

缺水地区,水资源是维系经济社会发展和生态系统稳定的根本保障,随着经济社会的发展,水资源供需矛盾越来越突出,造成工业用水挤占农业用水、农业用水挤占生态用水,使得原本脆弱的生态环境更加趋于恶化。传统水资源合理配置存在一系列缺陷,因而其在理念和手段方法上无法解决缺水地区面向经济系统和生态系统的水资源开发利用问题,如有限水资源的高效利用需要全面考虑广义水资源的有效利用,分析区域节水潜力需要充分考虑人工系统和天然系统的水循环转化过程,水资源开发利用对区域水资源、水循环和生态过程的影响,水资源配置产生的区域生态与环境响应状况,以及与水资源条件相适应的合理生态保护格局和高效经济结构体系等。这些问题的解决需要面向区域广义水资源,在经济－社会－生态系统中合理配置水资源,催生了广义水资源合理配置研究,以实现水资源利用效率和效益的最大化,维持经济生态系统的可持续发展,在有限水资源条件下,达到生态环境保护和经济社会发展"双赢"。

广义水资源合理配置的"广义"包括三个方面的含义:一是配置水源是广义的,从狭义的径流性水资源拓展为包括土壤水和降水在内的广义水资源,扩大了传统的资源观,丰富了水资源合理配置和科学调控的内容。二是配置对象是广义的,广义水资源配置的对象在考虑传统的生产、生活和人工生态的基础上,考虑了天然生态系统,配置对象更加全面。三是配置指标是广义的,配置指标分为三层,全口径配置指标全面分析了区域经济生态系统水资源供需平衡状况,即传统的供需平衡指标、地表地下耗水供需平衡指标和广义水资源供需平衡指标。

广义水资源合理配置模式的变革包括:一是配置对象从狭义的径流性水资源拓展为包括降水和土壤水的广义水资源量,不仅在配置过程考虑现有的有效降水部分,而且配置行为中考虑如何将无效降水转化为有效降水;二是配置范围从单一的人工系统用水拓展为在人工系统和天然生态系统中展开;三是配置过程中考虑天然－人工复合驱动作用下的水资源演变过程;四是配置内容为在进行水资源量调控的同时,进行水环境调控,实现水量水质统一配置。

因此,广义水资源合理配置的含义是指在遵循有效性、公平性和可持续性原则的基础上,利用各种工程措施与非工程措施进行广义水资源合理调控,实现广义水资源在经济社会系统和生态系统(人工生态和天然生态)中的配置,以水资源配置的经济和生态后效性为评价基础,实现水资源的高效利用,保证经济社会的健康发展和维持区域生态系统的稳定。

4.5.1.2　广义水资源概念及其配置系统

传统的水资源评价认为:降水是大陆水资源的主要来源。对于一个封闭的流域,降水的转化可以表述为

$$P = E + R + U \tag{4-1}$$

式中:P 为总降水量;E 为总蒸发量;R 为径流量,包括地表径流和地下径流量;U 为地表、土壤和地下含水层的储水总量。

在假定多年平均状态下,U 是不变的,只剩下总蒸发和径流两个要素。按照传统的水资源评价思想,只有径流量是人类可以利用的,即实际意义上的水资源:

$$W = R + \tilde{Q} - D \tag{4-2}$$

式中:W 为水资源总量;R 为河川径流量;$\widetilde{Q}$ 为地下水资源量;D 为河川径流量和地下水互相转化的重复量,这是我国目前水资源综合规划评价水资源的标准。

与稳定的河川径流和地下径流一样,土壤水是一种可恢复的淡水资源,在陆地水循环中起着积极作用,是植被生存的重要自然资源。仅就农业而言,土壤水分是构成土壤肥力的一个重要因素,是作物生长的基本条件,它与人类生活生产有着极其密切的关系,无论是灌溉水、地下水,还是天然降水,都要转化为土壤水后才能被作物根系吸收。因此,有效利用土壤水是充分利用当地水资源的关键。

因此,广义水资源是指通过天然水循环不断补充和更新,对人工系统和天然系统具有效用的一次性淡水资源,其来源于降水,赋存形式为地表水、土壤水和地下水。从广义水资源界定出发,可以将降水分为三类:第一类是无效降水,是指天然生态系统消耗的,而人工生态系统无法直接利用或对于人工生态系统没有效用的那部分降水,如消耗于裸地、沙漠戈壁和天然盐碱地的蒸发。第二类是有效降水和土壤水资源,可为天然生态系统与人工生态系统直接利用,对生态环境和人类社会具有直接效用,却难以被工程所调控,但可以调整发展模式增加对这部分水分的利用,有效降水包括各种消耗于天然生态系统(包括各类天然林草和天然河湖)和人工生态系统(包括人工林草、农田、鱼塘、水库、城市、工业区和农村等)的降水。第三类是径流性水资源,包括地表水、地下含水层中的潜水和承压水,这部分水量可通过工程对其进行开发利用,如图4-9 所示。

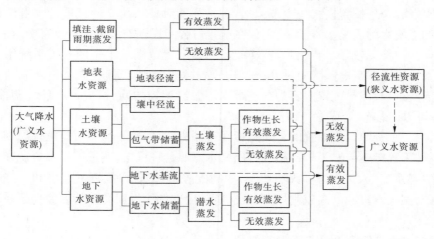

图4-9　广义水资源组成示意图

广义水资源的界定对于水资源合理配置,促进水资源高效利用具有重要意义:第一,广义水资源认为与生态系统具有关系的一切水分都应该评价为水资源,对生态环境保护和社会经济发展具有决定性意义;第二,对生态系统具有效用的水分不仅有径流性水资源,还有降水产生的填洼、截留和非径流性水资源;第三,广义水资源的定义为土壤水调控提供了理论依据,对水资源的高效利用,增加水资源的有效利用量都具有重要的意义;第四,广义水资源的定义为水资源合理配置中采取工程措施和非工程措施调控降水资源,增加降水的有效利用量具有重要意义。

可持续发展理念指导下的广义水资源合理配置系统是一个水资源 – 社会经济 – 生态

环境组成的复合大系统。社会经济、生态环境和水资源子系统间既相互联系和依赖，又相互影响和制约，组成了一个有机的整体。组成广义水资源配置系统的水资源、经济社会和生态环境不仅各子系统内部存在着制约机制，如水资源系统由水源、供水、用水、排水等因素组成，涉及水源的时空分配、水源的质量和可供应量、供水的组成、用水的性质和排水方式等；社会经济子系统涉及的范围包括人口、劳动率、法律、政策、传统、经济结构等诸多因素；生态环境子系统需要处理天然生态与人工生态，人工生态与农、林、牧、副、渔之间的关系，污染物的排放、组成、级别与控制等。在各子系统之间也存在着约束关系，如经济发展带来环境的污染和治理，经济发展带来的供水与水资源需求的矛盾，环境恶化导致的生态破坏和水资源浪费，水资源环境和生态条件的改善对经济发展和社会进步的促进作用。

广义水资源合理配置系统具有多元性、结构复合性和各单元的关联性，不能离开系统空谈合理配置，否则会造成系统运行失衡。水资源是基础性资源，又是稀缺性资源，它的应用范围广，取舍不当会引发许多矛盾。经济社会的发展是个持续的过程，不仅要考虑水资源在当今时代的共享，还要与后代共享；不仅是人对水资源的共享，还有人与环境对水资源的共享，以实现水资源的永续利用。而不合理的水资源开发将会导致超采、水污染、水土流失等水生态环境恶化现象的发生。因此，进行广义水资源合理配置时，需要统筹考虑水资源、经济社会和生态环境之间的关系，按照系统论的思想，合理处理系统内部和各系统之间的关系，保持复合系统的协调发展。

4.5.1.3　广义水资源配置目标与框架

水资源合理配置的目标是在社会、经济和生态之间高效分配水资源，以达到社会公平（Equity）、经济高效（Efficiency）和生态（Ecology）保护的目的。但公平（Equity）、效率（Efficiency）和生态（Ecology）三个目标之间无法公度，如何分配水资源就遇到了目标冲突。在水资源短缺的状况下，单纯追求任何一个目标都是不可取的。只讲生态，放弃效率和公平，消极被动地满足生态需水，水资源无法支撑经济社会的可持续发展；仅仅追求公平分水，放弃效率和生态，就不是优化配置；如果不考虑公平和生态效益，经济发展也难以为继。

广义水资源配置决策就是要权衡利弊，统一协调公平、效率和生态目标，既要促进生态系统的健康发展，又要保证安全用水和高效用水，达到水资源的合理配置。因此，广义水资源合理配置决策过程就是"3E"（Equity、Efficiency、Ecology）决策过程，即在水资源配置过程中，不期望寻求系统最优解，而是在不可公度的三个目标之间，寻求使各方均感到"满意"的合理结果，在保持生态系统稳定健康和社会基本公平的情况下，保持区域经济效益的发展。

根据广义水资源合理配置研究目标、内容和研究机制，可以将其研究过程分为 6 个层次：评价层、预测层、控制层、模拟层、响应层和结果层，如图 4-10 所示。评价层是广义水资源配置的基础，主要包括水资源评价、经济社会发展评价和生态环境评价，进行经济生态系统的现状分析；预测层是在对现状客观评价的基础上，进行区域经济社会需水预测、生态环境需水预测和供水预测；控制层是在经济社会和生态环境多约束条件下，提供宏观经济发展与水资源优化配置的可行域方案；模拟层是水资源配置和水循环模拟过程，水资源配置主要是对不同配置方案下的水资源供需平衡状况分析模拟，水循环模拟将水资源配置过程离散到时间和空间单元上,模拟不同水资源配置方案的水资源和水循环转化定量关系,从而为经济社会和生态环境的用水在质和量上提供配置依据;响应层是进行经济、社会和生态响应评价,为水资源配置方案的选择提供社会效益、经济效益和生态效益依据,修正并确定水资源配置方案的合理性;结果层是通过大量方案评价对比分析,提供经济社会合理和生态环境良好的推荐方案。

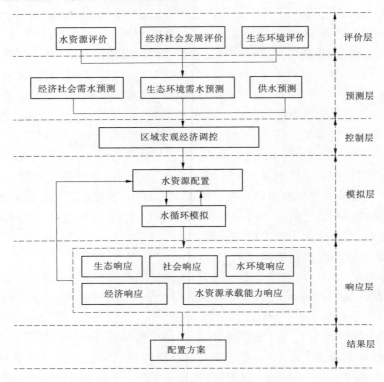

图 4-10　广义水资源合理配置结构图

4.5.1.4　全口径供需平衡与调控体系

供需平衡分析是水资源合理配置的重要内容,传统水资源供需平衡分析没有考虑天然生态的需水,在需水项考虑不全面;在供水项仅仅考虑人工可控水资源,没有考虑土壤水资源,配置水源不全面。这些缺陷使得传统水资源供需平衡无法分析包括天然生态需水在内的广义水资源需求与包括土壤水在内的广义水资源供给的平衡关系。广义水资源合理配置在传统水资源供需平衡分析的基础上,结合生产实际需求,提出了全口径供需平衡指标,分为以下三层:

(1)传统供需平衡:研究生活、工业、农业和人工生态水资源需求和可控水资源供给量之间的平衡,其缺水量表明人工供水与人工需水之间的缺口。

(2)耗水供需平衡:研究包括天然系统和人工系统的可控地表水、地下水资源需求与消耗的可控地表水、地下水之间的平衡。耗水缺水量可以通过模拟生活、工业、农业、人工生态和天然生态需水不受到破坏情况下,消耗的地表水、地下水资源量与实际配置过程中消耗的地表水、地下水资源量比较得到,其缺口表明包括天然生态在内的区域消耗地表水、地下水资源量的不足。耗水供需平衡分析对于研究类似依靠过境黄河水资源的宁夏等区域具有极为重要的意义,用于分析区域天然系统和人工系统消耗地表水、地下水资源量的不足。

（3）广义水资源供需平衡:研究包括天然需水在内的广义水资源需求和包括土壤水在内的广义水资源供给之间的平衡。广义水资源供需平衡缺水量反映的是区域人工系统和天然系统的蒸发蒸腾量与广义水资源需求量之间的缺口。广义水资源供需平衡不仅分析了人工可控配置的供用耗排水量,而且将广义水资源和生态系统纳入到水资源配置中,进一步分析天然生态系统的水资源供需平衡关系,以预测水资源开发利用和节水改造等人工措施对天然生态环境的影响。

天然生态蒸散发消耗水量是广义水资源合理配置的需水基础,广义水资源合理配置研究按照土地利用状态将天然系统分为未利用地、林地、草地和湖泊湿地四种类型。一般情况下,未利用地蒸发水源主要来自于降水和地下水,属于无效消耗水量,是区域水资源开发利用努力减少的部分,因此未利用地需水量为实际配置中的蒸发消耗量,配置过程中不存在缺水状况。林地、草地和湖泊湿地构成了区域天然植被和水域,其所消耗水量维持了区域生态系统的稳定,水源主要来自降水、地下水和部分人工补给。天然植被和水域消耗水量的多少决定了区域天然生态状况的好坏,是有效的耗水量。因此,选择林地、草地和湖泊湿地三种土地利用消耗的水量作为衡量区域天然生态的需水量、供水量和缺水量的指标。广义水资源合理配置选取生态稳定性评价良好的天然生态系统实际蒸腾蒸发量作为需水量的标准,确保未来生态环境不低于良好的生态环境为目标;天然生态的供水量为水资源配置过程中天然生态系统实际蒸发蒸腾消耗水量,天然生态缺水量为天然生态需水量和天然生态供水量的差值。若天然生态需水量小于天然生态供水量,表明天然生态良好,生态环境向着良性的方向发展。

在对水资源的调配过程中,根据人类对其控制程度的不同可以将水资源分为可控水资源、半可控水资源和不可控水资源。地表水和地下水可以通过修建各种水利工程(诸如水库、引水工程、机井、泵站等)直接取用,并根据水利工程的规模决定取用水量的多少,因此将其称为可控水资源。土壤水资源在一般情况下人们不能对它进行直接调控,但可以通过各种农耕、水保措施(修建梯田、植树造林等)以及一些水利工程(如节水工程、井灌工程等)将雨水或径流蓄积于土壤中,改变土壤水含量,从而实现对其间接调控,因此可将土壤水称为半可控水资源;由于水资源的开发利用、土地利用等方式可以改变地表水的渗漏量,改变地下水的埋深状况,影响地下水资源的补给量,从而实现对地下水的间接调控。从这个意义上将,地下水也可称为半可控水资源。降水是自然界水循环的产物,一般情况下,人类对其几乎没有调控能力(人工降雨除外),故将其认为是不可控水资源。

水资源配置过程就是对区域水循环过程的综合调控,通过对地表水、土壤水、地下水的合理调控,最大限度地把天然降水转化为有效水资源,趋利避害,以最大限度地发挥水资源的自然效益和社会经济效益,这是水资源合理调控的目标和出发点。传统的水资源合理配置是通过采取各种工程措施和非工程措施调控可控的地表水、地下水资源来实现的。广义水资源合理配置不仅对可控的地表水、地下水进行调控,还增加对土壤水的调控,并且在调控过程中考虑增加广义水资源有效利用量,以满足区域社会经济和生态环境的需水要求。

在平原区,农田引水灌溉,地表水转化为土壤水和地下水,实现水资源的农业生产配置;非灌溉季节,地下水位下降,土壤蓄积雨水能力增强,降水转变为土壤水和地下水,相当于增加了农业配水,从而也实现了水资源的农业生产配置。土地利用方式的改变,如林草地和未利用地转变为耕地,未利用地成为植被土地,农田耕作的单季变双季,作物轮作等,都将增加降水资源和土壤水资源的有效利用量。通过地表水、地下水联合运用,调控适宜的地下水埋深,增加土壤蓄水量,减少无效蒸发量,增大降雨入渗,在增加有效水资源利用量的同时,可以有效防止土壤盐渍化。对于天然生态的林草地等,降水和部分灌溉引水转化为土壤水和地下水,实现了水资源在天然生态中的配置,天然湖泊湿地承受灌溉退水和地下水的补给,即退水和地下水转变为地表水,实现在天然生态中的水资源配置,当人为供水直接补充湖泊湿地时,则可认为是地表水在人工生态中的配置;地下水开采措施的应用实现了地下水资源在工业和生活中的配置。

山区广义水资源调控典型反映在小流域综合治理中各种水保措施的应用。修建梯田增加了土壤拦蓄雨水和地表径流的能力,土壤水蓄积量增大,从而对土壤水进行间接调控,水资源由地表水转变为土壤水。蓄积的土壤水除少量继续渗流补充地下水外,大部分供农作物蒸发蒸腾吸收利用,从而实现了水资源在农业生产中的配置;淤地坝可拦截部分地表径流,将地表水转化为土壤水和地下水以供农业用水和生活用水,实现水资源在农业生产和生活中的配置;植树造林、退耕还林等措施可以多蓄积雨水,将降水转化为土壤水和地下水,以供植物蒸发蒸腾,实现水资源在生态中的配置;集雨利用主要将降水转化为地表水,满足人们生活需水要求,实现水资源在生活中的配置。

4.5.1.5　广义水资源合理配置后效性评价体系

广义水资源配置的目标是保证水资源在社会、经济和生态系统的合理分配,进行水资源后效性评价一方面可以调整已有的配置方案,使其更加合理,保障配置的公平性和高效性;另一方面通过这种有效的反馈试验,为广义水资源配置理论和实践提供依据,防止广义水资源配置的盲目性和不合理配置效应的积累。广义水资源配置后效性评价研究可以从经济、效率、公平等方面展开,主要包括社会后效性、经济后效性、生态环境后效性三个方面。

1. 社会后效性评价

广义水资源配置是为了解决或缓解由于水资源短缺、不合理的开发利用等引起的人们生活、生态环境、社会经济等问题,以保障区域可持续发展和人民生活水平的提高。社会后效性评价的具体落实,可以根据人均用水量大致相等、尊重现状、缺水率大致均衡和产水优先标准,进行现实评估操作。

2. 经济后效性评价

广义水资源配置行为实施的目的是水资源利用总体效益最大化,而实现这一目标的途径是提高水资源的整体利用效率,水资源配置经济后效性评价具体体现在:水资源开发措施上必须符合边际投入最小化,如开源和节流的边际成本的比较;在保证生活用水的基础上综合供水效益最大化,如单方水 GDP 产出、单方水粮食生产效率等。

3. 生态环境后效性评价

水资源系统同时承载着生态环境系统和社会经济系统,客体的二元结构决定了水资源最宏观层次上的配置行为就是水资源在生态环境系统和社会经济系统之间的分配,水资源在社会经济系统和生态环境系统间配置就成为水资源配置后效性判别的重要标准,重点从生态环境系统的功能和效用出发,研究生态环境用水量的合理性、配置对区域生态环境的影响等。

4.5.2　基于 ET 控制的水资源配置

4.5.2.1　概念提出与研究进展

ET(Evapo-transporation)这个概念和测量研究在我国也是早就有的。从 20 世纪 70 年代开始,在华北平原黑龙港地区、河南省人民胜利渠灌区、黄淮海平原等地的农业灌溉研究中都有所涉及。但是测量的方法是人工的观测计算,ET 的概念是包含在"农业用水量"中的,并没有突出"从 ET 着手"和"ET 管理"这些新理念。2001～2005 年的世界银行贷款农业节水灌溉项目中首次提出了 ET 管理的理念,项目建设以减少农田水分蒸发蒸腾消耗量(ET)、提高农作物的水分生产率为目标,用于农业真实节水管理和基于 ET 的水权制度探索。参加试点的有河北、北京、青岛和沈阳四省(市),共 26 个项目县(市、区);建成节水灌溉面积 160 万亩;采取的技术措施是工程的、农业的和管理的各种节水措施联合运用,收到了良好效果。世界银行 GEF 在"海河流域水资源水环境综合管理项目"(执行期:2004～2009 年)中提出了实现"真实节水"的耗水管理理念,从农田耗水管理扩展到了流域或区域尺度的耗水管理,其理念认为只有减少项目区用水消耗量,才是区域水资源量的真正节约,推行以耗水管理为手段,解决流域内水资源过度开发给环境造成的恶劣影响问题。

在理论方法研究方面,秦大庸等提出了区域/流域目标 ET 的理论与计算方法。周祖昊等研究提出了基于 ET 的水资源与水环境综合规划理论方法体系。桑学锋等构建了基于 ET 的区域水资源与水环境综合模拟模型,并在天津市进行了应用。吴炳方等通过遥感反演方法采用 ET Watch 模型对海河流域进行 ET 反演监测并应用到项目区水资源与水环境综合管理规划中。李彦东探讨了控制 ET 对海河流域水资源可持续利用保障的重要性。钟玉秀从基于 ET 管理角度对水权制度进行了探析,并提出了基于 ET 的水权分配思路。

4.5.2.2　天津市水资源配置案例

为了综合解决天津市水资源与水环境问题,使天津市的水资源与水环境综合管理水平获得真正的提高,中国水利水电科学研究院基于 ET 管理和水资源与水环境综合管理的理念,以天津市为研究区,以 6 个专题研究和 3 个县级规划为支撑,编制了全市的水资源与水环境综合管理规划,提出了全市水资源与水环境综合管理指标和管理措施。项目从理论内涵、调控机制、规划原则、规划目标、规划思路等方面系统地、原创性地提出了基于 ET 的水资源与水环境综合规划方法;基于 ET 控制理念和二元水循环理论,将 AWB (水资源与污染负荷配置)模型、SWAT 模型和 MODFLOW 模型耦合起来,创新性地建立了高强度人类活动地区水资源与水环境综合模拟体系,实现人工水循环与自然水循环耦合模拟、地表水和地下水耦合模拟、水量和水质耦合模拟;首次面向资源型缺水地区水资源与水环境综合管理的重大实践需求,开创性地提出了以耗水量控制为核心的区域水资源整体调控的七大总量控制指标体系。项目提出的研究成果创新性强,规划成果科学、合理、可操作性强,既可为天津市水资源与水环境综合管理提供有力支撑,又对资源型缺水地区具有普遍的推广与借鉴意义。

4.5.3　全要素水资源配置

4.5.3.1　全要素配置的提出

　　水资源短缺、水环境恶化和水生态退化是目前我国水资源配置面临的难题。传统的水资源配置以水量调配为主,在城镇化水平比较低、工业化程度不高、城市用水水平较低的情况下,河流自净能力基本上能保证水体清洁,可以满足社会经济和生态环境对水量和水质的要求。近30年来,随着我国社会经济高速发展和人口剧增,城镇用水和农业灌溉用水大幅增加,河道水量锐减,未经处理的城镇废污水大量直排进入水体,水污染日益严重,资源型缺水和水质型缺水凸显,可利用的水资源量有减少的趋势,导致社会经济与生态环境的用水矛盾日益激化。大量的事实和研究结果表明,社会经济挤占过多的生态环境用水是导致水危机和生态环境恶化的主要原因之一,水污染又使可利用的水资源量减少,进一步加剧了水危机和生态环境恶化的程度。面对当前水资源开发利用现状、存在的主要问题,以及水资源与社会经济发展、水生态、水环境等越来越紧密的联系,水资源配置在理论和方法上应综合考虑水资源的各种因素,在水资源可持续利用的前提下,控制取用水总量,限制排污量,提高用水效率,综合利用水资源,从水量和水质等方面调配有限的水资源具有重要的现实意义。

　　在"十一五"期间,针对国家提出的"振兴东北老工业基地"战略,开展了国家科技支撑计划项目"东北地区水资源全要素优化配置与安全保障技术研究"。其中,"流域/区域水资源全要素优化配置关键技术研究"是以水量与水质联合调配为主线,研究流域或区域水资源全要素优化配置的关键技术,并研制出一套实用的工具,将水资源配置从传统的水量分配向维持人与自然和谐,考虑水资源的质、量、生态、环境等要素,可持续利用有限的水资源方向发展。水资源全要素是指构成水资源所有因素的集合,对于水资源配置问题,主要包括水量、水质、水生态、水环境等因素。水资源全要素优化配置理论主要内容包括定义、配置原则、决策机制、调控指标、"三次平衡"思想、水资源可持续利用评价方法、水资源全要素优化配置方法,以及水资源全要素优化配置方案评价方法等。水资源全要素优化配置是指在流域或特定的区域范围内,遵循可持续、公平和高效的原则,利用各种工程措施与非工程措施,按照自然规律和市场经济规律,协调好社会经济与生态环境用水的大体比例,通过合理抑制需求、控制取耗水总量与污染物总量、提高用水效率、维护和改善生态环境质量等手段和措施,对多种可利用水源在区域间和各用水部门间进行全方位的配置。其内涵为:在水资源可持续利用的基础上,协调社会经济和生态环境两者的用水关系,控制用水总量和排污总量,提高用水效率,综合利用有限的水资源。

　　水资源全要素优化配置模型系统采用系统分析方法,从研究水量、水质、水生态、水环境等全要素水资源关系入手,在充分吸收国内外水资源配置研究成果的基础上,将水资源、社会经济和生态环境系统作为有机整体,通过合理调配流域或区域社会经济耗水与生态环境用水的比例,协调和缓解社会经济用水与生态环境用水的竞争关系。在保持区域水资源可持续利用的基础上,加强需求管理和采取严格的截污减排措施,以水利工程为纽带将有限的水资源公平、高效地分质分级分配到各用水户,促进区域社会经济和生态环境健康发展。模型系统的构建,以“八五”“九五”和“十五”国家科技攻关提出的基于宏观经济的水资源优化配置、水资源天然和人工侧支循环演化二元动态模式、面向生态的水资源优化配置和重大环境问题对策与关键支撑技术研究,以及松辽流域水资源优化配置模型研究等成果为基础,将水资源系统分解为天然和人工侧支循环两大系统,以流域水资源分区为核心构成水资源耗水平衡分析系统,以计算单元为核心构成水资源供需平衡分析系统,以河流系统为核心构成基于水资源优化配置水质模拟系统,以平原区浅层地下水为核心构成地下水数值模拟系统。水资源耗水平衡分析系统是控制和调配流域水资源分区社会经济耗水与生态环境用水比例的科学基础,也是水资源优化配置模型参数率定的基本控制单元。水资源供需平衡分析系统与基于水资源优化配置水质模拟模型系统通过相互迭代确定各控制节点的水质类型。水资源供需平衡分析系统根据节点水质类型向用水户分质分级供水,基于水资源优化配置水质模拟模型系统分析估算河段水功能区的水质状况。地下水数值模拟系统为水资源供需平衡分析系统提供平原区地下水可开采量上限和水质状况。在水资源优化配置结果中,若水质型缺水严重、河道水功能区未达到规划的水质目标,则根据水质模拟结果提出计算单元点源和非点源污染物削减方案和截污减排措施,通过反复迭代、调整,最终满足社会经济用水和水功能区的水质目标。对于拟订的水资源优化配置方案集和计算结果,利用水资源全要素优化配置方案评价方法进行综合评价,推荐可行的水资源优化配置方案。

水资源全要素优化配置模型系统由水资源优化配置模型、基于水资源优化配置水质模拟模型、地下水数值模拟模型和水资源全要素优化配置方案评价模型等组成(见图4-11),可以实现地表水和地下水的水量与水质双总量控制的水资源优化配置,为水资源管理“三条红线”提供技术支持。

4.5.3.2　松辽流域全要素配置实践

水资源全要素优化配置理论与方法在松辽流域以及两个示范区进行了初步应用。主要成果包括:识别了基准年的水质型缺水量、资源型缺水量以及挤占的河道内生态用水量;从水资源供需平衡和耗水平衡角度,评价了现状水资源开发利用的程度、存在的主要问题;估算了污染物的产生量、入河量以及削减能力,全面评价了水功能区的水质达标和纳污状况;通过多方案优选与评价,提出了适合流域社会经济发展、供用水以及污染物削减方案,为实现水功能区纳污总量控制与污染物削减提供了技术支撑,对区域水资源开发利用和保护具有重要意义。

4.5.4　水权分配的探索

4.5.4.1　水权分配概念

水权分配包括两大方面:一是以政府为主导的水权初始分配,二是以市场为主导的水权交易。水权分配,就是明晰水资源各个利用主体在水资源开发利用中各自的权、责、利。

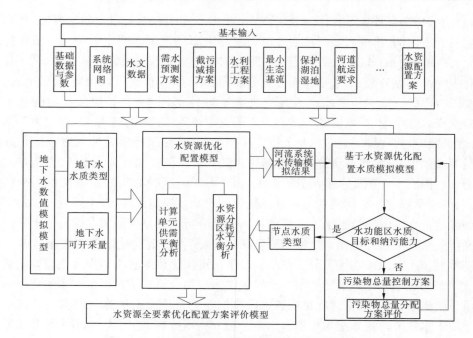

图 4-11　水资源全要素优化配置模型系统基本框架

这种权利范围的界定,使用水有章可循、有法可依,确立了各水资源利用主体的用水权范围,减少和避免了水事纠纷,为取水许可制度的贯彻执行提供了权效范围。水权交易是在水权初始分配不能满足资源配置需求时,利用市场对资源配置进行进一步优化的手段。

水权初始分配也就是常说的水量分配。我国最早的分水方案是 1987 年制订的《黄河干流水量分配方案》。为了全面推动我国江河水量分配工作,2010 年,水利部批复了《全国主要江河流域水量分配方案制订任务书(2010)》,明确了第一批启动水量分配工作的 25 条河流名录和有关工作要求,水利部于 2011 年 5 月对《水量分配工作方案》进行了部署,全国范围的江河水量分配工作全面启动,2013 年第一批 25 条河流的水量分配方案基本编制完成。2011 年水利部组织编写了《江河流域水量分配方案制订技术大纲》,研究提出了水量分配技术大纲,初步确定了江河水量分配的基本技术路线。但是总体来讲,国内对江河水量的研究和实践并不成熟,现有的水量分配主要基于供需平衡的水量配置技术,而基于权利和准则的分配技术以及分配方案的实施技术并未成熟。

水权交易方面,随着国家资源配置方式转型,有了前所未有的发展机遇。今后一个时期我国将逐渐从管制型政府向公共服务型政府转变,要把资源配置主导权交给市场,政府发挥其纠正市场失灵的积极作用,市场主体致力于提高效率和竞争力,从而使全社会形成竞相提高经济增长的质量和效益的氛围,并促进经济增长方式转变。因此,发挥市场调节机制是国家资源配置方式改革的方向。党的"十八大"报告中明确指出,"建设生态文明应深化资源性产品价格和税费改革,建立反映市场供求和资源稀缺程度……的资源有偿使用制度""积极开展节能量、碳排放权、排污权、水权交易试点"。习近平总书记提出的"节水优先、空间均衡、系统治理、两手发力"的治水思路,也再次强调了要发挥市场在水资源配置中的作用。

4.5.4.2　水权分配实例

目前,我国不少地区在积极探索建立完整的水权制度体系,发挥政府和市场的双重作用,提高水资源配置效率,提升水资源使用效益,鄂尔多斯市就是一个成功的案例。

鄂尔多斯市地处国家西部大开发战略的核心区,也是国家可持续发展试验区。全市总面积 8.68 万 km²,境内沙地、沙漠、丘陵沟壑、干旱硬梁面积占总面积的 96%,年降水量 150~350 mm,年蒸发量 2 000~3 000 mm。2009 年全市总人口 154 万人,地区生产总值 2 161 亿元,较 2008 年增长 23%,三次产业结构比例为 7.5∶52.4∶40.1,用水结构和水资源配置不合理,属资源性、工程性和结构性缺水并存的地区。

鄂尔多斯市自产水资源十分有限,供水主要依靠过境的黄河水,全市共有 7.0 亿 m³黄河水初始用水权,其中工业初始用水权仅 9 130 万 m³,达拉克电厂和准格尔能源有限公司分别为 4 430 万 m³ 和 4 700 万 m³。在黄河分水指标和行业用水总量的双重约束下,为实现区域用水总量的控制,同时支撑社会经济的快速发展,从 2005 年至今,鄂尔多斯市探索农业水权向工业水权有偿流转,工业反哺农业的综合节水新机制,完成水权有偿转让一期、二期工程,在行业水市场构建方面积累了一定经验,具体做法如下:

(1)按照"六高"原则,推进自主驱动的工业节水。按照"高起点、高科技、高效益、高产业链、高附加值、高度节能环保"的原则,进一步调结构、促升级。关闭、取缔一大批小炼焦、小硅铁、小煤窑等"三高"企业。加快市内大煤田、大煤电、大化工发展,把耗水量低、中水回用、废水处理作为新、改、扩建项目的准入条件,突出发展低能耗、高附加值的第二、第三产业,使更多的水资源向效率高、效益高的工业领域配置。

(2)完善区域用水总量控制管理制度,推进灌区水权制度改革。鄂尔多斯市出台《南岸自流灌区用水总量控制方案》《南岸自流灌区水权细化方案》。在南岸自流灌区保留 15% 的水权水量 4 200 万 m³ 为国家(集体)所有,用于补充生态保护用水;调节 10%~20% 的水权水量 2 800 万~5 600 万 m³ 为集体所有,用于灌区渠系老化、枯水年、种植结构调整等不可控因素的风险管理需要;为农业灌溉配置水权水量 15 710 万 m³,其中斗渠(含)以下水权水量 11 247 万 m³;在渠首引水 2.8 亿 m³,向黄河退水 3 500 万 m³,满足黄河水量总体控制要求。

(3)推行农民参与用水管理,为水权转让理顺关系。《南岸自流灌区管理局管理体制改革方案》以 1 万亩田间工程为示范,进行用水管理改革。建立民主机制,由用水户参与制定相应的规章制度,保证用水户地位平等;由农民用水者协会负责末级渠水量分配、水费收取、渠系水量分配和渠系维修,并制定一套较完善的制度保证实施等。

(4)实施农业与工业间用水权有偿转让,实现工农业互补共赢。2005 年的一期水权转换工程,自流灌区农业用水从 4.1 亿 m³ 降至 2.8 亿 m³,向工业转让水权 1.3 亿 m³。2009 年二期水权转换工程,转换水量 9 960 万 m³。通过水权转让,每年能实现工业产值 265.5 亿元,新增利税 80 多亿元,增加财政收入近 50 亿元。鄂尔多斯市将工业所得资金返用于灌区改造。将大片中低产田改造为高产农田,有效降低了灌区次生盐碱化情况;改善渠道过水断面,减小渠道糙率,缩短灌溉周期,使渠系水利用系数由衬砌前的 0.36 提高到 0.64,灌溉水利用系数也由 0.24 提高到 0.54。2005 年以来,3 年投资近 6.9 亿元,衬砌各级渠道 1 584.7 km。灌区节水有效地减轻了农民负担。据调查,仅 2006 年较 2005

年亩均水费支出就减少了 10.69 元。

鄂尔多斯市的水权有偿流转探索实现了水资源的市场化配置,形成了农业节水支持工业发展、工业反哺农业的良性局面,引领了水资源总量约束下的水资源配置发展趋向,值得在实践中进一步完善并加以推广。

链接 1:南水北调工程

自 1952 年毛泽东主席提出"南方水多,北方水少,如有可能,借点水来也是可以的"宏伟设想以来,广大水利科技工作者持续进行了 50 年的南水北调工作,形成了南水北调东线、中线和西线调水的基本方案。

南水北调总体规划推荐东线、中线和西线三条调水线路。通过三条调水线路与长江、黄河、淮河和海河四大江河的联系,构成以"四横三纵"为主体的总体布局,以利于实现我国水资源南北调配、东西互济的合理配置格局。

东线工程:利用江苏省已有的江水北调工程,逐步扩大调水规模并延长输水线路。东线工程从长江下游扬州抽引长江水,利用京杭大运河及与其平行的河道逐级提水北送,并连接起调蓄作用的洪泽湖、骆马湖、南四湖、东平湖。出东平湖后分两路输水:一路向北,在位山附近经隧洞穿过黄河;另一路向东,通过胶东地区输水干线经济南输水到烟台、威海。

中线工程:从加坝扩容后的丹江口水库陶岔渠首闸引水,沿唐白河流域西侧过长江流域与淮河流域的分水岭方城垭口后,经黄淮海平原西部边缘,在郑州以西孤柏嘴处穿过黄河,继续沿京广铁路西侧北上,可基本自流到北京、天津。

西线工程:在长江上游通天河、支流雅砻江和大渡河上游筑坝建库,开凿穿过长江与黄河的分水岭巴颜喀拉山的输水隧洞,调长江水入黄河上游。西线工程的供水目标主要是解决涉及青海、甘肃、宁夏、内蒙古、陕西、山西等 6 省(自治区)黄河上中游地区和渭河关中平原的缺水问题。结合兴建黄河干流上的骨干水利枢纽工程,还可以向邻近黄河流域的甘肃河西走廊地区供水,必要时也可相机向黄河下游补水。

规划的东线、中线和西线到 2050 年调水总规模为 448 亿 m³,其中东线 148 亿 m³、中线 130 亿 m³、西线 170 亿 m³。整个工程将根据实际情况分期实施。

链接 2:河湖水系连通

河湖水系是水资源的载体,是生态环境的重要组成部分,也是经济社会发展的基础。河湖水系连通是以江河、湖泊、水库等为基础,采取合理的疏导、沟通、引排、调度等工程措施和非工程措施,建立或改善江河湖库水体之间的水力联系。我国水资源时空分布不均,与经济社会发展布局不相匹配,一些地区水资源承载能力和调配能力不足,部分江河和地区洪涝水宣泄不畅,河湖湿地萎缩严重,水环境恶化。积极推进河湖水系连通,进一步完善水资源配置格局,合理有序开发利用水资源,全面提高水资源调控水平,增强抗御水旱灾害能力,改善水生态环境,对保障国家供水安全、防洪安全、粮食安全、生态安全,支撑经济社会可持续发展具有重要意义。2011 年中央一号文件和中央水利工作会议明确提出,要尽快建设一批河湖水系连通工程,提高水资源调控水平和供水保障能力。在河湖水系连通工程论证和方案比选过程中,应遵循一些必要的行为规范,作为河湖水系连通的基本准则。

(1)社会公平准则。河湖水系连通可能会引起流域及区域水系格局和水资源格局的改变,进而引起经济效益、生态效益和环境效益在不同流域、不同区域或者城市与农村之间转移。既要统筹考虑上下游、左右岸、水资源调出区与调入区之间的用水需求,促进不同区域协调发展,又要统筹城乡水资源开发利用,促进城市与农村协调发展。

(2)经济发展准则。水资源是战略性的经济资源,不同地区和不同部门水资源的利用效率和效益存在差异,通过河湖水系连通应提高水资源利用的效率和效益。同时,河湖水系连通工程涉及的基础设施建设及管理维护通常投资大、成本高,应充分论证工程的投资效益关系,工程的投资规模要与其发挥的经济社会效益和生态环境效益相匹配,杜绝"形象工程"。

(3)生态维系准则。河湖水系连通后被连通两地水系的生态服务功能(或生态价值)减去连通的生态代价应大于连通前被连通两地水系的生态服务功能。此外,要以满足水资源调出区河流的基本生态流量和湖泊的基本生态水位为前提,对生态脆弱地区,要特别重视水系连通伴生的生态效应研究,避免水系连通导致生态破坏。

(4)环境改善准则。要在严格控制入河湖排污总量、有效保护水资源的基础上,充分发挥水系连通的环境修复功能。水系连通后被连通两地河湖水质的总体达标情况要比连通前有所改善,重要水功能区的水环境容量和纳污能力应有所增强。水资源调出区最基本的水质状况要得到保障。

(5)风险规避准则。要注重连通工程风险评估,认真研究河湖水系连通对流域和区域旱涝灾害风险以及生态风险和环境风险的影响。水系连通后被连通两地的旱涝灾害风险比连通前减小,连通后被连通两地水循环各要素改变所伴生的生态风险和环境风险比连通前减小,水系连通工程本身的工程安全风险和经济风险也要尽可能小。

典型的河湖水系连通工程介绍如下:

(1)桂林市"两江四湖"工程。将原有的榕湖、杉湖、桂湖和新开挖的木龙湖与漓江及其支流桃花江贯通为一体形成桂林市区环城水系,从上游引漓江水到桂湖。对桂湖、榕湖、杉湖进行清淤截污,对桃花江进行综合整治,并加强绿化建设和文化建设。"两江四湖"工程实施后河湖地表水质明显好转,桃花江沿岸防洪情势大为缓解,桃花江下游及周边四湖的环境质量有了极大的改善,工程提升了城市的品位和档次,开拓了旅游格局,传承和弘扬了桂林悠久的历史文化,具有显著的生态环境效益、社会效益和经济效益。

(2)辽宁省"东水济西"中线工程。以建设大伙房水库输水一、二期和应急入连工程为主线,实现浑江、浑河、太子河、大辽河、碧流河等12条大中型河流与凤鸣、大伙房、观音阁、碧流河等19座大中型水库的优化配置和联合调度,总库容78.36亿 m^3,兴利库容47.26亿 m^3,防洪库容36.28亿 m^3,解决辽河中下游8个地级市、11个县、1个开发区的用水问题。

(3)济南市河湖水系连通工程。将玉清湖水库与卧虎山水库、长清湖连通,卧虎山水库与锦绣川水库连通,鹊山水库与杜张水库连通,杜张水库与狼猫山水库连通,形成围绕中心城区的环状水源地布局。利用小清河、腊山分洪工程、千佛山南沟、经十东路南沟形成4条横向联系通道,利用现状已有的南北向多条小清河支流以及玉符河、北大沙河,构成中心城区"一环、六库、四横、多纵"的河、库生态水网格局。工程对保障城市供水安全、改善城市水生态环境、提升城市形象发挥了重要作用。

链接 3：虚拟水

虚拟水是最早由英国学者约翰·安东尼·艾伦(Tony Allan)在 1993 年提出的概念，用以计算食品和消费品在生产和销售过程中的用水量，是指生产产品和服务所需要的水资源。虚拟水不是真正意义的水，而是以"虚拟"的形式包含在产品中看不见的水，因此虚拟水也被称为"嵌入水"和"外生水"。

对于虚拟水目前较为准确的定义为：在生产产品和服务中所需要的水资源数量，被称为凝结在产品和服务中的虚拟水量。因此，虚拟水用来计算生产产品和服务所需要的水资源数量。这一概念认为，人们不仅在直接利用水资源时需要消耗水，在消费其他产品时也会消耗大量的水。

虚拟水的特征主要有以下三点：

(1)非真实性。顾名思义，虚拟水不是真实意义上的水，而是虚构的水，是以"虚拟"的形式包含在产品中的"看不见"的水，因此虚拟水也被称为"嵌入水"和"外生水"。"嵌入水"指特定的产品以不同的形式包含一定数量的水，如生产 1 kg 粮食需要用 1 000 L 水来灌溉，生产 1 kg 牛肉需要消耗 1.3 万 L 水，这就是在产品背后看不见的虚拟水。"外生水"暗指进口虚拟水的国家或地区使用了非本国或本地区的水这一事实。

(2)社会交易性。虚拟水是通过商品交易即贸易来实现的，没有商品交易或服务就不存在虚拟水，并且强调社会整体交易，非个体交易，商品交易或服务越多，虚拟水就越多。

(3)便捷性。由于实体水贸易运输距离长远、成本高昂，这种贸易通常是不现实的，而虚拟水以"无形"的形式寄存在其他的商品中，相对于实体水资源而言，其便于运输的特点使贸易变成了一种可以缓解水资源短缺的有用工具。

"虚拟水"概念提出以来，其理论已经在水资源短缺的国家和地区得到了一定的应用。约旦和以色列等一些干旱国家已经有意识地制定了规划政策以减少高水分产品的出口，特别是农作物的出口。实际上这些国家已将虚拟水视为非常重要的、增加的水资源。

从我国粮食生产区域格局分析，我国历史上形成的"南粮北运"和目前的"北粮南运"都是虚拟水转移形式。粮食流向格局逆转为"北粮南运"，即粮食增长的主要区域转移到北方，这种格局的急剧变化，一定程度依赖于北方农田水利建设的完善，同时使北方对水资源的需求更加旺盛，使北方地区水土资源地域组合不相匹配的矛盾更加尖锐。目前每年"北粮南运"的粮食约 1 400 万 t，若按 1 m³ 的水生产 1 kg 粮食计，则相当于 140 亿 m³ 的水从北方运到南方。因此，虚拟水的研究可以在一定程度上分析是我国区域水土资源配置的重大战略。

第 5 章 水资源节约利用

人多水少、水资源时空分布不均是我国的基本国情和水情。随着经济社会的快速发展,用水刚性需求持续增长,废污水排放量不断增加,水已经成为我国严重短缺的产品、制约环境质量的主要因素和经济社会发展面临的严重安全问题。全面提高用水效率和效益,推进水资源节约利用,是解决我国水资源问题的根本出路。

5.1 水资源节约利用的必要性

全球可再生淡水资源量每年为 42.7 万亿 m³,陆地面积为 1.34 亿 km²,单位面积淡水资源 319 mm/年。我国可再生淡水资源量每年为 2.8 万亿 m³,国土面积为 960 万 km²,单位面积淡水资源为 292 mm/年,相当于全球平均值的 91.5%。由于我国人口众多,单位面积人口密度是全球平均值的 3 倍,因此人均淡水资源不足全世界的 1/3,仅 2 200 m³,居世界第 110 位,而北方地区人均水资源量更少。国土面积和我国差不多的美国,单位面积淡水资源为 317 mm/年,美国则由于人口密度仅为我国的近 1/5,人均淡水资源因此约相当于我国的 5 倍。

同时伴随着我国人口的增加、城市化的发展和经济的快速增长,我国用水总量也在快速增长。水资源供需矛盾突出已经成为制约我国社会经济发展和生态环境保护的瓶颈。2013 年全国水资源利用总量 6 183 亿 m³,人均用水量 448 m³,是世界人均水平的 74%,而北方的天津市、北京市、山西省、河北省仅 200 m³ 左右。在空间上尤以华北、西北、西南以及沿海城市等地区供需矛盾最为突出,海河、黄河、辽河流域及西北内陆大部分地区水资源开发利用已经接近甚至超出水资源承载能力。随着城镇化、工业化、农业现代化的快速发展,用水刚性需求不断增长,水资源供需矛盾将更为突出。

预计到 2030 年,我国人口总量将达到 15 亿,人均水资源量不足 1 900 m³,用水总量将超过 6 700 亿 m³,水资源供求压力将更加突出。为了弥补供水不足和保障发展,许多地区以牺牲生态环境为代价,过度开发水资源,通过超采地下水和挤占河道内生态环境用水来保证社会经济用水。根据《全国水资源综合规划》(2010 年)成果,多年平均全国总缺水量为 536 亿 m³,因为干旱和缺水,我国工业生产、农业生产和城乡人民生活等每年都要遭受巨大损失和严重影响。因此,节约用水、提高水资源利用效率与效益、降低经济社会发展对水资源的依赖,才能解决我国水资源短缺问题,保障社会经济的稳定发展与水资源的可持续利用。

5.2　水资源节约利用的概念

5.2.1　节水内涵

节水,从字面上理解为节约用水,目前由于对节水内涵的理解尚未完全统一,仍缺乏一个完整而明确的概念。《全国水资源规划纲要(2001～2010)》将节水定义为"在不降低人民生活质量和社会经济发展能力的前提下,采取综合措施,减少取用水过程的损失、消耗和污染,杜绝浪费,提高水的利用效率,科学合理和高效利用水资源"。《开展节水型社会建设试点工作指导意见》将节水界定为"采取现实可行的综合措施,减少水资源的消耗、浪费和污染,提高水的利用效率,以保证经济社会发展对水资源的需求"。另外,"节水"一词在国内一般译为 Water Saving,国际上则通常译为 Water Conservation。可以看出,节水目前主要指水资源的高效利用,另外还包含水资源保护的含义。

节水型社会中"节水"的概念,与传统意义上的节水相比,其外延要宽泛得多,内涵也更为丰富,主要包括以下四方面内容:

(1)节水主要是指通过工程、生物等措施降低水资源的开发、传输、利用和排水过程中的无效损耗,提高有效水分比例。

水资源开发利用过程中,其损耗量包括有效和无效两部分,有效损耗量又包括"损"和"耗"两部分,有效"损"量是指资源评价中的回归量,又称为可回收量(Recoverable Water),如渠道、田间入渗补给量,或是河道回归量等;而有效"耗"量则指蒸发蒸腾过程中发挥了经济效用或是生态效用的水资源量,如农作物和天然林草的蒸腾量、工业冷却水的蒸发量等。无效损耗量也包括"损"和"耗"两部分,无效"损"量又称为不可回收水量(Irrecoverable Water),如流入海洋和咸水水体中的量;无效"耗"量如农作物棵间蒸发量、水面蒸发量(不考虑水面蒸发带来的环境效益)、盐碱地蒸发量、裸岩蒸发量等。节水量的计算中,对于有效和无效划分口径以及有效量和无效量的认定上的差异,使得不同观念持有者在判别和计算节水潜力和节水量上存在很大分歧。在传统节水概念中,节水量包括了"损"和"耗"两部分的减少量。另外在水资源开发利用中,污染导致水体丧失其资源的有效性,也属于水资源损失量范畴,从这一意义出发,防污与水资源保护内容也应纳入到节水框架当中。

(2)节水的另一层含义是通过水资源合理配置等手段实现一定耗水量下的经济产出和生态产出的最大化。

目前,实现一定耗水量下的经济产出和生态产出最大化的具体途径主要有两种:一是提高单方水的经济和生态产出,主要通过降低有效耗水中的"低效"耗水部分比例来实现,其中有时甚至以牺牲一部分经济利益和生态利益为代价,如农业节水中常常采用以关键期灌溉为特征的非充分灌溉方式,以及国外常常使用向植物叶面喷洒防蒸腾剂等措施都是这一节水内涵的实践体现;二是将原来高耗水低产出部门的用水向低耗水高产出部门转移,主要内容是水资源的优化配置和用水结构调整,其中经济用水合理配置与结构调整涉及区域经济发展方向问题,而生态用水合理配置则涉及生态保护和建设手段与方式的选择,如坡面用水和河道用水、种草与植树、草种和树种的比选等。

(3)一次性水资源的循环再生利用是节水的广义形式。

由于节水的对象是可利用的淡水资源,因此凡能够有利于节约淡水资源的行为和措施都属于节水的范畴,水资源的循环再生利用无疑具有这一功能,因此广义的节水还包含水资源的循环再生利用,具体有两种形式:一是循环利用,如生活上的一水多用,工业上用水循环利用等;二是废污水处理回用。

(4)虚拟水贸易为节水添加了新的内涵。

除以上一些较常见的表象形式外,目前通过水密集型产品贸易的形式来解决区域水资源短缺问题也逐渐受到重视,即利用虚拟水来节约当地淡水资源,这种以虚拟形式包含在产品中的水资源的流入,无疑对于区域用水量的节约和抑制有明显作用,今后我国节水型社会建设过程中要充分考虑区域虚拟水战略的实施,即缺水地区通过贸易方式从富水国家或地区购买水密集型产品来实现区内的水平衡和水安全。2003 年 3 月,在日本东京召开的第三届世界水论坛上,对虚拟水进行了专题讨论,引起了世界的广泛关注。

5.2.2　水资源节约的理论基础

"自然 – 社会"二元水循环模式、分行业用水原理、个体节水的社会学机制以及虚拟水理论是节水的科学基础。第一,"自然 – 社会"二元水循环演化模式与驱动机制,为节水提供系统边界与建设要点,包括"为什么要节水"和"需要节多少水"等一系列基础问题的回答均需以自然水循环系统边界为基准,节水调控的对象是社会水循环全过程,因此有效认知社会水循环的原理与规律则成为节水的科学前提。第二,农业、工业、服务业以及生活、生态等各个行业用水的过程与原理的解释,是回答"节水潜力有多大""在哪些环节节水"和"如何节水"等一系列现实问题的科学基础。第三,个体行为的社会学机制从分析单个人在不同条件下的行动机制出发,面向个体,以解决在节水过程中最微观单元的行为选择问题。第四,在一定的经济技术水平下,通过实体水的节流与挖潜仍不能实现水资源供需平衡时,则需通过区域虚拟水贸易来实现,作为区域广义节水的外部路径,虚拟水理论也因此成为节水的又一科学基础。

5.3　我国节水发展历程、现状及问题

5.3.1　节水发展历程

我国节水工作历时已久,自 20 世纪六七十年代开始便开展了以渠道防渗、平整土地、改畦等措施为主的农业节水。1983 年的全国第一次城市节约用水会议是我国强化节水管理的重要标志。国家"七五"计划把有效保护和节约使用水资源作为长期坚持的基本国策,并在 1988 年的《中华人民共和国水法》中以法律形式固定化。1990 年的全国第二次城市节约用水会议,提出创建"节水型城市"的要求。1997 年国务院审议通过的《水利产业政策》,规定各行业、各地区都要贯彻各项用水制度,大力普及节水技术,全面节约各类用水。2002 年修订的《中华人民共和国水法》颁布,其中第八条规定"国家厉行节约用

水,大力推行节约用水措施,推广节约用水新技术、新工艺,发展节水型工业、农业和服务业,建立节水型社会",节水逐渐向节水型社会建设方向发展。

我国单项节水已经经历了较长的发展历程,然而我国水资源问题是一个典型的、综合的社会问题,表现为从"源头—过程—末端"全过程和社会环境的整体缺陷,单一的节水已经不能解决我国目前面临的复杂的水资源问题,因此节水型社会建设孕育而生。

构建节水型社会,形成节水型的社会发展方式和先进用水文明,通过源头管理,对允许取水量、耗水量和排污量进行科学界定和综合管理,在此基础上开展经济社会可用水量分配、优化经济结构和产业布局,实施面向不同用水主体需求的差别化配置管理,从根本上抑制需求,实现用水的减量化和合理化。通过用水全过程管控,从取水、输水、用水、排水等环节对重点用水户实施精细化监控与管理,促进水资源开发利用的节约,实现集约式的水资源利用方式,保障社会经济的可持续发展。

2000 年发布的《中共中央关于制定国民经济和社会发展第十个五年计划的建议》是中央文件第一次明确提出建设节水型社会;2002 年《中华人民共和国水法》第八条规定:"发展节水型工业、农业和服务业,建立节水型社会",节水型社会以法律形式被固化,我国节水型社会建设历程也由此拉开帷幕。

2002 年 2 月,水利部印发《关于开展节水型社会建设试点工作指导意见的通知》,指出:"为贯彻落实《水法》,加强水资源管理,提高水的利用效率,建设节水型社会,我部决定开展节水型社会建设试点工作。通过试点建设,取得经验,逐步推广,力争用 10 年左右的时间,初步建立起我国节水型社会的法律法规、行政管理、经济技术政策和宣传教育体系。"强调了试点工作的重要性。同年 3 月,甘肃省张掖市被确定为全国第一个节水型社会建设试点,自此确定了以试点建设为推进国家节水型社会建设的基本方式。

2003 年 12 月,水利部发出《关于加强节水型社会建设试点工作的通知》,对我国各地区开展节水型社会建设工作提出五点要求:一是进一步提高对节水型社会建设试点工作的认识;二是学习张掖经验,切实理清思路;三是因地制宜确定试点,积极探索节水型社会建设途径;四是与区域水资源综合规划编制相结合,部署开展节水型社会建设试点工作;五是加强研究,广泛宣传,奠定和营造节水型社会建设试点工作的科学基础和社会氛围。

2004 年 11 月,水利部正式启动了"南水北调东中线受水区节水型社会建设试点工作";2006 年 5 月,国家发展和改革委员会与水利部联合批复了《宁夏节水型社会建设规划》;2007 年 1 月,国家发展和改革委员会、水利部和建设部联合批复了《全国"十一五"节水型社会建设规划》;2006 年,水利部启动实施了全国第二批 30 个国家级节水型社会建设试点,这些不同类型的新试点建设内容各有侧重,通过示范和带动,深入推动了全国节水型社会建设工作;2008 年 6 月,启动实施了全国第三批 40 个国家级节水型社会建设试点;2010 年 7 月,启动实施了全国第四批 18 个国家级节水型社会建设试点。

2002~2010 年仅 8 年的时间里,节水型社会建设试点工作在全国范围内大规模开展起来,共批复实施 100 个国家级试点建设,至 2013 年,第一、二、三批试点已全部通过验收。

5.3.2 水资源节约利用现状

5.3.2.1 各项工作取得了显著进展

近十年,我国节水工作取得了显著成效。一是确立了理念。节水型社会建设战略一经提出,就在国家层面不断被强化和固化,2000 年《中共中央关于制定国民经济和社会发展第十个五年计划的建议》明确提出要"建设节水型社会";2002 年建设节水型社会被写入修订的《中华人民共和国水法》中;2011 年发布的中央一号文件,进一步明确要"加快建设节水型社会"。随着节水型社会建设,这一先进用水理念已经逐渐为公众所认知并接受。二是试点先行取得了突出效果。建设节水型社会是中国经济社会发展主动适应资源环境承载能力实施的用水方式变革。为积累经验、探索模式,全国先后分 4 批次确立了100 个国家级试点,各省又确定了 200 多个省级试点,南水北调东线、中线受水区,河西走廊,黄河上中游地区和东南沿海等诸多地区试点均以其生动的实践给出了各具特色的建设范例,引领我国节水型社会建设向纵深发展。三是在国家范围内实现了整体推进。在先期试点的基础上,国家和各省制定并实施了节水型社会建设"十一五""十二五"规划,国家和许多省份发布了节水型社会建设要点及其指导意见,建立了一系列技术标准,开展了绩效评估与考核,有力地保障了节水型社会建设的有序规范实施。四是各项制度措施被严格实施。自"十一五"起,万元工业增加值用水量和农业灌溉用水有效利用系数被列为国家经济社会发展的主要目标指标,其中万元工业增加值用水量下降值还被列为约束性指标;万元 GDP 用水量、万元工业增加值用水量也被纳入国家节能减排考核指标体系,极大地推动了节水型社会建设各项任务的落实。

发展至今,全国的节水型社会建设已从星星之火发展为燎原之势,水资源利用效率和效益显著提高,用水快速增长态势明显放缓,水资源配置得到优化,社会用水文明程度广泛提升,节水型社会已成为我国两型社会建设的前沿阵地,"作用和意义绝不亚于南水北调和三峡工程"。

5.3.2.2 全国用水效率显著提高

2012 年,全国用水总量为 6 131 亿 m^3,较 2002 年仅增加 11.5%,而 GDP 则增长了 4 倍以上,通过全面推进节水型社会建设,用水效率得到显著提高,在社会经济用水总量微量增长的基础上,保障了全社会用水安全,保证了社会经济各行业的高速稳定发展。

2002～2012 年的 10 年间,全国主要用水效率指标有着翻天覆地的变化。由于产业结构、行业结构的优化,以及各项节水工艺、节水措施的推广,万元 GDP 用水量和万元工业增加值用水量持续下降,2012 年全国万元 GDP 用水量和万元工业增加值用水量分别降到 2002 年的 22% 和 29%,如图 5-1 所示。

由于种植结构的调整、节水灌溉工程的建设,以及灌溉制度的优化,农业用水效率大幅提高,农业灌溉水利用系数由 2002 年的 0.43 提高到 2012 年的 0.516,提高了 17 个百分点,见图 5-2。此外,2012 年全国粮食产量较 2002 年增加了 29%,保障了国家粮食安全,而农业用水总量仅增加 4%,农业用水比例也由 68% 降到 63.6%。

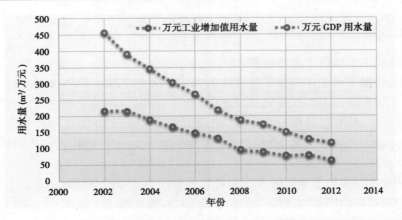

图 5-1　2002～2012 年全国万元 GDP 用水量和万元工业增加值用水量变化情况

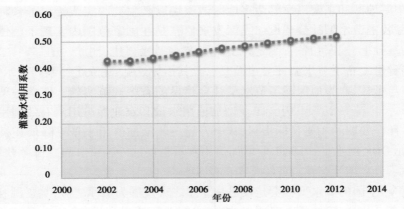

图 5-2　2002～2012 年全国灌溉水利用系数变化情况

5.3.3　水资源节约利用存在的问题

（1）目前与水资源严峻形势不匹配的是我国水资源利用效率整体不高。近年来,我国大力推进节水型社会建设,优化产业、行业结构,大力推广节水工艺和节水措施,区域和行业用水效率显著提升,但与世界先进水平仍有较大差距,2013 年全国万元 GDP 用水量为 109 m³,是英国的 23.9 倍,日本的 7.2 倍,美国的 3.3 倍;农田灌溉水有效利用系数为 0.52,国际上一些国家已经发展推广了第五代高效灌溉技术,灌溉用水有效利用系数达到 0.8 以上;工业水重复利用系数约为 65%,世界先进水平在 90% 以上;城镇管网漏损率在 15% 以上,而国际先进水平控制在 6% 以下;非常规水源利用量约 50 亿 m³,仅占全国总供水量的 0.8%,远小于中东等缺水地区比例。

（2）用水低效带来超量取水和大量排水是导致我国水环境污染与水生态退化的重要原因。我国水环境污染严重的状况仍没有得到根本性扭转,2013 年,对全国 20.8 万 km 的河流水质进行评价,劣于Ⅲ类水河长占 31.4%;119 个主要湖泊 2.9 万 km² 水面评价中,劣于Ⅲ类水质 81 个,占总数的 68.1%;对全国 4 870 个水功能区进行评价,水质达标率仅为 49.4%。由于长期高强度开发利用,我国水生态退化问题也十分突出,20 世纪 50

年代以来,全国大于 10 km² 的湖泊中,142 个萎缩,94 个干涸,萎缩和干涸合计减少面积 15%;我国特别是北方地区地下水超采严重,地下水位持续下降,形成 160 多个地下水超采区,超采面积超过 19 万 km²,造成地面沉降等地质灾害,危及生态安全。

(3)产业布局与水资源分布不相适应。从宏观来看,城市化、工业化进程加快以及国家产业布局的调整,客观上造成了"北粮南运"的格局,部分地下水超采区仍定位为粮食主产区,与水资源分布极不相匹配;高用水的能源基地主要布局在水资源短缺的西北地区;黄淮海缺水地区高耗水工业集中。具体到一些省份,产业与水资源条件不适应状况更为显著,既加剧了水资源紧张状况,又限制了水资源利用效率的整体提升。例如,水资源短缺的河北省,钢铁、化工、火电、纺织、造纸、建材、食品 7 大高耗水工业用水量占工业用水量的 80% 以上,限制了用水效率的进一步提升;水生态环境脆弱的新疆维吾尔自治区,效益较低的农业灌溉面积持续增加,农业用水量占总用水量的 95% 以上,万元 GDP 用水量高达 703 m³,是全国平均值的 5.6 倍;人均用水量高达 2 615 m³,是全国平均值的 6.3 倍;气候干旱的宁夏回族自治区,大面积种植高用水的水稻,2013 年灌溉亩均用水量 819 m³,远远超过全国平均水平。

(4)水资源高效利用管理体系仍不完善。全国性节约用水管理条例尚未出台,现行节水法规的配套措施不健全,难以有效规范和监督管理经济社会用水活动;节水执法监督检查薄弱,取水、用水和排水计量及监测设施不健全;各类用水技术标准体系不完善,缺乏严格的用水管理制度。多龙治水造成的管理断链也是重要原因。国务院"三定"方案明确了水利部作为国家水行政主管部门,负责涉水事务的统筹,但由于水资源的多元属性特征,其"取—输—用—排—污水处理—再利用"过程往往归属于不同的管理部门,造成涉水管理部门之间的职能交叉、标准冲突等问题,节水"三同时"等重要节水制度无法有效实施,常规水资源与非常规水资源统一规划、调配和管理无法有效实施等。

5.4　节水途径与方式

5.4.1　产业结构优化节水

一个国家或者地区的产业结构布局对于节水有显著的影响。三种产业中,以农业为主的第一产业单位产值用水量最大,万元 GDP 用水量为 1 287 m³;以工业和建筑业为主的第二产业次之,万元 GDP 用水量为 112 m³;而以服务业为主的第三产业最小,万元 GDP 用水量仅为 71 m³。同时,在三个产业内部,特别是第二产业内部,由于不同工业行业的用水效益存在显著差别,其中单位产值的用水量以能源、制造业等基础工业最大,纺织等轻工业次之,信息产业等高科技工业最小。因此,实现同样经济规模,不同产业布局需要的用水量将有很大差别:国民经济中第一产业的比重越大,同样经济规模的用水总量越大;相反,第二、第三产业的比重越大,同样经济规模的用水总量将越小。

国内外用水效率变化的过程中,产业结构的调整一直是一个重要的因素。新中国成立以来,第一产业的比重从新中国成立初期的 30% 下降到 2007 年的不足 12%,而第三产业的比重从新中国成立初期的 21% 上升到 2007 年的 40%,第二产业基本稳定在 48% 左右,这种产业格局的调整导致了我国万元 GDP 用水量的大幅度下降,从新中国成立初期的近 10 000 m³ 下降到 2007 年的 231 m³,同时实现了我国在 2000 年前后进入用水量相对稳定阶段,见图 5-3。

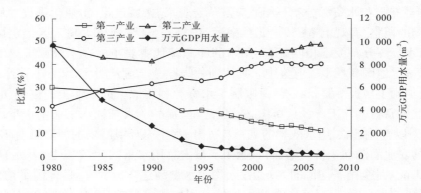

图 5-3　新中国成立初期我国产业结构调整与用水效益变化

　　未来仍要立足流域和区域水资源承载能力,按照区域水资源合理配置要求,确立"以水定产"和"适水发展"的可持续理念,进一步建立与水资源承载能力相适应的经济结构体系。主动推进区域产业结构与布局的优化调整,实现产业结构与布局和水资源禀赋与条件的相互协调。同时加快转变用水方式,优化用水结构,形成节约用水的倒逼机制,大力推进经济结构和布局的战略性调整,严格控制水资源短缺和生态脆弱地区高耗水、高污染行业发展规模。根据不同区域的经济社会发展水平和水资源承载能力,合理调整和控制城镇发展布局和规模;合理调整农业布局和种植结构,因地制宜地优化确定农业、林业、牧业、渔业比例,妥善安排农作物的种植结构及灌溉规模;合理调整工业布局和工业结构,不断降低高用水、高污染行业比重,大力发展优质、低耗、高附加值产业;大力发展节水型服务业。

5.4.2　分行业用水与节水

　　经济发展水平、产业结构与布局、城镇化进程、技术进步、社会制度安排、决策者和公众意识等都对社会用水产生影响。根据主体类型将用水分为生活用水、农业用水、工业用水、第三产业用水等,水资源节约始于各行业的单项节水。

5.4.2.1　生活用水与节水

　　生活用水总量较小,但具有较高的优先权。通常,从生活水循环与自然水循环的衔接看,生活用水耗水量小,大部分回归到径流中。生活用水结构和基本用水量较为稳定,在回归自然的过程中,带入了相当量的污染物。由于生活污水污染物种类繁多,且相对于其他优质污水来讲其污水处理工艺较为烦琐,生活用水的节水对降低水体污染具有重要意义。根据《中国水资源公报》,2010 年我国生活用水量为 765.8 亿 m³,占总用水量的 12.7%,尽管占总用水量的比重较小,但生活用水关系人类社会的生存和发展,具有十分重要的地位。生活用水量与人口数量、用水习惯、生活水平等密切相关,如图 5-4 所示。

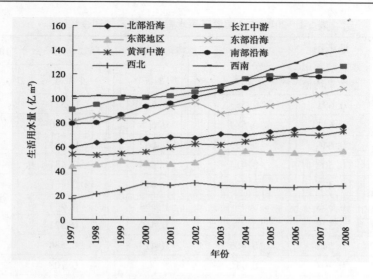

图 5-4 我国八大区域生活用水量的分布

生活用水节水主要突出在三个方面:一是大力提高公众节水意识。生活用水计量基本以户为单位,用水量分散,每户人口数差异性大,难以采用统一硬性标准进行管理。因此,公众节水意识提高,自发节水是生活节水的关键。二是完善计量统计,实行分质供水,用分质水价进行经济调控。三是系统建设污水回收处理系统,针对主要污染物设定排放标准。此外,城市输水管网漏损监测与控制技术是未来我国生活节水技术的主要发展方向,即主动控制法通过控制压力和流量达到控制输水管网漏损的目的,输水管网系统应对技术是利用现代化的信息管理理念从压力控制、快速修复、管网管材更新、主动漏损控制等四方面综合应对,应加快输水管网主动控制和系统应对技术研究,为达到我国输水管网漏损率12%的控制目标,实现城市高效节水做好技术支持。

5.4.2.2 农业用水与节水

农业用水系统由于对水质要求较低,水源具有多样性,水循环通量大且分布广泛。由于作物生育期不同阶段水资源需求不同,同时受区域降水等气候条件影响大,农业灌溉用水需求量不确定性较强;水质要求较低,水源相对丰富,用水量大,用水分布广,据统计,2008年我国农业用水量占国民经济用水总量的比例仍为62%;总体来讲,农业用水效率和效益较低,耗水量大。同时,近年来受其他经济用水的挤占严重,加之供水工程不足,供水保证率不高,增加了计划用水管理实施难度。农业节水的主要目标是"增加农业水循环系统中可利用水资源量,提高农业水资源的效率和效益"。

灌溉用水有效利用系数是评价灌溉用水效率的重要指标,指灌入田间可被作物利用的水量与渠首引进的总水量的比值(见《农村水利技术术语》(SL 56—2005)),与灌区自然条件、工程状况、用水管理、灌溉技术等因素有关。

2010年全国灌溉用水有效利用系数见表5-1,全国2010年灌溉用水有效利用系数为0.502,全国大型、中型、小型和纯井灌区灌溉用水有效利用系数平均值分别为0.454、0.467、0.503和0.682。

表 5-1 2010 年全国灌溉用水有效利用系数调查统计

省(自治区、直辖市)	灌溉用水有效利用系数平均值	不同规模灌区灌溉用水有效利用系数平均值			
		大型灌区	中型灌区	小型灌区	纯井灌区
北京	0.691	0.583	0.580	0.577	0.738
天津	0.651	0.584	0.605	0.696	0.817
河北	0.646	0.459	0.562	0.624	0.694
山西	0.502	0.414	0.454	0.431	0.583
内蒙古	0.473	0.376	0.413	0.451	0.720
辽宁	0.558	0.497	0.504	0.644	0.730
吉林	0.525	0.476	0.460	0.525	0.600
黑龙江	0.549	0.405	0.419	0.584	0.625
上海	0.708	0.710		0.708	
江苏	0.563	0.520	0.544	0.590	0.625
浙江	0.560	0.498	0.545	0.599	
安徽	0.491	0.449	0.475	0.544	0.630
福建	0.506	0.442	0.497	0.519	0.724
江西	0.446	0.418	0.433	0.461	
山东	0.600	0.464	0.497	0.549	0.839
河南	0.570	0.443	0.449	0.553	0.678
湖北	0.477	0.462	0.472	0.511	
湖南	0.460	0.460	0.447	0.475	
广东	0.440	0.389	0.419	0.469	0.619
广西	0.415	0.449	0.408	0.411	
海南	0.543	0.475	0.541	0.640	
重庆	0.450	0.465	0.455	0.445	
四川	0.416	0.412	0.413	0.425	
贵州	0.419	0.407	0.420	0.436	
云南	0.403	0.499	0.397	0.343	
西藏	0.384	0.377	0.400	0.352	
陕西	0.538	0.530	0.514	0.571	0.745
甘肃	0.513	0.503	0.506	0.506	0.671
青海	0.465		0.456	0.487	
宁夏	0.430	0.418	0.456	0.690	0.705
新疆	0.481	0.448	0.504	0.590	0.792
兵团	0.539	0.514	0.539	0.552	0.769
全国	0.502	0.454	0.467	0.503	0.682

　　总体来讲,我国农业灌溉节水还存有较大空间。针对农业水循环系统特点,农业节水的主要途径是通过种植结构调整、种植方式与灌溉制度优化,增加天然降雨的直接利用量,减少农业种植对灌溉用水的依赖性。其中,种植结构调整包括作物种植种类调整和低耗水品种选用;种植方式优化包括错季适应栽培、秸秆或薄膜覆盖栽培等;灌溉制度优化包括人工补充灌溉时机选取、节水灌溉方式采用,以及水分适度亏缺灌溉等。此外,现代高效节水灌溉技术与关键设备研发也是未来我国农业节水的主要方向。目前国外重点技术方向是精细地面灌溉技术,实现集约化农田经营模式下的地面灌、喷灌和微灌,以及水－肥－药一体化高效应用技术,集成适用于规模化农田的水、肥、药高效配施技术体系。在技术方面可以引入低压灌水器、变量灌溉以及水肥、水药混合液浓度精准控制装置,可以实现灌溉智能化,对农业节水增收、污染减排、保障粮食安全具有重要作用。

5.4.2.3　工业用水与节水

　　工业用水主要来自人工取用的地表、地下径流性水资源,由于在各类用水竞争中处于优势,因此受区域自然和外部环境的影响相对较小;工业对水质要求跨度大,工艺用水对水质要求高,间接冷却水对水质要求较低;由于水的作用原理不同,耗水率差异很大,总体耗水率较低;相对于其他类型用水,工业废水中的污染物复杂,包括固体污染物、需氧污染物、油类污染物、有毒污染物、生物污染物、酸碱污染物、营养性污染物、感染污染物和热污染物等,因此工业废水排放控制是减少点源污染的关键。

　　工业企业产品类型繁多,生产过程复杂,即使是同样的产品,也存在多种生产工艺,因此工业水循环系统循环路径与过程十分复杂,提高了工业节水管理的难度。工业节水主要立足于以下三个方面:

　　(1)基于工业用水效率、效益行业差异显著的特点,在遵循经济发展规律基础上,进行工业产业结构调整和升级,建立与资源禀赋条件相适应的工业经济结构,促进宏观节水。

　　(2)进行工业用水全过程管理,加大节水工程建设,推广节水生产工艺,促进微观节水。①建成较高保证率的分质供水及输水系统,优化配置可供水资源,减少管道输水损失。②对于新水和非常规水分别设置独立水表,对各主要用水环节进行用水计量。③采用先进的节水工艺和节水生产设备,降低单位产品取用水量,减少废水产生量。④完善工业废水的收集与处理系统,铺设废水收集管网,对工业废水分类收集,依据废水排放规模建立分散或集中污水处理与回用系统。⑤大力发展循环用水系统、串联用水系统和回用水系统,对各企业的用水、排水进行资源整合,提高工业水重复利用率。

　　例如,火力发电行业现状用水量占总用水量的50%左右。表5-2为不同冷却系统、不同循环水处理技术以及不同的除灰方式等不同条件下的取水情况表。可以看出,用水效率最低的方案(单位发电量取水量6.64 m^3/MWh)的取水量是用水效率最高方案(单位发电量取水量0.82 m^3/MWh)的8.1倍,可见采用不同的节水措施对单位发电取水量有决定性影响。

表 5-2　一台 300 MW 火电机组在不同方案条件下的取水情况

方案			1	2	3	4	5	6	7	8	9	10
除灰用水	低浓度水力除灰		√	√		√						
	高浓度水力除灰				√		√		√			
	干除灰							√		√	√	√
循环水系统	湿冷塔蒸发水损		√	√	√	√	√					
	不装收水器		√									
	加装收水器			√	√	√	√					
	排污水损	旁流处理						√				
		磷酸盐处理	√	√	√							
		石灰处理				√	√					
通风、空调用水	不回收		√	√	√							
	回收 50%					√	√	√	√	√	√	√
轴承、取样冷却水	不回收		√	√	√							
	回收 50%					√	√		√		√	√
	密闭循环							√		√		
锅炉补给水及自用水			√	√	√	√	√	√	√	√	√	√
生活用水	新鲜水		√	√	√	√	√	√	√	√	√	
	中水质水											√
取水量（m³/h）			1 328	1 234	1 234	638	644	502	210	165	210	167
单位发电取水量（m³/MWh）			6.64	6.16	6.16	3.1	3.22	2.59	1.05	0.82	1.05	0.85

注:1 是常规方案:废水不回收,是耗水量最多的方案;2 是常规方案:装除水器,废水不回收;3 是常规方案:装除水器,废水不回收,高浓度水力除灰;4 是常规方案:装除水器,废水不回收,低浓度水力除灰,循环水用石灰处理;5 是常规方案:装除水器,废水回收,高浓度水力除灰,循环水用石灰处理;6 是非常规方案:干除灰、轴承冷却密闭,循环水处理尚需旁流处理;7 是非常规方案:高浓度水力除灰,空冷系统,废水回收;8 是非常规方案:干除灰,空冷系统,废水回收,轴承冷却密闭;9 是非常规方案:干除灰,空冷系统,废水回收;10 是非常规方案:干除灰,空冷系统,废水回收。

（3）针对工业用水有明确责任主体的优势,建立了严格的用水管理制度,为用水、排水提供政策约束。工业用水管理与调控除了要以总量控制和定额管理为核心,大力推进水管理基本制度和配套制度建设,完善水资源管理的制度体系,还要依据各类型区的水资源管理特点和工业用水调控模式,建立与之相适应的用水管理机制,分区划定工业用水三条管理红线。针对工业用水管理,除遵循水资源管理各项统一基本制度外,还要特别注重计划用水管理制度、计量与监测制度和企业用水考核制度等。

（4）研发高效节水技术。例如,研发循环水高浓缩倍率处理技术,开发适用于高碱度、高硬度水质的水处理化学品、配方集成技术;开发适用于高浓缩倍率运行,适应高浊度及长停留时间的水处理化学品及配方技术;开发在高悬浮物条件下实现超低排污的水处理技术;开发适用于高电解质浓度循环水的点蚀抑制剂、杀菌剂的化学品配方技术;开发循环水高浓缩倍率处理全过程自动监控技术。

5.4.2.4　第三产业用水与节水

第三产业包括四个层次:第一层次是流通部门,包括交通运输业、邮电通信业、商业饮食业、物资供销和仓储业;第二层次是为生产和生活服务的部门,包括金融业、保险业、地质普查业、房地产业、公用事业、居民服务业、旅游业、咨询信息服务业和各类技术服务业等;第三层次是为提高科学文化水平和居民素质服务的部门,包括教育、文化、广播电视事业,科学研究事业,卫生、体育和社会福利事业等;第四层次是为社会公共需要服务的部门,包括国家机关、政党机关、社会团体,以及军队和警察部门等。第三产业用水包括机关、宾馆、学校、医院、餐饮、商业、写字楼、文体、洗浴、绿化、洗车、科研等用水类别。通常,机关、写字楼、宾馆、学校、医院、科研、商业、餐饮等行业用水在城市总用水量中所占比例较大。第三产业水循环系统与人民群众的日常生活密切相关,它所包含的行业在用水构成上存在着一定的共性,同时各行业用水行为的构成形式仍存在一定的差别。这主要源自不同行业所提供的服务差异较大。随着行业的变化,人员用水量、设备用水量及其特色用水量所占比例发生变化。第三产业可按行业性质分为非营利性行业和营利性行业,前者包括机关、学校、医院、科研及公共场所等行业,后者则包括商业、餐饮等行业。第三产业的这种服务性产业性质决定了其增加值产出与用水量之间的关系不如农业和工业直接密切,这就使得第三产业的用水经济效益能够显著高于其他产业。

第三产业用水区别于其他行业用水最突出的特点是实际用水主体与水费承担主体分离,如图 5-5 所示。因此,第三产业节水,除注重器具、技术和工艺节水外,重点要加强对"人"用水方式的调控,将高端消费性用水作为节水管理重点,创新内部主体责任和义务挂钩、外部主体消费与支出统一的调控途径。

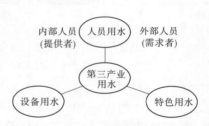

图 5-5　第三产业用水结构

针对第三产业具有用水户众多、用水分散、用水过程波动性较大的特点,要从用水行业角度进行用水节水的系统规范,同时着力完善政策激励、价格调控等机制,发挥市场经济调节作用;提高宣传、教育和监督的有效性,调动用水主体的节水意识和积极性。

5.4.3　非常规水利用

非常规水利用是传统节水的另一重要形式。我国非常规水利用包括污水处理回用、雨水利用和海水利用三种类型,其中海水利用又分为海水直接利用与海水淡化利用。根据《中国水资源公报》统计口径,非常规水利用量中仅指污水处理回用、雨水利用和海水淡化利用。本书对现状各种非常规水源利用量及其与水资源条件、社会经济发展水平进行了统计分析。需要特别指出的是,由于在公报中雨水利用量未区分城市和农村的利用,所以本次城市非常规水源中有少量农村的雨水利用量。此外,未将微咸水利用纳入其中。

据全国水资源公报资料,2004～2008 年,全国非常规水源利用量为 23.25 亿 m³,其中污水处理回用 14.53 亿 m³,雨水利用 8.6 亿 m³,海水淡化 0.12 亿 m³,比重分别为 62.5%、37.0% 和 0.5%,如图 5-6 所示。从上述比重可以看出,我国非常规水源中主要以污水回用为主,雨水利用受降雨条件限制,利用量相对较少,而由于地域限制和海水淡化成本较高,以及海水淡化后的残水排入海中后产生的生态问题,导致其利用量最少。

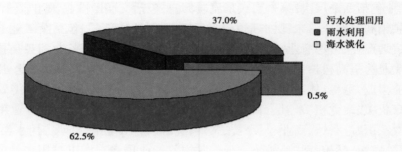

图 5-6　非常规水源利用比重图

2008 年以后,我国非常规水利用工作有了突飞猛进的发展,2012 年非常规水利用量达到了 44.6 亿 m³,较 2008 年增长了将近 1 倍,全国直接利用海水共计 663.1 亿 m³ 之多。

5.4.3.1　再生水利用

我国城市污水再生利用系统有三大类型,即集中型系统、就地(小区)型系统和建筑中水系统,提倡因地制宜、灵活应用,其基本特点如表 5-3 所示。

表 5-3　再生水利用的三大基本类型的基本特点

系统	基本特点	分类
集中型系统	以城市污水处理厂出水或符合排入城市下水道水质标准的污水为水源,集中处理,再生水通过输配管网输送到不同的用水场所或用户管网	集中型
就地(小区)型系统	在相对独立或较为分散的居住区、开发区、度假区或其他公共设施组团中,以符合排入城市下水道水质标准的污水为水源,就地建立再生水处理设施,再生水就近就地利用	分散型
建筑中水系统	具有一定规模和用水量的大型建筑或建筑群中,通过收集洗衣、洗浴排放的优质杂排水,就地进行再生处理和利用	

自 2004 年以来,我国非常规水源利用量稳步增长,逐步从 17 亿 m³ 增长至 2008 年的 29 亿 m³,增长了将近 1 倍,如图 5-7 所示。近 5 年来,年均增长率为 14%,其中 2005 年增长率最大,接近 30%。

2004 年全国污水处理回用量为 11.2 亿 m³,2005 年略有减少,为 10.9 亿 m³,而后经 2006 年的 12.9 亿 m³ 和 2007 年的 15.9 亿 m³ 逐步增加到 2008 年的 21.7 亿 m³,与 2004 年相比几乎增加了 1 倍,如图 5-8 所示。

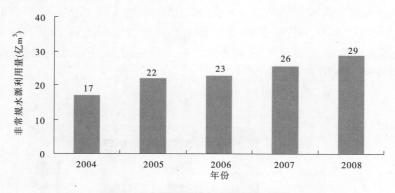

图 5-7　非常规水源利用量历年变化

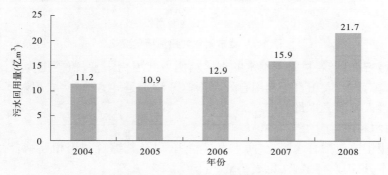

图 5-8　污水处理回用量历年变化

5.4.3.2　雨水利用

城市雨水利用是指在城市范围内,有目的地采取各种措施(收集利用或渗入地下)对雨水资源的保护和利用过程,以达到充分利用资源、改善水生态环境的目的。传统的城市雨水利用技术与现代技术在战略思想、控制关键策略、核心技术、解决途径及利用结果等方面均存在差异,如表 5-4 所示。

表 5-4　城市雨水利用传统技术与现代技术的比较

分类	传统技术	现代技术
战略思想	以当地、当前为目的, 以城市小环境为主	以区域、长远为目的,以自然界生态大循环为主
控制关键策略	减少洪灾	减少污染与减少洪灾并重, 注重生态平衡
核心技术	排放、输送	渗透、利用、生态循环、污染控制、排放
解决途径	工程技术措施	工程技术措施与非工程技术措施(包括经济、 法律、教育和公众参与等)并重
利用结果	水资源流失、环境不断恶化、 政府负担大	水资源循环利用、生态环境的保护和维持、 公众的参与和接受

2004 年全国城市雨水利用量为 5.9 亿 m³,2005 年增长至 11 亿 m³,经 2006 年的 9.7 亿 m³ 和 2007 年的 9.6 亿 m³,到 2008 年时雨水利用量为 6.8 亿 m³,如图 5-9 所示。我国雨水利用设施逐步改善,技术水平和利用能力逐步提高,但由于雨水利用量与降水关系密切,利用量并无明显上升趋势。

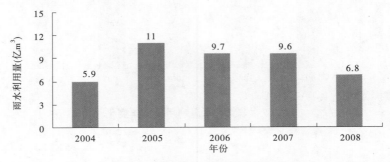

图 5-9　城市雨水利用量历年变化

相对于城市来讲,农村对于雨水的直接利用方式更为丰富、范围更为广泛,包括小塘坝的集雨、水窖蓄水、农田直接利用有效降雨等。特别是北方地区,农田对于雨水的直接利用量远超过人工灌溉水量。

5.4.3.3　海水利用

海水利用主要包括海水淡化、海水直接利用,以及其综合利用相互结合,能够有效地降低总体成本,提高总体效益,见表 5-5。

表 5-5　海水利用的三大基本类型

分类	基本特点
海水淡化	利用海水脱盐生产淡水的技术和过程
海水直接利用	以海水为原水替代淡水,主要作为工业用水和大生活用水
海水综合利用	从海水中提取化学元素、化学品及深加工等

2004 年以来,随着我国水资源供需矛盾的不断突出,海水淡化量呈逐年增加趋势,2008 年我国海水淡化量为 1 913 万 m³,是 2004 年 600 万 m³ 的 3 倍多,如图 5-10 所示。2008 年以后,这一数值又持续增加,全国海水利用工作进展顺利,截至 2012 年年底,全国已建成海水淡化工程 95 个,日产淡化水总规模达到 77.4 万 t。

海水淡化是我国沿海地区水资源开发的重要补充和战略储备,是解决我国沿海地区淡水短缺的战略选择和重要措施,也是拓展中华民族生存发展空间的战略要求。我国有 1.8 万 km 海岸线,海水淡化市场潜力巨大,海水淡化在提供淡水这一基础性资源的同时,也是带动系数大、技术含量高、发展空间广的战略性新兴产业,对于加快传统产业升级和发展模式转变具有重要作用。

未来海水淡化技术的发展方向主要是研发海水淡化膜材料及其组件制备技术,促进海水淡化新型膜材料技术发展,重视纳米材料半透膜和仿生膜的开发和研制。发展反渗透膜元件的设计理论,优化元件的结构和系统运行效果,构建新型的海水淡化反渗透膜元

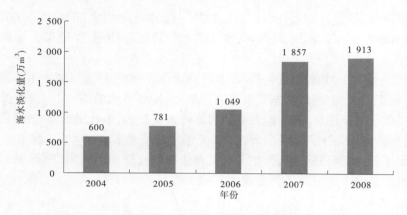

图 5-10　海水淡化量历年变化

件技术平台。研究反渗透膜元件原水隔网和中心管道等配套关键材料,突破挤出、拉伸和抗菌等关键技术,提升海水淡化配套生产能力。推广正渗透膜技术,促进膜材料技术发展,寻求高效的汲取液体系和汲取液再浓缩途径,开展中试研究并加快应用。

5.5　我国分区域节水模式

我国地域辽阔,各行政区域水资源的自然条件、水资源开发利用现状、水利建设特色、经济结构、城市规模与类型、社会经济发展阶段存在明显差异。这些特征决定了我国各区域节水工作在遵循社会经济和水资源综合规划基础上,应针对不同地区的自然、社会经济特点全面规划、分步实施、突出重点、逐步推进,形成各具特色的建设模式。例如,从各行政区水资源状况而言,丰水地区与缺水地区具有不同的侧重点:丰水地区的水资源量分配与控制取决于微观定额指标,注重发挥水价的调节作用,实现水资源的高效利用;缺水地区的水资源量分配与控制受资源自然总量宏观约束。从区域水问题的特征看,对于污染程度高、生态破坏严重的区域,应在水资源承载能力分析的基础上,分析水环境的承载能力。区域现状用水水平是影响其节水工作的重要因素。从统计数据上看,用水水平(万元 GDP 用水量)主要受社会经济(人均 GDP)和水资源状况(人均水资源量)这两种因素影响。

5.5.1　西北干旱地区节水模式

5.5.1.1　区域特点

西北地区是我国经济欠发达地区,其人均 GDP 低于全国平均水平。农业经济比重较高,其灌溉农业占主体,雨养农业也占一定比例,农业用水比例在 50% ～90%。农业产值占社会生产总值的 10% ～20%。工业化程度较低,工业类型多为资源初加工产业,产业链条不长。城镇化程度比重不高,城镇化水平大多较低,供水保障程度低。

5.5.1.2　建设重点

在节水工作中,西北干旱地区通过改变用水方式,在以政府为主导的前提下,针对本区域水资源短缺、节水投资渠道少的弱势,建立了在确保生活、粮食安全和基本生态用水的前提下,采取"农业综合节水－水权有偿转换－工业高效用水"的模式,由企业出资对灌区进行节水改造,提高灌溉水利用率,农业节水转换工业使用,保障工业发展的特色节水道路。

总结西北干旱地区节水重点包括:以水权理论作为指导,推进以农民用水者协会为主的公众参与组织形式,创新地实施了水票运行形式;发展节水灌溉工程,大力促进农业节水;为工业提供了生产用水,实现以农业节水支持工业发展,工业用水得到保障,摆脱了水资源制约的"瓶颈",赢得了发展空间;又以工业发展反哺农业节水,拓展了水利融资渠道,农业节水工程状况得到改善,保护了农民合法用水权益,水费支出下降,减轻了农民负担,为发展农业高效节水开辟了新途径。

5.5.2　西南丰水地区节水模式

5.5.2.1　区域特点

西南丰水地区水资源相对丰富,但降水时空分布不均匀,季节性缺水明显,易遭遇短时干旱灾害。由于水资源本底条件好,节水意识不高,缺乏系统性水资源管理,节水基础较差。该区用水水平参差不齐,整体较低,工业化进程较快,导致环境污染问题逐渐显露。万元 GDP 用水量为 $300 \sim 1\,700\ m^3$,农业用水比例较大,为 $60\% \sim 92\%$。农业产值比重较高,大都为 $20\% \sim 30\%$,社会经济用水总量受干旱指数影响较大。

5.5.2.2　建设重点

在节水工作中,西南丰水地区针对本区域水资源时空分布不均、干旱与洪涝交替发生的特点,探索建立了"特殊干旱的水资源应急管理"路径,通过建立应急管理组织机构与工作机制、完善供水工程保障体系、编制和实施特殊情景的供用水预案、大力节水有效降低经济社会用水需求量等,确保特殊干旱时期社会经济的用水安全,探索了这一类型区域的特色节水模式。

总结西南丰水地区节水重点包括:强化领导责任、明确部门职责、细化工作任务,强化抗旱救灾合力,建立抗旱救灾层层包保责任制,形成了党政主导、农口负责、办公室协调、部门协作、社会参与的抗旱救灾工作机制;针对短时灾害发生频次高与水资源调配工程基础薄弱现状,论证建设水资源调配工程及技术体系,提高地区水资源时空调配能力;制订了发生连续干旱和特大干旱时的逐级压缩供水方案、高耗水行业关停方案和农业种植结构调整方案;实施集中联片的综合农田水利工程改造,着力完善节水配套工程建设,严格执行"三同时"制度,严管各类工业新建、改扩建项目的节水工艺工程,降低各行业用水需求。

5.5.3　华南丰水地区节水模式

5.5.3.1　区域特点

华南丰水地区经济发展迅速,工业化程度较高,产业结构相对合理,节水的经济投入能力强。由于工业化进程较快,污水排放量较大,河湖污染严重。产业结构优化导致整体用水效率相对较高,农业用水比例逐渐减小,但用水效率仍有一定提升空间;农业生产总值占国民生产总值的比重低,大都在 10% 以下,社会经济总用水量受干旱指数影响逐步缩小。由于水资源相对丰沛,公众节水意识相对薄弱。

5.5.3.2　建设重点

在节水工作中,华南丰水地区针对本区域水污染严重问题,以防污治污工作为重心,通过建立"源头减污－水生态修复－景观塑造"的湖泊水质提档升级综合治理模式,进行水体污染治理,使湖泊水体水质恶化趋势得到遏制,部分水体湖泊水质实现提档升级,为南方丰水地区治理湖泊水体污染、改善水生态环境状况提供了系统的经验与示范,探索了该类型区节水模式。

总结华南丰水地区节水重点包括:实施截污工程,限制高用水高污染行业发展,提高工业用水重复利用率,减少新水取用量和废水排放量,提高工业废水排放标准,建设区域污水处理厂,强化污染物处理深度,实现污水不入湖、少入湖;实施养殖结构调整及污泥清除,建立种植业农药和化肥合理利用政策,进行畜禽养殖业分类分区管理,控制水产养殖,缩减围网养殖面积,减少湖泊内源及面源污染;在截污、清淤的基础上,加强水生态修复工程建设,改善湖泊生态环境,重建湖泊水生态系统,结合区域生态景观规划,对湖泊实施景观建设。

5.5.4　南水北调东线、中线受水区节水模式

5.5.4.1　**区域特点**

南水北调东线、中线受水区水资源本底条件较差,水资源的数量与这一地区的人口和贡献的 GDP 极不匹配,属于水资源严重短缺的地区,水资源供需矛盾十分突出。水资源的严重不足已明显地制约着本区工农业生产的发展,甚至对人们正常的生产和生活产生重大影响。节水工作基础较好,整体用水效率较高,农业用水比例逐渐减小,占社会经济总用水量的 60% 以下,供水能力和供水保证率相对较高。由于经济发展迅速,生态用水挤占情况严重,城市水环境污染状况不容乐观。

5.5.4.2　**建设重点**

在节水工作中,南水北调东线、中线受水区贯彻了"先节水后调水,先治污后通水,先环保后用水"的指导思想,通过推进各行业高效用水,建立相对完善的节水体系,大力发展非常规水源利用,降低新水资源的开发利用量,加大污水处理能力,减少废、污水排放量,减少环境纳污负担,探索了这一类型区特色节水模式。

总结南水北调东线、中线受水区节水重点包括:在良好的节水工作基础上,将零散的节水工作提升为完善成熟的系统和体系,通过产业升级与节水技术改造相结合推进工业综合节水,开展水量分配和完善节水工程相结合推进农业综合节水,由单环节节水向可持续的节水型社会转变;挖掘本区域替代水源,增加经济投入,加大非常规水源的利用,按不同类型用户的水质要求进行分质供水,实现地表水、地下水、雨水、再生水等多种水源的统一优化配置与调度;污染防治与再生水利用相结合,减少废水、污水排放量,降低了经济生产新水取用量,加大污水集中处理投资力度,减轻环境负担;逐步以地表水和再生水替代地下水,保护涵养区域地下水资源,维持河道生态用水需求,保持生态稳定恢复,创造良好的宜居环境,保障了人与自然的和谐。

5.5.5　东部沿海地区节水模式

5.5.5.1　区域特点

东部沿海地区经济发展水平较高,是我国重要的轻工业基地。其中,珠江三角洲社会经济已接近发达国家水平,是全国经济综合实力最强的区域之一。华北沿海地区总体上水资源丰富,但部分地区季节性缺水严重,水污染问题突出。

5.5.5.2　建设重点

经济发达的东部沿海地区,在节水工作中,针对区域存在的问题,利用区位优势,大力发展非常规水源利用,通过多方式、多途径集蓄雨水和利用海水,解决缺水问题,保障了社会经济用水安全,逐步探索出本区域节水模式。

总结东部沿海地区节水重点包括:通过扩大水库和山塘调蓄能力,结合兴建蓄水工程增加雨水集蓄量,实现雨水的充分集蓄和农业循环用水,实施"库库联通,厂厂联网"工程,通过综合调度提高雨水资源利用率;进行水资源精细化管理,对不同行业进行分质供水,逐步构建多水源优化配置利用体系,发展海水利用技术,海水淡化用于电子等高品质用水行业,海水直接用于工业循环冷却和工厂化养殖等行业。

5.5.6　东北粮食主产区节水模式

5.5.6.1　区域特点

东北四省(区)拥有全国23.5%的耕地面积,水土光热条件较好,具有农业规模化和集约化发展优势,是我国最重要的粮食主产区之一,也是我国重要的商品粮基地,在保障国家粮食安全中具有极为重要的战略地位。东北四省(区)水资源时空分布不均,部分地区水资源供需矛盾突出。四省(区)有效灌溉面积仅占耕地面积的36%,约1/6的农用井无配套机电设备,有土无水制约了粮食生产潜力的充分发挥。部分地区农业用水方式粗放,干旱缺水与用水浪费并存。同时,随着工业经济发展,工业用水需求不断增加。

5.5.6.2　建设重点

东北粮食主产区在节水工作中针对本区域的用水特点,大力开展农业节水,通过建立健全灌溉制度强化农业用水管理,加强灌区节水改造促进配套工程建设,推广节水灌溉技术发展旱作节水农业,加大节水载体建设提高农民节水意识,探索了这一区域的节水模式。

总结东北粮食生产区节水重点包括:以国家"节水增粮行动"为依托,以提高水资源利用效率为核心,以增强农业综合生产能力为根本,以严格水资源管理为基础,统筹节水、增粮、增效、增收目标,综合工程、农艺、农机、管理措施,连片规划、规模发展、整体推进,大规模发展喷灌、滴灌、管道输水灌溉等高效节水灌溉技术,开展高效节水灌溉工程建设,重点开展现有灌区节水改造,充分挖掘现有灌溉面积的节水增产潜力,实现农业用水总量零增长或微增长。

5.6 区域节水型社会建设典型案例

5.6.1 发达丰水区典型案例

对于发达丰水地区,水资源量并不是社会经济发展的制约性因素,但是随着社会经济的迅猛发展,社会用水系统大量排污导致水体环境恶化,威胁着水资源安全。这一类型地区大都致力于提高水的利用效率,通过节约用水减少废污水排放量,降低废污水处理压力,提升水环境质量。

5.6.1.1 湖泊水质提档升级综合治理模式——湖北省武汉市

湖北省省会武汉市是华中地区最大都市及中心城市,是国家中部崛起战略的龙头城市,2009 年常住人口 910 万,地区生产总值 4 560.6 亿元,人均约 5 万元。武汉市本地产水资源量多年平均为 47 亿 m³,长江、汉江干流平均入境水量 7 047 亿 m³,水资源丰沛,以长江和汉江为干流,组成庞大的河湖水网,水域面积约占全市总面积的 25.6%。但随着工业化和城镇化的推进,武汉市湖泊水域也面临着污染严重、湖体萎缩和湖泊生态系统退化等突出问题。2007 年 12 月,国家发展和改革委员会批准以武汉市为中心的城市圈为全国资源节约型和环境友好型社会建设综合配套改革试验区,2008 年 11 月,水利部批复武汉市为全国节水型社会建设试点城市。

在节水型社会试点建设过程中,武汉市立足自身市情、水情,探索形成了以市区联动为体制保障,以水质提档升级为目标,以"三线"("蓝线"—水域控制线,"绿线"—绿化控制线,"灰线"—建筑控制线)划定为突破,以"一湖一策""一湖一景"为特色的工程措施与非工程措施并重的湖泊生态环境综合治理模式,主要做法如下:

(1)划定湖泊"三线",为湖泊保护奠定基础。依据颁布的《武汉市湖泊保护规划》《武汉市湖泊保护条例实施细则》,水行政主管部门组织开展全市湖泊"三线"的划定工作,率先完成中心城区湖泊水域线的勘界立桩。试点建设期间,市政府又统一组织水务、规划、园林等部门,依照《武汉市水生态环境保护规划》的要求,对"三线"进行调整和完善。目前,已完成了中心城区 40 个湖泊的"三线"调整。

(2)实施截污工程,实现污水不再入湖。2006 年 4 月,《武汉市人民政府办公厅关于加快实施清水入湖计划截污工程建设的意见》(武政办〔2006〕95 号)下发,计划截断排污口 176 个(后随着截污工程的深入截污排污口增加到 281 个),新建管网 166.3 km。截至 2009 年年底,累计投资约 8.0 亿元,中心城区的 40 个湖泊基本实现截污,累计截断入湖排污口 281 个,截流入湖污水约 48 万 t/d。

(3)实施养殖结构调整及污泥清除,减少湖泊内源及面源污染。试点期间投资 8 750 万元,对全市水域内的珍珠养殖全部进行拆除,成为全国率先退出珍珠养殖的城市。在三环线内全面退出网箱养殖、畜禽养殖。已拆除湖泊围栏网 5.53 km,减少网箱 2.45 万 m²,除洪山区外中心城区全部退出湖泊周边养殖。对于已经完成点源污染截流、淤积比较严重的湖泊实施污泥清除工程,清除污泥 262 万 m³,投资 1.64 亿元。

(4)加强水生态修复,重建湖泊水生态系统。试点期间,投资 5 800 万元对重点治理的 20 个湖泊,在截污、清淤的基础上,加强水生态修复工程建设,改善湖泊生态环境。截至 2009 年年底,紫阳湖、换子湖、机器荡子、西北湖、四美塘、水果湖、后襄河、内沙湖、小南湖、菱角湖、三角湖、金银湖已完成截污,清淤;月湖、莲花湖已完成生态引水,水生植被恢复正在进行中;东湖(官桥湖)通过生物治理措施,蓝藻已得到有效控制,水质变清;张毕湖拟争取法国投资建设成主题公园,方案设计将予以变更修编。

(5)打造"一湖一景",美化湖泊景观。《武汉市园林发展"十一五"规划》将"一湖一景"加强中心城区湖泊绿化建设列为重点建设项目之一,已对 22 个湖泊实施景观建设,投入资金 4.07 亿元,建成湖泊公园绿地面积 228.24 hm²。

武汉市通过上述多类措施的强化治理,试点建设期间 5 个Ⅳ类水体湖泊保持稳定并有所改善;16 个湖泊水质实现提档升级,其中 11 个湖泊水质升级,5 个湖泊水质提档;19 个湖泊水体水质恶化趋势得到遏制,为南方丰水地区治理湖泊水体污染、改善水生态环境状况提供了系统的经验与示范。

5.6.1.2　构建平原河网区二元三级水循环体系——张家港市

张家港市地处长江下游南岸,北滨长江,南近太湖,多年平均降水量 1 058 mm,境内大小河道 9 142 条,是典型的河网感潮地区。张家港是一个新兴的港口工业城市,2008 年常住人口 150 万,国内地区生产总值 1 250 亿元,人均 GDP 为 8.33 万元,年取用水量 5.3 亿 m³。由于区内人口和产业密集,加之平原河网地区水循环速率缓慢,水污染问题突出。

自开展试点建设以来,张家港市立足自身经济发达、污染物产生模数高以及平原河网区水动力不足的实际,以减排、增容为两条主线,构筑以"自然－社会"二元、"宏观－中观－微观"三级为构架的区域水循环体系,探索建立了平原河网经济发达地区节水型社会建设的基本模式。

自然水循环方面,针对平原河网水流缓慢,自净能力不足的症结,在宏观、中观、微观三个层面实行以增容通畅为核心的治理行动。宏观层面上,优化调整河网水系布局,在入潮和退潮河口兴建控制性枢纽,结合水量科学调度,构建东、中、西部水循环体系,加快区域水循环速率,提升水体自净能力。如在中部水系,投资建设了一干河枢纽、朝东圩港水利枢纽、东横河控制枢纽、新沙河南端控制工程等水环境控制性工程,有效地改善了区域水循环的动力条件;中观层面上,实施了谷渎港、三支河、万红港、大寨河、纪澄河、一支河、暨阳湖南排工程、弯背塘、界罗港等"十纵十横"二级河道工程建设和改造,实现了二级水网干河的互连互通,提升骨干水系的循环动力,增加了水环境容量;微观层面上,针对末端水系筑坝填淤严重的现象,实施农村(村组)河道拆坝建桥畅流工程,沟通末梢水系,试点期间对存在严重问题的 6 359 条坝头全面拆除,将河道断流处的坝头改建为机耕桥或涵洞,一般农田作业通道改建为人行便桥,打通了农村河道水系末梢与骨干河道的脉络,形成了完整的水循环体系。此外,张家港市还投入 1.4 亿元进行河道疏浚,使河流水动力条件大为改观。

社会水循环方面,针对区域人口和产业密集,污染物产生量远高于水体纳污能力的状况,在行政区、工业园区和企业单元三个层次实施了以减量、循环、再生利用为目标的节水减排综合措施。在宏观层面,积极开展清洁生产审核和 ISO 14000 环境管理体系认证,试点期间全市累计开展清洁生产企业审核 148 家,规模企业通过 ISO 14000 认证比例达到

20%以上。在此基础上,推行"工业企业向园区集中,人口向城市集中,居民向社区集中",实施市污水处理厂二期工程改造,实行排污的集中管理和治理,在污水口建设湿地景观河道工程,并将部分尾水用于绿化、道路冲洗等环境用水。为保障污水处理厂的正常运行,将污水处理费提高到 1.30 元/m³。中观层面,推进张家港保税区、扬子江化学工业园的工业废水再生回用和厂际串联用水,将不同品质的再生水分别用于绿化环境用水、工业生产用水和循环冷却水、锅炉用水,努力实现园区废污水的"零排放"。还将华天生物科技有限公司产生的废酸水送到张家港市色织厂,作为该厂废水处理的中和原料,实现园区企业间的串联循序用水。微观层面,实施八大行业节水行动,将年用水量 8 万 t 以上的54 家用水企业大户全面纳入其中,其中在大型钢铁、化工、电子等行业推进循环用水,对有条件的企业实施"零排放"工程。在纺织染整、电镀等行业实施限排与再生回用,在中小型锻造、压延等企业实施"封堵排污口,污水禁排,内塘蓄存,外河补水,循环回用"等措施。

此外,张家港市还探索了以"以电核量、定额考核、节量有奖、以工补农"为基本内容的丰水地区农业节水的新模式,创新建立了工业用水的审计制度,形成了政府主导、部门联动、载体推进、公众参与、科技支撑的节水型社会建设组织模式。

通过试点建设,张家港市万元 GDP 取水量由 2004 年的 98 m³ 降至 2009 年的 44 m³,水功能区达标率由 55% 提高至 70%,万元工业增加值用水量由 53 m³ 下降至 24 m³,有力地支撑了经济社会又好又快地发展,并为发达平原河网地区节水型社会建设提供了系统经验与示范。

5.6.2　经济较好的少水区典型案例

5.6.2.1　经济、生态与水资源协调发展先行区——天津市滨海新区

天津市是我国水资源最为紧缺的地区之一,多年平均人均水资源量仅为 160 m³,加上入境和外调水量,人均占有量也不过 370 m³。20 世纪 80 年代以来,海河流域进入持续干旱期,加上上游地区社会经济取用水量的增长,地处"九河下梢"的天津市入境客水量大幅度衰减,区域水资源短缺情势更加严峻。天津滨海新区位于天津市中心区的东面,渤海湾顶端,陆域面积 2 270 km²,2008 年年底常住人口 202 万人,并保持着每年 20% 左右的增长率。2006 年国务院常务会议研究推进滨海新区开发开放,并批示滨海新区为综合配套改革试验区,天津滨海新区迎来发展新局面,成为带动区域发展新的经济增长极。社会经济的快速发展与日益短缺的淡水资源,对滨海新区水资源安全保障和高效利用提出了更高的要求。在此背景下,滨海新区积极探索经济、生态与水资源协调发展的节水型社会建设新模式取得了良好效果,积累了若干经验。

一是构建适水高效型的产业结构布局。滨海新区 2000~2007 年三次产业结构的平均值为 0.6:67.8:31.6,第一产业所占比重逐年下降,第二、第三产业比重超过 99%,其中高新技术产业比重不断上升,已形成了电子通信、石油开采与加工、海洋化工、现代冶金、机械制造、生物制药、食品加工等七大主导产业,构筑了节水高效型的产业体系,2006 年和 2007 年滨海新区的万元工业产值取新水量分别仅为 6.8 m³ 和 5.0 m³,契合滨海新区的水资源本底条件和经济发展需求。同时,滨海新区充分发挥临海优势,在沿海布置可直

接利用海水的工业循环冷却和工厂化养殖等行业,就近直接利用海水,努力构建适水高效型的产业结构布局。

二是开展节水型生态体系建设。滨海新区基于自身生态环境的基本定位,提出了打造具有国际先进水平,能实施、能复制、能推广的宜居生态新城的目标。在生态体系建设过程中,高度重视生态环境用水的节约和非常规水的利用。建设了泰达污水处理厂再生水回用生态示范工程,以泰达污水处理厂二级处理出水为水源,建成总长 2 275 m 的景观河道和 15 万 m^2 人工湖城市景观水系,河道水质达到观赏性景观环境用水标准,人工湖达到地表水 V 类标准,年利用再生水 110 万 m^3。在示范项目推动下,还先后启动了泰达新水源公司一厂污水处理不脱盐出水 3 万 t 回用生态环境、开发区西区和塘沽区临港工业区污水处理厂再生水生态回用工程。

三是推进各行业高效用水,完善节水减排体系。建设项目审批上,侧重于循环用水效率高的项目,例如北疆电厂和空客 A320 飞机总装线,均是全国发展循环经济工业的大项目,也是节水减排的经典项目,天津石化污水回用量每小时接近 1 000 m^3,整个项目工业水重复利用率达到 98% 以上;依照《天津市水平衡测试管理办法》,规定月均取水量 1 000 m^3 以上的用水户必须按规定周期进行水平衡测试;逐步开展行业综合用水定额制定工作,严格执行计划用水管理和超计划用水加价收费制度;建立差别化水价体系,大幅提高污水处理费,在水价整体提高的基础上,拉大新鲜供水和再生水价格差距。通过多种管理、调控手段,强制促进用水户提高水资源重复利用率,减少废污水排放量。

四是加强多水源优化配置,保障用水安全。滨海新区针对区域水资源特点,明确引滦水用于城市生活和工业生产,本地水和入境水用于农业生产,再生水用于工农业和生态,海水淡化用于电子等高品质用水行业,海水直接用于工业循环冷却和工厂化养殖等行业,搭建起了多水源优化配置平台。同时,有效保护地下水,控制海水入侵和地面沉降;加强海水淡化等非常规水源利用,保障区域用水安全。滨海新区已建成海水淡化工程 4 个,总处理能力 21.6 万 t/d,淡化海水利用量约为 10 万 t/d,年海水直接利用量达到 15 亿 m^3。

2009 年,滨海新区生产总值完成 3 810.67 亿元,用水效率在全国居前列。目前,滨海新区的地下水资源基本达到采补平衡,地下水超采得到了有效控制,地面沉降得到控制。北大港、七里海适度恢复湿地功能,水功能区达标率达到 80%。天津市滨海新区通过水资源、生态环境与经济社会协调发展体系建设,既保障了快速发展下的社会经济用水需求,又全面改善了生态环境,为经济发达严重缺水地区节水型社会建设提供了有益的经验。

5.6.2.2　建立"绿色高压线",推动产业"绿色转型"——太原市

太原市位于山西省中部,是国家经济产业转型综合配套改革试验区的龙头城市,在西部大开发战略格局中占有重要地位。2008 年,太原市常住人口 347 万人,地区生产总值达到 1 468 亿元,占山西省 GDP 的 21%。但是,太原市是我国水资源极为匮乏的省会城市,多年平均降水量 467.1 mm,人均水资源量仅为 173 m^3。缺水已经成为制约太原市经济社会可持续发展的重要因素。2006 年 11 月,太原市被批准为全国节水型社会建设试点城市,试点期间,太原市将节水型社会建设与产业转型有机结合起来,以水资源开发利用方式转型来促进和引导产业结构调整升级,探索出一系列好的经验。

　　试点建设以来,太原市全面推进"绿色转型",围绕发展绿色经济、构建绿色产业体系,严格实施"绿色高压线",具体包括:①凡新建、扩建、改建项目必须进行水资源论证,并严禁在太原市新建、扩建高耗水项目;②严禁在太原市划定的禁采区内凿井取水,凡新建、扩建矿山采掘企业,吨矿排水量不得大于 1.2 m³;③凡新建、扩建、改建项目必须进行水土保持方案的审批,并按批准方案实施分期治理;④在市河道内设置的所有排污口按水功能区划要求达标排放。通过"绿色转型"方案的实施,不断推动产业结构升级,建立与区域水资源承载能力相匹配的产业布局。同时,在工业企业内部主抓用水大户的节水技术改造,淘汰落后高耗水产能,弘扬水资源精细管理和高效利用,树立了太原钢铁厂、古交电厂等一批节水示范企业,推动经济产业转型下的水资源开发利用方式转变。

　　为配合"绿色高压线"的实施,更好地推动产业"绿色转型",太原市还重点加强了以下几方面工作:一是在项目水资源论证方面进行严格把关,结合晋祠和兰村两大泉域保护条例和饮用水源地保护区划等管理制度,对不符合条例和区划的项目坚决予以否决。如大唐一电七期工程由于地处保护区,在项目论证中即被否决。对已有的一些高耗水、高污染、达不到环境控制要求的企业进行产业升级改造、整体搬迁或者关停。仅 2008 年上半年,太原市就取缔、关停、淘汰污染企业和落后生产设施 143 个。二是实施差别水价和差别水资源费制度,限制高耗水行业、工艺和落后生产设备的发展。根据取水用途,对不同的行业、不同的用途,征收不同的水价。在水资源费征收方面,按照取水类型和取水用途,对限制类企业或企业中限制类生产能力、工艺技术及装备取用水在相应标准基础上加 1 倍征收,对淘汰类企业或企业中淘汰类工艺技术及设备取用水加 3 倍征收。三是在重点地区建立引导示范,启动了西山地区综合整治生态绿化工程,使西山地区整体退出水泥、焦化、化工、煤炭等高耗水、高污染行业,重点发展机械制造、物流、文化创意等新产业,为全市实现"绿色转型"、创建节水型城市发挥了重要的作用。四是严格考核制度,将主要指标纳入政府经济考核指标体系。太原市政府不仅将节水型社会建设 35 项评价指标全部纳入政府考核体系,并且把 35 项指标中万元地区生产总值平均耗水量、万元工业增加值平均耗水量、地下水位升降幅度这 3 项指标纳入市政府对各级政府部门的经济考核评价指标体系,与各级部门领导的政绩直接挂钩,推进全市的产业转型和节水型社会建设工作。

　　太原市通过实施"绿色转型",全市第一、第二、第三产业结构比重由 2005 年的 2.3:46.8:50.9 到 2009 年年底的 2.0:43.7:54.3,第三产业比重明显增加。在第二产业内部,低耗、高效的新型工业比重明显提升,用水效率和效益快速提高,全市万元工业增加值平均耗水量 2006 年为 58.4 m³,2008 年降至 31.6 m³,年均降幅超过 20%,水资源开发利用方式和经济产业转型取得显著成效。

5.6.3　经济较差的丰水区典型案例

5.6.3.1　特殊干旱的水资源应急管理模式——云南省曲靖市

　　曲靖市位于云南省东部,是我国重要的烟草工业和优质烤烟生产基地。曲靖属滇东高原山区,立体气候特征显著,多年平均降水量 1 081.3 mm,水资源时空分布不均,地高水低,水资源开发利用难度较大。2009 年全市总人口 616.2 万,城镇化率仅为 12.6%,人均 GDP 14 860.7 元,三产比例为 32.6 : 47.5 : 19.9。第一产业用水占社会经济总用水量的 66.7%,因此全市用水需求受区域降水条件影响较大。2006 年曲靖市被水利部批复为全国节水型社会建设试点,经过三年建设,试点工作取得了一定成效,特别是在 2009 ~ 2010 年西南地区秋、冬、春、初夏四季连续的特大旱灾中,探索建立的特殊情景下的水资源应急管理模式发挥了显著的效益。主要做法如下:

一是建立应急管理组织机构与工作机制。旱灾期间,曲靖市着力强化领导责任、明确部门职责、细化工作任务、强化抗旱救灾合力,成立了以市委书记任组长,市委副书记、市长任副组长,市委、市政府相关领导为成员的抗旱救灾工作领导小组,下设办公室在市委农业办公室,负责全市抗旱救灾的综合协调等工作。建立了市级领导包县到乡、处级领导包乡到村、市县各部门挂村到组到户的抗旱救灾层层包保责任制,形成了党政主导、农口负责、办公室协调、部门协作、社会参与的抗旱救灾工作机制。

二是编制和实施了特殊情景的全市计划用水方案。试点期间,曲靖市针对区域降水年际变化大的特点,创新性地在《曲靖市计划用水方案编制与实施》中,制订了针对由天灾、人祸引起的水资源数量减少或水资源质量不能满足用水需求从而导致可供用水量减少的特殊情况下工业、农业和生活的计划用水方案。制订了发生连续干旱和特大干旱时的逐级压缩供水方案、高耗水行业关停方案和农业种植结构调整方案。该方案在本次西南地区百年一遇的大旱中发挥了重要指导性作用。

三是强化以烟田为重点的节水改造,有效降低了经济社会用水需求量。曲靖市以 300 万亩基本烟(农)田建设为重点,实施集中联片的综合农田水利工程改造,着力完善烟水配套工程建设,至 2008 年年底全市累计投资 8.32 亿元,对基本烟(农)田实施灌溉节水改造,使农田成为“田成方、沟成网、路相连、渠相通、旱能灌、涝能排”的高稳产烟农田,烤烟种植亩均用水量由 75 m^3 降至 15 m^3,年节水量 6 600 万 m^3。实施的灌区渠系改造工程、灌区续建配套工程、中低产田改造工程共计年节水量 1 亿 m^3 以上。以水价改革为重点,形成市场经济调节机制,运用市场手段,实行阶梯水价,引导居民等用水户自觉和主动节水。严格执行“三同时”制度,严管各类工业新建、改扩建项目的节水工艺工程。

在此次西南地区百年一遇特大干旱中,节水型社会建设在曲靖市抗旱救灾中发挥了十分重要的作用,用 5.27 亿 m^3 水解决了常年需要 8 亿 m^3 水才能完成的生产生活用水需求,最大限度地减轻了旱灾损失,挽回粮食损失 6.05 万 t,挽回经济作物损失 2.3 亿元,为以农业灌溉用水为主地区特殊干旱时期的水资源应急管理提供了有益的经验。

5.6.3.2　推进建设项目“节水三同时”——江西省萍乡市

萍乡市是江西省重要工业城市和重要建材生产基地,地处湘江和赣江流域分水岭,多年平均降水量约为 1 600 mm,人均水资源量为 1 985 m^3,境内无过境河流。2008 年全市总人口 185 万,三次产业结构为 8.7 : 61.7 : 29.6,人均生产总值 2.1 万元。由于基础工业的快速发展,水污染问题已成为制约萍乡经济与社会发展的瓶颈。2006 年萍乡市被批准为全国节水型社会建设试点城市。

试点期间,萍乡市以建设用水总量控制与定额管理相结合制度为重点任务,在建设项目节水“三同时”制度方面取得积极的经验,主要做法如下:

一是完善地方法规,为“三同时”制度建设提供法制依据。试点之初,萍乡市政府以

45 号令出台了《萍乡市计划用水和节约用水管理办法》,规定新建、扩建、改建建设项目竣工投入使用后的首次用水计划,在节水设施验收合格后,由水行政主管部门根据建设项目水资源论证报告或者用水节水评估报告、行业用水定额和设计用水量等,核定用水计划,为实施建设项目"三同时"提供政策依据和保障。通过设立建设项目节水措施方案审查和配套节水设施竣工验收的行政许可审批制度来促使取水用水单位做到用水计划、节水目标、节水措施和管水制度"四到位"。

二是建立节水"三同时"制度实施的多部门联动的协作机制。其中,建设单位施工前向水行政主管部门申报节水措施方案审查和施工的用水核准,水行政主管部门审查其室内供排水系统设计和安装单位资质,供排水系统图纸和节水措施方案,根据建筑总面积和用水定额核准施工用水总量,经水行政主管部门审查同意与核定,方可获得主管部门批准,并按审查意见施工,制定用水管理制度,开展节水宣传,配套建设节水设施;工程竣工后由水行政主管部门对节水设施进行验收,未经验收或验收不合格的,不得投入使用。

三是在行政管理上将建设项目节水措施方案审批纳入市公共政务服务处审批办证窗口。对新建、扩建、改建项目从节水措施方案、供水安装、施工用水核准、节水器具、节水设施验收等方面做出详细规定,对必备材料、审批程序和内容、核发节水许可证件等进行了规范,推广和应用节水设备器具。试点期间,全市共审批节水许可事项 80 余件。

四是强化"三同时"的执法监督管理。萍乡市制定了节水行政执法责任制、执法巡查、执法监督等一系列水政执法制度,建立了城建监察、质监、水务等执法和管理部门的联动监督执法体制,明确各部门在建设项目节水"三同时"监督执法中的职责,对工程建设过程中的节水措施执行情况进行强有力的监督和管理。凡违反相关规定的建设项目,城建执法监察部门予以立案查处;质监部门不得竣工验收;工程备案部门不得进行工程竣工验收备案。

严格实施节水"三同时"制度,有力地促进了萍乡市用水总量控制、用水效率的提高和水环境的改善。经初步测算,2009 年,省政府分配给萍乡市总用水量为 13.28 亿 m³,实际上萍乡市当年用水总量仅为 7.86 亿 m³,节水量为 5.42 亿 m³,2010 年水功能达标率达到 82%,水环境得到大幅改善。

5.6.4　经济较差的少水区典型案例

5.6.4.1　严重生态退化区的地下水精细化严格管理——甘肃省武威市

武威市地处黄土、青藏、蒙新三大高原的交会地带,是河西走廊的东大门,属于石羊河流域。全市总面积 3.3 万 km²,人口 190 万,著名的民勤盆地正位于该市境内。全市多年平均降水量 170 mm,蒸发量 1 548 ~ 2 645 mm,平原干旱指数 5 ~ 25,是全国最为典型的资源型缺水地区,地表水资源奇缺导致武威市长期依靠超采地下水支撑经济社会的发展。目前,全市配套机电井 13 152 眼,2006 年地下水开采量达到 11.05 亿 m³,是武威市地下水资源量 1.016 亿 m³ 的近 11 倍。地下水的严重超采导致沙生植物死亡、土地沙漠化、地下水矿化、土壤盐碱化等生态环境问题日益加剧。加强对地下水的严格管理,逐步恢复该区域生态环境成为武威市节水型社会建设的首要任务。

2008 年武威市被批复为全国节水型社会建设试点城市,试点期间,为逐步缓解地下水严重超采的现状,武威市从加强制度建设、规范政策管理、严格计量控制、调整种植结构、加强渠系节水、关闭灌溉机井、涵养地下水源等方面采取多种措施控制地下水开采量,形成了一整套地下水超采区和严重生态退化区地下水压采和精细化管理的办法,取得了良好的实施效果。

一是建立健全地下水开采管理制度体系。试点期间,武威市出台了一系列严格的地下水管理规范性文件,包括《武威市人民政府关于严格禁止开荒、禁止打井、禁止重点区域放牧、禁止乱采挖的意见》《武威市人民政府关于落实以水定电以电控水工作的意见》《2008~2010年关闭部分农业灌溉机井规划》《石羊河流域武威属区地下水取水计量控制设施运行管理办法》等,同时严格实施取水许可制度,禁止无证取水或未按规定取水,使地下水管理逐步趋于规范化。

二是普及地下水开采计量管理。试点期间,武威市大力推广智能化计量设施,并建立了以水定电、以电控水、机水电联动的地下水控制新机制,对地下水开采全面推行计量监督管理。按照甘肃省水利厅制定的《石羊河流域地下水IC卡智能计量控制设施主要功能及技术标准》,武威市在全市范围内共安装地下水智能化计量控制设施13 408套。水管单位核定用水户当年的水权水量,用水户凭分配的水量(或购买的水票)持用户卡到水管单位充值,水管单位审核无误后允许取水并给用户卡充值,用户凭充值卡取水,有效控制了地下水开采总量。

三是大力推行农业配水和节水措施。武威市为进一步减少农业灌溉用水量,促进地下水削减目标的实现,确定农田灌溉面积按农业人口人均2~2.5亩配水,灌区骨干工程和田间工程全修建为高标准防渗衬砌渠道,同时田间推行小定额节水灌溉技术。通过合理规划和调配,逐步减少灌溉面积,关闭部分农业灌溉机井。截至2009年,累计关闭机井2 593眼,其中农业灌溉机井1 933眼,压减灌溉配水面积34.77万亩。压减后的耕地主要采取退耕还林、退耕还草、人工封育、自然修复、产业开发等形式实施生态治理。

四是强化地下水源涵养与回灌补给。一方面加强祁连山天然生态林的保护和恢复工作,以增加山区下渗基岩裂隙水的补给量;另一方面增加外流域的调水量,增加景电二期工程向民勤调水的流量或延长调水时间,使民勤调水量由现状的6 000万 m^3 增加到12 000万 m^3,同时修建地下水回灌工程,将地面水库的水存入地下,成为"地下水库"的水,以有效减少水面蒸发,改善地下水位,恢复生态环境。

通过以上措施,武威市地下水开采得到了有效控制,全市地下水开采量由2006年的11.05亿 m^3 削减到2009年的7.18亿 m^3,年开采量削减3.87亿 m^3,减少了35%。全市地下水位下降减缓,区域生态环境呈现改善的趋势。民勤盆地地下水位下降幅度持续减缓,1998~2006年的年平均下降速度为0.637 m,2006~2007年度年平均下降幅度为0.609 m,2007~2008年度年平均下降幅度为0.405 m,2008~2009年度年平均下降幅度为0.287 m。武威市在地下水压采和精细化管理方面的成功经验值得在各地下水超采区和严重生态退化区节水型社会建设过程中加以推广和应用。

5.6.4.2　计划用水管理制度建设——河南省安阳市

安阳市位于河南省最北部,地处山西、河北、河南三省交会处,属海河流域和黄河流域,是中原经济区重要的中心城市。全市多年平均降水量约583 mm,人均水资源量约

315 m³。2008 年全市人口约 521.4 万人,地区国内生产总值为 1 038 亿元,人均生产总值约 1.99 万元。2008 年,安阳市被水利部确定为全国节水型社会建设试点城市。试点建设期间,安阳市初步建立了市节水管理机构、单位(企业)、用水部门三级节水管理网络,在以计划用水为核心的总量控制和定额管理相结合的制度建设方面积累了有益经验,具体做法如下:

一是积极扩大计划用水管理范畴。为提高计划用水的覆盖率,安阳市将纳入取水许可管理的自建供水设施的取水单位和个人、使用水利工程供水的单位和个人、使用城市公共供水的单位和个人、所有特种用水行业单位(包括洗车点、洗浴、桑拿部、游泳池、纯净水厂等)等全部纳入计划管理。试点期间,共计对 1 500 家城市用水单位进行计划管理,实现了非居民用水的全面计划管理,2008 年全市城市范围内计划用水管理率达到 92%。

二是严格和细化计划用水管理,实施"年计划、季考核、月统计"。安阳市在计划用水管理方面,对用水单位建立节水档案,包括手工和电子台账等,保证节水数据统计的准确性和及时性。在年末通知各用水单位对下一年的用水计划提出申请,由市节水办根据各单位上年度逐月的用水量清单进行审核并下达节水计划。同时,要求各计划用水单位按季度上报相关节水数据,并按季度对用水单位进行计划考核;实施实际用水的月统计制度,及时掌握各用水户的用水信息。

三是创新开展水平衡测试工作,夯实计划用水管理的基础。安阳市每年度对全市用水单位分期、分批开展水平衡测试工作,由市节水办安排进行测试,测试完成后按要求进行验收,对未按规定进行水平衡测试的单位,依据《河南省节约用水管理条例》进行处罚。在水平衡测试工作中,扩展了传统的水平衡测试范围,由面向企业变为面向所有用水行业,特别是规模以上医院、学校、特种行业、经营服务业等重点用水单位。2006 年度共有 158 家单位,2007 年度共有 255 家单位开展水平衡测试。

四是严格实施超计划用水累进加价制度。为保障用水计划的有效性和权威性,安阳市在城市工业和居民生活用水中实施超计划和超定额累进加价收费制度,对超计划用水的,对超计划部分按现行水价的 2~5 倍收取加价水费。同时,建立水费征收与管理信息系统,强化计划用水管理能力建设。

试点期间,安阳市还制定出台了《安阳市节水产品认证和市场准入办法》,积极推广节水型器具,规划用水器具和产品市场,并组织成立了"安阳市节约用水协会",推进公众参与节水型社会建设。

经过试点建设,安阳市节水型社会建设工作取得了显著成效。与 2005 年相比,2008 年的单位地区生产总值取水量和单位工业增加值取水量分别减少 132 m³/万元和 44.5 m³/万元,已累计推广节水型器具 7 万多套(件),城市节水器具普及率提高到 93%,新增节水能力 9 800 万 m³/年,实现了连续 4 年增产不增水的总量控制目标,为其他同类型地区计划用水和节约用水管理提供了有益的示范。

5.6.5 海岛地区典型案例

舟山市素有"东海鱼仓"和"祖国渔都"之美称,是全国唯一以群岛设市的地级行政区划,舟山群岛是中国沿海最大的群岛,多年平均降水量 927~1 620 mm。全市 2008 年实现地区生产总值 490.3 亿元,人均 4.69 万元。2009 年舟山市被批准为全国节水型社会建设试点,以岱山县为典型,探索建立了以雨水集蓄利用为主要内容的海岛地区节水型社会建设经验。

岱山县是舟山市下属的海岛县,全县总人口近 20 万,多年平均降水量 1 173 mm,水资源总量为 9 284 万 m³,人均水资源量为 484 m³。随着经济社会的发展,特别是临港工业的兴起,水源供应不足已成为区域经济可持续发展的重大瓶颈。试点建设过程中,岱山县立足自身实际,确定了"向雨水要资源,向海水要资源,向节水要资源"的建设思路,探索形成了海岛地区充分利用雨水资源的有效模式,主要做法如下:

一是扩大水库和山塘调蓄能力,结合兴建翻水工程增加雨水集蓄量。受自然条件限制,岱山县缺少建骨干水库的条件,目前共有大小水库、山塘 354 座,总库容 2 480 万 m³。为充分集蓄雨水资源量,全县总投资 1 亿多元,共兴建和加固水库、山塘 40 余座,增加了蓄水功能容量;同时投资 4 000 多万元整治 63 条河道,其中建设标准河道 46 km,增加河道蓄水量,提高河道复蓄系数;建造 43 座翻水站和 100 多个提水泵站,并在岱东冷坑水库和衢山北扫基水库建设两条拦蓄引水渠道,年翻水量达到 1 000 万 m³ 以上,实现了雨水的充分集蓄和农业循环用水。

二是实施"库库连通,厂厂联网"工程,通过综合调度提高雨水资源利用率。岱山县利用自身海岛面积不大的有利条件,兴建水库连通工程,将主要水库用管道串联起来,并建立了岱山县水资源配置及管理决策支持系统,根据各乡镇水源工程、供水工程和各用水户的需水实时信息进行多水源的联合调度,从而实现了多库互补,有效提升了供水保障程度和水资源利用率;在此基础上,还着力实施厂厂联网工程,将乡镇自来水厂优化合并,增加了供水人口,保证了水压,提高了水质,延长了供水时间,减少了供水管网损失,使 7.76 万群众饮用水得到解决,5.6 万群众饮用水质量得到改善。自来水普及率达到 99%。

三是建立"定额管理,水量转让,节约有偿,工农互惠"的农业节水机制。岱山县制定了行业用水考核定额,结合实际灌溉水量,科学核定灌区取水总量指标,并立足全岛水资源统一调度的有利条件,在完善农业用水计量设施的基础上,依托村委会,实行农业计划用水指标有偿转让。试点期间,在枫树水库、冷坑水库、磨心水库、塘岙水库、北畚斗水库、岱南平地水库、洛沙湾水库、大田弄水库等出水口安装计量设施,依据农业用水定额实施总量考核,低于定额标准节约下来的水量按照 0.5 元/m³ 由自来水厂收购,从而使农业节水量有偿流转至城市和工业领域,实现了农业用水的定额管理、有偿节约和工农互补。

此外,岱山县还积极推进海水资源的综合利用,包括投资 1.3 亿元积极建设海水淡化工程,全县目前建有海水淡化厂 4 座,日淡化量达到 18 000 t。岱山县电厂也利用海水作为冷却水,众多水产企业中已大量使用海水作为清洗用水。其中,千岛水产一期利用海水清洗工程年节水在 5 万 t 以上,二期工程使用后,年节水在 10 万 t 以上。积极鼓励旅游服务业使用海水,全县已有几家游泳池用水为海水,并在部分渔船中推行海水制冰。

岱山县通过雨水充分利用、海水综合利用、各行业高效节水以及多水源的统一配置,有效缓解了区域严峻的水资源形势,为海岛地区节水型社会建设和水资源安全探索了有效的途径。

5.7　我国水资源节约工作的未来发展趋势

5.7.1　由行政推动向自觉化建设演化

节水大体可以分为三个阶段:第一阶段以行政为主要推动力,在初期,由于社会涉水理念处于较低水平,公众缺乏对水资源节约与保护的系统认知,节水意识相对淡薄,节水主要由政府从上至下,通过制度体系逐步构建、细化实施与有力执行等一系列举措进行行政推动,依法约束与规范人们的用水行为,使之逐渐向高效用水行为趋近,公众节水行为的选择是为了避免处罚。第二阶段以经济推动为主要特征,由于政府系统的经济奖惩政策建立与有效执行,公众因为趋利而选择节水行为。第三阶段是公众自觉化节水阶段,随着节水工作不断深入,社会整体用水文明缓慢形成,公众长期形成良好用水、节水习惯,节约用水与保护资源成为公众自身行为需求,节水就相应地实现了由行政推动向自觉化建设的演变。

节水自觉化建设是由他律到自律再发展到自觉的必然结果,自觉化建设阶段,节水理念、相关法律制度政策约束等,已经完全融合于社会价值、公众意识与文化体系,政府对于水资源节约与保护的强制性行政职能逐渐弱化,为公众提供节水信息、措施、技术等支撑性服务功能日益强化。

节水由行政推动向自觉化建设演变需要三方面基础:一是通过系统、深入、长期的节水文化与道德建设,形成社会先进用水节水意识形态与理念,这是节水的根源;二是科学完善的节水经济激励机制形成与有效运行,为节水自觉化建设的经济前提;三是政府支撑服务功能的建立,将为节水自觉化建设提供有力支撑。

5.7.2　由分散型建设向系统化建设演化

我国最近10年的节水实践主要是一种分散型建设,体现在建设区域的分散性、建设层次的分散性和建设对象的分散性3个方面。其中,建设区域主要针对水资源开发利用程度较高、用水矛盾较突出的地区,如西北、华北地区;建设层次主要集中于试点所在层次,有省级(宁夏)、地市级、县区级等,往往一个地市级的试点里面又包含若干个县区级的重点示范工程,未能形成自上而下整体的建设规模和深度;而建设对象则主要针对社会经济各个重点用水过程,各种建设手段和措施之间处于一种散落的状态,造成了节水工作中某些薄弱环节的出现。

随着节水工作的不断深入开展,它在重点区域、层次和对象上的成果越来越突出,其效益也将逐渐由前期的快速增加向逐步递减转化,同时带来区域之间不平衡、节水手段和措施不能落实、节水效率低等问题。为了扭转这种形势,适应新的形势变化,我国节水工作的推进形式需要由分散型建设向系统化建设演化。

系统化建设首先要求在区域上逐步扩展,从水资源现状供需矛盾突出的区域向潜在供需矛盾突出的区域扩展,从资源性缺水的区域向工程性、水质性缺水的区域扩展,从跨流域调水工程调入区向调出区扩展,立足于我国社会经济和水资源协调发展全局,逐步覆盖我国主要社会经济活动区域。

　　其次,在建设层次上逐步推进国家—区域—单元(C—R—B)的层次化建设模式,注重节水目标和任务的分解落实和各司其职。国家层面,针对全社会用水现状水平和基本意识形态的特点,发挥国家立法、宏观调控等特有职能,通过用水端的需求管理、工程技术支撑、制度体系创立,以及理念革新等多个层面工作,全面推进节水工作。区域层面,针对不同地区的社会经济发展水平和水资源条件,结合主体功能区划,全面规划、分步实施、突出重点、逐步推进,形成各具特色的建设模式。单元层面,加强节水型灌区、节水型企业、节水型社区、节水型学校等各类载体建设,形成具有高度用水文明的社会单元,包括高效用水、节水意识,先进的节水措施与设施,以及完善的用水管水的制度体系和机构网络,将节水这一宏观国家或群体意志分解为微观个体实践行为,推动节水目标的落实。

　　最后,在建设对象上,应以二元水循环作为节水的理论基础,剖析二元水循环,重点是社会水循环各个过程与节水的辩证关系,寻找问题根源,提出社会水循环"取水—输水—用水—排水"各个环节中节水重点,形成系统化的成套节水手段和措施,避免薄弱环节的出现,全面推进节水工作的深入开展。在取水环节,加强总量控制,通过取水许可和水资源论证等多项重要制度的实施,维持社会经济用水和生态环境用水的协调,并积极开发利用非常规水源。在输水环节,加大农田水利和城镇供水管网基础设施建设,大力发展高标准管道输水,着力降低城镇供水管网漏损率,提高农田灌溉水有效利用系数。在用水环节,一方面引导建立适水性经济产业结构,促进结构性节水;另一方面加强用水定额管理,促进工艺性节水和生活用水节水。在排水环节则加快城市污水处理回用管网建设,逐步提高城市污水处理回用比例,鼓励企业加强污水综合治理回用,提高水的循环利用率。

第6章　水资源保护

6.1　我国水资源保护的形势

随着近几十年我国经济社会的快速发展,水资源开发利用程度不断提高,污水排放量持续增加,土地利用强度不断增大,这些都对水资源构成较大的威胁和影响,主要表现在地表水污染及水生态系统退化、地下水超采、水土流失等方面。水生态系统方面的问题在相关章节中论述,本章重点介绍地表水污染、地下水超采及水土流失这三个水资源保护问题。

6.1.1　地表水污染

根据 2010 年环境状况公报,全国地表水污染依然较重。长江、黄河、珠江、松花江、淮河、海河和辽河等七大水系总体为轻度污染。204 条河流 409 个国控断面中,Ⅰ~Ⅲ类、Ⅳ~Ⅴ类和劣Ⅴ类水质的断面比例分别为 59.9%、23.7% 和 16.4%。长江、珠江总体水质良好,松花江、淮河为轻度污染,黄河、辽河为中度污染,海河为重度污染。湖泊(水库)富营养化问题依然突出,在监测营养状态的 26 个湖泊(水库)中,富营养化状态的占42.3%。

2012 年《中国水资源公报》显示,全国 20.1 万 km 的河流中,全年Ⅳ类水河长占11.8%,Ⅴ类水河长占 5.5%,劣Ⅴ类水河长占 15.7%,全年Ⅰ~Ⅲ类水河长比例为67.0%。全国 10 个水资源一级区中,西南诸河区、西北诸河区水质为优,Ⅰ~Ⅲ类水河长比例分别为 97.7% 和 90.8%;珠江区、东南诸河区、长江区水质为良,Ⅰ~Ⅲ类水河长比例分别为 83.2%、78.9% 和 74.7%;松花江区水质为中,Ⅰ~Ⅲ类水河长比例为 56.9%;黄河区、辽河区、淮河区水质为差,Ⅰ~Ⅲ类水河长比例分别为 55.5%、44.1% 和 36.8%,劣Ⅴ类水河长比例均在 25% 左右;海河区水质为劣,Ⅰ~Ⅲ类水河长比例为 34.6%,劣Ⅴ类水河长比例为 46.1%。

对全国开发利用程度较高和面积较大的 112 个主要湖泊共 2.6 万 km² 水面进行的水质评价表明,全年总体水质为Ⅰ~Ⅲ类的湖泊有 32 个,占评价湖泊总数的 28.6%、评价水面面积的 44.2%;Ⅳ~Ⅴ类湖泊 55 个,占评价湖泊总数的 49.1%、评价水面面积的31.5%;劣Ⅴ类水质的湖泊 25 个,占评价湖泊总数的 22.3%、评价水面面积的 22.3%。对上述湖泊进行营养状态评价,贫营养湖泊有 1 个,中营养湖泊有 38 个,轻度富营养湖泊有 45 个,中度富营养湖泊有 28 个。

2012 年,依据 1 040 眼监测井的水质资料,北京、辽宁、吉林、黑龙江、河南、上海、江苏、安徽、海南、广东 10 个省(自治区、直辖市)对地下水水质进行了分类评价。水质适用于各种用途的Ⅰ类、Ⅱ类监测井占评价监测井总数的 3.4%;适合集中式生活饮用水水源及工农业用水的Ⅲ类监测井占 20.6% ;76% 的监测井水质不能直接饮用。

6.1.2 地下水超采

由于地表水资源短缺或遭到污染,我国有些地区不得不依靠超采地下水甚至是深层承压水来维持经济社会发展。北方地区地下水资源开发利用程度普遍较高,特别是近 30 年地下水开采量增长过快,超采现象十分严重。

依据《地下水超采区评价导则》(SL 286—2003),全国共划分出 413 个地下水超采区。其中,浅层地下水超采区 295 个,深层承压水超采区 118 个。特大型地下水超采区 8 个,大型超采区 57 个,中型超采区 41 个,小型超采区 307 个。水资源一级区各类级别的超采区数量及超采面积见表 6-1。

表 6-1 各类级别地下水超采区数量及超采面积情况

水资源一级区	特大型超采区		大型超采区		中型超采区		小型超采区	
	数量(个)	面积(万 km²)	数量(个)	面积(万 km²)	数量(个)	面积(万 km²)	数量(个)	面积(万 km²)
松花江区	0	0	0	0	1	0.06	8	0.13
辽河区	0	0	2	0.28	1	0.07	25	0.33
海河区	5	4.56	30	5.92	11	0.79	41	0.77
黄河区	0	0	4	0.74	6	0.41	61	0.44
淮河区	1	1.06	5	1.00	12	0.93	82	1.28
长江区	1	0.59	7	1.50	2	0.11	47	0.09
其中:太湖流域	1	0.59	5	1.24	0	0	0	0
东南诸河区	0	0	0	0	1	0.06	2	0.01
珠江区	0	0	0	0	0	0	13	0.05
西南诸河区	0	0	0	0	0	0	0	0
西北诸河区	1	1.05	9	2.08	7	0.43	28	0.48
全国总计	8	7.26	57	11.54	41	2.87	307	3.57

全国 8 个特大型地下水超采区的面积 7.26 万 km²,2 个是特大型浅层地下水超采区,6 个为特大型深层承压水超采区;有 5 个属于严重超采区,3 个属于一般超采区。最大的超采区为沧州深层承压水超采区,面积 13 839 km²,年超采深层承压水 4.33 亿 m³。特大型地下水超采区中,海河区占 5 个,其中 4 个是深层承压水超采区。

根据对目前我国浅层地下水平原区超采区基准年开采量与可开采量的分析及深层承压水的基准年开采量,全国平原区地下水现状超采量为 170.91 亿 m³,占基准年地下水开采总量的 16%。其中,浅层地下水平原区现状超采量为 101.02 亿 m³。鉴于深层承压水补给条件差、更新周期长,一旦破坏,则难以恢复,从资源环境保护的角度,宜作为战略储备资源和应急水源,不宜作为日常开采的常规水源,故将其基准年开采量 70 亿 m³ 均视为现状超采量。水资源一级区现状地下水超采量见表6-2。

表6-2　现状地下水超采量

水资源一级区	浅层地下水平原区超采量（亿 m³）	深层承压水超采量（亿 m³）	总超采量（亿 m³）
松花江区	1.99	11	12.99
辽河区	6.67	0.7	7.37
海河区	55.82	37.59	93.41
黄河区	9.87	3.9	13.77
淮河区	6.31	11.9	18.21
长江区	0.17	2.22	2.39
其中:太湖流域	0	1.2	1.2
东南诸河区	0	0.25	0.25
珠江区	0.05	2.33	2.38
西南诸河区	0	0	0
西北诸河区	20.14	0	20.14
北方地区	100.8	65.09	165.89
南方地区	0.22	4.8	5.02
全国	101.02	69.89	170.91

由于不合理开发利用地下水,地下水位持续下降,引发了地面沉降、地面塌陷、地裂缝、海(咸)水入侵等一系列生态和地质环境问题。

(1)地面沉降。由于长期超采地下水,天津、河北、江苏、河南和山东等省(直辖市)都产生了不同程度的地面沉降,给城市基础设施、区域交通和通信、防洪安全和农业生产等带来了严重的危害。

据《中国地质环境公报(2006年度)》,截至2006年,华北平原不同累计沉降量区域范围为:沉降量大于 500 mm 的面积达 33 739.2 km²,沉降量大于 1 000 mm 的面积达 8 509.7 km²,沉降量大于 2 000 mm 的面积达 941.9 km²。

据不完全统计,截至2005年,江苏省盐城市地面沉降面积为 1 300 km²,累计地面沉降量为 821 mm;苏锡常地区地面沉降面积为 5 800 km²,累计地面沉降量为 200 ~ 2 000 mm。河南省开封市地面沉降面积为 182 km²,累计地面沉降量为 240 mm;许昌市地面沉降面积为 54 km²,累计地面沉降量为 82 mm。

(2)地面塌陷及地裂缝。开采地下水造成的地面塌陷在我国许多省份都有发生,塌陷范围一般为 7 ~ 7 600 m²,影响范围可达 1 ~ 2 km²,尤以广西岩溶区塌陷最为突出。据不完全统计,全国发生地面塌陷已超过 2 500 处,总面积超过 2 300 km²,最大塌陷深度超过 30 m。

地裂缝主要分布在河北、山东、广东、海南、云南和陕西等省,其中河北省已发现地裂缝 400 余条,其规模由数米至 500 余 m 不等,少数长达数千米。

(3)海(咸)水入侵。据统计,截至 2005 年,全国沿海地区由地下水开采引起的海水入侵面积已经接近 2 000 km²,主要分布在渤海和黄海沿岸。其中,辽宁省环渤海地区海水入侵面积超过 1 000 km²,山东半岛滨海地区海水入侵面积超过 700 km²。广东省及广西壮族自治区的南海沿岸也存在轻微的海水入侵现象。海水入侵使得地下水矿化度和氯离子浓度升高、地下淡水咸化、水质变差,失去了利用价值。据不完全统计,全国地下咸水入侵面积超过 1 000 km²,主要分布在河北、山东等省。

(4)土地荒漠化和次生盐渍化。地下水位下降会引起一些非地带性植被的退化,进而导致土地荒漠化。土地荒漠化的主要根源是人类对土地的过度开发。但一些地区地下水位的持续下降导致土地干化和非地带性植被退化也是重要原因,例如西北诸河区石羊河下游、黑河下游、塔里木河下游等地区的土地荒漠化问题都与地下水位持续下降有直接关系。

与土地荒漠化截然相反的是,我国干旱半干旱地区一些地表水引水灌溉区,由于缺乏排水设施,又未布井开采地下水,地下水位持续上升而发生盐渍化。目前,黄河区河套灌区、新疆一些地表水灌区都陆续建设井渠结合灌溉系统,以有效调控地下水位,预防土壤的次生盐渍化,取得较好的效果。

6.1.3　水土流失

我国是世界上水土流失最严重的国家之一。我国山丘区面积广大,降水时空分布不均,放牧垦殖历史悠久,加之近些年城市化和开发建设项目扩大,进一步加剧了水土流失,使水土流失成为我国首要环境问题。主要特点表现在以下几个方面:

(1)分布范围广。根据《第一次全国水利普查水土保持情况公报》,我国土壤侵蚀总面积 294.91 万 km²,占国土面积的 30.72%。其中,水力侵蚀面积 129.32 万 km²,风力侵蚀面积 165.59 万 km²。水土流失主要发生在山区、丘陵区和风沙区,在平原区和沿海地区也局部存在。水土流失不仅广泛发生在农村,而且发生在城镇和工矿区,几乎每个流域、每个省份都有发生。我国现有严重水土流失县 646 个。其中,长江流域 265 个、黄河流域 225 个、海河流域 71 个、松辽河流域 44 个,分别占 41.0%、34.8%、11.0% 和 6.8%。从省级行政区来看,水土流失严重县最多的省份是四川省 97 个,其次是山西省 84 个,陕西省 63 个,内蒙古自治区 52 个,甘肃省 50 个。

(2)流失强度大。我国年均水土流失总量 45.2 亿 t,约占全球水土流失总量的 20%。主要流域年均水土流失量为 3 400 t/km²,黄土高原部分地区甚至超过 3 万 t/km²,相当于每年流失 2.3 cm 厚的表层土壤。全国土壤侵蚀模数大于 5 000 t/(km²·年)的面积达 112 万 km²。西北黄土高原区有侵蚀沟道 666 719 条,东北黑土区有侵蚀沟道 295 663 条。

(3)类型复杂多样。水蚀、风蚀、冻融侵蚀及滑坡、泥石流等重力侵蚀相互交错,成因复杂。西北黄土高原区、东北黑土漫岗区、南方红壤丘陵区、北方土石山区、南方石质山区以水蚀为主,局部伴随有滑坡、泥石流等重力侵蚀;青藏高原以冻融侵蚀为主;西北风沙区和草原区以风蚀为主;西北干旱区的农牧交错带是风蚀、水蚀共同作用区,冬、春两季以风蚀为主,夏、秋两季以水蚀为主。

东北黑土区:分布于黑龙江、吉林、辽宁及内蒙古等省(自治区),为世界三大黑土区之一。水土流失主要发生在坡耕地上。这一地区地形多为漫岗长坡,在顺坡耕作的情况下,水土流失不断加剧。水土流失严重的耕地黑土层已完全消失,露出下层黄土。

北方土石山区:分布于北京、河北、山东、辽宁、山西、河南、安徽等省(直辖市)。大部分地区土层浅薄,岩石裸露。土层厚度不足 30 cm 的土地面积占本区土地总面积的76.3%。

西北黄土高原区:分布于陕西、山西、甘肃、内蒙古、宁夏、河南及青海等省(自治区)。区内土层深厚疏松、沟壑纵横、植被稀少,降水时空分布不均。这一区域是我国土壤侵蚀量最高的区域,土壤侵蚀模数大于 5 000 t/(km² · 年)的土地面积有 11.5 万 km²。

北方农牧交错区:分布于长城沿线的内蒙古、河北、陕西、宁夏、甘肃等省(自治区)。由于过度开垦和超载放牧,植被覆盖度低,风力侵蚀和水力侵蚀交替发生。

长江上游及西南诸河区:分布于四川、云南、贵州、湖北、重庆、陕西、甘肃及西藏等省(自治区、直辖市)。地质构造复杂而活跃,山高坡陡,人地矛盾突出,坡耕地占比重大。耕作层薄于 30 cm 的耕地占 18.8%。由于复杂的地质条件和强降雨作用,滑坡、泥石流多发。

西南岩溶区:分布于贵州、云南、广西等省(自治区)。土层瘠薄,降雨强度大,坡耕地普遍,耕作层薄于 30 cm 的耕地占 42%。有的地区土层甚至消失殆尽,石漠化面积达8.80 万 km²。

南方红壤区:分布于江西、湖南、福建、广东、广西、海南等省(自治区)。岩层风化壳深厚,在强降雨作用下极易产生崩岗侵蚀。

西部草原区:分布于内蒙古、陕西、甘肃、青海、宁夏、新疆等省(自治区)。由于干旱少雨,超载过牧,过度开垦,草场大面积退化,沙化严重。

经过 60 多年的不懈努力,我国的水土流失防治工作取得了显著成就。

(1)治理地区生产条件和生态环境显著改善。从 20 世纪 80 年代开始,水利部在国家发展和改革委员会、财政部的支持下先后在黄河中游、长江上游等水土流失严重地区实施重点治理工程。1998 年以来,国家又相继实施了退耕还林、退牧还草、京津风沙源治理等一系列重大生态工程,效果十分明显。截至 2010 年年底,全国累计完成水土流失治理面积 99.16 万 km²,其中修建坡改梯、淤地坝、塘坝、蓄水池、谷坊等工程措施 20.03 万km²,营造水土保持林、经果林、人工种草等植物措施 77.85 万 km²,其他措施 1.28 万 km²。黄土高原共有淤地坝 58 446 座,淤地面积 927.57 km²。全国植被覆盖率提高 11.5%。经过治理的地区群众的生产生活条件得到明显改善,有近 1.5 亿人从中直接受益,2 000 多万贫困人口实现脱贫致富。水土保持措施每年减少土壤侵蚀量 15 亿 t,其中黄河流域每年减少入黄泥沙 4 亿 t 左右。黄河的一级支流无定河经过多年集中治理,入黄泥沙减少55%。嘉陵江流域实施重点治理 15 年后,土壤侵蚀量减少 1/3。曾有"苦瘠甲于天下"之称的甘肃定西安定区和有"红色沙漠"之称的江西兴国县等严重流失区,通过治理,改善了生态环境,土地生产力大幅度提高,区域经济得到发展,改变了当地贫穷落后面貌。

(2)人为水土流失加剧的趋势得到缓解。1991 年《中华人民共和国水土保持法》颁布实施后,通过广泛的宣传贯彻,全社会对人与自然关系的认识有了重大转变,保护生态与环境的意识逐步增强。水利部联合相关部门细化管理措施,依法对城镇化、工业化过程中扰动地表强度大,造成水土流失的建设项目实施了水土保持方案管理,水土保持措施与主体工程同时设计、同时施工、同时验收的"三同时"制度逐步得到落实。全国已有25万多个项目实施水土保持方案,其中国家大中型项目2 000多个。生产建设单位治理水土流失面积8万多 km²,减少水土流失量17亿t。青藏铁路、西气东输、西电东送、南水北调等一大批国家重点工程实施了水土保持方案。

(3)积累了丰富的水土流失防治经验。在长期的实践中,我国水土保持工作积累了丰富的防治经验,探索总结出了一条适合我国国情、符合自然规律和经济规律的水土流失防治路线;总结出了依法防治、综合治理、治理开发相结合、以重点工程为依托、人工治理与自然修复相结合等一整套行之有效的防治方略;探索出了以小流域为单元,因地制宜,综合布设各项工程措施、生物措施和农业耕作措施,统筹生态、社会和经济三大效益等成功经验;在水土流失规律、机制等水土保持基础理论研究方面取得了一系列重大成果,水土流失防治技术日臻成熟,对于各种成因、类型的水土流失防治探索出了一整套成功模式、有效途径和措施,为新时期水土保持的创新发展提供了有力的技术支撑。

值得特别指出的是,近10年来广泛推广的生态清洁小流域治理对于保护水资源具有特殊作用。

我国的水土流失防治取得了显著成就,但也存在一些需要解决的问题:

(1)相当一部分生产建设项目没有采取水土保持措施,造成大量人为新增水土流失。目前,仍有相当一部分生产建设单位和个人,为了降低工程建设成本,在建设过程中逃避水土保持法律责任,没有采取相应的水土保持措施,随意弃土弃渣,破坏地貌、植被。公路铁路、城镇建设、露天煤矿、水利水电等工程建设造成的水土流失都很严重。也有相当一部分建设项目虽然编报了水土保持方案,但施工过程中并没有认真落实。大量的群众采石、挖砂、取土等生产建设活动,也造成大面积的水土流失。如"十一五"期间,我国各类生产建设项目扰动土地面积达6万 km²,弃土、弃渣量达到了100亿t。

部分山丘区林果业开发无序,没有采取相应的保护性措施,也造成了严重的水土流失。特别是我国南方地区近年来经济林和速生丰产林发展很快,荒山、荒坡开发强度很大,不少新开垦的山地远远超过了严禁开垦的25°,如"十一五"期间我国林果业开发项目扰动地表面积2万 km²,居各类生产建设项目之首。

(2)坡耕地和侵蚀沟大量存在,成为水土流失的主要来源地。全国现有18.26亿亩耕地中,坡耕地为3.6亿亩,占20%。目前,我国直接用于坡耕地改造的投入非常有限,坡改梯进展缓慢。坡耕地面积占全国水蚀面积的15%,每年产生的土壤流失量约为15亿t,占全国水土流失总量的33%。长江上游三峡库区坡耕地面积占到耕地面积的57.7%,怒江流域占到68.4%。黄土高原地区坡耕地每生产1 kg粮食,土壤流失一般达到40~60 kg。同时,坡耕地产量低而不稳,成为许多地区经济落后的主要原因。

(3)部分地区防治水土流失的措施配置不当。①有的地方在植被建设时忽视了地带性规律,结果事倍功半。有些地方在干旱、半干旱地区无灌溉条件下种植乔木,成活率、保存率都很低,有的甚至造成新的人为破坏;还有些地方在人工种草时草种选择不当,耗水过度,结果几年后土地就严重沙化;南方一些地区的人工林,由于树种单一,加之抚育管理不合理,林下的水土流失也很严重。②一些地方在措施配置时忽视了生态建设与经济发展的有机结合,治理成果难以巩固。在生态建设中,就生态论生态,不注重解决老百姓的吃饭、烧柴等基本生产生活问题,特别是一些生态工程忽视基本农田建设,出现了反弹。还有一些地方,虽然注意了与当地经济的结合,但规模小、品种杂,难以形成规模优势和产业化经营,经济效益不理想,水土保持的成果也难以巩固。③一些地方在生态建设中忽视利用生态自然修复能力。生态建设工程主要是依靠人工治理,既加大了成本,又影响了生态恢复的效果和进度。实际上,在条件允许的情况下,生态自然修复是一条多快好省的途径。它不仅能快速促进植被恢复,而且能形成真正适应当地立地条件的、稳定的生态群落。

(4)贫困地区和革命老区水土保持投入严重不足,治理速度缓慢。我国的水土保持投入始终处于较低水平。"十一五"期间,国家水土保持投入达到历史最高水平,但其占国家GDP的比例仍微乎其微,最高的2009年投入为29.94亿元,还不到当年GDP的万分之一。

在总投入十分有限的情况下,尽管各级水土保持部门始终把投入的重点放在贫困地区、革命老区和少数民族地区,但仍然难以满足这些地区防治水土流失的迫切需要。在646个水土流失严重县中,开展重点治理的不过200多个。水土保持工程长期属于补助性质,中央投入标准很低,群众投工、投劳折算成投资占到工程总投入的80%以上。"两工"取消后,基层政府和业务部门动员群众投工、投劳非常困难,许多地区水土流失治理工作处于停滞状态。全国亟待治理的水土流失面积近200万 km^2 ,按照目前每年治理水土流失4万~5万 km^2 的速度推算,初步治理全国现有水土流失面积还需40~50年时间。

(5)水土保持生态补偿政策亟待建立。西部水土流失面积占全国水土流失面积的77%,其生态质量对东部乃至全国都具有重大意义。西部同时是我国"资源与能源的战略基地",长期以来向发达地区输出资源,承担生态破坏的成本。如煤炭、石油、铁矿等资源的开发,都造成了大量的人为水土流失,对生态环境造成了破坏,破坏后治理难度很大。一方面,资源开发输出造成生态破坏,但没有得到相应的生态补偿,不能进行有效治理,是该地区生态不断恶化的重要原因,结果是"资源开发了,环境破坏了,企业受益了,群众受害了"。另一方面,上游水土流失地区的群众为防治水土流失付出了代价,但由于经济不发达,防治速度缓慢。尤其是重要水源区,为了保护水质,控制污染,许多产业的发展受到限制,上游的群众付出了很大的代价,而下游地区是防治水土流失、保护水源地的受益区,又处于经济发达地区,但没有给予上游地区应有的生态补偿,影响上游地区群众持续治理的能力和积极性。再就是东北黑土区是国家重要的商品粮基地,但由于对土地的过度利用及保护不够,土壤流失退化严重,威胁商品粮基地的安全,亟待建立国家商品粮基地的土壤退化补偿机制。

6.2　水资源保护的理论基础

6.2.1　水资源保护概念

6.2.1.1　水资源保护内涵

传统的水资源保护包括水量保护与水质保护两个方面,也就是通过行政、法律、科学、经济等手段合理开发、管理和利用水资源,保护水资源的质量和供应,防止水污染、水源枯竭、水流阻塞和水土流失,以满足社会经济可持续发展对淡水资源的需求。水资源保护对象包括地表水和地下水的水量与水质。在水量方面,应全面规划、统筹兼顾、综合利用、讲求效益,发挥水资源的多种功能,注意避免水源枯竭,过量开采,同时要兼顾环境保护要求和生态环境改善的需要。在水质方面,应防治污染和其他公害,维持水质良好状态,为此要减少和消除进入水环境的有害物质,加强对水污染防治工作的监督和管理。水资源保护的最终目的是保证水资源的永续利用,促进人类与环境协调发展,不断提高人类的环境质量和生活质量,造福人民,贻惠于子孙后代。

为了避免在水资源开发、利用过程中的盲目性和局限性,对水资源保护应从更高、更全面的层次来看待,即从生态学、环境学、经济学等方面来全面理解水资源保护的含义。从生态学观点看,水资源保护的问题也是生态学的问题,必须运用生态学的理论、方法和手段加以解决。当人类开发利用水资源时,必须遵循生态规律,要研究和解决开发利用过程对生态系统的结构和功能的影响,避免和弥补生态环境影响。从环境学角度看,水资源保护的目的是为人类创造一个适宜的生存环境。人类在有目的、有计划地利用和改造环境,使之更利于自身生存和发展。在这个过程中取得了很多成绩,但同时给环境带来了一些消极的破坏作用。这种人为的环境问题包括:不合理地开发利用自然资源,使自然环境遭受破坏,如过量开采地下水,造成地面沉降;经济高速发展引起的环境问题,如工业污水和生活污水向水体滥排,造成水体污染,水质下降。从经济学角度来说,水资源保护就是发挥水资源的多种服务功能,使水资源的价值最大化。污染导致水体水质下降,降低其使用价值,反过来,水资源价值的损害应纳入社会经济核算体系,这样将对水资源破坏的外部损失内部化,对科学发展具有重要意义。

总之,现代的水资源保护要水资源、水环境、水生态系统兼顾。要保护和改善水环境质量,保护人类健康;要合理开发和利用水资源,保障河道基流,加强水源涵养,避免水源枯竭和超采;要从生态学角度,重视河流、湖泊等水生态系统的健康。

6.2.1.2　水资源保护与水污染防治的差异

水资源保护与水污染防治是截然不同的两类工作,相互依存,不可或缺。作为河流代言人,水利工作者要在保护河流、湖泊、地下水方面发挥主导作用,成为水资源的呵护者和守护人。水资源保护工作者要能够认知水的循环规律,及时发现水资源面临的问题和产生问题的根源,提出保护和整治的对策和措施。

水污染防治工作是水资源得以有效保护的前提条件。污染物的进入是河流健康受损的主要因素之一。水污染监管部门类似环境"警察",及时发现和纠正污染行为,保障水资源的质量安全。因此,水污染防治工作者应及时掌握和监控现有的和潜在的污染排放并及时制止和处罚,对于现有的污染源,要提出治理的要求和措施,促进水质的好转。在工业化及城市化进程较快的现阶段,我国的主要水资源问题仍是水污染防治。

水资源保护与水污染防治是一个问题的两个方面,水资源保护要求大尺度、全流域、多行业、跨学科、多角度、全视角,是对河湖等水生态系统进行全面保护的系统工作。污染源的防治是水资源得到有效保护的重要前提。有人提出"水利不上岸,环保不下水"的水利环保职能分工是缺乏科学依据的。按照上面提出的工作差异,水利工作者不仅要上岸,还要实施全流域的管理,对供水、用水、排水、土地利用等提出严格要求。水污染防治部门则要重点掌握污染源的信息和承担污染治理的监管职责。

6.2.2　水资源保护的新理念

6.2.2.1　基于功能的综合保护理念

传统的水资源保护过度强调水资源对人类经济社会发展的服务功能,突出水质的污染防治,忽视了水资源对自然生态系统维持、生物多样性保护。在人类生态价值观不断提高的情况下,水资源保护不仅要考虑社会经济的服务功能,也要兼顾生态系统对水资源保护的要求,从水量、水质、水生态等方面,系统权衡,制定综合性的保护对策。

6.2.2.2　基于水循环的流域保护理念

水资源是复杂的自然 – 社会 – 生态复合系统中的关键要素,水资源保护的内涵不仅要考虑水的化学特征及其对人类健康的影响,也要包括维系河流湖泊健康的水文过程和水生态过程,不仅要重视河流、湖泊、地下水的水质、水量保护及水生态保护,也要着眼于陆域的管理,实行流域综合保护。一个流域的河湖出现问题,其根源在陆域。我国水污染较严重的地区和流域,都是首先在水资源的循环和水文过程发生变异,然后逐渐呈现出水体的各类问题。也就是说,水文过程的变异,直接导致了水循环的改变并影响到河流湖泊的水化学过程。

以海河为例,在发生严重污染之前,河道径流量先显著减小,甚至出现断流,越来越多的河道外用水、退水带来污染负荷的增加,河道内径流及环境容量减少,双管齐下,水污染在所难免。如果说海河的污染首先受河道外用水影响,淮河的污染不仅受河道外用水、退水的影响,河道内闸坝的拦截以及由此导致的水动力条件变异也是重要因素。至于南方水资源丰沛地区,河流的动力条件变化导致水质退化的例子更是不胜枚举,如金沙江水电开发对水质的影响等。

河道的水动力条件改变影响河流水质,陆域的下垫面变化同样影响到河流的健康。以太湖、巢湖、滇池为例,湖泊治理几十年,但收效甚微,主要的原因是缺乏全流域尺度的污染控制方案。陆域不治,水体不保。因此,水资源保护需要遵循全流域保护的科学理念,按照水循环过程来制订方案、安排措施。

6.2.2.3　基于科技创新的科学保护理念

水资源保护应在遵循水的功能、水循环系统规律基础上,利用先进的科技手段,加强保护的科学性和效能。通过先进的污染监测、迁移转化模拟、方案优化技术、生物技术等,为水资源保护的决策提供科技支持。

国外在污染防治、污染责任认定、环境法律诉讼等方面都涉及先进科技手段的运用。我国水资源保护领域的先进技术方法应用还不十分广泛,大多数模型还主要是在科学研究领域,决策方面应用得较少。这也和我国科技研发后续工作薄弱有关。

6.2.2.4　基于社会学理论的公平保护理念

水资源保护是一项公益性事业,但也涉及社会各方的利益,如水源区的水资源保护可能需要大量的投入,丧失一些经济发展的机会,承受污染防治的责任,而受益区却是下游。因此,水资源保护存在地区上的责任与利益的不匹配,需要研究建立水资源保护的补偿制度。

从行业或用户上看,一个地区的工业企业可能是污染者,而周围的居民是受害者。污染者支付微不足道的排污费,而获取巨大的利润,甚至完成任务后企业转移或关闭,而受害的居民要长期蒙受污染带来的损失和损害。这种水资源保护中的责任者、受害者的公平性也是重要的社会学领域,需要考虑通过行政、经济、法律等手段,促进水资源保护的社会公平,解决污染纠纷及社会稳定问题。

6.2.3　水资源系统及其健康表征

6.2.3.1　水文循环及水资源循环

《中国水利百科全书》(水文与水资源分册)提出了水文循环的定义,即地球上的水分通过蒸发、水汽输送、降水、下渗、径流等过程不断转化、迁移的现象,也称水分循环或水循环。

水资源循环与水文循环的主要差异在两方面:一是水文循环侧重强调水分,对水中含有的化学物质很少考虑,尽管水文学中也考虑了水化学的特征变化;而水资源循环则不仅考虑水分的循环,也考虑影响水化学特征及其变化规律,同时考虑水分循环所影响的生态系统尤其是水生态系统。二是水文循环侧重自然过程,强调蒸发、降水、径流过程的特性分析,而水资源循环则不仅研究产汇流过程,更重视水资源利用过程的侧支循环,即经济社会的供水、用水、耗水、排水系统以及相应的特征。

6.2.3.2　水质伴生过程

水资源循环过程中,不仅水分的数量、存在形式(气相、液相、固相)随时空而变化,水中的化学物质种类、浓度等也随着水分运移介质的不同(大气、河湖、包气带、含水层、海洋等以及侧支循环中的用水)而不断变化。这种与水分循环同步形成的具有独特规律的水化学过程称为水资源循环的水质伴生过程。

天然的水循环有水质伴生过程,包括营养物质的输运、转化、分解等,涉及复杂的化学、物理及生物学过程。同时,水资源的开发利用更有强化的水质伴生过程,尤其在用水过程中,人类社会生活和生产产生的化学物质进入水中,随排水一起进入河湖,并对自然水体构成污染。

水质伴生过程与水分的循环过程紧密相关,水质问题突出的流域,往往首先发生水资源循环的显著变异。例如,水资源供用耗排循环通量的增加,显著改变了自然水循环过程以及河湖的环境自净能力;而大量的经济社会用水和排水带来的增量化学物质也直接恶化了河湖水体的水质,形成流域性水污染。

6.2.3.3 水资源健康循环的表征

按照基于功能的水资源保护理论,水资源保护的主要目的是维护水资源的健康循环。所谓的健康循环,是在尊重水资源循环的自然规律基础上,合理控制经济社会的侧支循环过程(尤其是水质伴生过程),保持水资源主循环系统的生态功能和对经济社会的服务功能。各种功能兼顾和协调的水资源循环系统是相对健康的系统,反之则是不健康的。

表征一个流域的水资源循环是否健康,水质是一个重要的指标。健康的水资源循环系统能够保持营养物的汇入、降解、输运和转化,处于相对平衡的状态。水资源循环的水质伴生过程是物质输运的重要过程,是维系水生态系统中各类生物的物质基础。因此,水资源循环中,伴生的均衡水质过程是河流健康重要条件。

但是,随着水资源侧支循环的增强和产汇流主循环系统中土地利用的改变,水资源循环系统的水质伴生过程发生显著的变化。营养物质增加,甚至出现大量的自然界不存在的人工有机毒性污染物。这些污染物导致水功能的严重下降,不仅饮水安全和人类身体健康受到威胁和危害,自然水生态系统中的生物也受到胁迫甚至消亡。

从水质伴生过程来说,一个水资源循环系统是否健康,主要的衡量标准之一就是水化学特征是否稳定在相对可接受的水平,对用水和生态健康均不构成危害。

6.2.4 水资源保护内容及途径

一切人类社会和经济活动都依赖于淡水资源的供应,水量和水质是水资源的基本属性,二者必须兼顾,忽视任何一方都是片面的。鉴于水资源短缺和水污染严重已成为我国水资源可持续利用的两大障碍,我国制定的水资源保护与可持续利用的总体目标是:积极开发利用水资源和实行全面节约用水,以缓解目前存在的城市和农村严重缺水危机,使水资源的开发利用获得最大的经济效益、社会效益和环境效益,满足社会、经济发展对水量和水质日益增长的需求,同时在维护水资源的水文、生物和化学等方面的自然功能,维护和改善生态环境的前提下,合理、充分地利用水资源,使得经济建设与水资源保护同步发展。

水资源保护的目的是保障水资源的可持续利用。其主要任务是达到水资源开发利用与保护相协调,对影响水资源的行为进行干预和控制。对水资源的影响包括自然因素和人为因素。对自然因素的影响,人们通过兴修水利、调节径流、改变水的储存方式和时空分布等措施来进行保护,这主要是水资源开发利用的任务。对水资源的开发利用有合理和不合理的问题,保护就是要合理开发利用水资源。对人为因素影响的控制,就是要保证人们在开发利用水资源和其他资源的同时要保护水资源。水资源保护的对象主要是水资源的功能。水资源既有经济功能,又有生态功能,要保障水资源的持续利用就是要维持水资源的各种功能。

水资源保护的内容包括几个方面,其中现状调查及信息发布是基础环节;根据水资源现状进行功能的合理划分是保护的依据;根据功能要求,确定水体的纳污能力和水环境承载能力是保护水体质量的核心;按照实际排污状况和水体纳污能力,确定污染物削减方案并实行严格的源头减排等工作是水资源保护的前提;制定水资源保护的制度及监控体系是水资源得以有效保护的保障。因此,这几个方面是环环相扣的,这些工作都应纳入水资源保护规划中,并按照规划的时序逐步推进,最终实现水资源可持续利用的目标。

6.2.4.1　水资源质量调查评价

保护水资源,前提是了解水资源的状况,包括水质、水量、水生物等。通过监测,及时发现水资源面临的问题,找出问题的产生根源,为问题的解决提供基础信息支持。

为了解和掌握水资源的状况和影响因素,需对水体进行现场勘察和水文监测(包括水质)。水体水质调查分一般性调查和专项调查。水质调查多采用现场勘察和资料收集的方法。调查内容应包括水体自然环境状况调查、水质状况调查、污染河段的污染源调查和污染事故调查。水质监测有常规监测和专门监测两类。水质监测工作包含监测站网建设和规划,确定采样频率、采样方法,确定测定项目和分析方法,系统整理与分析数据,对水体质量做出评价。

水资源监测提供的数据要及时汇总形成有效的决策支持信息,构建数据库和信息系统,及时向社会发布水资源质量和数量信息,全面共享非涉密的水资源数据。

6.2.4.2　进行水功能区划分

结合水环境质量评价、水质规划、区域环境规划、城市规划及环境管理需要等,对不同水域规定其在国民经济、社会发展、自然保护等方面满足的功能要求。

水功能区划分分为地表水功能区划分和地下水功能区划分。

地表水功能区已经在全国划分完毕,各省先后颁布实施了地表水功能区划。区划明确了功能区的水质标准,但尚存在一些问题,如缺乏水量标准、跨地区的水功能区类型和水质目标尚有分歧等。

地下水功能区划分尚在进行,部分省(广东等)已经颁布实施,提出了保护、开发和储备的战略格局。对地下水功能区也要提出水位、开采量、水质的标准。具体的详细规定应以规范的形式发布。

6.2.4.3　计算和分析水域纳污能力

水体的纳污能力与水体功能、水环境执行标准和水体的自净能力有关。自净能力是水环境本身的一种特有功能。研究水体自净能力,确定水域环境功能和环境容量是分析水域纳污能力的基础。水体纳污能力是控制陆域污染物排放的重要标尺,也是水功能区管理的重要技术依据。

6.2.4.4　制订和实施污染物总量控制方案

长期以来,对水环境污染源控制采用的是以浓度控制为主的管理模式。单一浓度控制虽然对污染治理起到了积极作用,但在实践过程中发现,不少地区虽达标排放,但水质继续恶化,水环境目标难以实现。单纯的浓度控制达标管理,难以实现用较少的投资最大限度地削减污染物,以较低的代价获取环境质量的改善,不利于对污染物实施全过程控制,不利于提高污染源控制与管理水平。建立污染物总量控制制度是浓度控制的深化和发展。总量控制已成为水质规划新思路。

污染物总量控制方法主要有:①容量总量控制。它以水环境容量为基础。②目标总量控制。它以环境目标或相应的标准为基础,在保证环境质量达标条件下采用的最大排污限额。③指令性总量控制,即国家或地方政府按照一定原则在一定时间内下达的主要污染物排放总量控制指标。三者的相互关系是:容量总量控制以环境纳污能力(自净能力)为控制点;目标总量控制以污染源可控技术最佳条件下的环境目标值为基点进行总量控制和负荷分配;指令性总量控制以限制排污量为控制点。

6.2.4.5　开展排污口调查及整治

水资源保护工作者不仅要了解水资源的健康状况,也要掌握影响水资源健康的因素。排污行为是影响水资源质量的重要因素。因此,作为水资源保护者,不仅要监测水质,也要调查入河污染物排放情况,为污染防治提供基础信息。

排污口调查是紧密围绕着水域纳污能力开展调查工作的。调查内容有排污口位置、污水来源及污水量、水质及其污染物排放通量、污染源治理措施及其处理效果、污染源评价确立主要污染源和主要污染物、排污口规范管理等。

在排污口调查与整治中,除日常河湖排污口整治外,集中供水水源地的保护区内排污口要作为优先治理对象,以确保水源地稳定达标。对于有事故污染隐患的潜在排污口,也要加强防范,避免出现污染事故。

6.2.4.6　水资源保护制度建设

立法是依法保护水资源的根本。水法是防治、控制和消除水污染,保障合理利用水资源的法律依据。1918 年,苏联颁发了第 1 个保护水源的法令。英国、美国、法国、日本、德国等发达国家先后制定了水法或水污染控制法。我国从 20 世纪 70 年代开始,先后颁布了《中华人民共和国环境保护法》《中华人民共和国水法》《中华人民共和国水污染防治法》等,使水资源保护工作逐步进入法制化管理阶段。

水资源保护的法制建设中,要重视对受害者的法律援助。水污染直接受害的是用水者和自然生态系统。用水者有权要求污染行为人赔偿有关的损失,对自然水生态系统的损害,也需要提请公诉,赔偿相应的损失。通过法律途径,促进污染的治理和水资源的保护。这是今后我国水资源保护迫切需要强化的薄弱领域。

完善制度是水资源得到有效保护的保障。目前,我国实施的最严格水资源管理制度就是以水资源有效保护和可持续利用为宗旨的重要制度,是建立水资源保护工作的目标责任制度。水资源保护是公益性事业,政府要承担主导责任,社会和个人要承担相应的义务。在行政管理体系中,要建立行政首长的水资源保护目标责任制。

另外,公众参与制度、水资源保护意识的培养等宣传教育工作也十分重要,有助于变被动保护为主动保护,提高全社会的保护水资源自觉性。

6.2.4.7　水资源保护的监督与协调机制建设

监控系统建设是保护水资源、公正执法的依据。我国正在建设国家水资源监控系统,对污染水体的排污口等进行严格的监控计量,这对促进水资源保护工作具有重大意义。

水资源保护是全社会的公益事业,不是某个部门的事情。要提高水资源的信息透明度,建立公众参与水资源保护的渠道和激励政策。水利、农业、环保、国土、产业部门都涉及水资源的保护。应建立政府主导、部门协作的水资源保护协同机制,明确分工,减少矛盾。国外的经验表明,水资源和水环境必须实行综合管理,而不是统一管理,综合管理强调协调一致性。在水资源保护工作中,尤其应重视水资源和水环境的综合协调和对接。

6.2.5　水资源保护发展历程及未来趋势

随着水利建设的发展,自然环境也不断地发生着变化。城市和工业的发展等人类活动影响改变着水环境状况,水量和水质发生了新的变化,对水利提出了新要求。水资源从过去单目标开发到多目标开发,从只考虑水量到水量和水质并重,从只考虑人类社会活动用水到同时考虑社会活动用水与自然保护用水。现代水利不仅要有工程观点、经济观点,还要有生态与环境观点。

我国在 20 世纪 70 年代以后陆续发生了几起水污染事故。1972 年官厅水库水质明显恶化,直接影响到北京市的饮水安全。为此,成立了专门机构,进行了跨部门、多学科的研究。研究人员从污染源调查入手,进行了水体环境质量研究与评价,研究了污染物在水体中变化的基本规律和防治措施,取得了重大成果。随后,又相继开展了白洋淀、蓟运河、松花江上游等水资源保护的研究。70 年代后期,我国的水污染治理开始由单源的废水、废气、废渣治理进入到区域防治、综合清理阶段。长江、黄河成立了水资源保护机构。80 年代后,开展了水环境背景值、水环境容量、污染物在水体中的存在状态和迁移转化等研究,丰富了环境水力学和环境水化学的内容。水处理技术自 80 年代以来,国内外对单元处理技术和配套设施研究进展十分迅速。我国对各种类型工业废水和城镇污水污染防治技术开展了持续攻关和示范研究,自主开发了一批水污染单元处理技术,投入上百亿元资金建成了数千套水处理工程。

水资源保护是在水利规划、设计、施工和管理实践中逐步形成和发展的。随着水资源保护工作的深入开展,水资源保护的内容也愈来愈丰富。我国水资源保护发展可划分为以下几个阶段:

(1)以水质研究为主的发展阶段。

这个阶段的研究主要是围绕着水体的水质问题开展的。20 世纪七八十年代,我国在借鉴和吸收国外水资源保护的科学理论和技术方法基础上,开展了水质评价、流域水资源保护规划、水质监测技术和水质模型等方面的研究。在这些研究基础上,提出了一些科研成果,例如方子云主编的《水资源保护工作手册》就是这个时期的代表性著作。这些基础研究对推动水资源保护的发展起到了重要作用。

20 世纪八九十年代,在有关研究成果的基础上,形成了水资源保护科学的技术规范和标准体系,编制了一系列相关技术规范和标准,如《水环境监测规范》(SL 219—1998)、《地表水资源质量标准》(SL 63—1994)等,用于直接指导和支持水资源保护管理工作。这个时期,有关水资源保护和污染总量控制等技术方法研究、水质变化机制研究等也取得了长足的进步,相关法律法规也逐步建立起来。

(2)水质与水量并重研究阶段。

进入 21 世纪后,随着新《中华人民共和国水法》的颁布实施,人们对自然的认识不断深入,以水功能区划为基础的水资源保护工作开始出现历史性的新局面。水利部门主持开展的全国地表水水功能区划已经完成,地下水功能区划也已形成了初步成果。水资源保护有了统一的工作平台。在这个平台基础上,完善和提高水功能区划基础上的水资源保护和管理体系,这将是未来 10～20 年间水资源保护方面的重要领域。例如,水功能区的诸功能间平衡、兼顾和协调问题,生态功能保护的水量需求和标准问题,背景水化学的作用,根据水资源时空分布特点和水资源开发利用状况确定水功能区的水质目标、纳污能力,科学制定水质标准等都是需要加强研究的课题。

(3)基于水循环二元理论的水生态与环境演变规律研究阶段。

生态需水方面,从区域上大范围系统地研究水利和生态保护的关系是从国家"九五"科技攻关项目"西北地区水资源合理利用和生态环境保护研究"开始的。该项目针对西北干旱地区生态和水资源相互作用机制,提出了绿洲生态保护的水利保障对策,对西北大开发战略的实施起到了重要参考作用。后来,海河、辽河、黄河陆续开展了生态需水研究。在水资源开发利用规划等实际工作中,开展了基于环境与生态需水相耦合的水资源配置研究。但是这些研究基本上还处于概念性或宏观总量方面的研究,尚未进入具体直接支持管理的层面。基于水循环二元理论的水生态与环境变化规律研究,面向生态与环境的水工程规划、设计、建设、调度、运行和管理等方面的研究可以说还处于初步阶段。基于水循环二元理论的水生态与环境变化规律研究,可以对水利工程管理和水资源保护管理构成强有力的决策支撑。这些领域的科学研究工作既是目前水利工作面临的新课题,同时是严峻的挑战,是未来20年内我国水资源保护科研的主题之一。

水是人类生存和发展不可替代的资源,是维持社会经济持续发展的物质基础,是稳定生态系统的重要因素。但水资源危机已成为全球性问题,水资源与水环境保护已成为21世纪可持续发展的重点,水资源保护是一项长期的战略任务。

当前,我国的水资源保护工作在遏制生态与环境恶化的趋势,缓解资源对发展的瓶颈制约,促进全面协调可持续发展方面,还存在较大差距,主要表现在:一是水资源保护科技与国家需求脱节,缺乏应对科学发展观和全面建成小康社会目标提出的新需求、新挑战、新战略的研究支持能力;二是研究计划与应用结合不紧密,导致解决重大问题的有效技术和手段明显不足;三是科技创新的体制、机制有待进一步健全;四是缺乏大跨度的学科交叉综合研究科技信息化共享平台。

今后20年是减轻环境污染和遏制生态恶化的关键时期。各项重大规划包括水利各项规划和重点水利工程的建设均涉及如何进行生态与环境影响评价和保护的问题。要遵循可持续发展战略,重视长远的和潜在的环境影响,注重区域性、流域性等较大空间的影响,也关注非直接影响问题,并将社会和经济发展问题与环境做综合考虑。

处理好水利建设和生态与环境保护的关系是我国水资源保护未来20~30年间需要加强研究的战略领域。

(1)水资源高效利用。

水资源开发利用是社会经济发展的重要保证,其供、用、耗、排侧支循环系统同时是污染物产生和发生污染的主要过程(面源除外)。如何在取水、用水、节水、排水中,包括考虑生态环境保护,将水系统和水生态环境保护提前到源头实行"源治理",仍是未来20~30年间需要加强研究的重要领域。对于水利部门来说,"源治理"是在用水取水的"源头"开始控制污水的产生和增加,即通过节水等措施,促进清洁生产,最终做到水资源侧支的高效清洁循环。主要的科技问题和开发领域包括基于水循环二元理论的水环境变化规律研究,水资源管理中取水、供水、节水、排水的联合水质管理技术。

（2）水功能区管理。

我国水环境污染形势严峻，环境污染事故频发。要重点解决流域水环境容量、生态容量测算技术方法和实施技术路线，重点流域水资源承载力和生态需水量阈值，饮用水安全保障技术，取水、排水许可制度统一管理技术、法律体系，污染物总量控制标准等。

（3）水利工程规划、建设的生态与环境效应。

水电、供水等水利工程对生态与环境具有明显的影响，包括水量过程、水质自净能力等。水利工程的生态环境效应包括两类工程技术开发：生态友好的水利工程建设、鱼道设计及建设，基于环境与生态需水相耦合的水资源配置和河道水量合理调度技术。

（4）事故污染应对。

我国正处于工业化进程的关键时期，重化工项目遍布各地，尤其是沿河的化工项目，易产生事故性污染，其中松花江石化污染事故就是典型案例。

事故污染今后可能成为水资源保护的重要领域之一，对事故污染应从风险管理的角度，加强事故风险源的识别、风险评价、风险管理及预防、事故应对预案等工作。对关系到群众身体健康的饮用水水源，要作为重点保护对象，在风险应对中建立保护体系，开展水源安全评价。

6.3　水功能区划

6.3.1　水功能区划体系

水功能区划是水资源保护的重要基础，我国已经颁布了地表水功能区划，地下水功能区划正在研究制定当中。

6.3.1.1　地表水功能区划体系

水功能区是指为满足水资源合理开发和有效保护的需要，根据水资源的自然条件、水体功能要求及开发利用现状，按照流域综合规划、水资源保护规划和经济社会发展要求，在相应水域按其主导功能划定并执行相应质量标准的特定区域。水功能区划采用水功能一、二级两级区划制，其中水功能一级区又被划分为保护区、缓冲区、开发利用区和保留区四类；水功能二级区则将一级区中的开发利用区再细化为饮用水水源区、工业用水区、农业用水区、渔业用水区、景观娱乐用水区、过渡区和排污控制区七类（见表6-3）。水功能区水体类型分为河流、水库和湖泊三类。其中，河流按长度统计，水库和湖泊按水面面积统计。

6.3.1.2　地下水功能区划体系

根据区域地下水自然资源属性、生态与环境属性、经济社会属性和规划期水资源配置对地下水开发利用的需求以及生态与环境保护的目标要求，地下水功能区按两级划分，即一级区和二级区。

地下水一级功能区划分为开发区、保护区和保留区，主要协调经济社会发展用水和生态与环境保护的关系，体现国家对地下水资源合理开发利用和保护的总体部署。

在地下水一级功能区内，根据地下水的主导功能，划分为八种地下水二级功能区。地

表 6-3　地表水功能区划分体系

一级区	二级区
保护区	
缓冲区	
开发利用区	饮用水水源区
	工业用水区
	农业用水区
	渔业用水区
	景观娱乐用水区
	过渡区
	排污控制区
保留区	

下水二级功能区主要协调地区之间、用水部门之间和不同地下水功能区之间的关系。开发区划分为集中式供水水源区和分散式开发利用区两种地下水二级功能区。保护区划分为生态脆弱区、地质灾害易发区和地下水水源涵养区三种地下水二级功能区。保留区划分为不宜开采区、储备区和应急水源区三种地下水二级功能区。地下水功能区划分体系见表6-4。

表 6-4　地下水功能区划分体系

地下水一级功能区		地下水二级功能区	
名称	代码	名称	代码
开发区	1	集中式供水水源区	P
		分散式开发利用区	Q
保护区	2	生态脆弱区	R
		地质灾害易发区	S
		地下水水源涵养区	T
保留区	3	不宜开采区	U
		储备区	V
		应急水源区	W

6.3.2　水功能区划依据及方法

6.3.2.1　地表水功能区划依据和方法

1. 保护区

保护区是指干流及主要支流源头区、重要的调水工程水源区、重要供水水源地以及对自然生态及珍稀濒危物种的保护有重要意义的水域。

满足下列条件之一的河流,划分为保护区:

(1)源头水保护区,以保护水源为目的,在重要河流的源头河段划出专门保护的区域。

(2)国家级和省级自然保护区的水域。

(3)具有典型的生态保护意义的自然环境所在水域。

(4)跨流域、跨省及省内的大型调水工程水源地,即调水工程的水源区。

功能区划指标包括集水面积、调水量、保护级别等。保护标准一般按照Ⅰ类、Ⅱ类来保护,但也要考虑自然条件,对于一些天然咸水湖泊等,应客观确定水质项目和目标。

2. 保留区

保留区一般指开发利用程度不高,为今后开发利用和保护水资源而预留的水域,保留区应基本维持现状。

3. 开发利用区

开发利用区主要指具有满足饮用水水源地、工农业生产、城镇生活、渔业和娱乐业、排污控制等多种需求的水域。主导功能是开发利用,依据开发利用的行业分类,依次划分为饮用水水源区、工业用水区、农业用水区、渔业用水区、景观娱乐用水区、过渡区和排污控制区,共七类。

饮用水水源区的区划条件如下:

(1)城市已有或规划的生活饮用水取水口分布较集中的水域。

(2)每个用户取水量不小于省(市)级水行政主管部门实施取水许可制度相关规定的取水限额。

区划指标包括取水量、用水人口等。

工业用水区的区划条件如下:

(1)已有或规划的工矿企业生产用水的集中取水地。

(2)每个用户取水量不小于省(市)级水行政主管部门实施取水许可制度相关规定的取水限额。

区划指标包括取水量、工业增加值等。

农业用水区的区划条件如下:

(1)已有或规划的农业灌溉用水的集中取水区域。

(2)每个用户取水量不小于省(市)级水行政主管部门实施取水许可制度相关规定的取水限额。

区划指标包括取水量、灌溉面积、取水口分布等。

渔业用水区的区划条件如下:

(1)有鱼、虾、蟹、贝类产卵场、索饵场、越冬场及洄游通道功能的水域,具有养殖功能的水域也划为渔业用水区。

(2)水文条件好,水交换通畅,有合适的地形和底质。

景观娱乐用水区的区划条件如下:

(1)供千人以上度假、娱乐、运动、疗养需要为目的的水域。

（2）省级以上知名度的水上运动场。

（3）省级水利风景区所涉及的区域。

区划指标包括景观娱乐类型及人口等。景观娱乐用水区又可以分为接触性娱乐用水和非接触性景观用水两类。水质标准方面，接触性娱乐用水要求更高一些，尤其是生物指标较非接触性景观用水要更严格。

过渡区是相邻水功能区水质要求显著差异，且上游水质要求低、下游水质要求高的区域，为了顺利衔接，需要划定一定范围的水域，使水质逐渐过渡到下游的高级水质功能区。

过渡区的区划条件如下：

（1）下游水质高于上游水质要求。

（2）在有双向水流的区域，且水质要求不同的相邻功能区之间的水域。

过渡区的长度要结合上下游的水质目标差异大小和水体自净能力通过科学计算得出。

排污控制区是接纳生活及工业污水比较集中，接纳的污水对水环境无重大不利影响的区域。

排污控制区的区划条件如下：

（1）接纳的废水中污染物是可降解的。

（2）水域的自净能力较强，其水文、生态特性适宜作为排污控制区。

区划指标包括排污量、污染负荷、排污口分布等。

4. 缓冲区

缓冲区指为了协调省际间和水质矛盾突出的地区间用水关系，以及在保护区与开发利用区相衔接时，为了满足保护区的水质要求而划定的水域。

缓冲区的区划条件如下：

（1）跨省行政区河流、湖泊的边界两侧一定范围水域。

（2）省际边界河流、湖泊的边界附近水域。

（3）用水矛盾突出的地区之间的水域。

（4）保护区和开发利用区紧密相连且水质目标有差异的水域。

缓冲区是重点协调一级区之间、省及地区之间的水质纠纷。尤其是一些上游省的水功能区水质目标低于下游的省水功能区水质目标时，缓冲区的作用十分重要。很多省际水质矛盾需要从缓冲区的长度、水质控制等方面解决。在长度设置上，与过渡区一样，也要根据实际径流和水文条件，科学计算水体的纳污能力和自净能力，有保留地确定缓冲区的范围大小，保障下游的用水安全，促进地区之间的协调发展。

6.3.2.2 地下水功能区划依据和方法

1. 开发区

同时满足以下条件的地区，划分为开发区：

（1）补给条件良好，多年平均地下水可开采量模数不小于 2 万 $m^3/(km^2 \cdot 年)$。

（2）地下水赋存及开采条件良好，单井出水量不小于 10 m^3/h。

（3）地下水矿化度不大于 2 g/L。

（4）地下水水质能够满足相应用水户的水质要求。

（5）多年平均采补平衡条件下，一定规模的地下水开发利用不引起生态与环境问题。

（6）现状或规划期内具有一定的开发利用规模。

开发区内满足以下所有条件的地区，划分为集中式供水水源区：

（1）地下水可开采量模数不小于 10 万 $m^3/(km^2 \cdot 年)$。

（2）单井出水量不小于 30 m^3/h。

（3）含有生活用水的集中式供水水源区，地下水矿化度不大于 1 g/L，地下水现状水质不低于《地下水质量标准》（GB/T 14848—1993）规定的Ⅲ类水的标准值或经适当处理后，使用水水质满足生活用水的水质要求。工业生产用水的集中式供水水源区，水质应符合工业生产的水质要求。

（4）现状或规划期内，日供水量不小于 1 万 m^3 的地下水集中式供水水源地。

开发区中除集中式供水水源区外的其余部分划分为分散式开发利用区。

2. 保护区

保护区指区域生态与环境系统对地下水位及水质变化较为敏感，地下水开采期间应始终保持地下水位不低于其生态控制水位的区域。按照保护对象类型，保护区划分为生态脆弱区、地质灾害易发区和地下水水源涵养区 3 种地下水二级功能区。

生态脆弱区指有重要生态保护意义且生态系统对地下水变化十分敏感的区域，包括干旱半干旱地区的天然绿洲及其边缘地区、具有重要生态保护意义的湿地和自然保护区等。

符合下列条件之一的区域，划分为生态脆弱区：

（1）国际重要湿地、国家重要湿地和有重要生态保护意义的湿地。

（2）国家级和省级自然保护区。

（3）干旱半干旱地区天然绿洲及其边缘地区、有重要生态意义的绿洲廊道。

（4）地质灾害易发区指地下水位下降后，容易引起海水入侵、咸水入侵、地面塌陷、水质恶化等地质灾害的区域。

符合下列条件之一的区域，划分为地质灾害易发区：

（1）沙质海岸或基岩海岸的沿海地区，其范围根据海岸区域咸淡水分布界线以及地下水开采对界线的影响确定。

（2）地下水开采易引发咸水入侵的区域，以地下水咸水含水层的区域范围来确定咸水入侵范围。

（3）由于地下水开采和水位下降，易发生岩溶塌陷的岩溶地下水分布区。

（4）由于地下水水文地质结构特性，地下水水质易受到开采影响发生恶化和污染的区域。

地下水水源涵养区指为了保持重要泉水一定的喷涌流量或为了涵养水源而限制地下水开采的区域。

符合下列条件之一的区域，划分为地下水水源涵养区：

（1）观赏性名泉或有重要生态保护意义泉水的泉域。

（2）有重要生态意义且必须保证一定的生态基流的河流源头地区。

3. 保留区

保留区划分为不宜开采区、储备区和应急水源区 3 种地下水二级功能区。

不宜开采区指由于地下水开采条件差或水质无法满足使用要求,现状或规划期内不具备开发利用条件或开发利用条件较差的区域。

符合下列条件之一的区域,划分为不宜开采区:

(1)多年平均地下水可开采量模数小于 2 万 $m^3/(km^2 \cdot 年)$。

(2)单井出水量小于 10 m^3/h。

(3)地下水矿化度大于 2 g/L。

(4)地下水中有害物质超标导致地下水使用功能丧失的区域。

储备区指有一定的开发利用条件和开发潜力,但在当前和规划期内尚无较大规模开发利用的区域。

符合下列条件之一的区域,划分为储备区:

(1)地下水赋存和开发利用条件较好,当前及规划期内人类活动很少、尚无或仅有小规模地下水开采的区域。

(2)地下水赋存和开发利用条件较好,当前及规划期内,当地地表水能够满足用水的需求,无须开采地下水的区域。

(3)深层承压水分布区。

应急水源区指地下水赋存、开采及水质条件较好,一般情况下禁止开采,仅在突发事件或特殊干旱时期应急供水的区域。

6.3.3　全国水功能区划成果

6.3.3.1　地表水功能区划

《中国水功能区划》区划河长共计 274 970.8 km,水库、湖泊水面面积51 026.6 km^2,其中湖泊面积 43 815.0 km^2。本次调查评价在地表水水质、污染源和入河排污口调查评价的基础上,对我国地表水体的功能状况进行了评价。

扣除开发利用区,全国水功能区划一级区为 2 764 个,河流长度为 175 017.5 km;二级区为 3 890 个,河流长度为 100 859.0 km。

本次全国共评价水功能区 6 834 个,其中一级水功能区 2 935 个(不包括 1 793 个开发利用区),二级水功能区 3 899 个。评价水功能区中,属于《中国水功能区划》范围内的水功能区占评价总数的 94.0%,其他为省或省级以下行政单位区划的水功能区。

保护区的水质目标以Ⅱ类为主,保留、饮用水水源区以Ⅱ类和Ⅲ类为主,工业用水区和农业用水区主要为Ⅲ类和Ⅳ类,渔业用水区以Ⅳ类为主,景观娱乐用水水质目标主要为Ⅳ类和Ⅴ类。10 类水功能区中,小部分景观娱乐用水区、保留区、过渡区和排污控制区的水质目标被定为劣Ⅴ类。

6.3.3.2　地下水功能区划

1. 一级功能区划

全国浅层地下水功能区划总面积为 945 万 km^2,其中开发区面积为 174 万 km^2,占18%;保护区面积为 635 万 km^2,占67%;保留区面积为 136 万 km^2,占 15%。在山丘区,开发区面积占 9%,保护区面积占 87%,保留区面积占 4%;在平原区,开发区面积占43%,保护区面积占 17%,保留区面积占 40%。在北方地区,开发区面积占 22%,保护区面积占 60%,保留区面积占 18%;在南方地区,开发区面积占 12%,保护区面积占 80%,保留区面积占 8%。可见,我国浅层地下水功能区划呈山丘区以保护区为主、平原区以开发区为主的特点,这与我国地貌类型、现状地下水资源及其开发利用情况、未来地下水资源利用与保护格局是相符的。由于水资源条件及经济社会条件不同,我国平原区地下水一级功能区的组成呈现了明显的南北地域性差异。北方平原区由于人口稠密、地表水资源相对短缺,地下水开发利用程度高。因此,除难以利用的微咸水区、荒漠区、重要生态保护区以及地质灾害易发区域外,其他区域基本划分为开发利用区,其中松花江、辽河、海河、黄河、淮河 5 个人口稠密的水资源一级区,开发区面积均占平原区面积的 60% 以上。南方平原区由于地表水资源条件相对较好,对地下水资源的依赖程度较低,开发区面积只占平原区面积的 1/3。

2. 二级功能区划

全国共划分浅层地下水二级功能区 4 886 个。按地貌类型分,山丘区共 2 963 个,平原区共 1 923 个;按区域分,北方地区共 2 868 个,南方地区共 2 018 个。从全国范围看,地下水水源涵养区是主要的二级功能区,占功能区总面积的 57%,这与山丘区是我国的主要地貌类型有关。

开发区共 2 107 个,其中集中式供水水源区共 874 个,面积为 8 万 km^2;分散式开发利用区共 1 233 个,面积为 166 万 km^2。保护区共 1 839 个,其中生态脆弱区共 445 个,面积为 87 万 km^2;地质灾害易发区共 179 个,面积为 6 万 km^2;地下水水源涵养区共 1 215 个,面积为 542 万 km^2。保留区共 940 个,其中不宜开采区共 524 个,面积为 103 万 km^2;储备区共 317 个,面积为 30 万 km^2;应急水源区共 99 个,面积为 3 万 km^2。

在山丘区,地下水水源涵养面积占 80%,是分布最广的二级功能区。各水资源一级区山丘区内地下水水源涵养区面积所占比例均在 65% 以上,其中西南诸河区、西北诸河区所占比例高达 90% 以上。在平原区,分散式开发利用区和不宜开采区的面积分布最广,分别占平原区面积的 41% 和 33%。主要原因是平原区是地下水开发利用的主要区域,除城镇和工矿企业的集中式供水水源区外,分散式开采是主要开发形式;我国平原区分布有大面积的咸水区,如海河区中东部平原、淮河区东部平原、西北内陆平原等,这些区域均划为不宜开采区。

6.3.4　水功能区保护标准及水质状况

水功能区既然是按照地表水和地下水的功能进行划分的,必然涉及功能区的保护标准问题。例如,地下水功能区中的生态脆弱区,就需要根据生态保护目标的水位要求,制定地下水的水位保护和控制标准。地表水的源头水保护区也需要确定河道的基流量,保护生态基流,维持河流健康生命,防止矿山开采等活动引发水源枯竭。但是,目前地表水功能区的保护标准主要是水质类别,缺乏功能区的水量标准和生态指标;地下水功能区划体系初步成果中尽管设计了水质、水量、水位等标准,但也不十分完善,且除广东等省外大多省未颁布实施地下水功能区划成果。

6.3.4.1　地表水功能区的保护目标及标准

1. 水质标准

在河流、湖泊和水库地表水水质现状评价的基础上,进行水功能区水质达标分析。水功能区水质评价标准按照其功能状况分为两种情况:单一功能的水功能区,以该水功能区的水质目标(目标水质类别)作为评价标准;多功能的水功能区,以该水功能区主导功能的水质目标(目标水质类别)作为评价标准,或按就高不就低的原则重新组合标准。

水功能区水质评价方法:用水功能区的水质目标(目标水质类别)进行水功能区达标分析,即水功能区现状水质类别好于或达到该区的目标水质类别为达标,劣于目标水质类别为不达标。水功能区现状水质类别确定方法:区内具有一个测站的水功能区,以该测站的水质监测数据作为该水功能区的水质评价基础数据,确定水功能区现状水质类别;区内有 2 个或以上测站的水功能区,选用水质最差测站的水质监测值作为该水功能区的水质评价基础数据,确定水功能区现状水质类别,见表6-5。

表6-5　水功能区水质目标设置状况统计

分类水功能区	水质目标类别百分比(%)					
	Ⅰ类	Ⅱ类	Ⅲ类	Ⅳ类	Ⅴ类	劣Ⅴ类
保护区	7.5	77.2	15.2	0.1	0	0
保留区	2.7	48.3	46.8	2.0	0.1	0.1
缓冲区	0.8	20.8	61.6	15.1	1.7	0
饮用水源区	0.5	62.9	34.7	1.9	0	0
工业用水区	0.5	8.0	56.8	34.7	0	0
农业用水区	0.4	9.8	54.9	25.3	9.6	0
渔业用水区	0	0	27.6	72.4	0	0
景观娱乐用水区	0	0	12.8	59.3	27.8	0.1
过渡区	0	13.1	61.9	18.1	6.7	0.2
排污控制区	0	3.5	27.4	39.9	28.3	0.9

2. 达标评价

根据《中国水资源公报(2012 年)》,全国评价水功能区 4 870 个,全年达标比例为47.4%,其中水功能一级区(除开发利用区外)的达标比例为 55.9%,水功能二级区的达标比例为 42.3%。

表6-6 为满足水域功能目标的各类水功能区达标情况。按照功能区个数统计,达标率最高的是一级区中的保留区,由于人类活动稀少、干扰较轻,因此水质相对优良。但一级区中的缓冲区达标比例较低,仅 42.5%。这说明,我国跨行政区的水质问题仍很突出。

二级功能区的达标率明显低于一级功能区,达标率最低的是农业用水区、景观娱乐用水区、过渡区及排污控制区。其中,排污控制区存在地区差异,很多排污控制区并没有设定水质目标,而参加评价的排污控制区都是设定了水质目标的。

表6-6   2012年全国满足水域功能目标的各类水功能区达标情况

水功能区	个数		河流长度		湖泊面积		水库蓄水量	
	评价数（个）	比例（%）	评价河长（km）	河长达标率（%）	评价面积（km²）	面积达标率（%）	评价蓄水量（亿m³）	蓄水量达标率（%）
保护区	587	55.2	30 554.2	60.0	21 323.5	45.5	391.1	80.6
保留区	752	64.9	58 392.1	69.7	6 320.8	52.7	248.1	84.9
缓冲区	471	42.5	13 940.5	48.1	249.7	52.7	0.8	21.5
一级区合计	1 810	55.9	102 886.8	63.9	27 894.0	47.2	640.0	82.2
饮用水水源区	980	53.1	17 253.5	48.1	3 000.9	55.4	159.6	68.4
工业用水区	497	55.7	13 690.0	53.7	598.8	46.5	6.4	76.7
农业用水区	813	30.5	39 413.1	35.4	524.3	0.6	21.1	36.1
渔业用水区	93	41.9	1 661.6	38.4	3 268.7	61.9	11.1	4.9
景观娱乐用水区	317	30.6	4 585.0	34.0	181.4	40.8	20.9	85.2
过渡区	250	31.2	3 978.5	36.9	50.9	40.1		
排污控制区	110	31.8	1 553.1	20.9	21.8	30.7	0.2	0.0
二级区合计	3 060	42.3	82 134.8	40.9	7 646.8	53.2	219.3	63.9
水功能区合计	4 870	47.4	185 021.6	53.7	35 540.8	48.5	859.3	77.5

按照河长评价的结果,除排污控制区外,各类水功能区的水质达标率都高于个数达标率。其中,保留区河长达标率仍是最高的,排污控制区河长达标率最低。

对照水库和湖泊的水质达标评价结果可以发现,除渔类养殖为主的水库、缓冲区类水库等类型外,水库水质总体上好于湖泊水质。水库类水功能区中,景观娱乐用水区、保留区及保护区的达标率均超过80%。

从不同水情期的达标情况来看,排污控制区、农业用水区、过渡区、工业用水区、缓冲区、渔业用水区和景观娱乐用水区7类水功能区的达标比例非汛期低于汛期,尤其是排污控制区,非汛期较汛期降低了8.0%,说明点源污染影响显著;保留区、饮用水水源区和保护区3类水功能区达标比例汛期低于非汛期,其中保护区非汛期达标率比汛期高6.7%,说明非点源污染特征明显。

就全国总体而言,各类水功能区现状水质类别一般比其目标水质类别要求差1个级别。其中,保护区、保留区和饮用水源区全年水质相对较好,以Ⅱ类和Ⅲ类水为主,与相应的水质目标差距最小;缓冲区、景观娱乐用水区现状水质与水质目标差距最大。

影响我国水功能区水质达标的主要水质参数是氨氮、化学需氧量、高锰酸盐指数、溶解氧、五日生化需氧量和挥发酚等有机污染项目,汞、铅、镉、砷和六价铬等为代表的重金属污染是水功能区不达标的第二类水质参数。此外,由于区域背景值偏高,重金属污染常常成为西南诸河区水功能区的主要超标项目。

　　3.水量标准

　　为了实现其预期功能，地表水功能区也要在水量上具有一定的标准。例如，饮用水水源区如果水量枯竭，则供水功能就要丧失，即使水很清洁，其功能也受到影响。湖泊和湿地保护区，如果实际水位远低于合理的水位，生物栖息地就要丧失，江湖关系可能就要发生变化。航运河段也要有水位要求。因此，地表水功能区应制定相应的水量标准。

　　水量标准包括径流量和水位两类指标，二者相互联系，具有确定的函数关系，对水库而言是水位—库容曲线，对河道断面而言是水位—流量关系曲线。确定了一个标准，就可以相应地得出另一个标准值。

　　对于河道径流量标准来说，不同的水功能区需要不同的标准。例如，水源地需要满足设计水位和供水的保证率；保护区的河道和湿地要满足基本生态基流和生态需水过程或水面面积及栖息地面积；具有航运功能的河道要满足相应航运级别的吃水深度。因此，水量标准十分复杂。由于地表水功能区划定时间尚短，目前仅确立了水质的标准，对各水功能区的水量标准还没有制定。

　　除径流和水位指标外，根据前面提出的基于功能的综合保护理念，还要有河流廊道的生态学标准，例如连通性、河岸植被、洪泛区连通性、标志生物物种等。鉴于研究基础薄弱，目前还都在科学研究探索阶段。

6.3.4.2　地下水功能区的保护目标及标准

　　地下水功能区保护目标是指各功能区在规划期内能够正常发挥各项供水和生态与环境功能时应该达到的目标要求。在地下水功能区划分的基础上，根据其主导功能，兼顾其他功能的要求，结合区域生态与环境特点，确定地下水功能区的保护目标。

　　地下水系统一旦破坏则难以修复，在制定保护目标时突出了对地下水的保护，同时兼顾了目标的可达性。原则上，对目前实际情况好于其功能标准要求的，分区地下水保护目标不应低于现状情况；对于目前已经处于临界边缘的，要加大保护力度，防止出现恶化趋势。

　　地下水功能区的保护目标包括地下水开采量、地下水水质和地下水位。

　　1.地下水开采量目标

　　根据现状地下水开采量、地下水可开采量、补给条件和流域（区域）水资源配置方案，未来的经济社会发展及生态环境保护需求合理确定，一般取各功能区可开采量和远期规划开采量中的较小者。全国地下水利用与保护规划确定的地下水功能区水量目标见表6-7。

　　2.地下水水质目标

　　开发区中具有生活供水功能的区域，水质标准不低于Ⅲ类水的标准值，现状水质优于Ⅲ类水时，以现状水质作为保护目标；工业供水功能的区域，水质标准不低于Ⅳ类水的标准值，现状水质优于Ⅳ类水时，以现状水质作为保护目标；地下水仅作为农田灌溉的区域，现状水质或经治理后的水质要符合农田灌溉有关水质标准，现状水质优于Ⅴ类水时，以现状水质作为保护目标。保护区、保留区一般以现状水质作为保护目标。

表 6-7　全国地下水二级功能区开采量控制目标　　　（单位:亿 m³/年）

水资源一级区	集中式供水水源区	分散式开发利用区	生态脆弱区	地质灾害易发区	地下水水源涵养区	不宜开采区	储备区	应急水源区	总计
松花江区	5.85	142.27	6.23	0	5.82	0.53	0.01	0.03	160.74
辽河区	21.53	66.26	1.04	0.45	10.09	0	0.02	0	99.39
海河区	11.26	134.97	0.28	0.53	18.13	5.89	0	0.20	171.28
黄河区	18.25	86.02	0.39	1.42	15.15	3.05	0.72	0.16	125.17
淮河区	15.45	117.17	0.19	4.90	9.23	0.73	0.97	0	148.64
长江区	11.33	44.06	0.44	0.85	29.60	0.42	0.37	0.21	87.28
其中:太湖流域	0	0	0	0	0	0	0	0	0
东南诸河区	2.46	4.64	0.04	1.02	3.59	0.13	0.64	1.21	13.74
珠江区	3.85	38.78	0.20	1.47	5.99	0.03	3.12	0.54	53.99
西南诸河区	2.22	2.74	5.10	0	3.10	0	7.81	0.37	21.34
西北诸河区	8.79	90.82	4.14	0	0	1.16	2.15	0	107.06
北方地区	81.13	637.51	12.27	7.30	58.42	11.36	3.87	0.39	812.25
南方地区	19.86	90.22	5.78	3.34	42.28	0.58	11.94	2.33	176.33
全国	100.99	727.73	18.05	10.64	100.70	11.94	15.81	2.72	988.58

3. 地下水位目标

根据地下水功能区地下水补径排条件以及生态与环境保护的目标要求,合理确定地下水位目标,如表 6-8 所示。对于西北地区,重点确定地下水的生态水位,保护天然绿洲等生态目标,防止荒漠化蔓延和土壤次生盐碱化。对于东部地区的浅层承压水,重点确定防止地面沉降等地质灾害的临界水位。对于一般的浅层地下水,主要考虑地下水资源可持续性利用与合理利用要求,确定水位目标。

表 6-8　全国地下水二级功能区水质及水位控制目标

地下水二级功能区	水质目标	水位目标(m)	
		最小埋深	最大埋深
集中式供水水源区*	Ⅲ	6	80
分散式开发利用区	Ⅲ ~ Ⅴ	2	50
生态脆弱区	维持现状	3	8
地质灾害易发区	维持现状	2	50
地下水水源涵养区	Ⅲ	维持现状	维持现状
不宜开采区	维持现状	维持现状	维持现状
储备区	Ⅲ ~ Ⅳ	3	10
应急水源区	Ⅲ ~ Ⅳ	3	20

注:集中式供水水源区如果在城市建成区内,需要综合考虑城市基础设施和人防工程等对最小地下水埋深的要求。

4. 开发利用情况评价

在全国浅层地下水基准年 1 013 亿 m³ 的总开采量中,开发区开采量最大,占全国浅层地下水开采总量的 82%;保护区开采量次之,占全国开采总量的 15%;保留区开采量最小,占全国开采总量的 3%。

在全国各地下水二级功能区中,分散式开发利用区的开采量最大,占全国开采总量的 70%;地下水水源涵养区和集中式供水水源区开采量较大,分别占全国开采总量的 12%;其余 5 个地下水二级功能区开采量之和仅占全国开采总量的 6%。

在山丘区的各地下水二级功能区中,地下水水源涵养区的开采量最大,占山丘区开采总量的 47%;分散式开发利用区开采量次之,占山丘区开采总量的 34%。在平原区的各地下水二级功能区中,分散式开发利用区的开采量最大,占平原区开采总量的 83%;集中式供水水源区开采量次之,占平原区开采总量的 11%。

全国平原区浅层地下水超采开采量为 249 亿 m³。其中,分散式开发利用区开采量最大,达 196 亿 m³,占超采区开采总量的 79%;集中式供水水源区开采量次之,为 41 亿 m³,占超采区开采总量的 16%。全国平原区浅层地下水未超采区开采量为 507 亿 m³。其中,分散式开发利用区开采量最大,达 428 亿 m³,占未超采区开采总量的 84%;集中式供水水源区开采量次之,为 45 亿 m³,占未超采区开采总量的 9%。

现状条件下,在全国平原区 1 923 个浅层地下水二级功能区中,存在超采问题的功能区为 254 个,占功能区总数的 13%,总超采量近 101 亿 m³,其中集中式供水水源区、分散式开发利用区及地质灾害易发区中存在超采问题的功能区数量较多。开发区的超采量占总超采量的 96%。基准年全国平原区浅层地下水超采区超采量为 101 亿 m³。其中,开发区超采量最大,占超采总量的 95%;保护区超采量次之,占超采总量的 4%;保留区超采量最小,占超采总量的 1%。在开发区中,北方地区基准年浅层地下水超采量为 100.80 亿 m³,南方地区仅为 0.22 亿 m³。从北方开发区基准年浅层地下水超采情况来看,分散式开发利用区超采量最大,为 83.94 亿 m³,占北方开发区超采总量的 83%;集中式供水水源区超采量次之,为 13.20 亿 m³,占北方开发区超采总量的 13%。在北方各水资源一级区的分散式开发利用区中,海河区的超采量最大,达 52.56 亿 m³;其次为西北诸河区,为 17.76 亿 m³。在北方各水资源一级区的集中式供水水源区中,辽河区的超采量最大,达 5 亿 m³。可见,全国浅层地下水超采问题主要集中在北方地下水开发区。

6.3.5　水功能区监督管理的思路及支撑体系

6.3.5.1　基于功能区的水资源管理和考核

水功能区划为水资源管理和保护提供了基础平台,在功能区划及保护标准的定量化基础上,水资源保护有了定量的依据和标尺。

目前,水资源管理有总量控制、定额管理和纳污总量三条红线。这些红线的设定,均是依据水功能区的保护标准,根据不同地区的经济社会发展合理需求,在协调上下游、左右岸的关系基础上确定的。

由于地表水功能区未制定水量标准,因此目前的水量分配采用规划方案为基础的分区分配方法,结合水资源配置,考虑经济社会需求和生态环境保护的兼顾。

按照最严格水资源管理的有关红线要求,到 2015 年,全国水功能区达标率要达到 60% 以上。入河污染物削减是实现水功能区达标的根本措施,同时对于水量枯竭的河流,要统一调配水资源,严格控制河道外耗水,增加河道内的环境流量,提高河流的水环境承载能力。

6.3.5.2　水功能区及入河排污口监测

对水功能区实施有效管理的一个重要手段是监测,包括监测水功能区的水位、水量、水质状况,监测入河排污口的排污量、水质状况及非法设置排污口的督察和举报处理等。

监测工作不仅是为管理服务的,也要为公众提供信息服务,通过提高透明度,鼓励公众的参与,形成全社会共同保护水资源的大势。

6.3.5.3　水功能区保护评估体系

评估水资源保护的效果,重点是评价水功能区达标情况。除水功能区达标率这个核心指标外,还应包括影响地表水和地下水功能区达标的因素。由于不同类型的水功能区指标侧重点不同,因此在评价水功能区保护时,应有针对性地制定指标体系。例如,地下水功能区应考虑将超采作为水量标准,对于湖泊可采用生态水位标准等。

6.4　水污染特征

人类活动对地表水和地下水造成的污染,按排放方式可分为点污染源和非点污源污染。点污染源主要由工矿企业废水排放和城镇生活污水排放而形成;非点源污染也称面污染源,指在较大范围内,溶解性或固体污染物在降雨径流等作用下,通过地表或地下径流进入受纳水体,从而造成水体污染。

根据《中国水资源公报(2011 年)》,全国评价的河流长度中,有 15.7% 的河流是劣 V 类水,基本丧失了各种功能,污染十分严重。这些受污染河流主要是陆域点污染源及面污染源的输入造成的。根据《中国环境状况公报(2013 年)》,化学需氧量排放量为 2 353 万 t,工业排放量占 13.6%,生活排放量占 37.8%,农业等面源排放占 47.8%,还有 0.8% 左右为流动源排放。从这些数据可以看出,经过多年的治理,工业污染已经不是主要污染源,而随着城市化进程的加快,生活污染以及农业面污染源逐渐成为污染排放的主体。

6.4.1　点源污染特征

6.4.1.1　工业污染源

工业污染源是工业生产过程中产生的各种污染物,通过各种途径进入水体,造成水体污染。按照污染源的形态,可以分为工业废水类、固废类和工业废气类。

工业废水和污染物排放量是指一般工业(不包括火核电)的废水和污染物排放量,火核电直流冷却水由于对水体温度造成影响,也属于污染源;集约化和规模化养殖场废污水及污染物排放由于其具有工业化生产的规模化特点,也归为工业污染源。除废水外,一些工业原料因为事故或不慎产生渗漏排泄,也属于污染源,有时甚至是严重的污染源,例如输油管线渗漏、加油站渗漏等。松花江污染事故就属于爆炸导致工业生产原材料进入松花江。

　　工业固废类污染源包括工业生产过程形成的固体废弃物堆放点（场），也包括工业原料堆放点，如铬渣等。这些工业固体废弃物受降水等影响，产生淋滤液，含有有毒物质，对河流、地下水产生污染。工业排放的废气通过大气降水也会产生污染，尽管大多属于大气污染类型，但对于地表水也会有影响，例如酸雨。

　　由于各地的经济发展规模与水平、产业结构、工业门类、技术水平以及用水状况等差别较大，因此工业废水排放量相差较为悬殊。在各水资源一级区中，长江和珠江区废水排放量较大；西北诸河和西南诸河区排放量均较小。从各地工业废水排放量的分布来看，东部地区是我国经济最为发达的地区，工业化程度最高，工业废水及 COD 和氨氮排放量分别占全国工业废水及 COD 和氨氮排放量的48.7%、53.9%、37.3%；中部地区工业化程度总体上处于全国中等水平，工业废水及 COD 和氨氮排放量分别占全国的35.0%、31.5%、42.1%；西部地区工业化程度相对较低，工业废水及 COD 和氨氮排放量分别占全国的16.4%、14.6%、20.7%。

　　从工业污水及其污染物排放情况来看，工业废水排放量主要集中在城市及其周围地区，如松花江区工业废水排放量主要集中在吉林、齐齐哈尔、佳木斯、牡丹江、哈尔滨、长春、大庆等7个市，占松花江区工业废水排放总量的74.1%，其 COD 和氨氮排放量分别占松花江区工业污染物排放总量的57.6%和63.8%；辽河区工业废水排放量主要集中在沈阳、抚顺、鞍山、本溪、辽阳、大连和锦州等7个市，其工业废水排放总量占辽河区工业废水排放总量的70.2%，其 COD 和氨氮排放量分别占辽河区工业污染物排放量的52.0%和57.2%；海河区工业废水排放量主要集中在唐山、北京、天津、保定、石家庄、德州、邯郸、安阳、聊城、新乡、张家口、廊坊和邢台等13个市，其工业废水排放总量占海河区工业废水排放总量的76.4%，其 COD 和氨氮排放量分别占海河区工业污染物排放量的80.7%和81.5%。

6.4.1.2　生活污染源

　　生活污染源一般是指城市和农村的居民生活废水废物排放造成的污染，由于农村地区废水排放分散，一般作为分散式非点源来处理。

　　城镇生活污染源主要包括建制市和建制镇的生活污染源。除生活污水处理或未处理集中排放点外，城市生活固体废弃物和垃圾填埋场也是生活污染源。这些垃圾场的淋滤液如果未经适当的收集和处理，会对河流、湖泊和地下水构成污染威胁。

　　东部地区是我国经济最为发达的地区，城镇化程度最高，城镇生活污水及其 COD、氨氮排放量分别占全国城镇排放总量的57.1%、59.3%、54.8%；中部地区城镇化程度总体上处于中等水平，城镇生活污水及其 COD、氨氮排放量分别占全国城镇排放总量的27.0%、28.4%、32.2%；西部地区城镇化程度较低，城镇生活污水及其 COD、氨氮排放量分别占全国排放总量的15.9%、12.3%、13.1%。

　　各省级行政区城镇生活污水排放量与其城镇化程度关系十分密切。城镇化程度较高的广东和江苏，城镇生活污水排放量分别占全国城镇生活污水排放总量的15.7%、8.4%；城镇化程度较低的西藏，城镇生活污水排放量仅占全国城镇生活污水排放总量的0.07%。

6.4.1.3　污径比及点源污染结构

污径比是一个流域污水排放量和流域实际地表径流量的比值,该指标经常用来衡量一个流域的河流纳污强度。污径比大,说明污水排放量大,而地表径流量少。

我国太湖流域和海河区废污水量与当地实际径流量的比值分别高达386.27%和112.32%(太湖流域和海河区当地实际河川径流量中不包括外流域来水,但废污水排放量中包括外流域来水利用后的排水量,故污径比均大于100%);其次是辽河区、黄河区和淮河区,污径比分别为25.94%、17.42%、10.05%,松花江区、长江区、珠江区、东南诸河区分别为4.12%、3.36%、3.33%和2.52%,西北诸河区约为1%,西南诸河区最低,仅为0.05%。由于北方河流水资源开发利用程度比较高,河道中实际径流量比天然径流量减小得较多,故采用实际河川径流量计算时,其废污水量与当地实际河川径流量的比值普遍增大,尤其是太湖流域和海河区,废污水排放量已比当地的实际河川径流量还要大,说明实际上河流水体污染更加严重。

上述污径比分析表明,从总体上说,太湖流域和海河流域受废污水排放影响最大,其次是淮河区、辽河区和黄河区,松花江区、长江区、珠江区、东南诸河区等也受到一定影响,西北诸河区和西南诸河区受到废污水排放影响最小。这与目前全国地表水水体污染状况较为一致。对于北方河流,由于人类活动影响,其天然径流往往不能代表河流的实际过水状况,如果采用其实际河川径流量,则北方河流的污径比要大出很多。这说明废污水排放对水资源产生的危害程度十分严重。

6.4.2　非点源污染特征

随着农牧业发展,人类活动的影响加剧,非点源污染正成为我国地表、地下水体的最主要污染源,开展非点污染源调查分析对保护水资源具有重大意义。

我国对非点源污染的研究始于20世纪70年代末,但到目前为止,其研究多局限于特定的城市、小流域或农田,尚未建立全国的非点源污染调查监测系统。开展大范围、全流域性的分析研究,既缺乏必要的基本资料,也缺乏调查分析的成熟技术和方法。农业非点源的调查内容包括农业生产农田径流营养成分流失、农村生活污水及生活垃圾排放、城市径流污染物流失、水土流失状况及其非点源污染负荷、分散式畜禽养殖污染物排放情况调查等五大类,污染负荷调查评价指标包括化学需氧量、氨氮、总氮、总磷等。

6.4.2.1　农田径流非点源污染负荷

农田径流产生的非点源污染负荷在整个非点源污染负荷中占有相当大的比重,同时其影响因素也最为复杂,涉及自然、经济、社会等诸多因子。化肥、农药等的使用量不断增加以及不恰当的农田耕作方式等,是造成农田径流非点源污染的主要原因,因此农田径流非点源污染负荷调查主要包括:①化肥、农药施用量调查。调查统计现状化肥、农药施用量,并按有关技术标准所给出的参数或收集调查有关资料将化肥、农药折算成有效成分(化肥以N、P计,农药以有机氯、有机磷计),估算化肥、农药的非点源污染负荷量。②在农田生态环境系统中,除化肥、农药等的使用是氮磷的主要来源外,还有许多其他来源,如农家肥的施用、土壤固氮菌的固氮作用等,因此采用农业系统在全国2 000多个2~3年的短期定位试验站和19个长期定位试验站的资料以及40多年来关于县级陆域与农田氮磷养分平衡、土壤、农业等方面的资料,通过建立氮磷养分平衡,利用农业有关统计资料,可计算农田径流非点源污染负荷量(包括总氮、总磷和氨氮等)。

6.4.2.2　城市径流非点源污染负荷

城市地表径流中的污染物主要来自降雨径流对城市地表的冲刷,地表沉积物是城市地表径流中污染物的主要来源。具有不同土地使用功能的城市,其沉积物来源不同。城市地表沉积物主要由城市垃圾、大气降尘、街道垃圾的堆积、动植物遗体、落叶和部分交通遗弃物等组成,污染物负荷量的主要影响因素有降雨强度、降雨量、降雨历时、不透水面积、城市地表径流量、城市土地利用类型(如居民区、工业区、商业区、城市道路等)、大气污染状况、交通影响、地表清扫状况、城市雨水收集管网普及率、雨水排水系统类型等。

结合我国在典型城市的调查实践并收集国内外相关资料,可归纳提出不同地理条件、不同经济活动强度(影响不同城市土地利用类型下污染物的累积量)下城市非点源污染负荷计算有关参数,如不同类型城市的单位人口产污量、单位垃圾中的污染物含量值和垃圾地表累积率、不同土地利用类型下城市径流中污染物的平均浓度等,估算城市径流中非点源污染负荷量。

6.4.2.3　农村生活非点源污染负荷

农村大部分地区缺乏有效的排水设施,生活污水一般直接排放到村落的沟渠中,污水中的污染物在沟渠中大量累积,同时村落周围累积大量固体废弃物,包括生活废弃物以及农作物秸秆,在较大的降雨径流冲刷作用下,这些污染物大多进入河流沟渠系统向受纳水体运移。可调查统计现状农村人口数及人均综合排污系数,调查农村固体废弃物产生量及污染物排放系数,估算农村生活污水和固体废弃物中化学需氧量、氨氮、总氮、总磷的含量。

6.4.2.4　畜禽养殖非点源污染负荷

畜禽养殖非点源主要指分散养殖而形成非点源污染的污染源,其污染程度在某些地区甚至超过了农业非点源。按照产污对象,将其分为大牲畜非点源和小牲畜非点源。大牲畜主要包括驴、马、牛、骡等,小牲畜主要包括猪、羊、家禽等。通过调查收集大量农业养殖业的有关资料,获得各流域(区域)内的畜禽种类及其数量、单位畜禽的日产废量(粪尿量),单位粪尿中化学需氧量、氨氮、氮、磷的含量以及粪尿的排放系数等经验数值,估算畜禽养殖排放的化学需氧量、氨氮、总氮、总磷的含量。

6.4.2.5　水土流失非点源污染负荷

水土流失所产生的大量泥沙及其所挟带的大量吸附态污染物,是一种重要的非点源污染物。调查现状土地利用状况及不同土地利用状况下泥沙和污染物的单位面积负荷,或根据不同土地利用状况通过水土流失方程计算水土流失量及其所挟带的污染物量。

非点源污染负荷增加,对水体水质最直接的影响是使水库、湖泊等水体富营养化加剧。据《中国水资源公报(2013)》中湖库富营养化评价结果,在全国评价的 112 座湖泊中,贫营养水库仅为 1 个,中营养的 38 个,富营养状态的 73 个。因此,在重视对点污染源加强治理的同时,要下大力气加强对非点源污染的预防与管理。

6.4.3　污染源组成特点

根据《中国环境状况公报(2013)》,全国点源与非点源 COD、氨氮排放量分别为 2 353

万 t 和 245.6 万 t,其中工业所占比例分别为 13.6% 和 10%,生活排放量所占比例分别为
38% 和 57%。全国主要污染物现状排放量及其组成见表 6-9。

表 6-9　全国主要污染物现状排放量及其组成

污染物	项目	总计	工业	生活	农业	其他
COD	排放量(万 t)	2 353	320	890	1 125	18
	占比(%)	100	13.60	37.82	47.81	0.77
氨氮	排放量(万 t)	245.6	24.6	141	78	2
	占比(%)	100	10.02	57.41	31.76	0.81

　　非点源污染与降雨径流关系密切,只有在地面上产生径流并最终汇入河流、湖库等地
表水水体或渗入地下水水体时,才会对地表水和地下水水体水质造成影响。由于降雨径
流具有较大的随机性、不确定性和时空分布不均匀性,因此非点源污染也表现出较大的随
机性、不确定性和时空分布不均匀性,当降雨和径流产生量较大时,只要地面上积存的污
染物较多,非点源污染负荷产生量和入河量也较大,对地表水或地下水水体水质的影响也
较大。因此,年降雨量不同、同一降雨量下降雨的时空分布不同,产生的径流量也不同,非
点源污染负荷产生量和入河量也不一样。

　　我国降雨径流主要集中在汛期,一般汛期 7~9 月径流量占全年径流量的 60%~
70%,因此非点源污染负荷也主要集中在汛期,汛期 7~9 月非点源污染负荷产生量和入
河量占年非点源污染负荷产生量和入河量的 60%~70%。实际上,对北方河流,汛期径
流主要集中在几场大暴雨,因此非点源污染负荷的集中排放特点非常突出,对水体水质的
冲击破坏作用非常大。点污染源排放相对于非点污染源排放年内较为均匀。污染物氨氮
排放也存在着与 COD 相类似的现象。而总氮、总磷的排放则以非点源污染负荷为主。因
此,从全国总体情况看,在汛期非点源污染负荷入河量比点源污染入河量要大,对水体污
染的影响也较大。

6.4.4　水资源保护措施

6.4.4.1　指导思想

1. 最严格保护

　　实行水资源的优先保护,首先要从思想上改变对水资源的认识,珍惜水资源,将其作
为人类发展的根基和命脉来对待,而不能将水资源作为人类排放污染物的垃圾箱,不能看
成取之不尽、用之不竭的自然资源。要从保护人类长远发展的高度,认识到水资源保护的
重要战略意义。

　　我国人口众多,产业结构侧重于资源依赖型和环境污染型传统产业。这些产业的快
速膨胀必然对水资源构成巨大压力。目前,我国这种经济结构转型的艰巨性仍非常巨大,
难度超过预料。要从资源和环境的角度,倒逼产业的转型,对于水资源利用效率和效益不
高的项目要坚决制止,对于污染的建设项目,要坚定地否决。经济结构不实现根本转变,

水污染也难以遏制。

2. 水量、水质、水生态系统规划

应充分认识水资源的资源属性,统筹水量安全、水质安全和水生态安全,协调水资源保护与社会经济可持续发展的关系,发挥水资源对经济社会发展的支撑功能和对水生态安全的保障作用,坚持水量、水质、水生态统一规划,突出规划的支撑性和可操作性。

3. 全社会参与

水资源保护涉及人类社会的每个成员,同时是一项公益事业,在政府主导的前提下,要激励全社会的共同参与,使保护水资源成为公民的自觉行动。同时,各部门要协同配合,在政府统一组织下,各负其责,形成保护水资源的合力。

6.4.4.2　制度建设

水资源保护是一项艰巨复杂的管理工作,长效的监督管理是根本措施。国内外的水资源保护经验及教训表明,侧重工程措施治污,解决不了水污染问题,必须强化监管,规范人类的水事行为,形成清洁生产、生活的秩序和习惯,构建现代生态文明,才能从根本上保护水资源。

在水资源保护的制度建设上,我国也走过很多弯路,目前的政策已经基本清晰,主要包括如下几类制度。

1. 基于功能区的总量控制制度

总量控制制度是实施最严格水资源管理的基本制度,在水资源方面,提出分区水资源利用的总量红线,对河道外耗水提出明确的规定。在水污染方面,提出分水功能区的污染物入河总量红线,这样水质、水量的双总量控制相结合,构成了保护水资源的核心制度。

水资源利用总量控制红线旨在制约人类经济社会的河道外耗水量,保障河道内的生态环境流量,协调人类社会经济用水和生态环境保护的关系。纳污红线则制约人类对河流的污染行为,严格控制污染排放,是保护水资源的根本措施。

2. 准入许可制度

准入许可制度是有效保护水资源的重要前提,属于从建设项目的阶段先入为主,提高准入门槛。水量方面有建设项目的水资源论证制度,要求项目和开发规划不得占用生态环境用水、不得侵害第三者合法权益等;水质方面,环境影响评价制度是控制新污染产生的重要措施。

3. 目标责任和考核制度

无论是总量控制,还是许可制度,都涉及责任问题。《中华人民共和国水污染防治法》第五条规定,国家实行水环境保护目标责任制和考核评价制度,将水环境保护目标完成情况作为对地方人民政府及其负责人考核评价的内容。尽管排污者是污染行为的主体,但作为环境保护公益事业的行政责任人,政府应当在水资源保护中承担更大的监管职责。尤其中国处于行政管理为主的社会发展阶段,对政府的责任追究和目标考核对于促进水资源保护具有重要的意义。

4. 监督奖惩制度

实施有效的监督是有效保护水资源的根本措施,而不能像我国过去走过的弯路,污染后进行治理。太湖、滇池等湖泊的水环境问题,都是陆域监管严重缺位带来的恶果,教训十分沉痛。

有效的监督需要政府上下级之间的行政监督，人大、政协和社会团体的外部监督，以及社会公众的监督。监督的主体有时也会转变为客体。监督者是社会经济生活的每一个参与者。《中华人民共和国水污染防治法》第十条规定，任何单位和个人都有义务保护水环境，并有权对污染损害水环境的行为进行检举。被监督者则是对水资源的污染和破坏者。

监督仅是手段，奖惩制度才是规范水事行为的重要措施。对于监督过程中发现的环境违法者，按照法律严肃惩处；对于保护水资源有成绩的单位和个人要给予奖励和表彰。"县级以上人民政府及其有关主管部门对在水污染防治工作中做出显著成绩的单位和个人给予表彰和奖励。"

5. 监测评估制度

水资源保护的基础是对水资源系统的监测，通过监测，了解水资源在数量和质量上的变化，发现产生变化的原因，如污染行为、私自用水开采等。水利、国土、环境保护等部门建立的水资源监测系统、污染源监测系统、地下水及地面沉降监测等，都是保护水资源的重要基础工作。目前，我国水资源系统的监测工作还十分薄弱，远不能适应水资源保护的需要。在地下水监测、地表水功能区监测、污染排放口的监测等方面还有很多的空白区，应急快速监测也很滞后。

监测形成的数据要直接支撑水资源保护的决策。因此信息化是监测和决策之间的桥梁。信息化工作不仅需要将监测数据通过信息系统和通报、快报、内部文件等形式上传决策层，为水资源保护的宏观决策提供信息支持，也要通过网络、媒体、手册、出版物、报纸等形式，下达社会各界，让每个社会经济活动的参与者都了解水资源的状况。通过信息化的公开和透明，使污染者面临社会的监督和谴责，使每个公民了解水资源的状况，提高保护水资源、检举违法行为的自觉性。

6. 经济激励和补偿制度

经济机制是水资源保护中重要的机制。水资源的数量枯竭和水质的污染，归根结底是经济社会发展对水资源的过度索取造成的，因此水污染和过度利用都是因为经济。采取经济激励和补偿制度有利于形成水资源保护的良性循环。目前，在我国经济社会中，最大的污染者往往是经济效益较好的单位和个人，开采地下水强度最大的是城市和企业。因此，如何将污染损失内部化，促进绿色经济的发展，遏制污染企业的发展，就涉及经济机制问题。

我国曾提出了绿色GDP的制度，尽管因为技术和行政原因没有全面实行，但将环境损失内部化，从GDP中扣除，这种设想是科学可行的。对于微观经济层面，企业和个人的生产活动中产生的环境污染损失和生态损害成本也要以实行环境税的形式征收。这样，将水资源的损失货币化，促进经济的转型，促进社会经济向环境友好型和资源节约型过渡。

损害水资源的要赔偿，反之，对因为保护水资源，丧失发展机会的地区和个人，也要给予一定的补偿，例如水源保护区的居民，为了保护水源，在工业建设、矿产开发等方面都丧失了一定的机会，保护下游水资源而上游受到制约，这样的例子在我国十分普遍，生态保护和补偿机制亟待建立。

7. 部门合作制度

水资源保护是全社会的事业,尤其是政府部门,需要加强合作,形成保护水资源、治理水污染的合力。

6.4.4.3　工程措施

对于未发生污染、河流健康状况较好的地区,对水资源以保护为主,强化制度建设和监管能力,避免出现各种问题。对于水量和水质已经出现问题的地区,要在制度建设基础上加大投入,治理水污染,强化水资源的调配,采取一系列配套的措施,按照科学的规划,分步实施,最终实现对水资源的有效保护和修复。

制度建设也需要工程措施,如监测站网建设和运行等,但都是经常性的工作。本部分提到的工程措施是非经常性的治理项目。

水资源保护的工程措施包括如下几方面内容。

1. 清洁生产与循环经济

水资源保护的关键是从源头减少污染物的产生。这需要从生产环节制定规划,采取先进生产工艺,减少甚至消除污染物的产生。另外,促进循环经济建设工程,包括循环经济园区、企业循环用水系统等,使上下游行业相互配套,构筑物料循环利用的封闭系统和高效经济园区,减少污染的产生。

农业也要有循环经济的思维,日常生活和畜牧养殖产生的废物通过沼气和堆肥等,形成新能源和有机肥料,回归土壤,提高土壤的有机质含量。农田应利用低洼地建设坑塘工程,收集田里的径流(含有化肥等营养物质),作为枯季灌溉的水源。这样,将营养物拦截下来,减少了对江河湖泊的污染,也提高了农业的施肥实用效率和生产水平。

2. 污染削减工程

污染削减工程包括生活和工业的污水处理工程、再生水利用工程、河道净化工程等。

目前最常用的污染削减工程是废污水处理,包括城市污水收集和处理系统及分散的工业企业废水处理系统。

再生水(也叫中水)利用是继污水处理后,进一步减少污染物入河的重要措施。通过再生水的利用,使部分污染物随再生水进入经济社会循环系统,减轻了自然水体的压力,减少了新鲜水的利用量。

对于污染的河流实施河道污染治理工程也是重要的措施,但是属于辅助性的。河道污染治理工程包括河道曝气、微生物净化、改变河流流态等。

3. 水资源调配工程

水资源枯竭一般是经济社会发展需水超过当地的可供水量,导致河流水量减少甚至断流以及地下水超采。治理水资源过度利用主要是遏制需求,同时要适度进行调水工程的建设,弥补当地水资源的不足。例如,著名的南水北调工程就是减轻北方水资源压力,修复水生态系统的重要战略措施。

4. 节水工程

节约用水不仅能减少对新鲜淡水的需求,促进对河流的保护,也可减少污染物的产生。例如,工业的废水零排放、农业水田旱作、节水灌溉技术等都对遏制经济社会用水具有显著的影响。

按照行业分类,节水工程包括工业节水、农业节水和生活节水三方面,综合起来就是节水型社会建设。

5. 生态工程

水资源的保护要遵循生态学的理念。前面说过,水资源保护不仅仅局限在水质的保护,也要重视河流健康和生态保护。反过来,生态系统的保护也能促进水资源的保护,通过生态系统的过滤、净化、转化、缓冲、吸收等,削减污染物。

生态工程的典型例子是人工湿地系统,在入河湖前,通过人工湿地的生物群落,吸收削减营养盐,减轻河流污染负荷。另外,还有水陆交错带的缓冲带工程(过滤营养盐及其他污染物)、水体的微生物净化技术、水体生物生态操纵工程、陆域的植被体系建设等。

应该说,生态保护是水资源保护的前提。要建立水资源需要从流域尺度保护的理念,从陆地的水土保持、湿地截留、水陆交错带缓冲到水体内的生态操纵,构建多层圈的水资源保护生态安全屏障。

6.4.5 水资源保护重点领域

6.4.5.1 饮水安全

水资源保护的优先领域是饮水安全,人类的生命健康是最优先的目标。饮用水水源地的安全是饮水安全以及生命健康的前提。因此,饮用水水源地保护是水资源保护的优先领域。

饮水安全包括农村饮水安全和城镇饮水安全两方面。农村地区由于对供水水源分散,保护任务更加艰巨。而城市地区由于对供水水源要求高,水量需求大,优质水源越来越少,安全保护的任务也十分艰巨。

国务院曾讨论通过了城乡饮水安全保护规划,提出了未来20年的饮水安全目标及措施,规划突出强调了水源保护的重要性和紧迫性,对水源区划、污染整治、监测和应急防范等,都提出了具体的措施。

1. 农村饮水安全

农村地区用水分散,规模小,水质安全和水量保障主要受自然条件的制约。例如,我国北方很多地区地下水含有高浓度的氟、铁、锰等,而且是区域性的。海河东部地区地表水严重污染,浅层地下水都是咸水,而深层承压水含氟量超过饮水安全限值。因此,这些地区的农村饮水安全形势十分严峻。除氟工程建设延续几十年,效果也很不理想。

我国南方地区山区多,取水困难,径流变化大,云南、四川、贵州、广西等地岩溶水分布广泛,但动态变化大,渗漏严重,地下丰水,地表干旱,很多地方几乎没有地表径流,极容易形成季节性干旱。建设的集雨工程也存在水量安全和二次污染问题,对农村居民的身体健康和生产生活构成影响。

为了解决农村居民的饮水问题,国家正制定和实施农村饮水安全工程,预计未来不长的时间内,有望基本解决我国农村地区的污染和水量问题。

农村饮水安全标准有水质、水量、方便程度和保证率四项指标,只要有一项低于安全值,就属于饮水不安全。

根据水利部和卫生部颁布的《农村饮水安全卫生评价指标体系》，将农村饮用水分为安全和基本安全两个档次。四项指标中只要有一项指标低于安全或基本安全最低值，就不能定为饮水安全或基本安全。根据《农村饮水安全卫生评价指标体系》，在水质方面，符合国家《生活饮用水卫生标准》(GB 5749—2006)要求的为安全，符合《农村实施〈生活饮用水卫生标准〉准则》要求的为基本安全；在水量方面，每人每天可获得的水量不低于40~60 L 为安全，不低于 20~40 L 为基本安全；在方便程度方面，人力取水往返时间不超过 10 min 为安全，不超过 20 min 为基本安全；在保证率方面，供水保证率不低于 95% 为安全，不低于 90% 为基本安全。

2. 城市饮水安全

城市是人口集聚地，对饮水安全要求更高，一旦出现饮水水源污染问题或枯竭，社会影响巨大。因此，我国政府高度重视城市饮水安全保障问题，已在批复的城市饮水安全规划中，对全国 4 555 个县级镇以上的城市饮用水水源地安全保障进行了系统的规划。有关措施正在逐一落实，对城市饮水安全起到显著作用。

除水源的水质安全外，水源地的水量也要满足供水的保证率。目前，很多城市水源地来水减少，对有限的水资源竞争十分激烈。这些矛盾应纳入流域水资源分配体系中统筹解决。

6.4.5.2　生态安全

水资源保护除饮用水安全保障这个优先目标外，还要保护重要的生态目标，尤其是依靠河流、湖泊、湿地、沼泽等水生态系统维系的生物多样性，需要水质、水量、栖息地等方面的综合保护。

我国湿地类自然保护区分布广泛，类型多样，水量枯竭和水质退化以及水陆交错带围垦是威胁生物多样性的重要人为干扰因素。国家已经制定生物多样性保护规划，同时我国是《湿地公约》的缔约国，需要履行生物多样性保护的义务。

在湿地保护中，要注意地表水和地下水的水力联系。一些干旱地区的湿地主要依靠地下水来补给，而地下水又依靠上游的河道入渗补给。因此，要地表水、地下水、湿地统一协调，合理分配水量，维持地下水的生态水位。

6.4.5.3　食品质量安全

我国是一个农业大国，粮食安全关系到国家的长远发展，不仅数量上要坚持自给自足，质量上也要保障优质的农产品供应市场。水质好坏直接关系到土壤的质量、农副产品的质量直至居民身体健康。因此，对于灌溉用水的水功能区要保护水资源质量，尤其要重点控制重金属、三致(致癌、致畸、致突变)等难降解和有毒的污染物进入食物链。

在灌溉用水的水质标准方面，国家实行《农田灌溉水质标准》(GB 5084—2005)，但其中的指标不足 30 项，对很多有毒有机物尚未制定相应的标准，需要补充完善。根据污染物的残留及累积和健康伤害评估，从严制定标准值。

6.4.5.4　水质纠纷及事故应对

随着水污染问题的加剧以及人类对健康的日益重视，跨界污染纠纷越来越多，大到国际间的水污染纠纷(如松花江污染事故)，中到国内的省、市之间的跨界污染纠纷，小到农村居民和乡镇企业的污染纠纷。可以说，水质问题已经成为影响和谐社会建设的重要危险因素。

协调水质纠纷是国家水行政主管部门和环境保护部门的应尽职责。污染事故预防将是今后一段时期的重要环境保护工作内容。

6.5　地下水超采现状及治理对策

6.5.1　地下水超采治理面临的问题

地下水超采治理的根本措施是在进一步强化节水的前提下,减少地下水开采量,逐步实现地下水的采补平衡。因此,地下水压采是关系到地下水超采区地下水是否能够实现可持续利用的重要措施。

地下水超采区一般水资源短缺或地表水开发程度低,社会经济用水只能依靠超采地下水维持,而地下水压采工作又需要替代水源的支撑,在存在替代水源的条件下,地下水超采治理方能取得显著效果。

6.5.1.1　资源问题

地下水压采的替代水源主要有三类:一是本地地表水的进一步开发;二是外调水;三是非常规水源的利用。

第一类水源:一些地下水超采区尽管存在水资源供需缺口,但本地地表水开发利用强度低,还有进一步开发的潜力,但受工程条件、水价因素、水质问题等因素的影响,地表水开发不足。这类地区存在地表水轻度利用,而地下水过度利用的不平衡问题。

解决这类问题的关键是进一步开发利用地表水,利用新开发的地表水,替代超采区的地下水,逐步减少地下水开采量。例如,陕西省西安市为了控制地下水开采量,建设南部山区水源工程,转换城市的供水水源,封闭自备井及公共供水井,使地下水位逐步回升,遏制了地下水持续超采的局面,地面沉降等地质灾害也得到初步遏制。

第二类水源:外调水是很多地下水超采区地下水压采的主要水源,例如河北省、天津、北京的海河平原区,持续40年的超采迫切需要治理。但该区地表水开发过度,只能依靠南水北调水源替代地下水的超采。北方很多地区都有类似特点,例如山西省利用万家寨引黄工程,逐步压缩汾河盆地地下水的开采量,地下水超采问题开始有所缓解。

第三类水源:是非常规水源的开发,例如海水综合利用和淡化、再生水利用等,通过开发利用中水、微咸水等非常规水源,减少地下水的开采,遏制超采势头。北京计划在充分利用本地水资源、南水北调供水水源、再生水基础上,利用河北唐山曹妃甸的海水淡化工程,为北京城市供应淡化后的海水,减少对地下水的过度需求和依赖。

前面提到的水源条件是地下水超采治理的重要条件,但不是必要条件。没有替代水源的地区,也要千方百计开展节水工作,压缩地下水开采量,逐步建设节水型社会,逐步淘汰高耗水行业和企业。

6.5.1.2　工程问题

地下水超采治理的核心是要具有资源条件,实现地下水的有效替代。但是,仅有水源还是不够的,必须建设必要的工程,强化节水,并将替代水源的水量供应到地下水超采区的地下水用户,从而实现有效压采。江苏的经验表明,地下水压采及封井工作的前提条件是"水到封井",保障用水户的合法权益。

在我国南水北调东线、中线受水区地下水压采方案中,主要的工程措施包括井灌区节水工程、南水北调配套工程、封填井工程、监测计量工程、人工回灌补源工程等。

6.5.1.3　经济机制问题

地下水压采涉及替代水源的建设及水价问题。替代水源及相应的供水管网和处理厂建设都涉及投资渠道问题。根据南水北调配套工程规划等成果,替代水源工程由国家和地方政府负责,供水管网和处理厂采用国家、地方、用户合理分摊的原则,解决资金渠道。农业灌溉的替代工程应由国家及地方政府从公共财政中解决建设资金渠道,减轻农民负担。

另一个经济机制是水价问题。地下水开发成本低,包括水源成本和处理成本都低于地表水,容易开发,且地下水水质优于地表水,保证程度高。这使得很多地区优先利用地下水,导致地下水的严重超采。因此,地下水超采有资源短缺型超采,也有经济机制不合理导致的超采。另外,地下水压采涉及替代水源问题,水源转换后,用水价格可能会发生变化,有替代水源而继续超采地下水的情况时有发生。

解决地下水和地表水水价倒挂的问题,需要实行水价改革,理顺水价体制,做到优水优价,提高地下水的价格,为地下水压采提供经济激励机制。

对于替代水源转换导致的用户成本增加,国家可适度考虑实行差异化财政补贴政策。例如,对农民用户利用地表水的,补贴增加的水价支出,减轻农民和农业的经济负担。

6.5.1.4　补偿问题

地下水压采涉及井的封填、供水企业的成本等问题。

先说井的封填,地下水压采的重要保证手段是在有替代水源条件下,对地下水开采井实行封填,压缩开采量。但开采井作为用户的资产,也存在一定的价值。被封填或成为应急备用井后,需要对井的所有者给予必要的补偿。

水源的转换涉及供水管网的更新改造及水处理厂的更新换代。原来适用于地下水的系统要更新为适用于地表水水量和水质的处理系统,而且如果地表水水质较差,水处理成本会增加。因此,供水企业制水成本要提高。另外,如果地表水供水企业将用户由城市及工业供水转为农业供水(水源转换),则供水价格的变化也会导致水库运行管理企业的利润大幅下滑。

上述两类经济成本都应在地下水压采工作中给予应有的重视,避免因为经济因素影响地下水压采工作的顺利实施。

6.5.1.5　监管计量措施

为监督管理地下水压采工作,需要对地下水开采量进行准确计量。除了封填的开采井,城市公共自来水井、工业自备井应全部安装 IC 卡流量计等开采量计量设施,实现地下水取水量的准确计量和总量控制。

应加强地下水动态监测网建设。应认真做好地下水动态监测网建设规划编制工作,将超采区以及引水干渠两侧浅层地下水和重点压采区的地下水动态监测纳入工作重点。合理布设地下水监测站网,建立和完善地下水动态监测网络和地下水动态信息管理系统,实现地下水信息的动态采集、传输和管理,及时掌握地下水状况,为地下水压采方案实施评估、压采目标管理和考核工作提供及时、准确、可靠的地下水动态信息。

在监测基础上,建立地下水压采的评估和考核指标体系,明确评估的办法。

6.5.2　地下水超采治理基本思路与对策

地下水超采治理的总体思路是"打好一个基础,抓住两个重点,理顺三个环节,协调四种关系"。

6.5.2.1　打好一个基础

地下水超采治理总体方案编制的基础是现状调查。在现状调查基础上,深入分析超采区地下水利用特点,揭示超采问题的性质、空间分布、严重程度等。详细调查超采区水资源及其开发利用状况,根据统一技术要求,以县级行政区为工作单元,依据全国水资源综合规划成果,开展地下水实际开发利用调查,客观评价超采区水资源及其开发利用状况。根据相关技术标准,划定地下水超采区,确定超采量,分析超采引发的各类问题。

6.5.2.2　抓住两个重点

一是城市地下水超采治理;二是地下水压采的关键制度建设。城市是重点超采区,危害大,社会影响深远。因此,应优先解决城市的超采问题,提高城市的水资源战略储备和供水安全保障能力,遏制地面沉降等危及城市发展的地质灾害,保障城市的健康发展。另外,地下水超采治理涉及多方的利益,应充分考虑到这项工作的艰巨性和复杂性,尤其要重视制度、体制、机制方面的制约性"瓶颈"效应,有针对性地提出解决对策。

6.5.2.3　理顺三个环节

地下水超采治理要理顺和衔接好三个环节,分别是替代水源安排、输配水工程以及实现水源置换的制度性措施。

以南水北调为例,首先,要结合南水北调通水前后的水源格局变化,合理配置各类水源,解决地下水压采的替代水量,为地下水超采治理提供水量条件。其次,要结合南水北调配套工程建设,研究提出各类替代水源与超采区地下水用户之间的工程建设措施,使替代水源按照规划的方案输送到相应的用户分布区,按照"水到封井"的原则,有效压缩地下水开采量。最后,建立和完善保障地下水压采工作顺利开展的制度体系。以最严格的水资源管理制度为契机,强化总量控制和计划开采,建立和实施监督考核制度、开采井封填制度、奖惩制度、补偿制度、激励机制和扶持政策等,确保实现水源置换和地下水超采治理目标的实现。

6.5.2.4　协调四种关系

地下水超采治理应协调好城市和农村、工业和农业、生产和生活、近期和远期的关系。按空间、时间和水资源配置要素,科学谋划,合理确定超采治理目标,区别对待,因地制宜地安排工程措施及非工程措施。城市作为重点地区,不仅要先行解决好地下水超采问题,还要为农村地区的地下水超采治理工作提供水量支持;工业要大幅度压减地下水开采量,优先利用中水及江水,保障农业用水;地下水是优质水源,水质好,保证率高,要优先保障生活需求,生产性开采应严格控制。

在超采治理工作的时序安排上,紧密围绕南水北调等工程的配套规划和相关工程的进度计划,遵循"先节水后替代"的原则,按照"五先五后"(先压直接受水区(城市及工业园区)后压间接受水区,先压深层承压水后压浅层地下水,先压严重超采区后压一般超采区,先压生产用水后压生活用水,先压工业用水后压农业用水)的压采次序,合理安排压采替代水源工程建设,分阶段地实施受水区地下水压采工作。在各项替代水源工程措施和压采政策制度保障下,循序渐进地实施受水区地下水压采工作,逐步实现受水区地下水超采治理目标。

6.5.3　地下水管理保障措施

地下水管理保障措施主要包括法制建设、制度建设、约束机制和激励机制能力建设等方面内容。针对地下水开发和保护工作中的体制机制性障碍和管理薄弱环节,重点研究基于功能区的地下水资源管理体制、投入机制、制度建设、能力建设等问题,逐步建立地下水可持续利用和良性发展的长效机制。

6.5.3.1　法制建设

1. 制定《地下水资源管理条例》

组织编写《地下水资源管理条例》,报请国务院颁布实施。各省也可先期编制和颁布本地区的地下水资源管理条例和相应的法律文件。条例和办法要明确规定地下水资源管理的职责、对象、义务、管理制度和法律措施,进一步明确地下水资源的总量控制制度。将地下水功能区管理制度列入条例。对于严重超采区、集中供水管网覆盖区、地质灾害易发区和重要生态保护区等区域,提出控制地下水开采的基本原则和要求,划定限采和禁采的功能区,明确限采和禁采的对象,结合替代水源工程建设等,明确控制地下水开采的控制指标和开采计量监控方法,促进地下水超采治理。

2. 依法实施地下水功能区管理

在现有地下水功能区划成果基础上,对其进行修改完善并由各省级人民政府颁布实施,为地下水资源管理奠定基础。地下水功能区划应列入地下水资源管理条例中,作为地下水利用和保护的重要管理依据,赋予地下水功能区应有的法律地位。建立和完善地下水功能区管理制度,分区分类指导地下水的开发利用和保护涵养。建立分区地下水总量控制与定额管理制度,完善地下水取水许可管理和水资源有偿使用制度。

6.5.3.2　制度建设

建立和完善以功能区为基础的地下水管理制度,加强对不同功能区的地下水开发利用与保护的监督管理和分类指导,重点提出实施最严格地下水资源管理制度建设,包括划定不同功能区用水总量控制红线、用水效率红线和污染控制红线等,完善地下水相关制度和政策措施,促进地下水资源的可持续利用。

1. 功能区管理制度

研究建立以地下水功能区为载体,以地下水可持续利用为目标,资源、生态以及环境地质功能相互协调的地下水管理新制度。

在修改完善地下水功能区划成果基础上,以法律的形式颁布实施功能区划成果。地下水的水位管理、水质保护及总量控制均通过地下水功能区与水资源管理行政区相结合的形式进行制度设计和实施。

结合地下水功能区,严格地下水取水管理,明确地下水取水的政策导向:

(1)对于保护区,原则上不得颁发工业建设项目的取水许可。矿山排水,必须防止出现河道断流、名泉干涸、地面塌陷等环境地质灾害。允许解决分散式饮水问题的水源建设。山丘区因采矿排水导致分散式用水受到影响的,有关责任方要进行补偿,消除不利影响。

(2)对于保留区,要重视应急水源的储备和建设。日常情况下,禁止开采,同时要加强设施维护。鼓励不宜开采区内的微咸水综合利用,但是要结合饮水安全保障规划,逐步建设替代水源,解决群众饮用苦咸水的现象。对于储备区,需要建设新项目的,要严格进行科学论证,必须开发利用的,要向功能区批复机关申请,修改调整功能区划。

(3)对于开发区,要本着可持续开采的方针,超采的开发区一律停止颁发新的取水许可。采补平衡的开发区要禁止颁发工业建设项目的取水许可。原则上,除对水质有特殊要求的特殊工艺用水外,工业用水不得取用地下水。分散式开采区内的工业开采井要逐步削减开采量,转而利用地表水和再生水。对于地表水短缺,必须继续开采地下水的工业水源,不得影响周边农用井的利用,产生影响的,必须给予补偿。

2.目标责任制度

贯彻最严格的水资源管理制度,重点要对地下水开发利用实施总量控制,强化目标责任制度。根据规划提出的全国各地下水功能区地下水开采量控制目标,抓紧制订分区地下水总量控制年度计划,遏止对地下水资源的过度开发和无序利用,逐步实现各类地下水功能区的保护目标。明确今后规划期内的各地区地下水资源利用的总量指标,作为水资源"红线"管理的依据。任何地方不得超过总量控制指标批准地下水的取水许可,将总量目标列入政府绩效考核体系。

3.监督考核制度

各级人民政府水行政主管部门根据规划提出的地下水总量控制目标、超采治理目标以及地下水保护与管理方面的内容,制订本行政区域内的实施方案,明确监督考核的办法,制定相应的制度,确保总量目标的实现。

各级人民政府建立地下水利用保护工作检查、评估及信息发布制度。对已关停开采井进行定期检查,严肃查处擅自启用已关停开采井的行为。根据下达的年度开采计划,组织开展地下水工作检查、评估和总结。定期发布地下水利用和保护工作简报,向社会各界通报地下水保护工作进展情况。建立地下水保护的专门网站,发布有关信息,接受社会及公众监督。

建立地下水保护考核制度。建立受水区地下水保护的考核指标体系,把地下水保护任务的完成情况纳入各级人民政府的考核目标,对完成好的,要给予表扬和奖励;对完成不好的,要给予通报批评,并追究主要负责人的行政责任。

4.监测评估制度

为监督管理地下水保护工作,需要对地下水开采量进行准确计量。各级人民政府水行政主管部门认真做好地下水动态监测网建设规划编制工作,将超采区浅层地下水和深层承压水的地下水动态监测纳入工作重点。合理布设地下水监测站网,建立和完善地下水动态监测网络和地下水动态信息管理系统,实现地下水信息的动态采集、传输和管理,及时掌握地下水状况,为地下水利用与保护规划实施的评估、目标管理和考核工作提供及时、准确、可靠的地下水动态信息。

　　5. 公众参与制度

地下水利用和保护涉及方方面面,要遵循社会意愿,维护群众切身利益,建立公众有效参与的渠道和制度。鼓励社会团体及个人积极参与地下水超采治理工作,提高地下水利用和保护工作的社会监督水平,鼓励单位和个人积极举报违章凿井和私采滥采地下水的行为。

通过开展地下水利用和保护信息发布,提高地下水利用和保护工作的透明度,拓宽公众参与管理的渠道。借鉴用水户协会的经验,结合灌区开采计量和监控系统建设,推广公众参与利用和保护的先进经验,实现广泛参与的地下水管理体系。

　　6. 污染预防的分区准入制度

研究提出地下水污染控制分区,或地下水脆弱性分区,按照地下水的脆弱性高中低分布,严格控制地表的各类社会经济活动,明确地下水污染防治的红线,提出有关的管理办法。在渗透性较高的重要地下水补给区,要严格控制污染源,对建设项目从严把关。

针对人类活动强度大而地下水开采集中的开发区,要建立地下水水质分区保护制度。对集中式开采区范围内的污染源,要详细勘察,逐一清理。对于分散式开发利用区,要根据水质状况、污染分布和特点,划分出重点治理区、重点预防区和重点监控区。重点治理区是地下水水质已经出现污染问题,污染河流、垃圾场、污水灌溉区、排污井等主要污染源集中分布的地区;重点预防区主要是水质相对较好的地区,要预防出现新的污染;重点监控区是加油站、输油管线、主要建设项目分布区、经济开发区、新建的城市垃圾处理场等建设活动频繁的地区。

加大对环境综合整治的力度和污水处理的力度,排查潜在的地下水污染源,包括垃圾填埋场、加油站、污水排放点、畜禽养殖场、城市排水系统渗漏等,尤其是要对工业企业密集的地区、石油等能源化工集聚区、重工业企业搬迁后的遗留问题进行详细调查。发现问题及时治理,有效遏制和减轻对地下水的污染。加强地下水水源的涵养和保护。加强对城镇地下水水源地保护的监管力度,搞好水源地安全防护、水土保持和水源涵养。坚决取缔地下水水源保护区内的直接排污口和其他破坏地下水的污染源。重点解决城镇集中式地下水饮用水水源地水质不达标的问题,保障城镇饮水安全。建立地下水集中供水水源地的登记保护制度,通过压采、控制面源污染等措施,切实涵养和保护好地下水供水水源地,发挥其正常供水和应急供水功能。

除水量的统一管理外,地表水功能区与地下水功能区要协调整合,协调水质目标,重视地表水和地下水之间的转化关系,逐步减少地表水对地下水的污染。

　　7. 应急储备制度

地下水是重要的应急储备水源,应急储备是其经济社会服务功能的重要组成部分。在事故污染和连续干旱的极端气候条件下,应加大地下水的开采力度,保障经济社会的正常秩序。

6.5.3.3　约束机制和激励机制

地下水资源利用和保护涉及社会各个阶层,是跨地区、跨行业、跨部门的复杂课题。

应研究建立有利于地下水资源管理和保护的激励机制和制约机制,保障规划目标的如期实现。

1. 水价约束机制

地下水资源费征收是提高地下水资源利用效率,有效保护地下水的重要经济手段。目前,全国很多地区存在地表水与地下水资源在价格上的倒挂现象。优质、高保证率、处理成本低廉的地下水,其资源费低于水质差、保证率低、处理成本高的地表水。因此,必须大幅度地提高优质地下水资源利用的经济成本,促进资源的合理配置。

建立地下水资源费超计划、超定额的累进加价制度,合理确定工业、生活和农业用水定(限)额。定(限)额内的地下水资源费保持不变,对于超计划或超定额控制目标的,要大幅度提高水资源费标准,运用经济手段推进地下水利用和保护工作。

合理确定地下水资源费和其他水源之间的比价关系,提高地下水资源费征收标准,依法扩大水资源费征收范围,加大水资源费征收力度,使地下水供水成本不低于其他水源的供水成本。通过调整水价和地下水资源费等经济手段来控制超采区地下水的超采量。

2. 财政激励机制

对于地下水管理,实行有效的经济激励政策,例如通过水源置换的财政奖励和补贴,鼓励地下水水源替代;通过节奖超罚等经济措施,促进地下水的全民监督,打击地下水非法开采量。

财政政策也是强化地下水管理的重要手段。对于地下水开采的农业用户,可采用"一提一补"的激励政策。提高地下水资源费,同时根据用水效率和定额,适度补贴因此增加的农村用水成本,这样在不增加农民负担的前提下,提高了地下水的利用效率,减少了地下水的开采量。

对于水源转换涉及的地表水利用工程,如渠系更新改造、地表水水资源费等,国家应实行必要的财政补贴政策,鼓励优先利用地表水,减少地下水开采量,增加地下水储备,减轻农民负担。

对于跨流域调水工程,应在适当的时机,利用剩余能力,增加调水量,作为农业用水和生态用水的水源。所增加的成本,由国家、地方和用户共同分摊。

6.5.3.4　能力建设

1. 业务能力

在未来规划期内,全国、流域、省、市、县要分期分批开展地下水资源管理和保护方面的业务培训,提高管理者队伍的业务素质,加快知识和技术更新。

在全国开展各种形式、各种层次、各种类型的地下水培训及学术和管理交流活动。

2. 科技能力

1)地下水信息系统

结合国家地下水监测网建设和国家水资源信息系统建设,建立地下水监测系统,全面支撑地下水资源的科学管理和有效保护。

2)地下水管理决策支持系统

针对地下水主要开发利用区和重要水源地,应研究开发地下水管理决策支持系统,通过先进的科学技术,提高地下水资源管理的科学水平。鼓励开发通用性地下水管理决策支持系统软件产品。

3）基础应用研究

通过地方及国家的财政资源，支持设立有关地下水管理和保护方面的科研项目，研究解决制约地下水资源管理的重大科学技术问题，提出系列的应用性科研成果，支撑地下水资源的科学管理。

4）规范化能力

加强地下水管理和保护的技术标准体系建设，为管理提供技术支撑。根据地下水管理方面的有关现状和紧迫性，从地下水调查与评价、地下水规划，到地下水开采井工程设计建设及施工、水位标准、水质标准、开采计量设备标准等，建立起一整套的地下水管理标准体系。

6.6　水土流失现状与防治策略

6.6.1　全国水土保持区划

根据《全国水土保持区划（试行）》，全国水土保持区划采用三级分区体系，一级区为总体格局区，二级区为区域协调区，三级区为基本功能区。水土保持基础功能包括水源涵养、土壤保持、蓄水保水、防风固沙、生态维护、农田防护、水质维护、防灾减灾、拦沙减沙和人居环境维护等10种。

全国共划分为8个一级区41个二级区117个三级区。

一级区主要用于确定全国水土保持工作战略部署与水土流失防治方略，反映水土资源保护、开发和合理利用的总体格局，体现水土流失的自然条件（地势－构造和水热条件）及水土流失成因的区内相对一致性和区间最大差异性。二级区主要用于确定区域水土保持总体布局和防治途径，主要反映区域特定优势地貌特征、水土流失特点、植被区带分布特征等的区内相对一致性和区间最大差异性。三级区主要用于确定水土流失防治途径及技术体系，作为重点项目布局与规划的基础，反映区域水土流失及其防治需求的区内相对一致性和区间最大差异性。其中，一级区、二级区分为：

Ⅰ东北黑土区（东北山地丘陵区）：Ⅰ－1大小兴安岭山地区、Ⅰ－2长白山－完达山山地丘陵区、Ⅰ－3东北漫川漫岗区、Ⅰ－4松辽平原风沙区、Ⅰ－5大兴安岭东南山地丘陵区、Ⅰ－6呼伦贝尔丘陵平原区。

Ⅱ北方风沙区（新甘蒙高原盆地区）：Ⅱ－1内蒙古中部高原丘陵区、Ⅱ－2河西走廊及阿拉善高原区、Ⅱ－3北疆山地盆地区、Ⅱ－4南疆山地盆地区。

Ⅲ北方土石山区（北方山地丘陵区）：Ⅲ－1辽宁环渤海山地丘陵区、Ⅲ－2燕山及辽西山地丘陵区、Ⅲ－3太行山山地丘陵区、Ⅲ－4泰沂及胶东山地丘陵区、Ⅲ－5华北平原区、Ⅲ－6豫西南山地丘陵区。

Ⅳ西北黄土高原区：Ⅳ－1宁蒙覆沙黄土丘陵区、Ⅳ－2晋陕蒙丘陵沟壑区、Ⅳ－3汾渭及晋城丘陵阶地区、Ⅳ－4晋陕甘高塬沟壑区、Ⅳ－5甘宁青山地丘陵沟壑区。

Ⅴ南方红壤区（南方山地丘陵区）：Ⅴ－1江淮丘陵及下游平原区、Ⅴ－2大别山－桐柏山山地丘陵区、Ⅴ-3长江中游丘陵平原区、Ⅴ-4江南山地丘陵区、Ⅴ-5浙闽山地丘陵区、Ⅴ-6南岭山地丘陵区、Ⅴ-7华南沿海丘陵台地区、Ⅴ-8海南及南海诸岛丘陵台地区、Ⅴ-9台湾山地丘陵区。

Ⅵ西南紫色土区(四川盆地及周围山地丘陵区):Ⅵ-1秦巴山山地区、Ⅵ-2武陵山山地丘陵区、Ⅵ-3川渝山地丘陵区。

Ⅶ西南岩溶区(云贵高原区):Ⅶ-1滇黔桂山地丘陵区、Ⅶ-2滇北及川西南高山峡谷区、Ⅶ-3滇西南山地区。

Ⅷ青藏高原区:Ⅷ-1柴达木盆地及昆仑山北麓高原区、Ⅷ-2若尔盖-江河源高原山地区、Ⅷ-3羌塘-藏西南高原区、Ⅷ-4藏东-川西高山峡谷区、Ⅷ-5雅鲁藏布河谷及藏南山地区。

6.6.2 水土流失防治的基本思路与总体目标及工程布局

6.6.2.1 基本思路

我国水土流失防治工作的基本思路是:以科学发展观为指导,牢固树立人与自然和谐的理念,紧紧围绕全面建设小康社会,服务社会主义新农村建设,建设资源节约型、环境友好型和谐社会的目标,以满足经济社会发展需求和提高人民生活质量为出发点,以体制、机制创新为动力,以法律为保障,以科技为先导,遵循自然规律与经济规律,落实预防监督、综合治理、生态修复、监测预报、控制面源污染和改善人居环境等综合任务,达到减蚀减沙、控制面源污染、改善生态环境和生产生活条件、提高防灾减灾能力的目的,努力实现水土资源的可持续利用与生态环境的可持续维护,支撑经济社会可持续发展。

6.6.2.2 总体目标

紧紧围绕水土资源的可持续利用和生态环境的可持续维护的根本目标,经过40年左右的努力,即到21世纪中叶,使全国现有195.54万km²宜治理的水土流失地区基本得到治理,实施一批水土保持生态建设重点工程项目;控制各种新的人为水土流失的产生;在水土流失区及潜在水土流失区建立起完善的水土保持预防监督体系和水土流失动态监测网络;水土流失防治步入法制化轨道,农业生产条件和生态环境明显改善,为经济和社会可持续发展创造良好支撑条件。

6.6.2.3 工程总体布局与措施配置

1. 西北黄土高原区

要围绕多沙粗沙区淤地坝建设工程、砒砂岩区的沙棘建设与开发利用工程和生态修复工程,以建设高产、稳产的基本农田为突破口,保障群众基本粮食需要,不断增加群众收入,促进退耕还林还草。在荒山荒坡和退耕的陡坡地上,大力营造以柠条、沙棘等灌木为主的水土保持林、水源涵养林,减轻土壤侵蚀。在沟壑区要开展沟道治理,防止沟头前进、沟底下切和沟岸扩张。沿沟缘线修筑沟边埝,在干、支、毛沟,建设以淤地坝治沟骨干工程为核心,谷坊、淤地坝、小水库相配套的坝系,拦泥蓄水,发展坝地农业,实现"米粮下川"。利用村庄、道路、坡面、沟道的径流、洪水,以及地下水资源,兴修水窖、涝池等雨水集流工程、小水库和引水工程,推广节水灌溉技术,有效利用水资源解决农村饮用水困难,为农、林、牧业发展创造条件。积极开展封山禁牧,充分发挥生态的自然修复能力,恢复植被。

建设生态型农业,因地制宜,多业并举,逐步形成各具特色的主导产业,实现农民脱贫致富、农村经济社会持续发展。

2. 长江上游及西南诸河区

突出坡耕地改造和基本农田建设,加强坡面水系工程建设,有效防治水土流失,加大经济林果业种植比例,提高农业生产能力,增加群众收入,提高环境人口容量。推动陡坡退耕和生态修复,发挥生态系统的自然修复能力,加快水土流失治理速度。在金沙江下游和陇南、川西山地泥石流分布集中、暴发频繁、危害严重的地区,加强泥石流监测和预警预报工作,扩大山地灾害预警系统的控制范围,把泥石流可能造成危害的地区都纳入预警范围,积极防治,采取综合治理和控制泥石流。加强对开发建设项目的监督管理,特别是加大对山地农林开发的管理力度,禁止全垦造林和炼山造林,控制人为新增水土流失。

3. 西南岩溶石漠化地区

该地区的首要任务是抢救正在石漠化的土地资源,维护群众的基本生存条件。继续严格实行25°以上陡坡地退耕,并将25°以下坡耕地修成水平梯地,配置坡面截水沟、蓄水池等小型排蓄工程,控制土壤冲刷,保护耕作土层,同时积极改良土壤,为农业生产创造基本条件。对尚未修成梯田的坡耕地,推行等高沟垄等保土耕作措施,减轻水土流失,提高作物产量。根据石灰岩山区土层薄、肥力低的特点,选种适生林草;因地制宜,大力发展经济林、草,增加群众收入。利用当地雨量多、气温高的特点,搞好封禁治理,恢复植被。就地取材,在沟道中修筑土石谷坊,抬高侵蚀基准面,拦截泥沙。

4. 风沙区

我国的风蚀面积达191.6万km²,主要分布在西北地区几大沙漠及其邻近地区、内蒙古草原和东北部分平原地区。该区的主要任务是合理开发利用水资源,发展林草植被,保护绿色生态系统,实行轮封轮牧,防止草场退化、沙化和盐碱化。已沙化的移动沙丘区在垂直沙丘移动方向营造防风固沙林带,设置植物和工程沙障,固定沙丘。已固定的沙丘间低地种草或营造以灌木为主的薪炭林、放牧林。在有水源条件的地方引水拉沙,治沙造田。在农田四周,营造乔、灌、草相结合的防护林网,改善小气候,为发展农、林、牧业创造条件。改良风沙农田,改造沙漠滩地。在内陆河流域,开发利用水资源,大力节水,发展高效农牧业。在塔里木河、黑河等水资源严重短缺的河流,要统筹规划,合理安排生态用水,恢复生态绿洲。

5. 草原区

草原区主要分布在内蒙古、新疆、青海、四川和西藏等地,有可利用草场近30万km²,是我国主要的畜牧业生产基地。针对草原区气候干旱、风蚀严重、植物种类少、生态环境十分脆弱,以及过度放牧、鼠害严重,导致草地退化、沙化和盐碱化加剧的现状,以保护现有草地植被为重点,恢复和改良草场,配套水利基础设施,改良草种,提高草场载畜能力。大力推行先进的放牧技术,建设"草库仑",以草定畜,变粗放经营为集约经营,实行围栏、封育和轮牧,提高牧业生产水平。增加投入水平,建立高标准的人工草地,发展舍饲养畜,防止草场过度放牧。同时,大力发展畜产品深加工业,形成种、养、加工一体化,产、供、销一条龙的畜产品生产、经营体系,将资源优势转化为商品优势。

6. 农牧交错区

重点是合理调整农业产业结构,退耕还草,小范围开发,大范围保护,依靠生态自然修复能力恢复植被。对以农为主的地区,减少农耕地面积,高效开发利用有限的水资源,增加单产,进一步实施退耕还牧,控制和减轻水土流失,促进农牧业协调发展;对传统牧区,采用禁牧与限牧、轮牧、休牧结合的办法。牧区应以保护现有草地植被为重点,根据草场的承载能力,确定合理的畜群数量,做到以草定畜。通过牧区水利建设、围栏、封育、防护林网建设和改良草种,建立高标准的人工草地。推进舍饲养畜,变粗放经营为集约经营,恢复草原植被。生态十分脆弱地区,实行生态移民。

7. 冻融侵蚀区

我国的冻融侵蚀区主要分布在西部的青藏高原、新疆天山等地。该区以自然侵蚀为主,人为活动影响较小,水土保持工作主要是加强预防、监督、保护,并积极开展冻融侵蚀规律、发展趋势和冻土扰动对侵蚀的影响等重大课题的研究,加强水蚀和冻融侵蚀交互作用的过程研究,开展治理示范工程建设,保护和建设青藏高原生态屏障。

8. 东北黑土漫川漫岗区

东北黑土漫川漫岗区主要分布在松花江中上游、大兴安岭向平原过渡的山前波状起伏台地,是我国主要的商品粮基地之一。水蚀面积约 13 万 km^2,地形坡度虽缓,但坡面较长,一般达 800 ~ 1 500 m。该区水土保持工作以坡耕地面蚀治理为重点,兼顾沟蚀和风蚀治理。主要治理措施包括:在岗脊坡顶植树造林,林地与耕地交界处开挖截水沟,就地就近拦蓄径流、泥沙;大力推行坡耕地横坡垄作,在 3° ~ 5° 的坡耕地上修筑地埂,埂上配置植物篱,将 5° ~ 7° 的坡耕地修成水平梯田,大于 7° 的坡耕地全部退耕还林还草。荒山荒坡采用鱼鳞坑整地,营造水保林;沿沟缘线修沟边埂、蓄水池,在沟底修谷坊、建塘坝,营造沟底防冲林。通过植物、工程、耕作三大措施的立体复合配置,实现"高水高蓄、坡水分蓄、沟水节节拦蓄",有效控制水土流失。同时,大力调整产业结构,实行粮、畜、林、果、药、杂全方位开发,发展优质高效农业,实现水土保持生态建设与经济协调发展。

9. 北方土石山区

北方土石山区主要分布在松辽、海河、淮河、黄河等四大流域,面积 75.4 万 km^2,其中水蚀面积 48 万 km^2。本区地表土石混杂,石多土少,细粒物质流失后,地面极易砂砾化或石化,甚至失去农业利用价值。本区植物资源丰富,在积极保护现有林草植被的前提下,应结合治理,充分发挥资源优势,积极培育各类经济林、草,发展商品经济。本区的主要治理措施是:以梯田、条田建设为突破口,改造坡耕地,提高粮食产量,改广种薄收为少种多收;开发治理荒山荒坡和退耕坡地,多林种配置,既发展水土保持林、水源涵养林,又重视经济林、用材林、牧用林(草)培育,全面绿化,林、牧、果各业并举;在沟道比降大,下切强烈的支、毛沟修筑谷坊,在沟道开阔处,顺沟修筑防洪石堤,治沟滩造田,导水归槽,防治洪水危害。

10. 南方红壤丘陵区

南方红壤丘陵区主要分布在长江中下游和珠江中下游以及福建、浙江、海南、台湾等省,土壤为赤红壤(或砖红壤),总面积约 200 万 km^2,其中丘陵山地面积 100 万 km^2,水蚀面积 50 万 km^2,是我国水土流失较严重且涉及范围最广的类型区。本区的水土保持措施应考虑南方雨量大、气温高的特点,利用优越的水热条件,将防护性治理与开发性治理紧密结合起来,发展优质高效农业和生态经济。主要治理措施包括:封禁治理和造林种草相结合,提高植被覆盖度,减轻地表土层流失,植物措施、工程措施并举,采用上拦、下堵、中间封的方法治理崩岗产生的水土流失,即在崩岗上方修筑天沟,引走径流,控制溯源侵蚀;在崩岗口修筑谷坊,抬高侵蚀基准面,稳定崩岗体;采取生物措施覆盖崩岗面,固土保水,减少流失。因地制宜地采取多种能源互补的措施,除栽植薪炭林外,修建沼气池,发展小水电,推广节柴灶和以煤代柴等,解决农村能源问题,保护现有植被,促进封禁治理。充分利用丘陵山区水土资源优势,种植经济林果,发展商品经济,把资源优势转化为商品优势,增加农民收入。

6.6.3　水土流失防治的保障措施与科技支撑

6.6.3.1　全面贯彻落实水土保持法是加快水土流失防治进程的根本保障

水土流失是我国头号环境问题,严重威胁国家生态安全、粮食安全、防洪安全。1991年《中华人民共和国水土保持法》颁布以来,国家不断加大水土流失预防治理力度,为改善农业生产条件和城乡生态环境,促进经济社会又好又快发展发挥了重要作用。随着经济社会的快速发展和人民群众对生态环境要求的不断提高,水土保持工作也遇到了一些新的问题,迫切需要通过修订《中华人民共和国水土保持法》加以解决。新《中华人民共和国水土保持法》从 2011 年 3 月 1 日起正式施行。修订后的《中华人民共和国水土保持法》在充分保留原有重要规定的基础上,适应当前和今后一个时期我国经济社会发展和水土保持生态建设的新形势,与时俱进地对水土保持工作做出了更加全面和细致的规定,特别强化了以下六个方面的重点内容:①强化了地方政府水土保持主体责任;②强化了水土保持规划的法律地位;③强化了水土保持预防保护;④强化了水土保持方案管理制度;⑤强化了水土保持补偿制度;⑥强化了水土保持法律责任。新《中华人民共和国水土保持法》的颁布施行对于进一步依法保护水土资源,加快水土流失防治进程,改善生态环境,保障经济社会可持续发展,将产生巨大的推动作用和深远的历史影响。

6.6.3.2　加快水土保持配套法规制度建设与加强监督执法队伍建设

　　1.加快水土保持配套法规制度建设

水利部作为国务院水行政主管部门要以水土保持方案审批、验收规章等为重点,省级水行政主管部门以实施办法为重点,尽快修订完善配套法规,切实将新《中华人民共和国水土保持法》的有关规定落实到位,开创水土保持事业的新局面。

　　2.加强监督执法队伍建设

以全国水土保持监督管理能力建设活动为载体,加强机构能力建设:一是加强监督执法人员培训,提高执法队伍的整体素质和执法能力;二是建立和完善各项制度,保证执法人员忠于职守,秉公执法,切实做到有法必依、执法必严、违法必究,维护法律的权威和尊严。

6.6.3.3　完善水土保持投入机制

水土保持生态建设是一项利国惠民的公益性事业,要纳入公共财政框架。当前要把水土保持作为扩大内需水利建设项目的重要内容,加大投入,尽快启动实施坡耕地水土流失综合整治等工程。要督促各地从实际出发开展重点治理,地方投入多的,国家也将加大支持力度。要以水土流失综合防治规划为基础,把水土保持与农田水利、中小河流治理、小水电建设、移民安置等结合起来,与退耕还林后续工程、退牧还草、生态移民等国家重大生态建设项目结合起来,整合项目和资金,形成水土保持工作的合力。要进一步完善水土保持相关政策,调动企业和个人防治水土流失的积极性,鼓励和支持大户参与"四荒"资源的治理开发。在坚持"一事一议"的框架下,切实搞好受益区群众的组织发动工作,发挥好群众作为水土流失治理主体、受益主体的能动作用。要加快建立水土保持生态补偿机制,能源富集区要按照"开发利用地下资源、建设地上生态环境"的思路,从资源开发收益中提取部分资金用于水土保持;重要水源区要继续落实从已经发挥效益的大中型水利水电工程收益中提取一定比例资金用于水土保持的政策;各地还要根据有关政策争取从城镇土地出让金和矿山资源开发收益中提取一定比例的资金,用于当地水土流失治理和坡改梯建设。要加强资金管理,确保专款专用,坚决杜绝截留、挤占、挪用工程建设资金。

6.6.3.4　夯实水土保持工作基础

尽快修订完成新全国水土保持规划,制定分流域、分区域、分层次水土保持规划,完善水土保持规划体系,强化规划的指导和约束作用。认真做好水土保持前期工作,积极协调有关部门搞好项目审查审批,为大规模增加水土保持投入创造条件。加快行业技术标准体系的制定和修订工作,形成完善的水土保持标准体系,为加强水土保持管理提供技术支撑。认真落实全国水土保持科技发展纲要的各项部署和措施,启动实施"水土保持水资源与水环境效应研究"等一批重大水土保持科研项目,建立国家水土保持重点实验室,推进水土保持科技示范园区建设,为科研、教学和生产实践部门提供交流平台。

链接 1:水的再生利用

循环发展是保护水资源、实现可持续发展的重要途径。对于水资源来说,水质、水量问题的重要根源是经济社会用水的侧支循环量过大,导致水体出现污染和水量枯竭等问题。为了缓解人类经济社会用水对水体的压力,积极开展水的循环利用是十分重要的工作。

再生水也是污水处理厂处理达标水,一般为二级处理,具有不受气候影响、不与邻近地区争水、就地可取、稳定可靠、保证率高等优点。再生水即所谓"中水",沿用了日本的叫法,通常人们把自来水叫作"上水",把污水叫作"下水",而再生水的水质介于上水和下水之间,故名"中水"。再生水虽不能饮用,但它可以用于一些水质要求不高的场合,如冲洗厕所、冲洗汽车、喷洒道路、绿化等。再生水工程技术可以认为是一种介于建筑物生活给水系统与排水系统之间的杂用供水技术。再生水的水质指标低于城市给水中饮用水水质指标,但高于污染水允许排入地面水体的排放标准。

再生水是城市的第二水源。城市污水再生利用是提高水资源综合利用率、减轻水体污染的有效途径之一。再生水合理回用既能减少水环境污染,又可以缓解水资源紧缺的压力,是贯彻可持续发展的重要措施。污水的再生利用和资源化具有可观的社会效益、环境效益和经济效益,已经成为世界各国解决水问题的必选。

"再生水"起名于日本,"再生水"的定义有多种,在污水工程方面称为"再生水",工厂方面称为"回用水",一般以水质作为区分的标志。它主要是指城市污水或生活污水经处理后达到一定的水质标准,可在一定范围内重复使用的非饮用水。在美国、日本、以色列等国,厕所冲洗、园林和农田灌溉、道路保洁、洗车、城市喷泉、冷却设备补充用水等,都大量地使用中水。我国是水资源匮乏的国家,但目前中水利用工程还很少,投入不足,只是政策上引导,各城市的中水利用量是根据此城市的缺水程度不同而定的,北京中水利用率较高。

在技术方面,再生水在城市中的利用不存在任何技术问题,目前的水处理技术可以将污水处理到人们所需要的水质标准。城市污水所含杂质少于0.1%,采用常规污水深度处理,例如滤料过滤、微滤、纳滤、反渗透等技术。经过预处理,滤料过滤处理系统出水可以满足生活杂用水,包括房屋冲厕、浇洒绿地、冲洗道路和一般工业冷却水等用水要求。微滤膜处理系统出水可满足景观水体用水要求。反渗透处理系统出水水质远远好于自来水水质标准。

国内外大量污水再生回用工程的成功实例也说明了污水再生回用于工业、农业、市政杂用、河道补水、生活杂用、回灌地下水等在技术上是完全可行的,为配合中国城市开展城市污水再生利用工作,建设部和国家标准化管理委员会编制了《城市污水处理厂工程质量验收规范》(GB 50334—2002)、《污水再生利用工程设计规范》(GB 50335—2002)、《建筑中水设计规范》(GB 50336—2002)、《城市污水水质检验方法标准》(CJ/T 51—2004)等污水再生利用系列标准,为有效利用城市污水资源和保障污水处理的质量安全提供了技术数据。

城市污水采取分区集中回收处理后再用,与开发其他水资源相比,在经济上的优势如下:

(1)比远距离引水便宜。城市污水资源化就是将污水进行二级处理后,再经深度处理作为再生资源回用到适宜的位置,基建投资远比远距离引水经济。资料显示,将城市污水进行深度处理到可以回用作杂用水的程度,基建投资相当于从30 km外引水,若处理到回用作高要求的工艺用水,其投资相当于从40~60 km外引水。南水北调中线工程每年调水量100多亿 m³,主体工程投资超过1 000亿元,单位投资3 500~4 000元/t。因此,许多国家将城市中水利用作为解决缺水问题的选择方案之一,也是节水的途径之一,从经济方面分析来看是很有价值的。在美国,有300场、中国国际贸易中心、保定市鲁岗污水处理厂等几十项中水工程。实践证明,污水处理技术的推广应用势在必行,中水利用作为城市的第二水源也是必然的发展趋势。

(2)比海水淡化经济。城市污水中所含的杂质小于0.1%,而且可用深度处理方法加以去除,而海水中含有3.5%的溶盐和大量有机物,其杂质含量为污水二级处理出水的35倍以上,需要采用复杂的预处理和反渗或闪蒸等昂贵的处理技术,因此无论基建费或单位成本,海水淡化都高于再生水利用。国际上海水淡化的产水成本大多在每吨1.1~2.5美元,其消费水价相当。中国的海水淡化成本已降至每吨5元左右,如建造大型设施更加有可能降至每吨3.7元左右。即便如此,价格也远远高于再生水每吨不足1元的回用价格。

城市再生水的处理实现技术突破前景仍然非常广阔,随着工艺的进步、设备和材料的不断革新,再生水供水的安全性和可靠性会不断提高,处理成本也必将日趋降低。

（3）可取得显著的社会效益。在水资源日益紧缺的今天,将处理后的水回用于绿化、冲洗车辆和冲洗厕所,减少了污染物排放量,从而减轻了对城市周围的水环境影响,增加了可利用的再生水量,这种改变有利于保护环境,加强水体自净,并且不会对整个区域的水文环境产生不良的影响,其应用前景广阔。污水回用为人们提供了一个非常经济的新水源,减少了社会对新鲜水资源的需求,同时保持了优质的饮用水源,这种水资源的优化配置无疑是一项利国利民、实现水资源可持续发展的举措。当今世界各国解决缺水问题时,城市污水被选为可靠且可以重复利用的第二水源,多年以来,城市污水回用一直成为国内外研究的重点,成为世界不少国家解决水资源不足的战略性对策。

再生水水量大、水质稳定、受季节和气候影响小,是一种十分宝贵的水资源。再生水使用方式很多,按与用户的关系可分为直接使用与间接使用,直接使用又可以分为就地使用与集中使用。多数国家的再生水主要用于农田灌溉,以间接使用为主;日本等少数国家的再生水则主要用于城市非饮用水,以就地使用为主;新趋势是用于城市环境"水景观"的环境用水。

再生水的用途很多,可以用于农田灌溉、园林绿化(公园、校园、高速公路绿化带、高尔夫球场、公墓、绿化带和住宅区等)、工业(冷却水、锅炉水、工艺用水)、大型建筑冲洗以及游乐与环境(改善湖泊、池塘、沼泽地生态系统,增加河水流量和鱼类养殖等),还有消防、空调和水冲厕等市政杂用。

根据再生水利用的用途,再生水可回用于地下水回灌用水,工业用水,农、林、牧业用水,城市非饮用水,景观环境用水等五类。再生水回用于地下水回灌,可用于地下水源补给、防治海水入侵、防治地面沉降;再生水回用于工业可作为冷却用水、洗涤用水和锅炉用水等;再生水用于农、林、牧业可作为粮食作物、经济作物的灌溉、种植与育苗,林木、观赏植物的灌溉、种植与育苗,家畜和家禽用水。

链接2:饮用水水源地的风险管理

1. 形势分析

目前,我国水污染形势仍很严峻,2012年,全国水功能区达标率仅47.3%。980个划定的饮用水水源区中,达到水功能区水质标准的仅520个,占53.1%。城市饮用水水源地不仅受到流域性水污染的威胁,也受到事故性污染的严重影响,频繁发生供水问题。据张勇、韩晓刚等统计,20世纪80年代以来,我国城市饮用水水源地发生事故性污染的次数在不断增加,危害越来越大,松花江吉林石化污水泄漏导致沿河水源地污染就是典型例子。

考虑到城市水源对城市发展及社会稳定的重要性,世界各国都高度重视水源地的保护工作,不仅日常性供水安全要保障,对事故性和突发性事件也要有防范和应对能力。石秋池等早在2003年借鉴美国"911"事件后的城市水源脆弱性评价和保护工作,提出了在我国开展城市水源安全保障和风险防控的重要建议和意见。池丽敏提出了江河水源地突发性水污染事故的风险评价方法。邱凉研究了城市水源地突发污染事故风险源项辨识与分析方法。国家重大水专项中也设立课题研究水环境污染风险问题。这些研究成果对城市饮用水水源风险防范具有重要参考价值,但研究成果系统性不突出,对城市水源地安全评价及风险管理的支撑不足。

城市饮用水水源地安全已经受到我国政府和社会各界的高度重视。2007年,由水利部、国家发展和改革委员会等部门联合编制的城市饮水安全保障规划得到国务院的批复实施。水利部先后发布了多批次全国重要城市饮用水水源地保护名录,并在全国开展了城市水源地达标建设工作。这些工作在保障城市饮用水水源安全方面发挥了重要作用,取得了显著的效果。但在城市饮用水水源地的风险防范方面,尽管制定了一些突发污染事件应对政策和制度,但总体上工作基础还比较薄弱,事前预防少,事后应对色彩浓,重视日常安全,忽视风险防范。饮用水水源安全是我国水安全的重要组成部分,应加强风险评估和管理,工作时间点应提到事前。根据我国城市饮用水水源地的现状,风险管理应从风险评估、风险减免和规避、风险监控及事故应对四个方面开展工作,不仅要考虑事故污染,也要考虑恐怖袭击等活动对水源的风险。

2. 风险评估

对一个水源地进行风险管理,首先应进行风险评估,确定城市饮用水水源地的风险等级,如低风险、中风险或高风险,再根据风险等级和风险源,制定风险管理对策。风险评估工作包括风险源及其毒害性评估、水源地脆弱性评估及事故污染的影响评估等内容。风险源是根本,水源地脆弱性是重要环节,事故影响是评估的落脚点。

1) 风险源及其毒害性评估

城市饮用水水源地风险评估重点是对可能对水源地造成污染危害的事故性风险源进行调查。从污染物质组成上,石油化工、含重金属的尾矿库、化学品等有毒有害物,病毒细菌、放射性物质等,都应作为高风险源,生活污水、畜禽养殖废水等带出的污染物质危害相对较轻,风险就较低。从源的空间分布上,离水源区越近,风险越高,因为一旦发生事故污染,影响会很快波及水源地,其中流动性污染源如河道内或跨河交通事故导致的有毒品泄漏以及工业企业的泄漏是高风险源。据有关学者调查,全国事故性污染中,交通事故和运输过程导致的污染占37.8%,工厂泄漏占26%,合计占总污染事故数的63.8%。除风险源的类型外,风险源的污染物数量也是评估的重点,因为风险源处污染物的数量直接决定了发生事故污染后的影响。

2) 水源地脆弱性评估

除风险源外,水源地的风险水平也和水源地的防护有关,即水源地的抗风险能力,或反过来说就是对事故性污染的脆弱性。目前我国的很多水源地脆弱性研究针对地下水,主要是研究地下水的易污性,但城市水源地抗拒事故污染的脆弱性比地下水脆弱性具有更广泛的意义。

从水源地类型上来分类,河流型水源地脆弱性最高,其次是湖泊型和水库型,地下水水源地的脆弱性最低,或者说风险防护能力最高。除水源地类型外,水源地周边人工防护和监督管理水平也影响水源地的脆弱性。北京密云水源地等保护好的水源地通过严密防护封闭式管理、依法建立保护区、上游及库边交通等实行严格监管(不许运输有毒有害化学品)、水源地实时监控等措施,提高了水源地的安全性,脆弱性也相应降低,而管理不善,即使是地下水水源地,周边防护不力,也可能是高风险的。

美国环保局2002~2003年在全国开展的水源脆弱性评估利用了 RAW－W 方法,但并没有要求必须利用该模型。政府要求各供水企业在水源脆弱性报告中,阐述如下六方面内容,包括水源系统情况介绍、不利影响的识别和排序、重要保护目标确定、风险可能性评估(定性概率)、现在的防范措施、现状风险分析及降低风险优先计划。

3)事故影响评估

风险一旦发生,必然会产生经济社会或生态环境影响,影响大的,风险等级就高。例如,全国重要城市水源地名录中的水源地一旦出现污染事故,影响的人口就要几十万之众。松花江事故污染影响到下游的多座城市供水,且牵涉到国际影响,因此属于高危害性的。

通过风险源识别、水源地脆弱性评估及事故污染的可能影响大小评估,可以初步评估出水源地的风险等级。对于低风险的水源地,以继续巩固保护成果为主;对于中风险的水源地要以风险源管理和水源地防护监控为主,逐步降低风险等级;对于高风险的水源地,应制订风险应对方案,降低污染风险等级,治理污染源,强化监控和预警。对于高风险的城市供水水源地难以降低风险的,必须制订风险规避方案,必要的情况下要改变水源,选择风险相对低的水源地作为供水水源,或选择风险较低的流域建设新的饮用水水源。我国南方很多城市生活用水水源依靠河流,风险一般都比较高,应重点考虑改水源的问题。

3. 风险减免和规避

除必须更改水源的情况外,大多数城市饮用水水源的风险管理重点是加强风险管控,减轻或免除污染风险。尤其是考虑到我国水污染的严峻形势,选择清洁低风险的水源地难度较大,因此重点还是系统治理现有水源区的风险源,提高水源地的防护能力。

1)固定源的治理

对固定污染源的治理重点:一是通过工程措施加强污染治理和多级防护,将可能发生的事故污染控制在局地并逐步治理;二是强化内部管理,强化风险意识,落实事故污染的责任制度。

不同风险源的治理工程措施不同,大体上应分减量化措施和降低暴露风险的措施。减量化措施包括资源化措施和异地安全处置措施。降低暴露风险的措施就是采取工程手段减少污染物外泄的概率。如尾矿库应重点防范洪水、地震等自然灾害引发的溃坝事故,通过工程措施,提高坝体的抗洪、抗震能力。对尾矿库的渗出液应全部收集集中处理,避免发生地下水或河流的重金属污染。有些风险源可以通过废物资源化等措施,减小污染物的储存量,或通过安全处置技术(如核废料的安全处置)降低风险。

管理措施是降低风险的重要手段,很多污染事故都是管理上出现问题导致的,包括松花江污染事故。因此,应强化风险意识,建立健全责任追究和处罚制度,时刻保持警惕。

2)移动源的治理

对于移动性风险源,重点是强化管理,应在水源保护的相关法律文件中,突出强调对移动类污染源的管理。水源地一级保护区和二级保护区应作为有毒有害物质运输的红区,禁止威胁水源安全的有毒有害污染物质的运输和储存,在水陆交通路口设立检查站,严格禁止有毒有害物质的运输车辆通行。对于准保护区内的有毒有害物质运输,应加强宣传教育,通过限制车速,设置警示牌等措施,降低事故风险。

3）水源防护和风险规避

水源区的风险源治理是降低水源事故风险的根本措施，但也不可能将所有风险全部消除在水源上游。在存在固有风险源的前提下，通过措施降低风险源的事故概率的同时，要加强水源地的防护，对于预防恐怖活动的影响更具有重要意义。

抗风险型水源地应该是全封闭式的，不仅有植被防护圈，也要有围栏等人为活动隔离网（墙）等。更重要的是要有事故污染后的规避拦截系统，如上游污染事故发生后，水源地上游能启动拦截工程和导流渠道，将污染转移到其他地区，再逐步治理和修复。这样，在存在风险源的情况下，能最大限度地降低水源地污染概率，提高供水安全。

通过水源区各类风险源的治理和水源地的安全防护，可以降低水源地的风险等级，提高城市公共供水安全。对于经过风险减免措施和方案的实施，仍将处于"高风险"的水源地，应研究制订饮用水水源改建方案，寻找安全水源，现有水源改变供水对象，实施分质供水，规避高风险区。

4. 全过程风险监控和信息发布

城市饮用水水源地是关系到社会稳定的重大基础设施，要实施全过程的严密监控，提高预警预报能力和工作的主动性。

风险监控应从风险源开始，实行源头、过程、水源的全覆盖式监控。风险源处的监控除企业内部的自我监控外，还要由第三方来实施独立监控，建设专项监控站点，提高自动监测能力。由风险源到水源地的径流过程中，应结合水文站点建设和应急监测点建设，设立沿途监控站点，提高预警预报能力和信息服务水平，为事故应对提供支持。兰州石油、无锡蓝藻等水源污染事故都是在居民发现饮水出现问题的情况下才启动应对措施的，都已经产生了很坏的影响，工作很被动。水源地监测要突出全面和及时监测，不仅要进行化学分析，还要进行生物监测、放射性化验等，以确保水质的安全。

5. 事故应对

鉴于我国事故污染的频发和巨大危害，尤其是松花江事故污染后，我国开始制订事故污染的应急预案等工作。事故污染的预报、组织、现场处置、责任追究、信息发布等一系列制度都在逐步完善中。在国家重大水专项中，针对松花江事故污染的风险，专门设立课题，研究事故的应对方案，包括拦截、水库工程调度等。除对污染事故本身的应对外，受影响城市和乡村的居民用水安全也是重要方面。其中，备用水源地的建设、城市供水安全应急预案等就是重要的工程和管理措施。这些都属于事后型工作，没有事前型管理主动，出现事故污染后的损失有时是难以弥补的。

鉴于我国仍处于重工业发展阶段，化工等高风险项目沿江沿河密布，风险源分布广泛，事故频发，因此加强城市饮用水水源的风险管理是十分重要的工作。风险评估是风险管理的基础。风险管理工作在国家批复实施的城市饮水安全保障规划中并未给予高度的重视，应该补上这一课。我国城市化进程在不断推进，恐怖及民族分裂等势力还很猖獗，今后城市饮用水水源保护和持续安全的形势只能越来越严峻。

随着我国事故污染的频发，环保等部门在全国开展了环境应急方面的基础工作，在一些研究中，进行了风险源识别、应急管理系统、预警预报、应对预案等。流域层面的环境风险管理是城市饮用水水源地管理的基础。没有流域尺度的风险监控，水源地也难以独善其身。但是,考虑到城市水源地的重要性,流域尺度的风险管理应以城市饮用水水源保护为服务对象。

城市饮用水水源地是重大基础设施,不能全部依靠企业来管理和监督,政府必须承担起保护水源地的职责,这比"菜篮子""米袋子"更重要。应建立政府牵头、多部门协作、全社会参与的水源地保护体制。我国城市水源地监管能力弱,很多水源地的管理监测单位甚至缺乏基本的水质化验手段。即使地级市的水源地监测单位也不能全部实现《生活饮用水卫生标准》(GB 5749—2006)中的全指标监测。另外,对于水源地的水质水量信息,应主动无条件地向用水户发布和通报,尤其在发生事故污染后,应及时告知用水户,减轻污染危害。

城市水源地一般具有较大的汇水区,保护区和受益区空间上是分离的。保护区内的经济社会发展难免受到水源地保护的约束和影响;反之,保护区内的经济社会活动引发的污染也会危害到下游用水区,因此迫切需要建立水源地上下游利益补偿机制。

第7章 水生态修复

7.1 我国水生态系统概况与保护格局

7.1.1 我国水生态系统概况

水生态系统分为内陆水域生态系统与海洋生态系统,本书主要针对内陆水域生态系统进行论述,考虑到流域水循环影响的下界达到了近岸海域,本书论述的水生态系统包括河流、湖沼湿地、河口与近岸海域三类生态系统。

7.1.1.1 河流生态系统

我国境内流域面积在 100 km² 以上的河流有 22 909 条,1 000 km² 以上的河流有 2 221 条[1]。气象水文与地质地貌的差异,使得河流生物区系有显著的地理特征,我国淡水鱼类分为北方区、华西区、宁蒙区、华东区(江河平原区)、华南区 5 个大区,以及相应的 21 个亚区,见图 7-1。

长江与黄河由于地理区域跨度大,上下游鱼类区系不同,源头均属于华西区。华西区也称中亚高山区,在地史上受喜马拉雅新构造运动及冰期影响,显著特征是具有鲤科裂腹鱼亚科和鳅科鱼类。长江下游属于江淮亚区,常见种类为四大家鱼等,特产鱼类众多,有 80 余种,其中包括达氏鲟、中华鲟等珍稀鱼类。黄河中下游属于陇西亚区、河套亚区与河海亚区,常见种类有鲤、鲫、赤眼鳟、瓦氏雅罗鱼、鲇、刺鲍、黄河鲍、鲌属、鲂等,特有鱼类有北方铜鱼。

松花江区的黑龙江水系与额尔齐斯河的生物区系都属于北方区,黑龙江全长 4 370 km(以海拉尔河为源头计算),松花江是其主要支流。鱼类区系最突出的特点是具有茴鱼科、鲑科、江鳕等广泛分布于西伯利亚耐寒性很强的鱼类,也有第三纪广泛分布于亚欧北部的雅罗鱼科。特产鱼类有史氏鲟、乌苏里白鲑、黑龙江茴鱼、黑斑狗鱼、布氏鲍、鳇鱼、阿尔泰鲅和阿尔泰杜父鱼等。

内陆河区由于海拔与西太平洋水汽的影响,鱼类区系差异较大,准噶尔盆地只有 5 属 10 种鱼,特有种是准噶尔雅罗鱼、吐鲁番鲅、小眼条鳅与小体条鳅;塔里木河是我国最长的内流河,全长 2 137 km,特产鱼是南疆大头鱼属的种类;伊犁河、额敏河属于巴尔喀什湖水系,土著鱼类有 6 属 12 种,特产种有伊犁裂尻鱼等 4 种;羌塘高原区即青藏亚区,海拔在 3 000 m 以上,鱼类区系最典型的特征是有裂腹鱼特化的几个属,如扁咽齿鱼属、裸鲤属。

淮河流域是地理上的分水岭,生物区系为华东区内部鱼类分布过渡区,南侧为江淮亚

---

[1] 第一次水利普查公报数据。

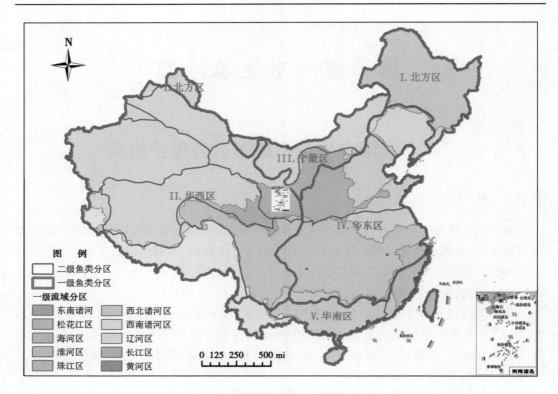

图 7-1　中国流域分区与鱼类分布区

区,北侧黄河下游与海河流域属于河海亚区。辽河流域成为独立的亚区,冷水性鱼类相比黑龙江水系明显减少,只有瑞氏七鳃鳗、突吻鮈等几种,鳑、黄鳝、刺鳅等南方习见种也有分布,特有种类只有长吻拟鮈、长飘鱼、辽河鳊等数种。

西南诸河由于青藏高原的作用,也有很大差异,其中澜沧江、怒江的鱼类分布属于华南区怒澜亚区,土著鱼类约有 123 种,有许多我国其他地区不产而广布于孟加拉国、印度、缅甸等地的种类,约有 79 种,如斑纹长背鳅、纵带墨头鱼、结鱼、罗碧鱼等。

珠江流域与东南诸河区,在鱼类区系上分别属于华南区的珠江亚区与浙闽亚区。华南区鱼类区系的主要特征是鲃亚科种类很多,鳊、鲴、鲭鲅及鳅鲀等亚科占少数,鲇、鲍、倒刺鲃、鳠、鳎、鲦、乌贼等成为习见种。珠江水系特有种类约 61 种,如似鳡、唐鱼、叶结鱼、柏氏鲤、斑鳠等,其中西江有原为海产的赤虹,是我国江河中唯一的软骨鱼类。闽江特有种类有福建华鳏、扁尾薄鳅等近 20 种,胭脂鱼、花鳗鲡是珍稀鱼类。

7.1.1.2　湖沼湿地生态系统

我国 20 世纪初湿地资源调查表明,单块面积大于 $1.0~km^2$ 的湖泊湿地 8.35 万 km^2,沼泽湿地 13.70 万 km^2。水利普查数据显示,我国现状共有 $1.0~km^2$ 以上的自然湖泊 2 865 个,总面积 7.80 万 km^2,约占国土面积的 0.8%。其中,面积在 $1.0 \sim 10.0~km^2$、$10.0 \sim 100.0~km^2$、$100 \sim 1~000.0~km^2$ 的湖泊分别有 2 169 个、567 个、119 个,大于 1 000 km^2 的特大型湖泊有 10 个,分别为色林错、纳木错、青海湖、博斯腾湖、兴凯湖(中俄界湖)、鄱阳湖、洞庭湖、太湖、洪泽湖、呼伦湖。

我国湿地类型多样,湿地高等植物2 267种,野生动物724种,其中水禽类271种,两栖类300种,爬行类122种,兽类31种,鱼类1 000多种。

湿地是水禽的栖息、迁徙、越冬和繁殖的场所,如丹顶鹤从俄罗斯远东迁徙至我国江苏盐城,要花费1个月的时间,在途中25块湿地停歇觅食。世界上有8条主要的候鸟迁徙路线,其中经过我国的有3条,第一条路线是西太平洋的迁徙路线,主要是从阿拉斯加到西太平洋群岛,经过我国东部沿海省份;第二条路线是东亚澳洲的迁徙路线,主要是从西伯利亚到新西兰,再经过我国中部省份;第三条路线是中亚、印度的迁徙路线,主要是从南亚、中亚各国到印度半岛北部,经过青藏高原。

7.1.1.3 河口与近岸海域生态系统

我国的海岸线北起辽宁鸭绿江口,南至广西北仑河口,全长18 400 km,如果考虑岛屿,海岸线长32 000 km。我国具有大小河口1 800多个,其中河流长度大于100 km的河口60个,另有海湾160多个,主要入海河流近30条,见图7-2。

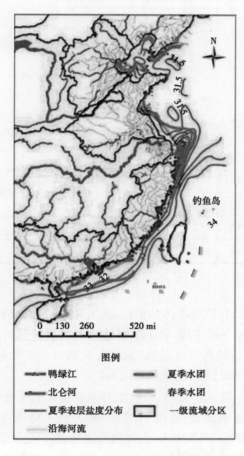
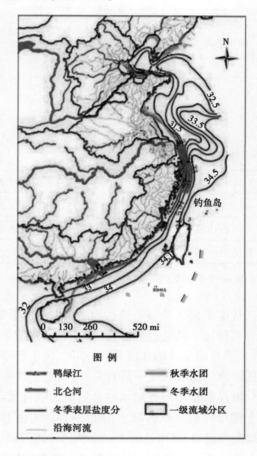

图7-2 我国河口近岸海域咸淡水分布图

江河淡水入海后与海水混合形成终年盐度低、水温随季节变化显著、水色浑浊的水团,称为沿岸水团,各水团的盐度、水深变化范围见表7-1,海洋区划上把水深小于40 m的区域全部划为沿岸区。

河口近岸海域的温度、盐度是海洋生物的重要环境因子。表层水温取决于太阳的有效辐射,也受海洋形态、入海径流的消长、气象因子的变化等因素影响,我国河口近岸海域的水温差异大,为仔幼鱼繁殖、洄游提供了优越的条件。

表 7-1　我国河口近岸海域盐度特征

主要入海河流	归属海域	沿岸水团	盐度变化范围		水深（m）
			季节	‰	
黄河、辽河 滦河、海河	渤海	渤海沿岸水团	冬	<30.5	<20
			夏	<30.0	
鸭绿江	黄海	辽南沿岸水团	冬	<31.0	<20
			夏	<29.0	
射阳河、 淮河入海渠		苏北沿岸水团	春	<31.0	<20
			夏	<30.0	
			秋	<31.0	
			冬	<31.25	
长江	东海	江浙沿岸水团	春	<30.25	<40
			夏	<30.0	
			秋	<30.25	
			冬	<30.5	
闽江、瓯江		浙闽沿岸水团	夏	<22.0	<40
珠江	南海	珠江冲淡水团	<32.5		<40
粤西诸河		粤西沿岸水团	<32.5		<15
台湾海峡淡水		粤东沿岸水团	<32.5		

注:摘自《中国海洋区划》。

盐度主要受外海高盐水和沿岸低盐水的影响,两种水体的消长运动,构成了盐度的空间分布特征。此外,蒸发、降水、季风和潮汐也有一定的影响。冬季是河川径流最弱的时候,大部分沿岸区的盐度升高;同时,由于冬季是偏北季风最强的季节,向南沿岸流加强,某些沿岸区出现盐度下降现象,河口与近岸海域咸淡水区分布见图 7-2。

沿岸低盐水与外海水混合后成为混合水团,其间形成海洋锋,沿岸海洋锋区几乎充斥整个沿岸区域。该区域水温 11 ~ 24 ℃,由北向南递增;盐度平均为 13.00‰ ~ 33.50‰,由岸向外递增,河口处最小;盐度年变幅值为 1.00‰ ~ 12.00‰,由岸向外递减,河口处最大。

海洋锋是生物饵料形成的动力条件,此处营养盐含量丰富,浮游生物密集。浮游植物是鱼虾类食物环节中最初的营养级,为幼体的直接饵料;浮游动物是多种上层鱼类直接摄食的饵料。

河口近岸区是海洋鱼类重要的产卵繁殖或索饵育肥场所,黄海的中央深槽、东海黑潮主干西侧水深100～200 m的区域都是冬季的暖水区,是北方各种洄游性鱼类的良好越冬场所,随着春季水温的不断升高,原来深水区越冬的各种洄游性鱼类陆续离开各自的越冬场,往近岸海域洄游,进行产卵繁殖和索饵育肥。

我国的海洋鱼类共计1 694种,除东海大陆架外的350种和除南海大陆架外的205种,其余大都在大陆架,中国的大陆架海区大部分鱼类在沿岸区发育成长。中国特有的海洋鱼类(广东鳂、中华鲟、白姆、中华小公鱼、尖头银鱼、长鳍银鱼、陈氏银鱼、白肌银鱼、短头鳗鲡、乌耳鳗鲡、福州鳗鲡、褐毛鲿、黄唇鱼、中华马鲛等)基本上都在近岸区产卵育幼。另外,也有生长在淡水中,沿河洄游到海里,在1 050种淡水鱼类中,有河口性鱼类68种,海河洄游性鱼类15种。

7.1.2　我国现阶段水生态保护格局

我国水生态系统分属于不同部门管理,各自从行业管理角度开展保护工作,农业部从鱼类种质资源,国家林业局从湿地保护,水利部从饮用水源地保护,国家海洋局从河口海岸保护,分别划设了保护区,部分保护区已经在环境保护部备案,成为环境保护部颁布的自然保护区。这些保护区除近5年新增的外,在水利部组织编制的全国重要河湖水功能区划中都被划为保护区。

7.1.2.1　国家级重点河流生态自然保护区

国家级河流生态自然保护区目前只有17处,其中6处是保护鱼类,其余11处是保护湿地水禽,并有南瓮河、七星河、珍宝岛与洪河4个保护区被列为国际重要湿地,见表7-2。其他形式的河流生态保护主要是农业部划定的国家级水产种质资源保护区168段(处),以及水利部划定的饮用水源地保护区333个。自然保护区与种质资源保护区分布见图7-3。

表7-2　国家级河流生态自然保护区

序号	编号	保护区名称	行政区域	面积(hm²)	主要保护对象
1	黑72	宝清七星河	宝清县	20 000	湿地生态系统及珍稀水禽
2	黑123	八岔岛	同江市	32 014	湿地水域生态系统及珍稀动物
3	湘36	张家界大鲵	张家界市武陵源区	14 285	大鲵及其栖息生境
4	陕08	陇县秦岭细鳞鲑	陇县	6 559	细鳞鲑及其生境
5	蒙107	辉河	鄂温克族自治旗	346 848	湿地生态系统及珍禽、草原
6	吉20	鸭绿江上游	长白朝鲜族自治县	20 306	珍稀冷水性鱼类及其生境
7	黑124	洪河	同江市	21 835	沼泽湿地生态系统及丹顶鹤、白鹳、白头鹤等珍禽
8	黑130	挠力河	富锦市、饶河县	160 595	沼泽湿地生态系统及水禽
9	皖07	铜陵淡水豚	铜陵、贵池、枞阳、无为等县市	31 518	白鱀豚、江豚等珍稀水生生物
10	鄂41	长江天鹅洲白鱀豚	石首市	2 000	白鱀豚、江豚及其生境
11	鄂43	长江新螺段白鱀豚	洪湖市、赤壁市、嘉鱼县	13 500	白鱀豚、江豚、中华鲟及其生境

续表 7-2

序号	编号	保护区名称	行政区域	面积(hm²)	主要保护对象
12	川 01	长江上游珍稀、特有鱼类	四川省、贵州省、云南省、重庆市	33 174	珍稀鱼类及河流生态系统
13	黑 88	大沽河湿地	五大连池市	211 618	小兴安岭林区森林湿地生态系统，白头鹤等水禽及其栖息地及温带森林生态系统
14	黑 216	南瓮河	大兴安岭地区	229 523	森林、沼泽、草甸和水域生态系统及以及珍稀动植物
15	豫 09	新乡黄河湿地鸟类	新乡市	22 780	天鹅、鹤类等珍禽及湿地生态系统
16	豫 11	河南黄河湿地	三门峡、洛阳、焦作、济源等市	68 000	湿地生态、珍稀鸟类
17	黑 56	珍宝岛湿地	虎林市	44 364	湿地生态系统和珍稀濒危动植物

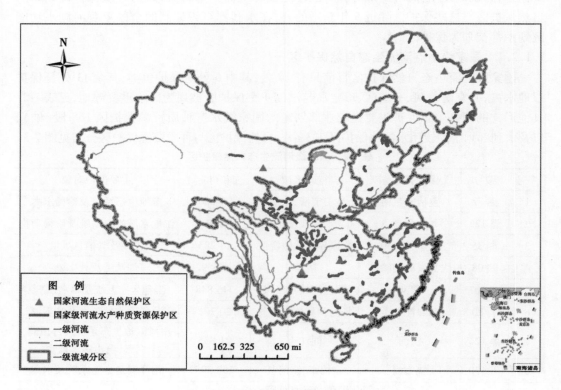

图 7-3　河流生态自然保护区分布图

7.1.2.2　国家级重点湖沼湿地

国家级重点湖泊沼泽湿地自然保护区到目前为止共有 46 处，保护区面积 8.03 万 km²，其中黑龙江兴凯湖湿地、甘肃尕海－则岔等 14 个保护区已被列为国际重要湿地，见表 7-3。这些自然保护区除水利部上报的查干湖是对整个湖泊生态系统进行保护外，其余的保护目标都是以维护鸟类栖息地为主。其他的保护形式是农业部颁发的国家级水产种质资源保护区71处。各类保护区分布见图7-4。

表7-3　湖沼湿地国家级自然保护区

序号	编号	保护区名称	行政区域	面积（hm²）	主要保护对象
1	蒙16	阿鲁科尔沁	阿鲁科尔沁旗	136 794	草原、湿地及珍稀鸟类
2	吉27	莫莫格	镇赉县	144 000	珍稀水禽、野生动植物及湿地生态系统
3	黑31	扎龙	齐齐哈尔市、大庆市	210 000	丹顶鹤等珍禽及湿地生态系统
4	黑121	三江	抚远县	198 089	湿地生态系统及东方白鹳等珍禽
5	藏37	色林错	申扎、尼玛、班戈、安多、那曲等县	2 032 380	黑颈鹤繁殖地、高原湿地生态系统
6	甘59	尕海－则岔	碌曲县	247 431	黑颈鹤等野生动物、高寒沼泽湿地森林生态系统
7	青04	青海湖	刚察县、共和县、海晏县	495 200	黑颈鹤、斑头雁、棕头鸥等水禽及湿地生态系统
8	新11	巴音布鲁克	和静县	100 000	天鹅等珍稀水禽、沼泽湿地
9	蒙28	达里诺尔	克什克腾旗	119 413	珍稀鸟类及其生境
10	冀35	衡水湖	衡水市	18 787	湿地生态系统及鸟类
11	蒙85	鄂尔多斯遗鸥	鄂尔多斯市东胜区、伊金霍洛旗	14 770	遗鸥及湿地生态系统
12	蒙118	达赉湖	新巴尔虎右旗、满洲里市、新巴尔虎左旗	740 000	湖泊湿地、草原及野生动物
13	蒙128	哈腾套海	磴口县	123 600	绵刺及荒漠草原、湿地生态系统
14	蒙158	科尔沁	科尔沁右翼中旗	126 987	湿地珍禽、灌丛及疏林草原
15	蒙161	图牧吉	扎赉特旗	94 830	大鸨等珍禽草原、湿地生态系统
16	吉01	波罗湖	农安县	24 915	湿地生态系统及珍稀水禽
17	吉02	松花江三湖	吉林市	115 253	森林、水域生态系统
18	吉11	龙湾	辉南县	15 061	湿地、森林、火山湖
19	吉13	哈泥	柳河县	22 230	湿地生态系统
20	吉23	查干湖	前郭尔罗斯蒙古族自治县	50 684	湿地生态系统及珍稀鸟类
21	吉29	向海	通榆县	105 467	湿地及丹顶鹤等珍稀水禽
22	吉33	雁鸣湖	敦化市	53 940	湿地生态系统
23	黑53	东方红湿地	虎林市	31 516	内陆湿地及鸟类
24	黑58	兴凯湖	密山市	222 488	湿地生态系统及丹顶鹤等鸟类
25	沪03	崇明东滩鸟类	崇明县	24 155	候鸟及湿地生态系统

续表 7-3

序号	编号	保护区名称	行政区域	面积（hm²）	主要保护对象
26	苏 30	泗洪洪泽湖湿地	泗洪县	49 365	湿地生态系统、大鸨等鸟类、鱼类产卵场
27	皖 96	升金湖	东至县、池州市贵池区	33 400	白鹳等珍稀鸟类及湿地生态系统
28	赣 06	鄱阳湖南矶湿地	新建县	33 300	天鹅、大雁等越冬珍禽和湿地生境
29	赣 34	鄱阳湖候鸟	永修县、星子县、新建县	22 400	白鹤等越冬珍禽及其栖息地
30	豫 20	丹江湿地	淅川县	64 027	湿地生态系统
31	鄂 47	龙感湖	黄梅县	22 322	湿地生态系统及白头鹤等珍禽
32	湘 23	东洞庭湖	岳阳市	190 000	珍稀水禽及湿地生态系统
33	川 98	若尔盖湿地	若尔盖县	166 571	高寒沼泽湿地及黑颈鹤等野生动物
34	川 135	长沙贡玛	石渠县	669 800	高寒湿地生态系统和藏野驴、雪豹、野牦牛等珍稀动物
35	川 141	海子山	理塘县、稻城县	459 161	高寒湿地生态系统及白唇鹿、马麝、藏马鸡等珍稀动物
36	黔 26	梵净山	江口县、印江土家族苗族自治县、松桃苗族自治县	41 900	森林生态系统及黔金丝猴珍稀动植物
37	黔 74	威宁草海	威宁彝族回族苗族自治县	12 000	高原湿地生态系统及黑颈鹤等
38	滇 27	会泽黑颈鹤	会泽县	12 911	黑颈鹤及湿地生态系统
39	滇 126	苍山洱海	大理市	79 700	断层湖泊、古代冰川遗迹、苍山冷杉、杜鹃林
40	藏 01	拉鲁湿地	拉萨市城关区	1 220	湿地生态系统
41	甘 15	张掖黑河湿地	高台县、张掖市甘州区、临泽县	41 165	湿地及珍稀鸟类
42	甘 32	敦煌阳关	敦煌市	88 178	湿地生态系统及候鸟
43	宁 04	哈巴湖	盐池县	84 000	荒漠生态系统、湿地生态系统
44	新 05	艾比湖湿地	精河县	267 085	湿地及珍稀野生动植物
45	新 25	哈纳斯	布尔津县、哈巴河县	220 162	森林生态系统及自然景观
46	苏 22	大丰麋鹿	大丰市	2 667	麋鹿、丹顶鹤及湿地生态系统

7.1.2.3　国家级重要河口与近岸海域

国家级河口与近岸海域自然保护区有 25 处,包括典型海洋生物、湿地、珊瑚礁、红树林等类型。其中,广西山口红树林、海南东寨港湿地等 10 个保护区被列为国际重要湿地,另有 2 处保护区的保护目标比较综合,是鸟类与水生动物同时保护,见表 7-4。农业部在河口沿岸区划出 38 处国家级水产种质资源保护区。各种保护区的分布见图 7-5。

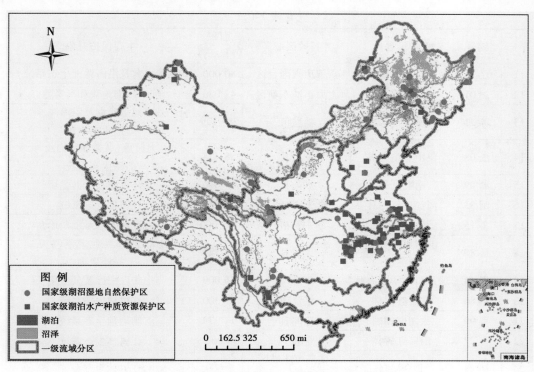

图7-4　湖沼湿地保护区分布图

表7-4　河口与近岸海域国家级自然保护区

序号	编号	保护区名称	行政区域	面积（hm²）	主要保护对象
1	琼24	大洲岛	万宁市	7 000	金丝燕及其生境、海洋生态系统
2	津04	古海岸与湿地	宁河县、天津市汉沽区、塘沽区、大港区、东丽区、津南区	35 913	贝壳堤、牡蛎滩古海岸遗迹、滨海湿地
3	辽13	大连斑海豹	大连市旅顺口区	672 275	斑海豹及其生境
4	闽12	厦门珍稀海洋物种	厦门市	33 088	中华白海豚、白鹭、文昌鱼等珍稀动物
5	粤96	雷州珍稀海洋生物	雷州市	46 865	白蝶贝等珍稀海洋生物及其生境
6	粤171	惠东港口海龟	惠东县	800	海龟及其产卵繁殖地
7	桂26	合浦营盘港－英罗港儒艮	合浦县	35 000	儒艮及海洋生态系统
8	琼02	东寨港	海口市美兰区	3 337	红树林生态系统
9	冀07	昌黎黄金海岸	昌黎县	30 000	海滩及近海生态系统
10	辽43	丹东鸭绿江口湿地	丹东市	101 000	沿海滩涂湿地及水禽候鸟

续表 7-4

序号	编号	保护区名称	行政区域	面积（hm²）	主要保护对象
11	辽 71	双台河口	盘锦市兴隆台区	80 000	珍稀水禽及沿海湿地生态系统
12	沪 01	九段沙湿地	上海市浦东新区	42 020	河口沙洲地貌和鸟类等
13	苏 21	盐城湿地珍禽	盐城市	284 179	丹顶鹤等珍禽及沿海滩涂湿地生态系统
14	浙 08	象山韭山列岛	象山县	48 478	大黄鱼、鸟类等动物及岛礁生态系统
15	浙 09	南麂列岛	平阳县	19 600	海洋贝藻类及其生境
16	闽 33	漳江口红树林	云霄县	2 360	红树林生态系统
17	鲁 15	黄河三角洲	东营市	153 000	河口湿地生态系统及珍禽
18	鲁 80	滨州贝壳堤岛与湿地	无棣县	43 542	贝壳堤岛、湿地、珍稀鸟类、海洋生物
19	粤 44	珠江口中华白海豚	珠海市	46 000	中华白海豚及其生境
20	粤 80	湛江红树林	湛江市	19 300	红树林生态系统
21	粤 90	徐闻珊瑚礁	徐闻县	14 379	珊瑚礁生态系统
22	桂 27	山口红树林	合浦县	8 000	红树林生态系统
23	桂 28	北仑河口	防城港市防城区、东兴市	3 000	红树林生态系统
24	琼 07	三亚珊瑚礁	三亚市	8 500	珊瑚礁及其生态系统
25	琼 21	铜鼓岭	文昌市	4 400	珊瑚礁、热带季雨矮林及野生动物

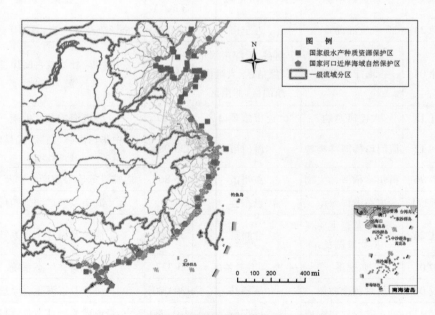

图 7-5　河口与近岸海域生态保护区分布图

7.2　水生态系统修复基础

7.2.1　水循环与水生态系统的作用机制

水循环与水生态系统的作用机制复杂,涉及内容多,考虑我国目前中小河流断流、北方地下水位下降、江淮区河湖隔离、河口防潮闸阻断等突出问题,这里只论述河流干支流连续、地表水地下水互补、河湖连通与河海连通的生态与环境作用。

7.2.1.1　干支流连续维系河流生态完整性

1. 维护食物链的连续性

干支流的连续流量梯度过程伴随一定的河流生态过程,河流连续系统(River Continuum Concept)理论强调河流在地貌上从源头到河口的连续特点,通过地貌过程和生物过程的相互作用,决定了河流上下游生物群落的连续性。

源头小溪通常流速快、水温低,以异养生物为主,能量主要依赖于陆地残枝落叶的输入。这里的优势动物是能够破碎枯枝落叶和以粗粒有机物(CPOM)为食的动物,源头溪流对来自陆地的颗粒有机物质起着累积、加工和输送的作用,将粗颗粒有机物分解为细粒有机物(FPOM)。

随着源头小溪逐渐加宽并演变成中等大小的溪流,从两岸输入的枯枝落叶的重要性就会逐渐减小,能量主要来源于自养生物(藻类和根生植物),滤食动物(利用悬浮颗粒)仍然以输送到这里的细粒有机物(FPOM)如碎叶、无脊椎动物粪便和溶解在水中的有机物等为食。

2. 鱼类产卵繁殖的特殊需要

流速对许多在流水中产卵的鱼类的性腺发育和排卵极为重要,因此河流中上游流速较大的支流河段成为鱼类产卵区。

对鲟鱼的研究发现,在流速为 $0.06 \sim 0.18$ m/s 的范围内,鲟鱼稚鱼的生长效率与流速之间存在显著的正相关关系,在此流速范围内,其生长表现出不等速性。鲟鱼稚鱼喜欢聚集或逆水游动,不同的流速会产生不同的影响,生活在 0.18 m/s 流速组中的鲟鱼稚鱼几乎都聚集逆水游动,很少有分散活动的个体;生活在 $0.09 \sim 0.12$ m/s 流速组中的稚鱼也有逆水游动的现象,但聚集性和顶水性都不如从前强烈。又比如,我国四大家鱼在湖泊和池塘中性腺能够发育成熟,但不能自然排卵,排卵需要流速的刺激。

7.2.1.2　地表水、地下水互补发挥潜流带的生物化学作用

(1)潜流带具有特殊的生物群落,其中大型底栖动物随地下水反补河流转向地表,并成为其他生物的食物来源。

潜流带是河流地表水和地下水相互作用的界面,占据着地表水、侧向河岸带和地下水之间的中心位置。由于潜流带本身的储水空间非常有限,枯水季的水主要来自含水层,或者说潜流带本身就是潜水含水层的一部分,这里用潜流带 - 含水层来论述,以此突出地下水对河流的影响。

地下潜流带 - 含水层的组成通常为砂和卵砾石,天然状态下潜流带充满水。这里的

生物主要是微生物和无脊椎动物,无脊椎动物的种类非常丰富,包括特异的无脊椎动物,它们中的许多都只存在于潜流带,并且通过眼睛退化、延长附肢感觉器官和减小身体尺寸来适应孔隙生活。在一些冲积河流,某些河底无脊椎动物甚至出现在距主河道数十千米的潜流带内,这表明潜流带在某些河流中的分布范围相当广泛。

潜流带中的无脊椎动物不仅是微生物的载体,而且摄食微生物,无脊椎动物随地下水补给河流时向地表转移,成为河流中鱼类及其他高级食物消费者的食物来源。

(2)潜流带 – 含水层具有复杂的生化反应,能够降解多种化学污染物。

当水流通过潜流带时,微生物的各种生物地球化学作用就会发生,具有生物渗滤作用。生物渗滤作用类似于污水处理厂的过滤器,溶解在地表水或地下水中的营养物质被附着在沉积物上的微生物膜吸收或转化。

当地表水补给地下水时,地表径流中藻类和光能自氧菌的光合作用生产的有机碳被带到地下潜水中。在加拿大 Kalispell 河和 Flathead 河的研究表明,河中的硅藻分布较多,在距河流 0.35 km 的潜水中观察到生长良好的硅藻。从许多潜水井中采集的样品中都检测到了一定浓度的叶绿素 a。

当地表水的有机污染物和碎屑物被潜流带接获时,各种生化反应使得有机物分解。如果在好氧条件下,大生物和微生物都能分解简单的有机物和生物多聚物(淀粉、果胶、蛋白质等),但在厌氧条件下只有微生物能进行有机物的分解,微生物能使丰富的生物多聚物得到分解,腐殖质、蜡和许多人造化合物分解。含氮氧化物通过微生物的氨化作用、硝化作用和反硝化作用,可以降低化学物质的毒性或将化学物质转化为可利用的养分,不过氮的状态受氧的有效性控制,即受地表水运动状态的控制。

7.2.1.3　河湖连通维系湖泊生态系统完整

河湖连通仅限于河与湖的连通或江与湖的连通,不等于河湖水系连通。中国科学院水生生物研究所曾经将长江中下游的河流与湖泊称为江湖复合生态系统,旨在突出河湖一体的功能。

1.鱼类产卵洄游的需要

河道为流水环境和淡水环境繁殖的鱼类提供了繁殖场所和必要的水文条件。

长江中下游江湖洄游鱼类以青、草、鲢、鳙四大家鱼,以及鳊、鳡、鲚等典型鱼类为主,这些物种形成了在湖泊生长育肥、在江河流水环境繁殖的习性,这是由于河道的流水环境通常具有较高的溶解氧,但营养物质和饵料生物贫乏,湖泊则通常具有较高的初级生产力。因此,在长江中下游,尤其是中游,种群繁盛。

北方咸水湖中鱼类繁殖要上溯回到河流淡水中。如青海湖,唯一的鱼类青海湖裸鲤每年春季要洄游到河道里产卵,可以上溯到最大入湖河流布哈河的上游。

2.季节性水文过程支撑湖滨带,为产黏性卵的鱼类提供产卵条件,为湿地鸟类提供栖息地

在长江中下游,洪水季节性泛滥,通江湖泊具有大面积植被覆盖良好的季节性淹没区,不仅支持了水体的食物网,也为产黏性卵的鱼类提供产卵基质,并为幼鱼提供了躲避敌害的庇护生境。长江中游及各湖泊共计 127 种鱼类中,有 87 种在不同季节出现在洪泛区。

青海湖是我国首批列入国际重要湿地的七大湿地之一,湖滨带是所有鸟类的筑巢地,其中鸬鹚也可以在湖心岛的石崖上筑巢,鸥类与雁类中的部分鸟也可以在湖心岛的沙滩上筑巢。除鸬鹚完全为食鱼鸟类外,湖滨带提供绝大部分杂食性鸟类的食物,以及完全提供草食性鸟类的食物。

3. 湖泊营养盐来源,水环境与洪水调控的需要

天然状况下,入湖河流是湖泊营养盐的主要来源通道,是维系湖泊食物链结构的需要。尽管因为污染物的排放,氮磷营养过剩,但从科学的各类营养盐比例及其生化过程上来看,还需要对入湖河流进行综合调控。

多年来的自然演化以及人类活动的双重影响下,目前我国主要江河下游河床淤高,河道淤积,与河流连通的众多湖泊洼淀,由于垦殖等,调蓄能力大幅降低。合理的洪水脉冲是生态系统各个环节所需要的水文条件,但是调蓄空间减少,需要给洪水以出路,实现河湖连通,增加河湖调蓄能力。

我国许多地区在经济社会快速发展的同时,废污水排放量增大而治污力度不足,许多江河湖泊的污染物负荷大大超过了其纳污能力,水污染加剧,水生态环境状况日益恶化,已成为制约经济社会发展的重要因素。开展河湖连通,维系流域健全的水循环,对于改善湖泊环境具有重要意义。

7.2.1.4　河海连通对海洋生态的意义

1. 鱼类产卵洄游的通道

我国近海溯河洄游产卵的鱼类,以及淡水中降河洄游产卵的鱼类,都需要河流海洋处于连通的状态。

我国近海溯河性生殖洄游是鳃科、鲑科和一些鲱科鱼类的特性。例如,我国产鲥鱼平时生活于海中,但到4～6月生殖期分别上溯长江和钱塘江,游进长江,4月下旬可到达南通、江阴一带,此后继续沿江而上,进入鄱阳湖,部分鲥鱼则直入赣江,它们到达适宜的地方于6～7月进行生殖,7月底或8月初亲鱼成群由湖入江,顺江下海。同样地,进入钱塘江产卵洄游的鲥鱼可溯入富春江产卵,进入珠江进行生殖洄游的鲥鱼则可上溯到黔江。

我国产鳗鲡是一种典型的降河性洄游鱼类,平时在淡水生活成长,当生殖季节将要来临时,成鱼体内生殖腺已接近成熟,便顺江河而下,到琉球群岛附近水深超过200 m的海洋里产卵,它们的降河性产卵洄游的里程长达数千千米。鳗鲡幼鱼在海中生长发育到一定大小,再从江河口溯流而上,进入适宜的淡水水域成长。

2. 低盐环境维持的需要

我国大陆架区1 100多种鱼类,大部分在沿岸区发育成长。

海淡水鱼类的卵各自适应不同的盐度范围。对多数海洋鱼类卵和仔鱼的培育来说,12‰～35‰的盐度是适宜的。一般淡水鱼的卵随着水域盐度升高,死亡率增大;相反,海水鱼的卵随着水域盐度下降,死亡率增大。盐度剧变对处在任何发育期的鱼卵都是不利的。在自然条件下,河口区鱼类卵的发育受盐度变化影响较大。

卵和仔鱼是鱼类生活史中最稚嫩的阶段,环境理化因子的变动通常被认为对河口区产卵鱼类的后代数量影响最为剧烈和明显。若干野外调查证实,河口区鱼类的新的年级的补充量,往往在很大程度上和最近年份环境因子的变动相关。同时,环境理化因子通过

影响饵料生物的分布和密度,从而影响仔鱼的分布和存活,具有特别重要的意义。

　　3. 海洋生物所需营养盐运输通道

　　径流输入是氮、磷、硅三种营养盐的重要来源,尤其是对于营养盐硅,河流输入是其营养盐补充的主要来源。根据对全球海洋硅循环的研究可知,河流输入 15.0 mmol Si/(m² · 年),大气输入 1.5 mmol Si/(m² · 年),海底热流输入 0.6 mmol Si/(m² · 年),海底风化输入 1.2 mmol Si/(m² · 年)。这说明河流输入补充硅占所有硅来源的 82% 左右。对于营养盐氮则大气输入也占很大一部分,营养盐磷的来源除河流输入补充外,底部的重新矿化输入起绝对作用。邹景忠等介绍,1979 年输入渤海湾内的无机氮总负荷量为 17 770 t/年,无机磷为 6 400 t/年,大气沉降的无机氮为 1 940 t/年,占 11% 左右;底质溶出的无机磷为 5 733 t/年,将近占 90%。

　　河流淡水输入对河口近岸海域物质的循环及补充起着最为关键的作用。河口淡水输入的减少,导致的河口近岸海域营养盐输入的变化,必将导致河口近岸海域生态系统结构和功能的变化。

　　河口近岸海域浮游植物初级生产力和种的分布受河流径流量的季节性和年际变化的影响。1992 年在我国长江口的调查发现,长江河口浮游植物季节变动与长江径流量季节变动间存在着密切关系,一年中浮游植物的数量与径流量呈正相关的趋势,而在年际之间,丰水期浮游植物总量与径流量也呈正相关的趋势。此外,当浮游植物生长不足以补偿高径流带出河口的浮游植物生物量时,可导致浮游植物丰度降低。

7.2.2　水土资源开发利用的生态影响

7.2.2.1　水资源过度利用挤占生态用水

　　根据对全国主要江河近 600 个代表性控制水文站的资料分析,有 76% 的测站的径流过程不同程度地受到人类取用水等活动的影响,实测径流量与天然径流量相比明显减小,河流水文情势变化显著,其中以北方地区更为突出。水文条件的变化、污染以及人为捕捞,使得我国河流野生鱼类显著减少。漓江 1975 年具有鱼类 82 属 117 种,1981 年减少到 66 属 89 种,到 2006 年减少到 52 属 66 种,2011 年只调查到 45 属 58 种。

　　我国湖泊沼泽湿地同时出现水面萎缩、水质变差的情势。根据第二次全国湖泊调查结果,在自然和人为影响下干涸的湖泊 97 个,占独立湖泊消失数量的 40%。西北地区是全国河湖萎缩最严重的地区,截至 2010 年,新疆湖泊总面积比 20 世纪 50 年代缩小了 39%。根据 2011 年《中国环境状况公报》,湖泊(水库)富营养化问题突出,26 个国控重点湖泊(水库)中,属 V 类和劣 V 类水质的有 6 个,占 23%,属 Ⅳ 类水质的有 9 个,占 35%,主要污染指标为总磷和化学需氧量。湿地的退化和污染,使我国已有 15% ~ 20% 的动植物种类受到威胁。

　　根据 1956 ~ 2000 年资料分析,全国入海总水量年际变化不大,但南北方差异显著。黄河、淮河、海河、辽河 4 个水资源一级区,20 世纪 50 年代以来入海水量呈减少趋势,其中海河区和黄河区入海水量减小趋势尤为明显,各年代入海水量占本区地表水资源量的比例从 20 世纪 50 年代的 70% 下降到 90 年代的不足 30%。相应生物多样性显著减少,渤海胶州湾潮间带底栖生物,60 年代有 120 种左右,目前仅剩 20 种;多数传统优质鱼类资源量大幅度下降,已形不成渔汛,大、小黄鱼等优势种被鳀鱼等小型鱼类所替代。

7.2.2.2　土地资源过度开发侵占生态用地

大量研究表明,水域面积萎缩已经严重威胁到水生态系统的水质安全、生物多样性保护以及水资源的可持续利用等。我国政府自 1992 年加入《湿地公约》,努力开展湿地水域保护工作。第 3 期全国湿地分布遥感制图显示,近 20 年间,我国湿地总面积减少了 11.46%,由 1990 年的 36.6 万 km^2 减少到 2008 年的 32.4 万 km^2,虽然生态保护工作将湿地面积减少速率由 1990 ~ 2001 年的 3 400 km^2/年降低至 973 km^2/年(2000 ~ 2008 年),但是东南部人口密集区域的湿地减少速率不降反升。

《海洋环境质量公报》中反映,我国芦苇、沼泽、潟湖等滨海湿地丧失约 50%,红树林从 20 世纪 50 年代的 5 万 hm^2 降为目前的 1.5 万 hm^2,丧失 70%,近岸珊瑚礁 80% 遭到不同程度的破坏。

7.2.2.3　水利工程建设对水生态系统的直接破坏

截至 2011 年,全国共建成了各类大坝 8.7 万余座,建成堤防长度 29.41 万 km,水利工程的数量居世界首位。水利工程对河流生态系统的影响主要体现在物质交换通道的阻隔、生物栖息环境的破坏以及河道生态水文过程的失衡。

大坝对生态环境的影响,一是改变库区和下游的环境条件,受水库下泄水流的影响,下游河道水温年内变化幅度减小,库区植被覆盖度高,如果不加清理,会出现因植被腐烂物太多导致二氧化硫的增加;二是破坏河流生态系统的连续性,包括切断鱼类的洄游路线,大坝对鱼类洄游的影响是致命的,如中华鲟溯河产卵撞死在葛洲坝上;三是引起河道形态改变,河道形态是水沙运动与河床、河岸物质长期相互作用而形成的,大坝改变了天然河流的水沙运动规律,从而引起河道形态的改变,给防洪带来压力,也使河流生态系统存在的空间发生大的变化,如丹江口水库修建后汉江下游河床萎缩,同流量洪水位增高。

堤防工程对水生态系统的影响主要表现为:河道纵向的蜿蜒性降低,河道渠道化和裁弯取直工程改变了天然河流的基本形态。这种河流形态的均一化导致蜿蜒型河流急流、缓流相间的空间格局消失;渠道化导致河道深潭、浅滩交错的形势消失,失去河流与周边漫滩及地下水的纵向和横向联系;丰富多样的河流空间格局的消失,使得河道生态系统生境异质性降低,生物多样性降低,引起水体自净化能力的下降,导致河道生态系统服务功能降低。

7.2.3　水生态修复的原则

水利部于 2004 年出台了《关于水生态系统保护与修复的若干意见》(水资源〔2004〕316 号)(简称《意见》),明确提出水生态系统保护与修复遵循的指导思想、基本原则和目标。

7.2.3.1　水生态系统保护与修复遵循的指导思想

树立科学发展观,贯彻治水新思路,通过水资源的合理配置和水生态系统的有效保护,维护河流、湖泊等水生态系统的健康,积极开展水生态系统的修复工作,逐步实现水功能区的保护目标和水生态系统的良性循环,支撑经济社会的可持续发展。

7.2.3.2　水生态系统保护与修复遵循的基本原则

(1)遵循自然规律原则。要立足于保护生态系统的动态平衡和良性循环,坚持人与自然的和谐相处;要针对造成水生态系统退化和破坏的关键因子,提出顺应自然规律的保护与修复措施,充分发挥自然生态系统的自我修复能力。

(2)社会、经济现实可行原则。从经济社会发展的实际出发,确定合理适度、现实可行的水生态保护和修复目标。

(3)保持水生态系统的完整性和多样性原则。不仅要保护水生态系统的水量和水质,还要重视对水土资源的合理开发利用、工程措施与生态措施的综合运用。水生态系统具有独特性和多样性,保护措施应具有针对性,不能完全照搬其他地方的成功经验。管理工作要与水功能区要求充分结合。

(4)水生态系统保护与修复工作长期性原则。水生态系统的保护和修复工作要长期坚持不懈,将水生态系统保护的理念贯穿到水资源规划、设计、施工、运行、管理等各个环节,成为日常工作的有机组成部分。

7.2.3.3　水生态系统保护与修复工作的总体目标

通过水资源的科学规划、合理配置、节约、高效利用,采取水土保持等各种水生态系统保护或修复措施,长期保持全国水生态系统的健康状况,遏制局部水生态系统失衡趋势,促进其良性循环。通过水生态系统保护与修复工作,建立水生态系统保护与修复工作的管理体系、技术体系和工作制度。实践证明,单纯强调生态需水保护不了水生态系统,没有生态系统的空间,生态需水就成了"皮之不存,毛将焉附"。因此,水生态系统的保护与修复要同时强调生态用水与生态用地的保障。

1. 保障水生态系统所需的水文过程

前文所述流域水循环伴生的河流、湖沼湿地与河口近岸海域生态作用机制,是计算生态需水的基础。近 10 年来,生态需水已经在《全国水资源综合规划》中成为主要用水对象,在各类水利工程规划建设中也被重点关注,目前正在实行的最严格水资源管理制度以控制用水总量来限制水资源利用,以保障生态用水,其不足之处是不能保障生态用水的过程,尤其是产卵期需水过程。因此,需要在用水总量的约束下,合理调配,保障生态需水过程。

2. 保障水生态系统所需最小空间

天然生态用地理论上是维护系统关键种群稳定的最小面积。近几年的实践表明,因为防洪堤的建设,多数河流廊道的空间已经确定,由于防洪空间的需要,仍然保留一部分河岸带。问题比较突出的是湖泊,多数湖泊的湖滨带都已消失殆尽。干旱区的绿洲也是靠水资源支撑的,在中国工程院"新疆可持续发展中有关水资源的战略研究"重大咨询项目中,经过测算,新疆绿洲用地与国民经济用地比例应该为 1∶1.5。

7.3 水生态修复的重要单项措施

7.3.1 用水挤占型水生态系统保护与修复

我国从"九五"开始,针对西北干旱区生态退化,探索保护和适度恢复干旱区绿洲生态应该给予的水资源量,即生态需水量,"十五"期间开始探索各种水生态系统的生态水文机制与生态需水计算技术,并开展了第二次"全国水资源综合规划",该规划的目标之一就是保障生态需水。2012年1月国务院发布了《关于实行最严格水资源管理制度的意见》,其中对水资源开发利用红线的控制,是对水生态系统需水量的保障。在区域生态用水总量有所保障的前提下,需要在小流域或地县级行政单元进行生态需水合理分配和调控。

7.3.1.1 用水挤占型水生态修复技术框架

针对目前实行最严格水资源管理制度的要求,用水挤占型水生态修复的总体思路是:基于水功能区进行生态需水过程计算,然后在流域范围内进行合理调控,以保障各类功能区的生态水量,以此确定各区域水资源开发利用控制红线。

1. 完善水功能区划

我国目前完成的水功能区划是重要江河湖库的功能区划,还有其他河湖湿地没有进行功能区划,根据近年来经济发展需求与生态保护认识的提高,确定合理的功能区目标,完善水功能区划。

2. 水功能区的生态需水要求

根据水功能区的目标,进行分功能区的生态需水不同要求:①保护区、开发利用区的渔业用水区,要保障生态需水全过程,产卵期满足基本流量脉冲;②保留区维护近天然水文过程;③开发利用区的饮用水水源区、工业用水区、农业用水区、景观娱乐用水区,要保障生态基流与汛期维护河道稳定的流量;④缓冲区、开发利用区的过渡区与排污控制区,需要保障下游环境达标的流量。

3. 地下水功能区的生态与环境要求

地下水功能区的要求主要是针对开发利用区,集中式供水水源区地下水位降深要满足地质环境稳定的要求;分散式开发利用区地下水位要求满足多年的动态平衡。

4. 流域水资源调控

依据流域内多水源、不同类型水利工程,合理调控,保障平水期、枯水期满足生态基流,汛期维护河道稳定;保障保护区与渔业生产区的产卵期流量过程。合理开采地下水,维护地下水位动态稳定,保障环境地质安全。

7.3.1.2 用水挤占型水生态系统修复保障体系

1. 严格实行用水总量控制

水资源开发利用控制红线的落实要以总量控制为核心,抓好水资源配置;搞好水量分配和取水总量控制,建立相应的监管制度,要严格取水许可审批。继续推进水权制度建设,在搞好初始水权分配的基础上,加快推进水权转让制度建设。推进国民经济和社会发展规划、城市总体规划和重大建设项目布局的水资源论证工作,推动水资源论证的着力点尽快从微观层面转入宏观层面,从源头上把好水资源开发利用关,增强水资源管理在国家宏观决策中的主动性和有效性。进一步完善水资源调度工作,满足重点缺水地区、生态脆弱地区的用水需求。

2. 倡导生态水权

生态水权是水资源的初始分配权。水权分配优先权顺序应当是基本水权—公共水权—竞争性水权,分别满足的是生活用水、公共用水和经济用水。其中,基本水权和公共水权强调公平优先,而竞争性水权强调效率优先。按照这一原则,生态需水应当在公共用水中解决,它的权属是公共水权的一部分。

给生态赋予水权,生态环境的管理和执法部门代替生态环境行使水权的各项权能,当生态水权被挤占时,就会有执法机构来为生态争取应有的权利,责任人更加明确,有利于行使保护生态的职责。

3. 建立生态补偿机制

生态补偿是以保护和可持续利用生态系统服务为目的,以经济手段为主调节相关者利益关系的制度安排。更详细地说,生态补偿机制是以保护生态环境,促进人与自然和谐发展为目的,根据生态系统服务价值、生态保护成本、发展机会成本,运用政府和市场手段,调节生态保护利益相关者之间利益关系的公共制度。

随着用水总量控制的逐步落实,水权制度逐渐完善,可通过生态补偿机制来约束挤占生态用水的行为。

7.3.2　水域侵占型水生态系统保护与修复

国务院于 1998 年 10 月下发了《关于灾后重建整治江湖、兴修水利的若干意见》,其中提出了"退田还湖",该工程实施 5 年后,长江干流水面恢复了 1 400 km²,增加了蓄洪容积 130 亿 m³。该项工程改善了长江流域的生态,是第一次对水域侵占的水生态系统恢复。"退田还湖"工程实施后,仍然有退而未还的土地,新增调蓄容积与防洪要求相差较大,同时真正意义上的江湖复合生态系统还未实现。2009 年 10 月,水利部在全国水利发展"十二五"规划编制工作会议上提出河湖水系连通,江淮流域的水域侵占型水生态修复工作在政策上已有支撑。

7.3.2.1　水域侵占型水生态系统修复思路与途径

1. 河 – 湖水文过程恢复技术

河 – 湖水文过程是影响水生态系统水域面积的重要因素,河 – 湖水文过程恢复技术是水域侵占型水生态系统修复的关键技术之一。科学合理地开展河 – 湖水文过程恢复,需从以下三个方面开展工作:①科学把握河 – 湖水文过程的自然节律,为水域恢复提供理论基础。分析不同水文时期关键水文要素的历史演变规律和发展趋势,确定水文过程变化的驱动因素,为水域恢复提供基础支撑;②科学调配水资源,提高生态水比例。计算研究区的水资源量,分析研究区生态用水的供需关系,建立生态补水机制,提高水资源供给中生态水的比例,形成水域面积基本稳定的水生态系统;③科学恢复河－湖连通性,恢复水域间的水力联系。兼顾区域社会经济发展和水域合理保有面积,沟通河－湖水域之间的横向和纵向连通性,适当扩大水域面积,建立水域间良好的水力联系,恢复水域侵占造成的景观破碎,延缓水域沼泽化。

2. 河－湖泥沙平衡调控措施

河－湖泥沙平衡调控是从水系演化的内在驱动层面上分析水域侵占型水生态系统的恢复途径。平衡状态的河－湖泥沙关系表现为河道或湖体内泥沙淤积量和冲刷量基本持平,水域形态基本保持稳定。但人为扰动能够破坏已形成的天然泥沙平衡状态,改变水流挟沙能力和河道阻力,引发局部河道泥沙淤积、河口地区泥沙倒灌等问题。水生态系统泥沙平衡调控主要依靠水利工程的调度运行实现。通过分析研究区域的水势、水情和沙情,设计不同的调度试验方案,模拟不同来水来沙条件下的河槽演化趋势,制定有效的工程调度规则,调节水沙比例,借助水体冲击能力,将淤积在河槽或湖区的泥沙输送到大海,实现恢复水域面积的目标。

3. 水域侵占型水生态系统修复实例分析

深圳河位于东经114°～114°12′,北纬22°27′～22°39′,发源于梧桐山牛尾岭,由东北向西南流入深圳湾,全长37 km,流域面积312.5 km²。深圳河作为深圳和香港的界河,见证了两地经济快速兴盛的发展历程。

随着社会经济的快速发展,深圳河的水生态系统也越来越多地受到人类经济社会活动的强力干扰。上游河道水面上方修筑工程,使部分河道转为暗渠,河口地区大面积填海造地,水域侵占现象十分显著(见图7-6(a))。深圳河水生态系统功能严重退化,主要体现在水体自净能力减弱、生物群落结构单一、水域面积萎缩严重等方面。罗湖桥横跨深圳河作为深圳通往香港的重要过关通道,因深圳河水质恶化、水体发臭,已改为全封闭式桥体。

(a) 生态修复前　　　　　　　(b) 生态修复后

图 7-6　深圳河生态修复前、后对比图

针对深圳河愈发严重的水生态问题,深圳市政府采取了一系列生态修复工程。深圳河河道治理工程分三期执行,其中一、二期河道治理工程主要重新塑造了干流河道形态,与工程前相比,河底挖深3 m,河宽扩宽2倍左右,拓宽了水域面积(见图7-6(b))。但修复工程忽视了潮流是塑造深圳河河道形态的主要动力,改变了深圳河潮流特征和泥沙输移特性,极大增加了泥沙倒灌概率。工程实施前大潮涨潮含沙量和输沙率大于落潮,一个潮周期内泥沙向河内输入 143.8 t,而小潮涨潮含沙量和输沙率小于落潮,一个潮周期内泥沙向口门外输出 508.7 t;工程实施后大、小潮期间涨潮含沙量和输沙率均大于落潮,一个潮周期内分别向河内输入泥沙 153.9 t 和 583.9 t,泥沙呈单向输入的趋势。

由此可见,选择水域侵占型水生态系统修复措施需要综合考虑河流水文过程和泥沙平衡条件,才能取得显著持久的水生态系统保护与修复成效。

7.3.2.2　水域侵占型水生态系统修复保障措施

1. 限制围湖造地等土地开垦活动,减少社会经济活动对水域的侵占

转变传统经济利益引导土地利用方式的做法,以水生态系统保护为优先目标,限制以侵占水域为途径的土地开发利用活动。侵占水域过程一旦发生,水生态系统几乎没有可能完全恢复到天然状态。通常人工构造的水生态系统结构较为单一,功能较自然状态减弱,通过退耕还湖等措施只能在某种程度上恢复原有的水域景观。因此,应该从审批源头上限制社会经济活动对水域的侵占。

2. 合理布设水生态系统保护区,提升重要水域及生态敏感区的保护力度

布设水生态系统保护区是目前较为可行的生态保护模式。水生态系统保护区既要具有足够的面积,也要进行合理的空间布局。保护区通常选择在具有重要生态保护价值或生态较为脆弱敏感的区域,并且区域内具有良好的生态廊道供动植物进行内部迁徙和流动。保证水生态系统保护区面积是为了满足区域内生物种类丰富性和多样性需求,实现区域内水生态系统结构稳定和可持续性;合理布局水生态系统保护区也十分关键,设定不同功能区以满足不同物种的栖息需求,同时有利于保护区管理。

7.3.3　工程扰动型水生态系统保护与修复

7.3.3.1　我国大型水利工程生态保护与避让措施

我国于 1958 年在富春江七里垄电站中首次设计了鱼道,20 世纪 60 年代又分别在黑龙江和江苏等地兴建了鲤鱼港、斗龙港、太平闸等 30 座鱼道。这些鱼道大多布置在沿海、沿江平原地区的低水头闸坝上,底坡较缓,提升一般在 10 m 左右。从巢湖裕溪闸建成第二年鱼道过鱼效果可见,通过鱼道的鱼类主要是过河口的洄游性鱼类,在渔汛季节,上溯刀鲚最高达 1 974 尾/h,幼鳗、幼蟹的数量也相当可观。洋塘鱼道是我国第一座具有厂房集鱼系统的河川水电站枢纽型鱼道,通过建成 81 天的观察,平均过鱼 385 尾/h,而且是底层鱼类居多。但也有分析表明,国内的鱼道大部分运行不理想。

20 世纪 80 年代,我国在葛洲坝水利枢纽建设时,针对中华鲟的保护方式做了大量研究,但最终采取了人工繁殖和放养的方法解决中华鲟等珍稀鱼类的过坝问题。此后近 20 年,我国在大江大河上修建大坝时几乎不再考虑修建过鱼设施。有关资料表明,葛洲坝 3 个船闸的下游是鱼类聚集最多的地方,这说明许多鱼类依然要本能地过坝上溯。

近 10 年来,由于大型水利水电工程环境影响评价的需要,我国鱼道规划建设情况开始复苏。陈凯麒等通过对 2000 年以来经过环境影响技术评估的 24 个国家级水利水电项

目鱼道建设相关数据进行了不完全统计,总共有 12 个鱼道型式的项目,其中垂直竖缝式 7 个,占 58.3%;仿自然通道 3 个,占 25%;导墙式鱼道 1 个;横隔板式鱼道 1 个。很显然, 目前我国以垂直竖缝式和仿自然通道的鱼道为主。

从崔家营航电枢纽工程鱼道为期一周的调查情况来看,有 11 种鱼通过鱼道上溯,包括瓦氏黄颡鱼、吻鮈、鳊、蛇鮈、马口鱼、圆吻鲴、犁头鳅、铜鱼、鳜、鲢,其中数量最多的为瓦氏黄颡鱼,圆吻鲴次之,体长均值为 33.5 cm。这说明崔家营鱼道在监测期间无论从过鱼数量还是种类方面,都为大坝上下游鱼类的交流提供了渠道,对该流域鱼类资源的保护起到了积极作用。

7.3.3.2　水工程建设和管理阶段的生态保护与修复

1. 工程前期的生态环境影响论证

生态环境影响论证是在进行工程建设之前,对于可能对生态环境产生影响的建设和开发项目,在规划或其他活动之前,对其选址、设计和投产使用后可能对周围环境产生的不良影响进行调查、预测和评价,指出环境影响,提出防治措施。生态环境影响论证是环境影响评价的重要内容,需要按照法定程序经环境行政机关批准后工程建设才能进行。

工程前期的生态环境影响论证作为环境影响评价的重要内容之一,是我国环境保护的主要法律制度之一,也是环境监督管理的主要制度之一,对于贯彻预防为主的环境保护原则,预防新的污染源发挥着极为重要的作用。

生态环境影响评价以生态学原理为基础,其基本过程包括影响识别、现状调查与评价、生态影响预测与评价、减缓措施和替代方法等步骤。

2. 工程建设期的生态保护与技术

1)工程建设期的生态环境影响

水工程建设项目施工队伍庞大,工程施工机械化强度高,因此对施工建设阶段的生态环境应统一规划,加强管理,严防大气污染、水源污染和流行疾病的传播。施工所带来的噪声、飞尘、烟雾及污水,需要采取多种措施,控制其影响。

水利工程在兴建期间,工程开挖量大,要防止因开挖对生态环境的影响,尤其注意对资源、生态种群、水环境的破坏以及对水土流失的预防。

2)工程建设期生态保护措施

对于工程建设期,由于开挖、爆破、拌和、燃油废气及交通粉尘等会造成大气污染,施工建设时需采用利于生态环境保护的施工工艺。如开挖时可以采取凿裂法代替钻爆法,采用封闭式破碎工艺、湿法筛分工艺、封闭式水泥和粉尘运输等措施,并在工作日及时进行洒水除尘工作。

工程建设期的爆破、交通、砂石加工等造成噪声污染,应采取严格控制爆破时间(夜间禁止爆破)、采取先进爆破技术控制爆破噪声;交通噪声采取敏感路段交通管制、加强道路养护、施工道路旁设置隔音墙等措施。

对于砂石料加工、混凝土拌和、机械冲洗和修理废水及基坑排水产生的水环境污染采用废水沉淀除油后重复利用、设置过滤池等处理工艺;施工期施工人员生活污水需经处理达标后排放;施工中的料场、渣场及其他施工材料的堆放均远离河流水体以免造成污染,并采取防风和防雨措施。

对于施工占地开挖等会造成生态影响,在施工建设期应采取施工迹地及时恢复、设置陆地动植物保护警示、建立水生生物及时求助机制等措施保护植被和动物。

对于施工建设期可能造成的水土流失应采取在主体工程区修建截流沟、裸露边坡格框护坡绿化等措施,运行道路区采取行道树绿化措施,施工生活区采取绿化、建立临时排水沟和沉沙池等措施,料场、弃渣场采用及时回填、草袋装土临时拦挡等措施。

施工建设期应建立生态、环境和水土流失监测系统,以利于及时掌握各要素变化情况,对于可能发生的影响及时采取措施进行预防。

3. 工程运营期的生态调度与管理

调整水利水电工程的运行方式,把生态调度纳入工程的统一调度管理,是保护生态与环境的重要和必要手段。生态调度以补偿河流生态系统对水量、水质、水温等需求为目标,通过科学调度减缓下游流量人工化、下泄低温水、过饱和气体等不利环境影响对河流生态系统的胁迫。

水利工程建设项目建成后会改变原河流的水文情势,如挡水建筑物上游由流水环境变成静水环境,而下游人为阻挡上游来水改变了天然的河流水文过程,由此产生相应的生态环境问题,需采取工程生态调度以减缓生态影响。如在初期蓄水时以及运行期按论证的生态基流泄水,并且根据河流特性每年模拟 $1\sim2$ 次工程前的洪峰流量,尽可能恢复下游水流的自然节律过程,以恢复自然水位涨落特征,调节水质、水温和泥沙冲淤,维护水生生物栖息地,补给滨河洪泛湿地。我国长江流域在规划龙盘水电工程时,确定发电的下泄流量不能低于 300 m^3/s,以满足下游基本生态需水和景观要求;黄河流域已连续 7 年实施统一调度,保证入海水量,消除了枯水季节河道断流的情况。

工程周边进行水土保持措施预防和治理水土流失,结合小流域综合治理进行面源污染防治。同时在消落带建设生态绿化带,不但可以美化景观,还可作为生态拦截带,减少面源入库/河负荷量。

为减缓水利工程建设项目对生态系统的干扰,对造成的难以减免的影响采取补偿措施,如设置重点鱼类栖息保护地,对重要生境进行保护,对重点保护地段进行监测,及时了解生态状况。对于库坝建立影响鱼类洄游通道的,在施工期建立鱼类洄游通道、鱼道及仿自然旁通道等,在运行期加强监测与管理,并在适宜时段进行重点保护鱼类增殖放流,同时加强鱼类资源保护的研究,加强鱼类的人工繁殖、濒危物种或特殊物种的恢复等。

4. 水利工程建设的生态补偿机制建设

由于水利工程建设对区域经济的改善和生态的负面影响,依靠当地自身很难平衡,因此应实行生态补偿机制,坚持"谁开发谁保护,谁受益谁补偿"的原则,明确生态补偿的主体及补偿的范围,建立一种稳定的、法律化的补偿机制。

水利工程建设的基础是进行河流生态服务功能的价值评估,如针对河流的直接和间接生态服务功能进行评估,进行功能的价值化和经济量化。建立水利工程建设生态补偿机制,首先,可以在大型水利水电工程立项决策时,全面权衡工程的直接社会经济效益与生态系统服务功能损失之间的利弊得失,以避免为获得直接经济效益的短期利益行为;其次,可以促使工程项目业主采取更多的生态补偿措施,缓解对于河流生态系统的胁迫,减少服务功能损失的总价值;最后,这种价值量评估和计算也可以定量提出工程项目业主应该提供的生态补偿资金数额。构建生态补偿机制,还原生态以价值,不仅可缓解水利工程在建设过程中对环境的破坏,而且有利于促进当地的经济发展,符合构建和谐社会的精神。

补偿方式可采取在水利工程建设时,在水利工程建设资金中提留一部分资金,算作工程成本,用于对当地的生态进行补偿,改善当地的生态环境,促进当地的生态平衡。补偿的标准不仅仅局限于保护濒危、珍稀动植物或者库区植被恢复等资金需要,应以河流生态系统服务功能损失总价值作为补偿标准的依据,如河流阻断对整个流域生物区系的影响,工程下游水文情势改变所造成的下游鱼类产卵场、栖息地等的损失等。补偿的范围不仅仅局限于水库和大坝下游局部,应针对全流域。补偿的时间应与水利工程项目运行时间一致,也就是说,工程边运行边补偿。

7.4 中小流域水生态修复的综合措施

水生态修复具体到一个区域,由于区域内多因素的影响,以及区域生态经济协调发展的需要,水生态修复就不再是单一目标,修复技术就成为多项技术的综合实施。

水利部自 2005 年以来先后将广西桂林市、湖北武汉市、江苏无锡市、山东莱州市、浙江丽水市、吉林松原市、河北邢台市、陕西西安市等 14 个城市作为水生态系统保护与修复试点。修复工程是地方政府结合城市建设来实施的,修复目标往往以城区水系统改善为主,但是从流域尺度来看,以城市为主体的水生态修复,重点解决核心污染河段,支撑流域整体生态状况的改善。

水生态修复仅仅是个开始,在建设水生态文明新的政策指引下,按照"节水优先、空间均衡、系统治理、两手发力"的总体治水思路,以人与自然和谐为原则,立足山水林田湖,统筹自然生态各要素,解决我国复杂水问题。

科学的综合措施,建立在中小流域综合治理工程规划的基础上,围绕流域水循环的自然循环、调控工程与社会循环进行评价,在生态、环境与资源约束下确定规划目标,最后进行综合性工程规划。

以湟水流域(西宁段)为例,规划流程如图 7-7 所示。

以维护流域生态健康,促进区域经济发展,提升西宁城市形象,实现流域可持续发展为目标,形成六个方面的综合性规划措施,包括:生态保护与资源环境保护的综合工程,农业节水、坡面水土保持与面源污染防治的综合工程,沟道水土保持与泥石流防治工程,城镇生活与工业污染治理工程,城区水沙调控、防洪与景观综合工程,供水工程与水资源合理调配,各项措施内在关系见图 7-7。

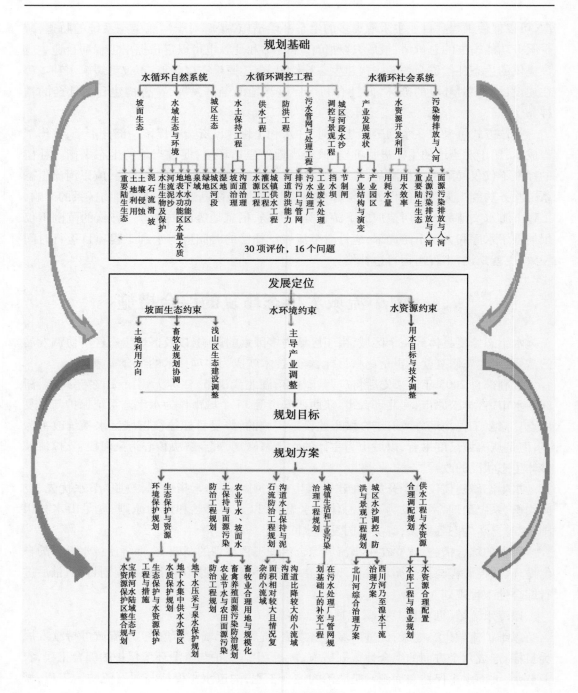

图 7-7　规划流程图

7.5　水生态保护与修复的对策建议

7.5.1　整合不同目标的保护区,实行生态系统保护

我国现状生态保护区以管理部门设立目标,以鸟类为保护目标的国家级湿地不考虑水域中鱼类的结构,以鱼类种质资源保护的湖泊没有强调湖滨湿地的完整性,饮用水水源地只强调水环境,没有考虑生物。事实上,天然水域的环境要素与其中各类生物组成一个精致的系统,改变其中的环境因素或某种生物都会引起系统内其他生物的改变。强调单一目标的保护,会有以下情况发生,以鸟类为目标的湿地保护区和水源地保护区意味着可以在水域中引种。为此,在保护区的管理上,建议以生态系统为目标,让有限的保护区发挥最大的生物多样性。

7.5.2　开展中小流域综合治理,围绕水循环系统修复

目前,农、林、牧、渔各行业规划独立分散,相互衔接不够,缺乏全流域的统筹与协调,概念规划与工程规划脱节,给工程实施带来一定后患。

流域水循环的特性决定了流域内水土资源的利用与工业发展具有一定的相互作用与相互制约的关系。比如城市规划,无序的水生态系统的建设,使下游的天然乃至全流域的水生态系统恶化。

围绕流域水循环,生态引领,综合规划,实现流域内各行业发展的无缝衔接,保障全流域可持续发展。

7.5.3　以水功能区为单元,实行水量、水质与水生态一体化管理

国务院于 2012 年批复了《全国重要江河湖泊水功能区划》,目的是根据区划水域的自然属性,结合经济社会需求,协调水资源开发利用和保护、整体和局部的关系,确定该水域的功能及功能顺序。

现状水功能区管理考核目标主要是水质,不考核水量,电站脱水段就失去监督,事实上电站脱水段对河流生态的影响是很致命的,同时不强调水生态就失去对水产养殖、工程阻隔影响的监督,同样对自然生态产生严重的影响。

国家从 2013 年开始划定生态红线,目前各地区都在开展陆域生态红线的划定工作。制定水功能区的水量、水质与水生态一体化标准,暂且作为水生态管理红线,将是水生态修复管理层面的保障。

链接 1:水生态服务功能

水生态系统服务功能是指水生态系统及其生态过程所形成及所维持的人类赖以生存的自然环境条件与效用。它不仅提供了维持人类生活和生产活动的基础产品,还维持了人类赖以生存与发展的生态环境条件,具有维持自然生态系统结构、生态过程与区域生态环境的功能。

水生态系统服务功能可分为具有直接使用价值的产品生产功能（社会经济服务功能）和具有间接使用价值的生命支持系统功能（自然生态系统服务功能）两大类。

1. 直接提供产品的社会经济服务功能

水生态系统社会经济服务功能主要包括供水、水产品生产、水力发电、内陆航运、休闲娱乐和文化美学等6项。

（1）供水。河流、湖泊和地下水生态系统是淡水储存和保持的最主要场所，提供人类生活和生产用水是其最基本的服务功能。人类生存所需要的淡水资源主要来自河流、湖泊和地下水生态系统。根据水体的不同水质状况，用于生活饮用、工业用水、农业灌溉和城市生态环境用水等方面。

（2）水产品生产。水生态系统最显著的特征之一是具有水生生物生产力。水生态系统通过初级生产和次级生产，生产丰富的水生植物和水生动物产品，为人类的生产、生活提供原材料和食品，为动物提供饲料。如我国最大的淡水湖泊鄱阳湖，浮游植物年鲜产量达451.33万t，是滤食性鱼类的饵料；浮游动物207种，是鱼类和贝类的食料；水生维管束植物102种，总生物量达431.76万t，是草食性鱼类的主要食料（张玺等，1965年）。鄱阳湖鱼类是最重要的经济水生生物，共122种，多年产鱼量0.96万~3.16万t，约占江西省总产鱼量的50%。

（3）水力发电。河流因地形地貌的落差产生并储蓄了丰富的势能。水能是世界公认的目前最具备规模发展的清洁可再生能源，而水力发电是该能源的有效转换形式。截至2011年年底，我国水电装机达到2.3亿kW，居世界第一位，在总装机容量中占22%左右，为我国节约了能源，减少了二氧化碳和二氧化硫的排放，保护了生态环境。

（4）内陆航运。河流生态系统承担着重要的运输功能。与铁路、公路、航空等其他运输方式相比，内陆航运具有成本低效益高、能耗低污染轻、运输量大等优点。截至2012年年末，全国内河航道通航里程12.5万km，主要分布在长江、珠江、淮河和黑龙江四大水系，涉及23个省（自治区、直辖市），其中长江干线航道的年运输量超过11亿t，相当于16条京广铁路的运量。河流生态系统内陆航运功能的开发利用对节约土地资源，减少环境污染，促进区域经济社会可持续发展具有重要意义。

（5）休闲娱乐。河流生态系统能够提供的休闲娱乐活动可分为两类：一类是依靠水娱乐活动，如划船、滑水、游泳、渔猎和漂流等；另一类是沿河岸进行的休闲活动，如露营、野餐、远足休闲和摄影等。2001年至今，水利部已批准设立水库型、湿地型、自然河湖型、城市河湖型、灌区型、水土保持型等各类国家级水利风景区370处。

（6）文化美学。文化美学功能是指水生态系统对人类精神生活的作用，带给人类的文化、美学、教育和科研价值等。不同的水生态系统，尤其是不同的河流生态系统孕育了不同的地域文化和宗教艺术，如尼罗河孕育了埃及文明、幼发拉底河和底格里斯河孕育了古巴比伦文明、黄河和长江孕育了中华文明等。水生态系统是人类重要的文化精神源泉和科学技术及宗教艺术发展的永恒动力。

2. 具有使用价值的自然生态系统服务功能

水生态系统自然生态系统服务功能主要包括蓄积调节、生物多样性维护、净化环境、物质输移和气候调节等5项。

（1）蓄积调节。湖泊、沼泽等湿地蓄积的大量淡水资源,对河川径流起到重要的调节作用,可以削减洪峰、滞后洪水过程,从而均化洪水,减少洪水造成的经济损失。蓄积水量对于河川径流和地下水水量的调节,对维持水生态系统结构、功能和生态过程具有重要意义。

（2）生物多样性维护。水是生命之源。河流、湖泊、沼泽、洪泛区等多种多样的生境不仅为各类生物物种提供繁衍生息的场所,还为生物进化及生物多样性的产生与形成提供了条件,同时为天然优良物种的种质保护及其经济性状的改良提供了基因库。一些水生态系统是野生动物栖息、繁衍、迁徙和越冬的基地,另一些水生态系统是珍稀濒危水禽的中转停歇站,还有一些水生态系统养育了许多珍稀的两栖类和鱼类特有种。

（3）净化环境。水提供或维持了良好的污染物质物理化学代谢环境,提高了区域环境的净化能力;水体中生物从周围环境吸收化学物质,形成了污染物的迁移、转化、分散、富集过程,污染物的形态、化学组成和性质随之发生一系列变化,最终达到净化作用。另外,进入水体生态系统的许多污染物质吸附在沉积物的表面,并随颗粒物沉积下来,实现污染物的固定和缓慢转化。

（4）物质输移。河流具有输沙、输送营养物质、淤积造陆等一系列的生态服务功能。河水流动中,能冲刷河床上的泥沙,达到疏通河道的作用,河流水量减少将导致泥沙沉积、河床抬高、湖泊变浅,使调蓄洪水和行洪能力大大降低;河流挟带并输送大量营养物质如碳、氮、磷等,是全球生物地球化学循环的重要环节,也是海洋生态系统营养物质的主要来源,对维系近海生态系统高的生产力起着关键的作用;河流挟带的泥沙在入海口处沉降淤积,不断形成新的陆地,一方面增加了土地面积,另一方面也可以保护海岸带免受风浪侵蚀。

（5）气候调节。水体的绿色植物和藻类通过光合作用固定大气中的 CO_2,将生成的有机物质储存在自身组织中;同时,泥炭沼泽累积并储存大量的碳作为土壤有机质,在一定程度上起到了固定并持有碳的作用,因此水生态系统对全球 CO_2 浓度的升高具有巨大的缓冲作用。此外,水生态系统对稳定区域气候、调节局部气候有显著作用,能够提高湿度,诱发降水,对温度、降水和气流产生影响,可以缓冲极端气候对人类的不利影响。

链接 2:水生态文明建设

自党的"十八大"报告要求大力推进生态文明建设以来,水利部积极推进水生态文明建设工作,及时发布了《关于加快推进水生态文明建设工作的意见》(水资源〔2013〕1 号),在批复济南市作为全国首个水生态文明建设试点城市基础上,先后两批批复了苏州等 104 个市(县)作为全国水生态文明建设试点,并着手编制《国家水生态文明市(县)评价标准》,推进国家水生态文明市的创建工作。

1. 开展水生态文明建设的重要意义

水是生命之源、生产之要、生态之基。我国水资源相对不足、水生态环境容量有限,水生态文明是生态文明的重要组成。建设水生态文明,实质上就是要建设以水资源和水生态承载能力为基础、以自然规律为准则、以水资源可持续利用和维持及恢复水生态系统健康为目标的资源节约型、环境友好型社会。水生态文明反映的是人类处理自身水资源开发利用活动与自然关系的进步程度,是人类社会进步的重要标志。开展水生态文明建设工作,具有十分重要的意义。

第一,开展水生态文明建设是落实中央决策部署的重要举措。2011 年中央一号文件和中央水利工作会议将水生态保护摆在经济社会发展全局中更加重要的位置,明确提出力争通过 5～10 年努力,基本建成水资源保护和河湖健康保障体系。在中央水利工作会议上,胡锦涛总书记和温家宝总理强调,要正确处理经济社会发展和水资源条件的关系,既要满足经济社会发展的合理需求,又要满足河湖健康基本需求,决不能为追求一时发展而牺牲子孙后代福祉。2012 年 1 月,国务院印发了关于实行最严格水资源管理制度的意见,出台了一系列强化水生态保护的政策举措。需要把思想和行动统一到中央精神上来,全面落实各项决策部署,加快推进水生态保护工作。

第二,开展水生态文明建设是保障和改善民生的重要任务。随着经济社会发展和人民群众生活水平提高,城乡居民对饮水安全、人居环境等方面的要求越来越高。开展水生态文明建设,为人民群众创造良好的生产生活环境,是以人为本、执政为民的必然要求,是为人民谋福利、为子孙后代谋福祉的重大民生工程。需要顺应人民群众的新期待,充分发挥水资源在促进经济发展、提高生活质量、保护生态环境等方面的多种功能,着力构建服务民生、保障民生、改善民生的水利发展格局。

第三,开展水生态文明建设是促进生态文明建设的重要基础。长期以来,我国经济社会发展付出的水资源、水环境代价过大,一些地方出现河道断流、湖泊干涸、湿地萎缩、绿洲消失、地下水位下降等严重生态问题。这种状况如果不尽快加以扭转,水资源难以承载,水环境难以承受,人与自然难以和谐,子孙后代可持续发展将受到严重影响。必须从生态文明建设的战略高度,大力开展水生态文明建设,加快建设资源节约型、环境友好型社会,推动全社会走上生产发展、生活富裕、生态良好的文明发展道路。

第四,开展水生态文明建设是推进现代水利发展的重要抓手。加强水生态文明建设,有利于增强全社会的水资源节约和保护意识,牢固树立现代水利理念和水生态文明观念;有利于引导各地各部门主动适应水资源和水环境承载力,科学确定水资源开发利用规模;有利于提升水利发展的质量和效益,充分发挥水利的经济支撑、社会服务、民生保障、生态保护和文化传承功能。在发展现代水利过程中,必须把水生态文明建设放在更加突出的位置,推动水利发展方式加快转变。

第五,开展水生态文明建设是实现城市可持续发展的重要支撑。良好的水生态环境是现代城市文明的重要标志。当前,我国正处于工业化、城镇化加快发展的阶段,一些城市河湖水系不畅、水域面积萎缩、水生态系统退化、洪涝灾害频发、城市排涝标准过低等问题日益凸显,已成为制约城市持续健康发展的突出瓶颈。必须大力开展城市水生态环境治理,逐步实现城市水生态系统的良性循环,打造和谐优美的城市人居环境,为城市经济社会可持续发展奠定坚实基础、提供有力支撑。

2. 水生态文明建设的指导思想、基本原则和目标

水生态文明建设的指导思想是:以科学发展观为指导,全面贯彻党的"十八大"关于生态文明建设战略部署,把生态文明理念融入到水资源开发、利用、治理、配置、节约、保护的各方面和水利规划、建设、管理的各环节,坚持节约优先、保护优先和自然恢复为主的方

针,以落实最严格水资源管理制度为核心,通过优化水资源配置、加强水资源节约保护、实施水生态综合治理、加强制度建设等措施,大力推进水生态文明建设,完善水生态保护格局,实现水资源可持续利用,提高生态文明水平。

水生态文明建设的基本原则是:

(1)坚持人水和谐,科学发展。牢固树立人与自然和谐相处理念,尊重自然规律和经济社会发展规律,充分发挥生态系统的自我修复能力,以水定需、量水而行、因水制宜,推动经济社会发展与水资源和水环境承载能力相协调。

(2)坚持保护为主,防治结合。规范各类涉水生产建设活动,落实各项监管措施,着力实现从事后治理向事前保护转变。在维护河湖生态系统的自然属性,满足居民基本水资源需求基础上,突出重点,推进生态脆弱河流和地区水生态修复,适度建设水景观,避免借生态建设名义浪费和破坏水资源。

(3)坚持统筹兼顾,合理安排。科学谋划水生态文明建设布局,统筹考虑水的资源功能、环境功能、生态功能,合理安排生活、生产和生态用水,协调好上下游、左右岸、干支流、地表水和地下水的关系,实现水资源的优化配置和高效利用。

(4)坚持因地制宜,以点带面。根据各地水资源禀赋、水环境条件和经济社会发展状况,形成各具特色的水生态文明建设模式。选择条件相对成熟、积极性较高的城市或区域,开展试点和创建工作,探索水生态文明建设经验,辐射带动流域、区域水生态的改善和提升。

水生态文明建设的目标是:最严格水资源管理制度有效落实,"三条红线"和"四项制度"全面建立;节水型社会基本建成,用水总量得到有效控制,用水效率和效益显著提高;科学合理的水资源配置格局基本形成,防洪保安能力、供水保障能力、水资源承载能力显著增强;水资源保护与河湖健康保障体系基本建成,水功能区水质明显改善,城镇供水水源地水质全面达标,生态脆弱河流和地区水生态得到有效修复;水资源管理与保护体制基本理顺,水生态文明理念深入人心。

3. 水生态文明建设的主要工作内容

1)落实最严格水资源管理制度

把落实最严格水资源管理制度作为水生态文明建设工作的核心,抓紧确立水资源开发利用控制、用水效率控制、水功能区限制纳污"三条红线",建立和完善覆盖流域和省、市、县三级行政区域的水资源管理控制指标,并将其纳入各地经济社会发展综合评价体系。全面落实取水许可和水资源有偿使用、水资源论证等管理制度;加快制定区域、行业和用水产品的用水效率指标体系,加强用水定额和计划用水管理,实施建设项目节水设施与主体工程"三同时"制度;充分发挥水功能区的基础性和约束性作用,建立和完善水功能区分类管理制度,严格入河湖排污口设置审批,进一步完善饮用水水源地核准和安全评估制度;健全水资源管理责任与考核制度,建立目标考核、干部问责和监督检查机制。充分发挥"三条红线"约束作用,加快促进经济发展方式转变。

2)优化水资源配置

严格实行用水总量控制,制订主要江河流域水量分配和调度方案,强化水资源统一调度。着力构建我国"四横三纵、南北调配、东西互济、区域互补"的水资源宏观配置格局。

在保护生态的前提下,建设一批骨干水源工程和河湖水系连通工程,加快形成布局合理、生态良好,引排得当、循环通畅,蓄泄兼筹、丰枯调剂,多源互补、调控自如的江河湖库水系连通体系,提高防洪保安能力、供水保障能力、水资源与水环境承载能力。大力推进污水处理回用,鼓励和积极发展海水淡化和直接利用,高度重视雨水和微咸水利用,将非常规水源纳入水资源统一配置。

3)强化节约用水管理

建设节水型社会,把节约用水贯穿于经济社会发展和群众生产生活全过程,进一步优化用水结构,切实转变用水方式。大力推进农业节水,加快大中型灌区节水改造,推广管道输水、喷灌和微灌等高效节水灌溉技术。严格控制水资源短缺和生态脆弱地区高用水、高污染行业发展规模。加快企业节水改造,重点抓好高用水行业节水减排技改以及重复用水工程建设,提高工业用水的循环利用率。加大城市生活节水工作力度,逐步淘汰不符合节水标准的用水设备和产品,大力推广生活节水器具,降低供水管网漏损率。建立用水单位重点监控名录,强化用水监控管理。

4)严格水资源保护

编制水资源保护规划,做好水资源保护顶层设计。全面落实《全国重要江河湖泊水功能区划》,严格监督管理,建立水功能区水质达标评价体系,加强水功能区动态监测和科学管理。从严核定水域纳污容量,制定限制排污总量意见,把限制排污总量作为水污染防治和污染减排工作的重要依据。加强水资源保护和水污染防治力度,严格入河湖排污口监督管理和入河排污总量控制,对排污量超出水功能区限排总量的地区,限制审批新增取水和入河湖排污口,改善重点流域水环境质量。严格饮用水水源地保护,划定饮用水水源保护区,按照"水量保证、水质合格、监控完备、制度健全"要求,大力开展重要饮用水水源地安全保障达标建设,进一步强化饮用水水源应急管理。

5)推进水生态系统保护与修复

确定并维持河流合理流量和湖泊、水库以及地下水的合理水位,保障生态用水基本需求,定期开展河湖健康评估。加强对重要生态保护区、水源涵养区、江河源头区和湿地的保护,综合运用调水引流、截污治污、河湖清淤、生物控制等措施,推进生态脆弱河湖和地区的水生态修复。加快生态河道建设和农村沟塘综合整治,改善水生态环境。严格控制地下水开采,尽快建立地下水监测网络,划定限采区和禁采区范围,加强地下水超采区和海水入侵区治理。深入推进水土保持生态建设,加大重点区域水土流失治理力度,加快坡耕地综合整治步伐,积极开展生态清洁小流域建设,禁止破坏水源涵养林。合理开发农村水电,促进可再生能源应用。建设亲水景观,促进生活空间宜居适度。

6)加强水利建设中的生态保护

在水利工程前期工作、建设实施、运行调度等各个环节,都要高度重视对生态环境的保护,着力维护河湖健康。在河湖整治中,要处理好防洪除涝与生态保护的关系,科学编制河湖治理、岸线利用与保护规划,按照规划治导线实施,积极采用生物技术护岸护坡,防止过度"硬化、白化、渠化",注重加强江河湖库水系连通,促进水体流动和水量交换。同时要防止以城市建设、河湖治理等名义盲目裁弯取直、围垦水面和侵占河道滩地;要严格涉河湖建设项目管理,坚决查处未批先建和不按批准建设方案实施的行为。在水库建设中,要优化工程建设方案,科学制订调度方案,合理配置河道生态基流,最大程度地降低工程对水生态环境的不利影响。

7) 提高保障和支撑能力

充分发挥政府在水生态文明建设中的领导作用,建立部门间联动工作机制,形成工作合力。进一步强化水资源统一管理,推进城乡水务一体化。建立政府引导、市场推动、多元投入、社会参与的投入机制,鼓励和引导社会资金参与水生态文明建设。完善水价形成机制和节奖超罚的节水财税政策,鼓励开展水权交易,运用经济手段促进水资源的节约与保护,探索建立以重点功能区为核心的水生态共建与利益共享的水生态补偿长效机制。注重科技创新,加强水生态保护与修复技术的研究、开发和推广应用。制定水生态文明建设工作评价标准和评估体系,完善有利于水生态文明建设的法制、体制及机制,逐步实现水生态文明建设工作的规范化、制度化、法制化。

8) 广泛开展宣传教育

开展水生态文明宣传教育,提升公众对于水生态文明建设的认知和认可,倡导先进的水生态伦理价值观和适应水生态文明要求的生产生活方式。建立公众对于水生态环境意见和建议的反映渠道,通过典型示范、专题活动、展览展示、岗位创建、合理化建议等方式,鼓励社会公众广泛参与,提高珍惜水资源、保护水生态的自觉性。大力加强水文化建设,采取人民群众喜闻乐见、容易接受的形式,传播水文化,加强节水、爱水、护水、亲水等方面的水文化教育,建设一批水生态文明示范教育基地,创作一批水生态文化作品。

4. 水生态文明建设实践初步探索

截至 2014 年 9 月,包括济南市在内的首批 46 个全国水生态文明建设试点已完成实施方案审查工作,正处于试点建设中,部分试点已发挥较好的示范作用。此外,江苏、浙江、安徽、河南、山东、云南等省份还启动了省级水生态文明创建工作。

华北平原地区,针对水资源超载型缺水,地表水体干涸,地下水超采严重,生态系统退化,试点城市济南、邢台、邯郸、武清、郑州等都围绕最严格水资源管理、节水、地下水超采治理、泉水保护与恢复、地面沉降治理等,从水资源管理与配置、节约、产业调整等方面制定了一系列措施。同时,统筹发挥水系功能,在有条件的地方开展河湖水系连通工程建设。邢台市结合国务院批复的南水北调地下水压采总体方案的实施,提出农业休耕试点,以降低农业灌溉用水量。

西北干旱半干旱区,气候干旱,蒸发量大,水土流失严重,资源型缺水问题严重。试点城市张掖、西宁等将最严格水资源管理和节水作为优先任务,在试点实施方案中,积极探索节水型社会建设、产业结构调整、水权转换等挖潜求发展的新道路,协调生产用水与生态景观用水的关系。银川市根据产业布局、功能需求和不同的水问题,从节水防污、水系连通、水资源管理等方面入手,提出西部贺兰山区以防止水土流失及水污染为核心,东部突出黄河及沿岸湿地生态保护,中部人口经济聚集区以现有湖泊湿地格局为基础,重点采取保障供水、净化水质、维护生物多样性等全方位措施。

长江三角洲、珠江三角洲地区,试点城市水量丰沛,但水流不畅,污染源未得到有效控制,水质问题突出,与社会经济发展水平不相称。试点城市的核心任务是治污,通过产业转型、污水处理工艺升级、河湖水动力调控等,减轻水环境压力。鄂州、南昌在污染治理和生态修复基础上,积极探索河湖连通及湿地保护,遏止水系阻断、水面占用等人类活动对水生态系统的干扰和破坏,逐步建成人水和谐、水清流畅景美的美丽新江南。广州积极推进河涌治理,综合运用截污导流、生态净化、污水深度处理、河河连通提高水动力和水环境容量等措施解决水问题。

东北地区,水资源较丰沛,水生态系统相对健康,试点城市哈尔滨、吉林等的实施重点是在解决局部污染问题基础上,侧重生态退化等新问题的预防,在保持粮食稳产增产和东北老工业基地振兴的同时,使水生态系统的健康状况得到显著改善。

沿海沿边城市,如丹东、大连、青岛通过实施水污染治理、水资源管理、生态保育、水景观建设等,提升国际形象、促进国际合作、改善近海环境状况。还有位于山区的试点城市,如普洱、黔西南、陇南等水量丰富,实施内容重点放在水源涵养及水土保持方面,为下游提供生态屏障。同时,积极探索生态补偿机制,在维持健康安全的生态屏障的同时,促进地区之间的协调发展,保护水源区居民的发展权益。

第8章 水资源调度

8.1 水资源调度形势

8.1.1 开展水资源调度需求迫切

我国水资源总量约 2.84 万亿 m³,居世界第 6 位,但人均水资源占有量仅 2 100 m³,为世界平均水平的 28%,预计 2030 年我国人均水资源占有量将降至 1 760 m³,临近国际公认的人均 1 700 m³ 的中度缺水警戒线。同时我国水资源时空分布不均,年内 60% ~80% 的径流量集中在汛期,占国土面积 64% 的北方地区水资源总量仅占全国的 19%。近年来,随着我国经济社会的快速发展,水资源短缺、水污染和水生态恶化等问题日趋尖锐,各江河流域用水矛盾日益突出,且缺乏统筹考虑。如何合理配置与优化调度流域、区域水资源,缓解我国水资源时空分布不均、与经济社会发展不匹配等问题,是我国经济社会又好又快发展及建设资源节约型、环境友好型社会的关键。

(1)开展水资源调度工作是实现我国经济社会可持续发展的需要。水资源统一调度管理是解决水资源供需矛盾的重大战略决策,合理配置、优化调度宝贵的水资源,对国民经济及社会的可持续发展至关重要。加快开展水资源调度工作,有利于推动落实水量分配方案和取用水总量控制制度,进一步统筹水量、水质和水生态保护,有利于流域水资源的宏观和精细化管理,有助于全面提高水资源管理能力和水平,从而实现以水资源的可持续利用支撑经济社会的可持续发展。

(2)开展水资源调度工作是协调各方用水矛盾,实现流域和区域整体利益最大化的有效途径。目前,我国各江河流域都存在着愈演愈烈的各类用水矛盾,包括上下游用水矛盾、左右岸用水矛盾、发电用水与供水的矛盾、生产用水与生态用水的矛盾,涉及多管理主体、多利益主体的复杂矛盾等。以流域或区域为整体进行统筹考虑、多方协调,科学开展水资源调度工作,可以将水量分配方案中分配给各方的权益进一步明确,细化到可操作的层面。明晰的权责将有利于理清矛盾事责;依权责处理矛盾,有利于形成良好的用水秩序,有助于从根源上缓解各方用水矛盾。

(3)开展水资源调度工作是推进水生态文明建设的要求。优化水资源配置、严格实行用水总量控制、制订主要江河流域水量分配和调度方案、强化水资源统一调度是水生态文明建设中非常重要的一部分内容。开展水资源调度工作不仅需要协调水资源管理主体、用水利益主体之间的矛盾,还要协调好生活用水、生产用水与生态用水的关系。统筹考虑流域水生态对水资源的需求,合理调度河道生态基流及其他生态用水,充分保障生态用水量,才能保护并不断改善水生态环境,不断推进水生态文明建设,最终实现经济建设、政治建设、文化建设、社会建设、生态文明建设的全面发展。

8.1.2　开展水资源调度前期工作完备

为能尽快全面推进水资源调度工作,我国已从多方面开展了前期工作:大型水利工程完成初步建设,为水资源调度工作的开展提供了有力的调控工程手段保障;全国层面的水资源优化配置基本完成,为水资源调度工作的开展提供了有力的目标导向和基础支撑;最严格水资源管理制度的推动落实及相关体制、机制的建立健全为水资源调度工作的开展提供了可靠的制度保障。

(1)大型水利工程体系已基本建成。近几十年来,水利作为农业和国民经济的命脉高速发展,使得水利基础设施的建设有了跨越式的进步,各流域的大型水利工程体系已经基本建成。根据第一次全国水利普查公报数据,截至 2011 年,我国已建水库 97 246 座,总库容 8 104.1 亿 m^3,规模以上水电站已建 20 866 座,装机容量 2.17 亿 kW,规模以上泵站 424 451 座;共有农村供水工程 5 887.46 万处,总受益人口 8.12 亿;共有地下水水源地 1 847 处,地下水取水井 9 749 万眼,取水量 1 084 亿 m^3。

(2)全国水资源配置已基本完成。目前,我国水资源配置和水权制度建设取得了重要进展。以全国水资源综合规划、流域综合规划修编和各类专业专项规划编制为标志,初步构建了我国水资源规划体系,为水资源调度奠定了规划基础。国家水权制度建设取得了积极进展。全国七大流域管理机构初步编制完成了流域取水许可总量控制指标体系。黄河、塔里木河、黑河等水资源紧缺的流域实行了取水许可总量控制,大部分省区实行了年度用水计划管理,宁蒙水权转换探索取得了宝贵经验。国务院批复了永定河干流水量分配方案,并授权水利部批复了大凌河水量分配方案。广东东江和江西省主要江河的水量分配方案相继经省人民政府批复实施。各地加大取水许可监督管理,发挥水资源费在水资源管理中的价格杠杆作用,31 个省(自治区、直辖市)全面实施了水资源有偿使用制度。

(3)最严格水资源管理制度开始实行。中共中央国务院在全国推动实行最严格水资源管理制度,主要任务是确立水资源开发利用控制、用水效率控制和水功能区限制纳污"三条红线",建立用水总量控制、用水效率控制、水功能区限制纳污、水资源管理责任与考核四个方面的制度。其中,实施流域与行政区域用水总量控制的主要方法之一就是强化水资源的统一调度。各流域机构和各省(自治区、直辖市)正积极践行最严格水资源管理制度,通过建立健全水资源调度工作机构,建立工作协调与协商机制,落实水资源调度地方行政首长负责制,统筹供水、发电、航运、生态调度,规范调度工作。

8.1.3　开展水资源调度总体布局合理

目前,我国已在全国层面上进行了水资源调度的总体布局和行动路线设计:横向上重点推进黄河干支流、长江水库群等大江大河的水资源调度;纵向上利用南水北调工程东、中、西三条调水线路沟通长江、黄河、淮河和海河四大水系;总体构成"四横三纵"的跨流域水资源调度网络体系框架,并辅以已建和拟建的引滦入津、引黄入晋、引黄入卫、引黄济青、引青济秦、引大入秦、引硫济金、引大济湟、引大济西、引江济汉、引江济渭、引江济淮等区域性调水工程,在我国长江以北的广大地区形成一个南北互补、东西互济、水系联网、水库联调的水资源网络体系;此外,积极开展供水水源、城市水系、河湖连通、生态修复、突发事件处理等水资源调度实践,以期实现在更大范围和更高水平上优化水资源时空分布格局。

目前,南水北调东、中线一期工程接近完工,向北京应急供水工程已经通水;辽宁大伙房输水工程、甘肃引洮等区域性调水工程正在实施,吉林哈达山、重庆玉滩、宁夏固海十一泵站以及润滇、泽渝、兴蜀、滋黔等一批水源工程开工建设;兴建了大量蓄水、引水、提水工程,年供水能力达到 6 591 亿 m³,调控能力不断增强。针对天津、北京、广州、澳门等重要城市和地区一度出现的用水紧张局面实施了应急调水,开展了引江济太、淮河闸坝防污调度等工作。黄河连续 17 年不断流,黑河实行全流域水资源统一调度,黑河水连续 15 年进入东居延海,塔里木河、石羊河水量调度顺利实施;实施引江济太、引黄济淀、扎龙湿地补水,湖南、江西等一些南方地区相继开展了枯水期水量统一调度,为保障重点城市用水安全,生态脆弱地区生态系统安全发挥了重要作用。

8.2　水资源调度理论

8.2.1　水资源调度的定义

经过几十年不断的探索,我国水资源调度领域的研究取得了丰硕的成果,水资源调度的内涵不断丰富、理念不断发展、服务领域不断拓宽。但是,对于水资源调度这一概念,仍没有确切的、统一的说法。全国科学技术名词审定委员会在资源学科的水资源学词条下将水资源调度定义为"为满足人类社会与自然环境对水的需求,提高水资源利用效率与效益,采用工程措施和非工程措施,对不同区域的水资源所进行的调配过程"。同时,在其 1997 年公布的水利科技名词中将水资源优化调度定义为"对已建的水工程或现有的河流、水库、地下含水层中的水资源进行优化的运用和调度,以求取得最大的经济、社会和环境效益"。有的学者认为水库是工具,调度的对象是水资源,水资源调度实质上是水库调度。对于水资源配置与水资源调度两者间的关系,大家普遍认为"水资源配置和水资源调度是水资源分配领域相互联系但又有区别的两个概念,配置侧重于未来的水资源供需形势预测与合理规划,调度侧重于水利工程实时运行控制规则及供用水管理,配置是调度实施的基础,调度促进配置方案的落实,两者不可分割"。也有学者这样描述,"水资源调度是一个宏观概念,涵盖的内容极为广泛,而水量调度、水利调度、水库调度则主要指具体的调度内容,应属于水资源调度的范畴之内"。百度百科将水利调度定义为"运用水利工程的蓄、泄和挡水等功能,对江河水流在时间、空间上按需要进行重新分配或调节江河湖泊水位",将水资源优化调度定义为"采用系统分析方法及最优化技术,研究有关水资源配置系统管理运用的各个方面,并选择满足既定目标和约束条件的最佳调度策略的方案,水资源优化调度是水资源开发利用过程中的具体实施阶段,其核心问题是水量调节"。

综合以上各种对于水资源调度的说法,本书认为水资源调度是综合考虑经济、政治、文化、社会、生态等因素,以水利工程为控制手段,将可供利用的水资源在时间和空间上进行合理安排的一系列行为活动的总称。在水资源管理工作中水量调度是以河流水量分配方案为依据,以用水总量控制指标为限制前提,根据调度期来水预测信息进行调度期水量分配及控制断面设定,通过蓄、引、提、调水工程的运行调度进行落实,实现流域供用水安全保障。

8.2.2　水资源调度的内涵

8.2.2.1　水资源调度的多维性

水资源调度的多维性是由水资源系统的多维性决定的,主要表现在时间的多维度、水源的多维度、工程的多维度、用户的多维度、目标的多维度。具体来说就是水资源调度涉及多种用水方式,可能是河道内过流型用水,也可能是河道外消耗型用水。水资源的调度过程中不仅要考虑产流区的用水,还要考虑到下游的用水权益。水资源的调度不仅要保障生活、生产用水,还要考虑输沙、防洪、防凌、发电、生态环境等各类用水。其中,生活用水、工业用水、农业用水和生态用水之间的矛盾突出,给水资源的调度带来了很大的困难。水资源调度的时间维度也涉及多个层次,既有宏观层次上流域或区域用水的规划问题,又有中观层次上多水源多用户的优化分配问题,还有微观层次上水资源供用耗排过程的实时控制问题。同时,我国水资源的时空分布特点,又决定了上述矛盾和冲突无法消除,只能通过水资源调度进行合理的统筹协调,以期达到利益最大化和损失最小化。因此,水资源调度多主体、多目标、多层次的多维性将长期存在。

8.2.2.2　水资源调度的不确定性

水资源调度的不确定性涉及自然因素的不确定性和人为因素的不确定性。自然因素的不确定性主要指自然水循环相关因素中降雨、径流等不可控因素导致水资源系统的不确定性,是水资源系统需要进行不确定性分析、进行风险调度的根本原因。人为因素的不确定性主要指社会水循环中水资源供用耗排过程以及相关的决策过程涉及的工程参数的不确定性以及决策流程的不确定性,严重制约了水资源的利用效率。

8.2.2.3　水资源调度的社会性与科学性

水是人民生活和社会生产不可缺少的自然资源。对水资源的调度自然而然地就会具有社会性与科学性双重属性。一方面,对水这一自然资源的优化调度是一个科学问题,需考虑其周围的自然环境和水资源的循环、转化的特点,需要探索自然规律;另一方面,水资源系统具有社会政治属性,决定了水资源的调度需要受到政府宏观的调控干预,具有很强的社会性,即在水资源调度过程中需考虑各部门间的利益分配、当前政策环境的影响、社会经济发展的需求等因素。

8.2.2.4　水资源调度的原则性

水资源调度具有或隐或显的原则性,即进行水资源的调度应遵循的各项基本原则,一般来说包括以下几个方面:

(1)安全原则。水量调度服从防洪调度,确保防洪安全。

(2)统一调度原则。对流域水量进行统一调度,区域水量调度服从流域水量调度。

(3)总量控制原则。各行政区实施取用水总量控制,重要控制断面实施断面流量控制。

(4)公平公正原则。维护上下游、左右岸相关取用水户的用水公平。

(5)统筹兼顾原则。优先保障城乡居民生活用水,合理安排生产用水和生态用水。

8.2.3　水资源调度的外延

水资源调度的丰富的内涵属性决定了其外延也非常广阔。我们可以从各种不同的角度来看待水资源的调度,能够以不同方式对水资源调度进行分类,可以依据空间范围、时间尺度、目标、标的、方式方法等各方面进行划分。

按水资源调度所在的空间范围,它包括单一水利工程调度、水利工程群联合调度(水库群联合调度)、区域水资源调度、流域水资源调度以及跨流域水资源调度。按照水资源调度的手段,它包括工程调度、取水总量控制与用水定额管理、水质管理、节水管理、水价管理等。按照时间尺度可以分为规划调度、计划调度(长期调度、短期调度、实时调度)和应急调度。其中,应急调度作为一类特殊的调度问题,主要强调防洪风险和供水风险等突发情况下的应对措施,更多地被归纳于应急管理中。从水资源调度的目标看,包括供水调度、灌溉调度、排沙调度、发电调度、生态调度等。水资源调度的标的包括地表水资源调度、地下水资源调度、非常规水资源调度等,而且这一标的既可以是单独的某一种水源调度,也可以是几类水源的组合调度,还可以是所有水源的联合调度。

8.2.3.1　**水库(群)调度**

水库是人类改造自然、利用自然的重要手段。通过水库的建设和调度运行,人类可以在一定程度上控制水在时间和空间上的分配。水库调度是控制运用水库的技术管理方法,是根据各用水部门的合理需要,参照水库每年蓄水情况与预计的可能天然来水及含沙情况,有计划地合理控制水库在各个时期的蓄水和放水过程,亦即控制其水位升、降过程。一般在设计水库时,要提出预计的水库调度方案,而在以后实际运行中不断修订校正,以求符合客观实际。在制订水库调度方案时,要考虑与其他水库联合工作、互相配合的可能性与必要性。

随着水资源的不断开发利用,往往在一条河流上或一个流域内建成一批水库,形成了一个水库群,如黄河上游、长江上游和清江梯级水库群等。这时,这些水库群的调度运行就不能像单库那样,在控制风险的前提下追求最大效益,而应综合考虑上下游影响,追求整体的最大效益。

水库(群)调度首先需要确保水库大坝安全并承担水库上、下游防洪任务。因此,水库群的防洪联合调度是首要任务。主要通过采取蓄洪滞洪、削峰错峰等措施,减少水库最大泄量,达到保证各水库和区间防洪安全的目的,充分发挥水库群的防洪效益。此外,水库群作为一个系统、一个整体,其效益不再是各水库效益的简单相加,而应大于各水库效益之和。水库群的联合调度利用各水库在水文径流特性和水库调节能力等方面的差异,通过统一调度,在水力、水量等方面取长补短,提高流域水资源的社会效益、经济效益与环境效益。根据调度目标不同,水库群的调度方式和调度基本原则也不相同。比如,当对水库群进行灌溉及供水调度时,以总弃水量最小拟定各个水库的蓄水和放水次序,梯级水库上游水库应先蓄水后供水,库群中如有调节能力高、汛期结束较早的水库应先蓄水,在供水期按总供水要求进行补偿调节。

考虑到水文、气象等各种因素的随机性以及不少水库需满足多种目标,水库(群)调度决策实际上是一个非常复杂的过程。随着水文气象预报和计算机应用技术的不断进步,将会产生一些适用于水库群联合调度的新理论和新技术,水库群的联合调度研究及应用仍有很长的路要走。

8.2.3.2 地表水、地下水联合调度

地表水与地下水的转换是水循环的重要过程,自然界中几乎所有的地表水体都和地下水发生着交互作用。但由于水循环自身的复杂性,以及介质空间和运动状态的不同,长期以来地表水和地下水的运动过程与模拟研究,分别在各自相对独立的领域中发展。随着气候变化和人类活动的影响,特别是大规模地下水抽取和跨流域调水工程实施,区域地表水和地下水的交互作用也越来越频繁。而地表水与地下水的相互转化直接影响着地表水和地下水的水质和水量,影响着人类对地表水及地下水的使用,这就要求必须将两者作为一个整体进行调度使用。

目前,地表水与地下水联合调度主要有两种类型:一是在水资源调度中扩展水源类型,将地下水也纳入水的调度分配体系中,对其进行合理的开采使用;二是地下水回灌保护,主要是在流域内或跨流域调水中将其作为受纳水体,在减少开采的基础上,进一步人为加速对地下水进行回补,实现地下水安全。

8.2.3.3 跨流域调度

虽然流域内水资源综合调度可以在一定程度上缓解供用水矛盾,但有时也会存在流域整体水资源量严重缺乏的情况,这时通过引调水工程跨流域调度水资源,将水资源较丰富流域的水调到水资源紧缺的流域,从而实现更大范围上的水资源综合高效利用。但是调水工程对于区域的经济社会、环境和生态有巨大的影响,在其调度运行中必须综合权衡各方面因素,寻求合理方案。

目前,国内已经兴建了"引滦入津""引黄济青"等多项跨流域调水工程。南水北调东中线一期工程也已建成通水,其他诸如东北地区的"东水西调"和"北水南调"、山西的"万家寨引黄"等多个大型跨流域调水工程也在规划或者建设之中。未来调水工程的运行调度将成为水资源管理部门乃至各级政府的重点。可以预见,对跨流域水资源调度的研究必将逐渐扩展并深入。

8.2.3.4 生态调度

水库是一种具有特殊形式的人工和天然结合的湖泊,体现了人类利用自然和改造自然的智慧。但是水库也阻断了天然河道,导致河道的流态发生了变化,进而引发了整条河流上下游和河口水文特征的变化。现行水库调度方式(兴利调度和防洪调度)在保障经济社会发展的同时,引起了一系列的流域生态和环境问题,使河流生态系统健康受到严重的威胁。因此,建立水库运行管理新理念、新模式,对于缓解生态环境日趋恶化的局面是非常必要的。水库生态调度的核心内容就是将生态因子纳入到现行的水库运行调度中来,通过调整水库的运行调度方式,根据具体的工程特点制订相应的生态调度方案,减轻、缓解拦河筑坝对生态环境造成的负面影响。

生态调度是指兼顾生态的水库综合调度方式,它既要满足人类对水资源的需求,也要满足生态系统的需水要求,也就是要在考虑防洪、发电、供水、灌溉、航运等社会经济多种目标的基础上,兼顾河流生态系统需求。然而,水库的生态效益往往与其社会经济效益相制约。因此,生态调度是一定时期生态环境利益与社会经济利益博弈的产物。在当前形

势下,生态调度意味着统筹防洪、兴利与生态,在实现社会发展和防洪安全的同时,减小水库的负面影响,逐步修复生态系统;在保障河流生态健康的条件下,合理开发利用,促进人水和谐,实现资源环境的可持续发展。

8.3　水资源调度的技术体系

8.3.1　水资源调度技术框架体系

从水资源调度的内容和基本流程出发,其技术框架体系可分为"模拟—预报—调度—控制—评价"五块内容,如图 8-1 所示。

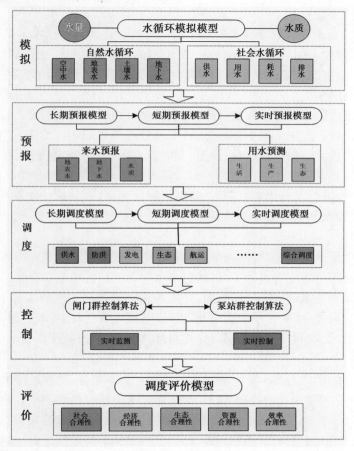

图 8-1　水资源调度技术框架体系

8.3.1.1　模拟

水的循环是水学科的核心问题,是解决各类水资源科学问题的学科基础。水循环在自然和人类活动的双重影响下,形式多变,机制复杂。综合考虑自然循环的降水、蒸发、下渗、地表径流、地下水以及人类对水的取、用、耗、排,实现对流域水循环的仿真模拟是开展水资源调度的重要基石。模拟水的时空变化、认识水资源的形成演化规律、探究流域水循环各要素的相互作用、实现对流域水循环过程及规律的重现和抽象,是水资源调度技术框架体系中的基础。

8.3.1.2　预报

预报是根据前期或现时的水文气象资料,对下一阶段水资源情势做出预测,为下一步的调度决策提供可用信息。如果说水循环模拟是为水资源调度提供了一口煮饭的锅,那预报就是准备下锅的米。正如米的好坏决定着饭的香甜,预报水平的高低也决定着水资源调度的优劣。所以,进行科学预报是开展水资源调度非常重要的一环。

从预报对象分,水资源调度预报包括来水(包括降水、径流)预报和计划用水预测;从预报成果分,可分为确定性预报和概率预报;从预报的时间尺度分,可分为短期预报、中期预报、长期预报。

8.3.1.3　调度(决策)

调度(决策)是水资源调度技术框架体系中的核心。其关键技术包括制定调度准则、选取调度目标、构建不同时间尺度模型、选择模型的求解方法等。水资源调度的决策与面临的实际情况、水资源管理的水平等因素密切相关,其技术的应用不仅涉及工程问题,还涉及管理科学问题。

水资源调度可以分为规划调度、计划调度和实时调度。规划调度是流域(区域)水行政管理机构在水权分配的基础上,确定流域水量分配及规划调度方案。计划调度是以水利工程调度为手段,通过水资源预报预测、水资源调度模型求解等方法制订区域取用水计划,水利工程、关键断面的调度计划等。实时调度是通过实时监测与控制系统的开发,生成实时调度指令,进行水资源实时调度,落实调度计划,并在完成一个调度周期后进行考核、评价及调度计划和调度指令的修正。

8.3.1.4　控制

决策是理论层面的技术,根据决策目标确定调度方案。方案要发挥作用,更需要在操作上按照调度决策指令综合考虑工况,确定出水库、闸门、泵站等水资源工程的运行指令。可以认为控制是水资源调度的操作层面,是实现水资源优化调度的工具和抓手。该层面包括水资源工程调度、水资源管理措施及各种应急措施等。其中,工程调度的核心是实时监测与实时控制,关键的技术包括闸门群控制计算、泵站群控制计算等。

8.3.1.5　评价

水资源调度的优劣需要一个反思改进的过程。为了综合、科学地评价水资源调度,需要对不同调度方案可能引起的社会、经济、生态影响等做出分析和判断。此外,调度方案受众多不确定因素影响,各方案实现的效果与确定性条件下的效果存在偏差,对这种偏差产生的原因、程度及其可能性进行分析和判断,即调度方案的不确定性评价,亦称为方案的风险评价。调度方案评价的目的是对调度方案可能产生的效果进行定性分析和定量比较,防止方案形成和决策过程中由于主观偏好或是客观信息不完全而影响其科学性和合理性。

8.3.2　水资源调度关键技术

水资源调度是对地表水、地下水以及其他水源在时间和空间上重新分配,涉及水文预测预报、生态需水评估及补偿、水资源优化配置、水资源统一调度、水资源调度方案编制以及水资源调度后评估等关键技术。

8.3.2.1 水循环模拟技术

水循环模拟从对象上分为水量及水质模拟,从过程上分为自然水循环及社会水循环模拟。水资源调度中用到的模拟技术主要包括以下几种。

1.分布式水文模型

分布式水文模型是指基于流域尺度的具有严格物理基础的水文模型。它基于一种尺度,那就是"流域"。具有两大特点:一是具有严格的物理基础,二是参数是分布的。分布式水文模型一方面可用于进行实时水文预报,另一方面可用于分析地表水循环系统对不同来水条件和不同用水方案的响应,从不同角度对区域地表水循环过程进行剖析,以确定不同的水资源调度方案对地表水水循环过程的影响。

2.河湖库水动力模型

河湖库水动力模型实现了在一定控制条件下对河湖库流量、水位、水质等要素的实时的、动态的模拟,其目的在于调度方案的后评价,可分为一维、二维、三维模型。

3.河湖库水质模拟模型

水质模型是描述污染物在水体中随时间和空间迁移转化规律及影响因素相互关系的数学方程,是水环境污染治理规划决策分析的重要工具。在实际应用中需根据河流的水利条件、排污条件及污染物排入后在河流中的混合情况进行模型的建立。模型可分为一维、二维、三维模型。

4.地下水三维数值模拟模型

在地下水资源评价中,需要通过求解相应的数学模型得到地下水位的变化过程与水文地质参数等。MODFLOW 是世界上使用最广泛的三维地下水水流模型,专门用于孔隙介质中地下水流动的三维有限差分数值模拟,由于其程序结构的模块化、离散方法的简单化及求解方法的多样化等优点,已被广泛用来模拟井流、溪流、河流、排泄、蒸发和补给对非均质和复杂边界条件的水流系统的影响。在地下水水质模拟方面可以采用 MT3D 模型。

8.3.2.2 水文预报技术

预报是调度的基础,预报水平的高低直接决定着调度效果的优劣。按预报对象分,水资源调度预报包括来水(降水、径流)预报和计划用水预测;按预报成果分,可分为确定性预报和概率预报;按预报的时间尺度分,可分为短期预报、中期预报、长期预报。水资源调度中用到的预报技术主要包括以下几种。

1.中长期水文预报

中长期水文预报是指通过构建数学模型,挖掘历史水文气象等资料规律,并对未来的水文要素做出预测的方法,在现阶段以径流预报为主。根据预见期的长短对中长期预报进行划分,一般中期预报预见期为 3~10 d,长期预报预见期为 15 d 至 1 年。由于中长期径流预报的预见期较长,无法采用基于产汇流机制的流域水文模型进行计算,需要综合考虑影响水文过程的关键因子以及水文过程的自身规律来建立数学模型进行预报。目前,中长期预报方法可以划分为传统预报方法和智能水文预报方法,其中传统预报方法包括物理成因分析方法以及数理统计方法。

2. 需水预测

需水预测通常分为河道外生产需水（生活、工业、农业）预测、河道外生态需水预测、河道内生产需水预测、河道内生态需水预测等。

生活需水计算应根据流域经济社会发展、人民生活水平、节水器具推广普及和现状用水水平，结合流域水资源条件并且参照评价区域内各县（市）的用水定额资料，拟定下一调度期内的城镇居民生活用水指标、农村居民生活用水指标和水利用系数，直接采用用水定额计算其需水量。

工业需水量预测划分为一般工业需水量预测和火（核）电工业需水量预测两大类。一般工业需水量预测采用万元产值用水量法进行预测；火（核）电工业需水量预测采用单位千瓦装机用水量法进行预测。

农田灌溉需水量采用灌溉定额法计算，采用亩均灌溉定额×灌溉面积/灌溉水利用系数进行预测。根据灌区节水改造规划和现状灌溉定额预测未来调度期的各种农田的灌溉定额和灌溉水利用系数，根据种植结构规划预测灌溉面积。

不同类型的河道外生态环境需水量计算方法不同。城镇绿化用水、防护林草用水等以植被需水为主体的生态环境需水量，可采用定额预测方法；湖泊、湿地、城镇河湖补水等，以规划水面面积的水面蒸发量与降水量之差为其生态环境需水量；对以植被为主的生态需水量，要求对地下水位提出控制要求。

河道内各项生产基本不消耗水量，但对河道内的水深、流量等有一定的要求，应根据其各自的特点和要求，参照有关计算方法分别估算河道内各项生产需水量。

河道内生态需水计算方法包括基于流域水文模型的生态需水量计算方法、生境模拟法、湿周法、Tennant 法、Texas 法和最小月平均实测净流量法。

8.3.2.3　调度（决策）技术

调度（决策）是水资源系统调控的核心，包括调度准则和目标的选取、不同时间尺度模型的构建、模型的求解方法以及不同时间尺度调度模型的衔接等一系列难题，它与水资源利用面临的实际问题、水资源管理水平等因素密切相关。水资源调度中用到的调度（决策）技术主要包括如下几点。

1. 水量水质指标分配

根据流域来水情况、地下水可开采量及纳污能力以及水量水质分配特点，可采用不同的年分配方式，包括同倍比配水方式、按权重配水方式、用户参与配水方式、多目标优化配水方式等。

2. 水库群多目标联合调度

水库群联合调度不仅是实现流域水资源可持续利用的基础，也是实现流域内水文补偿、库容补偿、电力补偿及综合利用效益的必要条件，在防洪、发电、灌溉、供水、生态和多目标调度等方面得到了广泛的应用。水库群多目标联合调度模型的建立及求解方法主要包括模拟技术、优化技术、模拟与优化耦合技术以及多目标分析技术等。

3. 水资源系统分析

基于来水预报及需水预测成果，以河段、断面控制指标为约束条件，综合考虑供用耗排过程，社会经济及生态环境效益以及水库、湖泊调蓄能力，构建水资源系统分析模型，实现流域或区域的水资源利用效益最大化。

8.3.2.4 控制技术

控制是水资源调度的操作层次,即实时调度,是实现水资源优化调度的工具和抓手。控制需要按照调度决策指令,综合考虑工况,确定出水库、闸门、泵站等水资源工程的运行指令。

控制模型主要指闸坝泵站群联合调控模型。实时调度的关键是如何通过闸坝群的调控来实现年调度计划及月(旬)调度方案所下达的调度任务。保证实际调度能够按计划进行,使编制的调度计划及方案能够落到实处则是闸坝泵站群联合调控模型所要解决的问题。闸坝泵站群联合调控模型根据调度目标及系统实时状态,自动实时生成闸坝泵站群的调度指令。

8.3.2.5 评价技术

水资源调度是一个多水源、多工程、多目标、多决策主体的复杂决策系统。有些目标是可以定量公度的,有些目标只能进行定性描述,且不同目标间相互竞争、相互矛盾。在建立调度模型制订调度方案时,不可能包括水资源效益所涉及的所有方面,其输出只是对某一个或几个主要目标的响应,所以不能仅用目标函数的优劣来衡量调度方案的好坏。为了准确地给决策者或决策机构提供科学依据,需要对不同调度方案可能引起的社会、经济、生态效应,以及方案所实现的后续可持续调度水平做出分析和判断。此外,调度方案受众多不确定因素影响,导致各方案实现的效果与确定性条件下的效果存在偏差,对这种偏差产生的原因、程度及其可能性进行分析和判断,即调度方案的不确定性评价,亦称方案的风险评价。调度方案评价的目的是对调度方案可能产生的效果进行定性分析和定量比较,防止方案形成和决策过程中主观偏好或是客观信息不完全而影响水资源调度方案的系统性和合理性。水资源调度中用到的评价技术主要包括主成分分析法、层次分析评价方法、灰色系统理论评价方法、物元分析法等。

8.3.2.6 决策支持系统

水资源调度决策支持系统由人机交互系统、数据库、模型库、方案库等部分组成。其中,数据库包含社会经济、水文、水资源、气象、生态环境、水利工程、土地利用、土壤、数字高程等各类基本数据及水资源调配决策的结果数据;模型库是水资源调度决策支持系统的关键部分,包括水量水质中长期预测、水文模拟、地下水数值模拟、水动力模拟、水质模拟、闸坝群联合调控、需水预测、排污预测、水库群联合调度、水资源系统分析等各类模型;方案库则包含备选的水资源分配方案和水资源调度方案,供决策者做决策时参考;人机交互系统则提供直观、清晰、友好、灵活的可视化界面,支持数据输入与输出、新建方案、方案修改、方案查询、模型选择、方案运行、方案删除、方案评价等各项工作。

8.4 水资源调度实践典型案例

8.4.1 北方水资源匮乏地区——黄河水量调度

8.4.1.1 水资源概况

黄河是我国西北、华北地区的重要水源,以其占全国河川径流总量2%的水资源,承担着全国 12% 的人口、15% 的耕地和 50 多座大中城市的供水任务。随着沿黄两岸工农业经济的快速发展,对水资源的需求量急剧增加。20 世纪 90 年代,黄河平均天然径流量为 437 亿 m³ 左右,利津断面实测水量仅 119 亿 m³ 左右,实际耗用径流量达 318 亿 m³ 左右,占天然径流量的 73%,已超过其承载能力。加上超量无序用水,导致黄河下游频繁断流,90 年代几乎年年断流,特别是 1997 年,全年断流 226 d,严重制约了流域及沿黄地区经济、社会、生态的和谐发展。

　　黄河日益严峻的断流形势引起了党中央、国务院和社会各界的高度关注。1998 年 12 月,国务院授权黄河水利委员会对黄河水量实施统一调度,保证河道内一定量的生态基流,以确保黄河不会断流,从而拉开了黄河流域水量调度工作的序幕。

8.4.1.2　关键技术

　　(1)落实国家水资源监控能力建设任务,改造水文低水测验设施,为水文测预报的时效性及精度的提高提供基础设备保障。同时,通过优化算法不断完善水文预报系统。

　　(2)建成 78 座黄河下游引黄涵闸远程监控系统,实现对远距离涵闸的远程紧急启闭控制,强化对黄河干流大型取水口的调控能力,提高黄河防断流能力。

　　(3)开展黄河水量调度决策支持系统建设,在线监视全河水雨旱情和引水信息(98 个雨量站、127 个水文站、147 个引水口),实现各种时间尺度水量调度方案的快速编制。通过利用枯水演进模型滚动演算黄河上、下游河道逐日流量进行小流量预警预报,提升应急反应能力与决策水平。

8.4.1.3　调度实施

　　1998 年 12 月,国务院授权黄河水利委员会对黄河水量实施统一调度后,黄河水利委员会组建水量调度管理局,全面负责黄河水资源统一配置和水量统一调度的实施工作。黄河水利委员会在遵循黄河水量调度原则的前提下,在调度范围内全面组织实施黄河水量调度。在实施过程中通过实行年计划、月旬调度方案与实时调度指令相结合的调度方式,采用用水总量和断面流量双控制的手段,对重要取水口和骨干水库进行统一调度,并定期向社会公告黄河水量调度责任人及水量调度情况。

　　黄河水量调度的原则:总量控制、断面流量控制、分级管理、分级负责;首先满足城乡居民生活用水的需要,合理安排农业用水、工业用水、生态环境用水,防止黄河断流;各省(自治区、直辖市)年度用水量实行按与正常年份比较同比例丰增枯减调度。

　　黄河水量调度的范围:最初调度河段为上游刘家峡水库至头道拐和下游三门峡至利津;2001～2002 年起,调度河段扩展到刘家峡以下干流;2006 年调度时段扩展到全年,调度范围扩展至全河干流和湟水(含大通河)、洮河、清水河、大黑河、汾河、渭河、伊洛河、沁河、大汶河九条支流。

8.4.1.4　调度效果

　　(1)统一调度流域内各省(自治区、直辖市)用水,协调上下游、左右岸用水矛盾,促进了节约用水,以往超耗水量较多的省(自治区、直辖市)用水量都明显减少,有效化解了地区间的用水矛盾,促进了社会安定。

　　(2)至 2013 年,实现黄河干流连续 14 年不断流,提高了河道基流,促进黄河水质不断改善,修复了以往受断流破坏的河道湿地,保证了河流生态系统功能的正常发挥,遏制了流域生态恶化的趋势。

（3）提高了流域供水安全保障程度，支撑流域内各省（自治区）GDP 的快速、稳定增长，将为国家西部大开发和中部地区崛起战略的实施提供有力支持。据中国水科院和清华大学估算，截至 2009 年，黄河水量统一调度支撑流域及相关地区增加国内生产总值（GDP）3 504 亿元，增加粮食产量 3 719 万 t。

8.4.2　南方丰水地区——东江水量调度

8.4.2.1　水资源概况

东江是珠江流域三大水系之一，多年平均径流量 326.6 亿 m^3，是广州、深圳、河源、惠州、东莞等地的主要供水水源，同时担负着向香港供水的重要任务，总供水人口超过 4 000 万。东江流域五市人口约占广东省总人口的 50%，GDP 约 2 万亿元，占全省 GDP 总量的 70%，在广东省政治、社会、经济中具有举足轻重的地位。近年来，随着人口快速增长和经济社会的高速发展，东江流域用水迅速增加，水资源供需矛盾进一步加剧，水环境和河流生态受到严重威胁。为规范东江流域用水秩序，确保供水安全，促进东江流域及相关地区经济社会可持续发展，开展东江流域水资源统一管理和调度。

8.4.2.2　关键技术

（1）为不断完善东江水资源调度工作，广东省水利厅联合广东电网公司和广东省粤电集团启动了东江流域三大控制性工程——新丰江、枫树坝、白盆珠三大水库联合优化调度方案的编制工作，按照电调服从水调和综合效益最大化原则实施联合优化调度。目前，《广东省东江流域新丰江、枫树坝、白盆珠水库供水调度方案（试行）》已发布并实施。

（2）2008 年 9 月，广东省东江流域管理局组织编制广东省第一个枯水期（10 月至翌年 3 月）水量调度实施方案（水调计划），指导广东省东江流域 2008 年冬至 2009 年春枯水期水量调度。该方案明确了东江流域枯水期水量调度主要控制断面的水量、水质控制目标，规定了东江流域新丰江、枫树坝、白盆珠三大水库和干流梯级电站的调度要求，以及取水户等有关单位在枯水期水量调度期间的职责和任务。此后，广东省东江流域管理局于每年 8~9 月组织编制枯水期水量调度实施方案，在征求流域各相关单位意见的基础上进行修改完善，报广东省水利厅批准后于 10 月 1 日前印发各相关单位执行。

（3）为充分发挥东江流域三大水库的调蓄能力，在保证防洪安全的前提下尽可能多蓄水，保障枯水期水量调度，积极应对可能发生的连续枯水年，实现东江流域常态调度的目标，2010 年，广东省东江流域管理局组织开展了东江流域首次汛期水量调度工作，实施东江流域全年水量调度工作。

（4）启动东江水资源水量水质监控系统项目建设。该项目被广东省政府列为实施《广东省东江流域水资源分配方案》和《粤港合作框架协议》的重点建设项目，以及水利部在东江流域开展的水资源分配和调度试点的重要建设项目，是国内首个对水资源进行实时水量、水质双监控的项目。该系统主要对东江跨市河流控制断面、控制性水库出库断面、东江干流各梯级、城乡生产生活取水口和集中式农业取水口实施流量监控；对跨市河流控制断面、支流汇入干流的控制断面、控制性水库出库断面等实施水质监控，以保障水量调度的有效实施，确保民众饮水安全。

8.4.2.3　调度实施

为确保东江流域水量调度顺利实施,广东省东江流域管理局重点做了以下四方面工作:一是定期组织开展水量调度工作座谈会,与广东省粤电集团、东江三大水库管理单位等共同分析解决调度过程中遇到的问题,研究部署下阶段工作;二是开展现场巡查,赴三大水库管理单位、粤港供水有限公司等单位了解水情、压咸等实际情况,确保水量调度工作正常开展;三是及时发布《东江流域水量调度情况通报》,及时向有关单位通报水量调度情况(截至2012年年底,广东省东江流域管理局共发布了80期《东江流域水量调度情况通报》);四是邀请技术支撑单位于每年1月对枯水期前期水量调度工作进行中期分析,于每年4月对整个枯水期水量调度工作进行总结分析,并分别编制枯水期水量调度中期分析报告和水量调度评估报告发送给各相关单位。截至2013年年初,东江流域已顺利完成4次枯水期水量调度,3次汛期水量调度;共编制了5个枯水期水量调度实施方案,3个汛期水量调度方案,4个枯水期水量调度中期分析报告,4个枯水期水量调度评估报告。

8.4.2.4　调度效果

广东省东江流域自2008年实施流域枯水期水量调度以来,流域供水安全得到了有效保障。通过动态调度东江水利枢纽和太园泵站实行错峰取水等措施,成功应对了2009年10~12月东江流域区间来水量严重偏少的不利形势,保障了下游取水户的取水安全。2010年冬至2011年春的枯水期水量调度重点保障了亚运会期间东江流域用水安全,确保了沿岸各取水户的取水要求,未出现因咸潮而无法取水的情况。自实施东江流域枯水期水量调度以来,三大水库出库及博罗站的径流过程稳定性有所提高,博罗站日均流量基本维持在320 m³/s以上,保障了流域供水和生态安全。特别是实施汛期水量调度以来,充分发挥了三大水库"蓄丰补枯"的功能,有效蓄存了水资源,确保了枯水期有水可调,促进了水资源优化配置的落实。

8.4.3　西北干旱内陆地区——黑河水量调度

8.4.3.1　水资源概况

历史上黑河是一条水事纠纷频繁的河流,相关记载最早见于明末清初。清雍正四年(1726年),驻甘巡抚年羹尧亲手订立"均水制",并借军事力量强制实施,以消解频发的水事矛盾。新中国成立后,甘肃省为协调地区间用水矛盾,由酒泉、武威两专署邀请驻河西解放军,有关部门在原均水制度的基础上,先后经过五次调整,直到20世纪60年代才形成了一年两次的均水制度,但这些均水制度只对黑河中游用水做出了一些规定,而对下游额济纳旗的生态没有予以考虑。随着中游经济社会的快速发展,进入下游的水量逐渐减少,尾闾地区林木死亡、草场退化,成为我国沙尘暴的主要起源地之一。到了20世纪90年代末,内蒙古自治区对黑河分水的要求更加迫切,甘肃省内部的用水问题也十分突出,水事纠纷经常发生。1999年,针对黑河流域生态系统持续退化、水事矛盾突出的问题,国家决策实施黑河水资源统一管理与调度。

8.4.3.2　关键技术

(1)开展大量基础研究,完成了"黑河水资源开发利用保护规划""黑河干流河道地形图测绘""黑河调水及近期治理后评估""黑河下游绿洲生态水需求研究""黑河中游节水改造对中游生态环境影响研究"等一系列重大规划和科研项目。这些项目填补了黑河基础研究领域的空白,保障和促进了业务工作的开展,为水量调度实践提供了技术支撑。

(2)加强供需分析,科学制订水量调度方案。按照国务院批复的分水方案,在与有关省(自治区)充分协商的基础上,制订年、月水量调度方案;在实时调度过程中,加强对来水和需水的分析,滚动修正月度调度计划,下达实时调度指令,加强实时调度工作。

(3)抓住有利时机,实施"全线闭口、集中下泄"措施。截至2012年,共计实施"全线闭口、集中下泄"措施43次,近900 d。2004年由应急调度转入正常调度后,每年关键调度期都要实施3次较大规模的集中调水,闭口时间在65 d以上,并且在一般调度期的4月,组织实施20 d以上"全线闭口、集中下泄"措施。

(4)建设水量调度管理系统,基本实现水情信息自动采集传输、重点河段的实时远程监视、水量调度模型计算等功能,改善水量调度监督管理手段,初步解决管理信息不全、技术手段落后等问题,提高水量调度的精度与管理效率。

(5)积极开展生态水量调度探索与实践,编制了《黑河生态水量调度方案》,提出了上、中、下游生态水量调度要求,初步建立了下游生态水量调度指标体系,明确了狼心山断面径流过程及断面水量配置指标、地下水位指标、东居延海水量指标等,并据此制订了各时段的生态水量调度计划,为生态水量调度实践提供了基本的依据和指导。

8.4.3.3　调度实施

1999年1月24日经中央机构编制委员会办公室批准成立黄河水利委员会黑河流域管理局(简称黑河管理局),2000年1月26日在兰州正式挂牌办公。黑河流域管理局积极探索流域管理与区域管理相结合的新途径,开创了"统一规划、统一调度、统一管理"的新局面,通过实施"国家统一分配水量、水量断面控制、省区负责用水配水",初步理顺了流域水权秩序。充分依靠地方各级政府和水行政主管部门共同组织实施黑河水量调度工作。每年围绕水量调度召开预备会议、年度工作会议和月调度会议等,加强流域管理机构与地方政府和水利部门及有关单位的协商协调,流域机构负责制订水量调度方案并发布水量调度指令,负责水量调度执行情况的监督检查,协调通报有关情况,省(自治区)水行政主管部门负责调度方案的实施和执行,初步建立流域管理与区域管理相结合的调度模式。

8.4.3.4　调度成效

(1)保障了流域各用水户基本用水需求,有力支撑了流域经济社会的可持续发展和国防建设。中游地区改善了农业生产条件,优化了灌溉制度,促进了种植结构调整和节水型社会建设,使中游地区逐步走向节水型农业的可持续发展之路。下游东风场区生态环境改善,驻地官兵生活质量明显提高,稳定了队伍,促进了国防建设。

(2)随着进入黑河下游水量的增加,过流时间延长,下游河道断流天数逐年减少,流域生态环境恶化的趋势得到遏制并有所改善。下游额济纳绿洲相关区域地下水位均有不同程度的回升,下游一度濒临枯死的胡杨、柽柳得到了抢救性保护。以草地、胡杨林和灌木林为主的绿洲面积增加了40.16 km^2,野生动植物种类和数量增加。至2013年,东居延海已实现连续8年多不干涸,周边林草地面积达7.5万亩,生态恶化趋势得到了初步遏制和改善。

8.4.4　大型综合利用水利工程——三峡水库调度

8.4.4.1　工程概况

三峡大坝位于湖北省宜昌市境内的三斗坪,距下游葛洲坝水利枢纽工程 38 km,是目前世界上最大的混凝土水力发电工程。三峡大坝为混凝土重力坝,大坝长 2 335 m,底部宽 115 m,顶部宽 40 m,高程 185 m,正常蓄水位 175 m。大坝坝体可抵御万年一遇的特大洪水,最大下泄流量可达 10 万 m^3/s。整个工程的土石方挖填量约 1.34 亿 m^3,混凝土浇筑量约 2 800 万 m^3,耗用钢材 59.3 万 t。水库全长 600 余 km,水面平均宽度 1.1 km,总面积 1 084 km^2,总库容 393 亿 m^3,其中防洪库容 221.5 亿 m^3。

三峡水电站的机组布置在大坝的后侧,共安装 32 台 70 万 kW 水轮发电机组,其中左岸 14 台,右岸 12 台,地下 6 台,另外还有 2 台 5 万 kW 的电源机组,总装机容量 2 250 万 kW。三峡水电站初期的规划是 26 台 70 万 kW 的机组,也就是装机容量为 1 820 万 kW,年发电量 847 亿 kWh。后又在右岸大坝“白石尖”山体内建设地下电站,建 6 台 70 万 kW 的水轮发电机。再加上三峡水电站自身的 2 台 5 万 kW 的电源电站,总装机容量达到了 2 250 万 kW。

8.4.4.2　关键技术

(1)通过对气象预报的深入研究,到 2006 年实现了当年上游流域面雨量预报 24 h、48 h 预报准确率达到 85% 和 82%,面雨量大于 20 mm 降水过程 24 h 预报准确率达到 60%。长期水情预报方面,实现了 2004 年预报平均误差 3.8%,2005 年预报平均误差 0.7%。短期水情预报实现了对洪峰的准确预报,为防洪调度提供了准确的数据支持。

(2)水利部长江水利委员会编制的《三峡(初期运行期)—葛洲坝水利枢纽梯级调度规程》(简称《调度规程》)及其编写说明,于 2006 年 9 月 7 日由国务院三峡工程建设委员会批准执行。

(3)开展三峡—葛洲坝梯级联合优化调度研究。在实时调度中严格按照《调度规程》中规定的各项约束条件(如汛限水位约束、保障航运安全的水位小时变幅约束、日变幅约束等)调度运行,在《调度规程》规定的可调节范围之内进行优化调度,尽量减少弃水,多发电量。葛洲坝除发挥反调节水库作用(调节因三峡调峰造成的下泄流量不稳)外,适当参与发电优化调度。

(4)分析研究三峡工程建成运行期的生态影响,围绕低温水下泄、气体过饱和、“人造洪峰”等热点问题开展了多项工作,取得了一系列成果,其中比较有代表意义的是“针对四大家鱼自然繁殖需求的三峡工程生态调度方案的研究”,阐明了水利工程给鱼类造成影响的机制。

8.4.4.3　调度实施

在国务院三峡工程建设委员会的统一领导下,有关部门、库区各级政府及枢纽运行管理单位密切协调配合,遵照国务院确定的“安全、科学、稳妥和渐进”的原则,各有关方面共同努力、协同推进,顺利开展了试验性蓄水工作,实现了三峡水库科学蓄水调度。按照国务院 2008 年、2009 年批准的试验性蓄水方案和 2009 年 12 月批准的《三峡水库优化调度方案》,国家防汛抗旱总指挥部组织有关方面科学论证、编制审批三峡工程 175 m 试验性蓄水实施计划;长江防汛抗旱总指挥部综合考虑上游水雨情势及三峡工程综合效益,精心制订调度方案,实施科学调度;中国长江三峡集团公司严格按照指令,制订周密的实施方案,精心组织实施;国家电网公司依据蓄水计划,不断优化电力调度,加强电网安全运行管理;航运部门积极采取措施,确保三峡航运安全畅通。

8.4.4.4 调度成效

2008～2012年,三峡水库开展的试验性蓄水发挥了防洪、发电、航运效益,并拓展了供水、生态功能,综合效益显著。

(1)在防洪效益方面(2008～2012年),汛期累计拦蓄洪量738.8亿 m^3,尤其是2010年和2012年汛期,长江上游来水最大洪峰分别达70 000 m^3/s 和71 200 m^3/s,三峡工程通过拦峰、错峰,控制下泄流量,有效减缓了中下游地区的防洪压力。

(2)在发电效益方面(2008～2012年),三峡水电站累计上网电量4 191亿kWh,有效缓解了华中、华东地区及广东省的用电紧张局面。参与了全国电网的调峰运行,为我国调整能源结构和经济社会发展做出了重大贡献。

(3)在航运效益方面,截至2012年年底,船闸合计运行46 210闸次,通过船舶265 341艘次,旅客274.6万人,货物量3.8亿t,年均货运量约为2003年以前年最大货运量的5倍。

(4)在供水效益方面,枯水期三峡水库出库流量按照不低于6 000 m^3/s 控制,大于入库流量1 000～2 000 m^3/s,累计为下游补水693.4亿 m^3,平均增加航道水深0.7 m,有效改善了中下游生活用水、生产用水及生态用水和航运条件。

(5)在生态效益方面(2008～2012年),三峡水电站上网电量扣除线损后相当于替代燃烧标准煤1.41亿t,可减少3.14亿t二氧化碳、386万t二氧化硫和185万t氮氧化合物的排放,节能减排效益十分显著;实施生态调度试验,为宜昌下游河段四大家鱼产卵创造了良好条件。

8.4.5 应急调度——引江济太水资源调度

8.4.5.1 太湖流域概况

太湖流域地处长江三角洲,流域面积36 900 km^2,河道总长12万km,太湖面积2 338 km^2,是典型的河网地区。该区域建有引江济太工程,包括望虞河工程和太浦河工程两大部分。望虞河南起太湖边沙墩口,流向东北,经锡山、吴县、常熟等县市,在耿泾口入长江,总长60.8 km,全部在江苏境内。工程主要任务为排洪、除涝、引水和航运。遇1954年型洪水,可承泄太湖洪水23.1亿 m^3,兼排澄锡虞地区部分涝水;遇1971年旱情时,可引入长江水量28亿 m^3。望虞河河道底宽80～90 m,河底高程 -3.0 m,入湖、入江口分别设有望亭水利枢纽和常熟水利枢纽,沿线建有跨河桥梁和配套建筑物。太浦河西起东太湖边上的吴江市横扇镇,东至上海市南大港接西泖河入黄浦江,跨江苏、浙江、上海三省(直辖市),全长57.6 km。工程主要任务为排洪、除涝和航运。太浦河开通后将成为太湖洪水的骨干排洪河道,也是太湖向下游供水的骨干河道。工程按1954年型洪水(相当于50年一遇)设计,汛期5～7月需承泄太湖洪水22.5亿 m^3,承泄杭嘉湖北排涝水11.6亿 m^3;遇流域特枯年份,7～9月可向黄浦江供水18.5亿 m^3。太浦河河道底宽117～150 m,河底

高程 -5.0 ~ 0 m,在太湖口建有太浦闸工程,沿线建有跨河桥梁和配套建筑物。

改革开放以来,太湖流域经济社会快速发展,以占全国 0.4% 的国土面积和占全国 2.8% 的人口,创造了占全国 11.1% 的国内生产总值。然而,与其经济快速发展形成对照的是流域水质型缺水的严重局面。尽管中央和地方各级政府加大了流域水污染的防治力度,但太湖水体水质总体上尚未得到明显好转,湖泊富营养化在整体上也未得到明显改善。2000 年总磷、总氮、化学耗氧量均远未达到规划治理目标;河网的水污染没有得到有效控制,有的地方还有恶化的趋势;2000 年流域超标水体(劣于 III 类)所占比例达 88.0% ,特别是劣于 V 类的水体已达 34.9% ,太湖流域水资源状况不容乐观。按照 2001 年国务院召开的太湖水污染防治第三次工作会议确定的"以动治静、以清释污、以丰补枯、改善水质"的水资源调度方针,在水利部的正确领导下,2002 年起水利部太湖流域管理局会同流域内有关省(直辖市)实施以引江济太为重点的流域应急水资源调度。

8.4.5.2 关键技术

(1)依托国家水资源监控能力建设项目,太湖流域推进取用水监控、省界断面水质水量监测站点、水资源监控系统、入河排污口复核与监测、太湖流域片突发水污染事件应急能力等方面建设,旨在形成与实行最严格水资源管理制度基本适应的水资源监控能力,基本满足水资源定量管理和最严格水资源管理制度考核的信息化支撑需要。

(2)综合研究制订太湖流域及引江济太工程调度方案。2009 年 4 月,水利部以水资源〔2009〕212 号文印发《太湖流域引江济太调度方案》。方案明确太湖流域引江济太的调度原则和调度权限,并对引江济太期间太湖引水限制水位和主要水利工程调度做出了规定,提出了应急调度的工作程序。2011 年 8 月,国家防汛抗旱总指挥部以国汛〔2011〕17 号文批复《太湖流域洪水与水量调度方案》。该方案是我国第一个洪水与水量相结合的流域性调度方案,标志着太湖流域水量调度工作从此进入了洪水与水量联合调度的新阶段。

(3)引江济太水资源调度工程涉及社会、经济、生态环境、洪涝、水资源配置和泥沙淤积等多种因素,为解决引江济太调水试验工程中的技术难题,太湖流域管理局自 2002 年开始相继开展引江济太水量水质联合调度、引江济太效果评估、望虞河西岸排水出路及对策、引江济太管理体制与机制、引江济太三维动态模拟等方面的决策支撑能力研究。

8.4.5.3 常规调度实施及成效

常规情况下,按照引江济太年度调水计划,在一般水情年份下,通过望虞河等沿江口门,引长江水入太湖流域,其中通过望虞河常熟水利枢纽调引长江水 10 亿 ~ 15 亿 m^3 ,入太湖 6 亿 ~ 8 亿 m^3 ;结合雨洪资源利用,通过太浦闸向江苏、浙江、上海等下游地区增加供水 8 亿 ~ 10 亿 m^3 。每年引江济太开展过程中,结合流域水雨情适当调整引调水量。

通过太湖调蓄,以及望虞河工程、太浦河工程、环太湖和沿长江口门等流域水利工程联合调度,引大量长江清水入流域河网和太湖,调活了流域水体,有效增加了流域水资源供给,满足了流域生活用水、生产用水和生态用水需求,缩短了太湖换水周期,加快了河湖水体流动,改善了流域主要水源地水质及受水地区水环境,保障了流域供水安全,取得了显著的社会效益、经济效益和生态效益,有力支撑了流域经济社会可持续发展。

8.4.5.4 应急调度实施及成效

在遇严重干旱或突发水污染事件时,太湖流域管理局将组织实施引江济太应急调度。

在引江济太长效运行阶段有五次重要的应急调度实施。

一是 2007 年 5 月初,太湖西北部梅梁湖等湖弯出现大规模蓝藻现象,无锡市太湖饮用水水源地受到严重威胁。太湖流域管理局于 5 月 6 日紧急启用常熟水利枢纽泵站,实施引江济太应急调水。通过引江济太应急调水,贡湖、梅梁湖等湖弯水质得到全面改善,有效缓解了无锡市供水危机。

二是 2008 年,太湖流域管理局于 1 月 10 日提前启动了引江济太,同时适时加大太浦闸的供水流量,统筹兼顾了流域各省市用水需求,改善了太湖下游地区饮用水水源地水质,保障了冬春期,特别是春节期间供水安全。

三是 2010 年,为确保上海世博会供水安全,太湖流域管理局根据流域水雨情、太湖及河网水环境状况,尤其是上海市黄浦江上游水源地水质情况,先后五次实施引江济太日常调水工作;2010 年年底,由于上海市要开展青草沙原水系统通水切换工作,市区的杨树浦、南市、居家桥、陆家嘴等四家水厂需要临时在黄浦江下游就地取水,为改善临时取水水源地水质,太湖流域管理局再次启动引江济太应急调水。六次调水工作贯穿全年,同时结合了早春汛雨洪资源利用,调水历时之长、调度难度之大、调度工作之精细均为历史之最。

四是 2011 年 1～5 月,流域降水量仅 178.7 mm,较常年同期偏少约 60%,为 1951 年有降水系列资料以来同期最少,太湖流域遭遇 60 年来最严重的气象干旱;太湖与河网水位持续下降,湖西区部分水库水位降至死水位以下。太湖流域管理局持续开展 2010 年 10 月已经启动的引江济太水资源调度工作,至 2011 年 6 月 9 日停止,连续引水 237 d,约 8 个月,累计通过望虞河常熟水利枢纽引水 22.7 亿 m^3,望亭水利枢纽引水入湖 12.4 亿 m^3,通过太浦闸向下游地区供水 3.2 亿 m^3,有效减缓了太湖水位下降趋势,满足了太湖周边地区用水需求,最大程度地减轻了气象干旱对流域经济社会发展的不利影响。

五是 2013 年 1 月 10 日晚,上海市金山区朱泾镇掘石港发生散装化学品船苯乙烯泄漏事件。太湖流域管理局紧急通报江苏、浙江两省,并于 11 日 12 时开启太浦河泵站,按 200 m^3/s 向下游大流量供水,有效抑制了污染物随潮水上溯,增大了水体稀释能力,对推进污染物下泄起到了积极的作用。

8.5　未来发展趋势

8.5.1　流域水资源统一调度

流域水资源统一调度可以实现对流域内已建成的各电站的水能、电力进行统一调度,使全流域水能资源和发电能力得到最大限度的发挥,安全、环保问题得到有效统筹。在流域水资源统一调度方面,未来需要着重开展的工作有以下几点:

(1)开展梯级水库群联合调度,完善政策法规。流域梯级电站的安全运行、生产管理、综合协调等方面,必须按照流域特点和自身的科学规律,对流域梯级水库群实行联合、统一调度,才能互济互补,充分发挥梯级水库群的巨大调节能力。这样不仅可提高流域的防洪标准,还可提高水资源的综合利用率,最大限度地发挥流域梯级电站的发电效益。同时,在流域梯级调度机构的统一协调下,从全流域环境面貌出发,全面改善流域的环境状况,实现流域水电开发、社会经济与自然的和谐发展。流域开发主体多元化加快了流域开发的进程,不利的一面是增加了流域统一协调的难度。从整体上看,当前要着重解决好影响实现流域统一调度的若干政策法规问题。一是切实解决好不符合科学发展观要求的河流分段开发和"一厂一制"政策问题,并在各方达成共识的基础上,确保流域统一调度的实现;二是切实解决好不符合社会主义市场经济体制要求的电价政策问题,促进流域各电站形成统一的市场竞价主体,避免电价差异对流域综合效益产生影响;三是利用深化电力体制改革之机,切实解决好输配分开问题,使之更好地履行职责;四是解决好《中华人民共和国电力法》《电网调度管理条例》等法规有关条款的修改问题,把流域开发企业纳入防汛抗旱和电力调度体系之中,为实现流域统一调度创造良好的法制环境;五是结合流域水电开发实际,通过建立流域水雨情监测网,开展群库水、电、网多环节的大系统综合调度研究,流域梯级电站控制模式研究,流域供电范围及开发时序研究,流域规划环境影响评价研究等。

(2)加强流域水权制度建设,强化保证措施。对河流实施水量统一调度,是水资源科学管理、合理配置的有效手段,这在我国北方及内陆河缺水地区尤为关键。但到目前为止,一级耗用水单元之下若干层级的初始水权尚未完全建立起来,完整的流域初始水权体系没有形成,造成一些一级耗用水单元的耗用水限额任务难以落实,直接影响调度任务的完成。加快确立一级耗用水单元之下若干层级的初始水权,是当前一项十分迫切的任务。这项任务单靠流域机构的力量难以推动,对此应把此项任务作为各耗用水单元的目标责任,用行政手段加以推进。攸关水量统一调度成效的基础,即对待水权制度和节水求发展的认识并不完全到位,人们总想跨过水权界限去占用更多的水资源,以此换得经济社会发展。这种认识严重困扰着水量统一调度工作。提升对水权严肃性和以节水求发展理念的认识,关键在于提升政府和耗用水单元各层级领导的认识。要完成水量统一调度任务,现实条件下至少要有两项措施保障:一是行政措施,即对水权框架下的各耗用水单元限额耗用水实行耗用水单元首长负责制和目标责任制,靠行政力量约束耗用水单元自身的耗用水量;二是工程控制措施,即行政约束难以奏效,发生耗用水单元所属引用水工程引用水量超限,但仍继续引用水时,由水量统一调度部门通过对引用水工程的直接控制,强制停止引用水。流域水量统一调度能取得目前的成效,行政措施发挥了它应有的作用。但水量统一调度部门缺乏对耗用水单元引用水工程引用水量的实时监测控制,不能及时掌握各耗用水单元引用水工程实时引用水量,除直接影响水量统一调度部门调度方案和调度指令编制的准确性和实效性,对耗用水单元超限额引用水则显得无可奈何。建设远程监控系统,对耗用水单元重要引用水工程实施引用水量监测,闸门启闭监控是必要而可行的措施。

(3)加强水量水质联合调度。随着人口增加、经济发展,生活和生产用水量不断增加。同时,野生生物保护、栖息地保护、娱乐等生态环境需水的出现,加剧了水资源系统的压力。水量和水质是水资源的二重属性,两者相互影响,不可分割,不同用水对水量水质的要求不同,需要结合水质要求对水量进行调度。此外,水质调度的污染负荷控制对水污染治理意义重大。目前,水量调控与水质模拟的过程结合、流域整体调控、宏观目标与微观控制措施耦合等方面的研究还存在不足。从流域层面考虑水质水量联合调度,提高水质水量联合调度模型的精度,实现水量水质联合实时调度,提高水资源联合调控的动态性和多目标性将是一项重要的研究内容。

(4)加强多水源、多目标联合调度。不管是跨流域水资源调度还是大流域内水资源统一调度,其利用当地水与外调水、地表水与地下水、常规水和非常规水、调水与节水之间的配置关系极其复杂。同时,水资源调度涉及众多调度目标,既要满足供水安全、防洪安全、粮食安全、能源安全等主要目标,还要考虑生态用水、环境用水、航运用水等目标,且各目标用水竞争激烈。如何合理调度多种水源的水资源,如何协调相关各方利益,如何综合考虑众多调度目标,从而实现和谐的水资源高效可持续利用是水资源调度需要解决的一个重要问题。

8.5.2　跨流域调水工程调度

跨流域调水是在两个或两个以上的流域间,通过人工方式对流域之间的水量进行合理开发与调度,是解决水资源分布的不均匀与社会需水的不均衡的重要途径之一。在跨流域调水工程调度中还存在以下问题,需要重点关注:

(1)考虑预报不确定性的跨流域水资源调度研究。跨流域调水工程线路长,跨越若干个不同气候区、水源区与受水区,受气候、流域水文特性及人类活动等影响,流域水文特性存在随机性、不确定性和准周期性等多种变化,降水和径流特征亦表现为丰枯交替变化,年际、年内变化较大,其需水也相应存在一定的不确定性。因此,需要研究水源区与受水区不同丰枯组合条件下的水资源调度。在此基础上,制订科学合理的供水计划(年计划、月计划)以及运行调度中分水闸、泵站、节制闸的调度计划,为跨流域调水工程调度提供支撑。

(2)加强跨流域水资源优化调度技术与决策方式研究。深入研究跨流域水资源调度技术与决策方式,具有理论和实践的双重意义。根据水源区供水水库的蓄水情况、受水区的用水需求、未来一段时间内的降雨预报与来水预报等综合信息,科学确定实时引水流量。在保证系统供水与防洪安全的条件下,使跨流域引水流量最小,工程运行最经济。

(3)加强外调水与本地水联合调度。外调水与本地水资源的统一调度是跨流域调水工程充分发挥效益的主要保证之一。受当前管理体制、机构设置等因素的影响,在有些跨流域调水工程受水区内出现了因为水价等因素而宁肯超采地下水、牺牲环境用水也尽量少用外调水的情况,造成了一般年份不缺水,甚至调水工程达不到设计规模的假象,而到干旱年份又出现极端缺水的危机。因此,如何在以城市生活和工业供水为主的基础上兼顾生态用水,减少地下水的开采,实现对地下水的回补,控制地面沉降,逐步改善受水区的生态环境;如何将原来城市用水中挤占农业的水量归还农业,并且利用经处理后的部分或全部调水的回归水解决农业用水不足等问题,是关系到跨流域调水工程调度目标能否全面实现的重要问题。

(4)加强跨流域调度决策支持系统建设。跨流域调水工程建成后,需要应用科学的调度系统进行水资源调度。跨流域调水工程调度系统应具有快速完成各类调水业务信息收集处理、编制科学有效的水资源调度方案以及应付各种险情的应急调度方案、实时控制监视调度方案的实施、对水资源调度过程进行滚动评价并能实时迅速地修正调度方案、为跨流域调水工程调度管理各项工作提供信息服务和分析计算手段等功能。加强调度系统的开发建设是未来应解决的重要问题之一。

（5）加强跨流域调水的生态环境影响评价。跨流域调水工程建成后，库区及上游地区如不按污染防治规划实现水资源保护，其点源污染和面源污染对水源区的影响在短期内不会减轻。因此，应同步实施污染防治规划，以减少对调水的影响。同时，跨流域调水工程的运行可能会对水源区、受水区产生一些不利的影响，应尽早采取适当的措施减少跨流域调水工程对生态环境的影响。

（6）探寻计划与市场相结合的水价模式。跨流域调水工程多元化的投资主体必然带来多元化的产权，产权关系的多元化使得运行调度中的水价问题变得复杂。在实际的运行调度中，应把政府宏观调控、民主协商和水市场紧密结合起来，制定合理的水价，必要时进行水市场交易，确保跨流域调水工程建设费用能够收回，维持管理企业的正常运行，同时避免水资源的浪费。

（7）加强跨流域调水实时预报调度。目前，对跨流域调水调度的研究大多是针对调水系统的规划设计阶段，由于所涉及问题的综合多样性、跨流域调水实际运行的复杂性，规划的调水调度方式已不适应跨流域调水的实际情况。随着很多大型跨流域调水工程的投入运行，如何根据现有的信息资料进行跨流域调水实时预报调度是现阶段亟待解决的主要问题。此外，还需要解决调水工程中的闸坝泵站群的自动控制等一系列关键技术问题。

8.5.3 应急调度

伴随着全球气候变化，我国气候异常和极端天气事件频发，由极端干旱引发的供水危机时有发生；与此同时，突发性水污染事故频发，洪涝、地震、旱灾、火灾、风暴潮、沙尘暴、泥石流等自然地质灾害，战争、人为破坏等重大突发事故均可能破坏饮用水源，毁坏供水管线、供水设施等，从而危及供水安全。通过水资源应急调度，可以最大程度地减少这些突发事件的影响范围、程度及造成的损失，有利于维护社会稳定。应急调度受到很多不确定因素影响，涉及社会层面、技术层面、经济层面等很多因素，具有不确定性、多目标性、动态性和实时性等特征。目前，水资源应急调度技术还不够成熟，未来需开展相关研究如下：

（1）开展流域水资源应急调度预案编制。明确水资源应急调度目标、突发事件分类与分级，建立应急组织体系，做好预防预警工作，完成信息报送、先期处置、应急响应与处置、恢复与重建等任务。

（2）建立流域水资源调度预警响应系统。以现有数据库为基础，建立预报、预警和应急调度模型，开发流域水资源应急预警与调度系统，实现数据管理（信息服务）、预案管理、供需水情势预报、应急预警（报警）、应急调度、应急处置等功能，为流域水安全应急管理提供决策平台。

（3）水利工程群险情联防联控调度。当水库群中的某一座水库大坝遭遇突发事件出现险情时，采取相应的水库群联合应急调度模式最大可能地实现成功保坝这一目标，如果导致大坝可能溃决的不利因素已经脱离了可控范围，则应使溃坝时间延迟，最大程度地消除人员伤亡风险和减少社会经济损失，并对水库联合防洪应急调度结果进行风险评估。

第9章　水资源管理

我国自古以来水旱灾害频繁,水土流失严重。20世纪80年代以来,工农业、城镇化的发展对水资源的需求急剧增长,同时水环境的破坏与恶化也以惊人的速度发展着,形成了水少、水多、水脏、水浑的四大问题。人们的水资源观念也从原来的治理、开发、利用转为节约、保护和优化配置。但是,多年来对水资源的过量和无序开发所造成的生态环境的欠账需要补偿,同时要为社会经济的发展提供应有的支撑,对水资源管理提出了不同以往的要求:一是充分发挥现有水工程的最大社会效益、生态环境效益和经济效益,提高水的利用效率与效益,减轻对水资源的压力;二是建立水资源的优化配置调度机制,保证水资源开发利用的可持续性;三是在开发水资源与保护生态环境中寻求平衡点,把人类活动的影响控制在生态环境可自我修复的范围;四是构造科学适用的水资源管理体系。

9.1　水资源管理基础

9.1.1　水资源管理的基本概念

不同时代,水资源管理的概念是不同的。在古代,偏重于干旱洪涝灾害的管理,此时一切活动都围绕其进行,大禹治水的故事流传至今,不仅仅说明了大禹治水的精神可颂扬,在一定程度上也说明,洪涝灾害从来都是威胁中华民族生存的大问题。随着人口的不断增多,经济的迅速发展,淡水相对于人的需求供给不足,水向水资源转变,水具有了经济内涵,此时人类面临的问题除干旱洪涝灾害外,增加了水资源短缺问题,为了增加水资源供给,人类加大了水资源开发力度,在一定程度上缓解了水资源的供需矛盾,但同时带来了新的问题——生态环境的恶化,生态环境恶化正在侵蚀人类的文明。目前,人类同时面临着干旱洪涝灾害、水资源短缺、生态环境恶化等多重危害,水资源管理必须解决这些问题。如果仅仅以水论水,解决我们面临的困境几乎是不可能的。所以,水资源管理中的"水资源",不仅仅包括通常我们所说的可供人类利用的淡水资源,而且应该包括能够被人类可利用的一切水,如海水、污水、微咸水、洪水等,只有将水资源管理放在与水有关的复合系统之中,从综合的角度出发,采取协调的手段才能解决人类对水资源的需求问题。

在《中国大百科全书》不同的卷中,对"水资源管理"有不同的解释。

水资源管理是"水资源开发利用的组织、协调、监督和调度。运用行政、法律、经济、技术和教育等手段,组织各种社会力量开发水利和防治水害;协调社会经济发展与水资源开发利用之间的关系,处理各地区、各部门之间的用水矛盾;监督、限制不合理的开发水资源和危害水源行为;制订供水系统和水库工程的优化调度方案,科学分配水量"(陈家琦等,水利卷)。

为防止水资源危机,保证人类生活和经济发展的需要,需运用行政、技术、立法等手段对淡水资源进行管理。水资源管理工作的内容包括调查水量,分析水质,进行合理规划、开发和利用,保护水源,防止水资源衰竭、污染、水生态系统退化等。同时涉及水资源密切相关的工作,如保护森林、草原、水生生物,植树造林,涵养水源,防止水土流失,防止土地盐渍化、沼泽化、砂化等(李宪法等,环境科学卷)。

1996 年,联合国教科文组织国际水文计划工作组将可持续水资源管理定义为:"支撑从现在到未来社会及其福利而不破坏他们赖以生存的水文循环及生态系统的稳定性的水的管理与使用。"

综合起来,水资源管理(Water Resources Management)可概括为:政府及其水行政主管部门运用法律、行政、经济、技术等手段对水资源的配置、开发、利用、节约、调度和保护进行管理,以求可持续地满足社会经济发展和改善环境对水的需求的各种活动的总称。

9.1.2　水资源管理的内容

在水资源开发利用初期,供需关系单一,管理内容较为简单。随着水资源工程的大量兴建和用水量的不断增长,水资源管理需要考虑的问题越来越多,已逐步形成专门的技术和学科。主要管理内容如下:

(1)供水管理。主要是针对取水和输水过程的管理,通过对水资源的合理分配和调度,满足社会经济以及生态环境系统对于水资源的需求。在流域层面,包括对跨省江河的水量分配,流域水资源的统一调度,保障河流生态需水等;在区域内部,包括对用水户进行水资源论证和取水许可管理,征收水资源费,控制区域地表地下取水总量等;而随着南水北调东线、中线等跨流域调水工程的实施,跨流域水资源的优化调度与管理问题也愈发重要。

(2)需水管理。主要是针对用水过程的管理,通过对用水户用水过程的控制和管理,提高水资源利用效率和效益,促进节约用水。需水管理的核心是建立并完善总量控制与定额管理制度。通过用水定额的不断调整促进各行业用水户优化生产工艺,减少渗漏和无效蒸发,加强水资源循环利用,提高用水效率。根据用水定额,核定用水户取水规模,制订用水计划,控制用水总量。配套措施包括建设项目节水"三同时"、水平衡测试等,同时通过宣传教育和经济杠杆等手段,促进单位和个人自觉节水。

(3)水环境管理。主要是针对排水过程以及河湖水质的管理,通过控制入河排污总量,保护河湖水质,促进水生态修复,保障饮水安全和水资源可持续开发利用。水环境管理的重要基础和平台是水功能区划制度与入河排污口管理制度。通过划分水功能区,明确河湖水质保护目标,核定水功能区限制排污总量,并以此为基础加强入河排污口管理,控制入河排污口建设和审批,倒逼陆域减排。此外,水环境管理的重要内容还包括饮用水水源地安全保障、水生态保护修复、水生态补偿等。

(4)水资源应急管理。主要针对极端水文气象条件或影响供水安全的突发事故,通过布设应急水源、建立应急预案等手段,促进应急条件下的水资源安全保障。目前,水资源应急管理主要包括防洪、抗旱、水污染突发事件。此外,恐怖事件、国际河流争端、冰川萎缩、核电威胁、尾矿库溃坝等历史上不曾面临的威胁也已经显现。

9.1.3　水资源管理的措施

为了达到水资源管理的目的,需要有行之有效的管理措施,具体包括行政法令措施、经济措施、技术措施、宣传教育措施等。

(1)行政法令措施。运用国家权力,制定管理法规政策,成立管理机构。管理机构的权力为:审查批准水资源开发方案,办理水资源的使用证,检查政策法规的执行情况,监督水资源的合理利用等。管理法规分综合性法规和专门性法规两类,比如《中华人民共和国水法》属综合性法规;《中华人民共和国水土保持法》《中华人民共和国水污染防治法》《中华人民共和国防洪法》等属专门性法规。各种法规按照立法程序由国家颁布执行。

(2)经济措施。是管好用好水资源的一项重要手段,主要包括征收水资源费、审定水价和征收水费,明确谁投资谁受益的原则,对保护水源、节约用水、防治污染有功者给予资金援助和奖励,对违反法规者实行经济赔偿和罚款。此外,还有集中使用水利资金和征收水资源税等措施。

(3)技术措施。加强水资源基本资料的调查研究与规划,总结推广国内卓有成效的管理经验,学习采用国外先进的管理技术。此外,采用现代计算机技术和水资源系统分析方法,选择最优的开发利用和管理运用方案,乃是水资源管理的发展方向。

(4)宣传教育措施。利用报刊、广播、电影、电视、展览会、报告会等多种形式,向公众介绍水资源的科普知识,讲解节约用水和保护水源的重要意义,宣传水资源管理的政策法规,使广大群众认识到水是有限的宝贵资源,自觉地用好并保护好水资源。

(5)涉及国际水域或河流的水资源问题,要建立双边或利益相关方的多边国际协定或公约。

9.1.4　国外水资源管理先进经验

加拿大:可持续水管理。虽然该国的水资源十分丰富,但政府仍很重视水资源的保护和永续利用。水资源的管理经历了一个从"水开发"(强调开发水资源的工程建设)、"水管理"(强调水资源的规划)和"可持续水管理"(强调水资源的可持续利用)三个阶段。在"可持续水管理"阶段以前,水作为一种消费性资源;进入"可持续水管理"阶段后,开始强调水的非消费性价值,着眼于构筑支撑社会可持续发展的水系。为了加强水资源的集中、统一管理,联邦和省级政府成立了专门的水管理机构(隶属环境保护部门)。政府在水管理方面采用的主导方法是生态系统方法,这种方法强调水资源系统的各组成要素及其与人、社会、经济和环境的关系,做出水管理决策依赖越来越多的学科。同时,政府还十分重视水管理决策信息的多元化,有关部门在积极开展水资源可持续利用公共教育的同时,引导社会各阶层的成员参与水管理决策,大力推行水管理决策信息的社会化。决策信息的多学科化和社会化,正促使加拿大水管理决策越来越合理、公平和得以高效地执行。

德国:依法治水。实施的是一体化的水管理政策。水资源的管理主要由联邦环境部负责,承担防洪、水资源利用、水污染控制(污水处理、水质监测、发布水质标准等)等职能,但饮用水的管理归卫生部负责。德国水管理的主要特点是依法治水。法律规定,河流流域、湖泊及海洋的水上警察不仅负责水上交通事务,也承担保证水质安全的责任。各州的法律也对水管理做出具体规定。例如,对抽取地下水课以一定的税收。

澳大利亚:实施用水许可管理。该国是世界上最干旱的大陆之一,如何对付水短缺一直是这个国家面临的严峻问题。为了实现水资源的可持续利用和管理,政府成功地运用了流域综合水资源管理体制(墨累河与达令河流域管理委员会是世界上最大的流域综合管理联合体),并实施用水执照管理制度。澳大利亚将其水资源分为发展用水(生产生活用水)和环境用水(生态用水)。过去,生态用水不被重视,造成生态系统得不到基本的水源,直接威胁到生产、生活用水。1995 年的水制改革,将保证生态用水作为法律规定下来,每个流域经测试后确定多少生态用水必须得到保证。至于生产、生活用水,则通过水执照来管理。水执照体现的水权可以买卖,用户可以将自己的用水份额出售给他人。水制改革大大促进了用户进行节水和水的循环使用。据估计,水制改革使农业用水量下降了 75％。在城市,水费制度经过几次改革日臻完善:从按人头平均收费到按财产收费,再到按用水总量配额进行管理。就是说,用户即使很有钱,也不能随意消耗水。对于水污染的处理,是按照政府和企业之间的合同关系,由企业来负责的(垃圾处理也是如此)。在大城市,几乎 100％ 的污水得到了处理。

俄罗斯:水资源使用者及排污者付费。该国可持续水管理的要点:一是限制或规定用水额度以及污水的最大允许排放量。不论所排污水的危害程度如何,均要将其降至最低程度。二是当今水利工程设施规模宏大,建设投资巨大,水资源使用者及排污者应当偿付这些费用。三是恢复水源地,保持水源的储量和质量。既要保证生产、生活用水,也要改善自然水源的生态环境。联邦政府要求水源各流域制定 15 ～20 年的水管理目标规划,并分若干阶段实施。规划要求通过降低直至停止排污来恢复自然水源的水质,提出有关径流、流量、水位等特定要求,对用水者提出用水量要求,建立流域水管理体系的经济－数学模型,确定流域水管理体系的发展参数。在此基础上,制订年度或阶段性计划。

英国:设立流域委员会集中管水。针对供水和水污染问题,英国通过立法不断改进水资源的取水许可权管理和水资源的开发利用与保护工作,逐步完善管理体制,由过去的多头分散管理基本上统一到以流域为单元的综合性集中管理,逐步实现了水的良性循环。在较大的河流上都设立流域委员会、水务局或水公司,统一流域水资源的规划和水利工程的建设与管理,向用户供水,进行污水回收与处理,形成"一条龙"的水管理服务体系,使水资源在水量、水质、水工程、水处理上真正做到了一体化管理。为满足水量水质要求,取水必须事先得到许可,污水必须经过处理达到法定的标准才能排入河流和湖泊。

美国:强调水资源的综合利用。各州对水资源的管理存在较大差异。但总体上讲,美国对水资源的管理注重统一性和综合性,强调从流域甚至更大范围对水资源的统一管理,强调水资源的综合利用,不仅重视水资源的开发利用对经济发展的影响,也重视对其他资源和生态环境的影响。一个典型的模式是田纳西模式。田纳西河是美国一条重要的河流,历史上曾经是水旱灾害频繁、水土流失严重、经济非常落后的地区。1933 年,联邦政府通过一项法律,决定成立田纳西河流域管理局,并授予其规划、开发、利用田纳西河流域各种资源的广泛权力,对整个流域进行综合治理、统一规划、统一开发、统一管理。经过 10 年的努力,田纳西流域管理局修建了 31 座水利工程,建设了 21 座大坝,控制了洪水,扩大了灌溉,发展了航运,开发了电力,同时通过植树造林、防治水土流失等措施,改善了生态环境。通过综合治理,极大地促进了当地经济的发展,10年间流域居民的平均收入提高了9倍,创造了举世赞誉的田纳西奇迹。

以色列:集中统一的管理体制。该国的缺水和治水都是举世闻名的。政府对水资源管理的最大特点,是集中统一的管理体制。依据1959年颁布的《水法》,水资源是指泉水、溪流、江河、湖泊,以及所有其他各种水流和水面,不论是地面的还是地下的,自然的还是人工调节的,或者是已经开发的,也不论水是流动的还是静止的,是经常流淌的或间断流淌的(包括排水和排污)。政府对水资源的管理实行部长负责制,由农业部长全权负责对全国水资源的管理工作,同时成立了由农业部长直接领导的国家水委会作为政府对全国水资源的保护与开发利用进行统一管理的行政机构。水资源开发许可证是政府依据《水法》和《水井控制法》等法规于20世纪50年代开始实施的,是保护水源的主要措施。许可证制度要求,任何对水资源的开发行为必须得到国家水委会的许可后进行,水的开采量、开采方式和生产条件等均由国家水委会根据水资源和周围环境的状况、开发计划等因素来确定。开发者必须按照国家水委会制定的各项要求来开发生产,否则国家水委会有权收回开发许可证。

9.2　水资源管理体制

9.2.1　水资源管理体制的概念

水资源管理体制是政府行政管理体制的组成部分,与一个国家的社会经济发展状况、政治体制、社会观念与传统和水资源的供求矛盾、水环境管理的历史沿革密切相关。所谓水资源管理体制,是指建立在水资源管理制度基础上的组织机构、职责划分、行为方式等共同组成的管理系统的总称。水资源管理的行政组织是水资源行政管理的主体。行政组织由不同性质、地位和层级的行政机关有机构成,其结构如何直接影响到行政管理的质量和效率,进而影响到相对人的利益。水资源管理的所有职能都要通过一定的组织来执行和完成,组织结构设置是否科学合理,直接关系到水资源管理的效能。"一个有效的政府是事关发展成败的决定性因素"。从世界范围来看,为了加强资源管理,各国都建立了较为强大的资源管理机构。可见,水资源管理体制是合理开发、利用和保护水资源,实现水资源可持续发展的组织保证。通过建立恰当的水环境管理体制来指导、组织、协调、监督和管理全社会的水事活动,是实现水资源的可持续利用的关键。

世界上围绕水资源管理形成的管理体制主要有4种:①以江河、湖泊水系的自然流域为基础而建立的流域管理体制;②以地方行政区域为基础的行政区域管理体制;③以水资源的某项经济、社会职能或用途为基础而设立或委托专门部门进行管理的体制;④以江河、湖泊水系内自然流域的水资源管理为中心对相关的水能、水产等资源进行统一管理的体制。

9.2.2　我国水资源管理体制的沿革

新中国成立后,水利建设有了很大发展。新中国成立初期,中央政府设立水利部,而农田水利、水力发电、内河航运和城市供水分别由农业部、燃料工业部、交通部和建设部负责管理,水行政管理并不统一。后几经变革,农田水利和水土保持工作归水利部主持,水利部与电力工业部两次合并又分开,现在水力发电、内河航运,以及部分城市供水还是分属有关的部管理,而水利部则为国务院水行政主管部门,负责全国水资源的统一管理,主要掌管水资源产权、使用权和开发、利用、节约、保护的综合管理及水行政执法工作。地方各级的水利行政机构不断健全和加强,分为省(自治区、直辖市)设厅(局),地(自治州、盟)设局(处),县设局(科),县以下的区乡设水利管理站,由专职或兼职的水利员司水利业务。水利部下设有七大流域机构,即长江水利委员会、黄河水利委员会、淮河水利委员会、海河水利委员会、珠江水利委员会、松辽河水利委员会和太湖水利委员会。各委不同时期的职责多有变动或调整,名称也不尽相同,但主管本流域或管区的水利建设和管理工作是基本相同的。地方省级所辖的河湖流域也设立专门的机构,例如辽宁省设有辽河河务管理局,河北省设有大清河、子牙河河务管理处等,均属于省水利厅(局)。

随着1988年1月《中华人民共和国水法》的颁布,对水管理体制和基本制度做了进一步的确立和规定。其中,关于水管理体制确立的几个主要方面有:撤销水利电力部,重新组建的水利部为国务院的水行政主管部门,负责全国水资源的统一管理,各省(自治区、直辖市)的水利部门是省级政府的水行政主管部门;成立了全国水资源与水土保持工作领导小组,负责审核大江大河流域综合规划和水土保持的重要方针政策及防治的重大问题,处理部门间、省际间有关水资源综合规划及重大水事矛盾;明确流域机构职能,按部授权协同执行水法,负责协助部处理流域内有关河流治理与防洪安全,统筹流域水资源综合开发、利用和保护,协调流域内省际和行业间的水事矛盾等;制定了各级水行政部门实施水资源统一管理目标,统一管理地表水、地下水、水量与水质,江河、湖、库、水域和岸边,统一实行水法,调查评价、规划、水量分配、制订水的长期供求计划,实施取水许可证制度及其他水行政管理,促进水资源开发利用,并对开发利用与保护实行统一监察管理,组织跨地区、跨行业的水事活动,直辖市水事矛盾,监督节约用水,推进流域管理与地区管理相结合的制度,向各用水行业进行全面服务。

1994年,国务院再次明确水利部是国务院主管水行政的职能部门,统一管理全国水资源和河道、水库、湖泊,主管全国防汛抗旱和水土保持工作,同时撤销了全国水资源与水土保持工作领导小组。水利部负责全国水利产业的管理,受国务院委托协调处理部门间和省(自治区、直辖市)间的水事纠纷。同时明确要逐步建立起水利部、流域机构和地方水行政主管部门分层次、分级管理的水行政管理体制。

2002年修订的《中华人民共和国水法》确定了流域管理与行政区域管理相结合的管理体制,从根本上确立了流域管理机构在水资源统一管理中的法律地位,流域管理机构可以在所管理的范围内行使法律、法规规定的和国务院水行政主管部门授予的水资源管理和监督职责。修订的《中华人民共和国水法》还规定了水行政管理方面的六个基本制度:取水许可制度、水资源有偿使用制度、饮用水水源保护区制度、河道采砂许可制度、用水总量控制和定额管理相结合的制度、用水计量收费和超定额累进加价制度。同时,修订的《中华人民共和国水法》还对水资源规划、开发利用、保护、配置和节约使用做出了一系列具体规定。

9.2.3　我国水资源管理体制现状

2002 年《中华人民共和国水法》共 8 章 82 条,除了附则,还有 77 条,其中直接提到流域管理或流域机构管理职责的就有 26 条,占条文的 1/3。这是我国首次在法律中确立流域管理机构的法律地位和管理职责,开辟了中国水资源管理的新道路。

目前,我国对水资源实行流域管理与行政区域管理相结合的行政管理体制。流域管理与区域管理二者相互协调、相互补充、相互配合、相互支持,共同管理水资源,实现水资源的统一管理和有效管理。国务院是最高国家行政机关,统一领导各监督管理部门和全国各级人民政府的工作,根据宪法和法律制定流域水资源行政法规,编制和执行包括环境资源保护内容的国民经济和社会发展计划及国家预算,以及流域水环境管理的规划、指标和项目建设。国务院水行政主管部门在国家确定的重要江河和湖泊设立的流域管理机构(简称流域管理机构),在其所管辖的范围内行使法律、行政法规规定的和国务院水行政主管部门授予的水资源管理和监督职权。流域管理机构作为水利部的派出机构,依据国家授权在流域内行使水行政主管职责,主要是统一管理流域水资源,负责流域的综合治理,开发具有控制性的重要水工程,组织进行水资源调查评价和编制流域规划,实施取水许可制度,协调省际用水关系等。国务院环境资源保护行政主管部门(国家环境保护部)对全国流域水资源的保护工作实施统一监督管理,县级以上地方人民政府环境资源保护行政主管部门对本辖区的流域水环境保护工作实施统一监督管理。海洋行政主管部门、农业部门、林业部门、卫生部门等,依照有关法律的规定对其职责范围内的流域水资源污染防治实施监督管理。县级以上地方人民政府水行政主管部门按照规定权限,负责本行政区域内的水资源的统一管理和监督工作。国务院和县级以上地方各级人民政府的科学技术委员会、经济贸易委员会等相关部门负责做好国民经济、社会发展计划和生产建设、科学技术中的流域水资源保护综合平衡等工作。

9.2.4　我国水资源管理体制存在的问题

9.2.4.1　传统的水资源管理思路仍未真正转变

长期以来,我国水资源管理呈现出"多龙治水"的特点,形成了在流域上"条块分割"、在地域上"城乡分割"、在职能上"部门分割"、在制度上"政出多门"的局面,导致了一系列问题:

(1)水资源的开发利用、水资源保护和水污染防治等缺乏同步进行、协调统一的水资源管理过程。由于我国水资源管理法律、法规将水资源管理职权在各个职能部门之间进行分割,形成水资源管理各职能部门之间存在一定的隔阂与藩篱,不能有效形成水资源管理各职能部门之间信息资料合作共享、技术手段上横向联络互动、管理决策与实施协同一致的水资源管理机制,使水资源统一管理的理念无法在实践中切实可靠地实现。特别是现行水资源管理法律、法规将对水资源的质与量的管理职权分割开来,由不同的职能部门行使,必然造成不同职能部门之间对水资源管理的不协调与错位,而要实现不同职能部门之间水资源管理工作的协调统一,必然产生时间和管理资源的无效耗费,从而导致流域管理的效果不理想、效率低下。更为突出的问题是,水资源管理各职能部门之间在管理的价值追求方面各有侧重:地方行政区域对水资源的管理不可避免地要特别关照地方经济和社会发展的特殊利益与需要,通过对水资源的微观管理侧重于实现经济增长效益;流域管理机构则更关注流域的整体利益与需求,通过对水资源实施宏观管理侧重于实现资源涵养效益;而环境保护部门通过对水资源管理所关注的重心则是生态效益和环境安全效益。由于我国现行水资源管理法律法规将本属有机整体的水资源各项管理职权在不同的职能部门之间进行分割,从而针对同一水域或者水体不同管理职权在行使中不可避免地形成某种内耗的张力甚至激烈冲突,最终给水资源统一管理和保护制造麻烦和障碍。

(2)水资源管理一直实行以行政管制为主导的调整方式,而忽略了市场机制、社会机制的作用。例如,我国江河流域水资源的分配主要采取指令配置、自上而下的控制模式。这种集权式的统一管理模式在短期内一定程度上体现出了有效性,然而依靠行政命令的单纯的政府管制有其局限性,并不能从根本上建立起一套良性的流域水分配和水管理机制。这种效率低下的水资源行政分割管理,重视水资源开发利用,而忽视水资源保护。

2000年以来,以水利部原部长汪恕诚的一系列讲话为标志,水资源的管理思路发生转变。汪恕诚提出,要从工程水利向资源水利转变,从传统水利向现代水利、可持续发展水利转变,在继续做好防洪抗旱、防灾减灾的同时,要把解决水资源短缺和水污染放到重要的地位,以水资源的可持续利用支撑经济社会的可持续发展,强调人与自然和谐、人水关系和谐等。但是在实践中,尤其是基层的水资源管理实践中,仍未摆脱传统治水思路。

9.2.4.2　相关法律制度不完善

1.水资源管理法律法规的缺失

我国的流域管理立法滞后,至今较为完整、系统的流域管理法规仅有2011年颁布的《太湖流域管理条例》,未能从体制上保障水资源的优化配置和有效保护水资源。对流域管理的规定散见于《中华人民共和国水法》《中华人民共和国防洪法》等法律法规中。例如,1997年颁布的《中华人民共和国防洪法》共有15个条款涉及流域管理,其中12个条款规定了流域管理机构在防洪和河道管理方面的职责。但是,由于《中华人民共和国防洪法》只是关于综合治理江河、湖泊和河道,减轻水患灾害的专门法律,并不涉及水资源的开发、利用、保护和管理等方面的问题,因而不可能从整体上确立流域管理机构在水资源管理体系中的地位和作用。《中华人民共和国水法》确立了流域管理制度,但相应的配套法规没有健全,流域管理机构的权限划分、流域管理在实际生活中的具体适用还需要进一步明确,否则流域管理将是有名无实,不能发挥应有的作用。此外,在"节水优先"的形势和方针政策下,关于水资源节约应有一部专门的法律。

2.立法内容不协调

在相应的资源法起草过程中,过多考虑相关部门和系统利益,各自从自身利益出发制定相关的管理、开发和保护制度,缺乏综合性考虑,从而在总体上不能形成协调统一的规范体系。这种体系结构缺陷必然给水资源保护的立法带来影响。流域立法内容不协调,实体性法律偏多而程序性法律较少,给法律实施带来了一系列的困难。例如:

（1）水资源的规划问题，不仅国家环境保护部享有拟定相应环境保护规划的职责，而且作为水资源行政主管部门的水利部设置了专门的规划计划司对水资源进行长期的整体规划，另外国家发展和改革委员会也具有相应的环境建设规划职能，由此可以看出各部门就水资源规划上存在着职能重复问题，势必影响部门职能的实际履行。

（2）就监督管理权而言，根据《中华人民共和国水法》的规定，地方政府水行政主管部门以及流域管理机构对违反《中华人民共和国水法》规定的行为都享有相应的监管权；而对于相应水污染的行为，《中华人民共和国水污染防治法》则赋予了环境保护主管部门和其他依照《中华人民共和国水污染防治法》规定行使监督管理权的部门相应的监督管理权。这些规定，不仅在同一法律中对于各管理部门的管理权限未能予以区分明确，造成部门权限重叠，而且在不同的法律中对所涉及的相同的水资源污染等问题也存在部门管理交叉的现象，由此要求管理部门在实际管理中明确地行使管理职能实属不易。

3. 法律规定过于原则，可操作性差

《中华人民共和国水土保持法》强调了"小流域"治理，但没有流域统一管理和流域管理主体的规定；《中华人民共和国防洪法》只是关于综合治理江河、湖泊和河道，减轻水患灾害的专门法律，并不涉及水资源的开发、利用、保护和管理等方面的问题，不可能从整体上确立流域管理机构在水资源管理体系中的地位和作用。《中华人民共和国水污染防治法》虽有"防治水污染应当按流域或者按区域进行统一规划"的规定，但如何进行流域管理，采取什么具体措施，法律则没有具体规定。上述这些法律法规都没有给予流域管理机构应有的权力，流域机构对水资源分配、保护和监督的实际权力有限，在工作中处于被动地位，难以履行协调、监督、管理等职能。修订的《中华人民共和国水法》出台后，虽然确立了流域管理与行政区域管理相结合的管理体制，但只对流域管理做了原则性的规定，没有将流域管理作为一个基本层次列入水资源管理体制之中，进一步明确流域机构的法律地位、职责、作用和权限，从长远来说不具备实践性，并不利于流域水资源的保护，这也充分说明了现行流域管理体制的软弱与缺位。总之，我国流域管理立法的实际进程远远落后于经济社会发展的客观需要，与流域管理的要求不相适应。由于立法滞后，流域管理的法律只有原则性规定，以致流域管理体制不顺，流域机构的地位不明、职能不定、权限不清，流域管理缺乏可操作性。

9.2.4.3　公众参与机制欠缺

水资源开发和利用的公共性十分突出，几乎涉及所有人的利益，与每个人的生存、发展息息相关。公民参与流域的管理，既是保证自身利益的需要，也是对流域管理机关的行政行为进行监督的一种重要方式。但2002年《中华人民共和国水法》对公众参与根本没有涉及，这不能不说是立法的一个疏漏。从流域规划的编制到微观流域事务的管理，都是由水行政主管部门和有关政府进行的，流域管理机构虽名为管理委员会，实质上却是水利部门的执行机构，管理委员会组成人员的身份是国家公务员，无法广泛代表各方利益。生活在流域沿岸的居民对流域环境最为了解，对流域问题最为关注，广泛的公众参与流域管理有利于解决和处理普遍的环境问题。

事实上，从《中华人民共和国水法》《中华人民共和国环境保护法》《中华人民共和国环境影响评价法》等法律、法规所规定的内容来看，我国在立法上高度重视水资源管理过程中公众的参与,力图使水资源管理建立在坚实的民主与科学的基础之上。然而,现行水资源管理法律法规对公众参与制度的规定更多地停留在宣言式阶段,即对公众参与水资源管理更多的是原则性规定,缺乏对公众参与水资源管理的具体方式方法、途径、权利保障机制、权利救济措施等方面的明确规定,使公众参与水资源管理制度不具备可操作性,致使水资源管理中公众参与流于形式,名存实亡。缺乏公众的实质性参与,必然使水资源管理从决策到实施的全过程在某种程度上呈现闭门造车的特征,这是不科学的,也是不负责任的表现。更为关键的是,水资源的利益相关社会公众在水资源管理过程中无法表达其意见与建议,其利益与诉求也无法实现。这将直接导致水资源管理行为缺乏民主基础,从而无法保障水资源各相关权利主体的基本权益,无法担保水资源管理本身的公正性与科学性。

9.3　水资源行政管理制度

水资源行政管理是国家行政管理的一项特定内容,是水行政主体依法对水资源开发、利用和保护等有关水资源事务的管理活动。水资源行政管理的主体为各级政府和政府相关部门及其工作人员,主要进行水政策、水法规的制定及监督执行,对国家水资源事务,通过行政、法律、经济以及宣传教育等手段进行宏观调控,以规范、引导水资源的开发、利用和保护。

2011年中央一号文件《中共中央国务院关于加快水利改革发展的决定》明确要求实行最严格水资源管理制度,把最严格的水资源管理作为加快转变经济发展方式的战略举措。本节将结合实行最严格水资源管理制度,建立"三条红线,四项制度"的内容,对目前我国实行的水资源行政管理制度进行概述。

9.3.1　水资源开发利用控制制度

9.3.1.1　水资源规划制度

水资源规划即在掌握水资源的时空分布特征、地区条件、国民经济对水资源需求的基础上,协调各种矛盾,对水资源进行统筹安排,制订出最佳开发利用方案及相应的工程措施的规划。《中华人民共和国水法》明确规定,"开发、利用、节约、保护水资源和防治水害,应当按照流域、区域统一制定规划。规划分为流域规划和区域规划。流域规划包括流域综合规划和流域专业规划;区域规划包括区域综合规划和区域专业规划",明确规定了专业规划与综合规划的关系。

为加强对水工程建设的监督管理,保障水工程建设符合流域综合规划和防洪规划的要求,2007年,水利部出台了《水工程建设规划同意书制度管理办法》(水利部令〔2007〕第31号),要求"水工程的(预)可行性研究报告(项目申请报告、备案材料)在报请审批(核准、备案)时,应当附具流域管理机构或者县级以上地方人民政府水行政主管部门审查签署的水工程建设规划同意书。对只编制项目建议书的水工程,应当在项目建议书申请报批时附具流域管理机构或者县级以上地方人民政府水行政主管部门审查签署的水工程建设规划同意书。水工程建设规划同意书的内容,包括对水工程建设是否符合流域综合规划和防洪规划审查并签署的意见"。

为加强水利规划管理工作,规范水利规划体系构成,明确水利规划编制、审批和实施,2011年,水利部出台了《水利规划管理办法(试行)》,明确我国"水利规划体系以《中华人民共和国水法》规定的国家、流域和区域三级,综合规划和专业规划两类为基本框架,形成各类规划定位清晰、功能互补、协调衔接的水利规划体系",要求"水行政主管部门应根据国民经济和社会发展需要,按照国家及各地区各行业有关防治水旱灾害、开发利用水资源和保护生态和环境的要求,根据水利规划体系,制订一段时间内水利规划编制计划。水行政主管部门依据有关法律法规及政策,根据水利规划编制进展,组织制订年度水利规划审批计划。凡未纳入审批计划的规划,原则上不予受理审批申请"。

目前,我国的水资源规划工作积极稳步推进。全国水资源综合规划得到了国务院批复,七大流域综合规划修编全部完成技术审查,正在报国务院审批,完成了一批重要江河湖泊综合规划,启动了全国水中长期供求规划、全国水资源保护规划等编制工作,组织完成了大型灌区续建配套与节水改造、农村饮水安全等一大批专项建设规划。

9.3.1.2 用水总量控制制度

为维系水的自然循环和水资源承载能力,保证社会经济和生态环境的可持续发展,我国实行用水总量控制制度。《中华人民共和国水法》明确规定"国家对用水实行总量控制和定额管理相结合的制度",这从法律层面上确定我国实行用水总量控制制度。为实施水量分配,促进水资源优化配置,合理开发、利用和节约、保护水资源,水利部颁布了《水量分配暂行办法》(水利部令〔2007〕第32号),明确了跨省(自治区、直辖市)的水量分配和省(自治区、直辖市)以下其他跨行政区域的水量分配的原则、基础、标准、机制以及水量分配方案内容等。

2010年,国务院批复了《全国水资源综合规划(2010~2030)》(国函〔2010〕118号),明确了全国水资源配置与用水总量控制方案。黄河、黑河、塔河等部分流域已实行了用水总量控制制度。

随着最严格的水资源管理制度的实施和推进,水利部下发了《关于做好水量分配工作的通知》(水资源〔2011〕368号),全面启动了跨省江河流域水量分配工作。各省市相继出台了地方用水总量控制管理办法,明确了取用水总量,并将用水总量指标逐级分解到区县。2012年,《国务院关于实行最严格水资源管理制度的意见》(国发〔2012〕第3号)进一步明确要加强水资源开发利用红线管理,严格实行用水总量控制,加强用水效率控制红线管理,全面推进节水型社会建设,加强水功能区限制纳污红线管理,严格控制入河湖排污总量。

水利部发布了《水权制度建设框架》《关于水权转让的若干意见》(水政法〔2005〕11号)、《水利部关于内蒙古宁夏黄河干流水权转换试点工作的指导意见》(水资源〔2004〕159号),为建立健全水权制度,充分发挥市场配置水资源作用奠定了坚实基础。

9.3.1.3 水资源论证制度

水资源论证制度实施前,重大取用水项目存在要求简单、技术标准不统一、内容粗细不一致和工作深度要求不具体等弊端。随着我国水资源供需矛盾的日益加剧,社会经济发展受人口、资源、环境的制约日趋显现,生态问题、环境问题频频发生,如部分流域水资源开发利用程度已经超过了其本身所能承载的能力;部分新建水利工程长期蓄水不足,达不到设计的标准,效益难以正常发挥;部分建设项目不顾全局利益和长远利益,在当前利益和局部利益的驱动下,掠夺性开发和利用水资源,甚至造成后建项目影响前建项目取水的情况。于是,2002 年,水利部、国家发展和改革委员会联合发布了《建设项目水资源论证管理办法》,要求"对于直接从江河、湖泊或地下取水并需申请取水许可证的新建、改建、扩建的建设项目,建设项目业主单位应当按照本办法的规定进行建设项目水资源论证,编制建设项目水资源论证报告书",并明确了建设项目水资源论证报告书的编制内容以及审查、申报、审批等。随后,水利部颁布了《水文水资源调查评价资质和建设项目水资源论证资质管理办法(试行)》(水利部〔2003〕第 17 号),明确了建设项目水资源论证单位的资质和申报条件等;出台了《建设项目水资源论证报告书审查工作管理规定(试行)》(水资源〔2003〕311 号)。为规范建设项目水资源论证内容、范围、程序以及报告书的格式、内容等,水利部发布了《建设项目水资源论证导则》(GB 322—2013)等技术标准。水资源论证制度通过科学论证,强化水资源开发利用管理过程中的宏观控制,有效加强水资源开发利用的事前管理和过程管理,实现水资源条件与经济布局相适应、水资源承载能力与经济规模相协调、促进水资源的合理开发和优化配置,有利于政府对水资源开发、利用和保护等方面实施宏观管理。

由于建设项目水资源论证是针对单个项目进行的,其论证对象的单一性使得其本身存在一定的局限性,如建设项目水资源论证每一个都合理,但在流域或区域范围内,多个建设项目累积影响就不一定合理。特别是随着大规模的城市化、工业化,区域性水资源问题进一步凸现,在一些城市和重大项目规划中,对区域水资源配置与有效利用考虑不够,在实施中遇到重大的水资源制约问题,同时对水资源配置与有效利用造成重大冲击,造成规划实施受阻。因此,水资源论证迫切需要由单个项目论证向项目论证与规划论证相协调转变,重点加强规划论证层面的工作,从宏观层面分析经济社会发展与水资源条件的协调性,使得水资源条件在支撑经济社会发展的同时,合理开发、利用和保护水资源。为推进规划水资源论证工作,2010 年水利部下发了《关于开展规划水资源论证试点工作的通知》(水资源〔2010〕483 号),同时制定了《规划水资源论证技术要求(试行)》,各地积极推动规划水资源论证,并开展了一批工业园区规划、城市总体规划以及灌区等的规划水资源论证工作。2013 年,水利部出台了《关于做好大型煤电基地开发规划水资源论证的意见》,指出"煤电规划水资源论证应与煤电基地专项规划编制工作同步开展",明确了煤电规划水资源论证的主要内容以及报告书的编制、审查、申报、审批等事宜。

9.3.1.4　水资源有偿使用和取水许可制度

在市场经济逐步完善的条件下,为解决好水资源合理开发、优化配置、高效利用、有效保护等问题,最有效的手段是实施政府宏观调控。1993 年,国务院颁布实施的《取水许可制度实施办法》(国务院〔1993〕第 119 号),确立了我国取水许可制度,要求新建、改建、扩建的建设项目必须办理取水许可证。2006 年,为加强水资源管理和保护,促进水资源的节约与合理开发利用,国务院出台了《取水许可和水资源费征收管理条例》(国务院〔2006〕第 460 号),明确了取水许可的申请、实施、监督和管理,以及水资源费的征收、使用和管理等。《中华人民共和国水法》也明确规定:"直接从江河、湖泊或者地下取用水资源的单位和个人,应当按照国家取水许可制度和水资源有偿使用制度的规定,向水行政主管部门或者流域管理机构申请领取取水许可证,并缴纳水资源费,取得取水权。"

为加强取水许可管理,规范取水的申请、审批和监督管理,水利部出台了《取水许可管理办法》(水利部〔2008〕第 34 号),明确了取水的申请、受理、审查以及取水许可证的发放、监督、管理等。《关于授予黄河水利委员会取水许可管理权限的通知》(水利部水政资〔1994〕197 号)、《关于授予淮河水利委员会取水许可管理权限的通知》(水利部水政资〔1994〕276 号)、《关于授予长江水利委员会取水许可管理权限的通知》(水利部水政资〔1994〕438 号)、《关于授予海河水利委员会取水许可管理权限的通知》(水利部水政资〔1994〕460 号)、《关于授予松辽水利委员会取水许可管理权限的通知》(水利部水政资〔1994〕554 号)、《关于授予珠江水利委员会取水许可管理权限的通知》(水利部水政资〔1994〕555 号)、《关于授予太湖流域管理局取水许可管理权限的通知》(水利部水政资〔1995〕7 号)、《关于国际跨界河流、国际边界河流和跨省(自治区)内陆河流取水许可管理权限的通知》(水利部水政资〔1996〕5 号)分别对黄河流域、淮河流域、长江流域、海河流域、松辽流域、珠江流域、太湖流域和国际跨界河流、国际边界河流和跨省(自治区)内陆河流的取水许可管理权限进行了规定。

为加强水资源费征收、使用管理,财政部、国家发展和改革委员会、水利部联合出台了《水资源费征收使用管理办法》(财综〔2008〕79 号);国家发展和改革委员会、财政部、水利部联合出台了《关于中央直属和跨省水利工程水资源费征收标准及有关问题的通知》(发改价格〔2009〕1779 号),财政部、水利部联合出台了《中央分成水资源费使用管理暂行办法》(财农〔2011〕24 号),国家发展和改革委员会、水利部联合下发了《关于水资源费征收标准有关问题的通知》(发改价格〔2013〕29 号)。各地积极推进,强化水资源费使用管理。目前,30 余个省(自治区、直辖市)全面实施了水资源有偿使用制度。

实践表明,水资源有偿使用和取水许可制度,是全面落实最严格的水资源管理制度的一项重要举措,是协调和平衡水资源供需关系,实现水资源可持续利用的重要保证。

9.3.1.5　水资源调度制度

水资源时空分布的不均衡,不仅使我国水资源时空分布与生产力布局不相匹配,而且导致地区间和不同用水部门间存在很大的竞争性,导致在掠夺式水资源开发利用模式下的生态环境问题频发。为科学统筹、合理利用水资源,我国实行水资源调度制度,加强流域内或跨流域间的水资源开发利用,提高水资源利用效率。尤其是在枯水期或水资源短缺的紧急状态下,水资源调度制度的意义和作用就更为突出。

2007 年,国务院颁布了《黄河水量调度条例》(国务院〔2007〕第 472 号),确定国家对黄河水量实行统一调度,对黄河水量分配、水量调度、监督管理和法律责任等均做了明确规定。随后,水利部颁布了《黄河水量调度条例实施细则(试行)》(水利部水资源〔2007〕469 号)。

2009 年,水利部出台了《黑河干流水量调度管理办法》(水利部令第 38 号),明确国家对黑河干流实行统一调度。《三峡水库调度和库区水资源与河道管理办法》(水利部〔2008〕第 35 号),明确了三峡水库在发挥防洪、兴利等作用时的基本调度原则。

水利部组织完成南水北调东线、中线水量调度方案。部分江河明确了水资源调度方案、应急调度预案和调度计划,山西、河北向北京应急调水,引江济太,珠江压咸补淡,引黄济津济淀,淮河重要闸坝调度等,对保障城乡居民用水、积极应对水污染事件、协调生活生产和生态用水方面发挥了重要作用。

9.3.2　用水效率控制制度

9.3.2.1　节约用水制度

随着经济社会的发展,人类对水资源不合理开发利用加剧了水资源短缺形势。例如:农业用水方面仍存在大水漫灌的灌溉方式;工业节水工艺水平相对较低,工业用水重复利用率低;生活用水方面,节水型器具推广不够,水资源浪费严重。于是,我国自 20 世纪 70 年代后期起,把厉行节约用水作为一项基本政策。1980 年,国家经济委员会等部门就发出了《关于节约用水的通知》。《中华人民共和国水法》规定"国家厉行节约用水,大力推行节约用水措施,推广节约用水新技术、新工艺,发展节水型工业、农业和服务业,建立节水型社会。各级人民政府应当采取措施,加强对节约用水的管理,建立节约用水技术开发推广体系,培育和发展节约用水产业。单位和个人有节约用水的义务。"《国务院关于实行最严格水资源管理制度的意见》(国发〔2012〕3 号)指出"全面加强节约用水管理,……各项引水、调水、取水、供用水工程建设必须首先考虑节水要求。水资源短缺、生态脆弱地区要严格控制城市规模过度扩张,限制高耗水工业项目建设和高耗水服务业发展,遏制农业粗放用水"。

与此同时,国家相继出台了一系列标准规范,如《评价企业合理用水技术通则》《取水许可技术考核与管理通则》(GB/T 17367—1998)、《取水定额》《工业企业产品取水定额编制通则》(GB/T 18820—2011)、《节水型产品技术条件与管理通则》(GB/T 18870—2002)、《节水型企业评价导则》(GB/T 7119—2006)、《企业水平衡测试通则》(GB/T 12452—2008)等,指导各行业节约用水行为。2012 年,编制了高尔夫球场、人工滑雪场、洗车和洗浴 4 项高耗水服务业的节水技术规范和 6 项用水产品水效强制性国家标准。水利部出台了《水效标示管理办法》,对主要用水产品节水水平进行分级、标识,逐步实行用水产品用水效率标识管理。

在我国水资源匮乏这一基本国情下,提倡节约用水,反对用水浪费,是提高用水效率的最佳选择。因此,节约用水制度是我国的一项基本国策,并将长期存在。

9.3.2.2　节水型社会建设

节水型社会就是这样一种意识,即对水资源要节约和保护,贯穿在人们的生产和生活当中的各个环节,在这个过程中,以健全的管理体系和高效的运行机制为基础,以法律制度体系为保障,综合运用多种措施,例如利率、经济、工程、行政和技术等,同时配之以社会经济与产业结构的适时调整,实现水资源的开发、配置与利用的高效,达到节水型社会建设以促进可持续发展,在这个过程中主要的推动者是政府,参与者是用水公众与用水单位。节水型社会建设的核心就是通过体制创新和制度建设,建立起以水权管理为核心的水资源管理制度体系、与水资源承载能力相协调的经济结构体系、与水资源优化配置相适应的水利工程体系;形成政府调控、市场引导、公众参与的节水型社会管理体系,形成以经济手段为主的节水机制,树立自觉节水意识及其行为的社会风尚,切实转变全社会对水资源的粗放利用方式,促进人与水和谐相处,改善生态环境,实现水资源可持续利用,保障国民经济和社会的可持续发展。

自"十五"以来,我国开展了 100 个全国节水型社会建设试点和 200 个省级节水型社会建设试点。2001 年,全国节约用水办公室批复了天津节水试点工作实施计划,具备节水型社会的雏形。2002 年 2 月,水利部印发《关于开展节水型社会建设试点工作指导意见的通知》,通知指出:"为贯彻落实《水法》,加强水资源管理,提高水的利用效率,建设节水型社会,我部决定开展节水型社会建设试点工作。通过试点建设,取得经验,逐步推广,力争用 10 年左右的时间,初步建立起我国节水型社会的法律法规、行政管理、经济技术政策和宣传教育体系",强调了试点工作的重要性。同年 3 月,甘肃省张掖市被确定为全国第一个节水型社会建设试点。之后水利部和地方省政府联合批复绵阳、大连和西安 4 个节水型社会建设试点。2004 年 11 月,水利部正式启动了"南水北调东中线受水区节水型社会建设试点工作";2006 年 5 月,国家发展和改革委员会与水利部联合批复了《宁夏节水型社会建设规划》;2007 年 1 月,国家发展和改革委员会、水利部和建设部联合批复了《全国"十一五"节水型社会建设规划》;2006 年,水利部启动实施了全国第二批 30 个国家级节水型社会建设试点,这些不同类型的新试点,建设内容各有侧重,通过示范和带动,深入推动了全国节水型社会建设工作;2008 年 6 月,启动实施了全国第三批 40 个国家级节水型社会建设试点;2010 年 7 月,启动实施了全国第四批 18 个国家级节水型社会建设试点;2012 年,水利部发布了《关于印发〈节水型社会建设"十二五"规划的通知〉》,编制了《节水型社会建设"十二五"规划》。目前,已累计完成 80 余个国家节水型社会试点建设,试点地区万元 GDP 和万元工业增加值用水量分别下降 30%、50% 以上,明显高于全国平均水平。与此同时,加快推进节水技术改造升级。通过实施大型灌区续建配套与节水改造、重点中型灌区节水配套改造和大型灌排泵站更新改造、小型农田水利建设等有关灌排工程设施改造等项目,2010 年全国农田灌溉水有效利用系数已达到 0.50,全国节水灌溉工程面积达到 4.1 亿亩。另外,还开展了工业节水技术改造和生活节水器具推广示范,开展了污水处理回用规划编制工作,发布了污水处理回用有关技术标准,2010 年全国污水处理回用量已达 27.6 亿 m^3。

9.3.2.3　计划用水管理制度

计划用水是为实现科学合理地用水,使有限的水资源创造最大的社会效益、经济效益和生态效益,而对未来的用水行动进行的规划和安排活动。任何区域可供开发利用的水资源都是有限的,无计划地开发利用水资源,使本已紧缺的水资源在利用过程中产生更多的浪费,造成更大程度的缺水。因此,需要有计划地进行水资源开发利用活动,在良性循环中实现水资源的可持续发展。

《中华人民共和国水法》第四十七条规定"县级以上地方人民政府发展计划主管部门会同同级水行政主管部门,根据用水定额、经济技术条件以及水量分配方案确定可供本行政区域使用的水量,制订年度用水计划,对本行政区域内的年度用水实行总量控制",这为水行政主管部门实施计划用水制度提供了法律基础。

水利部制定了《计划用水管理办法》,明确了计划用水管理对象、程序和管理要求。目前,北京、上海、广州、深圳等地相继出台了各地的计划用水管理办法,对取用水户实行了计划用水管理,逐年下达取用水计划。对于超计划取用水户,实行超计划累进加价制度。部分城市对于新建、改建、扩建项目,要求制订节水措施方案,保证节水设施与主体工程同时设计、同时施工、同时投产,实行节水"三同时"管理制度。

9.3.2.4　用水定额管理制度

长期以来,由于工业节水技术水平有限,农业灌溉用水粗放,生活用水节水器具没有普及以及人民节水意识不高等,水资源利用效率低下,用水定额相对较高。因此,为促进合理用水、科学用水,制定科学合理的用水定额就显得尤为重要。为此,1999 年,水利部印发了《关于加强用水定额编制和管理的通知》(水资源〔1999〕519 号),决定在全国开展用水定额编制工作,要求 2001 年完成本地区主要用水行业用水定额的编制工作,并颁布实施。2001 年,水利部印发了《关于抓紧完成用水定额编制工作的通知》(资源管〔2001〕8 号),督促各地抓紧完成用水定额的编制工作。2002 年,我国制定了《工业企业产品取水定额编制通则》,于 2002 年 1 月 1 日开始实施。2007 年,水利部制定了《用水定额编制技术导则》,健全用水定额标准,将用水定额作为水资源论证、取水许可、计划用水等水资源管理的重要依据。2013 年,水利部印发了《关于严格用水定额管理的通知》(水资源〔2013〕268 号),要求省级水行政主管部门要积极会同有关行业主管部门,按照《用水定额编制技术导则》要求,依据《国民经济行业分类与代码》(GB/T 4754)规定的行业划分,结合区域产业结构特点和经济发展水平,加快制定农业、工业、建筑业、服务业以及城镇生活等各行业用水定额,加快完善用水定额标准体系。强调要进一步加强用水定额监督管理,切实将用水定额作为水资源论证、取水许可、计划用水等水资源管理手段的依据。要将用水定额作为节水评价考核的重要依据,鼓励企业内部按照先进用水定额进行考核管理。各地节水型企业(单位)创建必须依照国内先进用水定额进行评选,不符合先进用水定额的企业不得评选为节水型企业(单位)。

《中华人民共和国水法》第四十七条明确规定:"国家对用水实行总量控制和定额管理相结合的制度,省、自治区、直辖市人民政府有关行业主管部门应当制定本行政区内行业用水定额,报同级水行政主管部门和质量监督检验行政主管部门审核同意后,由省、自治区、直辖市人民政府公布,并报国务院水行政主管部门和国务院质量监督检验行政主管部门备案。"由此正式确立了用水定额管理制度的法律地位。2006 年颁布实施的《取水许可和水资源费征收管理条例》(国务院〔2006〕第 460 号)中规定"实施取水许可总量控制和定额管理相结合"的水资源管理原则,明确"按照行业用水定额核定的用水量是取水量审批的主要依据",将用水定额落实到了取水许可、取水审批、水资源费征收等水资源管理工作中。

9.3.3　水功能区限制纳污制度

9.3.3.1　水功能区划制度

水功能区是指为满足人类对水资源合理开发、利用、节约和保护的需求,根据水资源的自然条件和开发利用现状,按照流域综合规划、水资源保护和经济社会发展要求,依其主导功能划定范围并执行相应水环境质量标准的水域。水功能区划是根据区划水域的自然属性,结合经济社会需求,协调水资源开发利用和保护、整体和局部的关系,确定该水域的功能及功能顺序。我国地表水功能区划分为五类：Ⅰ类主要适用于源头水和国家自然保护区；Ⅱ类主要适用于集中式生活饮用水地表水源地一级保护区、珍稀水生生物栖息地、鱼虾类产卵场、仔稚幼鱼的索饵场等；Ⅲ类主要适用于集中式生活饮用水地表水源地二级保护区、鱼虾类越冬场、洄游通道、水产养殖区等渔业水域及游泳区；Ⅳ类主要适用于一般工业用水区及人体非直接接触的娱乐用水区；Ⅴ类主要适用于农业用水区及一般景观要求水域。

2003年，水利部颁布了《水功能区管理办法》（水资源〔2003〕233号），随后编制了《水功能区划分技术规范》，明确了水功能区划分的原则、分类体系、指标、程序、方法等。2007年，水利部发布了《地表水资源质量评价技术规程》（SL 395—2007），统一了全国地表水资源质量评价方法，确保地表水资源评价结果的系统性、科学性、准确性。

2012年，国务院批复了《全国重要江河湖泊水功能区划》，对全国6 684个水功能区进行了调查评价，提出2020年全国主要江河湖泊水功能区水质达标率达80%，2030年全国江河湖泊水功能区基本达标的规划目标。目前，31个省（自治区、直辖市）政府批复了本省区的水功能区划，全国水功能区划体系基本形成。

9.3.3.2　排污总量控制制度

《中华人民共和国水法》规定，新建、改建、扩建入河排污口必须经县级以上水行政主管部门同意。为加强入河排污口监督管理，保护水资源，保障防洪和工程设施安全，促进水资源的可持续利用。2004年，水利部颁布了《入河排污口监督管理办法》（水利部〔2004〕第22号），严格入河湖排污口设置审批和监督管理。《入河排污口监督管理办法》规定，"入河排污口的设置应当符合水功能区划、水资源保护规划和防洪规划的要求。设置入河排污口依法应当办理河道管理范围内建设项目审查手续的，排污单位提交的河道管理范围内工程建设申请中应当包含入河排污口设置的有关内容，不再单独提交入河排污口设置申请书。设置入河排污口需要同时办理取水许可和入河排污口设置申请的，排污单位提交的建设项目水资源论证报告中应当包含入河排污口设置论证报告的有关内容，不再单独提交入河排污口设置论证报告。"此外，制定了《入河排污口管理技术导则》（SL 532—2011），规范入河排污口登记、设置申请、监测、规范化治理、统计管理等各项工作的技术要求。

9.3.3.3　饮用水水源区保护制度

饮用水水源保护区一般是指以集中供水取水口为中心的地理区域。在水源取水口附近划出一定的水域和陆域，分为一级保护区、二级保护区和准保护区。为保障人类饮水和用水安全，《中华人民共和国水法》《中华人民共和国水污染防治法》及其实施细则等均对饮用水水源区保护作了相关规定。《城市供水条例》（国务院〔1994〕158号）规定，"在饮用水水源保护区内，禁止一切污染水质的活动"。1989年，国家环境保护局、卫生部、建设部、水利部、地矿部联合发布了《饮用水水源保护区污染防治管理规定》（〔89〕环管字第201号）；2007年，国家环保总局出台了《饮用水水源保护区划分技术规范》（HJ/T 338—2007）；2008年，国家环保总局出台了《饮用水水源保护区标志技术要求》（HJ/T 433—2008），逐步加强对饮用水水源区的保护和管理。

2011年，国务院批复了《全国城市饮用水卫生安全保障规划》，水利部会同有关部门印发了《全国城市饮用水水源地安全保障规划》,初步建立了水源地安全核准和安全评估制度,完成175个全国重要饮用水水源地达标评估,提出达标建设实施方案。同时,水利部出台了《生态清洁小流域建设技术导则》(SL 534—2013)。

9.3.4 水资源管理责任和考核制度

为推进实行最严格水资源管理制度,确保水资源开发利用和节约保护目标的实现,国务院出台了《实行最严格水资源管理制度考核办法》,明确最严格的水资源管理的考核内容、考核程序、考核方式和奖惩措施等,指出"考核内容为最严格水资源管理制度目标完成、制度建设和措施落实情况"。

此外,国家水资源监控体系正在逐步完善,水资源监控能力逐步增强。编制了《国家水资源监控能力建设项目实施方案(2012~2014年)》,明确了取用水户、水功能区、省界断面国控监测点和中央、流域、省级监控管理信息平台建设内容。各省(自治区、直辖市)水资源管理信息系统建设实施方案通过了技术审查,部分省(自治区、直辖市)已启动建设工作。《水文基础设施"十二五"建设规划》编制完成。国家地下水监测工程项目正式立项。

9.4 水资源市场管理机制

因自然时空分布不均和人口众多、经济发展的压力,中国水资源供求矛盾日益突出,水资源问题也已经成为经济社会发展面临的最突出的重大问题。针对研究的水资源问题,我国认识到市场在水资源配置中的重要作用,出台了一系列的指导方针和相关政策,2011年中央一号文件中提出"实行最严格的水资源管理制度,充分运用市场机制优化配置水资源。"十八届三中全会提出"使市场在资源配置中起决定性作用"。2013年习近平主席提出的政府与市场"两手发力"的治水思路,都显示了国家期望通过建立完善的市场机制、充分发挥市场的调节作用缓解水资源供求矛盾的水资源可持续利用战略。

水市场机制中最主要的两种手段为水价机制、水权分配与交易机制。水价传递供求信息、调节供求、调节利益分配;明晰的水权制度,是健康水价机制构建的基础。

9.4.1 水资源市场管理机制的理论基础

水资源市场管理机制是应用于水资源管理过程中并遵循市场经济规律的经济手段及工作机制。按照《中华人民共和国水法》规定,水资源的所有权属于国家,但所有权、经营权、收益权及处分权是可以相对分离的,在明确所有权的前提下,认真研究经营权、收益权、分配权及其投资、消费,这就涉及一个市场问题,因此水市场的构建对于解决水资源的短缺及优化配置应该是社会主义市场经济条件下的有效途径和办法。从市场的角度考虑,水市场就是通过出售水、买卖水,用经济杠杆推动和促进水资源优化配置的交易场所,对水权进行交易和转让,就形成了水市场。因此,水资源市场化的前提和核心是水权,要构建新型的水市场,需从经济学的角度及水权理论出发,分析水资源的所有权与经营权之间的联系和区别,建立合理的水价机制,确保水资源可持续利用。

9.4.1.1　资源的稀缺性理论

从经济学的角度来说,资源稀缺性是经济学第一原则,一切经济学理论皆基于该原则,由于资源稀缺性的存在,人类包括经济在内的一切活动均需要面临选择问题,使得人们在使用物品中不断做出选择。

水资源作为自然资源,其第一大经济特性就是稀缺性。稀缺性分为物质稀缺性和经济稀缺性。物质稀缺性即水资源的绝对数量短缺;经济稀缺性即自然水资源绝对数量充足,因人为因素导致的水资源质和量不能满足需求的现象。在我国,北方水资源的稀缺性为物质稀缺性;南方水资源相对丰富,水污染严重,造成南方水资源的经济稀缺性。因此,对水环境、水资源的保护必须重视经济性的稀缺问题,不仅要保护水资源,防止其浪费和污染,也要对水资源的开发利用进行合理的控制安排,使水资源的供应和需求达到平衡,而实行水权交易制度则是提高水资源利用效率的一种最切实可行的方法。

9.4.1.2　公共物品理论

公共物品理论是研究公共事务的一种现代经济理论,有狭义和广义之分。狭义的公共物品是指纯公共物品,而现实中有大量的物品是基于两者之间的,不能归于纯公共物品或纯私人物品,经济学上一般统称为准公共物品。广义的公共物品就包括了纯公共物品和准公共物品。

水资源是社会经济发展和人类生活不可或缺和无可替代的自然资源,需求弹性极小,水资源自身的这种属性决定了水资源起初只是一种纯公共物品,此时水资源的配置、调度和管理基本上是一种纯行政模式或准行政模式,市场化程度很低。但是,随着生产力发展和商品经济的发展,水资源的需求量也越来越大,而水资源本身就是有限的自然资源,且人类生产生活对水资源的大量消耗和污染使得可用的水资源越来越少,水资源越来越成为一种稀缺的战略性资源,此时水资源就变成了一种准公共物品,此时的水资源配置、调度和管理就越来越倾向于采用准市场模式或纯市场模式,市场化程度较高。

9.4.1.3　产权理论

产权是法学和经济学中的一个重要概念,指物的存在及其使用而引起的人与人之间相互认可的行为关系,是在资源稀缺的条件下,人们使用资源的适当规则。产权同稀缺资源的有效利用联系在一起,强调在人利用物的过程中人与人之间的关系。产权制度是由一定的产权关系和产权规则结合而成的,是对产权关系实行有效组合、调节和保护的制度安排,以产权为中心,用来规范(包括约束和鼓励)人们产权行为的一系列制度。

产权理论中最为著名的是科斯定理,科斯定理指出,只要市场交易费用为零,不管初始产权如何安排,当事人之间都可以通过谈判使资源得到有效配置,即市场机制会自动使资源配置达到帕累托最优。该定理包括两个前提,交易费用为零和产权清晰。只要保证这两点,任何问题都可以通过市场机制使得资源的配置帕累托最优。这是解决公共物品及准公共物品的供给以及促使外部性内部化的一条基本途径,也是水资源市场化的理论基础。由于现实中总是存在着交易成本,因而科斯定理的重大意义并不在它本身,而在于它的反面,即在交易费用不为零的情况下,不同的权利配置界定会带来不同的效率的资源配置。而由于现实生活中交易费用的存在,不同的权利界定和分配,则会带来不同效益的资源配置,所以产权制度的设置是优化资源配置的基础。

水权是产权在水资源领域的反映,类似于房产权、矿业权、森林权等,包括水资源的所有权、使用权、收益权、转让权。水资源所有权是指法律规定的所有者对于水资源的排他性的独占权。水资源使用权是指权利主体拥有的对水资源行使利用的权力。水资源收益权是从事水资源调度、配置、供水服务、节水服务、水体加工、治理、保护的企事业法人、自然人基于政府授权或合同约定,享有通过自身的投入或市场获得水资源收益的权利。水资源转让权是指水权人具有通过协商或交易把水权从一个水权人转移到另一个水权人的权利。水权在本质上反映了人与人之间的经济权利关系,因此这种权利关系的调整也要依靠人与人之间的互动,而且水权是一组权利束,而不是单项的权利,尤其不能仅仅理解为狭义的所有权,同时这组权利束是可以分解的,不会因为水资源的国家所有而影响水权制度的改革。从水权的排他性来分类,水权可以区分为国家水权、区域水权(流域水权)、俱乐部水权、私有水权;从水权的功能差异性分类,可以将水权分为家庭水权、市政水权、工业水权、灌溉水权、水力发电水权、航运水权、河道水权、生态水权等。

9.4.2　国内外水市场发展现状

9.4.2.1　国外水市场发展现状

在实践中,世界各国供水部门,由于涉及供水系统的运营与投资成本回收问题,根据各国政策,大都按工程成本核定相应计收供水价格,计价收费较早。美国、英国等发达国家早在19世纪末20世纪初就已开始实施供水收费制度,但在很大程度上水的供给体现了其福利性与公益性。真正意识到利用水价这个经济杠杆来调节水资源的供需平衡,大多数市场经济国家都始于20世纪70年代,于90年代广泛推行。

国外关于水资源定价的研究多为价格弹性和定价模型,许多学者考虑用经济杠杆调节水资源供需矛盾,价格是节约用水的重要参数。①在定价策略和价格弹性研究方面,大多数学者认为水价有利于提高用水效率及体现公平。②在定价模型研究方面,国外有关供水的定价模型一般基于服务成本、支付能力、机会成本、边际成本及市场需求(系统的机会成本)(Teerink,1993)。一般认为,边际成本定价是有效率的定价。③在水价管理研究方面,无论是发达国家还是发展中国家,一般地,水资源作为公共资源往往由政府控制。随着水资源的短缺,很多国家在逐步减少政府控制,引入市场机制,水资源的配置由拥有私有水权的所有者在市场上进行交易。水权明确界定是市场交易的基础。智利作为自由市场管理成功的范例,Bauer(1997,1998)分析了流域管理的缺点,强调市场管理必须加强法制和制度建设的必要性。

1993年9月,世界银行出台了新的水资源管理方针,采纳了将水作为一种经济商品,强调必须对它进行综合管理的框架,同时认为在水资源管理中,水服务系统越分散,水用户的参与就越彻底,水使用的有效性就越高。一些国家已经或正在响应世界银行的新水资源管理的方针。美国的水权转让类似于不动产转让;澳大利亚的各种水权都可以转让,价格完全由市场决定,在遵守相应规则的前提下政府不进行干预;俄罗斯则利用"水籍部"对全国水资源及其分布进行普查登记,对用水数量进行长期如实记载,检索和查询非常方便。从使用权的获取方式和初始水权界定来看,目前国外主要的水权体系包括滨岸权体系、优先占用权体系和其他体系。

总地来说,国外的水权管理主要包括以下内容:

(1)以水权为基础建立水资源市场管理机制。

大多数国家,特别是一些市场化程度较高的国家,如美国、澳大利亚、日本、加拿大等,对水资源都建立了按水权管理的水资源管理制度体系,将水权制度作为水资源管理和水资源开发的基础。这些国家通过制定水法,建立各自的水权管理制度,有关部门从各州获取水权再逐级分解,将水权落实到每个用水户。

(2)按照优先用水原则进行水权分配。

从各国的用水优先权来看,几乎所有国家都规定家庭用水优先于农业用水和其他用水,但在时间上则根据申请时间的先后被授予相应的优先权。当水资源不能满足所有要求时,水权等级低的用户必须服从于水权等级高的用户的用水需求。

(3)因地制宜,建立切合实际的水权管理体系。

由于水资源具有地区特点,不同地区面临的水资源问题存在一定的差异性,因此在实施水权管理时应因地制宜地建立切合实际的水权管理体系。如美国东部水资源丰富,用水需求一般均可满足,适合采用滨岸权体系,而西部地区水资源紧缺,用水需求不能得到保障,适合采用水权优先占用体系。因此,建立"区域性"水权制度可能比建立"全国性"水权制度更具有意义。

(4)水权管理具有一定的法律体系保障。

无论在美国还是其他国家,在水权管理过程中都有一系列的法律法规和水权制度,其中最明显的法律就是水法,它对水权的界定、分配、转让或交易都做了明确的规定。在水权管理体系实施的过程中,相应的法律保障在水市场正常运转,发挥作用的过程中起到了十分重要的指导作用。

(5)建立可交易水权制度。

人类历史上从沿岸所有权、优先占用权、公共水权到可交易水权的转变充分说明了水权制度的变迁始终围绕着提高水资源的配置效率和使用效率这个主题进行。可交易水权制度解决了以上几种水权制度存在的效率缺陷,它在清晰界定水权的基础上,引入市场机制,利用市场这只"看不见的手"不断矫正存在的效率损失,从而在宏观和微观两个层面实现水资源高效利用和配置,因此可交易水权制度是一种值得借鉴的水权制度。

(6)建立水权转让公告制度。

国外在对水权转让进行规范时,普遍建立了水权转让公告制度。澳大利亚的水权转让,一般经过"申请—审批—转让—水权证转换"程序。水权转让实行公示登记制度,水权转让主体要对自己拥有的多余水权进行公告,公告制度要规定公告的时间、水质水量、期限、公告方式和转让条件等内容,这样有利于水资源使用权转让的公开、公平和效率的提高,既保护了水权拥有者的用水权利,也保证了水权的交易安全,同时保护交易相对人的利益。

(7)创新水权交易方式。

在交易方式上,美国将水权划分为不同的股份,通过水权市场或水权银行进行交易。可以利用现有的市场交易模式,如证券交易市场、黄金交易市场、固定资产交易市场等,组建水市场。成立水权银行进行水权的重新配置有独特的优势,政府对银行的指导可以利用"利率"杠杆来调节。

（8）重视用水户的参与。

水资源管理中的公众参与能够使用水户特别是农场主通过水权交易得到实惠，增强了水资源管理和分配的参与意识，促进了水资源分配的公平性。

9.4.2.2 国内水市场发展现状

新中国成立以来，我国的供水行业经历了无偿供水阶段（1965 年以前）、低标准收费阶段（1965～1979 年）、成本补偿收费阶段（1980～1997 年）、合理定价阶段（1997 年以后）。近十几年来，我国关于供水价格的研究大多集中在定价方法和计费方式方面，包括定价机制、定价方法、价格管理、水价改革等。目前，大部分城市供水价格已经基本达到保本水平，水价调整大部分以解决企业亏损、减少财政补贴为目的，还不能完全体现对稀缺性资源配置的调控作用。农业水价改革成效并不显著，现状农业供水价格仍未达到供水成本。

2000 年 11 月 24 日，在水权理论的指导下，浙江省东阳市和义乌市双方在东阳市举行水权转让协议签字仪式，协议中义乌市一次性出资 2 亿元购买东阳市横锦水库每年 4 999.9万 m³ 水的永久使用权，自此开启了我国水权转让制度的先河，水市场管理机制在我国开始生根发芽，并逐步得到发展。目前，我国主要实行的是以行政手段配置水资源的公有水权制度。

随着中国水资源市场管理机制的不断发展，我国出台了《中华人民共和国价格法》《中华人民共和国水法》《中华人民共和国环境保护法》《中华人民共和国物权法》《水利工程供水价格管理办法》《城市供水条例》《城市供水价格管理办法》《取水许可和水资源费征收管理条例》（国务院令第 460 号）、《水资源费征收使用管理办法》（财综〔2008〕79 号）以及《水利部关于水权转让的若干意见》等众多法律、法规和相关政策条例，为水市场的发展和完善提供了重要的法律依据和保障。

我国目前水权水市场具备的基础和特点如下：

（1）水资源所有权归国家所有。

《中华人民共和国宪法》第九条规定："矿藏、水流、森林、山岭、草原、荒地、滩涂等自然资源都属于国家所有，即全民所有。"《中华人民共和国水法》第三条规定："水资源属于国家所有。水资源的所有权由国务院代表国家行使。"水资源由代表人民意志的国家统一支配，有利于国家统一管理水资源，为国家实施取水许可制度和水资源有偿使用制度提供了法律依据。

（2）流域管理与行政区域管理相结合的管理制度。

我国的水资源时空分布不均匀，流动性大，国家对水资源全面管理的排他性成本很高。因此，《中华人民共和国水法》第十二条规定："国家对水资源实行流域管理与行政区域管理相结合的管理体制。"这样，中央政府将水资源的管理权的一部分下放给地方政府，地方政府在所管辖的流域范围内对水资源拥有处置权，可以通过取水许可制度将水权分配给不同的用水者。这样，既加强了对水资源的管理，也降低了水资源管理的难度和成本，形成了流域管理与行政区域管理相结合的管理机制，但是地方政府在水资源配置方面反而拥有了很大的操作空间，对水资源的整体开发利用带来了不利的影响。

（3）取水许可制度和有偿使用制度。

水资源具有流动性、多功能性而产生的非排他性，造成了用水户用水行为无序。因此，《中华人民共和国水法》第七条规定：“国家对水资源依法实行取水许可制度和有偿使用制度。”《中华人民共和国水法》第四十八条规定：“直接从江河、湖泊或者地下水取用水资源的单位和个人，应当按照国家取水许可制度和水资源有偿使用制度的规定，向水行政主管部门或者流域管理机构申请领取取水许可证，并缴纳水资源费取得水权。”实行取水许可制度和水资源有偿使用制度改变了以前福利供水的状况，体现了水资源是有价值的商品水。用水户经水行政主管部门的许可得到取水许可证并缴纳一定数额的水资源费，是国家拥有水资源所有权在经济上的体现。

（4）用水计量收费制度。

《中华人民共和国水法》第四十九条规定：“用水应当计量，并按照批准的用水计划用水。用水实行计量收费和超定额累进加价制度”；第五十五条规定：“使用水工程供应的水，应当按照国家规定向供水单位缴纳水费。供水价格应当按照补偿成本、合理收益、优质优价、公平负担的原则确定。”价格是市场经济中强有力的杠杆，公平合理的水价能够有效抑制用水户的用水需求和刺激其节约用水。同时，能调动供水经营者的供水积极性，保证其自负盈亏和对供水设施的正常运营，有利于水市场的良性运转。

（5）用水总量控制和定额管理制度。

水资源的日益短缺促使水资源管理部门从由以需定供的供水模式向以供定需的供水模式改变。《中华人民共和国水法》第四十七条规定：“国家对用水实行总量控制和定额管理相结合的制度。”总量控制和定额管理相结合的水资源管理制度是制订水权初始分配方案的基础，有利于加强水资源的统一管理和提高水资源的利用效率及促进节约用水，同时是建立水市场的重要前提条件。因此，应该制定出科学合理的定额指标体系，因为对于用水户来说，定额的水资源使用量就相当于水权。

9.4.2.3　我国水市场存在的问题

目前，全国上下都在努力探索和实践适合我国的水权水市场体系，但法律法规上还相对欠缺，这种缺陷对水权交易的发展制约很大，而且长期的计划经济体制和国家行政分配水资源的习惯对大家的思路也有一定的禁锢。近年来在一些缺水地区的水权交易有了突破，但是也有不同程度的缺陷。例如：浙江省东阳市和义乌市签订的有偿转让横锦水库的部分用水权的协议，虽然开创了我国水权交易的先河，但其协议条款相对简单，对大多今后可能发生的问题都没有明确规定，只是推到以后双方再商议。这是很不正规的做法，而在美国等发达国家，一次水权交易所签订的合同或协议少则几十页，多达好几百页，对水权交易以后将会发生的各种可能情况都做了说明。与这些国家相比，我国需要做的工作还有很多。

目前我国水市场存在的问题主要体现在以下几个方面。

1. 初始水权界定不清晰

由于我国长期实行计划经济体制和水利事业的特殊性，我国一直实行公共水权制度，把水利事业作为政府的公共事业，长期实行福利供水，造成了我国在水资源开发利用过程中水资源产权模糊，影响了水市场的形成和水资源配置效率的提高。

（1）所有权主体虚置。在水资源实际的开发、利用和管理过程中,所有权国家所有和水资源的使用权流域管理机构和各级地方政府事实所有,使水资源国家所有形同虚设,现行的非排他性的水权制度陷入"公地悲剧"。

（2）使用权主体不明确。目前水资源使用多样化,取水主体的权责界定不完整,取水许可制度对于用水户能否和如何取得水权、取得水权的用水户权责等都没有明确的法律规定。

2. 水管理体制不合理

目前,我国水资源管理实行流域管理和行政区域管理相结合的水资源管理体制,现实中存在着一定的问题:

（1）水资源管理体制未理顺。我国的水资源实行五级管理,各级别的行政管理机构都对其所管辖范围内的水资源拥有使用权,这样导致水资源的产权模糊,造成了在水资源管理过程中各部门职能交叉、职能分割和争执的矛盾突出。水资源管理体制的不顺畅对水资源的统一管理产生了极大的障碍。

（2）流域统一管理体制不完善。我国目前的水资源管理体制使得地方政府在水资源管理方面有较大的权力。地方政府参与水资源管理、开发、利用与决策,弱化了流域机构对流域综合管理的职能。同时,我国目前的水资源管理仍以行政手段为主,而与水资源利用最为熟悉的利益相关者却不能参与有关的水资源管理、开发、利用与决策,不能充分表达自己的利益要求。因此,政府有关部门制定的这种决策不能完全适应各地区的经济发展实际,不能充分反映利益相关者对水资源真正需求的愿望,流域统一管理的体制缺乏对利益主体的经济激励。

（3）政府的行政垄断行为严重。我国各行政区域的用水量都是上级政府采用行政手段分配的,尤其是干旱时期以政府协调为主的临时性应急方案,在与各地区协商水量分配的时候,政府在水量分配方案的制订过程中干预太多,导致用水户和投资者不能预先把握缺水时期的供水状况。这样,当政府干预政策使得激励机制发生扭曲时,用水主体出于自身利益最大化的考虑,会产生非效率用水的经济行为,导致政府干预失灵。另外,取水许可的登记公示和授权缺乏透明度和监督,也缺乏用水户的参与,行政手段干预程度较大,使水资源管理中的决策缺乏公平性。

3. 水价管理体系不完善

水价是建立水市场的一个重要环节,是水市场健康运行和水资源合理配置和利用的调节器。合理的水价能够引导用水户的行为符合水资源的可持续利用和高效配置的目标。但是,目前我国水价管理体系还不完善,主要表现在以下几个方面。

1）水价构成不合理,定价过低,不利于水资源的有效利用和合理配置

水资源价格长期以来处于低位运行,既不能反映资源价值,又不能反映供求关系,更没有计算应包含的资源补偿价值和价格,粗放式利用现象十分普遍。按可持续发展的要求,水资源可持续利用的水价应体现水的资源价值、供水的生产成本与水环境治理和保护成本。然而,目前我国水价主要以供水工程的生产成本为核算基础,征收较低的水资源费,环境成本难以实现。这严重制约了水资源的可持续开发和利用,不利于水资源的有效利用和合理配置,造成严重的经济用水挤占生态用水的现象。水价未能起到应有的调节

水资源供求的约束机制作用。

2）水价形成机制不合理

长期以来，我国水利工程供水价格确定是由国务院统一制定水价办法和水价核定原则，具体价格水平按分级管理的原则确定。水价主要反映供水行业单方面的意愿，水价形成的决策主体单一。定价内容单一，通常只考虑供水成本，水的资源价值、环境价值、供求关系考虑不够，又由于供水成本核算过低，供水工程单位很难盈利，甚至正常运转都难以维持。另外，水价的收取是由分散的各级基层行政管理部门逐级计收上交，由此导致了层层加价、搭车收费等屡见不鲜的现象，致使实际用水户的水价通常达到取水口水价的 3 ～ 5 倍，水价管理秩序混乱。

3）水价体系不完善

由于水的地域、时空分布、量质与利用绩效等差异，相应地，水价也成为一个具有动态变化的多层次、多方位、多类别的完备体系。而我国目前的水价体系虽比以前有了大的变化，已不再是单一的统一价格，在许多用水领域，实行了两部制水价、累进收费制等，但对水的量特别是质和水的利用绩效差异体现甚少，甚至根本未加以体现。水价体系所包含和反映的内容不全面、不完善，这对水资源的合理配置、有效利用以及供求关系未起到应有的调节作用。

4）水价管理体制不健全

供水的定价权过于集中，调整机制不灵活，调整程序繁杂，政府长期把水资源作为一种福利，对水的开发利用缺乏有效的制度约束，将水价视作行政事业性收费，多数单位水价低于供水成本。价格未能反映水商品供求的市场规律，相应的调节作用也减弱。水利工程无论规模大小还是经营方式不同，统一实行政策定价，对城市供水则没有分质分类定价，只有自来水一种价格，起不到调节节约优质水、刺激循环水或中水消费的功能。

4. 法律法规体系不健全

我国的法律虽然对水权制度做了一些规定，但关于水权的法律体系并不健全。《中华人民共和国宪法》《中华人民共和国水法》和《中华人民共和国物权法》等法律虽然明确了水资源所有权和取水权，但对水资源占有、使用、收益、处置等权利缺乏具体规定。有关法律法规仅对取水权转让做出原则规定，且限定于节约的水资源。对于跨行政区域的水权或者水量交易，对水权交易平台建设、水权保护和监管制度、用途管制制度等，法律上还没有通用的规定。

9.4.3　水市场管理的技术手段

水权交易制度和水价是水市场建立的两块基石。

9.4.3.1　水权交易制度

市场机制配置水资源的前提是有明确界定的水权。从国外水市场运作较为成功的经验来看，我国水市场也应该在政府加强统一管理的前提下进行全过程控制，从水权分配到水权交易进行全过程的管理来保障水市场的有效运作。

1. 一级水市场的构建

一级水市场是水资源的初始产权分配市场，是水资源商品原料市场。在一级水市场上,水资源以批量的形式授予各个经营者和使用者。由于我国的法律规定水资源归国家所有,所以在一级水市场上,出售水资源的唯一主体是国家。在一级水市场中,政府采用工程手段和精密的技术测量来确定区域可利用的水资源总量,然后结合当地的历史、人口、经济结构和生态环境等因素来制订水资源综合和专业规划,根据水资源测评确定的水资源总量以及各地区的取用水需求,按照"总量控制,以供定需"的思路对水资源进行配置。根据制订的水资源配置方案,政府向社会公示,采用拍卖、投标、审批发放水权和发布固定水价等几种形式来进行水权交易。

2. 二级水市场的构建

二级水市场是指获得初始水权分配的一级用水户与其他需水单位和用水户之间的商品水买卖市场。在二级水市场中,从一级水市场中获得水资源使用权的一级用水户将自己所拥有的水资源在需要水资源的需水单位和用水户之间进行水权交易。一级用水户根据每个用水户发布的需水信息和水市场上的供求关系来调节其从一级水市场上购买的水资源量及其对二级水市场的供给量。供水单位和用水户遵守市场经济的规则,在市场机制的运作下,这些经济主体内部之间和相互之间通过竞争最终形成水价,引导水资源的合理配置。同时,在二级水市场上,水管部门也可以回购水权,通过减少水权的供给来达到稳定市场的目的。国家对配置结果进行法律保护,保障用水户的合法用水权益,且对侵犯他人合法权益的取用水行为给予严惩。

3. 三级水市场的构建

三级水市场是用水户之间进行水权交易的市场,也叫消费市场。通过在二级市场购买到水权的用水户,在生产过程中节约了大量多余水权,这便形成了在三级水市场上有大量拥有多余水权的用水户和对水权有需求的用水户之间进行的水权交易,水权供需双方之间的竞争完全依靠水价。当水价达到一定水平时,水权拥有者将满足自己生产后节余下来的水权转让给水权需求者所获得的收益大于他为节约这些水权而付出的成本后,水权拥有者就会将这部分节余的水权在三级水市场上进行交易。当然,水权交易应经上级水行政主管部门批准并且买方应按交易价格向卖方支付一定的费用。在交易完成后,双方应到水行政主管部门变更水权,并对新的水权进行注册和登记,然后由水行政主管部门颁发新的取水许可证。三级水市场是水资源的最终消费市场,这个市场上有大量的用水户,政府应针对这一特点在用水户中间宣传水资源法律法规,引导他们形成科学的用水观念,动员他们合理用水、自觉节水。

9.4.3.2　合理的水价机制

价格能够灵敏地反映市场上的信息,是引导资源优化配置的重要信号。在水权交易市场上,价格机制发挥着反馈水权市场信息的职能,是水市场机制中重要的信息要素。同时,价格机制还引导着水资源供给者和需求者根据水价的高低做出合理的决策,对水资源的优化配置起着至关重要的作用。

1. 定价的基本思路

在经济社会实际运行过程中,用水价格的实施,一方面要反映可持续发展的要求与国民经济绿色核算的思想,另一方面要考虑经济社会发展水平和基本生活用水的保障。以有限的水资源为约束,经济社会用水的价格确定应以水的自然与社会复合作用系统的全社会成本核算为基础,体现社会经济用水导致的自然与社会的复合系统的全社会成本、补偿水资源的恢复自然平衡的全社会投入代价。不仅应体现供给商品水的供水生产成本,而且应充分体现经济社会用水的负效用(或称后效)成本,即废污水的排放造成的全社会经济损失和代价。

2. 价格的构成和定价方法

科学的水价构成,是以经济社会用水造成的全成本核算为基础,进行水价的分析计算。全成本水价的构成主要包括 3 个部分,即资源成本、工程成本、环境成本(包括机会成本和生态成本),再加上供水利润和供水税收。

对进入完善市场的商品水,通常采用有限约束的供求均衡定价策略或供给成本定价法;对公益性质和准公益性质的用水,采用考虑供给成本与经济承受能力的定价策略。

在保障公平用水权利的基础上,建立多元的供水价格体系,既保障供水成本的合理回收,又保障促进节水和优化竞争用水。

3. 定价的原则

在现实经济社会中,经济社会用水的定价受到各类因素的制约,包括社会观念、用水水平、经济承受能力、可利用水量、供给成本与管理制度和政策。水价的合理制定应综合考虑以下三条基本原则。

(1)效率与公平兼顾原则。应充分体现价格杠杆的市场调节作用,促进节水,鼓励水资源的高效利用。激励竞争,以满足保护弱势群体基本用水的要求为基础,考虑分类用水户的承受能力,实行基本用水与超额用水的合理差价。不同区域经济水平不同,根据区域经济承受能力实行不同的区域差价,保障基本用水需求。针对不同的供水要求实行不同标准的差别水价,体现高要求高标准、优质优价的原则,而不是对所有用户实行统一水价标准,把满足高要求的供水成本不合理地转嫁给所有的用水户。

(2)成本补偿和合理收益原则。要在保证基本用水公平的基础上,促进供水部门利益的合理补偿,保障再生产的顺利进行。

(3)促进水资源的优化配置的原则。采用不同水源的合理比价策略,鼓励可替代水源的利用,促进不同水源供水消费结构的转变,充分利用各种可能利用的水资源,提高可利用水资源量的整体效益;采用合理的用户差价、季节差价、水量差价原则,抑制浪费、促进节水技术进步、缓解供求矛盾,促进水资源向用水效益高的部门流动,促进国民经济产业结构的优化,使有限的水资源取得总体用水效益最优。采用合理的地区供水差价,促进有利于适应水资源区域分布的国民经济生产力布局的战略转移。

9.4.4　水市场的保障机制

9.4.4.1　法律保障:创建市场运行的法律制度

我国水资源属于国家所有,虽然我国先后制定了《中华人民共和国水法》《中华人民共和国水污染防治法》《中华人民共和国水土保持法》《中华人民共和国环境保护法》以及《城市节约用水管理条例》和《取水许可制度实施办法》等行政规章和许多地方法律法规,但这些水资源法律制度很容易形成政府供给资源的制度模式,而忽视水权。

在适合我国国情的基础上,借鉴国外先进的水资源立法措施和内容,从水资源民事法律制度、水资源环境保护法律制度、水资源行政法律制度三个方面来完善水资源市场化的法律保障。

（1）水市场法律基础。《中华人民共和国宪法》第九条规定，水资源归国家所有。但是我国现行的与水资源有关的法律法规中只有一些原则性的规定，在水权主体、水权分配、水权人的权利和义务等方面都存在着空白。因此，水市场运行没有法律依据，水权交易的潜在收益具有不确定性。因此，应尽快制定水市场运作方面的法律法规，为水市场的培育和发展提供法律制度的保障。

（2）水权转让的法规。水市场运行的实质是水权在不同的经济主体之间流转。而我国的取水许可制度规定取水许可证不得转让，阻碍了水权转让和水市场的建立。随着我国提出建立水权制度，国务院通过了《取水许可和水资源费征收管理条例》，关于水权转让的第二十七条规定，"依法获得取水权的单位或者个人，通过调整产品和产业结构、改革工艺、节水等措施节约的水资源在取水许可的有效期和水限额内，经原审批机关批准，可以依法有偿转让其节约的水资源，并到审批机关办理取水权变更手续"。

（3）水市场交易办法。水市场的水权交易按照水权交易办法规定的规章制度进行，使交易过程变得规范和可以控制，减少交易纠纷和节约交易费用。由于每个地区的历史传统、自然地理、民族习惯等不同，因此在制定具体的水市场交易办法时，要尊重各地区特定的交易实践，它们可以作为一种非正式规则，对正式规则起补充作用。

9.4.4.2　体制保障：创新水资源管理体制

首先，应强化水资源流域管理，建立有立法机构赋予职能的、具有权威的、不受地方政府干预的流域统一综合管理的机构。在管理手段上，除运用计划和行政手段外，还应引入市场经济手段来优化流域水资源配置。实行区域的城乡水务一体化管理，负责对取水后的区域供水、配水、排水、污水处理及回收等管理职能，承担着水资源的开发利用和防洪排涝设施的建设管理等工作。水务管理机构要与水业经营活动相分离，通过采用与市场经济相适应的方式（如特许经营、招标投标等）将经营权转让给企业，并通过监管以实现节水、污水处理等管理目标。

9.4.4.3　组织保障：发展用水者协会

"用水者协会是用水户自愿组成的、民主选举产生的管水用水的组织，属于民间社会团体性质。用水者协会具有法人资格，实行自我管理，独立核算，经济自立，是一个非盈利性经济组织。用水者协会可由用水户按行业、部门等组成。用水者协会的主要职责是：代表各用水户的意愿制订用水计划和灌溉制度，负责与供水公司签订合同和协议；负责本协会内部水权分配方案的初始界定；水权分配完成后，负责制定各用水户进行水权交易的规则，提供有关水资源信息，组织用水户之间水权转让的谈判和交易以及一二级水权市场交易，并监督交易的执行"。用水者协会是水市场有效运作的一种组织保障，可广泛推广。

9.4.4.4　技术保障：完善水利基础设施，健全水权交易平台

首先，水市场建设要有完善的水利基础设施。只有具备基本的蓄水、调水、提水设施和输水、配水、供水网络，才能形成一定规模的供水市场；只有具备基本的废污水排放、收集管网和储存处理设施，才能形成一定规模的废污水排放处理市场。因此，完成水交易的一个必要的技术条件是具有可以改变水的流向并输送水的渠道、管网和闸门系统。

　　水权的分配、实施和流转以及水环境的保护需要依托一套基础设施体系,如计量设施、监测设施和实时调度系统,这是实施水权管理的硬件基础。

9.5　水资源管理能力建设

　　水行政主管部门是水资源管理能力提高的主体。从能力提升的角度,水资源管理能力的提高主要包括信息化水平、统一管理能力、危机管理能力和公众参与能力等多个方面。

9.5.1　信息化水平

9.5.1.1　涉水数据

　　水统计体系涉及多个部门,主要包括统计部门、水利部门、环境保护部门、住房和城乡建设部门、气象部门、相关行业协会等。多数涉水数据的信息仅由一个部门管理,但部分信息还存在交叉管理的现象。

　　目前,各部门为了了解和掌握本部门的生产运行状况,以便为各级政府制定政策和计划提供依据,均建立了固定的数据收集统计系统,形成各自的统计报表制度。如果报表制度满足不了政府涉水管理的需要,则组织开展一次性的专项调查。组织方式上,一般由中央政府有关部门逐级对口布置统计任务,各级政府部门定期逐级向上报送有关统计报表,统计报送一般以年度为周期,部分数据需要按季度或月度开展工作。

　　1.水利部门数据

　　1)水文年鉴

　　长期进行水文气象观测的水文年鉴是水利部门特有的,涉水统计工作以水利统计报表制度和水资源统计工作为主。水文年鉴包括站点逐日降水量表、蒸发量月年统计表、逐日平均流量表等信息。

　　2)水利统计年鉴

　　水利统计报表制度主要包括水工程设施的能力效益统计、建设投资统计以及农业灌溉、防洪除涝、水土保持、农村饮水安全、水工程供水量等内容。在此基础上编制水利统计年鉴和水利发展统计公报。

　　3)水资源公报

　　水资源主要统计内容包括降水量、地表水资源量、地下水资源量、水资源总量、水库蓄水动态、浅层地下水动态、供水量、用水量、耗水量、废污水排放量、河流(水库/湖泊)水质、平原区浅层地下水水质、水功能区水质达标状况。在此基础上编制水资源公报,分析水资源变化情势及其开发利用和保护现状,并结合经济社会发展指标,分析用水指标及用水效率和效益,揭示水资源开发利用与经济社会发展、生态环境之间的关系。

　　此外,水利部门每年要求统计水资源管理情况和水务管理情况,分流域、省编写《水资源管理年报》和分省、地级市编写《水务管理年报》,但这些资料都属于内部掌握,并未公开发布。《水资源管理年报》内容主要包括水资源统一管理、取水许可管理,以及建设项目水资源论证、水资源费征收、水量分配与水资源调度、水资源监测等进展情况。《水务管理年报》内容主要统计全国城市水源、城市防洪、城市污水处理回用等非传统水资源开发情况。诸如节水简报等其他统计形式也是了解涉水统计的一个窗口,但数据并不权威,因此还不能作为正式的统计数据。

2. 城建部门

住房和城乡建设部设有城市建设统计年报,统计城市城区和县城(城关镇)的市政公用设施情况及其固定资产投资、设施维护建设及其资金收支情况。涉水数据方面可以获得污水处理财政资金、供水支出、排水支出、公共供水企业运行情况(取水量、供水量、售水量、服务人口)、自建供水设施运行情况(供水量、服务人口)、污水排放量、再生水利用量、污水处理厂污水处理量、污水处理厂进出水 COD 含量、COD 削减量、污水处理厂运行费等数据信息。

3. 环保部门

环保部以组织实施的环境统计报表制度为主,编制完成《环境统计年报》。涉水的主要统计内容包括工业污染排放及处理利用情况、重点调查工业污染排放及处理利用情况、非重点调查工业污染排放及处理利用情况、各地区城市污水处理情况、生活及其他污染情况。该统计报表制度要求对重点调查单位逐个发表填报汇总,对非重点调查单位的排污情况实行整体估算,统计和估算工业企业污染排放及处理利用情况。

4. 国土部门

国土资源部以组织实施的国土资源统计报表制度为主,编制完成《国土资源公报》。涉水的主要统计内容包括地质环境监测和地下水资源量监测,地热、矿泉水的管理等。

5. 统计部门

国家统计局组织实施的工业统计报表制度、农业普查和经济普查工作。工业统计报表制度主要是在统计规模以上工业企业生产经营活动的同时,统计了工业企业取水量、取水费用等水消耗情况的数据。另外,近年来,国家统计局组织开展了第二次全国农业普查和经济普查,其中对农业和各行业的用水情况也进行了调查,目前数据还处在分析汇总和审查阶段。

6. 气象部门

气象部门在我国约有 2 600 个地面气象观测站,可以为水资源核算提供降水和蒸发量数据。

7. 其他信息

除相关部门已有的统计资料外,通过走访或发表进行专项统计调查,进行了部分数据的获取。统计调查按调查范围可分为全面调查和非全面调查两大类。全面调查可采用普查的方式,对区域内所有涉及的单位和住户进行调查,可以掌握全面和系统的资料。非全面调查可采用重点调查或典型调查的方式,对区域内选定的单位和住户进行调查,掌握局部的资料,从而推算总体的数据。

9.5.1.2　信息化技术

水资源管理是信息十分密集的业务。一方面,水利部门要向国家和相关行业提供大量的水资源信息,如汛情旱情信息、水量水质信息、水环境信息和水工程信息等;另一方面,水资源管理本身也离不开相关行业的信息支持,如气象信息、地理地质信息、社会经济信息等。利用以信息技术为核心的一系列高新技术对水资源管理进行全面技术升级和改造是水资源管理信息系统发展的必然方向。

1. 实时监测与调度

实时监测的内容既包括水量和水质等水资源信息,也包括水资源配置有关的用水信息。通过掌握瞬时变化的供水、需水、水质等有关信息,科学、准确地进行水资源配置及调度管理,对环境质量进行动态评价和有效监督,有效应对水污染突发事件,保证水资源的安全。水资源调度是指在保证系统内水利工程安全的前提下,依据水利工程的运用规划,以尽可能满足用水需求为目标,制定水利工程对各用户的供水策略的一种控制运用技术。

2. 高新技术的应用

水资源管理信息系统的运行包括监测采集数据、处理数据、决策反馈、自动控制等环节。有关的高新技术包括监测、通信、网络、数字化、遥感、地理信息系统(GIS)、全球定位系统(GPS)、计算机辅助决策支持系统、人工智能、远程控制等先进技术。

3. 决策支持系统

决策支持系统是水资源管理信息系统的指挥中枢。它以大量的综合信息为基础,采用现代水资源管理数学模型,为水资源的实时配置、优化调度提供决策支持。决策调度系统包含了各类水资源管理数学模型、以往的水资源管理经验和有关法规。这种模型势必突破"就水论水"的局限性,体现经济、社会发展与资源、环境的协调统一,体现了水资源的可持续利用原则。

目前,我国正在开展国家水资源监控能力建设项目,以期逐步提高水资源信息化水平。按照"三年基本建成,五年基本完善"的总体部署,拟分两个阶段开展实施:第一阶段为 2012 ~ 2014 年,基本建立国家水资源管理系统,初步形成与实行最严格水资源管理制度相适应的水资源监控能力;第二阶段为 2015 ~ 2017 年,建立基本完善的国家水资源监控体系和管理系统,为最严格水资源管理制度提供支撑。自 2012 年起,第一阶段用 3 年左右时间,基本建立与水资源开发利用控制、用水效率控制和水功能区限制纳污红线管理相适应的重要取水户、重要水功能区和主要省界断面三大监控体系,基本建立国家水资源管理系统,初步形成与实行最严格水资源管理制度相适应的水资源监控能力,逐步增强支撑水资源定量管理和"三条红线"监督考核的能力。

9.5.2　统一管理能力

《中华人民共和国水法》规定,"国家对水资源实行流域管理与行政区域管理相结合的体制",各级水行政主管部门"负责水资源的统一管理和监督工作",有关部门"按照职责分工,负责水资源的开发、利用、节约和保护的有关工作"。水资源统一管理,是指对水资源的权属进行统一管理和与权属有关的水资源开发、利用、节约、保护的行政统一管理和监督工作。

2008 年,国务院进行了机构改革,对中央国家机关的机构、编制、职能进行了新一轮的调整,发布了新的"三定"方案。按照新的"三定"方案,与水统计体系有关的内容如下:

(1)国家统计局:"建立健全国民经济核算体系,拟订国民经济核算制度,组织实施全国及省、自治区、直辖市国民经济核算制度和全国投入产出调查,核算全国及省、自治区、直辖市国内生产总值,汇编提供国民经济核算资料,监督管理各地区国民经济核算工作。组织实施农林牧渔业、工业、建筑业、批发和零售业、住宿和餐饮业、房地产业、租赁和商务服务业、居民服务和其他服务业、文化体育和娱乐业以及装卸搬运和其他运输服务业、仓储业、计算机服务业、软件业、科技交流和推广服务业、社会福利业等统计调查,收集、汇总、整理和提供有关调查的统计数据,综合整理和提供地质勘查、旅游、交通运输、邮政、教育、卫生、社会保障、公用事业等全国性基本统计数据。组织实施能源、投资、消费、价格、收入、科技、人口、劳动力、社会发展基本情况、环境基本状况等统计调查,收集、汇总、整理和提供有关调查的统计数据,综合整理和提供资源、房屋、对外贸易、对外经济等全国性基本统计数据。组织各地区、各部门的经济、社会、科技和资源环境统计调查,统一核定、管理、公布全国性基本统计资料,定期发布全国国民经济和社会发展情况的统计信息,组织建立服务业统计信息共享制度和发布制度。"所管理的信息主要包括国民经济核算、投入产出、资源环境状况等。

(2)水利部:"负责生活、生产经营和生态环境用水的统筹兼顾和保障,实施水资源的统一监督管理。拟订全国和跨省、自治区、直辖市水中长期供求规划、水量分配方案并监督实施,组织开展水资源调查评价工作,按规定开展水能资源调查工作,负责重要流域、区域以及重大调水工程的水资源调度,组织实施取水许可、水资源有偿使用制度和水资源论证、防洪论证制度。指导水利行业供水和乡镇供水工作。负责水资源保护工作。组织编制水资源保护规划,组织拟订重要江河湖泊的水功能区划并监督实施,核定水域纳污能力,提出限制排污总量建议,指导饮用水水源保护工作。指导地下水开发利用和城市规划区地下水资源管理保护工作。负责节约用水工作,拟订节约用水政策,编制节约用水规划,制订有关标准,指导和推动节水型社会建设工作。指导水文工作。负责水文水资源监测、国家水文站网建设和管理,对江河湖库和地下水的水量、水质实施监测,发布水文水资源信息、情报预报和国家水资源公报。指导农村水利工作,组织协调农村水利基本建设,指导农村饮水安全、节水灌溉等工程建设与管理工作,协调牧区水利工作,指导农村水利社会化服务体系建设。"所管理的信息主要包括水文、水资源数量(降水、地表水、地下水)、水质、水资源保护、取水许可、用水等。

(3)环境保护部:"承担落实国家减排目标的责任。组织制定主要污染物排放总量控制和排污许可证制度并监督实施,提出实施总量控制的污染物名称和控制指标,督察、督办、核查各地污染物减排任务完成情况,实施环境保护目标责任制、总量减排考核并公布考核结果。承担从源头上预防、控制环境污染和环境破坏的责任。负责环境污染防治的监督管理。负责环境监测和信息发布。制定环境监测制度和规范,组织实施环境质量监测和污染源监督性监测。组织对环境质量状况进行调查评估、预测预警,组织建设和管理国家环境监测网和全国环境信息网,建立和实行环境质量公告制度,统一发布国家环境综合性报告和重大环境信息。"所管理的信息主要包括污染物排放和治理以及水环境质量。

(4)住房和城乡建设部:"将城市管理的具体职责交给城市人民政府,并由城市人民政府确定市政公用事业、绿化、供水、节水、排水、污水处理、城市客运、市政设施、园林、市容、环卫和建设档案等方面的管理体制。"供水、排水、污水处理的信息由城市人民政府管理。

（5）国土资源部："组织监测、防治地质灾害和保护地质遗迹；依法管理水文地质、工程地质、环境地质勘查和评价工作。监测、监督防止地下水的过量开采与污染，保护地质环境。"所管理的信息主要涉及地下水状况。

（6）中国气象局："对国务院其他部门设有的气象工作机构进行行业管理，统一规划全国陆地及海上气象探测与信息网络、气象台站网、气象基础设施和大型气象技术装备的发展和布局，审核全国大中型气象项目的立项和方案。"所管理的信息主要包括气象条件。

由上述各部门的"三定"方案可以看出，水资源管理存在交叉管理的现象，从体制上看并未实现水资源统一管理；数据信息未实现部门之间的共享，统计部门与其他部门的环境状况信息、水利部门与气象部门的水文气象信息、水利部门与国土资源部门的地下水信息、水利部门与住房和城乡建设部门的供用水信息、环境保护部门与水利部门以及住房和城乡建设部门的环境或排水信息。

我国通过水务一体化的推进，实现水资源的统一管理。根据《水务管理年报》统计数据，2012 年年底，全国县级以上水务局 1 469 个，承担水务管理职能的水利局 454 个，共计 1 923 个，占全国县级以上行政区的 78.9%。与 2011 年相比共增加 61 个水务局和承担水务管理职能的水利局，增加了 1.3 个百分数。全国 4 个直辖市中已有 3 个组建水务局，分别是北京市、天津市和上海市；27 个省（自治区）中已有 6 个实现辖区内市、县水务一体化，分别是黑龙江省、广东省、海南省、四川省、甘肃省、宁夏回族自治区；27 个省会城市中已有 17 个组建水务局，分别是石家庄市、太原市、呼和浩特市、哈尔滨市、合肥市、南昌市、郑州市、武汉市、长沙市、广州市、海口市、成都市、昆明市、西安市、兰州市、银川市和乌鲁木齐市；5 个计划单列市中已有 2 个组建水务局，分别是大连市和深圳市。

在全国 1 923 个水务局及承担水务管理职能的水利局中，省级水务局（厅）4 个，分别为北京市、天津市、上海市和海南省，占 31 个省级行政区的 12.9%；副省级城市水务局 7 个，分别为哈尔滨市、武汉市、广州市、成都市、西安市、大连市、深圳市，占 15 个副省级城市的 46.7%；地级市水务局 212 个，承担水务管理职能的地级市水利局 51 个，共计 263 个，占 333 个地级行政区的 78.9%。

9.5.3 危机管理能力

9.5.3.1 干旱危机管理

2006 年，中国首次发布用于监测干旱灾害的国家标准。

（1）轻旱：连续无降雨天数春季 16 ~ 30 d、夏季 16 ~ 25 d、秋冬季 31 ~ 50 d，特点为降水较常年偏少，地表空气干燥，土壤出现水分轻度不足，对农作物有轻微影响。

（2）中旱：连续无降雨天数，春季 31 ~ 45 d、夏季 26 ~ 35 d、秋冬季 51 ~ 70 d，特点为降水持续较常年偏少，土壤表面干燥，土壤出现水分不足，地表植物叶片白天有萎蔫现象，对农作物和生态环境造成一定影响。

（3）重旱：连续无降雨天数，春季 46 ~ 60 d、夏季 36 ~ 45 d、秋冬季 71 ~ 90 d，特点为土壤出现水分持续严重不足，土壤出现较厚的干土层，植物萎蔫，叶片干枯，果实脱落，对农作物和生态环境造成较严重影响，对工业生产、人畜饮水产生一定影响。

（4）特旱：连续无降雨天数，春季在 61 d 以上、夏季在 46 d 以上、秋冬季在 91 d 以上。特点为土壤长时间出现水分严重不足，地表植物干枯、死亡，对农作物和生态环境造成严重影响，对工业生产、人畜饮水产生较大影响。

干旱期水资源管理工作主要包括：干旱发生之前制定抗旱规划，进行干旱预案研究，而在干旱过后则对计划进行评价并加以改进。水管理机构预先制定好的干旱规划，只需在干旱发生时根据具体情况对计划加以调整。干旱危机期的水资源管理应把降低对水需求和评价干旱影响作为工作重点。注重在发生干旱前不同机构间进行协作，做好准备，并采用相互达成共识的干旱程度指标作为开始实施干旱应急计划的临界指标。临界指标是根据事先研究，所确定的干旱预警指标体系来确定的，参照特定临界指标分析某一类型的水量指标，据此来评估当前的水文和蓄水状况，这种评估通常由政府和水资源资源管理部门两者共同做出。根据评估结果来决定是否开始或结束某一干旱阶段的水资源管理。

9.5.3.2　水污染应急管理

随着人口的快速增长和工业的迅猛发展，需水量增大，排废水量也急剧增多，水体污染加剧了水危机。据联合国卫生组织估计，目前 1/4 的人口患病是由水污染引起的。水污染通常包含生物性污染（包括细菌污染、病毒污染和寄生虫污染）、物理性污染（包括悬浮物污染、热污染和放射性污染）和化学性污染（包括有机化合物污染和无机化合物污染）。随着经济社会的快速发展，我国进入了重特大突发性水污染事故高发期，如 2005 年的松花江硝基苯污染事故，2007 年的太湖蓝藻大规模爆发事件，2008 年国内最大的砷污染事故，2010 年大连海域漏油事故，2014 年兰州自来水苯超标事件等。

应对突发性水污染事情，一方面，加强水污染事件的动态监控，及时找到污染源，找到应对措施；另一方面，制定突发性水资源污染事故应急处理的相关法律法规，加强应对的体制机制建设。日常应建立水情、污情信息传递系统，动态监测自来水公司、污染大户的情况，有效防治水污染事件的发生；突发性水资源污染事故发生后，应迅速建立突发性水资源污染事故处理的组织体系，协调各部门的工作，将污染损失降到最低。

9.5.4　公众参与能力

人类行为取决于意识，而行为又是意识的具体体现。具有先进的水意识，才可能具有先进的用水行为。在我国面临的水问题中，水意识缺失是我国治水最严重的缺位。意识是对客观存在的反映，它对客观世界的反作用有两种性质：先进的社会意识对社会的发展起积极促进作用，而落后的社会意识则阻碍社会的发展。只有先进的水意识，才能实现节水型社会。而先进意识的形成在很大程度上来源于科学的教育。破解中国水问题、实现人与自然和谐相处的根本在于具有人与自然和谐相处的意识，具有高效用水、节约用水的理念，而水教育则是其中不可或缺的环节。因此，公众参与能反映不同层次、不同性别、不同人群对水资源管理的意见、态度及建议，公众参与是提高水资源管理能力的重要载体，也是制定水资源管理政策的重要依据。

我国正处于水资源管理体制改革过程中，上述的民主管理、公众参与管理等，仍是计划管理体制的某种延伸。当前，在我国已有较多的环保组织、绿色行动组织、保护母亲河行动组织等各种形式的自愿者组织或非政府组织。这些有大量公众参与和有较好群众基础的非政府组织,在节水意识宣传和教育方面,正发挥着积极作用。这些组织在全国范围内开展多种形式的咨询、宣传活动,增强人们的节水意识,促进人们用水行为方式的转换。

20世纪90年代中期以来,世界银行利用农业综合开发和水利节水贷款项目,大力推广经济自立灌区和农民用水者协会形式的改革机制,已经取得了一定的推广应用效果。这种形式的灌溉用水组织的最大特点是,充分体现经济自立性和农民充分参与用水管理,使参与用水管理与农户直接利益密切相关,能充分调动广大用水者积极参与用水管理的积极性。

9.6　我国水资源管理发展趋向

9.6.1　加强以水资源承载能力为基础的规划水资源论证

由于特殊的水资源本底条件和巨大的人口规模,以及长期粗放式资源利用模式,我国当前正面临着水资源短缺、水环境污染、水生态退化、水资源可再生能力降低等一系列突出的水资源问题。为应对越来越复杂而严峻的水资源问题,我国水资源管理已经从传统的“以需定供”向“以供给定发展规划”的新思路转变。要牢牢把握“节水优先、空间均衡、系统治理、两手发力”的基本思路,积极顺应自然规律、经济规律和社会发展规律,加快实现从供水管理向需水管理转变,从粗放用水方式向集约用水方式转变,从过度开发水资源向主动保护水资源转变,从单一治理向系统治理转变。要开展各级行政区水资源承载能力核定,坚持以水定需、量水而行、因水制宜,坚持以水定城、以水定地、以水定人、以水定产,全面落实最严格水资源管理制度,不断强化用水需求和用水过程治理,使水资源、水生态、水环境承载能力切实成为经济社会发展的刚性约束。

通过水资源承载能力的核定,支撑规划水资源论证制度的全面建设和完善。《中华人民共和国水法》明确规定:“国民经济和社会发展规划以及城市总体规划的编制、重大建设项目的布局,应当与当地水资源条件和防洪要求相适应,并进行科学论证。”开展国民经济和社会发展规划、城市总体规划、重大建设项目的布局水资源论证,深入分析水资源条件对规划的保障能力与约束因素,科学论证规划布局与水资源承载能力的适应性,提出规划方案调整和优化意见,对于提高规划科学决策水平、促进经济社会发展与水资源承载能力相适应、加快推进经济增长方式转变和经济结构调整具有十分重要的作用。

9.6.2　加强水权制度与水市场建设

首先,初始水权的界定要尊重取水许可制度的成果,初始水权界定不是要另起炉灶,而是要坚持以现有水权许可为主要依据,避免给现有用水者造成不必要的混乱、恐慌和新的纠纷;其次,初始水权的界定还要尊重历史上用水许可涵盖的习惯用水,如《中华人民共和国水法》规定的“家庭生活和零星散养、圈养畜禽饮用等少量取水”,又如沿河未纳入灌区管理的河滩地等小块农田的灌溉用水等,这实际上也是对现有用水和固有权利的保障。

在维持现状的情况下,微观协商调整。初始水权的界定要面对众多历史背景复杂的情况和现有水权,界定本身就很复杂,因此在初始水权界定时,坚持维持现状的原则,可以避免产生诸多不必要的纠纷,也有利于保护大多数用水户的合法权益。在尊重历史、维持现状的原则前提下,初始水权界定可以对局部范围内的极少数现有用水不太合理且用水涉及的利益各方对调整意见较为统一的用水加以适当微调。

水交易从行政手段到市场行为将是一个质的飞跃。不同于以往的政府直接私下相互协调或各地之间进行的水量转让,真正的水交易为在国家赋予地方使用权的基础上,按照市场原则公开交易水权。在实施的过程中,以区域用水总量控制指标分解为基础,结合小型水利工程确权、农村土地确权等相关工作,探索采取多种形式确权登记,分类推进取用水户水资源使用权确权登记,并明确探索跨市、跨流域、跨行业和用水户间、流域上下游等多种形式的水权交易流转模式。

9.6.3　推进以流域为基础的水资源管理体制改革

我国现行水资源管理体制是流域管理与行政区域管理相结合。国家水行政主管部门负责全国水资源的统一管理和监督工作。流域管理机构,在所管辖的范围内行使法律、行政法规规定的和国务院水行政主管部门授予的水资源管理和监督职责。地方水行政主管部门按规定的权限,负责本行政区域内水资源统一管理和监督工作。从法律上确定了流域管理与行政区域管理相结合的体制,改变了过去分级、分部门的管理体制,强化了流域水资源统一管理。随着生态与环境问题的积累和范围的扩大,我国的生态与环境问题已经从地区性问题变为全局性问题,并呈现出全流域的特征。目前,我国的流域管理存在着诸多问题,流域管理不能完全适应流域性问题的变化以及社会发展的需要。比如现有的流域管理机构职能单一,管理手段不完善;法律协调性不够,缺乏统筹考虑流域综合管理的法规;水资源和水环境管理体制存在明显冲突;利益相关方参与不足,公众利益得不到保障等。

国际上对河流的综合管理起源于19世纪末期,各国开始尝试建立流域管理机构对重要的河流进行统一管理。近几十年来,各国结合自己的国情对流域水资源的法律法规、管理体制等进行不断的探索和改进。美国1965年《水资源规划法案》要求建立新型流域机构;法国根据1964年《水法》建立了全国范围的流域管理体制;英国在1973年和1989年两次调整了流域管理体制。目前,以流域为单元对水资源进行综合开发与统一管理,这一认识已为许多国际组织所接受和推荐,形成一个潮流。比如1968年《欧洲水宪章》、1992年《21世纪议程》中,都提出按照流域对水资源进行统一管理。依据水资源的流域特性,发展以自然流域为单元的水资源统一管理模式,正成为一种世界性的趋势和成功模式。

借鉴国外水资源管理体制经验,结合我国现行水资源管理体制存在的问题,应加强流域机构在水资源管理中的地位和作用,积极推进以流域为基础的水资源管理体制改革。流域机构只有进行改革,建立有效行使流域水行政管理职责的体系,建立一支高效的水行政管理队伍,充分发挥其派出机构的作用,才能真正实现对流域水资源的统一管理和可持续利用,适应流域经济社会发展的需要。流域机构改革要坚持依法治水的原则,在研究和引进国外先进管理方法的同时,以内部政事企分开为重点,分类改革,稳步推进,逐步建立起符合中国国情、权责统一、精简效能、充满生机和活力,适应水利改革和发展的新型流域管理体制;改革流域水资源管理机制,确立流域机构的主导地位,明确其统一管理流域水资源的具体职能和权限;应当积极推进流域内各行政区域、相关部门的沟通与协商,促进交流与合作,同时加强流域内的民主协商机制和公共参与机制,提高流域水资源的管理效率。

9.6.4　加强区域涉水事务统筹管理

长期以来,我国在水资源管理体制上存在着"多龙管水、政出多门"的弊端,即形成流域上的"条块分割"、职能部门上的"部门分割"、制度上的"政出多门",这种管理模式客观上就导致了在水量调度、水土保持上各管理主体之间的利益冲突和管理重叠,造成部门间沟通不畅和职能缺失。同时,水在自然界中无论以空中水、地表水、地下水何种形式存在,都是互为条件、互相转化的有机整体。传统水资源管理将涉水事务分别划分给不同管理部门,人为地对水循环整体进行分割,违背了水的自然属性对人类利用时的客观要求,很难做到水资源的优化配置和高效利用。因此,实行区域涉水事务统筹管理是我国水资源行政管理发展的必然趋势。

从水资源的自然属性出发,通过对区域内地表水、地下水、外调水、回用水等常规水资源和非常规水资源的统一规划、统一调配和统一管理,实现对区域内防洪、水源、供水、用水、节水、排水、污水处理与回用以及农田水利、水土保持等涉水行政事务的统筹管理,统筹城乡发展、区域发展、经济社会发展以及人与自然和谐发展。

实行区域涉水事务统筹管理,将相关部门的职能集中归并,能够从根本上实现水资源的统一管理,有利于整合水务管理职能,理顺水务管理体制。涉水事务管理既包括对水资源治理、开发、利用、配置、节约、保护的资源管理,又包括对水资源供给、使用、排放的用水管理;同时,水资源管理既包括地表水管理,也包括地下水管理和跨行政区域水域管理;实行区域涉水事务统筹管理有利于水资源统一规划、科学保护和合理利用,有利于水资源优化配置,促进区域统筹发展。一个行业出现多头执法、多层执法、重复执法,容易造成职能交叉、责任不清,容易出现管理"越位""缺位""错位"的现象,实行区域涉水事务统筹管理有利于统一水行政执法行为,加大水行政执法力度。实行区域涉水事务统筹管理有利于吸收社会资本参与水资源、水环境开发,有利于促进构建社会化投资、企业化管理、产业化发展的水务行业市场,对于扩宽水资源和水环境投融资渠道、推进水务行业市场化进程具有重要意义。

9.6.5　大力发挥科技支撑作用

我国水资源管理正在从传统管理向现代管理转变,从经验管理向科学管理转变,从粗放式管理向精细化管理转变,从静态管理向动态管理转变,从人工管理向智慧管理转变。智慧化管理是充分利用新一代信息技术,深入挖掘和广泛运用水资源信息资源,包括水资源信息采集、传输、存储、处理和服务,全面提升水资源管理的效率和效能,实现更全面的感知、更主动的服务、更整合的资源、更科学的决策、更自动的控制和更及时的应对。

更全面的感知:是指感知方式更快捷,感知速度更及时,感知精度更准确。感知更全面包括感知的内容更全面、感知手段更全面以及覆盖范围更全面。在感知内容方面,对

"自然－社会"二元水循环的各个环节进行全方位监测,提高感知覆盖面;在感知手段方面,通过遥感卫星、气象卫星、无人机、地面监测设备等手段,实现空天地一体化的监测体系;在感知覆盖率方面,包括空间覆盖更全面,即监测站点的密度达标,以及时间覆盖更全面,即监测频次增多,信息获取更及时,更满足水务管理的业务需求。

更主动的服务:是指更及时发现问题、更及时发出预警、更及时告知相关人员、更及时提出措施和方案以及更及时控制。通过水务各领域的业务协同和数据共享与交换,使得管理者能够更及时地发现水问题,通过媒体、手机、网站等方式更及时地发出预警,更及时地告知相关管理者及影响对象,包括受影响的范围、受影响的人口、受影响程度等,更及时地提出措施和解决方案,对事件进行有效快速控制。

更科学的决策:是指全生命周期的决策支持和更加协同的水务业务。决策链的科学支持包括集智能感知、智能仿真、智能诊断、智能预报、智能调度、智能控制和智能服务于一体的水务业务全生命周期的决策支持;业务更加协同指水务业务之间的业务协同以及领域之间的业务协同。

更自动的控制:是指通过集中控制的方式对控制体系进行更加自动化的控制。智慧水务将城市水务划分为五类控制体系,分别为防洪工程控制体系、水源工程控制体系、城乡供水工程控制体系、城市排水工程控制体系和生态河湖工程控制体系,通过集中控制的方式实现各工程体系自动控制。

更及时的应对:是指对突发事件以及灾害源的更早发现,对灾害事件的更快反应,对危险事件更好协同解决以及对应急事件的更科学处理。通过智慧水务应急体系的建设,实现对突发事件更及时的应对。

9.6.6　开展服务型水资源管理体系建设

服务型管理是一种新型的政府管理模式,相对于管制型政府管理模式而言,服务型更强调以人为本,更加明晰政府的权利和义务,更好地为社会服务。服务型水资源管理体系也应将以人为本作为基本原则,逐步提高水资源管理的水平和能力。因此,建设服务型水资源管理体系,应进一步强化公共服务意识,基本公共服务供给能力问题,包括信息服务的共享、行政效率的提高和公众参与能力的增强。

9.6.6.1　信息服务

关键是实现涉水信息的整合,加强涉水信息的服务体系。目前,资源环境经济核算的重要性越来越突出,水、能源、森林、土地等自然资源需要独立的详细核算,以满足行业管理的需要,作为国家统计制度的一个重要模块非常必要。可考虑国家层面建立完善的资源环境经济核算制度,并将水资源环境经济核算制度作为一个重要的模块来实现水资源核算的工作体制和机制。这样可以形成一个全面覆盖各类资源环境要素的环境经济核算体系巨系统,有利于各类资源环境要素之间的协调和耦合,从而实现资源环境统计工作的规范化、系统化、科学化。

9.6.6.2　行政效率

以实行最严格水资源管理制度为契机,逐步提高服务型水资源管理体系的建设水平。
(1)以强化水资源论证和取水许可管理为重点,着力加强水资源开发利用管理。修订完成《建设项目水资源论证导则(试行)》(SL/Z 322—2005),严格建设项目水资源论证审查审批;推动城市总体规划、重大建设项目布局规划和有关行业规划水资源论证工作;严格取水许可和水资源费征收管理,完善全国取水许可管理台账登记工作,推动水资源费标准的调整。

(2)以计划用水管理为重点,着力抓好用水效率控制管理。抓紧完善用水定额标准;进一步规范节水"三同时"管理,加强用水标识管理;公布用水单位重点监控名录,严格节水监督管理。

(3)以落实国务院批复的《全国重要江河湖泊水功能区划》为重点,着力抓好水功能区限制纳污管理。进一步完善水功能区的区划体系和分级管理体系;制定完成全国重要江河湖泊纳污能力核定和分阶段限制排污总量意见;加强水功能区监测能力建设;进一步完善水功能区达标评估方案;进一步完善入河排污口管理台账,严格入河排污口设置审批。

9.6.6.3　公众参与

加强宣传,促进公众参与。一方面是宣传的层次要广,即确保利益相关者都能参与进来,包括政府组织、事业单位、非政府组织、企业、民间组织和公众都能参与;另一方面是宣传手段要丰富,采用媒体、会议、书籍、画册、竞赛、培训、课堂等多种方式加强宣传,全面促进水教育的开展。

增加对公众水教育的机会。政府部门作为水教育工作的主导者,应当建立起相对完善的水教育体制,激发各个社会团体、组织、机构的潜能,实现公众水意识的整体提高。

增强公众参与技能。能力建设的目的是确保合作伙伴和利益相关者获得并不断改进自身的能力和技能。其途径是通过培训和学习,使他们获得在实践中能够使用的有用技能。

链接1:实行最严格的水资源管理制度

2011年中央一号文件《中共中央 国务院关于加快水利改革发展的决定》(中发〔2011〕1号)(简称《决定》)明确要求实行最严格水资源管理制度,把严格水资源管理作为加快转变经济发展方式的战略举措。2012年1月,国务院发布了《关于实行最严格水资源管理制度的意见》(国发〔2012〕3号)(简称《意见》),进一步对实行最严格水资源管理制度工作进行了全面部署和具体安排。实行最严格水资源管理制度是协调我国经济社会发展与水资源水环境承载能力关系,实现水资源可持续利用和促进经济发展方式转变的重要途径,是我国今后较长一个时期必须坚持的水资源管理基础性政策。

1. 实行最严格水资源管理制度的必要性

我国以相对不足的水资源基础条件,支撑了新中国成立以来特别是改革开放以来的经济社会快速发展。但必须清醒地认识到,我国正面临严峻的水资源形势,水资源短缺、水环境污染和水生态退化问题还很突出,提出"实行最严格的水资源管理制度",是对未来一个时期我国水资源工作任务的准确把握。

1)实行最严格水资源管理制度是适应我国水资源自然禀赋的客观要求

《决定》指出"人多水少,水资源时空分布不均是我国的基本国情水情"。我国目前人均水资源量约 2 100 m³,不足世界人均水平的 1/3。受季风气候和地理条件影响,全国水资源时空分布很不均匀,总体表现出雨热同期、南多北少的基本格局,而且越是缺水地区,这种不均匀的特性越明显。在全球气候变化的影响下,南丰北枯格局进一步加剧,极端水文事件发生的频率加大,水资源情势进一步朝着不利的方向发展,要求我们必须进一步强化水资源管理,以适应先天不足的水资源自然禀赋。

2) 实行最严格的水资源管理制度是实现我国水资源供需平衡的重要途径

随着经济社会的快速发展,我国用水需求量不断攀升,尽管供水量从 1980 年的 4 437 亿 m³ 增加到 2010 年的 6 022 亿 m³,但全国目前仍缺水 500 亿 m³。未来一个时期,随着全国新增千亿斤粮食生产能力规划的实施和区域发展战略的推进,工业、生活和农业用水的需求仍将会有一定幅度的持续增加。随着全国人口峰值的到来,人均水资源量还会进一步下降,加上全球气候变化的不利影响,在可预见的一个时期内,水资源供需矛盾将进一步加剧。加强水资源管理,是抑制不合理用水需求,实现水资源供需平衡的重要途径。

3) 实行最严格的水资源管理制度是加快转变经济发展方式的战略举措

加快转变经济增长方式是今后一个时期我国经济社会发展方式的主线。受多方因素的影响,我国传统水资源开发利用方式较粗放,单方水 GDP 产出仅为世界平均水平的 1/3 左右,全国城市废污水处理率仅为 70% 左右。实行最严格的水资源管理制度,将在生产、流通、消费的各个领域,在经济社会发展的各个方面控制用水总量、提高用水效率、减少废污水排放,以尽可能小的水资源消耗和水环境损失,获得尽可能大的经济效益和社会效益,促进经济发展方式的转变。

4) 实行最严格的水资源管理制度是推进生态文明建设的迫切需要

《决定》指出"水是生态之基",因此水是生态文明建设中不可或缺的元素。当前,我国水生态环境问题十分突出,2009 年全国废污水排放总量达到 768 亿 t,水功能区达标率仅为 47.4%,北方部分地区的水资源开发利用率已超过 100%,河湖湿地严重萎缩,地下水位持续下降。实行最严格的水资源管理制度,是控制水资源开发利用和总量,遏制水生态与环境恶化的根本途径,是生态文明建设的重要内容。

2. 实行最严格水资源管理制度的精神实质

实行最严格的水资源管理制度是水资源管理领域的一次重大制度创新与变革,准确把握其丰富的内涵要求与精神实质,是实施好这一制度的必要前提。

1) 实行最严格的水资源管理红线制度的核心是建立"三条红线"

当前,我国水资源面临三方面的主要矛盾和突出问题,即需求过大带来的缺水问题、开发过度导致的水生态退化问题、排污超量引发的水环境污染问题。实行最严格的水资源管理制度的核心是要确立"三条红线",即水资源开发利用总量控制红线、用水效率控制红线、水功能区限制纳污红线,从而将经济社会系统对水资源和生态环境系统的影响控制在可承载范围之内,以促进人与自然关系的和谐与水资源的可持续利用。可以看出,"三条红线"既是经济社会系统取水、用水和排水等行为的约束边界,也为水资源的配置、节约和保护确定了工作目标,整体构成实行最严格的水资源管理制度的核心内容。

2) 实行最严格的水资源管理红线制度的特征体现在"四个更加"

一是管理目标更加明晰。《意见》明确提出,到 2030 年全国用水总量控制在 7 000 亿

m^3 以内,用水效率达到或接近世界先进水平,万元工业增加值用水量(以 2000 年不变价计,下同)降低到 40 m^3 以下,农田灌溉水有效利用系数提高到 0.6 以上;主要污染物入河湖总量控制在水功能区的纳污能力范围之内,水功能区水质达标率提高到 95% 以上。为实现上述目标,到 2015 年,全国用水总量力争控制在 6 350 亿 m^3 以内;万元工业增加值用水量比 2010 年下降 30% 以上,农田灌溉水有效利用系数提高到 0.53 以上;重要江河湖泊水功能区水质达标率提高到 60% 以上。到 2020 年,全国用水总量力争控制在 6 700 亿 m^3 以内;万元工业增加值用水量降低到 65 m^3 以下,农田灌溉水有效利用系数提高到 0.55 以上;重要江河湖泊水功能区水质达标率提高到 80% 以上,城镇供水水源地水质全面达标。

二是制度体系更加严密。最严格水资源管理就是要在已有制度框架下,完善、细化用水总量控制制度、取水许可制度和水资源有偿使用制度、水资源论证制度、节约用水制度、水功能区管理制度等各项制度的具体内容和实施要求,提高制度可操作性和兼容性,形成系统的管理体系,使得每一项水资源开发、利用、节约、保护和管理行为都有章可循。

三是管理措施更加严格。最严格的水资源管理制度实施突出制度的严谨、严肃和严厉的特性,更加强调制度的可操作性和具体实施,如对取水总量已达到、超过或接近控制指标的地区,暂停或限制审批新增取水;对超过用水计划及定额标准的用水户,严格核减取用水量;对现状排污量超出水功能区限制排污总量的地区,限制审批新增取水和入河排污口等。

四是责任主体更加明确。最严格水资源管理制度进一步明确了政府、水行政主管部门和用水户的责任。政府对本辖区水资源管理红线指标的落实负总责,主要领导人是第一责任人。水行政主管部门负责统一管理水资源,落实"三条红线"。用水户履行节约保护水资源义务,依法接受监督管理。建立健全有效的目标责任与考核机制,落实责任。

3)实行最严格的水资源管理红线制度的关键在于实现"六个转变"

最严格的水资源管理制度的实行,关键是要加快"六个转变":一是在管理理念上,加快从供水管理向需水管理转变;二是在规划思路上,把水资源开发利用优先转变为节约保护优先;三是在保护举措上,加快从事后治理向事前预防转变;四是在开发方式上,加快从过度开发、无序开发向合理开发、有序开发转变;五是在用水模式上,加快从粗放利用向高效利用转变;六是在管理手段上,加快从注重行政管理向综合管理转变。通过六方面的转变,从管理的理念到管理的行为切实保障"三条红线"的落实。

3. 实行最严格水资源管理制度的重点任务

实行最严格水资源管理制度的重点任务就是要建立用水总量控制制度、用水效率控制制度、水功能区限制纳污制度、水资源管理责任与考核制度。

1)建立用水总量控制制度

《决定》中用水总量控制制度的建立主要包括三方面重点任务:一是要确立水资源开发利用红线,包括建立覆盖流域和区域的用水总量控制指标体系和取水许可总量控制指标体系,制订主要江河水量分配方案等。二是要重点推进水资源论证和取水许可两大制度建设,从规划和前置管理实现用水总量的控制。水资源论证制度要推进国民经济与社会发展规划、城市总体规划以及建设项目布局的水资源论证工作,同时严格执行建设项目的水资源论证制度,对于未经水资源论证而擅自开工建设或投产的项目一律责令停止。取水许可制度重点是要强化严格审批管理,《决定》指出"对于取水总量已达到或是超过控制指标的地区,暂停审批建设项目新增取水;对于取水总量接近控制指标的地区,限制审批新增取水"。三是要加强三方面重点领域的工作,即地下水资源的管理与保护、水资源的统一调度和国家水权制度建设,促进和保障用水总量控制目标的实现。

2)建立用水效率控制制度

《决定》强调,要将节水工作贯穿于经济社会发展、群众生产生活的全过程,坚决遏制用水浪费,建设节水型社会。用水效率控制制度的建立具体也主要包括三个层次的内容:一是用水效率控制红线的确立,主要是要建立涵盖区域、行业和用水产品的用水效率指标体系,为用水定额管理和用水计划管理奠定基础;二是建立三项重点制度,即用水定额与计划管理制度、缺水地区高耗水工业项目准入制度、建设项目节水"三同时"制度;三是切实推进五方面重点领域的工作,即各业节水技术改造、节水技术的普及推广与节水示范工程建设、重点用水户的监控、强化企业节水管理以及节水强制性标准的制定与推行。

3)建立水功能区限制纳污制度

《决定》中水功能区限制纳污制度的建立也包括三个层次的主要内容:一是水功能区限制纳污红线的确立,包括基于水功能区划分严格核定水域纳污容量,根据水功能区阶段性保护目标确定不同阶段的入河排污限制总量。为将水功能区限制纳污总量与污染防治工作紧密结合起来,《决定》还专门指出,各级政府要把限制排污总量作为水污染防治和污染减排工作的重要依据,明确责任,落实措施。二是要严格入河排污口管理制度和水功能区水质预警监督管理制度,对于排污量已超出水功能区限制排污总量的地区,要限制审批新增取水口和入河排污口,同时建立水功能区水质评价体系,完善水质预警监督管理制度。三是要强化以饮用水水源地为重点的水源地保护,包括划定饮用水水源保护区,强化饮用水水源的应急管理,并建立水生态补偿机制。

4)建立水资源管理责任与考核制度

《决定》中水资源管理责任与考核制度的建立也包括三个层次的内容:一是明确责任主体,即政府是实行最严格水资源管理的责任主体,县级以上地方政府主要负责人要对本行政区域水资源管理和保护工作负总责;二是严格实施水资源管理考核制度,具体由水行政主管部门会同有关部门,对各地区水资源开发利用、节约保护主要指标落实情况进行考核,考核结果交由干部主管部门,作为地方政府相关领导干部综合考核评价的重要依据;三是要切实完善水资源管理监督考核的支撑体系,包括区域取水、用水和排水的计量、监测、统计和信息化管理制度与系统的建立。

4. 实行最严格水资源管理制度实践与思考

自国家明确提出实行最严格水资源管理制度以来,水利部先后选择12个地区进行试点探索、典型引路,包括1个流域7个省2个市和2个县。各有关省市和流域高度重视最严格水资源管理制度的建设工作,按照国家地方统一部署以及对试点地区"四个率先"的要求,强化顶层设计,大力推进控制指标分解,积极健全管理法规制度体系,着力构建考核责任体系,切实推进监控能力建设,综合开展载体建设和示范试点,有效推动了最严格水资源管理制度的实施。此处以水利部第一批确定的天津市、河北省、上海市、山东省4个试点省(直辖市)和太湖流域为例,基于对各地的实地调研,阐述对实行最严格水资源管理制度的实践进程和认识思考。

1)实行最严格水资源管理制度是新时期我国水资源公共政策构建的必然选择

最严格水资源管理制度是针对当前和今后较长一个时期内我国水资源的主要矛盾和水资源管理的薄弱环节而设计的。当前我国水资源的主要矛盾是水资源承载能力与社会经济低效利用和超量排污之间的矛盾。在未来较长一个时期内,随着我国人口的继续增加和工业化、城镇化进程的持续推进,加上全球气候变化的不利影响,上述矛盾仍会存在甚至会进一步加剧。因此,今后我国水资源安全保障的主要着力点在于加强经济社会用水的调控与管理。最严格水资源管理制度就是通过科学划定水资源开发利用总量控制、用水效率控制、水功能区限制纳污"三条红线",将经济社会系统对水资源系统的荷载和影响控制在可承载范围之内,因此是实现水资源可持续利用的根本途径。针对传统的水资源管理目标不明晰、落实不到位的现实状况,最严格水资源管理制度还将"建立水资源管理责任和考核制度"作为制度系统的基本组成,解决了目标管理的责任主体和程序,将有效保障制度目标的实现。

可以看出,最严格水资源管理制度涵盖了水资源开发利用的取、用、排三大基本环节,包括配置、节约和保护三大基本任务,是一个面向实际、逻辑自治的水资源制度系统,是实践驱动下的我国水资源公共政策的必然选择。所调研的试点地区大部分相关人员对这一制度系统设计有着很高的认可度,也只有管理者、参与者和利益相关者都充分认知到实行最严格水资源管理制度的必要性和意义,才能主动、高效地推进制度的建设与实施。

2)最严格水资源管理制度能否有效本地化是影响国家制度实施成败的关键

按照国家对最严格水资源管理制度"三条红线、四项制度"顶层设计的一般要求,各试点地区结合各自的区情和水情,创新开展了制度本地化实践探索,如山东省在划定和分解红线指标的基础上,在管理中创新形成了预警"黄线"指标,实现了事后管理向事前管理的转变;河北省积极探索地下水开采总量与地下水位"双控"闭合管理的实施途径,切实提升地下水总量控制的可视化程度和可操作性;天津市因地制宜,将灌溉水利用系数转化为节水灌溉工程率指标,实行中心城区工业用水效率统考,提高了工农业用水效率考核的可操作性;上海将用水总量控制指标管理与城市公共供水的调度结合起来,将节水减排指标落实到社会的单元载体建设;太湖流域充分运用信息技术,完善水环境监控与预警平台建设,并在流域内推行"河长"制度,等等。

上述生动的实践做法是对最严格水资源管理工作制度的重要完善与发展,再次表明,最严格水资源管理制度只有植根于地方实际,生发形成符合区域实际、解决区域问题的本地化制度,才能具有蓬勃的生命力。因此,各地在最严格水资源管理制度的实践中,要将一般要求与区域实际相结合,科学确定工作重点和具体建设方式,如在太湖流域平原河网地区与海河流域的平原地区,其取水总量控制的精细化程度要求肯定是有差异的。

3)实施最严格水资源管理制度需要一系列的基础与条件保障

与传统水资源管理相比较,最严格水资源管理制度具有系统化、刚性化、精细化和权威化特征,是水资源管理模式的一次重大变革,而这种变革的实现需要一系列基础支撑和条件保障。基础支撑方面,最严格水资源管理制度的实施有三方面不可或缺的基础,即信息基础、科技基础和能力基础。定量化管理是最严格水资源管理制度的重要特征,这就需要在系统掌握自然的水资源、水环境、水生态状况和社会取水、用水、排污信息的基础上;最严格水资源管理的第二个特征是刚性化和系统化管理,这必须建立在决策科学化的基础上,就需要相应的科学技术和标准规范来给予支持;最严格水资源管理制度的第三个特征是权威化,这对于管理的基础设施、队伍建设以及能力水平提出了现实要求;从保障条件来看,最严格水资源管理制度的实施需要相应的水资源管理体制、投入机制和创新机制作为保障,从调研的情况来看,流域与区域相集合的水资源管理体制、区域城乡水务统筹管理体制、水资源管理投入机制、多部门协同管理运行机制以及制度建设中的创新机制是影响最严格水资源管理制度实施绩效的重要因素。因此,在最严格水资源管理制度建设过程中,应切实夯实制度实施的相关基础,完善制度实施的保障条件。

4)实行最严格水资源管理制度必须建立政府主导、多部门协同和全社会广泛参与的推进机制

实施最严格水资源管理制度的目标是希望通过水资源行政管理模式的变革,实现水资源价值观、水资源开发利用方式的革新,并促进经济社会发展方式的转型,国家将其定位为"加快经济发展方式的战略举措",因此最严格水资源管理制度的实施的主导者必须是政府,规定"县级以上地方人民政府主要负责人对本行政区域水资源管理和保护工作负总责";最严格水资源管理制度要建立取水、用水、排污控制"三条红线",涉及水利、环保、工业、农业、市政公用等诸多领域,贯穿规划、建设、考核三个环节,因此最严格水资源管理需要在政府的主导下,由水行政主管部门牵头,多部门按照职责分工协同配合,形成合力共同推进,才能保障制度得到有效的落实;最严格水资源管理通过倒逼机制的建立,促进涉水生产和消费模式的革新,因此离不开全社会公众的广泛支持和参与。

调研过程中发现,试点地区为切实保障最严格水资源管理制度的落实,无一例外地成立了由政府主要领导担任组长的领导小组,细化了实施方案的分工,明确了各政府有关部门的责任,制订了考核办法和方案,大规模开展了实行最严格水资源管理制度的宣传教育,有力地促进了最严格水资源管理制度的确立。

5)要将实行最严格水资源管理制度切实与改善民生、转变经济发展方式和建设生态文明等有机结合起来

实行最严格水资源管理制度是通过规范水资源开发利用行为,实现水资源的可持续利用,更好地服务于发展,而不是约束发展。因此,一个地区最严格水资源管理制度的建设应当与当地的民生改善、转变经济发展方式和建设生态文明等区域发展的重大问题紧密结合起来。如在太湖流域调研发现,由于流域内整体水环境质量较差,部分地区的城乡饮用水安全仍然存在一定的问题。以重点考察的嘉兴市石臼荡水源地生态工程为例,该工程通过构建人工湿地对上游来水进行处理后作为自来水厂水源,取得了较好的供水效益和生态效益,但仍面临着水厂出水水质依赖深度处理、水源地封闭性差等诸多问题,水源地安全风险较大,且一旦发生供水事故,应急供水水源没有保障,因此应当将保障城乡饮用水安全作为太湖流域第三条红线管理的重中之重。此外调研也发现,受水资源严重短缺的影响,地处海河下游并与京津毗邻的河北省,近年来农业用水安全保障程度降低,农业生产能力受到很大影响,但河北省又是国家粮食安全保障的重点区域,因此如何统筹

城乡用水需求,在严控地下水开采总量的同时,合理配置不同水源,加大城市达标再生水回用于农业灌溉的力度,是区域实行最严格水资源管理制度需要重点考虑的问题。此外,还需要探索以最严格水资源管理制度为切入点,通过水生态和环境保护与修复提升城乡水生态文明水平,通过节水减排倒逼机制的建立,加快产业优化升级和经济发展方式转变,都是区域实施最严格水资源管理制度实践中的重大命题。

6) 实行最严格水资源管理制度是一项长期的、复杂的、艰巨的系统工程

实行最严格水资源管理制度是水资源由传统的粗放式管理向精细化管理、由弹性管理向刚性管理、由定性管理向定量管理、由行业管理向综合管理的重大变革,涉及制度创新理念的普及、管理红线的划定、制度体系的建设、管理基础的构建以及管理体制改革等诸多方面的内容,因此最严格水资源管理制度的建设与实施必然是一个长期的、渐进的过程。制度实施之初要特别防止两种倾向:一种是认为由于水的流动性、随机性和广泛性,水资源管理不可能做到精细化和刚性化。事实上,资源的管理是否需要做到精细化和刚性化,其内生的驱动因子是资源的稀缺度及其影响效应,技术水平则是其外部的约束性条件。有理由相信,在迫切的现实需求驱动下,水资源精细化管理技术会不断发展并最终适应实践的需要。另一种倾向是认为只要划定了"三条红线"、制定了"四项制度",建成了国家水资源管理信息系统,最严格水资源管理制度就基本大功告成了。实际上,这个问题的求证从最严格土地资源管理制度发展历程和现状就可以得到答案,土地资源管理相对水资源管理要更加单纯和可控一些,前者经过十多年的建设目前仍处于不断发展和完善之中,因此最严格水资源管理制度的建设是一项长期的系统工程,绝不可能一蹴而就,因此国家和地方各级政府以及全社会既要充分意识到实施最严格水资源管理制度建设的必要性,也要认识到最严格水资源管理制度建设的长期性、复杂性和艰巨性,扎实有效地稳步推进。

链接2:国家水资源监控能力建设

中央水利工作会议和2011年中央一号文件《决定》提出实行最严格的水资源管理制度,把严格水资源管理作为加快转变经济发展方式的战略举措。《决定》要求"加强水量水质监测能力建设,为强化监督考核提供技术支撑"。2012年《意见》,对实行最严格水资源管理制度工作进行全面部署和具体安排。《意见》要求"健全水资源监控体系。抓紧制定水资源监测、用水计量与统计等管理办法,健全相关技术标准体系。加强省界等重要控制断面、水功能区和地下水的水质水量监测能力建设。流域管理机构对省界水量的监测核定数据作为考核有关省、自治区、直辖市用水总量的依据之一,对省界水质的监测核定数据作为考核有关省(自治区、直辖市)重点流域水污染防治专项规划实施情况的依据之一。加强取水、排水、入河湖排污口计量监控设施建设,加快建设国家水资源管理系统,逐步建立中央、流域和地方水资源监控管理平台,加快应急机动监测能力建设,全面提高监控、预警和管理能力,及时发布水资源公报等信息"。

为贯彻落实《决定》和《意见》精神,水利部组织编制了《国家水资源监控能力建设项目实施方案(2012~2014年)》(简称《实施方案》),提出利用3年左右时间,开展国家水资源监控能力建设项目(简称本项目),初步形成与实行最严格水资源管理制度近期目标

相适应的国家水资源监控能力,为支撑水资源管理定量考核工作奠定基础。

1. 建设目标

国家水资源监控能力建设(2012～2014年)的总体目标是:自2012年起,用3年时间完成近期建设,基本建立与用水总量控制、用水效率控制和水功能区限制纳污相适应的重要取水户、重要水功能区和主要省界断面三大监控体系,基本建立国家水资源管理系统框架,初步形成与实行最严格水资源管理制度相适应的水资源监控能力,逐步增强支撑水资源科学管理和"三条红线"监督考核的能力。

项目建设的具体目标是:到2015年,基本建成取用水监控体系,对占全部颁证取用水总量的70%以上的重点用水大户实现监测(主要包括地表取水年许可取水量在300万 m³以上集中取用水大户、地下取水年许可取水量在50万 m³以上的集中取用水大户,部分在敏感水域取水的取水户或其他特别重要的取水户);基本建成水功能区监控体系,对"重要水功能区"(列入《全国重要江河湖泊水功能区划》考核名录的重要江河湖泊水功能区)的监测覆盖率达到80%,对已核准公布的175个全国重要饮用水水源地基本实现100%监测;基本建成省界断面监控体系,主要江河干流及一级支流省界断面基本实现水质监测全覆盖,省界出入境水量监测覆盖率由现有的14%左右提高到55%左右;基本建立国家水资源管理系统框架,实现中央、流域和省(自治区、直辖市)水资源管理过程核心信息的互联互通和主要水资源管理业务的在线处理,为实行最严格水资源管理制度提供技术支撑。

2. 主要建设内容

国家水资源监控能力建设项目主要致力于完善以流域为单位、以省(自治区、直辖市)为考核对象的水资源管理所需数据的获取、加强监控的手段、全面提高国家层面的水资源监管能力,形成满足最严格水资源管理制度管理需要的监测、计量、信息管理能力,为强化水资源管理监督考核提供技术支撑,为最严格水资源管理制度的实施提供有力的手段和支撑。

建设内容以国家级水资源监控基本点(站)(简称国控监测点)的在线监测与传输能力建设和中央、流域、省三级监控管理信息平台建设为重点,构建包括针对8 558个规模以上取用水、4 493个重要水功能区、737个省界断面和重要控制断面等国控监测点组成的国家水量水质在线监测数据采集传输网络(不包括土建工程);构建包括1个中央平台、7个流域平台和32个省级平台(含31个省(自治区、直辖市)和新疆生产建设兵团)组成的国家水资源监控管理平台。主要建设内容包括以下四个方面:

一是取用水监控体系建设。与建立用水总量控制和用水效率控制"两条红线"相适应,本项目确定的取用水国控监测对象为地表水年取水量在300万 m³以上的工业生活及公共集中供水的取水大户、地下水年取水量在50万 m³以上的工业生活取水大户、特别重要或敏感的取水户等,共计8 558个国控监测点,包括5 576个地表水取水户、2 886个地下水取水户、96个地表水和地下水兼有的取水户。

明渠取水包括直接取水、引水、提水三类,一般选用断面流量监测;对于管道取水一般采用电磁流量计、声学管道流量计法等。取水量监测以自动监测、在线传输为主,实现对重要取用水户的在线监控。取用水国控监测点建设标准配置包括遥测终端机、流量计/水位计、通信设备、供电设备、避雷设备和安装辅材等。

二是水功能区监控体系建设。与建立水功能区限制纳污红线相适应,本项目对列入《全国重要江河湖泊水功能区划》考核名录的 4 493 个水功能区建立国控监测点,3 年内实现 80% 的监测覆盖率,并对 142 个全国重要城市饮用水水源地对应的 177 个饮用水水源区进行水质在线监测。基本覆盖列入国家考核范畴的全部重要江河湖泊水功能区和已核准公布的全部国家重要地表水饮用水源地。

水功能区水质监测以巡测和在线监测相结合的方式进行。列入全国重要饮用水水源地名录涉及的重要江河湖泊水功能二级区采用水质在线监测方式,即配备水质在线监测设备;其他所有水功能区原则上都采用巡测方式,通过加强负责水功能区监测任务的省水环境监测中心、省水环境监测分中心的巡测、取样及实验室分析能力,以提高水功能区水质监测覆盖率。

三是省界断面监控体系建设。与建立区域用水总量控制和水功能区限制纳污两条红线相适应,全国省界断面监控对象为:大江大河干流的省界、流域内一级支流或水系集水面积大于 1 000 km^2 的河流所涉及的省界、重要调水(供水)工程沿线跨省界、跨流域的监测断面、水系集水面积小于 1 000 km^2 的水事敏感区域或水质污染严重的河流所涉及的省界,共 1 069 处(其中水量水质结合站 840 处),本项目选取其中初步具备条件的 737 处进行建设(其中水量水质结合站 359 处)。在《全国省界断面水资源监测站网规划》(简称《站网规划》)840 处省际河流水文测站(断面)建设实施后,可控制省界总水量的 80% 左右;如《站网规划》实施完成 359 处水文测站,则可控制省界断面水量的 55% 左右(现状条件下 50 处水文站可控制省界水量的 14% 左右)。鉴于水质监测和水量监测技术对监测断面设站条件要求相差较大,水量和水质断面不可能一一匹配,所以全部省界水量断面均进行水质监测,但只是部分水质省界断面能进行流量监测。

省界断面监测指标包括水量和水质两类,监测站点水文监测站、水质自动监测站和水质巡测断面(定时取样实验室分析)。对于已建水文测站的,通过加强监测设施在线采集传输能力建设,以提高监测自动化水平;巡测断面通过加强负责水功能区监测任务的流域水环境监测中心及其分中心的巡测、取样及实验室分析能力建设,以提高国控省界断面的水量水质监测覆盖率。

四是水资源监控管理信息平台建设。水资源监控管理信息平台部署在中央、流域、省三级水资源管理部门,包括 1 个中央平台、7 个流域平台和 32 个省级平台(含 31 个省(自治区、直辖市)和新疆生产建设兵团)。水资源监控管理信息平台实时掌握全国规模以上取用水户、重要水功能区及重要城市饮用水水源地、重要江河省界控制断面的水量水质信息;基本掌握各省区"三条红线"考核指标完成情况;初步具备对大型水资源配置工程和重要取水口实行远程控制的条件;对重大的突发事件进行应急反应和决策支持;成为全国水资源管理业务与其他业务系统间的数据交换中心;成为国家级水资源信息发布平台。

中央、流域和省级信息平台系统采用同构模式,其建设内容包括计算机网络、数据库、应用支撑平台、业务应用系统和应用交互等层面,为水行政主管部门、社会公众、管理对象、政府相关职能部门和规划设计单位提供服务。

3. 总体建设方案

国家水资源监控能力建设项目的总体框架由六个层面、两大保障体系、五类服务对象共同构成,其中六个层面包括信息采集传输、计算机网络、数据资源、应用支撑、业务应用和应用交互;两个保障体系包括信息安全体系和标准规范体系;五类服务对象包括中央水行政主管部门、科研及规划设计机构、社会公众、管理对象和政府相关职能部门等。其总体结构如图 9-1 所示。

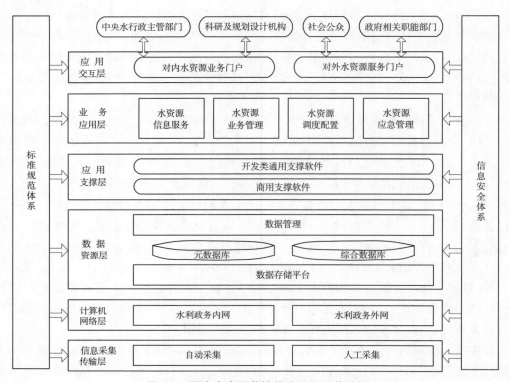

图 9-1　国家水资源监控能力建设总体结构

（1）信息采集传输层。是采集、传输各类水资源监测信息的基础设施,主要包括重要取用水、水功能区和省界断面三大国控监测体系的建设,实现直接监测信息采集和间接监测信息采集两种功能。其中,对直接监测信息采集的实现根据信息来源情况分为在线自动采集和人工录入两种方式:在线自动采集方式是指监测点采集相关数据后,利用移动、有线、光纤等通信方式通过数据接收层到省或流域,进入系统的数据资源层;人工录入方式则是由工作人员将监测数据通过系统应用各层级的客户端导入或录入系统,直接进入系统的数据资源层。对间接监测信息采集的实现宜采用信息交换的方式进行,即数据资源层依托应用支撑层的交换中间件直接实现数据的汇集任务。

（2）计算机网络层。是各种业务的运行平台,为各级水资源管理机构之间数据、图像等各种信息提供高速可靠的传输通道,主要依托水利政务内网和水利政务外网。其中,政务内网是与因特网物理隔离的涉密网络,政务外网是与因特网逻辑隔离的非涉密网络。

国家水资源监控管理各级信息平台按其涉及信息的密级分内外网进行部署。其中,未涉及国际河流的 23 个水资源监控管理省级信息平台部署在政务外网；涉及国际河流保密信息的 9 个水资源监控管理省级信息平台(包括黑龙江、吉林、辽宁、内蒙古、云南、广西、西藏、新疆等省(自治区)和新疆生产建设兵团)主要部署在新建的政务内网中,并在完成涉密网络分级保护改造与测评后,通过租用公网线路与水利部政务内网实现加密互联,在政务外网中部署信息采集和发布等相关系统；松辽水利委员会的流域信息平台主要部署在政务内网,在政务外网中部署信息采集和发布等相关系统；海河水利委员会、淮河水利委员会、太湖流域管理局的流域信息平台全部部署在政务外网；长江水利委员会、黄河水利委员会、珠江水利委员会三个流域的信息平台分内外网部署,涉及国际河流保密信息的部分部署在政务内网,未涉及国际河流监测信息的部分部署在政务外网；中央信息平台未涉及国际河流监测信息的部分部署在政务外网,涉及国际河流保密信息的部分部署在政务内网,在政务外网中部署信息交换和发布等相关系统。

部署在政务外网的信息平台通过已建成的连接水利部、流域机构和省级水行政主管部门的水利信息网骨干网实现信息从省到流域和中央的传输；部署在政务内网的信息平台通过已建成和新建的连接水利部、流域机构和省级水行政主管部门的水利政务内网实现信息从省到中央和流域的传输。

(3)数据资源层。是对数据存储体系进行统一管理,主要包括数据管理、数据存储管理等部分,并对综合数据库及元数据库等两大类数据进行存储与管理。数据存储管理主要是完成对存储和备份设备、数据库服务器及网络基础设施的管理,实现对数据的物理存储管理和安全管理。数据管理主要包括建库管理、数据输入、数据查询输出、数据维护管理、代码维护、数据库安全管理、数据库备份恢复、数据库外部接口等功能。综合数据库包括监测数据库、业务数据库、基础数据库、空间数据库和多媒体数据库等多个逻辑子库,根据数据种类分别存储于 RDBMS 与文件系统中；元数据库将综合数据库中的数据进行分类及抽取,形成数据集元数据、数据元数据,并存储在 RDBMS 中。

(4)应用支撑层。提供统一的技术架构和运行环境,为水资源应用系统建设提供通用应用服务和集成服务,为资源整合和信息共享提供运行平台。主要由各类商用支撑软件和开发类通用支撑软件共同组成。商用支撑软件作为应用支撑层的基础,为水资源应用系统的运行提供了基础软件环境。在商用支撑软件的基础上构建的开发类通用支撑软件,将各个水资源应用系统所共同需要使用的软件模块进行统一的设计与开发,并以服务的形式提供给各个应用系统使用,最终达到技术框架的统一,更便于实现系统内部的业务、系统间的业务协同与互联互通。

(5)业务应用层。业务应用系统的建设是在深入进行水资源管理业务需求分析的基础上,基于水资源专业模型技术,综合运用联机事务处理技术、组件技术、地理信息系统(GIS)、决策支持系统(DSS)等高新技术,与水资源专项业务相结合,构建先进、科学、高效、实用的水资源业务管理信息系统。根据对主要业务的需求分析,应用系统的建设将涵盖水资源信息服务、水资源业务管理、水资源调度配置、水资源应急管理等系统。

水资源信息服务系统:提供对各类监测数据的综合信息服务,包括水资源监测信息接收处理、运行实况综合监视与预警、统计分析等。

水资源业务管理系统:服务于水资源管理的各项日常业务处理,包括取水许可管理、水资源建设项目论证管理、水源地管理、水调业务处理等。

水资源调度配置系统:在监测、统计、模型相结合的基础上,为决策者提供多角度、可选择的水资源配置、调度方案,供决策参考。工程水资源决策支持系统建设仅在部分流域开展试点工作。

水资源应急管理系统:应急管理系统能对各种紧急状况应急监测的信息进行接收处理、实况综合监视与预警、统计分析等,以积极应对各种突发状况和事故。

(6)应用交互层。是直接与用户交互的层面,主要包括面向水资源业务人员的水资源业务门户和面向社会公众的水资源服务门户。国家水资源管理系统界面如图9-2所示。

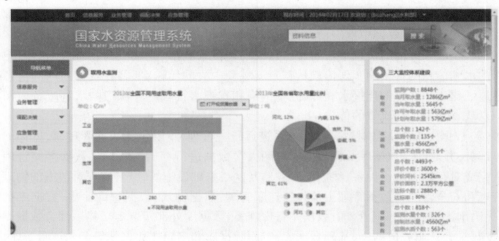

图9-2　国家水资源管理系统界面图

业务应用门户应提供所有水行政主管部门业务人员与政府相关部门访问应用系统的统一入口,是水资源管理系统内所有业务人员日常工作和交流的窗口,也是信息发布的平台。业务应用门户应将系统内所有办公业务和信息服务集中到一个应用平台上,通过单点登录,实现所有应用的入口统一,并应提供个性化的业务界面和结构清晰、内容可定制的信息服务,实现各信息资源、各业务应用的集成与整合,达到信息资源的全方位共享。

信息服务门户应为社会公众与企业提供进行水资源业务申报及监督管理的门户,是所有社会公众与企业访问水资源相关网站的统一入口。门户应及时向用户、公众和社会发布水资源管理动态信息,提供公共参与、监督水资源管理的渠道,定期向社会各界公告本地水资源情势、开发利用保护情况和重要水事活动。

(7)标准规范体系。是支撑国家水资源监控能力建设和运行的基础,是实现应用协同和信息共享的需要,是节省项目建设成本、提高项目建设效率的需要,是系统不断扩充、持续改进和版本升级的需要。

水资源监控能力建设相关标准规范,前期已经有了一定的基础,已制定了《水资源监控管理数据库表结构及标识符标准》(SL 380—2007)等5个专门标准,此外还有一些相关的标准规范可供参考。但尚不能满足国家水资源监控能力建设项目的需求,还需补充7个方面约25项标准,以完整的标准规范体系支撑国家水资源监控能力的建设。

（8）信息安全体系。是保障系统安全应用的基础，包括物理安全、网络安全、信息安全及安全管理等。

除信息采集传输层外的其他五个层面和两大保障体系的建设内容，按其归属分别纳入中央、流域、省（自治区、直辖市）各级水资源监控管理信息平台建设中。在实施过程中，按照 Java EE 技术架构，结合当前物联网最新理念和云服务技术进行设计。

4. 项目效益分析

本项目实施后，可覆盖 14 034 个水资源国控监测对象，实现对 70% 以上的取水许可水量、80% 的重要水功能区、主要省界断面水质监测全覆盖和约 55% 的水量进行监测；可建成国家水资源监控管理统一信息平台，包括 1 个中央信息平台、7 个流域信息平台和 32 个省级信息平台（含 31 个省（自治区、直辖市）和新疆生产建设兵团）等。

项目实施有利于强化对最严格水资源管理制度执行情况的监督考核，提高我国水资源科学、合理利用水平，充分发挥水资源价值，为社会经济发展服务；有利于大幅提高日常业务管理工作的效率，提高信息资源利用率，降低管理成本；有利于加强水环境治理和生态环境良性发展技术支撑能力；有利于提升管理调控和应急处置能力；有利于增强水资源费的征收力度，提高水资源费的征收比例，促进水资源费的足额征收；有利于推进水资源国控监测点标准化建设；有利于促进资源共享，避免重复建设。

因此，作为水资源管理现代化的重要标志之一，国家水资源监控能力建设项目的实施将为全国水资源调配和水资源管理、保护业务等多方面的工作提供技术支撑和综合服务，对于实现我国最严格的水资源管理制度，保障水资源安全，推进我国增长方式转型等将发挥重要作用，具有显著的经济效益、社会效益和生态效益。

下篇　中国水资源的重大专题

第 10 章 气候变化对我国水资源的影响

  水资源的最终补给来源为大气降水,其总量、时空分布均受到降水、气温、风速等气候因子的控制,同时水资源的形成受到土地利用、土壤属性等下垫面特征的影响。近百年来,以全球增暖为主的气候变化和高强度的水土资源开发等人类活动,已经对我国水资源产生了显著的影响,导致了我国北方海河、黄河等流域水资源衰减,直接影响了区域的社会经济可持续发展,产生了一系列生态问题。

  我国作为一个水资源十分短缺且时空分布极为不均的国家,水资源是我国社会经济发展、生态环境改善的重要制约因素。在全球气候变化背景下,识别和评估气候变化对水资源的影响,预估未来的水资源可能变化趋势,合理制定水资源应对气候变化的对策,对我国社会经济的可持续发展具有重大意义。

10.1 气候变化历史事实

10.1.1 全球气候变化观测事实

  根据联合国政府间气候变化专门委员会(IPCC)第五次评估报告(AR5)第一工作组报告,自 1950 年以来,气候系统观测到的许多变化是过去几十年甚至千年以来史无前例的,全球气候系统的暖化具有很高置信度。过去 30 年,每 10 年地表温度的增暖幅度是 1850 年以来最大的时期。北半球 1983～2012 年可能是最近 1 400 年以来最暖的 30 年。1880～2012 年,全球海陆表面平均温度升高了 0.85 ℃,2003～2012 年平均温度比 1850～1900 年平均温度上升了 0.78 ℃。全球海陆表面平均气温年际及年内变化显著。20 世纪中期以来,全球对流层呈暖化趋势,北半球中高纬度地带对流层温度变化最为明显。全球平均温度变化及变化趋势分别见图 10-1 和图 10-2。

  不同于地面气温,自 1950 年以来,全球陆地降水总量没有明显变化,但极端降水发生频率增加,强降雨事件发生频率增加的陆地区域比发生频率减小的陆地区域明显增加,北美和欧洲强降雨事件发生频率及强度明显增加。全球大陆年平均降水变化如图 10-3 所示。

  海水增温决定了储存在气候系统中的能量增加,大于 90% 的能量累积发生在 1971～2010 年。深度为 0～700 m 的海水在 1971～2010 年间开始增温,海洋表层增温最为明显,深度为 0～75 m 的海水在 1971～2010 年间温度升高了大约 0.11 ℃。全球海洋表层热含量变化如图 10-4 所示。

  近 20 年来,格陵兰和南极地区冰盖融化,几乎全球的冰川都呈现萎缩趋势,北极海冰和北半球春季积雪量减少(见图 10-5、图 10-6)。除去冰盖外围冰川,1971～2009 年全球冰川减少速率大约为 226 Gt/年,1993～2009 年减少速率大约为 275 Gt/年。格陵兰冰盖

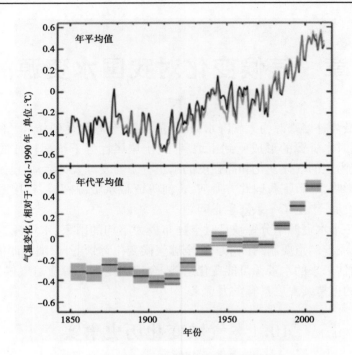

图 10-1　1850 ~ 2012 年全球平均温度变化

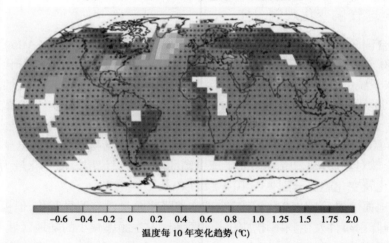

图 10-2　1901 ~ 2012 年全球平均地表温度每 10 年变化趋势空间分布

平均减少速率从 1992 ~ 2001 年的 34 Gt/年上升到 2002 ~ 2011 年的 215 Gt/年。南极冰盖平均减少速率从 1992 ~ 2001 年的 30 Gt/年上升至 2002 ~ 2011 年的 147 Gt/年。1979 ~ 2012 年北极海冰覆盖面积减少速率为(3.5% ~ 4.1%)/10 年,即(45 万 ~ 51 万 km²)/10 年。全球大多数地区永久冻土温度自 20 世纪 80 年代早期开始升高,北阿拉斯加部分地区升温达 3 ℃(20 世纪 80 年代早期至 21 世纪 00 年代中期),俄罗斯和欧洲北部部分地区升温 2 ℃(1971 ~ 2010 年),1975 ~ 2005 年永久冻土层厚度和覆盖面积显著减少。

　　自 19 世纪中叶以来,全球海平面上升速度大于过去 2 000 年间的平均速度,1901 ~

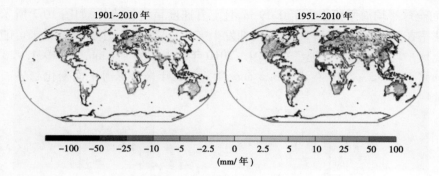

图 10-3　全球大陆年平均降水变化

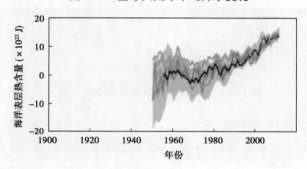

图 10-4　全球海洋表层热含量变化

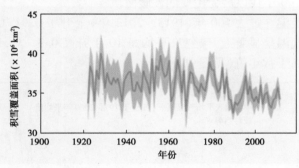

图 10-5　北半球春季积雪覆盖面积

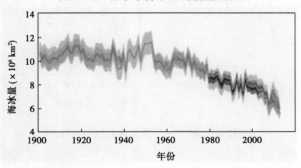

图 10-6　北极夏季海冰量

2010 年间全球平均海平面上升了 0.19 m,且上升速度呈增长趋势,如图 10-7 所示。海平面上升速率在 19 世纪后期和 20 世纪初期发生突变,显著上升,上升速率未来可能会继续增加。全球平均海平面上升速率在 1901～2010 年间大约为 1.7 mm/年,1971～2010 年约为 2.0 mm/年,1993～2010 年达到 3.2 mm/年。近百年来全球海平面变化趋势如图 10-7 所示。

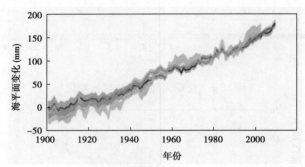

图 10-7　近百年来全球海平面变化趋势

10.1.2　中国气候变化观测事实

过去 100 年中国气温呈波动性增温趋势,根据《中国气候变化监测公报》(2012),1901～2012 年中国地表年平均气温呈显著上升趋势,并伴随明显的年代际变化特征,20 世纪 30～40 年代和 90 年代以后为主要的偏暖阶段。

中国地表平均气温在过去 100 年(1913～2012 年)上升了 0.91 ℃,其中 1961～2012 年中国地表年平均气温呈显著上升趋势,平均每 10 年升高 0.31 ℃,1997 年以后中国地表年平均气温持续高于常年值(见图 10-8)。

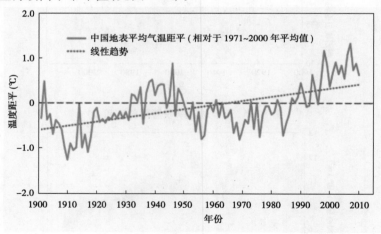

图 10-8　中国地表年平均气温变化趋势(1900～2012 年)

中国地区年平均最高气温在最近 50 年(1961～2012 年)呈上升趋势,平均每 10 年升高 0.25 ℃,低于年平均气温的升高速率。20 世纪 90 年代前年平均最高气温变化相对稳定,之后呈明显上升趋势。

　　中国地区年平均最低气温在最近 50 年(1961~2012 年)也呈显著上升趋势,平均每 10 年升高 0.42 ℃,高于年平均和年最高气温的上升速率。1987 年之前最低气温上升较缓,之后升温明显加快。

　　从气温变化空间分布趋势来看,1961~2012 年中国八大区域(华北地区、东北地区、华东地区、华中地区、华南地区、西南地区、西北地区和青藏地区)中,青藏地区升温速率最大,平均每 10 年升高 0.39 ℃,自 1997 年之后连续 15 年平均气温高于常年值。华北地区每 10 年增温 0.3 ℃,东北地区为 0.29 ℃,西北地区为 0.26 ℃,华东地区为 0.18 ℃,华南地区为 0.14 ℃;西南地区增温较缓,平均每 10 年升高 0.13 ℃;华中地区为 0.12 ℃,是中国升温速率最小的区域。从季节变化来看,冬季和春季升温显著,夏秋季节升温较弱。1961~2010 年全国年平均气温变化趋势如图 10-9 所示。

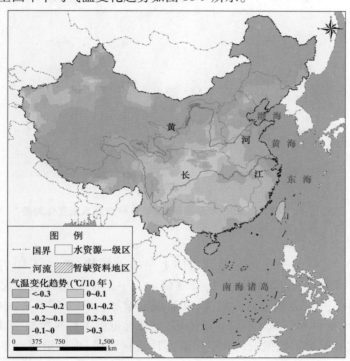

图 10-9　1961~2012 年全国年平均气温变化趋势　(单位:℃/10 年)

(资料来源:国家气候中心)

　　1901~2012 年,我国年平均降水量无显著变化趋势。20 世纪 10 年代、30 年代、50 年代、70 年代、90 年代降水偏多,20 年代、40 年代、60 年代降水偏少。60 年代以来,全国年平均降水量没有表现出明显的上升或下降趋势,但表现出年代到多年代尺度的波动。从季节变化来看,冬季降水量呈明显的增加趋势,秋季降水量减少,春季和夏季没有明显变化趋势。全国年平均降水量的变化趋势及季节变化趋势分别见图 10-10 和图 10-11。

　　从全国年平均降水量变化趋势的空间分布来看,1961~2010 年,我国年平均降水量呈现东南地区和西北地区增多、过渡带减少的变化趋势(见图 10-12)。近 50 年来,东南大部分地区年平均降水量增加 1~4 mm,西北地区年平均降水量增加 0~2 mm,而过渡带

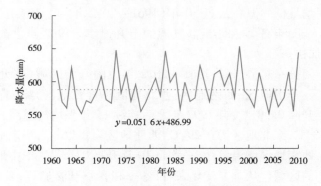

图 10-10　1961～2010 年全国年平均降水量变化趋势

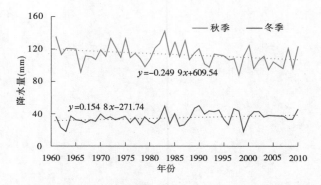

图 10-11　1961～2010 年全国秋、冬季年平均降水量变化趋势

年平均降水量减少 1～4 mm。

　　1961～2012 年,中国平均相对湿度总体上呈减小趋势,平均每 10 年减少 0.22%,1987～2003 年以偏高为主,2004 年以后持续偏低。中国平均总云量年代际变化特征明显,20 世纪 90 年代中期以前呈减少趋势,之后缓慢增加。1961 年以来,中国区域性高温事件、区域性干旱事件和强降水事件频次趋多,区域性低温事件频次显著减少。

　　根据全国主要验潮站数据资料和卫星高度计数据资料,中国沿海海平面整体呈上升趋势,且 20 世纪 80 年代中期后开始上升加快。1980～2012 年,中国沿海海平面上升速率为 2.9 mm/年,高于全球平均水平(见图 10-13)。其中,2012 年全国平均海平面为 1980 年以来最高位,较常年高 122 mm。海平面变化具有明显的区域特征,渤海西南部、黄海南部和海南岛东部沿海上升较快,而辽东湾西部、东海南部和北部湾沿海上升较缓。

　　近 50 年,中国西部冰川处于萎缩状态,冰川面积萎缩 10% 左右,其中以额尔齐斯河、黄河、澜沧江和怒江地区萎缩率最高,其萎缩率均在 25% 以上。冰川萎缩率存在区域差异,青藏高原边缘地带(祁连山、喜马拉雅山东缘)以及天山山脉区域变化率较高,1960～2009 年间,这些地区冰川面积年均变化率在 0.4% 以上(见图 10-14)。

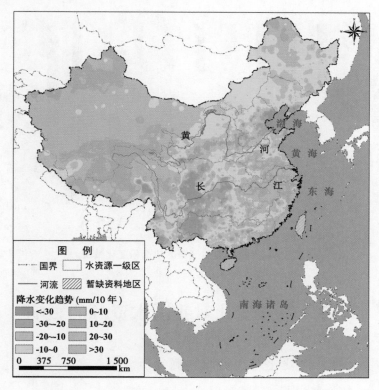

图 10-12　1961~2010 年全国年平均降水量变化趋势空间分布

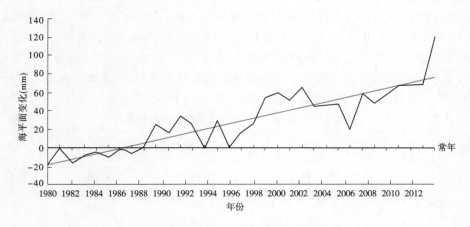

图 10-13　近 30 多年全国海平面变化

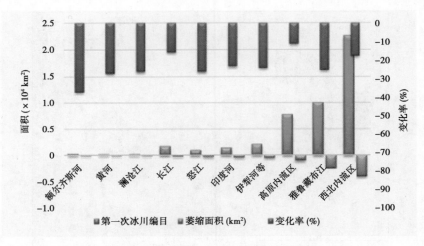

图 10-14   我国典型区域冰川面积变化情况

10.2   气候变化对我国水资源的影响

10.2.1   典型流域气候变化对水资源影响分析

10.2.1.1   海河流域

随着气候变化和人类活动影响的深入,海河流域水循环系统的结构、功能和参数均发生了深刻的变化,流域的天然径流量发生了明显的衰减,1980～2010 年的天然径流量比1956～1979 年减少了 40.6%。天然径流量的衰减主要受到两方面的影响:一方面,流域降水、气温等因子的变化改变了流域的气候条件,直接对流域的天然径流量产生影响;另一方面,人类活动改变了流域的下垫面状况及区域的取用水量,对流域的地表水资源量产生显著影响。海河流域水资源演变归因识别结果见表 10-1。

表 10-1   海河流域水资源演变归因识别结果

区域名称		贡献量(mm)			
		降水	蒸发	土地利用	天然径流
海河流域		−21.25	3.20	−12.94	−30.99
二级区	滦河及冀东沿海	−18.06	5.26	−16.55	−29.35
	海河北系	−16.59	1.62	−4.87	−19.84
	海河南系	−25.52	3.25	−10.73	−33.00
	徒骇马颊河	−23.08	3.97	−9.25	−28.36

气候因素对于海河流域天然径流量的贡献量占总贡献量的 68.6%,降水变化仍然是区域天然径流量减少的主要原因。同时,下垫面变化对于径流量的贡献也比较大,其贡献率达到 41.8%。海河流域 4 个水资源二级区中滦河平原及冀东沿海区域土地利用对流域径流演变的贡献率达到了 56.4%。对于其他 3 个水资源二级区,降水的贡献率远大于其他因子。计算结果同时表明,在保持现状土地利用不发生改变的前提下,降水需增加126.52 mm 才能使流域天然径流量恢复到基准期状态。

10.2.1.2　黄河流域

在气候变化和人类活动的双重影响下,黄河流域面临着较为严重的水资源危机。一方面,20 世纪 90 年代以来,受气候变化的影响,流域内降水呈现出减少的态势,与 20 世纪 90 年代之前相比,降水减少约为 11.5%,径流量的变化与降水量的变化趋势一致,据统计,黄河下游控制站年均径流量减少量达 30%;另一方面,人类引水量和净用水量的剧增,也使得流域内水资源供需矛盾日益凸显。流域整体上降水、土地利用的变化和水利工程调蓄造成天然径流量减少,而蒸发的变化增加了天然径流量,其中 4 个主要影响因子中降水改变对于天然径流量的变化贡献最大,尤其是在花园口、咸阳和武陟集水区,降水对径流的影响占 50% 以上(见表 10-2)。土地利用和水利工程调蓄因子的变化对各个集水单元的贡献率因为地区的不同也有很大差异。如花园口集水区的土地利用因子的贡献率只有 6.19%,水利工程调蓄因子的贡献率却达到了 41.25%;黑石关集水区的土地利用因子的贡献率高达 60.94%,水利工程调蓄因子的贡献率只有 10.70%。

表 10-2　黄河流域水资源演变归因识别结果

区域	贡献量(mm)				贡献率(%)			
	降水	蒸发	土地利用	水利工程调蓄	降水	蒸发	土地利用	水利工程调蓄
兰州	-9.37	1.12	-15.34	-8.69	29.03	-3.48	47.52	26.93
石嘴山	-8.85	-0.06	-7.84	-9.35	33.90	0.21	30.06	35.83
花园口	-13.23	0.16	-1.54	-10.26	53.20	-0.64	6.19	41.25
咸阳	-27.57	0.67	-17.42	-9.72	51.01	-1.24	32.24	17.99
黑石关	-28.37	5.66	-48.79	-8.57	35.43	-7.07	60.94	10.70
武陟	-24.15	1.40	-18.14	-4.03	53.75	-3.11	40.38	8.98

10.2.1.3　湘江流域

湘江年径流量呈长期的增大趋势,在 1961～1990 年间,流域年平均径流量为 758.6 mm,1991～2010 年流域年平均径流量为 854.14 mm,径流年平均增加幅度为 4.8 mm。1991～2010 年流域年平均径流量在 1961～1990 年基础上增加了 12.6%,增加趋势较为显著。1990 年以后湘江径流量较基准期增加了 95.6 mm,其中气候变化引起径流增加量为 67.6 mm,人类活动导致径流增加量 28.0 mm,分别占多年平均径流变化量的 70.7% 和

29.3%。气候变化中降水量的变化导致径流的增量为 60.6 mm,对径流量增加的贡献率达 63.3%,见表 10-3。可见,引起流域径流变化的气候变化因素中,流域降水量的增加,是引起湘江流域变化期径流显著增大的根本原因;建设用地增大和植被覆盖率降低,是引起流域径流量增大的次要原因。

表 10-3　湘江流域水资源演变归因识别结果

时期	$P(\text{mm})$	$E_0(\text{mm})$	$Q(\text{mm})$	$\Delta Q_c(\text{mm})$		ΔQ_H (mm)	$\dfrac{\Delta Q_P}{\Delta Q}$ (%)	$\dfrac{\Delta Q_{E_0}}{\Delta Q}$ (%)	$\dfrac{\Delta Q_H}{\Delta Q}$ (%)
				ΔQ_P	ΔQ_{E_0}				
1961~1990 年	1 503.08	1 077.29	758.56	60.6	7.0	28.0	63.3	7.4	29.3
1991~2010 年	1 570.48	1 061.73	854.14						

10.2.2　全国水资源演变归因分析

为分析气候变化对我国水资源的影响,首先针对我国水资源一级区分析了 1961~2000 年径流系列变化情况,所选取的站点如图 10-15 所示。研究结果表明,黄河、长江典型代表站长系列径流存在两个突变点,径流系列可以划分为基准期、过渡期及变化期,而海河、淮河、松花江、辽河、西北诸河只存在一个突变点,其长系列径流划分为基准期和变化期;珠江流域、东南诸河、西南诸河的典型代表站长系列径流不存在明显突变,见表 10-4。

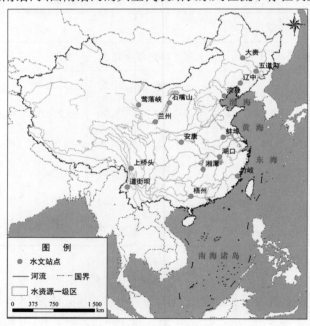

图 10-15　水资源演变分析典型站点分布

表 10-4 各一级区代表性站点基准期划分结果

站点	所属一级区	基准期	过渡期	变化期
兰州	黄河	1961～1970 年	1971～1985 年	1986～2000 年
石嘴山	黄河	1961～1973 年	1974～1985 年	1986～2000 年
安康	长江	1961～1974 年	1975～1990 年	1991～2000 年
湘潭	长江	1961～1974 年	1975～1985 年	1986～2000 年
滦县	海河	1961～1978 年	—	1979～2000 年
蚌埠	淮河	1961～1983 年	—	1984～2000 年
湖口	长江	1961～1995 年	—	1996～2000 年
大赉	松花江	1961～1983 年	—	1984～2000 年
五道沟	松花江	1961～1993 年	—	1994～2000 年
辽中	辽河	1961～1987 年	—	1988～2000 年
莺落峡	西北诸河	1961～1983 年	—	1984～2000 年
梧州	珠江流域	—	—	—
竹岐	东南诸河	—	—	—
上桥头	长江	—	—	—
道街坝	西南诸河	—	—	—

利用选取的 10 个水文站点的气象、水文资料对模型进行验证,建立了下垫面参数与下垫面条件间的关系。其中,所选取的水文站点如图 10-16 所示,模型验证如图 10-17 所示。

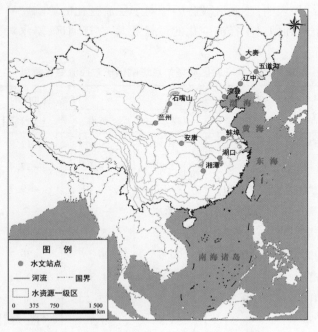

图 10-16 径流演变归因分析典型水文站点分布

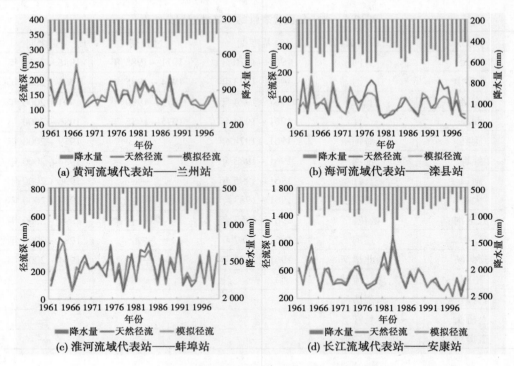

图 10-17　典型水文站点模拟径流与实测径流过程

　　利用构建的大尺度水均衡模型定量分析了气候变化和人类活动对我国 10 个水资源一级区水资源量的影响,与此同时,分析了降水、蒸发、土地利用和水利工程调蓄对于水资源量的贡献,研究结果表明,不同区域各因子对于径流变化的影响差异较大,在海河区、淮河区、松花江区,土地利用对于径流变化的贡献最大;在辽河区,降水对于径流变化的贡献最大,如表 10-5 所示。

表 10-5　各一级区典型站点影响因子对径流变化贡献

所属一级区	水文站点	径流变化（mm）	贡献量（mm）			
			降水	蒸发	土地利用	水利工程调蓄
海河区	滦县	−16.1	−10.2	5.0	−12.8	1.9
淮河区	蚌埠	−3.8	12.8	14.9	−27.4	−4.1
黄河区	兰州	−39.61	−10.7	−0.01	−19.7	−9.2
黄河区	石嘴山	−26.3	−8.9	−0.1	−7.4	−9.9
长江区	安康	−166.2	−66.9	3.0	−102.3	0
长江区	湘潭	80.4	90.6	26.5	−36.7	0
松花江区	五道沟	17.3	9.3	1.3	22.7	−16
长江区	湖口	19.7	163.3	25.2	43.7	−212.5
松花江区	大赉	98.2	35.8	0.5	116.4	−54.5
辽河区	辽中	1.24	0.4	0.9	−0.1	0.04

10.3　气候变化情景下未来水资源演变趋势

10.3.1　未来气候变化情景

全球气候模式是目前预测未来气候变化情势的重要工具,其驱动要素主要为假定的社会经济发展情景下的温室气体排放量。2000 年 IPCC 出版的《排放情景特别报告》(*Special Reports on Emission Scenarios*,SRES),为未来世界设计了 4 种可能的社会经济发展框架(Nakicenovic 等,2000),SRES 认为影响社会经济发展的主要驱动因素为人口、经济增长、技术变化、能源、土地利用、社会公平性、环境保护和全球一体化。

目前,IPCC 已在现有文献中识别了 4 类代表性 RCPs(RCP8.5、RCP6、RCP4.5 和 RCP3 - PD),并确定利用 4 个综合评估模型(Integrated Assessment Models,IAMs)提供每种路径下的辐射强迫、温室气体(气溶胶、化学活性气体)排放浓度及土地利用/覆盖的时间表(见表 10-6)(Moss 等,2007;van 等,2008)。气体 RCP8.5 为 CO_2 排放参考范围 90 百分位数的高端路径,其辐射强迫高于 SRES 中高排放(A2)情景和石化燃料密集型(A1FI)情景。RCP6 和 RCP4.5 都为中间稳定路径,且 RCP4.5 的优先性大于 RCP6。RCP3 - PD 为比 CO_2 排放参考范围低 10 百分位数的低端路径(采用 RCP2.6),它与实现 2100 年相对工业革命之前全球平均温升低于 2 ℃的目标一致,因而受到广泛关注。另外,它提出了辐射强迫达到峰值后下降的新概念,将促进对气候变化及影响不可逆性的深入分析。

表 10-6　RCPs 的类型、开发团队和预计升温

名称	辐射强迫	大气温室气体浓度	路径形状	模型和开发团队	2100 年预计升温
RCP8.5	2100 年大于 8.5 W/m²	2100 年大于 $1\,370 \times 10^{-6} CO_2$ 当量	上升	MESSAGE (IIASA)	4.6 ~ 10.3 ℃/ 6.9 ℃
RCP6	2100 年之后稳定在 6 W/m²	2100 年之后稳定在 850×10^{-6} CO_2 当量	不超过目标水平达到温度	AIM(NIES)	3.2 ~ 7.2 ℃/ 4.8 ℃
RCP4.5	2100 年之后稳定在 4.5 W/m²	2100 年之后稳定在 650×10^{-6} CO_2 当量	不超过目标水平达到温度	MiniCAM (PNNL)	2.4 ~ 5.5 ℃/ 3.6 ℃
RCP3 - PD	2100 年之前达到 3 W/m² 的峰值后下降	2100 年之前达到 $490 \times 10^{-6} CO_2$ 当量峰值后下降	达到峰值后下降	IMAGE (NMP)	1.6 ~ 3.6 ℃/ 2.4 ℃

注:MESSAGE 是指奥地利国际应用系统分析研究所(International Institute for Applied System Analysis, IIASA)开发的能源供给策略和环境影响模型(Model for Energy Supply Strategy Alternatives and Their General Environmental Impact);AIM 是指由日本国立环境研究所(National Institute of Environmental Studies, NIES)开发的亚太综合模型;MiniCAM 是指美国西太平洋国家实验室(Pacific Northwest National Laboratory, PNNL)开发的全球环境综合评估模型(Integrated Model to Assess the Global Environment,IMAGE)。

10.3.2　气候变化下水资源演变趋势

区域气候变化情景数据采用 ISI – MIP(The Inter-Sectoral Impact Model Intercomparison Project,http://www. isi – mip. org)提供的 5 套全球气候模式插值、订正结果。所选取的模式分别为 GFDL – ESM2M、HADGEM2 – ES、IPSL – CM5A – LR、MIROC – ESM – CHEM 和 NORESM1 – M;所选情景分别为 RCP2.6、RCP4.5 和 RCP8.5。其中,插值方法采用双线性插值,订正方法采用基于概率分布的统计偏差订正(Piani 等,2010;Hagemann 等,2011)。地理范围为 70.25°E ~ 140.25°E、15.25°N ~ 55.25°N,水平分辨率为 0.5° × 0.5°,时间范围为 1961 年 1 月 1 日至 2050 年 12 月 31 日,气象站和典型水文站空间分布如图 10-18 和图 10-19 所示。

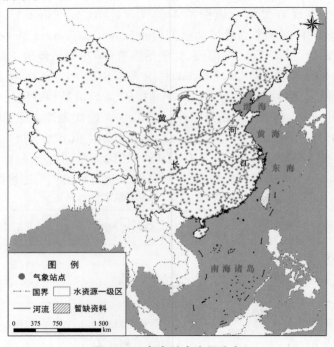

图 10-18　气象站点空间分布

利用 GFDL – ESM2M 等种模式在不同排放情景下的气温和降水数据对中国未来年平均气温和降水进行预估,如图 10-20 和图 10-21 所示。研究结果表明,在 RCP2.6、RCP4.5 和 RCP8.5 三种排放情景下,气温均呈现出增加的态势,相对于 1961 ~ 1990 年的平均水平而言,2011 ~ 2050 年的平均气温增幅分别为 1.56 ~ 2.59 ℃(RCP2.6)、1.64 ~ 2.25 ℃(RCP4.5)和 1.85 ~ 2.82 ℃(RCP8.5);不同模式下,降水的变化虽然存在着差异,但结果均表明未来降水有一定幅度的增加,2011 ~ 2050 年的平均降水较 1961 ~ 1990 年分别增加 3.74% ~ 6.54%(RCP2.6)、1.70% ~ 5.83%(RCP4.5)和 2.37% ~ 6.19%(RCP8.5)。

未来 4 个时段内,各集水区的气温均表现为一定的升高趋势,且以南方地区较为明显,如西南诸河流域(道街坝)、东南诸河流域(竹岐)、珠江流域(梧州)等。以 RCP4.5 情

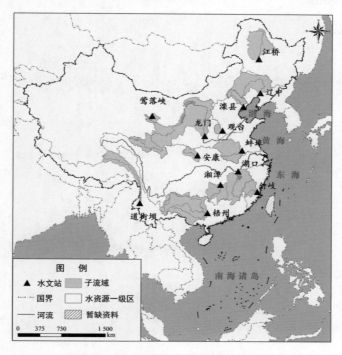

图 10-19 典型水文站点空间分布

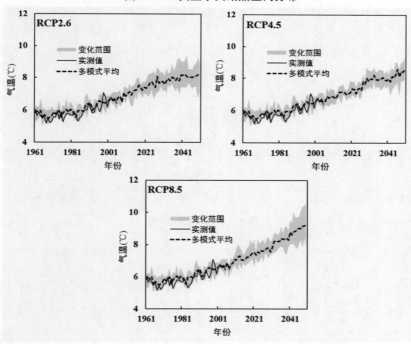

图 10-20 五种气候模式下未来气温变化情况

景为例,集合平均的结果表明:道街坝、竹岐和梧州 3 个集水区 2031 ~ 2050 年期间气温分别升高 2.96 ℃、2.56 ℃和 2.50 ℃,而在 2031 ~ 2050 年期间增幅则均在 3.0 ℃以上。其

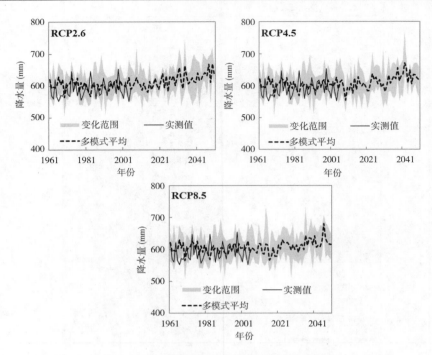

图 10-21 五种气候模式下未来降水变化情况

次,北方的海河流域和黄河流域气温增幅也相对较大,如 2011～2030 年期间滦县集水区气温升高 1.91 ℃,龙门集水区气温升高 1.83 ℃,到 2031～2050 年,增幅分别达到 2.83 ℃和 2.64 ℃。不同排放情景下各集水区气温变化如图 10-22 所示,降水变化如图 10-23 所示。

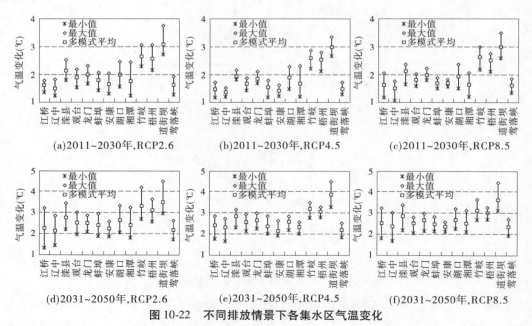

图 10-22 不同排放情景下各集水区气温变化

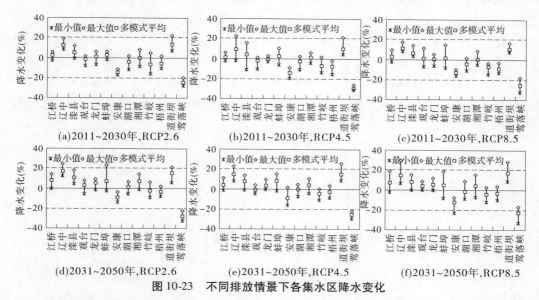

图 10-23　不同排放情景下各集水区降水变化

由分析结果可以看出,虽然未来降水量增加,但整体上未来水资源量呈减少趋势(见图 10-24)。

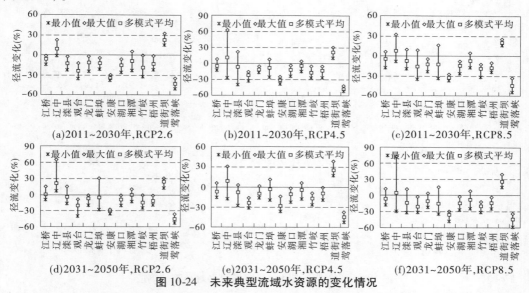

图 10-24　未来典型流域水资源的变化情况

在 1961～1990 年(基准期)平均降水、气温和径流的基础上,假定降水分别变化 −40%、−30%、−20%、−10%、0%、10%、20%、30% 和 40%,气温分别变化 −3 ℃、−2 ℃、−1 ℃、0 ℃、1 ℃、2 ℃ 和 3 ℃,共得到 63 种不同的降水−气温组合情景。将不同情景的降水、气温组合输入水平衡模型,模拟各种气候情景下不同水文站点的年径流量,并将其与基准期径流量对比,分析径流对降水、气温变化的响应(见图 10-25)。整体而言,除西北诸河流域(莺落峡站)外,北方流域的径流对气温变化相对敏感,即松花江流域(江桥站)、辽河流域(辽中站)、海河流域(滦县站和观台站)、黄河流域(龙门站)和淮河流域(蚌埠站),当气温不变时,降水量每升高1%,径流量平均增加1.71%～2.81%,当降水不变时,气温每增加1℃,径流量平均减少6.68%～16.78%;南方流域的径流受气候变化影响相对较小,即长江流域(湘潭站、湖口站和安康站)、东南沿海诸河流域(梧州站)、珠江流域(竹岐站)和西南诸河流域(道街坝站),当气温不变时,降水量每升高1%,径流量平均增加1.02%～1.57%,当降水量不变时,气温每增加1℃,径流量平均减少0.61%～4.98%。

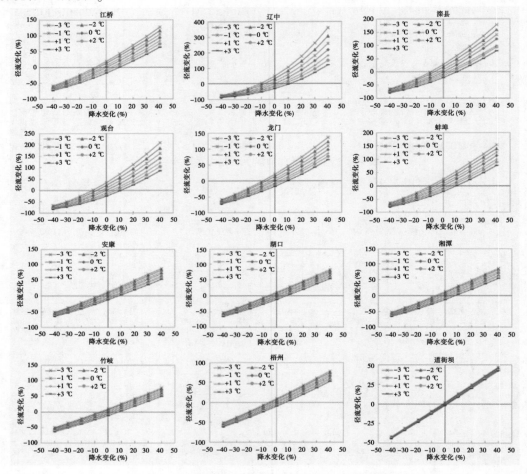

图 10-25　典型流域降水和气温变化对径流的响应

10.3.3　不确定性分析及气候变化争议

不同模式下各集水区径流变化存在一定的差异,尤其是在北方地区,模式的不确定性较为明显,如江桥集水区、辽中集水区、滦县集水区、蚌埠集水区。以 RCP4.5 情景为例,在 GFDL-ESM2M 等 5 个模式下,江桥集水区、辽中集水区、滦县集水区、蚌埠集水区2011～2030 年径流量变化范围分别为 -12.4%～8.0%、-26.9%～62.4%、-40.4%～22.1%和 -25.2%～8.1%,2031～2050 年径流量变化范围分别为 -15.2%～5.8%、-18.5%～30.6%、-27.8%～2.3%、-19.8%～11.7%,模式间的差异较大,存在径流增减趋势不一致的现象。其结果的不确定性主要来源于两个方面:一方面,是方法本身的不确定性,即模型本身的不确定性;另一方面,是气候模式数据的不确定性,不同模式间降水、气温等气象要素差异较大(见图10-26)。

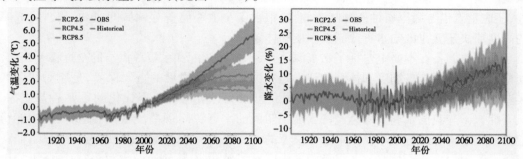

图 10-26　RCP 情景下预估的中国地区气温、降水变化(相对于 1986~2005 年)
(资料来源:国家气候中心)

　　此外,对于气候变化本身也存在较大的争议。如麻省理工学院的地球、大气科学家 Richard Lindzen 等学者对全球变暖持怀疑态度,他认为地球气候长久以来一直处于不断变化过程中,期间存在各种复杂原因,而不是全球变暖支持者所说的那样仅仅是由于二氧化碳排放的原因。他曾在 2007 年《新闻周刊》(*News Week*)杂志撰文指出,20 世纪全球温度上升最快的阶段是 1910~1940 年,此后则迎来长达 30 年的全球降温阶段,直到 1978 年全球温度重新开始上升。加拿大首位气候学博士蒂莫西撰写《全球变化:有硬数据支持吗》一文,表达自己的疑问。2007 年 3 月 8 日,英国广播公司播出纪录片《全球暖化大骗局》,提出"暖化现象并非人类活动所致"的说法,并访问多名气候学家,认为太阳活动是暖化的主要因素,人类活动对气候的影响微不足道。《全球变暖——毫无来由的恐慌》一书的作者 S. 弗雷德·辛格、丹尼斯·T. 艾沃利在书中也持相同观点。

10.4　水资源应对气候变化对策

　　在气候变化影响背景下,我国人多水少的基本水情、南多北少的水资源分布格局不会发生本质改变,未来水资源紧张的形势仍将长时间持续。为保证我国水利事业的稳定发展、实现水资源可持续利用的目标,必须采取措施应对气候变化对水安全保障的影响。经过长期的水利建设,我国各流域地区都积累了丰富的经验,其中不乏行之有效的对策措施,对总结和制定全国层面的水利行业应对气候变化适应性对策措施提供了丰富和充实的参考。从我国水利行业自身的特点和当前的发展阶段出发,我国水利行业应对气候变化对策可分为六个主要方面:资源储备有余量、利用方式要高效、治理体系要完备、安全标准要科学、风险管控要到位、应急能力要加强。这六个方面的对策措施相辅相成,分别从不同的角度和层面来减少气候变化对我国水利行业产生的不利影响,为全面保障我国水利行业的稳定发展以及社会经济的可持续发展提供有力支撑。

10.4.1　资源储备有余量

　　在气候变化和人类活动的双重影响下,近年来我国水资源面临的形势日趋严峻。各地区水旱灾害频发、水资源短缺、水生态恶化、地下水超采、水资源供需矛盾等问题严重制约了我国经济的发展。为了应对未来气候变化、社会经济的快速发展等的进一步影响,确保我国经济可持续发展目标的实现,除采取各类传统应对措施,如兴修水利、节流制污等外,还应重点借鉴我国石油资源战略储备、粮食安全战略储备等领域的成功经验,从战略的高度加快建立我国的水资源储备制度和体系。

水资源储备在本质上包括了水资源储存、水资源调配和水资源供给的全过程。当前,加快我国水资源储备制度和体系的建设是我国水利事业发展的重要保障,是应对我国气候变化带来不利影响的重要措施,是实现我国水利、经济、社会现代化的重要后备支撑。只有拥有了与我国水利及社会经济发展相匹配的水资源储备量,水利事业及社会才能稳定发展。水资源储备已不仅是单纯意义上的水资源的持续利用,而应成为一种战略储备资源。我国的水资源战略储备将成为未来应对气候变化、抗御自然灾害、应对国际上发生的不测事件,避免水资源系统供给稳定性的剧烈变动以及保证战事水资源的持续供应,而进行的抵御风险、保障水资源安全最重要的手段之一。

目前,我国的水资源储备建设工作还处在探索阶段,有很多的工作需要不断完善。从现阶段来讲,加强我国水资源储备建设,应从以下方面开展工作:

第一,要加强对我国水资源储存方式、气候环境变化趋势的分析和研究,以及对各种不同水资源储备模式的机制进行深入研究。只有在对我国水资源存在形式及潜力充分认识的基础上,才可以做好我国水资源的储备工作,合理地确定我国水资源储备模式和机制,科学地分析未来我国水资源储备水平。

第二,我国水资源储备应做到制度先行,必须加快建立完善的关于我国水资源储备工作的法律规范及管理体制。完整的制度是进行全国范围内水资源储备工作的基本保障,没有规范的法律制度的约束,很多的工作方案都将无法落实。我国其他领域资源储备的成功经验表明,立法保障是搞好资源储备的关键所在,水资源储备同样如此。因此,为保障我国水资源储备,要尽快开展水资源储备的立法工作,健全相应法律法规,明确水资源储备的法律地位。

第三,在水资源储备的前期研究和调查工作完成的基础上,应尽快制订全国层面上的关于水资源储备的具体规划方案,并分阶段完成各项目标,落实水资源储备工作。严格落实水资源总量控制要求,分区域、分行业确定供求调控目标,加强供需双向调节,确保在2030年全国用水总量不突破7 000亿 m^3。同时,在工作过程中,尝试对水资源储备模式进行研究,并提出一套有效的评价方法,针对我国各地区不同水文及经济发展情况,结合我国气候变化的趋势,分析不同地区水资源储备模式的优先次序。

第四,合理控制水资源开发利用程度,系统建立水资源战略储备机制。尤其要控制地下水利用,拓宽非常规水源利用途径,缓解当地水资源需求压力。流域和区域水资源配置中必须预留部分水资源作为战略储备,特别是气候变化影响敏感区域要留足够资源余量;强化提升地下水的资源储备作用,同时要加快应急备用水源工程建设。

10.4.2　利用方式要高效

目前,我国面临的水资源短缺、分布不均匀的形势日趋严峻,且水资源利用效率低,严重制约了我国社会经济的可持续发展。近年来,由于气候变化影响的不断深入,水资源利用效率低已逐渐成为制约我国水利事业发展的重要因素,为此应采取一系列措施促进我国水资源利用效率的提高,如适度开发,科学调水,实现水资源的配置优化;推广节水技术,提高利用效率,保障水资源的可持续利用;引入市场竞争机制,实行科学管理,提高我国水资源的利用效率。

10.4.2.1　合理开发,优化水资源配置

加强我国各地区、各行业合理开发、科学利用水资源的能力,促进水资源利用效率的提高。合理开发水资源需考虑以下两方面:①水资源的适度开发量,即开发量应满足水资源可持续利用的基本要求;②污水的环境承载力,即环境对污水的稀释自净能力,直接受到污水排放量的影响。

加快重点水利工程,特别是调水、配水工程的建设,加强水资源配置,努力提高在时间和空间上调控水资源的能力。优化水资源配置,重点实施调水战略,是国内外解决区域水资源短缺问题的重大战略措施。我国正在实施的南水北调工程,是迄今为止人类历史上最大的调水工程。调用的水量应该避免全部作为工业用水、农业用水和生活用水,而应该考虑相当一部分要作为生态用水、环境用水,不能造成"调水越多—用水越多—排放越多—恶化加剧"的局面。

总之,解决水资源在时间上分布不均的问题,主要措施在于修建蓄水工程,对有限的水资源实现优化配置和合理利用;解决水资源在空间上分布不均的问题,主要措施是跨流域调水;解决水资源总量不足的问题,主要措施在于加大节水力度,全面推进节水型产业、节水型城市和节水型社会建设。这三个方面相辅相成,缺一不可。特别是加快重点蓄水、调水和节水工程建设,有效提高水资源在时间和空间上的调控能力,是节水型社会建设的重要前提和基础。

10.4.2.2　推广节水技术,提高用水效率

把厉行节约、高效用水放在更加突出的位置,综合利用工程、技术、经济、法律、行政等手段,促进各部门、各行业节水。其中,节水技术是关键,现阶段我国各领域的节水技术水平已得到很大提高,但仍有待进一步的研究。节水技术水平的全面提高对我国用水效率的提高及节水有重要意义。

提高农业节水技术水平。农业节水的关键是提高灌溉用水利用率,因此要加强灌溉设施建设及加快灌溉技术的升级改造。国外节水经验表明,通过选育抗旱品种和改进相关栽培技术,走节水高效灌溉农业与旱地农业并举的道路是农业节水的一条创新之路。同时,合适的农艺措施也能显著提高作物水分利用效率。另外,有必要加强对于提高节水技术的相关方法进行研究。当前的农业节水情况主要通过作物水分利用效率进行衡量,该指标可由不同的方法与模式进行估算、评估,如蒸腾效率、灌溉水利用效率及价值水分利用效率等。其中,价值水分利用效率是将经济学概念引入水分利用效率的统计办法,它是指单位用水量产生的经济效益,这个概念的引入对农业产业结构的调整产生了重要影响,也促进了节水灌溉设施和高经济节水技术的推广和应用。

提高工业节水技术水平。鉴于目前我国工业用水量较大、用水效率较低的现状,应从工业节水技术上重点突破,寻求工业节水的新思路。首先,应增加节水技术研究项目的经

费投入力度,加强节水技术和生产工艺的研究,促进节水关键技术的研发和推广;其次,合理调整产业结构、升级改造现有技术及淘汰落后产品等。这些方法不仅可以降低工业用水量,还可以提高水的重复利用率和降低工业废水的排放量,从而有效减少工业污染与降低生产的成本。

提高生活节水技术水平。首先,生活节水的前提是防止漏损,而我国生活用水最大的漏损途径是管道,自来水管道漏损率一般都在10%左右,因此应加强供水管网系统的升级改造,降低系统整体漏损水量。其次,采用节水型家用设备是生活节水的重点,要研究开发和推广应用性能优良的节水器具;同时,可以在面积较大的新建宾馆、商店、公寓、综合性服务楼、高层住宅以及人数较多的学校,建设再生水和雨水利用工程,充分利用各类节水水源,减少水资源浪费。

10.4.2.3 促进节水意识提高,建立节水制度

促进我国水资源高效利用,离不开人们节水意识的提高,以及相关用水管理制度的保障。加大宣传力度,增强全民节水意识,利用广播、报纸、网络等多媒体和通过刷写标语、办专栏、开展知识竞赛等多种形式,广泛宣传我国水资源紧缺的基本国情,宣传节水、高效利用水的基本知识,切实加强全社会节约用水意识教育,增强全民水忧患意识和节水意识,使节约用水的理念深入到千家万户,形成全社会共同关注、广泛支持和普遍参与节约用水行动的良好氛围,推进节水型社会建设取得更大成效,为我国经济社会持续快速发展提供有力保障。除增强全民节水意识外,还需要制定相应的制度和管理措施,以保障我国水资源利用效率的提高。

10.4.3 治理体系要完备

基础设施建设是增强水利应对气候变化能力的必要条件。当前,加强水利基础设施建设,建立完备的江河流域综合治理体系,必须加快流域综合规划、水资源综合规划、防洪规划等规划实施,加快建立完备的水资源安全保障、防洪安全保障、水生态安全保障体系,加强中小河流综合治理和山洪灾害防治体系建设;明确近期气候变化重点问题,制定有针对性的对策措施,针对较为确定的海平面上升、城市暴雨内涝频度强度增加、冰川积雪消融加快等重点问题,研究制定具有可操作性的应对措施,提出具体方案。

10.4.3.1 加强水利基础设施建设

新中国成立以来,随着国家经济实力的提升,防洪抗旱减灾能力已得到很大的提高。未来随着国家经济进一步发展和人口增长,防洪抗旱标准必将随之得到进一步的提高,这在客观上为我国水利应对气候变化的不利影响保留了一定程度的安全空间。应对气候变化的当务之急是加强水利基础设施建设,全面落实各项水利规划,根据规划要求,严格履行基建程序,保质保量地做好建设工作,增强应对气候变化对水资源影响的能力。对新建的工程项目必须进行充分论证,执行最严格的基建审批程序,进行效益投资比的分析计算,而不是刻意建设永久性的基础设施,以应对某种不确定的气候变化。因此,应对气候变化应密切结合各类规划编制工作,合理考虑气候变化影响的可能趋势,为工程措施与非工程措施的比选提供参考依据。

继续加强工程措施和非工程措施相结合的综合防洪体系建设,加快主要江河堤防达

标建设,推动长江、黄河、淮河等河道治理,加强蓄滞洪区优化调整和安全建设,着力提高防洪能力。另外,有必要进一步增强水资源配置工程建设,加快水资源合理配置能力。为应对气候变化可能加剧水资源时空分布不均的不利影响,针对我国水资源供需矛盾突出问题,在保证正常用水的前提下,加强水资源配置工程建设,提高水资源在时间和空间上的调配能力,保障经济社会发展用水需求。

10.4.3.2　针对重点问题的对策措施

在气候变化的影响下,海平面、城市暴雨、冰川融雪、粮食安全、生态系统破坏等问题受到人们越来越多的关注。有必要针对气候变化下重点领域、重点问题制定相应的对策措施。

10.4.4　安全标准要科学

加强对气候变化影响重点问题的分析评估,适度、科学地提高治理标准与防御标准。当前,应针对防洪减灾、供水保障等重点领域的气候变化影响问题,研究防洪标准、供水标准提高的必要性和可能性。加强气候变化对工程建设标准的影响研究,分析研究工程建设标准提高的余度量值,根据防御标准、治理标准的调整,以现有相关规范为基础、堤防工程为重点,分析研究设计标准和建设标准提高的适宜余度。

提高安全标准要根据当地的实际情况来确定,不能盲目确定标准而导致社会资源的浪费和风险的转移。必须通过对未来气候变化的预测,以及对极端水旱事件的分析,并综合考虑当地社会、经济、人口、环境等各方面因素,对旧的安全标准或相关规划进行改进,以应对气候变化带来的不利影响,在一定程度上减弱由于未来的不确定对水利事业造成的破坏。

针对较为确定的我国沿海海平面上升的趋势,应适当修订现行海堤设计标准,重新确定海堤等级及划分依据,对大部分海堤在现有基础上加高加固,提高其防御标准及治理标准,另根据实际开发需要新建海堤。适当提高沿海城市工程建设的设计标准及防洪标准,可在 100 年一遇、50 年一遇的标准基础上再提高。要适当提高广东、浙江、天津等沿海城市的城市规划及重大工程、市政项目等的设防标准,特别是滩涂围垦或填海、产业功能区、跨海桥坝等基础性项目的设计标准。在城市地面沉降地区建立高标准防洪、防潮墙和堤岸,改建城市排污系统,对沉降低洼地区进行城建整治和改造,提高城市抗灾能力,建立适应海平面上升方面的配套制度和管理体系。

10.4.5　风险管控要到位

风险管理的主导思想是承认风险的客观存在,人类不可能完全控制或驾驭风险,而只能通过种种措施手段,将风险控制到人们可以接受的程度,从而承受适度的风险。风险管理的目的主要是识别风险、评价风险与应对风险。识别风险是辨明有哪些风险;评价风险是指明风险的性质、估计风险产生的后果及风险发生的概率,以及风险对决策的影响;应对风险就是采取决策措施规避风险、平衡风险、转移风险、减少风险和分担风险,以最低的代价,最大限度地减少风险带来的损失。

加强对不同情景的预测结果的不确定性评估,实行应对气候变化的风险决策与风险管理。要针对气候变化影响评估与预测模糊不确定性的特点加强分析研究,识别未来气候变化影响的不确定性风险,科学评估气候变化预测结果发生的可能性,以非常态和不确定性为重点,实行风险决策和风险管理。加强风险决策机制研究,研究建立气候变化影响的水安全保障风险管控体系,将风险应对贯穿于制定气候变化适应性对策的全过程,研究建立不同层面风险管理、风险决策机制和风险管控体系,从调控风险、主动规避风险、规范涉水行为等方面落实风险管控措施。

10.4.5.1　应对气候变化的风险管理思路

气候变化影响下水资源的风险管理主要关心的是水资源的变化后果、变化的可能性以及应对措施的改变。在考虑应对气候变化对水资源影响的决策时,识别风险主要是查证与分析一个地区的风险源及致灾因子,评估是否确实受到气候变化的影响,以及灾害后果变化情况等,例如,未来水资源是增加、减少还是不变;评价风险主要是估计一个地区旱涝事件源受未来气候变化影响的可能性(概率),重新估计风险大小,例如,设计洪水重现期是否改变、不同水平年水资源量是否变化,以及干旱风险有无改变等;应对风险主要是根据对风险的识别和评价,结合当地具体条件,针对风险因气候变化而改变的可能性与不确定性,制定减缓风险、适应风险、规避风险、转移风险和适当接受风险的对策。

参考国外的风险管理经验,在制定应对风险措施时,往往十分强调进行效益—投资分析。气候变化对水资源的影响具有很大的不确定性,如果对影响后果的量级(如未来变旱或变涝的趋势以及变化的大小)知之甚少,甚至一无所知,并且对其出现的可能性无法确定,在这种情况下,原则上是无法进行效益—投资分析的。这种无法操作性,也是目前国内外较少将应对气候变化对策纳入水资源规划的重要原因。

未来气候变化对水资源影响的预测,绝大多数具有模糊不确定性。除冰雪融化补给河流以及海平面上升比较确定外,气候变化对未来水资源(主要是降水量和径流)的影响存在太多的不确定因素,目前还难以像对待确定事件那样应对水资源的变化,而只能从实际出发,建立不确定条件下的风险管理体系,采取简化而实用的方法处理不确定性,并制定相应的对策,风险管理思路也因此显得尤为重要。

在未来气候变化难以预料的情况下,决策者应当具有忧患意识,对于预测结果,"不可不信,不可全信""宁可信其有,不可信其无",从最坏处着眼,多从可能加剧水资源脆弱性方面考虑。这是因为根据气候模式预测未来气候变化,如果全然不信,就没有必要对未来气候变化进行预测与评估;如果全信,则无法处理不同模式预测的不同结果。

10.4.5.2　建立水安全保障风险管理体系

水安全保障的不确定因素很多,包括气候模式设置温室气体排放情景估计的不确定性、气候变化影响评估的不确定性、环境变化估计的不确定性、经济社会发展预测的不确定性、水资源供需预测的不确定性等。在研究制定应对措施时,必须区分确定与不确定的气候变化,常态与非常态、渐变与突变的灾害事件,在全面实施水资源规划和防洪规划的基础上,充分估计各种不确定因素的影响,作为应对气候变化水安全保障风险管理的重要依据。

从总体上讲,应该从国家层面建立风险管理机制,从区域层面评估气候变化的脆弱区及其风险水平,研究建立应对气候变化影响的水安全保障风险管理体系,认识和确定气候变化、气候变化影响、适应性技术方法可能存在的风险,并采取科学的应对措施。

10.4.6　应急能力要加强

为将气候变化对我国水利带来的不利影响降至最小,首先要加强气候变化对暴雨、洪水、干旱等极端事件的影响机制研究,提高对气候变化影响极端洪旱机制的认识,增强应急预案编制的科学性和合理性;其次,在对我国未来气候变化和水旱灾害间的相互影响关系进行充分研究的基础上,重点加强超标准洪水和极端干旱的应急应对体系建设,强化提高应急应对能力。以历史上发生的特大洪水和特殊干旱为立足点,强化未来气候变化条件下的极端洪涝、特殊干旱等非常态事件的应急应对机制建设,完善应急预案制订,从动态监测、预警预报、应急处置、快捷响应等各个方面加强建设,全面提升应急应对能力。

10.4.6.1　加强应对洪水灾害的应急能力

加快建立跨区域、跨部门、跨层级的洪水预警预报、应急决策会商等系统的建设,形成一套统一的高效、科学、稳定的防洪应急决策信息化支撑平台体系;建立和完善应对洪水的应急预案体系及相应法律规范;加强防汛应急救灾队伍建设,建立健全我国各流域地区防洪应急队伍;建立健全应急救灾行政领导制度和工作体制,完善各流域防洪指挥机构,加强流域防洪总指挥部与下属市、县防洪指挥部门的联系,使在应对突发洪水事件的过程中,各级别防洪指挥机构上下级以及同级别之间能够做到协调统一,明确各自的责任与分工,对利益相关部门及单位也应设立防洪救灾机构,便于及时调度和开展应急救灾工作。

10.4.6.2　加强应对极端干旱的应急能力

目前,干旱预测技术尚无法可靠预测较长时段,如某月、某季、某年以后的气象情状,因此可行的做法是根据当前气象水文状况,参照历史干旱情状,编制应急预案,未雨绸缪,提前做好应对准备,包括制订限制供水的应急方案、合理调配区域应急水源、严格执行地下水安全开采规定、依法制定沿河地区应急引水办法、加强旱情监测预警体系建设等。

第 11 章　粮食安全与农业水资源配置

粮食安全是事关一个国家社会稳定、人民健康、经济安全和国家安全的重大战略问题,不仅是中国的头等大事,而且也是一个世界性的难题。水资源与耕地资源是影响粮食安全的主要因素。为实现可持续的粮食安全保障,必须在保障耕地资源安全的同时,合理配置农业分区用水,提高水资源安全保障程度。

11.1　粮食安全与农业用水现状

11.1.1　粮食安全的内涵与现状

11.1.1.1　粮食安全的概念

20 世纪 70 年代,世界上出现了严重的粮食危机,联合国粮食及农业组织(FAO)向全球发出了粮食安全的警告。国家粮食安全的定义可以概括为:一个国家在任何时候、任何情况下都能向每一个居民提供维持健康所必需的、结构合理和营养充足的食物的能力,包括应对自然灾害和突发事件的能力。粮食安全具有以下 6 个方面的基本特征:

(1)公共性。粮食具有基础性公共资源和战略性经济资源的属性,其中最重要的是公共性、非排他性、非竞争性,即以人为本,保障每个人都能得到维持健康所必需的食物的权利。

(2)全局性。粮食安全不是只针对某一区域、某一部门或某一部分人,而是针对全国、全社会。

(3)根本性。粮食安全关系到国家和人民的根本利益,是国家和民族盛衰存亡的根基,对国家经济安全和社会稳定起着至关重要的作用。

(4)动态性。粮食生产和供求关系受自然因素和社会、政治、经济等多种因素的影响,必须在发展和变化中进行动态的调整和平衡。

(5)综合性。粮食安全涉及粮食生产、粮食流通、粮食消费、粮食储备、粮食政策等多种因素,是一个复杂的系统工程。

(6)可持续性。粮食安全不只是某一年或某一个时期的安全,而是兼顾当代和未来,为国家长治久安、人民持续幸福奠定可持续发展的基础。

20 世纪 80 年代,FAO 提出了一个国家粮食安全的衡量标准,即一个国家的粮食储备至少应相当于当年消费总量的 17% ~ 18%。2000 年,世界粮食安全委员会认为上述标准已不能全面、科学地反映当今粮食安全的状况,建议在上述标准的基础上进一步考虑 7 项新的衡量指标:①营养不足人口的数量和占总人口的比例;②人均热量摄入量;③谷物占热量摄入量的比例;④居民预期寿命;⑤5 岁以下儿童死亡率;⑥5 岁以下儿童体重不足的数量和占儿童总数的比例;⑦成人体重不足的数量和占成人总数的比例。

2011 年度我国人口占全世界的 19%,粮食产量占全世界的 25% 左右,需根据国情建立一套适合我国国情的粮食安全指标体系。其主要衡量指标应包括粮食总产量、粮食自给率、人均粮食占有量、粮食储备量、常年粮食生产能力(耕地、水资源、农业生产资料、农业科技水平、抗灾能力等)、居民膳食营养成分组合等。

11.1.1.2　对我国粮食安全状况的基本估计

按照上述主要衡量指标,我国粮食安全状况总体良好,但也存在不少隐患。

1. 粮食总产量

1996 ~ 1999 年,我国粮食总产量连续四年接近或超过 5 亿 t,成为世界第一产粮大国。2000 年以来因干旱、调整种植结构、退耕还林等,粮食产量曾有所下降,基本上维持在 4.6 亿 t 左右,相当于年消费量的 95% 左右,通过适量进口和动用储备粮,年均供应量仍达 5 亿 t 左右,基本达到供需平衡。同时,种植结构调整减少了谷物产量,但其他经济作物产量有所增加,可以部分抵消谷物产量的减少。另外,由于 1996 ~ 1999 年粮食储备量持续增加,给国家财政带来不必要的负担,因而 2000 ~ 2003 年的粮食减产中也包含了一部分人为调减的因素。2004 年以后,国家高度重视粮食安全问题,及时调整了"三农"政策,粮食产量止跌回升,2007 年突破 5 亿 t 大关,2010 年为 5.46 亿 t,2012 年为 5.90 亿 t,2013 年突破 6 亿 t(达到 60 193.5 万 t),实现"十连增",创历史最高水平。

2. 粮食自给率

根据对近十几年来我国粮食产量、消费量和进出口数量的分析,我国粮食自给率保持在 95% 以上,粮食基本自给可以得到保障。

3. 人均粮食占有量

1949 年,我国人均粮食仅 220 kg,1978 年增加到 320 kg,1990 年达到 390 kg。1996 ~ 1999 年,我国人均粮食都接近或超过 400 kg,其中 1998 年为 414 kg。2000 ~ 2007 年因人口增加、总产量减少,人均粮食占有量曾一度下降为 360 ~ 380 kg,2003 年最低时仅 334 kg,但仍高于世界人均粮食拥有量(300 ~ 330 kg)。2007 年以来,国家不断加大对农业生产的扶持力度,人均粮食占有量又接近或超过了 400 kg,2012 年达到 436.5 kg。目前,我国人均消费口粮减少,肉、蛋、奶、果、菜、水产品的消费量增加,人均每天摄入的热量、蛋白质、脂肪等各项指标均已达到或超过世界平均指标,人均寿命也已接近发达国家的水平。

4. 粮食生产能力

根据我国的耕地面积,灌溉面积,水利基础设施,防洪抗旱减灾能力,农机、电力、化肥、农药、种子等生产资料的供应能力,农业科技能力等方面的条件,我国近期粮食生产能力可以保持在 6 亿 t 左右,中期为 6.5 亿 t 左右,远期可达到 7 亿 t 以上。

5. 粮食政策

国家高度重视"三农"问题和粮食安全问题,切实加强耕地保护和水利基础设施建设,不断加大农业投入,减免农业税费,实行粮食补贴政策,调动农民种粮积极性,为粮食安全提供了强大的保障作用。总地来看,只要做到正确把握农业生产形势与粮食安全状况,坚持不懈地贯彻落实党的各项农村政策,我国的粮食安全是可以得到保障的。

11.1.1.3　影响我国粮食安全的主要问题

1. 耕地资源减少

1978 年以来,随着人口增长、经济发展、工业化和城市化的加速,建设用地持续增长,耕地面积不断减少。仅 1978～1994 年,我国耕地净减少 453.3 万 hm^2,年均减少 28.3 万 hm^2。1995 年以来,随着房地产热和开发区热的兴起以及许多城市盲目扩张,耕地面积减少的速率进一步加快,2008 年底减少到 12 171.6 万 hm^2。根据预测,我国在总人口高峰达到 15 亿时,城市化率将达到 60% 以上,城市总人口将超过 9 亿。若按城区人口密度平均 5 000 人/km^2 计算,至少需要占用土地 667 万 hm^2 左右,其中大部分都是交通方便、各类生产资料和人力资源保障程度高的优质农田,1 hm^2 相当于 2～3 hm^2 中低产田。耕地面积的持续减少,将是影响我国粮食安全的基础性因素,为了保护和改善生态环境,我国近几年有计划地将一些水土流失严重的坡耕地和低产田退耕还林。

2. 自然灾害

我国每年因洪涝灾害、干旱缺水、风雹霜冻、病虫鼠害等自然灾害的影响而减产的粮食达数百亿千克,其中因水、旱灾害而损失的粮食年均达到 300 亿 kg 左右。2000 年,我国发生大面积的旱灾,损失粮食达 600 亿 kg。因此,水资源问题是影响我国粮食安全的关键性因素。

3. 人力资源

改革开放以来,我国的乡镇企业蓬勃发展,吸纳了大量的农村剩余劳动力。工业化和城市化的发展,又吸引了大批农村劳动力进城打工、经商或从事第三产业。但是,这些进厂、进城、经商的农民并不完全是"农村剩余劳动力",而是有知识、有技能、会经营的"农村精英"。大批"农村精英"跳出农门,使农村人力资源的总体素质大幅度降低,必将对农业生产产生深远的负面影响。20 世纪 50 年代末、60 年代初,我国农村的青壮年都去参加"大炼钢铁",农业生产主要靠妇女老弱承担,加之严重的自然灾害,导致粮食大幅度减产,国民经济陷入极度困难之中,全国人口出现负增长,我国人民经历了连续三年的严重困难时期。因此,农村的人力资源和科技资源也是一个事关粮食安全的重要因素。

4. 城乡二元结构

随着我国经济、社会的持续快速发展,城乡二元结构的特征越来越突出,城乡差别进一步扩大,人才、资金、科技、信息等优势资源不断向城市集中,加之对农业的投入不足,农产品价格特别是粮食价格偏低,而生产成本却不断增加,农民种粮积极性下降,以种够自己的口粮田为基本目标,不再把种植业作为增加收入的主要来源。目前,种植业在农民收入中已退居次要地位,仅占 40% 左右。城乡二元结构的形成和发展,使得农业特别是粮食种植业在整个经济结构中处于最弱势的地位,并形成了这样一个怪圈:人们每天都要吃饭,但又对粮食安全问题缺乏足够的重视,农业始终处于弱势地位,这种状况与我国可持续的粮食安全的要求是极不适应的。

11.1.2　我国农业用水状况

11.1.2.1　随着经济社会的发展,农业用水占国民经济用水的比重不断下降

1980～2012 年,全国总用水量处于增长态势,2012 年用水量比 1980 年增加约 1 724

亿 m³,但人均用水量基本稳定在 450 m³ 左右。期间,工业用水和生活用水量呈显著增长态势,用水比重由 1980 年的 16% 提高到 2012 年的 35%;农业用水则呈先增后减再增的变化,与 1980 年相比,2009 年农业用水增加了 187 亿 m³,农业用水占国民经济用水的比重不断下降,由 1980 年的 84% 下降到 2012 年的 64%。

11.1.2.2　随着农业产业结构的调整,农田灌溉用水占农业用水的比重不断下降

1980 ~ 2012 年,农田灌溉用水量由 3 509 亿 m³ 下降为 3 403 亿 m³,与 1980 年相比,减少了约 106 亿 m³,由于渔、副、牧业用水量比重加大,农田灌溉用水量占农业用水量的比重由 94% 下降到 87%。在东部地区多数灌溉水源已被严重污染,含有大量的有害物质,满足灌溉水质要求的水量不断减少。

11.1.3　灌溉农业面临的挑战

11.1.3.1　农业用水权保障程度较低

我国粮食需求呈刚性增长态势,但水资源短缺、人均耕地少、水土资源匹配不佳,加之目前缺乏完善的水权制度,农业用水权不够明晰且保障程度较低。随着工业化、城市化进程的加速,工业用水和城市用水挤占农业用水、农业用水挤占生态用水的现象比较普遍。加之农业用水的经济价值仅为第二、三产业的十几分之一甚至几十分之一,农业用水处于弱势地位,压缩农业用水通常是应对缺水危机的首选,农业用水权的保障程度较低。

11.1.3.2　水粮配置失调,缺水现象十分严重

我国南方水多、北方水少,而北方地多、南方地少,水资源与耕地分布的不匹配导致了水量配置严重失调。淮河以北地区耕地面积约占全国的 2/3,水资源量不足全国的 1/5。按目前正常需水要求,全国每年缺水量为 300 亿 ~ 400 亿 m³,其中农业缺水量约 260 亿 m³。目前,全国年均 3 亿亩农田受旱面积中 2/3 以上为粮食作物种植面积。由于北方水少且粮食生产比重大,日趋严峻的水资源供需矛盾势必对稳定和增加全国粮食产能构成威胁,在干旱年份和遭遇连续枯水年更为突出。而水资源较为丰富的南方地区,受农业效益不高的影响,粮食播种面积呈现下降趋势。随着粮食流通格局由"南粮北调"变为"北粮南运",相应的水资源也变成"北水南用"格局,加剧了水粮配置的失调。

11.1.3.3　农业基础设施薄弱、用水效率较低

据有关资料统计,我国半数以上大中型灌区的骨干渠道及渠系建筑物工程完好率不足 50%;排水沟完好率普遍在 40% ~ 50%,好的不超过 60%。灌区内灌不进、排不出的问题较突出,灌溉保证程度偏低,中低产田比重高(约占 2/3),抗灾能力差。经过 30 多年的发展,农业用水效率已经有了大幅度的提高,但与先进国家相比灌溉水利用系数仍低 20 ~ 30 个百分点,存在很大的差距。在国内,流域或区域之间的农业用水效率也相差很大,最高和最低可相差 5 ~ 6 倍,农业节水发展很不平衡。

11.1.3.4　农业用水水质合格率不高

工业废水和城市生活污水产生量不断增加,废污水集中处理率和达标排放率相对较低,加之生活垃圾和农业面源污染不断加剧,农业供水水源受到不同程度的污染,农业用水水质合格率仅 80% 左右,对农作物产量和质量带来不利影响。另据统计,目前有 18% 的灌溉用水水质不符合农田灌溉用水水质标准。长期利用不达标水灌溉,会导致土壤肥

力降低,粮食品质下降,严重影响着粮食质量和效益,而且危及人类健康,威胁国家粮食安全。

11.1.3.5　水旱灾害频繁

受季风气候影响,降水年际年内变化大,加上近年来温室效应的影响,气候变暖,降水的不确定性增大,导致极端性天气引发的气候事件增多,粮食生产将面临大旱、大涝、大冷、大暖的气候影响,旱涝灾害发生的概率增加。1950～1978 年,因旱多年平均受灾面积超过 0.1 亿 hm^2 的有 19 年;1979～2008 年,受灾面积每年均超过 0.1 亿 hm^2,其中有 8 年超过 0.3 亿 hm^2,有 4 年粮食损失超过 400 亿 kg。

11.2　我国粮食需求与生产前景分析

11.2.1　粮食需求预测

11.2.1.1　人均食物消费量

改革开放以来,我国经济持续快速发展,人民生活水平不断提高,人均食物消费的数量增加、结构优化,居民的营养状况有了很大的改善,多项指标已接近或超过世界平均水平。

据统计资料分析,1990～2012 年人均食物消费量的变化主要特点如下:

(1)人均直接消费粮食的数量总体呈下降趋势,其中城镇从 130.7 kg 下降到 78.8 kg,农村从 262.1 kg 下降到 164.3 kg。

(2)食用油、禽蛋奶、肉类、水产品消费量呈逐年增加趋势。

(3)农村直接消费粮食多于城镇,2012 年两者比例为 164∶79,农村约为城镇的 2.1 倍。

(4)除粮食和酒外,其他食物的人均消费量城镇均大于农村,这主要是城乡人均收入水平的差距所致(见表 11-1)。

表 11-1　1990～2012 年我国人均食物消费量　　（单位:kg/(人·年)）

项目		1990 年	1995 年	2000 年	2005 年	2010 年	2011 年	2012 年	2012 年 - 1990 年	2012 年城 - 乡
粮食	城	130.7	99.0	82.3	77.0	81.5	80.7	78.8	-52.0	-85.5
	乡	262.1	256.1	250.4	208.9	181.4	170.7	164.3	-97.8	
蔬菜	城	138.7	116.5	114.7	118.6	116.1	114.6	112.3	-26.4	27.6
	乡	134.0	104.6	106.7	102.3	93.3	89.4	84.7	-49.3	
食用油	城	6.4	7.1	8.2	9.3	8.8	9.3	9.1	2.7	1.3
	乡	5.2	5.8	7.1	6.0	6.3	7.5	7.8	2.7	
肉类	城	21.7	19.7	21.0	23.9	24.5	24.6	25.0	3.2	1.5
	乡	12.6	13.6	18.3	22.4	22.2	23.3	23.5	10.9	

续表 11-1

项目		1990 年	1995 年	2000 年	2005 年	2010 年	2011 年	2012 年	2012 年 - 1990 年	城 - 乡
家禽	城	3.4	4.0	7.4	9.0	10.2	10.6	10.8	7.4	6.3
	乡	1.3	1.8	2.8	3.7	4.2	4.5	4.5	3.2	
蛋	城	7.3	9.7	11.9	10.4	10.0	10.1	10.5	3.3	4.7
	乡	2.4	3.2	4.8	4.7	5.1	5.4	5.9	3.5	
水产品	城	7.7	9.2	11.7	12.6	12.5	14.6	15.2	7.5	9.8
	乡	2.1	3.4	3.9	4.9	5.2	5.4	5.4	3.3	
奶	城	4.6	4.6	9.7	17.9	14.0	13.7	14.0	9.4	8.7
	乡	1.1	0.6	1.1	2.9	3.6	5.2	5.3	4.2	
酒	城	9.3	9.9	10.0	8.9	7.0	6.8	6.9	-2.4	-3.2
	乡	6.1	6.5	7.0	9.6	9.7	10.2	10.0	3.9	
糖	城									—
	乡	1.5	1.3	1.3	1.1	1.0	1.0	1.2	-0.3	

资料来源：中国统计年鉴 2013。

11.2.1.2　粮食消费总量预测

根据 1978 ~ 2012 年的统计资料，我国粮食总产量从 3 亿 t 增加到约 6 亿 t，人均粮食拥有量从 319 kg 增加到 437 kg（其中 2003 年为 334 kg），见表 11-2。

表 11-2　我国 1978 ~ 2012 年粮食总产量与人均粮食拥有量

年份	1978	1980	1985	1990	1995	2000	2005	2010	2012
粮食总产量（万 t）	30 477	32 056	37 911	44 624	46 662	46 218	48 402	54 648	58 958
人均粮食拥有量（kg）	319	327	361	393	387	366	371	409	437

资料来源：中国统计年鉴 2013。

以 1990 年我国实现温饱的粮食消费水平、中国居民膳食指南及平衡膳食宝塔推荐的食物消费水平，以及我国台湾地区目前的居民食物消费水平分别再加上工业用粮、种子用粮、损耗等，设计了温饱水平（430 kg/人）、营养推荐水平（500 kg/人）、富足水平（560 kg/人）三档食物消费水平，结合人口预测，得出我国三种消费水平下 2020 年粮食需求分别为 6.12 亿 t、7.12 亿 t、7.97 亿 t，2030 年分别为 6.21 亿 t、7.23 亿 t、8.09 亿 t。

从合理的膳食营养结构考虑，从我国人口众多而水土资源受限的实际情况出发，人均粮食拥有量保持在 430 kg 左右是适宜的，粮食自给率达到 95% 以上也是必需的。

11.2.2　粮食生产前景预测

11.2.2.1　粮食单产预测

1950 年,我国粮食(谷物)平均单产为 1 035 kg/hm² (69 kg/亩);1998 年达到 4 953 kg/hm² (330 kg/亩);2000 年因特大干旱,单产下降到 4 753 kg/hm² (317 kg/亩);2012 年再创新高,达到 5 824 kg/hm² (388 kg/亩)。我国农作物产量变化情况见表 11-3。

表 11-3　我国农作物产量变化情况　　　　　　　　（单位:kg/hm²）

年份	谷物	棉花	花生	油菜籽	甘蔗	甜菜
1978		445	1 344	718	38 496	8 166
1980		550	1 539	838	47 562	14 242
1985		807	2 008	1 248	53 430	15 913
1990		807	2 191	1 264	57 118	21 668
1991	4 206	868	2 189	1 212	58 345	20 791
1995	4 659	879	2 687	1 415	58 113	20 132
2000	4 953	1 093	2 973	1 519	57 626	24 518
2004	5 187	1 111	3 022	1 813	65 199	30 829
2005	5 225	1 129	3 076	1 793	63 970	37 523
2010	5 524	1 229	3 455	1 775	65 700	42 498
2011	5 708	1 310	3 502	1 827	66 485	47 361
2012	5 824	1 458	3 598	1 885	68 600	49 793

资料来源:中国统计年鉴 2013。

按 1950～1998 年计算,49 年来提高单产 3 918 kg/hm² (261 kg/亩),年均提高 80.0 kg/hm² (5.3 kg/亩);按 1991～2012 年计算,提高单产 1 618 kg/hm² (108 kg/亩),年均提高 73.5 kg/hm² (4.9 kg/亩)。但与先进国家相比还有较大的发展潜力(见表 11-4)。

表 11-4　1995 年部分国家粮食单产和人均粮食

（单位:单产,kg/hm²;人均粮食,kg）

国别	世界平均	中国	印度	美国	墨西哥	泰国	埃及	巴西	日本	法国	阿根廷
单产	2 885	4 240	2 141	5 186	2 481	2 446	6 499	2 352	5 002	7 070	2 809
人均粮食	330	387	227	1 253	201	450	261	286	110	1 071	839

国别	加拿大	丹麦	德国	英国	比利时	澳大利亚	奥地利	芬兰	瑞典	匈牙利	
单产	2 821	6 060	6 231	7 298	8 317	2 109	5 210	3 430	4 855	3 690	
人均粮食	2 002	1 823	514	420	257	1 917	535	719	638	1 020	

2012 年,我国粮食播种面积 11 120.5 万 hm² (16.68 亿亩),粮食总产量 58 958 万 t,

平均单产 5 302 kg/hm²(353 kg/亩),其中谷物单产为 5 824 kg/hm²(388 kg/亩)。随着我国灌溉面积的扩大和农业技术的进步,2008~2030 年粮食单产按年均提高 30 kg/hm²(2 kg/亩)测算,2030 年平均单产预计达到 6 364 kg/hm²(424 kg/亩)。

11.2.2.2　播种面积测算

2012 年,我国农作物总播种面积 16 341.6 万 hm²(24.51 亿亩),其中粮食作物面积 11 120.5 万 hm²(16.68 亿亩),占总播种面积的 68%。按 2030 年粮食单产 6 360 kg/hm² (424 kg/亩)、总产 7.2 亿 t 计算,粮食播种面积应达到 12 321 万 hm²(18.48 亿亩),比 2012 年的粮食播种面积增加 200 万 hm²(0.3 亿亩)。

11.2.2.3　粮食生产要素前景分析

粮食生产要素主要包括耕地、灌溉面积、灌溉水量、化肥、农药、农机、良种等。改革开放以来,我国在农业生产上的物质投入不断增加,生产条件不断改善,生产能力持续增长。2000 年以来,灌溉面积年均增长 77 万 hm²(0.12 亿亩),2012 年达到 6 304 万 hm²(9.46 亿亩);化肥使用量年均增加 141 万 t,2012 年达到 5 838 多万 t;农机总动力年均增加 4 165 万 kW,2012 年达到 102 559 万 kW;农村用电量年均增加 424 亿 kWh,2012 年达到 7 509 亿 kWh;累计繁育各种农作物新品种 5 000 多个,目前主要农作物的良种覆盖率已达到 95%;耕作制度和管理技术不断进步,等等。根据粮食生产要素的现状分析和远景展望,农机、化肥、农药、电力、良种、科技等方面的因素将不再是粮食生产的主要制约因素,起主要制约作用的是水土资源、粮食政策和资金投入。由于粮食政策和资金投入是一种可控的人为因素,所以真正制约粮食生产的硬件是水资源和耕地资源。我国人均水资源只有世界人均值的 29% 左右,而且时空分布不均,区域性缺水和季节性缺水问题十分突出。水资源开发利用难度不断加大,而生活需水、生产需水、生态需水不断增长,水的供需矛盾日益加剧。由于农业用水的单位产出较低(目前为 4 元/m³ 左右,而第二、三产业用水的单位产出可达几十元甚至几百元),所以农业特别是粮食生产在用水竞争中处于弱势地位,农业缺水的局面将会长期存在。

11.3　作物需水与灌溉需求

11.3.1　主要作物灌溉需水量地带性特征

作物需水量与灌溉定额是进行灌溉发展规划的基础,也是强化农业节约用水、保护水环境、合理配置水资源、提高水利用效率的依据。按照全国水资源分区(共 10 个一级分区、80 个二级分区、214 个三级分区),在每个三级区内选定一个典型县(或市)作为代表点,选定三级流域区代表气象站共 195 个(见图 11-1),根据近三年农业种植情况,选择种植面积占总播种面积的比例大于 5% 的主要作物为研究对象,确定研究作物共计 24 种,分析计算作物需水量与灌溉定额。

采用 1980~2000 年气候资料,分析计算各三级区多年平均及典型年参照腾发量、作物需水量和作物净灌溉需水量。

我国大气蒸发能力最大的地区在河西走廊(见图 11-2),由于气候干燥,年蒸发能力达到 1 500 mm 以上。其次是岭南地区,由于纬度较低,辐射较强,蒸发能力也比较高。

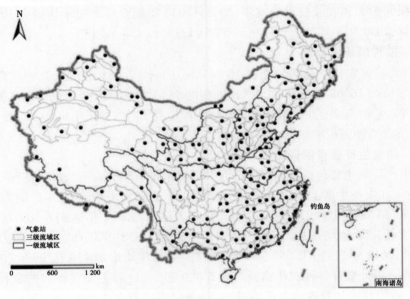

图 11-1　三级流域区代表气象站分布

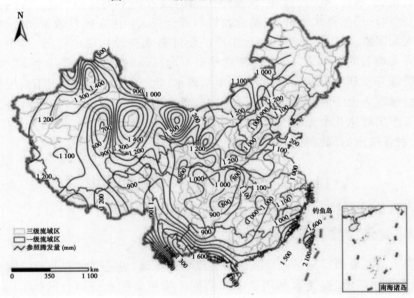

图 11-2　全国参照腾发量 1980～2000 年平均等值线

　　由于不同作物的生理需水特性、生长起止期及长度不同,不同作物需水量差异较大;加上各年生长期内的降雨量和降雨分布有很大差别,即使同种作物对降雨的有效利用比例也在变化,致使各年需补充灌溉的水量差异较大。一般采用按年降雨量排频,选择年雨量接近的 3～4 年,依照各旬平均雨量和平均作物需水量,计算不同水文年型的净灌溉需水量,分析比较灌溉需水指标,主要特征归纳如下。

11.3.1.1　冬小麦

冬小麦产区主要分布在河南、山东、河北、安徽、江苏、陕西、甘肃、新疆和山西等地，2005 年占全国冬小麦种植面积的 79%。冬小麦全生育期需水量主要在 200～550 mm 变动，从南向北逐渐增大（见图 11-3）。

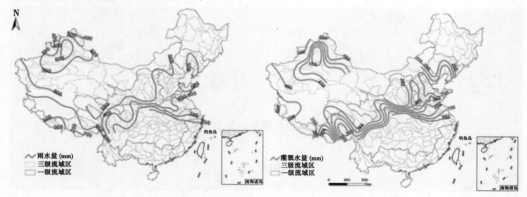

图 11-3　冬小麦需水量和灌溉水量多年平均等值线图

冬小麦多年平均灌溉水量占需水量比例为 40%～65%，由南向北递增，是除水稻外对灌溉需求要求最高的作物。在西北地区的新疆，多年平均灌溉水量占需水量比例达到 80% 以上，几乎完全依赖灌溉。

11.3.1.2　玉米

玉米种植遍布全国各行政区，种植面积呈逐年扩大趋势。2005 年，吉林、河北、山东、河南、黑龙江、内蒙古和辽宁的玉米种植面积占全国的 63%。夏玉米主要分布在华北与陕西关中、安徽淮北平原等地，这些地区光、热、水等资源较好，适宜一年两熟制。春玉米分布横贯东北和西北。

夏玉米生长期一般为 6 月中旬至 9 月中旬，生育期为 90～100 d，全生育期需水量在 300～400 mm 变动，由于生长期短，热量条件差异不大，需水量在地区间差别较小。夏玉米整个生长期处于雨季，是对灌溉依赖程度最弱的粮食作物，灌溉水量在地区间差异也不显著，由于降水时空分布不均匀，补充灌溉水量随年型变化，大部分地区需补充灌溉一水，中等干旱和特殊干旱年需灌溉两水。多年平均灌溉水量占需水量比例为 10%～40%（见图 11-4）。

春玉米生长期一般为 4 月下旬、5 月中旬至 9 月中旬，生育期为 125～140 d，全生育期需水量在 500～600 mm 变动，通常需比夏玉米多灌一水。在东部地区，灌溉高值区位于三门峡地区，向南和向北递减，东北地区为 100～150 mm（见图 11-5）。多年平均灌溉水量占需水量的比重在东北地区为 10%～45%，在西北地区为 80%～98%。

11.3.1.3　水稻

水稻在粮食作物中分布面积很广，2005 年约占粮食播种面积的 28%，主要分布在湖南、江西、广西、广东、安徽、江苏、四川、湖北和黑龙江等地，2005 年 9 个省级行政区水稻种植面积占全国水稻种植面积的 75%。水稻分为早稻、晚稻和中稻。

中稻全生育期需水量，东北地区较低，在 300～400 mm；新疆一带最高，为 900～1 000

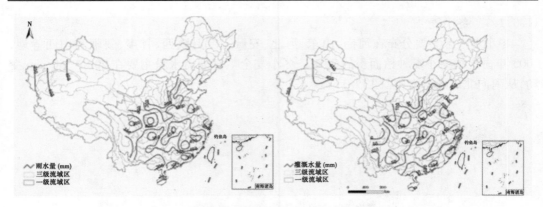

图 11-4　夏玉米需水量和灌溉水量多年平均等值线图

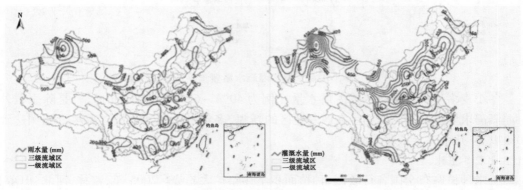

图 11-5　春玉米需水量和灌溉水量多年平均等值线图

mm;黄淮海地区在 800～1 000 mm 变动;南方地区一般为 500～600 mm(见图 11-6)。

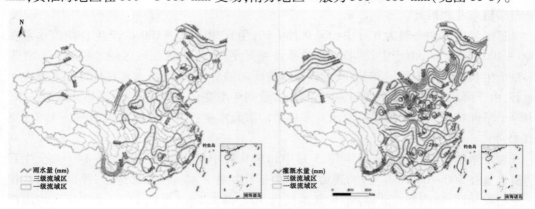

图 11-6　中稻需水量和灌溉水量多年平均等值线图

　　中稻多年平均灌溉水量占需水量比例在东北地区为 30%～55%,黄淮海平原为 55%～70%,新疆达到 80% 以上,在南方地区一般小于 40%。

　　早、晚双季稻的生育期需水量在地域上变化较小,早稻为 400～550 mm,晚稻为 450～650 mm,生育期灌溉水量空间差异较大。

　　早稻需补充灌溉水量的高值区位于云南西部的保山市,需补充灌溉水量 350～400 mm。

11.3.2　灌溉需求指数

综合归纳对 195 个代表站点的分析结果,得到不同地带主要作物 1980～2000 年多年平均需水量、灌溉需水量和灌溉需求指数(灌溉需水量/需水量),见表 11-5。为统计数据方便,这里延用《中国可持续发展水资源战略研究》中不打破省界的十大分区。

表 11-5　主要作物多年平均灌溉需求指数

地区	行政区	作物	需水量(mm)	灌溉需水量(mm)	灌溉需求指数	地区	行政区	作物	需水量(mm)	灌溉需水量(mm)	灌溉需求指数
东北区	辽、吉、黑	中稻	250～750	80～450	0.25～0.6	晋陕甘区	晋、陕、甘	中稻	600～1000	200～900	0.4～0.9
		春玉米	200～500	10～220	0.05～0.5			棉花	500～800	200～720	0.35～0.95
		春小麦	250～450	100～300	0.3～0.65			夏玉米	250～450	50～180	0.3～0.5
华北区	京、津、冀、豫、鲁	中稻	700～950	300～650	0.45～0.7			春小麦	350～570	100～550	0.4～0.95
		棉花	500～600	150～330	0.3～0.55	四川区	川、渝	晚稻	450～550	120～200	0.25～0.35
		春玉米	430～550	120～300	0.3～0.55			中稻	550～650	50～250	0.15～0.4
		夏玉米	230～400	100～150	0.2～0.45			早稻	400～500	50～200	0.2～0.5
		冬小麦	400～500	150～350	0.4～0.75			棉花	450～550	30～100	0.05～0.25
长江中下游区	沪、苏、浙、鄂、赣、皖、湘	晚稻	500～650	150～400	0.3～0.55			春玉米	300～400	0～100	0～0.25
		中稻	500～800	150～420	0.25～0.55			夏玉米	300～450	0～120	0～0.25
		早稻	400～580	80～300	0.2～0.5			冬小麦	200～600	100～350	0.4～0.75
		棉花	450～620	50～300	0.15～0.45	云贵区	云、贵	晚稻	400～700	100～350	0.1～0.5
		春玉米	250～550	0～200	0～0.4			中稻	550～950	100～500	0.25～0.55
		夏玉米	330～450	100～200	0.25～0.45			早稻	350～700	100～500	0.25～0.7
华南区	闽、粤、桂、琼	晚稻	600～700	100～450	0.2～0.6			夏玉米	300～450	20～100	0.05～0.25
		中稻	450～570	90～250	0.25～0.45	青藏区	青、藏	冬小麦	500～700	200～500	0.4～0.85
		早稻	400～580	70～300	0.15～0.45			春小麦	450～620	150～550	0.3～0.95
		棉花	450～520	30～180	0.05～0.35	西北区	新疆	中稻	750～900	600～900	0.8～1.0
		春玉米	200～400	0～120	0～0.35			棉花	450～1000	400～900	0.8～1.0
		夏玉米	250～420	50～150	0～0.4			春玉米	400～900	400～800	0.75～0.95
蒙宁区	蒙、宁	中稻	750～1100	400～950	0.55～0.95			夏玉米	400～470	350～420	0.85～0.95
		春玉米	400～670	200～650	0.5～0.9			冬小麦	400～600	300～500	0.65～0.95
		春小麦	350～600	130～530	0.35～0.85			春小麦	350～620	300～550	0.75～1.0

资料来源:石玉林。农业资源合理配置与提高农业综合生产力研究。北京:中国农业出版社,2008。

从总体上看,在东北区、长江中下游区、华南区、四川区和云贵区,主要作物的灌溉需求指数通常小于0.5,其中水稻灌溉指数在0.25~0.5,旱作物的灌溉需求较低,从水分生产能力看,适宜发展各类作物种植。在华北区、蒙宁区和晋陕甘区,灌溉需求指数在0.35~0.7,农作物对灌溉的要求极不稳定,其中旱作物生育期需水量的30%~50%需要灌溉补充,水稻对灌溉的需求占生育期需水量的55%~80%。位于西北区的新疆,主要作物的灌溉需求指数均在0.7以上,灌溉是这一地带农业发展的必要条件。青藏区受地形的影响,农作物对灌溉的需求由东南向西北递增,灌溉需求指数差异很大。南方、东北的大部分地区,正常年景下旱田作物可不灌溉。

11.3.3　粮食主产区生产与灌溉

我国有13个粮食主产区,包括辽宁省、河北省、山东省、吉林省、内蒙古自治区、江西省、湖南省、四川省、河南省、湖北省、江苏省、安徽省、黑龙江省,2013年统计数据显示,13个粮食主产区为我国提供了75%以上的粮食产量、80%以上的商品粮、90%左右的粮食调出量。其中,北方7省(自治区)(辽、吉、黑、冀、鲁、豫、蒙)贡献度不断增加,在近十年粮食增长中约占74%,而北方水资源短缺的压力越来越大。

11.3.3.1　粮食主产区生产要素特征

1956~2012年,13个粮食主产区的粮食产量、粮食单产均呈增长趋势,粮食产量增长率北方高于南方,粮食单产增长率北方略高于南方(见图11-7)。粮食种植面积基本稳定,其中北方略有增长、南方略有下降;灌溉面积稳步增长,其中北方高于南方。粮食种植面积因水旱灾害变化,旱灾成灾面积约占粮食种植面积的10%,北方高于南方。

在13个粮食主产区中,内蒙古、河北、山东、辽宁等资源性缺水地区主要受旱灾困扰,因旱减产的年份主要发生在降水频率大于85%的特旱年景,其他省(自治区)减产主要发生在降水频率大于90%的特旱年景,主要由非灌溉地粮食种植面积的减少所致。现状实际抵御干旱的能力大于灌区设计保证率的主要原因:一是随着节水技术的不断进步,现状节水灌溉定额已明显低于灌区设计时的灌溉定额,从而相应提高了灌区设计保证率;二是随着钻井技术的成熟,遇旱快速打井、抽取地下水应急或补充灌溉已成为较普遍的方式;三是国家对农业干旱的高度关注,不惜动用水库应急库容(或死库容)、抽取深层地下水,甚至采用消防龙头应急抗旱。现实说明,13个粮食主产区的现状灌溉供水设施,通过科学灌溉(经济灌溉和调亏灌溉)可以抵御北方85%以内、南方90%以内的干旱灾害,无须再提高灌溉供水保证率,导致减产的主要原因是非灌溉耕地上粮食种植面积的减少。因而,未来提高粮食产量的主要途径是依据水土平衡扩大耕地的灌溉率,提高灌溉和雨养耕地的单位面积产量。

11.3.3.2　降水丰枯组合对粮食产量的影响

以10年为时段统计平均,13个粮食主产区粮食产量占全国粮食产量的比例由20世纪60年代的63.8%提高到2001~2010年的74.5%,其中北方7省由29.4%提高到42.4%,南方6省由34.4%下降到32.1%;粮食平均单产由1 545 kg/hm²(103 kg/亩)提高到4 927.5 kg/hm²(328.5 kg/亩),其中北方7省平均由1 243.5 kg/hm²(82.9 kg/亩)提高到4 707 kg/hm²(313.8 kg/亩),南方6省平均由1 953 kg/hm²(130.2 kg/亩)提高到

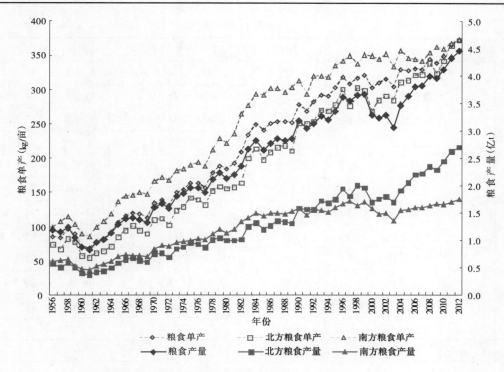

图 11-7　13 个粮食主产区粮食产量与单产(1956 ~ 2012 年)

5 250 kg/hm²(350.0 kg/亩)。相应的 13 个粮食主产区种植面积由 0.86 亿 hm²(12.9 亿亩)下降到 0.75 亿 hm²(11.25 亿亩),其中北方 7 省由 0.48 亿 hm²(7.2 亿亩)下降到 0.43 亿 hm²(6.45 亿亩),南方 6 省由 0.38 亿 hm²(5.7 亿亩)下降到 0.32 亿 hm²(4.8 亿亩);灌溉面积由 0.15 亿 hm²(2.25 亿亩)提高到 0.37 亿 hm²(5.55 亿亩),其中北方 7 省由 547 万 hm²(0.82 亿亩)提高到 0.21 亿 hm²(3.15 亿亩)(增长了 2.8 倍),南方 6 省由 987 万 hm²(1.48 亿亩)提高到 0.16 亿 hm²(2.4 亿亩)(增长了 0.6 倍)。粮食增产主要得益于粮食种植面积的稳定、灌溉面积的发展和粮食单产的提高(见表 11-6)。

表 11-6　13 个粮食主产区粮食生产特征值

时段	分项	单位	全国	13 个粮食主产区	北方	南方
1961 ~ 1970 年	粮食产量	万 t	19 347.4	12 348.3(63.8%)	29.4%	34.4%
	粮食面积	万 hm²	11 987.8	8 609.1(71.9%)	40.3%	31.6%
	灌溉面积	万 hm²	1 932.6	1 533.9(79.4%)	28.3%	51.1%
	粮食单产	kg/hm²	1 608	1 545	1 243.5	1 953
1971 ~ 1980 年	粮食产量	万 t	28 418.1	19 278.3(67.8%)	31.7%	36.1%
	粮食面积	万 hm²	12 034.8	8 011.4(66.6%)	38.1%	28.5%
	灌溉面积	万 hm²	4 230.6	2 528.8(59.8%)	26.5%	33.3%
	粮食单产	kg/hm²	2 362.5	2 419.5	2 025	194.5

续表 11-6

时段	分项	单位	全国	13 个粮食主产区	北方	南方
1981～1990 年	粮食产量	万 t	38 955.7	27 216.4(69.9%)	32.6%	37.3%
	粮食面积	万 hm²	11 221.9	7 978.4(71.1%)	39.7%	31.4%
	灌溉面积	万 hm²	4 472.1	2 869.7(64.2%)	30.4%	33.8%
	粮食单产	kg/hm²	3 474	3 630	3 066	4 321.5
1991～2000 年	粮食产量	万 t	47 277.2	33 842.1(71.6%)	37.6%	34.0%
	粮食面积	万 hm²	11 138.6	7 501.0(67.3%)	37.1%	30.2%
	灌溉面积	万 hm²	5 040.7	3 312.4(65.7%)	34.1%	31.6%
	粮食单产	kg/hm²	4 243.5	4 512	4 159.5	4 978.5
2001～2010 年	粮食产量	万 t	48 995.3	36 495.9(74.5%)	42.4%	32.1%
	粮食面积	万 hm²	10 515.2	7 496.1(71.3%)	40.6%	30.7%
	灌溉面积	万 hm²	5 624.8	3 752.9(66.7%)	37.6%	29.1%
	粮食单产	kg/hm²	4 654.5	4 927.5	4 707	5 250

注:表中数值为 10 年平均值,百分比为与全国平均值之比。

　　水是影响粮食种植和粮食产量的重要因素。1956～2012 年 57 年间,13 个粮食主产区丰枯各异(见图 11-8),互为补充支撑着我国的粮食安全。期间枯枯遭遇是导致因旱减产的重要时期。1956 年以来,6 个主产省(自治区)及以上同时遭遇中等以上干旱年($P \geq$ 68.5%)的有 21 年,约占 57 年的 36.8%;北方主产省(自治区)偏枯($P \geq 68.5\%$)、南方主产省(自治区)特枯($P \geq 87.5\%$)合计 6 个省(自治区)及以上干旱年景的有 8 年,约占 14.0%;4 个省(自治区)及以上同时遭遇特旱($P \geq 87.5\%$)的有 7 年,约占 12.3%。后一种情景对粮食减产的影响最为突出。

　　2001 年是 1956 年以来降水最枯年份,内蒙古、辽宁、吉林、黑龙江、河北、河南、安徽、湖北 8 个粮食主产区同时遭遇特枯水年,粮食大范围减产,与其历史最高产量 1999 年相比,粮食减产约 4 293 万 t,约为 1999 年粮食总产量的 11.7%,其中北方减产 2 155 万 t(亩均减少 13.7 kg/亩),南方减产 2 138 万 t(亩均减少 6.5 kg/亩),是 20 世纪 60 年代以来因旱灾导致的粮食最大幅度减产。

　　1978 年,吉林、河南、安徽、江苏、湖北、湖南、江西 7 省同时遭遇特枯水年,但由于特枯主要发生在南方地区,并未造成大范围粮食减产(仅河南、安徽粮食产量降低),13 个粮食主产区粮食总产量仍创造了新高。与其类似的是 1966 年,河南、安徽、江苏、湖北、湖南 5 省遭遇特枯水年,同样因特枯主要发生在南方地区(仅安徽减产),13 个粮食主产区粮食总产量也呈现新高。

　　此外,4 个省(自治区)同时遭遇特枯水的年份还有 1986 年、1997 年、2006 年和 2007 年,粮食减产幅度在 2% 左右,其中北方主产区减产幅度在 4%～7%。

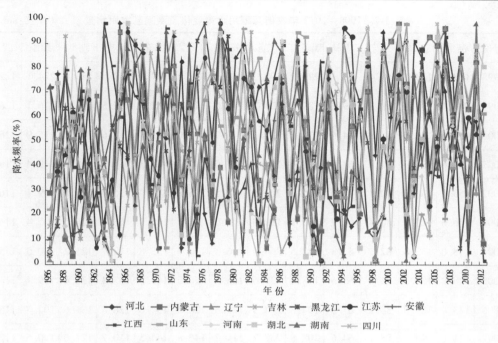

图 11-8　13 个粮食主产区 1956～2012 年丰枯变化

由于南北方降水的差异性,13 个粮食主产区产量此消彼长,具有互补性,粮食总产量总体呈上升趋势。根据现有的统计资料,当 4 个及以上省(自治区)同时遭遇特枯水年且以北方为主时,粮食减产幅度在 2% 左右,其中北方主产区减产幅度在 4%～7%。1956 年以来,因旱最大减产量发生在 2001 年,减产幅度达 11.2%(2003 年 10 个粮食主产区同时遭遇 $P \leqslant 12.5\%$ 特丰水年,粮食产量最低非旱灾所致)。

11.3.3.3　保障主产区粮食生产的灌溉基本用水量

到 2020 年,我国的粮食需求量预计将达到 7 亿 t,每年需增加 1 000 万 t。若按现状 13 个粮食主产区粮食产量占全国产量的 75% 计,则未来 13 个粮食主产区每年至少需增加粮食产量 750 万 t。

受水资源、水环境承载能力的制约,未来农业用水量将基本维持在现状用水量水平,特别是位于北方资源性缺水区的粮食主产区,具有增加农业用水量条件的是南方粮食主产区(但在 2001～2010 年间,四川、江苏、湖北 3 省年均减少粮食产量 811 万 t)。若以 1998～2012 年平均灌溉用水量为基础,考虑未来新增粮食产量和灌溉面积发展的新增用水需求,与 1998～2012 年期间最大值和规划的 2015 年灌溉用水指标比较,以保障农田灌溉用水不低于现状用水为原则划定农业灌溉基本用水量,当 2015 年指标小于 1998～2012 年农田灌溉用水平均值时,采用平均值;当 2015 年指标大于 1998～2012 年农田灌溉用水量最大值时,采用最大值;其他采用规划的 2015 年指标(见表 11-7)。

表 11-7　　1998 ~ 2012 年农田灌溉用水量变化及灌溉基本用水量　　　（单位:mm）

年份	河北	内蒙古	辽宁	吉林	黑龙江	江苏	安徽	江西	山东	河南	湖北	湖南	四川
1998	169.5	128.5	88.4	67.1	223.3	208.2	118.3	138.3	177.7	159.8	123.1	224.1	122.9
1999	167.1	135.8	90.7	69.3	189.3	224.3	134.0	144.1	177.7	151.5	153.8	216.1	126.2
2000	154.6	138.6	84.8	74.6	176.5	238.3	114.9	142.0	165.8	125.6	155.2	215.9	126.8
2001	153.6	138.3	82.0	67.8	177.0	256.6	117.5	140.2	167.3	150.1	165.3	219.4	118.0
2002	153.1	138.4	80.3	74.0	165.3	263.5	121.5	126.8	171.0	136.1	126.6	199.1	116.7
2003	140.6	125.8	80.4	64.7	160.9	199.0	88.4	93.9	142.9	105.1	126.5	207.4	116.1
2004	138.0	132.8	82.1	63.8	172.5	264.4	116.1	120.7	138.8	112.7	121.2	200.5	115.5
2005	140.8	130.7	84.0	63.6	178.4	239.6	108.5	126.5	141.5	103.4	130.6	199.4	116.0
2006	143.6	129.0	88.3	67.5	194.3	244.3	129.3	128.5	154.6	128.8	131.6	194.7	115.3
2007	141.9	128.1	88.1	64.6	208.8	238.7	114.2	146.8	144.5	110.7	121.0	190.5	112.8
2008	134.3	123.4	86.1	66.0	212.1	255.2	145.2	144.7	142.3	123.1	129.0	190.5	108.0
2009	134.5	128.3	86.3	67.6	231.3	266.2	161.4	153.0	141.1	127.8	135.3	187.4	115.2
2010	134.9	127.1	85.1	69.8	240.9	270.3	161.0	147.0	139.0	114.2	126.6	183.9	118.8
2011	132.0	126.6	85.4	78.1	263.5	273.7	162.3	166.7	131.9	114.5	129.9	180.8	119.9
2012	131.0	119.1	82.5	78.2	282.2	267.8	149.0	146.1	133.3	119.6	148.1	178.9	127.1
最大	169.5	138.6	90.7	78.2	282.2	273.7	162.3	166.7	177.7	159.8	165.3	224.1	127.1
最小	131.0	119.1	80.3	63.6	160.9	199.0	88.4	93.9	131.9	103.4	121.0	178.9	108.0
平均	144.6	130.0	85.0	69.1	205.1	247.3	129.4	137.7	151.3	125.5	134.9	199.2	118.3
2015 年指标	139.4	123.5	84.25	73.84	255.8	252.7	150.0	156.2	157.9	138.8	156.6	196.6	142.5
建议值	144.6	130.0	85.0	73.84	255.8	252.7	150.0	156.2	157.9	138.8	156.6	199.2	142.5

注:1998 ~ 2012 年数据引自《中国水资源公报》,2015 年指标根据流域 2015 年指标按省(自治区)汇总。

11.4　农业水资源合理配置

11.4.1　农业水资源配置思路

11.4.1.1　作物耗水特性与种植结构调整

　　农业节水重在结构调整,在调整节水型农业结构时,往往又把重点放在减少粮食作物、增加经济作物上,由此将影响到粮食安全。

　　为维护国家粮食安全,必须保证一定的粮食种植比例,这是刚性约束,应依据当地水资源条件发展适应性农牧结构和种植业结构,充分利用当地降水,科学灌溉,实现农业水资源的合理配置与高效利用,从而维持整个水资源的可持续利用和区域用水平衡。种植结构调整与布局应遵循作物水经济价值地带规律。对 2000～2005 年冬小麦、夏玉米、棉花和水稻的水经济价值(净效益/蒸腾发量)、单方耗水产量(产量/蒸腾发量)和单方灌溉水产量(产量/灌溉水量)进行统计分析,可得出以下地带性特征和认识(见图 11-9):

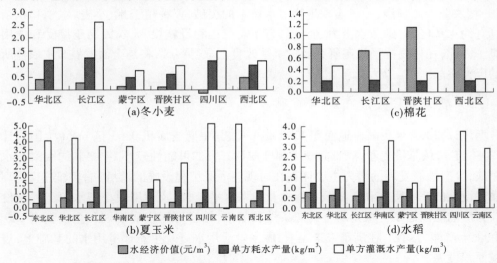

图 11-9　分区主要作物单方水效益与产量(2000～2005 年平均)

　　(1)冬小麦单方耗水产量华北区、长江区、四川区和云贵区明显高于其他区,但单方灌溉水产量长江区最高,达到 2.5 kg/m³,华北区高于四川区和云贵区;华北区和长江区冬小麦品质好,水经济价值显著高于其他区。因此,华北区和长江区具有明显的冬小麦种植优势,应稳定华北区冬小麦种植面积,挖掘长江区种植潜力,提高四川区和云贵区的品质。

　　(2)夏玉米单方耗水产量各区差异不大,除西北区、蒙宁区和晋陕甘区外,单方灌溉水产量均为单方耗水产量的 3 倍以上,说明对灌溉水的需求不高,适宜于各地生长,水经济价值以华北区最高,长江区和四川区次之。尤其在华北区,冬小麦、夏玉米连作不仅有效地提高了耕地利用率,也有效地提高了水分生产效率。

　　(3)棉花单方耗水产量在华北区、长江区、晋陕甘区和西北区差异不大,其中长江区对灌溉的依赖最小,其次为华北区,西北区则基本依赖灌溉;水经济价值以晋陕甘区最大,华北区相对较低。综合来看,长江区和华北区更适宜种植棉花。

(4)水稻单方耗水产量在华南区和四川区较高,但四川区对灌溉的依赖程度最小;水经济价值以长江区和华南区最大,华北区和四川区略低。华南区、长江区和四川区均适合大面积发展水稻种植。

11.4.1.2　提高水分生产效率与推进生物节水战略

提高水分生产效率,首先,要重视雨水利用,灌溉农业与旱地农业并重。有关研究表明[1],在北方旱作农田采用等高种植、农田集雨等技术可提高降水保蓄率18% ~25%;采用覆盖、保护性耕作等技术,可提高降水利用率15% ~18%;采用综合旱作节水技术,可以使自然降水的综合利用率达到60% ~65%。其次,应以大型灌区续建配套与节水改造为龙头,工程措施、农艺措施与管理措施相结合,提高现有水源工程、输配水系统和田间灌水系统的用水效率等;应将常规水源(地表水、地下水)和非常规水源(雨水集流、中水、劣质水等)作为统一的整体进行多水源合理利用。同时,应看到粮食作物是高耗水作物,如果能在节水抗旱农作物的培育上取得根本性突破,将有利于缓解我国农业的水资源"瓶颈"。据农业专家预测,一旦实现生物节水技术的突破,仅种植玉米、小麦、水稻和秋杂粮即具有约420亿 m³ 的节水潜力,而且具有不需工程和设施投入、农民易于接受和使用的优势。因此,在作物抗旱机制研究及抗旱性改良上取得突破,将是全面发展节水农业所面临的巨大挑战。

11.4.2　灌溉面积发展布局与预测

据统计,2012 年我国耕地面积1. 22 亿 hm²,其中灌溉面积0. 63 亿 hm²(中国统计年鉴,2013 年),从总量上看,灌溉面积大幅度成片开发的可能性较小,主要制约因素是水资源短缺,今后灌溉发展的潜力主要体现在对现有灌溉工程设施的挖潜、配套、改造,提高现有灌区设施的完善程度和灌溉服务能力及技术水平上,以及利用中小型水源工程建设开发较分散的灌溉面积。根据水土资源条件和需求,结合灌区发展规划和全国新增500 亿 kg 粮食生产能力规划,在满足未来工业、城乡生活用水以及生态环境用水的基础上,规划灌溉面积发展。

11.4.2.1　农田灌溉面积预测

以历次灌溉发展规划成果为基础,结合全国水资源综合规划按水资源三级区套地市多次协调后的规划成果,以分区水资源供需平衡、耕地灌溉率和人均灌溉面积发展趋势为控制指标,提出灌溉面积适度发展方案,并将全国水资源综合规划配置阶段成果作为高方案。预计至2030 年,全国可发展农田灌溉面积6 000 万 ~6 200 万 hm²,耕地灌溉率将达到49% ~50%。各水平年一级流域农田灌溉面积发展预测结果列于表11-8、图11-10 和图11-11。

---

[1] 国家中长期科学和技术发展规划战略研究04 专题。"农业科技问题"研究报告。农业科技问题研究专题组,2004 年7 月。

表 11-8　一级流域不同水平年农田灌溉面积发展预测

分区	适度方案				高方案（水资源综合规划方案）			
	农田有效灌溉面积（万 hm²）			耕地灌溉率	农田有效灌溉面积（万 hm²）			耕地灌溉率
	基准年	2020 年	2030 年		基准年	2020 年	2030 年	
全国	5 661	5 864	6 007	0.49	5 748	6 028	6 188	0.50
松花江区	422	496	555	0.31	465	568	649	0.36
辽河区	221	228	234	0.33	240	249	253	0.36
海河区	740	743	745	0.65	741	747	750	0.66
黄河区	525	551	566	0.36	525	560	577	0.37
淮河区	1 093	1 114	1 121	0.65	1 093	1 125	1 133	0.65
长江区	1 526	1 581	1 617	0.53	1 551	1 627	1 655	0.54
东南诸河区	192	193	193	0.76	193	195	196	0.77
珠江区	436	440	446	0.43	436	438	441	0.42
西南诸河区	93	105	113	0.33	94	108	119	0.35
西北诸河区	413	413	417	0.65	410	411	415	0.64

注：基准年为 2010 年。

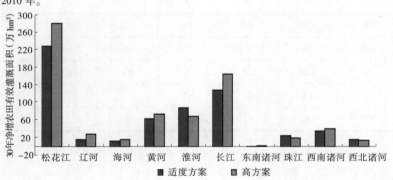

图 11-10　一级流域适度方案与高方案新增农田灌溉面积比较

11.4.2.2　林牧灌溉与鱼塘补水面积预测

根据全国水资源综合规划成果，预计至 2030 年，林果灌溉、草场灌溉和鱼塘补水面积分别达到 692 万 hm²、360 万 hm² 和 221 万 hm²，与基准年相比分别新增 256 万 hm²、155 万 hm² 和 46 万 hm²（见表 11-9、图 11-12）。

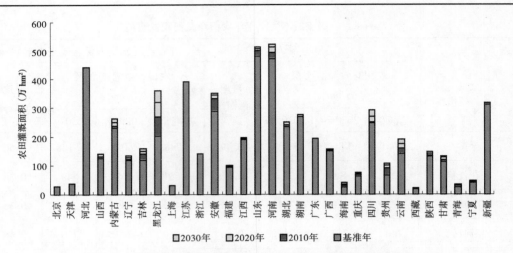

图 11-11　各行政区不同水平年农田灌溉面积预测(适度方案)

表 11-9　一级流域不同水平年林牧渔发展面积预测　　　　　(单位:万 hm²)

分区	林果灌溉		草场灌溉		鱼塘补水		合计	
	基准年	2030 年	基准年	2030 年	基准年	2030 年	基准年	2030 年
全国	436	692	205	360	175	221	816	1 273
松花江区	5	13	2	54	12	15	19	82
辽河区	9	20	11	19	2	10	22	49
海河区	52	77	1	1	5	8	58	86
黄河区	35	49	15	32	4	5	54	86
淮河区	45	56	0	0	30	36	75	92
长江区	98	135	36	46	77	90	211	271
东南诸河区	14	68	0	0	9	10	23	78
珠江区	96	124	2	3	33	42	131	169
西南诸河区	5	13	57	61	1	2	63	76
西北诸河区	77	137	81	144	2	3	160	284

11.4.3　灌溉发展需水量预测

11.4.3.1　农田灌溉需水预测

根据全国水资源综合规划成果,预计至 2030 年全国农田综合灌溉定额将下降至 5 895(P=50%)~6 630 m³/hm²(P=75%),30 年平均递减率为 0.61%,降幅为 1 200 ~ 1 400 m³/hm²。灌溉水利用系数将由基准年的 0.51 提高到 0.56,约提高 7 个百分点(见表 11-10)。

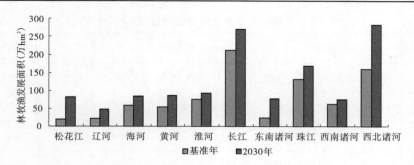

图 11-12　一级流域不同水平年林牧渔面积预测

表 11-10　农田综合灌溉定额与灌溉水利用系数

分区	农田综合灌溉定额 (m^3/hm^2, $P=50\%$)			农田综合灌溉定额 (m^3/hm^2, $P=75\%$)			灌溉水利用系数		
	基准年	2020 年	2030 年	基准年	2020 年	2030 年	基准年	2020 年	2030 年
全国	6 660	6 195	5 895	7 485	6 975	6 630	0.51	0.55	0.56
松花江区	7 095	6 390	5 805	8 025	7 230	6 585	0.55	0.59	0.60
辽河区	5 340	4 860	4 530	6 375	5 850	5 490	0.50	0.52	0.53
海河区	3 690	3 510	3 420	4 485	4 260	4 110	0.56	0.62	0.62
黄河区	6 120	5 625	5 340	6 825	6 285	5 970	0.46	0.52	0.55
淮河区	4 290	3 990	3 840	4 950	4 620	4 455	0.52	0.53	0.53
长江区	7 215	6 720	6 405	8 220	7 650	7 260	0.56	0.59	0.62
东南诸河区	8 460	7 860	7 410	9 915	9 210	8 700	0.54	0.61	0.65
珠江区	11 850	11 385	10 920	12 960	12 465	11 970	0.42	0.44	0.45
西南诸河区	9 330	8 265	7 545	10 035	8 880	8 115	0.46	0.53	0.56
西北诸河区	10 125	9 555	9 150	10 125	9 555	9 150	0.46	0.49	0.51

　　预计 2030 年全国农田灌溉需水量（适度方案）将达到 3 546 亿 m^3（$P=50\%$）、3 987 亿 m^3（$P=75\%$）和 4 348 亿 m^3（$P=90\%$）,50% 频率年需水量与 2000 年实际用水量基本持平（见表 11-11、图 11-13）。其中,仅松花江区增加 90 亿～145 亿 m^3,净增水量集中在嫩江、第二松花江、乌苏里江和黑龙江干流等二级区,其他流域均呈不同程度的减少。在省级行政区中,仅黑龙江、吉林、贵州和海南呈增加趋势,其中黑龙江增加最多,为 70 亿～100 亿 m^3,而江苏减少最多,为 50 亿～75 亿 m^3。与适度方案相比,高方案将增加需水量约 100 亿 m^3。

表 11-11　　不同水平年农田灌溉需水量预测（适度方案）　　　（单位：亿 m³）

分区	P = 50%			P = 75%			P = 90%		
	基准年	2020 年	2030 年	基准年	2020 年	2030 年	基准年	2020 年	2030 年
全国	3 744	3 624	3 546	4 206	4 078	3 987	4 592	4 452	4 348
松花江区	274	301	318	311	343	364	344	378	400
辽河区	121	112	107	144	136	130	164	155	150
海河区	274	261	255	332	316	306	332	316	306
黄河区	321	310	302	358	346	338	388	375	367
淮河区	469	444	430	542	515	499	588	558	540
长江区	1 102	1 061	1 036	1 254	1 208	1 175	1 438	1 384	1 341
东南诸河区	162	152	143	190	178	168	216	203	192
珠江区	516	501	488	564	548	534	607	591	575
西南诸河区	87	87	86	93	93	92	97	97	96
西北诸河区	418	395	381	418	395	381	418	395	381

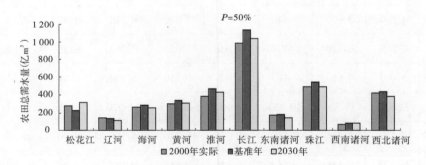

图 11-13　　一级流域农田灌溉需水量比较（适度方案）

11.4.3.2　林牧渔牲需水预测

预计至 2030 年,林牧渔业综合定额将由基准年的 5 550 m³/hm² 下降至 3 900 m³/hm²,林牧渔需水量将达到 573 亿 m³,牲畜生活需水量将提高到 133 亿 m³（见表 11-12、图 11-14）。

表 11-12　林牧渔牲需水量预测　　　　　　　　（单位：亿 m³）

分区	林牧渔需水量			牲畜生活需水量		
	基准年	2020 年	2030 年	基准年	2020 年	2030 年
全国	498	538	573	102	118	133
松花江区	15	22	28	8	10	13
辽河区	16	17	18	5	6	7
海河区	21	24	26	8	9	10
黄河区	36	40	45	8	10	11
淮河区	39	40	40	15	16	16
长江区	92	93	95	34	39	45
东南诸河区	21	23	25	2	2	2
珠江区	67	67	69	13	15	17
西南诸河区	15	19	22	4	5	5
西北诸河区	176	193	205	5	6	7

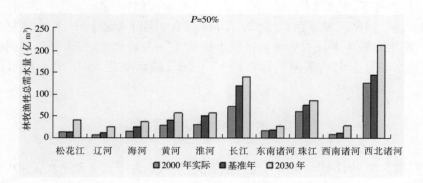

图 11-14　一级流域林牧渔牲需水量比较（适度方案）

11.4.3.3　农业总需水量预测

预计至 2030 年，全国农业需水总量平水年将达到 4 254 亿 m³，中等干旱年将达到 4 693 亿 m³，较基准年减少约 100 亿 m³（见表 11-13），比 2000 年实际用水量（2000～2005 年最大值）增加约 390 亿 m³，高方案较适度方案增加需水量约 100 亿 m³。

表 11-13   各水平年农业总需水量(适度方案)   （单位:亿 m³）

分区	$P = 50\%$			$P = 75\%$			$P = 90\%$		
	基准年	2020 年	2030 年	基准年	2020 年	2030 年	基准年	2020 年	2030 年
全国	4 342	4 279	4 254	4 806	4 734	4 693	5 191	5 108	5 056
松花江区	297	333	359	334	375	404	367	411	441
辽河区	142	136	132	165	159	155	185	178	175
海河区	302	293	290	361	349	342	361	349	342
黄河区	365	359	359	402	396	394	431	425	423
淮河区	522	500	487	595	570	555	641	613	597
长江区	1 227	1 193	1 176	1 380	1 340	1 314	1 564	1 516	1 481
东南诸河区	185	177	170	213	203	195	239	228	218
珠江区	596	583	574	644	630	620	687	672	661
西南诸河区	106	110	113	112	117	120	116	121	124
西北诸河区	600	595	594	600	595	594	600	595	594

11.4.3.4 农业用水供需平衡分析

基准年农业多年平均缺水约 350 亿 m³,缺水率约 9%。缺水集中在黄河、淮河、海河、辽河四区,其中海河区缺水近 85 亿 m³,缺水率达 30%。按照规划发展力度,预计 2030 年,在平水年条件下,农业可供水量近 3 500 亿 m³,缺水约 83 亿 m³,其中一半缺水位于海河流域,缺水率约 16%,缺水面积约 120 万 hm²。在中等干旱条件下,缺水量将扩大到近 180 亿 m³,缺水率约 4.4%,其中海河区缺水约 80 亿 m³,缺水率约 26.4%;淮河区缺水约 28 亿 m³,缺水率约 5.6%;黄河区缺水约 17 亿 m³,缺水率约 5%。农业用水形势依然严峻。

11.5   对策与措施

全面贯彻落实 2011 年中央一号文件的有关精神,以及十八大和十八届三中全会关于加强生态文明建设的战略部署,大力发展资源节约型、环境友好型农业,以节水、抗旱为重点,进一步加大水利投入,加强农田水利基本建设,增强抗御各种自然灾害的能力,提高农业用水保障程度和用水效率,为稳定和提高农业综合生产能力、保障国家粮食安全提供强有力的支撑。

11.5.1   多措并举发展现代雨养农业,提高降水利用率

根据预测,到 2030 年我国农田灌溉率将达到 49% ~50%,亦即未来我国仍将有一半的耕地无灌溉条件,节水高效农业发展的总体战略仍将是水旱并举,在发展现代节水灌溉农业的同时,加速发展现代旱作农业。旱地是干旱重灾区,旱地农业建设应以降水高效利

用为中心。北方旱作农业区连续 15 年的科技攻关计划研究结果显示❶,目前在有限的降水资源中,因径流损失的水分占总降水量的 20%,休闲期无效水分蒸发占降水量的 24%,剩余能被农业生产利用的 56% 的降水中还有 26% 由于田间蒸发而散失,作物真正利用的降水只有总量的 30% 左右。研究表明,在北方旱作农田采用等高种植、农田集雨等技术可提高降水保蓄率 18% ~25%;采用覆盖、保护性耕作等技术,可提高降水利用率 15% ~18%。我国现阶段北方旱耕地面积约 0.47 亿 hm^2,按照平均降水量 400 mm 计算,到 2030 年大面积应用已有技术,使自然降水利用率提高 10% ~15%,则可多利用自然降水量 188 亿~282 亿 m^3。

目前,我国旱作农业的平均单产是灌溉农业平均单产的 1/3 ~1/2,旱田总面积近 6 667 万 hm^2。预计到 2030 年,旱田与灌溉农田(水田、水浇地)的比例大致为 1:1,即各占 6 000 万 hm^2 左右。所以,在不断提高灌区综合生产能力、充分发挥灌溉农业主力军作用的同时,大力发展现代旱作农业,挖掘旱田增产潜力,将是保障我国粮食安全的强大后盾。为此,必须全面贯彻落实 2011 年中央一号文件精神,加大对农田水利基础设施建设的财力、物力和科技投入,不仅要重视灌区续建配套和节水改造,也要重视对现代雨养农业的支持和投入。一是继续推进坡改梯工程。2000 年以前,我国坡耕地面积约 2 133 万 hm^2(坡度 >5°),经过多年来的退耕还林和坡改梯工作,坡度 >25° 的坡耕地(约 333 万 hm^2)基本上实现了退耕还林(还草),其他坡耕地改为水平梯田的面积也已达到 1 200 万 hm^2 左右,水土保持和增产增收的效果十分显著,今后应进一步加大投入,坚持不懈地搞好坡耕地改造工作。二是加强旱田雨水集蓄利用,修建塘坝、水池、水窖等微型、小型蓄水设施和采取自压喷灌、便携式喷灌等补充灌溉和应急抗旱措施,增强旱田的抗旱能力。三是推广地膜、秸秆覆盖等保水保墒措施,提高降水和土壤水的利用效率。四是培育和推广节水、抗旱、高产的优良品种,不断提高单产。五是推广旱地龙等抗旱、保水型化学制品,增强旱田抵御干旱灾害的能力。六是普及推广各种行之有效的保护性耕作制度,增强旱田的可持续发展能力。七是制定配套政策,使旱田雨养农业在农田水利基本建设中占有一席之地。

11.5.2 多渠道筹措资金,大力发展节水灌溉工程

目前,已初步形成了"国家投入以支持骨干工程为主,田间配套工程以地方和群众自筹为主,国家扶持为辅"的节水灌溉投资体系,但投入水平明显不足,并严重滞后于规划。由于农业效率低,农民投入节水灌溉工程建设的积极性不高;农民收入低,投入节水灌溉建设的能力有限;农民人均耕地少,分散经营,开展节水灌溉规模化建设的难度大。按目前实际情况,靠农民投资节水工程还不现实。农业水利建设的主要方向应从以开源工程和新建灌区为主,转移到建设节水高效农业上来,把节水高效农业建设列为国民经济的重大基础建设项目,通过国家对水利基础设施建设投入,支持和补贴农业生产。同时,鼓励和引导农民增加对农业节水的投入,并运用市场方式调整社会对农业节水的投入。

---

❶ 引自国家中长期科学和技术发展规划战略研究"节水高效农业技术升级战略"研究报告,节水高效农业技术升级战略研究课题组,2004 年。

11.5.3　挖掘植物抗旱特性,推广生物技术和抗旱品种

尽管新品种所带来的节水增效作用还难以准确估计,但在北方资源性缺水地区,扩大水分转化效率较高的作物种植规模,推广抗旱品质体系已被证明是行之有效的技术措施,而改进和提高作物水分利用效率的潜力必将随着现代科学技术的突破而不断增加。应加强耐旱超级种培育及产业化、常规育种与分子育种、提高生物体水利用效率等基础性研究,努力在作物抗旱机制研究及抗旱性改良上取得突破:利用和开发生物体自身的生理和基因潜力,针对耗水量大的小麦、水稻等粮食作物,通过遗传改良、生物调控和群体适应等基因工程手段进行基因重组,培育节水耐旱与丰产兼备的新品种。生物节水措施不但有利于缓解农业水资源"瓶颈",并具有无须工程和设施投入、农民易于接受和使用的优势。

11.5.4　大力推行用水计量,促进节约用水

用水计量是总量控制和定额管理的基础,是实行水资源有偿使用的前提。现状大部分灌区实行按亩收费,不利于节水。滦河下游灌区是华北最大的水稻灌区,灌区控制面积 11.25 万 hm^2,设计灌溉面积 6.39 万 hm^2,1985 年投入运行,随着滦河可用水量的变化和当地水资源的短缺,灌溉面积曾大幅度萎缩。1998 年以来,投资 5 200 万元(其中国家投资 3 400 万元)对灌区工程进行了全面改造,80% 的供水建筑物实现了自动监控,2000 年开始组建农民用水者协会,规范用水管理和水费收缴;2002 年又投资 465 万元进行信息化建设,包括自动采集数据、遥控启闭闸门、智能磁卡收费等功能,2006 年系统投入运行,由于及时传递水情,当年多拦蓄水资源 300 万 m^3,实际灌溉面积达到 8.53 万 hm^2,实现了供水流量、累计水量、供水价格、水费数额四公开,水费收缴率达到 100% ,年节水量 2 500 万 m^3。在乐亭县推广的地下管道灌溉工程、机井 IC 卡管理使每公顷年均灌溉用水定额由 2 640 m^3 降低到 1 680 m^3,灌溉水利用效率得到明显提高。

应加大对井灌区用水计量设施的配套力度,实行按方收费、超限额加价。对已实行斗口计量的渠灌区,应按照实际用水量收费;对无计量设施的渠灌区,应将亩收费标准提高至水利工程供水成本之上,以促进节水和计量设施配套。

11.5.5　建立和完善农业水价形成机制

应利用价格杠杆的经济激励作用减少用水浪费。现状水利工程供水的农业生产用水水价大多低于水利工程供水成本(一般为供水成本的 30% ~50%),对直接从河湖或地下水体取水的农业用水大部分也不征收水资源费,这一方面不利于农业节水,另一方面也不利于供水企业的良性循环,同时会导致供水向高水价行业转移,造成人为的农业缺水。但是,采用简单的方法提高农用水价,会加重农民负担,特别是粮农负担,挫伤农民种粮的积极性。目前,在河北一些灌区开始推行按方收费、按亩返还做法,在一收一返中无形收取了超量用水户的费用,补贴给节水农户,值得借鉴和推广。也有的地方按农户提供商品粮的数量对粮农实行用水补贴,也是鼓励农户节水种粮的有效措施。

由于农业(特别是种植业)在三产结构中居于弱势地位,粮食生产在种植业中又处于弱中之弱的地位,所以农业水价改革是一项十分复杂而政策性又很强的工作,必须兼顾公

平与效率,协调好激励节水高效与不增加农民负担的关系,在全面深入调查研究的基础上,综合考虑与农业水价相关的多种因素,逐步建立和完善科学、合理的农业水价体系。调整农业水价的初步思路:一是增加各级政府支农投入,并明确将农业水价补贴列为其中的一个明细科目。二是坚持城市支援农村、工业反哺农业的原则,适当提高城市水价和工业水价,将增加的收入用于农业水价补贴。三是根据 2006 年 460 号国务院令第三十条的规定(农业生产取水的水资源费征收标准应低于其他用水的水资源费征收标准,粮食作物的水资源费征收标准应低于经济作物的水资源费征收标准),按照科学分区,选择有代表性的主要农作物,综合考虑其相互间的比价关系、亩均用水量、亩均产量、亩均成本、亩均产值等因素,合理制定不同农作物的水价体系。四是在分类定价体系尚未建立之前,作为一种过渡措施,可按高于供水成本一定比例的标准作为当地综合平均水价,各类农作物均按这一标准征收水费。同时,对粮食作物或市场紧缺、政府鼓励增加产量的农作物制定水价补贴标准(以浮动的或临时的为宜),实行先征后补的水价政策。五是 2006 年 460 号国务院令第三十三条中关于"符合规定的农业生产用水限额的取水,不缴纳水资源费"的规定,不利于农业节水,尤其不利于保护地下水,而且相对于由水利工程供水的农户来说也是不公平的,建议尽快予以修订。

11.5.6　保护农业水权,建立和完善挤占农业用水的返还、补偿机制

北方大部分农业生产用水已由 20 世纪 80 年代以前的水库供水、地表水供水为主,逐步由浅层地下水、深层地下水,甚至污水替代,用水成本越来越高,灌溉水质越来越差,比较效益越来越低,维护农业生产用水权利已刻不容缓,应像保护基本农田那样保证农业基本生产用水。应普及推行农民用水者协会形式,规模化管理节水工程,统一制定作物灌水定额和用水收费标准,管理农业水权不再被无偿挤占,为今后农业用水向其他行业转移过程中获取节水工程和设施的建设资金、置换超采地下水量提供法律保障。黄淮海地区是我国重要的粮棉油等综合性生产基地,南水北调工程应统筹兼顾农业和生态用水,以外调水置换工业、城市占用的当地水,返还过去所挤占的用水。

11.5.7　加大对粮食主产区的政策倾斜,大幅度提高绿箱补贴

在中国耕地资源不断减少、人口不断增长、粮食供需平衡长期趋紧、粮食生产比较效益不断降低的背景下,国家应加大对粮食主产区的资金投入,以稳定粮食种植基本比例。从 2003 年开始实施的种粮三项补贴尽管遏制了粮食播种面积减少的势头,但每亩 30 ~ 80 元的补贴可谓杯水车薪,仅是粮食作物与经济作物净收益差的零头。受 WTO 框架的制约,未来对生产资料的补贴(黄箱补贴)提高幅度有限,难以从根本上解决种粮稳定问题;但中国对农业基础设施和农业科技的资金投入(绿箱补贴)仅为发达国家的 1/3,可上调的空间较大。应加大对粮食主产区的基础设施投入,通过绿箱补贴改善水利基础设施条件,扶持节水灌溉发展,提升农业科技生产水准,提高粮食生产的抗风险能力。

11.5.8　建立和完善粮食生产的保险机制,保障粮食生产的持续稳定发展

与世界一些发达国家相比,我国的农业保险制度还不完善,覆盖面小、地方负担大,巨

灾保险相当落后,因缺乏旱灾保险法、洪水保险法等,灾区群众无法得到充足的经济补偿。究其原因,一是财政支持不足,保险公司不愿意涉足农业保险项目,农业保险发展缓慢;二是农业灾害损失巨大,而农民保险意识差,保险业无奈避重就轻,很多农业保险产品还没有推出,未能形成综合的农业保险体系;三是巨灾保险的赔付率过低,保险的补偿作用杯水车薪,如 1998 年洪水灾害造成直接经济损失 2 000 多亿元,国内保险公司共支付水灾赔偿款仅 30 亿元左右。因此,建立由政府主导、保险公司市场化运作、再保险公司进行分保,通过立法强制推行的农业巨灾保险制度迫在眉睫。要尽快提高三大粮食品种保险的覆盖面和保障水平,减少或取消产粮大县县级保费补贴;应加快推进和建立政府、保险、再保险等多方社会力量参与的、符合中国国情的巨灾保险制度,在完善防灾减灾体系中发挥保险业优势,利用保险机制预防和分散灾害风险并提供灾后损失补偿。只有使农民因灾损失得以合理补偿,才能使粮食生产得以持续,粮食安全得以保障。

第 12 章 河湖生命健康

12.1 河流健康概述

河流不仅可以提供工农业用水、生活用水、食物,还具有商业、交通、休闲娱乐等多种服务功能,是人类文明的发祥地,是社会经济可持续发展的基础之一,是全球生态系统的重要组成部分。河流不仅是可供开发的资源,更是地球生命系统的载体,河流具有资源功能和生态功能的双重属性。在对河流的开发过程中不仅要关注河流的资源功能,更要关注河流的生态功能。然而,在人类早期开发利用河流的过程中,由于保护不够、滥加利用,许多河流污染、断流,河流生态系统退化,影响了河流的自然功能和社会功能,破坏了人类的生态环境,甚至出现了严重的不可逆转的生态危机,对社会的可持续发展构成严重威胁。到 20 世纪 30 年代,人们环境意识觉醒,河流健康问题逐步引起人们的重视。在 20 世纪 50~90 年代,人类研究发现影响河流生态系统健康的因素众多,包括大型水利工程建设和取水、污染、城市化等,提出河流生态需水的概念和评价方法,通过调控维持河道生态流量保护河流生态系统健康;随后提出了水生态修复措施,包括河道物理环境、生物环境、物理化学等方面的措施,并利用栖息地、鱼类、藻类、大型无脊椎动物等评价河流生态系统的健康,进而提出了河流生态系统健康的概念。

中国正处于快速工业化的大发展时期,对河流开发的需求越来越强烈,很多河流尤其是北方缺水地区的河流水资源过度开发,诱发了很多严重的生态环境问题,河道断流、水污染、生态灾难、湿地消失等生态问题开始反过来制约社会经济的健康发展。南方很多河流的梯级水电开发对河流的生命健康构成极大威胁。在我国社会经济快速发展和资源、生态与环境保护之间的矛盾越来越突出的背景下,中共十七大适时提出了建设生态文明的战略号召,中共十八大提出大力推进生态文明建设。流域综合规划将贯彻科学发展观和生态文明的理念,为流域的可持续发展奠定重要的规划基础。

从 20 世纪末开始,全世界尤其是国外发达国家已经开始进行河流健康的保护行动,从研究到实践,逐步建立河流健康的标准,并实施有关的规划和行动计划。由于生态系统的复杂性,有关河流健康的概念、指标体系、健康的标准等还有待进一步研究,尤其针对国内特殊的自然条件和社会经济条件,如何借鉴国外经验,结合本国国情,提出科学合理又现实可行的河流健康评价指标体系是十分重要和迫切的课题。

河流健康也称河流生态健康,其概念来自生态系统健康。

"生态系统健康"这一概念是在全球生态系统已普遍出现退化的背景下,于 20 世纪 70 年代末产生的。虽然只有三十几年的研究实践,但是却引起广泛关注。

生态系统健康概念最早由生态学家 Rapport 提出并给出其内涵。随后,不同的学者给出了不同的定义,但核心思想类同。生态系统健康是指生态系统处于良好状态,在健康状况下,生态系统不仅能保持化学、物理及生物完整性(指在不受人为干扰情况下,生态系统经生物进化和生物地理过程维持群落正常结构和功能的状态),还能维持其对人类社会提供的各种服务功能。与其相关的概念有生态系统整合、生态系统平衡等。

对生态系统健康的表征主要有三个方面:活力表示了生态系统功能,可根据新陈代谢或初级生产力等来评价;组织即生态系统组成及途径的多样性,可根据系统组分间相互作用的多样性及数量来评价;恢复力也称抵抗能力,根据系统在胁迫出现时维持系统结构和功能的能力来评价。

显然,生态系统健康重点仍是强调生态系统本身的活力、组织、恢复力等。生态系统对人类社会经济的服务功能并未放在健康评价中。

20 世纪 80 年代,在生态系统健康理念的引导下,欧洲和北美学者开始从生态系统角度看待河流,提出了"河流健康"的概念。随着河流健康概念研究的逐步深入,人们的研究视角由河流健康的概念扩展到河流健康的指标、标准与研究方法等方面。近 30 年来,国内外许多学者给出了各自不同的定义。

河流健康作为人类健康的类比概念,其含义尚不明确,对其概念存在不少的质疑与争论。对河流健康概念的分歧主要集中在是否包含人类服务价值这一点上。宏观上泛指的生态系统对人类的社会经济功能还不是很明显,相比之下,河流在供水、航运、发电、养殖等方面的社会经济功能却十分突出和重要。因此,对于河流健康是否包括社会经济功能也就出现了以下两派观点。

12.1.1　自然属性派观点

这种观点认为:河流健康主要是指河流的自然属性。对于处于健康状态的河流,应该是河流的结构合理、功能健全,正常的能量流动和物质循环没有受到破坏;对自然干扰的长期效应具有抵抗力和恢复力,能够维持自身的组织结构长期稳定。国外很多国家在进行河流健康评价和生态修复时都参考历史的某种河流健康状态作为参照基准。自然属性派中的一些观点甚至认为原始的河流经过漫长的地质演化,其水文过程、河道形态、生物群落、物质和能量的循环等都已经处于相对稳定和谐的状态,是健康的。

一些自然属性派的学者认为,在人类经济社会已经高度发展的今天,河流健康只能是相对意义上的健康,不同背景下的河流健康标准实际上是一种社会价值选择的结果,以原始状态的河流为参照基准进行健康评价和恢复是不现实的,因此主张以历史上某阶段的相对健康状态作为河流生态修复的参照基准。

12.1.2　社会经济服务派观点

这种观点认为:河流健康是生态价值与人类服务价值的统一体。健康不仅意味着生态学意义上的完整性,还强调河流生态服务功能的正常发挥。

如 Norris 等认为,河流生态系统健康依赖于社会系统的判断,应考虑人类福利要求。Meyer 认为健康的河流生态系统不但要维持生态系统结构和功能,而且应包括其人类与社会价值。Fairweather、Boulton 等提出河流健康的社会、经济和政治观点在定义河流健康时是必不可少的。澳大利亚的河流健康委员会认为，与环境、社会和经济特征相适应，能够支撑社会所希望的河流生态系统、经济行为和社会功能的河流为健康的河流。

国内有关流域（如长江、珠江、黄河）机构和学者提出的河流健康概念也带有浓厚的社会经济服务色彩。

有关河流健康的概念目前并没有统一的说法。有学者认为，河流健康的概念在科学意义上不具备客观性，是主观的、模糊的。同时，评价河流健康标准的制定也具有很大的主观任意性。还有人认为"健康"这个概念只适用于具有客观的健康判别标准的事物，比如人类和其他动物，因为我们可以用一系列医学的生理化学指标（例如，人类正常体温为37 ℃左右）来对他们的身体状况进行评价。而对于河流来说，并不存在这样客观的、定量的健康标准，自然也没有办法进行河流健康的度量。后来，出现了一种折中的观点，这种观点认为：既然河流健康概念并不是严格意义上的科学概念，不妨把它作为河流管理的一种评价工具，用它回答一些生态保护的实际问题。这种观点得到工程界和管理界的普遍赞同，因为河流健康评价虽然以科学研究和监测为基础，但是最后的评价结果却通俗易懂，可以作为河流的管理者、开发者与社会公众进行沟通的桥梁，促进一种协商机制的建立，寻找开发与保护之间利益冲突的平衡点。

水污染、河流的过度开发和利用是威胁我国河流健康的重要因素。生产和生活废水排放、上游毁林开荒造成的水土流失、湖泊围垦和养殖、城市化进程中土地利用方式的改变、从河流中过量取水、渔业的过度捕捞等，都会对河流生态系统造成威胁和干扰。至于对河流的开发和治理工程，如果设计或管理不当，也会造成生态胁迫。最典型的是河流的渠道化，笔直的渠道、严严实实的混凝土护岸，严重地破坏了鱼类的产卵地。同时，不合理的堤防设置，阻碍了河流与湖泊、湿地和滩地的连通，阻止洪水的漫溢，改变营养物质输移规律，或者使滩区缩窄，降低了河道的防洪能力。再者，水库的建设，造成水文过程的均一化，降低洪水脉冲效应，可能造成河道周围的湿地退化甚至消失，破坏该区域生物的生存环境。

2006 年中国 7 大水系（珠江、长江、黄河、淮河、辽河、海河和松花江）近 200 条河流400 多个监测断面中，劣 V 类水质的断面比例高达 26%。7 大水系中，珠江水系、长江水系水质良好，松花江水系、黄河水系、淮河水系为中度污染，辽河水系、海河水系为重度污染，主要污染指标为高锰酸盐指数、石油类和氨氮。由此可见，我国的 7 大水系中有 5 大水系都受到不同程度的污染。所以，当前把建立水功能区限制纳污红线、严格控制入河排污总量纳入到最严格的水资源管理制度中是必然的选择。

12.2　河流健康评价

河流健康评价包含两方面问题：一是明确河流健康的基准点或参考点（判断河流健康的标准），二是在河流的开发利用中如何处理人与河流的关系。

判断一条河流是不是健康，需要找一条健康的河流做对比，或者寻找该河流历史上曾有过的健康状况作为参考。现在生态学界普遍认为人类进行大规模经济活动前河流所处的状态是一种自然演进的健康状态，可以作为河流健康的基准点或参考点。他们给出的理由是，人类大规模经济活动是损害河流生态系统健康的主要因素。

一些激进环境保护主义者反对人类对河流的开发利用，主张把河流恢复到原始状态。他们认为，原生态的河流是健康河流的唯一标准。而另一派学者则认为，河流的健康评价应以对人类活动的满足程度为标准，只要能满足人类供水、防洪、发电、航运、娱乐等需求，河流就是健康的。

为了实现这两方面的平衡，河流健康需要一种多指标的评价方法。一般来说，河流健康主要按照 4 类指标进行评价，即物理 – 化学评价、生物栖息地评价、水文评价和生物评价。对于不同的河流，使用的健康评价准则和指标也会根据实际情况做相应的调整。一条健康的河流，应该"春来江水绿如蓝"，是清洁的；还有"鹰击长空，鱼翔浅底，万类霜天竞自由"的景象，生物群落丰富，是生机勃勃的。学术化的说法是，只有河流的生态结构和功能是较完善的，才算得上是健康的。

随着河流健康概念的发展，水资源保护也从单纯的水质保护扩展到河流生态系统保护。实际上，一些发达国家已经在环境立法中体现了这个理念。比如欧盟 2000 年颁布的《欧盟水框架指令》(EU Water Framework Directive) 中的河流评价指标，就分为河流生态要素、河流水文形态质量、河流水体物理 – 化学质量要素三大类，共几十个条目，比较完整地反映了河流的基本特征。近年来，水利部所属中国水利水电科学研究院，以及长江、黄河、海河、淮河、珠江、松辽河及太湖等 7 个流域的管理机构，分别开展了本流域河流健康评价标准的编制工作。

河流健康评价最早从水质评价开始，19 世纪末期从已严重污染的欧洲少数河流开始。20 世纪 80 年代初，随着国外发达国家污染治理和水质的改善，河流管理的重点由水质保护转到河流生态系统的恢复。单纯的水质评价已远远不能满足河流管理的需要。在新的生态环境理念的引导下，河流健康评价成为重点，突出的特点是包括对河流生物的监测和评价。对河流健康也出现了多种评价的方法。

河流健康评价方法众多，但总体上可归纳为两大类：一类是指示物种法，另一类是多指标评价法。由于对河流健康的概念观点不一，评价指标也有很大差异，焦点主要集中在社会经济功能是否作为健康指标以及权重大小上。总体来说，国外的河流健康评价主要以自然属性为主，包括美国和加拿大的大湖地区健康评价计划等；国内则对社会经济功能考虑较多。

(1)指示物种法。

自然属性派从河流自然生态过程出发，提出了以指示物种来评价河流健康的方法。

这种评价的依据是：生物尤其是指示生物的数量和发育情况是水文、水质、河道栖息环境、生物廊道、食物链状况等多种因素的综合反映。指示物种的存在是河流健康的标志。因此，利用指示物种反映河流的健康状况。

指示物种法的主要思想是：通过对生态系统中的关键种、特有种、指示种、濒危种、长寿种和环境敏感种的分析来评价生态系统的健康状态。在水生态系统研究中，被选择的指示物种有浮游生物、底栖无脊椎动物、鱼类和不同水平生物的综合。指示物种有时是多种生物指标的运用。最具代表性的方法是由 Karr 于 1981 年提出的基于河流鱼类物种丰富度、指示物种类别（含耐污种及非耐污种）、营养类型、鱼类数量、杂交率、鱼病率、畸变率等 12 项指标的生物完整性指数（Index of Biotic Integrity，IBI），采用生物完整性表征河流生态健康。由 Karr 给出的生物完整性最经典的定义是"生物完整性是指生物群落的物种组成、多样性和功能维持一定的平衡性、完整性和适应性，以及与其所在地区的自然环境保持和谐的能力"，Karr 进一步指出，"系统所具有的生物完整性，在受到自然循环过程带来的绝大多数不安定因素和人为活动造成的影响时，能够在很大程度上承受或者快速恢复"，由此可以看出，生物完整性是生态系统稳定的测度指标。

还有以底栖无脊椎动物为监测生物的"澳大利亚河流评价计划"（Australian River Assessment Scheme，AusRivAS）、"南非计分系统"（South African Scoring System，SASS），以藻类为指示生物的污染敏感指数（Pollution Sensitivity Index，IPS）、营养硅藻指数（Trophic Diatom Index，TDI）等。

美国环保署（Environmental Protection Agency，EPA）流域评价与保护分部于 1989 年提出了旨在为全国水质管理提供基本水生生物数据的快速生物监测协议（Rapid Bioassessment Protocols，RBPs）。经过 10 年的发展与完善，EPA 于 1999 年推出了新版的 RBPs，其中一个重要的部分就是有关河流的快速生物监测协议。该协议提供了河流着生藻类、大型无脊椎动物、鱼类的监测及评价方法标准。这也是利用生物指标来评价河流健康的重要例子。

（2）多指标评价法。

多指标评价法又分自然派和社会经济派。

自然派的指标主要包括水文、水质、河道形态、河岸和栖息地、生物等五类指标，不考虑河流的社会经济功能。

国外的多指标评价法以自然派居多。美国地质调查局于 1994 年发起了一项国家水质评价（National Water-Quality Assessment，NAWQA）计划，旨在对整个国家的水质状况及趋势进行评价，并找出对水质状况有重要影响的环境因素（包括气候、地形、水文学、土壤矿物学以及诸如土地利用、水质管理实践等人类活动）。

澳大利亚政府于 1994 年开展了国家河流健康计划（National River Health Program，NRHP），对河流状态的评价包括水文地貌（特别是栖息地结构、水流状态、连续性）、物理化学参数、无脊椎动物和鱼类集合体、水质、生态毒理学等内容。采用了河流地貌类型（GRS）、河流状态调查（SRS）等多种评价方法。其目的是监测和评价澳大利亚河流的生态状况，评价现行水管理政策及实践的有效性，并为管理决策提供更全面的生态学及水文学数据。其中，AusRivAS 是评价澳大利亚河流健康状况的主要工具。

英国也建立了以河流无脊椎动物预测和分类系统（RIVPACS）为基础的河流生物监测系统。英国在 20 世纪 90 年代建立了河流保护评价系统（SERCON），目标是用于评价河流的生物和栖息地属性，评价河流的自然保护价值，同一时期还发展了河流栖息地调查（RHS）方法，该方法为英国提供了一个河流分类和未来栖息地评价的标准方法。

　　南非的水事务及森林部(Department of Water Affairs and Forestry, DWAF)于1994年发起了河流健康计划(The River Health Programme, RHP),选用栖息地完整性指数(IHI),即河流无脊椎动物、鱼类、河岸植被带及河流生境状况等多领域指标评价栖息地主要干扰因素的影响。

　　Peter(2001)认为,河流健康的一些常见特征参数有6类:堤岸、河床、河水感观、水质、水生无脊椎动物与鱼类;联合国教科文组织(UNESCO)从生态学方面考虑,提出的评价指标为:从定量的角度分析水生无脊椎动物群,鱼类(不同等级、种群),沿岸缓冲带的植物、灌木,以及河流生境栖息地所涉及的水塘、急流区、沙丘区、沿河石头自然护坡等数量;美国自然保护协会提出的淡水生态的整体性指标包括水文情势、水化学情势、栖息地条件(工程、微生态环境、植被结构)、水的连续性(上下游,河道到洪泛区,地表-地下系统完整性)以及生物组成与交互作用。

　　国内对河流健康评价研究起步较晚。2003年,在首届黄河国际论坛上,李国英提出将"维持河流健康生命"作为第二届黄河国际论坛的主题,这次会议引发了国内学者对河流健康的研究。各大流域机构相继开展了相关研究。

　　一些学者提出了基于河流水文学、物理构造特征、河岸区状况、水质、生物5方面的指标体系。上海市环境监测中心(1999)建立了适用于黄浦江水环境状态评价的指标体系,包括理化指标、生物指标、营养状况指标、景观指标4部分内容。唐涛等(2002)提出了城市河流生态系统健康指标体系,包括水量、水质、水生生物、物理结构与河岸带。吴阿娜等(2005)认为可通过5类指标表征河流的健康状况,即理化参数、生物、形态结构、水文特征、河岸带状况。

　　社会经济派则在这些指标基础上,加上很多社会经济功能指标,形成集生态指标、物理-化学指标、人类健康与社会经济指标等于一体的多指标体系。生态指标反映了生态系统的特征和状态,分为生态系统、群落和种群与个体等不同层次的指标或指标体系。物理-化学指标是检测生态系统的非生物环境的指标。人类健康与社会经济指标着眼于生态系统对人类生存与社会发展的支持作用,采用经济参数和社会发展的环境压力指标来衡量生态服务的质量与可持续性。

　　赵彦伟等(2005)采用河流生态系统健康理论来研究城市河流的问题,指出城市河流生态系统的健康不仅意味着要保持生态学意义上的结构河流、生态过程的延续、功能的高效与完整,还强调河流生态系统的供水、防洪、水土流失控制、生物保护、景观娱乐等人类服务功能的有效发挥,提出了水量、水质、水生生物、物理结构与河岸带五大要素的指标体系及其评价标准,建立了评价城市河流健康的模糊层次综合评价程序和模型。

　　刘晓燕等(2006)指出河流健康是人们对河流生存状况的描述,是人类对河流向其提供服务的满意程度。他们通过分析人类和河流生态系统的生态需求提出了评价黄河健康的8项指标,分别为低限流量、河道最大排洪能力、平滩流量、滩地横比降、水质类别、湿地规模、水生生物和供水能力,并根据相关的水文资料,确定了相应的健康指标量值,为黄河健康关系提供了重要的依据。

　　林木隆等(2006)根据珠江的实际情况,提出健康珠江。一方面强调要保持河流形态结构合理、水环境状况良好、水生生物生长良好、河岸带功能完善,另一方面强调河流生态系统的防洪、供水、灌溉、发电、通航等人类服务功能的有效发挥,以及河流监测断面设施和非工程措施的完善,以科学性、层次性及系统性为原则设置珠江河流健康的指标体系。最终,分为四个层次拟定其健康评价的指标系统:①总体层:对珠江流域健康状态的高度概括,表征该流域健康状况的总体水平;②系统层:从自然属性和社会属性两个综合指标进行评价;③状态层:在每个系统指标下设置能代表该系统指标的状态指标;④指标层:表述各个分类指标的不同要素,通过定量或定性指标直接反映河流健康状况。通过以上分析,最终采用河岸河床稳定性、河道生态用水保证程度、藻类多样性等20个参数作为评价珠江河流健康的评价指标。

张立等(2007)认为健康长江包括以下几方面的内涵:在流域内一定的经济社会发展条件下,具有足够的、优质的水量供给;污染物质和泥沙输入及外界干扰不至于导致河流生态系统破坏而不能自行恢复;能维持良好的生态环境;水体的各种功能正常发挥;可以持续地满足人类需求,不对人类健康和社会经济发展造成威胁。从长江的水环境状况、水生生物状况、河流形态结构、河流水文特征、河岸带状况这五个方面全面地分析了长江流域干流的健康状况,提出了长江健康评价的指标体系,建立了评价模型。

从国内外河流健康研究的进展情况来看,虽然取得了一定进展,但由于河流生态系统复杂,涉及因素众多,不同国家、不同河流所面临的问题也各有不同。因此,在一定的时期内,仍需加强对评价指标选取、评价标准确定、研究尺度问题、服务功能评价等方面的研究。

12.2.1　河流健康评价指标体系

12.2.1.1　建立河流健康评价指标体系的原则

建立河流健康评价指标体系除遵循科学性、系统性、独立性外,还应遵循以下原则。

1. 兼顾生态功能和社会经济服务的评价体系

综合考虑国内外的各家观点,采取兼容并包的思路,以自然属性派为基础,评价河流健康。同时,同步评价河流的社会经济功能。河流的生态健康和社会经济功能之间是既对立又统一的矛盾体。分别评价河流的生态健康和社会经济功能状况,将后者作为河流健康的影响因素,同时河流健康反过来作用于河流的开发利用和社会经济功能的发挥。

河流健康评价分别从水文学、水化学、栖息地和生态学四方面进行,然后形成综合健康评价指数。社会经济功能评价则分别从供水、发电、防洪安全、纳污能力和环境容量利用、航运、养殖、旅游等方面进行,并形成综合开发强度指数。

2. 资料现实可行性

我国河流的现有监测资料是河流健康评价的基础依据。考虑不同地区的资料条件,提出不同适用性的评价方案。

1)低评价方案

在河流资料条件差的地区,采用水量、水质为河流健康依据,从水文学、水化学两方面评判河流的健康状况。

2）中评价方案

在水质和水量评价的基础上，针对有河道栖息地信息（河岸侵蚀和稳定性、河道连通及阻隔程度、河岸植被发育状况等）的河流，可以进行水文学、水化学、河流廊道栖息地三方面的河流健康评价。

3）高评价方案

对有生物监测资料的河流，采用水文学、水化学、河流廊道栖息地和水生生态学的全口径评价方法。

由于河流开发利用数据相对要好于河流生态方面的数据，河流社会功能评价不再使用不同的评价方案。

3．河流健康评价的时空尺度

1）空间尺度

河流是一个完整的生态系统，不仅水面水域属于河流范围，河岸植被和缓冲带、河滩地、洪泛平原和湿地等都是河流生命体的重要组成部分，是一个有机整体。评价一条河流的健康需要从流域尺度着手，从上游到出口、从河床到河岸陆地，建立一个遵循河流生态系统循环规律的河流健康空间评价尺度。

我国的水资源分区主要就是依据河流的水循环和水生态系统运动规律划分的相对独立单元。因此，从空间上，河流健康评价首先按照水资源分区进行。不同尺度的河流健康评价可以遵循不同的水资源分区。如流域级河流健康评价可按照三级水资源区或二级水资源区、一级水资源区，针对流域大河和主要支流进行。省、市、县开展的河流健康评价则主要从更小尺度的空间上评价。

初步拟定的评价尺度是由功能区—河流—流域确定的三层次评价法。

一条河流为几百千米到几千千米长，局部健康和整体健康的关系是河流健康评价面临的一个重要技术难题。局部出现污染或者断流能否影响到河流整体的健康需要专业的分析和判断。

结合我国水功能区划进行河流健康评价可以使局部和整体的关系更加明晰。紧密结合河流水功能区划，以功能区作为基本单元。

2）时间尺度

河流具有年际变化和年内季节性变化的特征。丰水期可能有径流，但枯水期和平水期可能出现断流。水质也呈现季节性变化。生物对于河流状况也有明显的季节性生态要求。同时，有现状评价年的代表性问题。

4．评价原则

1）分级

将河流健康划分为 A、B、C、D 共四级，分别代表健康、亚健康、不健康、病态。

（1）A 级：基本处于天然状态，存在轻微人为干扰。

（2）B 级：天然系统受到一定影响，人为干扰明显，存在一定规模的水资源开发、水电开发和河道改造、污染排放等。

（3）C 级：天然系统受到明显影响，人为干扰强烈。

（4）D 级：河流天然过程受到强烈干扰，人为干扰剧烈，生态功能丧失，河流完全受人工控制,基本丧失天然河流特征。

对河流社会经济功能的评价也进行 A、B、C、D 四级划分,分别代表轻微开发、中度开发、重度开发和强化开发。

2)单项指标评价

河流健康评价分水文学、水化学、水生态和河流廊道栖息地等方面,如何评判整体健康和某方面健康的关系是评价的难点。例如,如何评价我国西南地区河流健康状况。我国西南地区河流水质好,水量也大,但由于水电站建设,河流通道阻隔严重,生态、河岸植被、河床稳定等受到影响,很多河道有水无流,水动力特征发生明显的变化,天然生境受到明显的胁迫。

河流社会经济功能评价包括供水功能、防洪功能、纳污功能、养殖等单指标评价和总体开发强度评价。

3)河段健康评价

考虑到河流整体健康受河段健康制约,根据水桶原理,一个机体的总体健康往往受制于最弱的部分。因此,将最差的某类健康程度作为河流健康评价和记分的基本依据。河段可以是一个功能区。

河段的社会经济功能评价也是在单项评价基础上,根据评判准则和方法,确定功能开发程度。

4)流域健康评价

对于大型河流健康状况整体评价,在分段健康评价的基础上,分级进行流域尺度的宏观健康评价。流域尺度的河流社会经济功能也进行类似的总体评价。

12.2.1.2　指标、标准和管理目标的关系

河流作为相对独立的水资源循环系统和水生态系统,其健康与否的衡量指标应该是相对一致的。好比人类健康的检查指标,不会因为人种、地域的不同有明显差异。河流健康与否的标准也应该是接近的。这类似于人体健康,尽管有微小的种族和地域性差异,但标准值不应差别很大。

对于河流健康评价,各地区健康指标体系是一致的,同时健康的标准是基本一致的,都是水文过程、水化学过程和生态过程等相对于参照水平的偏差。不同地区,河流开发利用强度不同,考虑现实性的原则,恢复和保护的目标出现差异。例如,某河流健康是 D级,考虑到未来社会经济发展需求,可能规划修复目标为 C 级,但很难恢复到 A 级。因此,虽然标准尺度是一致和可对比的,但是河流保护和修复规划的目标是要现实可行和有差异的。

12.2.1.3　河流健康生态功能评价体系

河流健康生态功能评价体系是分类综合的多层次结构,见图 12-1。

河流健康生态功能评价指标包括综合健康指数、分类健康指数和单指标健康状况三个层次,分别为综合层、分类层和指标层。

综合层、分类层和指标层的健康指数均划分为四级。

12.2.1.4　河流社会经济功能评价体系

河流的社会经济功能按照供水、防洪、水电开发、养殖、航运、纳污、旅游娱乐等共划分

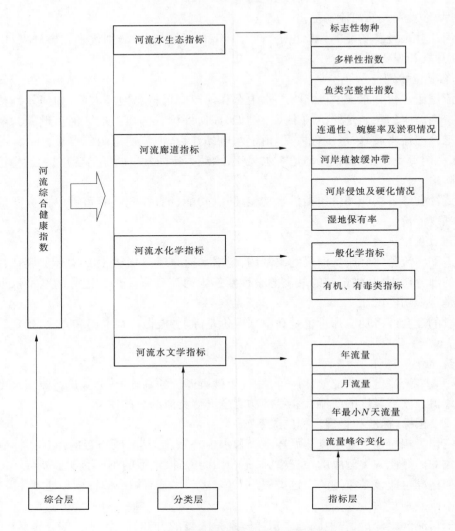

图 12-1 河流健康生态功能评价体系

七类指标,见图 12-2。整体来看,我国河流的主要功能是供水、防洪、水电开发,对河流影响较大的社会经济活动也是这些,是评价的重点。

供水是河流最重要的社会经济功能评价指标,对于社会经济持续健康发展具有战略重要性。供水功能可以用水资源开发利用率和水质达标率来评价,其中要注意外流域调水的差异性。

防洪安全是保障社会经济发展的重要问题,河流和周边的湿地、湖泊等都是水运动和循环的空间,在社会经济发展需求驱动下,很多水空间被人类占有,导致了河流和人类相互争夺空间的矛盾冲突。在防洪的同时,要重视对河流空间的保护,发挥蓄滞洪区的双重作用。堤防和调蓄标准越高,往往对河流的制约和胁迫越强烈。

水电开发和水库大坝建设是导致我国很多地区河流发生健康问题的重要因素。水电开发可能不会导致河流水量的减少,但会明显地阻隔河流生态廊道,同时强烈地改变河流的水动力特性,导致河道脱流(引流电站)和有水无流的现象。

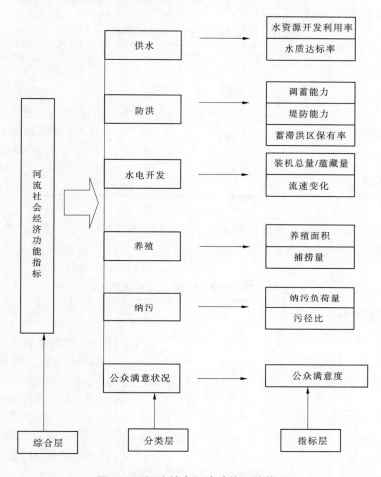

图 12-2　河流社会经济功能评价体系

水体养殖也是影响河流健康,导致河流尤其是湖泊富营养化的重要因素。水体养殖在自然生态系统和群落结构的背景下不会对河流的生态特性产生大的影响。但是,在人类干预下的人工养殖活动却会明显地改变河流水质和生物群落结构。

河流对污染物有自净能力。但如果污水和污染负荷超过河流的水环境容量,则必然导致河流的水质超过目标水质标准。

12.2.2　河流健康评价指标量化方法和标准

12.2.2.1　河流健康评价指标量化方法

1. 水文学指标

1)推荐指标方案

根据河道外用水量占多年平均天然流量的比例和流量资料状况,按以下要求确定需要选择的水文指标。这种方法考虑了水资源开发利用的强度。

（1）高强度开发河流：当水文控制断面以上河道外用水量大于或等于水文控制断面多年平均径流量的 70% 时，可选择表 12-1 中的全部水文指标。

表 12-1　河流生态健康水文指标体系（一）

水文参数	参数个数	对生态系统影响
1～12 月各月平均流量	12	（1）水生生物栖息可得性。 （2）水滨植物供水可得性。 （3）水资源的可获性。 （4）野生生物饮水易获性。 （5）影响水温与溶解氧

（2）中开发强度河流：当水文控制断面以上河道外用水量大于或等于水文控制断面多年平均径流量的 40% 且小于多年平均径流量的 70% 时，可选择表 12-2 中的全部水文指标。

表 12-2　河流生态健康水文指标体系（二）

水文参数	参数个数	对生态系统影响
1～12 月各月平均流量	12	（1）水生生物栖息可得性。 （2）水滨植物供水可得性。 （3）水资源的可获性。 （4）野生生物饮水易获性。 （5）影响水温与溶解氧
年最小 1 d、3 d、7 d、30 d、90 d 流量，年最大 1 d、3 d、7 d、30 d、90 d 流量	10	（1）生物体竞争与忍耐的平衡。 （2）创造植物散布的条件。 （3）河渠地形塑造与栖息地物理条件培养。 （4）植物土壤含水紧张状况。 （5）野生生物脱水状况。 （6）水紧张持续期。 （7）植物群落分布
年最大流量发生日期、年最小流量发生日期	2	（1）对生物体压力的预测与规避。 （2）迁徙鱼产卵信号

（3）低开发程度河流：当水文控制断面以上河道外用水量小于控制断面处多年平均径流量的 40% 时，应选择表 12-3 中的全部水文指标。

表 12-3 河流生态健康水文指标体系(三)

水文参数	参数个数	对生态系统影响
1~12 月各月平均流量	12	(1)水生生物栖息可得性。 (2)水滨植物供水可得性。 (3)水资源的可获性。 (4)野生生物饮水易获性。 (5)影响水温与溶解氧
年最小 1 d、3 d、7 d、30 d、90 d 流量, 年最大 1 d、3 d、7 d、30 d、90 d 流量	10	(1)生物体竞争与忍耐的平衡。 (2)创造植物散布的条件。 (3)河渠地形塑造与栖息地物理条件培养。 (4)植物土壤含水紧张状况。 (5)野生生物脱水状况。 (6)水紧张持续期。 (7)植物群落分布
年最大流量发生日期、 年最小流量发生日期	2	(1)对生物体压力的预测与规避。 (2)迁徙鱼产卵信号
每年低流量谷底数、 每年低流量平均持续时间、 每年高流量洪峰数、 每年高流量平均持续时间	4	(1)植物土壤含水紧张状况的频率与程度。 (2)洪泛区水生生物栖息可得性。 (3)影响床沙分布

(4)对上述(1)~(3)项,当条件允许时,可选用比表 12-1~表 12-3 所列更多的指标。

2)备选指标方案

水文学指标采用年平均径流量、最枯月平均径流量和年最小 10 d 平均径流量、静动比作为指标。将这些指标的实测数据与天然还原系列的数据进行对比,得出偏离率,见表 12-4。年平均径流偏离率反映了河流的总体变异程度,属于宏观尺度的控制指标。最枯月平均径流偏离率是河流生物洄游及水环境容量的需水计算依据,属于中观尺度的控制指标。年最小 10 d 平均径流偏离率反映生物洄游需水(比较严格,目前很少使用,南方水量丰沛的河流可以参考使用),属于微观尺度的控制指标。静动比反映河流基本动力条件的变化,评价有水无流河段的长度。

表 12-4 河流基本水文学健康评价指标

指标	计算方法	取值范围
年平均径流偏离率(Q_{ad})	实测年平均径流量/天然年平均径流量	0~1
最枯月平均径流偏离率(Q_{md})	实测最枯月平均径流量/天然最枯月平均径流量	0~1
年最小 10 d 平均径流偏离率(Q_{10d})	实测年最小 10 d 平均径流量/天然年最小 10 d 平均径流量	0~1
静动比(V_{ad})	静水河段/总河长	0~1

2. 水化学指标

水化学指标包括一般生化指标和有毒类化学指标。各指标赋值计算主要参考水质标准。

河流水质健康评价指标分为必评项目和选择项目两类。根据国外研究成果（见表 12-5）和我国《地表水环境质量标准》（GB 3838—2002），本次河流水质健康评价选择 8 项指标作为必评参数，20 项指标作为选评参数，见表 12-6。

表 12-5　国外河流水质评价指标

序号	水质指标	美国 GWQI 指标	布朗(Brown) 水质指数	内梅罗水污染指数	罗斯(ROSS) 水质指数	澳大利亚 ISC 方法
1	水温	V	V	V		
2	溶解氧	V	V	V	V	
3	pH	V	V	V		V
4	大肠菌群/粪大肠菌群	V	V	V		
5	悬浮物	V	V	V	V	
6	生化需氧量	V	V		V	
7	总氮			V		
8	氨态氮/硝态氮	V				
9	硝酸盐		V			
10	总磷	V				V
11	磷酸盐		V			
12	水色			V		
13	碱度			V		
14	硬度			V		
15	浊度			V		V
16	溶解性总固体		V	V		
17	铁			V		
18	锰			V		
19	硫酸盐			V		
20	电导率					V

注："V" 为必选项。

表12-6　河流水质健康评价指标

序号	分类	项目	赋值依据
1	必评参数	水温(℃)	GB 3838—2002
2		pH(无量纲)	GB 3838—2002
3		溶解氧(mg/L)	GB 3838—2002
4		五日生化需氧量(BOD_5)(mg/L)	GB 3838—2002
5		氨氮(NH_3—N)(mg/L)	GB 3838—2002
6		总磷(以P计)(mg/L)	GB 3838—2002
7		总氮(湖、库,以N计)(mg/L)	GB 3838—2002
8		粪大肠菌群(个/L)	GB 3838—2002
9	选评参数	化学需氧量(COD)(mg/L)	GB 3838—2002
10		高锰酸盐指数(mg/L)	GB 3838—2002
11		铜(mg/L)	GB 3838—2002
12		锌(mg/L)	GB 3838—2002
13		氟化物(以F^-计)(mg/L)	GB 3838—2002(考虑背景)
14		硒(mg/L)	GB 3838—2002
15		砷(mg/L)	GB 3838—2002(考虑背景)
16		汞(mg/L)	GB 3838—2002(考虑背景)
17		镉(mg/L)	GB 3838—2002
18		铬(六价)(mg/L)	GB 3838—2002
19		铅(mg/L)	GB 3838—2002
20		氰化物(mg/L)	GB 3838—2002
21		挥发酚(mg/L)	GB 3838—2002
22		石油类(mg/L)	GB 3838—2002
23		阴离子表面活性剂(mg/L)	GB 3838—2002
24		硫化物(mg/L)	GB 3838—2002
25		溶解性总固体(mg/L)	GB 3838—2002(考虑背景)
26		铁(mg/L)	GB 3838—2002(考虑背景)
27		锰(mg/L)	GB 3838—2002(考虑背景)
28		硫酸盐(mg/L)	GB 3838—2002(考虑背景)

必评参数反映的是水体水质的一般状况,8项必评参数全部参与评价。选评参数反映地方的水质特征,可根据各地区的水质特点,从选评参数中选择有代表性的4个参数参

与评价。

　　3. 河道栖息地指标

　　河道栖息地指标比较复杂,不仅包括河道内的指标,也包括岸线、湿地等指标。初步选择河道连通性、河道淤积、河道蜿蜒率、河岸植被完好率、河岸侵蚀及稳定性、河岸硬化率和洪泛区湿地保有率 7 项指标反映河流廊道的生态栖息地完好情况。这些指标的计算见表 12-7。

表 12-7　河道栖息地评价指标

分类	指标	计算方法	取值范围
河道	连通性	有效鱼道比:具有有效鱼道的拦河工程/工程数量(坝、闸)(没有拦河工程按 1 计算)	0 ~ 1
	淤积	淤积河段长度/河流总长	0 ~ 1
	蜿蜒率	河道长度/河谷长度	1 ~ 4
河岸	侵蚀及稳定性	侵蚀长度比:侵蚀岸线长/总岸线长	0 ~ 1
	硬化率	硬化长度比:水泥硬化岸线长/总岸线长	0 ~ 1
	植被完好率	河岸植被线率:林草植被超过一定宽度(上、中、下游不同)的河岸长/总岸线长	0 ~ 1
洪泛区	湿地保有率	现有湿地面积/保护区面积	0 ~ 1

注:河道栖息地健康指标按照表中 7 项指标的算术平均进行计算。

　　4. 生态学指标

　　生态学指标反映河流生物群落完整性,可用指示生物是否存在作为指标,也可以利用生物多样性指数等指标。生物指标是河流健康的最高等级指标,有资料的地区应采用生物完整性表征河流生态健康。

　　由 Karr 给出的生物完整性最经典的定义是:“生物完整性是指生物群落的物种组成、多样性和功能维持一定的平衡性、完整性和适应性,以及与其所在地区的自然环境保持和谐的能力”。Karr 进一步指出,“系统所具有的生物完整性,在受到自然循环过程带来的绝大多数不安定因素和人为活动造成的影响时,能够在很大程度上承受或者快速恢复”,由此可以看出,生物完整性是生态系统稳定的测度指标。

　　用得较多的水生生物主要是鱼类、无脊椎动物和着生藻类(以硅藻为主),着生藻类主要是用于评价河流受污染的状况,因为本次研究单独设定水环境质量指标,所以水生生物的监测指标主要是鱼类和无脊椎动物。

　　1)鱼类完整性指数(F – IBI)

　　根据 Karr 最初对 IBI 的构建以及后来人们的利用情况,本次研究仍然选择 3 个指标属性:①种类组成与丰度;②营养层结构;③鱼类数量和健康状况。在每一个指标属性下面所设立的指标,则根据各生物区系的不同有一定区别。将每一个指标分三个级别并赋分,各指标赋分后相加就是 F – IBI 指数。

　　2)底栖生物完整性指数(B – IBI)

　　在河流生物评价中,大型底栖动物一直是使用率最高的一个类群。大型底栖生物完整性指数通常包括 5 个指标属性:底栖生物类群组成、物种丰富度、物种耐污性、摄食类群和多样性因子。对每一个指标分三个级别并赋分,各指标赋分后相加就是 B – IBI 指数。每一个指标属性下面具体指标的选取,随不同地理单元、河流特性而不同。Karr 指出,没有任何一项指标是完全适用于所有地区的,因此研究用于某一地区的评价指标,就需要对该地区河流中的大型底栖动物有全面的了解和详细的数据分析。

(1)底栖生物类群组成。

采用群落组成指数,常用密度百分比表示,一般要有反映综合水环境条件(包括河流底质)好的情况下出现的物种、综合水环境条件差时出现的物种以及优势种三种情况的指标。

反映综合水环境条件好的指标:通常用 EPT(蜉蝣目 + 翅目 + 毛翅目)密度百分比表示,同时要有蜉蝣目、褶翅目和毛翅目各目物种的密度百分比。

反映综合水环境条件差的指标:用摇蚊科幼虫密度百分比表示。

反映当地底栖生物类群的优势种的指标:用优势分类单元的密度百分比以及前三位优势分类单元的密度百分比表示。

(2)物种丰富度。

反映河流大型底栖动物物种丰富度的指标主要是总物种数、褶翅目物种数、蜉蝣目物种数、毛翅目物种数和 EPT(蜉蝣目 + 翅目 + 毛翅目)物种数,通常用种类百分比表示。

(3)物种耐污性。

通常用三个指标表示,一个是耐污类群的百分数,另一个是对污染比较敏感的类群百分数,BI 值(耐污指数)即耐污类群的百分数乘以该类群人为认定的耐污值。

(4)大型底栖动物的功能摄食类群。

大型底栖动物可以划分为 5 个主要的摄食类群:以营固着生活的生物类群为食的刮食者、以各种凋落物和粗有机颗粒物为食的撕食者、以河底各种细有机颗粒物为食的直接收集者、以流水中各种细有机颗粒物为食的过滤收集者、捕食其他水生动物为食的捕食者。各种摄食类群的百分数即可表示整个河段大型底栖动物的功能摄食类群。

(5)多样性因子。

用通常的多样性指数表示,如香农维纳指数(Shannon Wiener Index)、均匀度指数(Evenness Index)、辛普森指数(Simpson Index)。

由于我国大部分地区的河流缺乏现状的生物监测资料,因此生态学健康评价不作为重点内容。各流域可根据资料条件,选择适宜的指标,如标志性珍稀鱼类、生物多样性指数等。

5.河流社会经济功能指标

1)水质达标率指标

以水功能区水质达标率表示。水功能区水质达标率是指对评估河流包括的水功能区按照《地表水资源质量评价技术规程》(SL 395—2007)规定的技术方法确定的水质达标个数比例。该指标重点评估河流水质状况与水体规定功能,包括生态与环境保护和资源利用(饮用水、工业用水、农业用水、渔业用水、景观娱乐用水)等的适宜性。水功能区水质满足水体规定水质目标,则该水功能区的规划功能的水质保障得到满足。

2）供水（水资源开发利用率）

供水属于水资源开发利用活动，是河流生态健康主要的胁迫因素，同时河流的供水功能是社会经济发展的重要依托和基础。因此，供水功能评价是河流社会经济功能评价的重要项目。

供水以水资源开发利用率表示。水资源开发利用率是指评估河流流域内供水量占流域水资源量的百分比。水资源开发利用率表达流域经济社会活动对水量的影响，反映流域的开发程度，反映了社会经济发展与生态环境保护之间的协调性。

水资源开发利用率计算公式如下：

$$WRU = WU/WR$$

式中：WRU 为评估河流流域水资源开发利用率；WR 为评估河流流域水资源总量；WU 为评估河流流域水资源开发利用量。

水资源的开发利用合理限度确定的依据应该按照人水和谐的理念，既可以支持经济社会合理的用水需求，又不对水资源的可持续利用及河流生态造成重大影响，因此过高和过低的水资源开发利用率均不符合河流健康的要求。

3）防洪

人类的历史就是人水斗争的历史，防洪是人水斗争的焦点，尤其在中国更是如此。由于社会经济的发展，原有的河流空间被挤占，使得河流的运动空间越来越小，反过来河流也给人类带来越来越大的灾难和风险。河流的很多空间就是洪水运动储存的场所，人类的占用，导致洪水灾害的加剧。因此，防洪功能是解决人水和谐的重要领域。

防洪领域主要包括调蓄能力、堤防能力、蓄滞洪区保有率等。

调蓄能力按照防洪库容占河流多年平均径流量的比值来计算并分级，按照 0.2、0.4、0.6 和 0.8 四个比值，划分为 5 个区间。

堤防能力按照 10 年、20 年、50 年、100 年、300 年及以上 5 个水平赋分。

蓄滞洪区保有率按照规划的蓄滞洪区的面积和蓄滞洪量与现有实际蓄滞洪区的面积或蓄滞洪量的比值来计算。

4）水电开发

水电开发也是我国重要的河流功能，是保护环境、控制温室气体排放、促进社会经济发展和能源安全的重要保障，但是水电开发过度也会带来河流的健康问题，包括引流电站的河道脱水、河流生态廊道的阻隔、河流动力特征的变化（有水无流）和水质改变等。

水电开发的重要指标是水能实际装机和理论蕴藏量的比值，按照 0.1、0.2、0.4 和 0.7 四个比值，可以将河流划分为微度、轻度、中度、重度、高强度开发 5 个等级。

5）养殖

河流是人类水产品的主要供应源之一，但是过度捕捞和人工养殖也会危害河流的生态系统稳定和水质。养殖功能按照养殖面积、捕捞量等指标进行评价。

6）纳污

污染物的消纳是河流水环境容量资源利用的重要功能之一。但是，污染物的排放如果超过河流的环境容量则会带来水质问题。因此，评价河流的纳污功能是进行河流社会经济功能评价的重要内容。

河流纳污功能的评价按照污水量和污染负荷两方面进行。

污染物的入河指标按照入河量和环境容量之间的比值确定分数和等级,按照 0.2、0.5、1.0、1.5 的比值划分为五级。

7)公众满意程度

公众满意程度反映公众对评估河流景观、美学价值等的满意程度。

该指标采用公众参与调查统计的方法进行。对评估河、湖所在城市的公众、当地政府、环保、水利等相关部门发放公众参与调查表,通过对调查结果的统计分析,评估公众对河流的综合满意度。调查内容应包括:参与调查公众的基本信息,公众与评估河流的关系,公众对河流水量、水质、河滩地状况、鱼类状况的评估,公众对河流适宜性的评估,以及公众根据上述认识及其对河流的预期所给出的河流状况总体评估。

12.2.2.2　河流健康评价指标量化标准

上面提出了河流健康评价和河流社会经济功能评价的指标体系和各类指标的量化方法。此处介绍健康标准的确定方法。

1. 水文学健康标准

水文学健康标准按照河流的水文过程改变度或者偏离率来计算。

1)计算的资料要求

(1)计算水文改变度所用流量系列要求天然流量系列不短于 20 年,非天然流量系列不短于 20 年。

(2)根据水资源开发利用率,依据指标量化方法中的规定,选择合适的水文指标作为评价指标。

(3)将天然状况下频率 25%～75% 的流量设定为可接受的流量范围。计算天然状况下各个参数经验频率为 75%、25% 的流量。当没有 75%、25% 的流量时,采用直线内插取得。

2)计算单水文指标改变度

水文指标改变度的计算采用如下公式。

$$D_i = \left| \frac{N_{oi} - N_e}{N_e} \right| \times 100\%$$

$$N_e = r \cdot NT$$

式中:D_i 为第 i 个水文指标的水文改变度;N_{oi} 为在非天然系列中的第 i 个水文参数值落入流量范围的年数;N_e 为受干扰后水文参数落入目标范围内年数的预测值;r 为干扰前水文参数落入目标范围内年数的比例,取 50%;NT 为总年数。

当 D_i 值小于 20% 时,为轻微改变,赋分 1;当 D_i 值大于或等于 20%,且小于 40% 时,为轻度改变,赋分 2;当 D_i 值大于或等于 40%,且小于 60% 时,为中度改变,赋分 3;当 D_i 值大于或等于 60%,且小于 80% 时,为高度改变,赋分 4;当 D_i 值大于或等于 80% 时,为严重改变,赋分 5。

3)计算总体水文改变度

计算总体水文改变度分 5 种情况计算,见表 12-8。

表 12-8 水文学健康评价标准

指标	A(轻微改变)	B(轻度改变)	C(中度改变)	D(高度改变)	E(严重改变)
单水文指标	0 ~ 20%	20% ~ 40%	40% ~ 60%	60% ~ 80%	80% ~ 100%
综合水文健康指标	0 ~ 20%	20% ~ 40%	40% ~ 60%	60% ~ 80%	80% ~ 100%

(1)所有 D_i 值均小于 20%,则整体水文改变度取各水文指标 D_i 的平均值:

$$D_0 = \frac{1}{n} \sum_{i=1}^{n} D_i$$

式中:n 为水文指标的个数。

按此式计算的 D_0 值将低于 20%,为轻微改变或者无改变。

(2)各个水文指标中只要有一个指标为轻度改变,但没有一个指标为中度改变,采用下式计算:

$$D_0 = 20\% + \frac{1}{n} \sum_{i=1}^{n} (D_i - 20\%)$$

按此式计算的 D_0 的数值将介于 20% ~ 40%,为轻度改变。

(3)各个水文指标中只要有一个指标为中度改变,但没有一个指标为高度改变,采用下式计算:

$$D_0 = 40\% + \frac{1}{n} \sum_{i=1}^{n} (D_i - 40\%)$$

按此式计算的 D_0 的数值将介于 40% ~ 60%,为中度改变。

(4)各个水文指标中只要有一个指标为高度改变,但没有一个指标为严重改变,采用下式计算:

$$D_0 = 60\% + \frac{1}{n} \sum_{i=1}^{n} (D_i - 60\%)$$

按此式计算的 D_0 的数值将介于 60% ~ 80%,为高度改变。

(5)各个水文指标计算结果中至少有一个指标属于严重改变,此时采用下列的权重平均方式来计算:

$$D_0 = 80\% + \frac{1}{n} \sum_{i=1}^{n} (D_i - 80\%)$$

按此式计算的 D_0 数值将高于 80%,为严重改变。

4)备选方案评价标准

按照河流年、月、旬的宏观、中观、微观径流特性和静动比指标,评价河流的健康状况,见表 12-9。

表 12-9 水文学健康备选评价标准

指标	A	B	C	D	E
年平均径流偏离率(Q_{ad})	0 ~ 0.1	0.1 ~ 0.3	0.3 ~ 0.5	0.5 ~ 0.7	0.7 ~ 1.0
最枯月平均径流偏离率(Q_{md})	0 ~ 0.1	0.1 ~ 0.3	0.3 ~ 0.5	0.5 ~ 0.7	0.7 ~ 1.0
年最小 10 d 平均径流偏离率(Q_{10d})	0 ~ 0.1	0.1 ~ 0.3	0.3 ~ 0.5	0.5 ~ 0.7	0.7 ~ 1.0
静动比(V_{ad})	0 ~ 0.01	0.01 ~ 0.05	0.05 ~ 0.1	0.1 ~ 0.2	0.2 ~ 1.0

2. 水化学健康标准

1) 单项指标的健康评价

水质单项指标赋分依据《地面水环境质量标准》（GB 3838—2002），确定单项类别，分别赋值 1、2、3、4、5，对应 Ⅰ 类、Ⅱ 类、Ⅲ 类、Ⅳ 类、Ⅴ 类及劣 Ⅴ 类（Ⅴ 类及劣 Ⅴ 类作为一个等级）。

对于当地天然背景值高的指标，要考虑背景值，采用背景偏离率来计算指标值，取值也为 1 ~ 5，分别代表偏离 0 ~ 10%、10% ~ 20%、20% ~ 40%、40% ~ 60%、大于 60% 的情况。

2) 综合健康评价

河流水化学综合健康评价采用单项指标的一票否决法确定，也可以采用层次分析法进行综合评价确定。

3. 河道栖息地健康评价标准

河道栖息地指标选择 7 项，如表 12-10 ~ 表 12-12 所示（参考美国河流健康评价方法，Rapid Bioassessment Protocols for Use in Streams and Wadeable Rivers: Periphyton, Benthic, Macroinvertebrates, and Fish（EPA 841 – B – 99 – 002））。

表 12-10　河道栖息地健康状况评价标准（上游区）

分类	指标	计算方法	A	B	C	D	E
河道	连通性	有效鱼道比：具有有效鱼道的拦河工程/工程数量（坝、闸）（没有拦河工程按 1 计算）	0.8 ~ 1	0.6 ~ 0.8	0.4 ~ 0.6	0.2 ~ 0.4	0 ~ 0.2
	淤积	受淤积河谷长度比例	0 ~ 10%	10% ~ 30%	30% ~ 50%	50% ~ 80%	80% ~ 100%
	蜿蜒率	河道长度/河谷长度	>5	4 ~ 5	3 ~ 4	1.5 ~ 3	1 ~ 1.5
河岸	侵蚀及稳定性	侵蚀长度比：侵蚀岸线长/总岸线长	0 ~ 5%	5% ~ 30%	30% ~ 60%	60% ~ 80%	80% ~ 100%
	渠（硬）化率	硬化长度比：水泥硬化岸线长/总岸线长	0 ~ 5%	5% ~ 20%	20% ~ 40%	40% ~ 80%	80% ~ 100%
	植被完好率	河岸植被线率：林草植被超过一定宽度（上、中、下游不同）的河岸长/总岸线长	50% ~ 100%	30% ~ 50%	20% ~ 30%	10% ~ 20%	0 ~ 10%
洪泛区	湿地保有率	现有湿地面积/规划保护面积	0.8 ~ 1	0.6 ~ 0.8	0.4 ~ 0.6	0.2 ~ 0.4	0 ~ 0.2

表 12-11　河道栖息地健康状况评价标准（中游区）

分类	指标	计算方法	A	B	C	D	E
河道	连通性	有效鱼道比：具有有效鱼道的拦河工程/工程数量（坝、闸）（没有拦河工程按 1 计算）	0.8 ~ 1	0.6 ~ 0.8	0.4 ~ 0.6	0.2 ~ 0.4	0 ~ 0.2
	淤积	受淤积河谷长度比例	0 ~ 10%	10% ~ 20%	20% ~ 40%	40% ~ 70%	70% ~ 100%
	蜿蜒率	河道长度/河谷长度	>3	2 ~ 3	1.5 ~ 2	1.1 ~ 1.5	1 ~ 1.1
河岸	侵蚀及稳定性	侵蚀长度比：侵蚀岸线长/总岸线长	0 ~ 10%	10% ~ 20%	20% ~ 40%	40% ~ 80%	80% ~ 100%
	渠（硬）化率	硬化长度比：水泥硬化岸线长/总岸线长	0 ~ 5%	5% ~ 20%	20% ~ 40%	40% ~ 80%	80% ~ 100%
	植被完好率	河岸植被线率：林草植被超过一定宽度（上、中、下游不同）的河岸长/总岸线长	60% ~ 100%	40% ~ 60%	20% ~ 40%	10% ~ 20%	0 ~ 10%
洪泛区	湿地保有率	现有湿地面积/规划保护面积	0.6 ~ 1	0.4 ~ 0.6	0.2 ~ 0.4	0.1 ~ 0.2	0 ~ 0.1

　　河岸侵蚀及稳定性和河道淤积评价要紧密结合水沙运动规律,考虑河流的水沙特点。对于多沙河流,淤积评价标准适度放宽。同样,对于河道蜿蜒率、侵蚀和沉积规划也存在上游、中游和下游的差异,上游一般蜿蜒率小,中游较大,下游一般蜿蜒率更大。上游以侵蚀作用为主,下游以沉积为主,中游侵蚀和沉积并存。河岸植被发育也具有上、下游差异,上游河岸植被少,中游多,下游应更多,河谷也更宽。

　　因此,河道栖息地保护标准应有所差异。在参考国外河道栖息地评价标准的基础上,提出分上、下游的差异性标准。

表 12-12　河道栖息地健康状况评价标准（下游区）

分类	指标	计算方法	A	B	C	D	E
河道	连通性	有效鱼道比：具有有效鱼道的拦河工程/工程数量（坝、闸）（没有拦河工程按 1 计算）	0.8 ~ 1	0.6 ~ 0.8	0.4 ~ 0.6	0.2 ~ 0.4	0 ~ 0.2
	淤积	受淤积河谷长度比例	0 ~ 20%	20% ~ 40%	40% ~ 60%	60% ~ 80%	80% ~ 100%
	蜿蜒率	河道长度/河谷长度	>6	4 ~ 6	3 ~ 4	1.8 ~ 3	1 ~ 1.8
河岸	侵蚀及稳定性	侵蚀长度比：侵蚀岸线长/总岸线长	0 ~ 5%	5% ~ 20%	20% ~ 40%	40% ~ 70%	70% ~ 100%
	渠（硬）化率	硬化长度比：水泥硬化岸线长/总岸线长	0 ~ 5%	5% ~ 20%	20% ~ 40%	40% ~ 80%	80% ~ 100%
	植被完好率	河岸植被线率：林草植被超过一定宽度（上、中、下游不同）的河岸长/总岸线长	80% ~ 100%	60% ~ 80%	40% ~ 60%	20% ~ 40%	0 ~ 20%
洪泛区	湿地保有率	现有湿地面积/规划保护面积	0.8 ~ 1	0.6 ~ 0.8	0.4 ~ 0.6	0.2 ~ 0.4	0 ~ 0.2

注：河流生态廊道整体健康评价按照表中 7 项指标的最差级别判定河道栖息地的整体健康状况和级别。

4. 生态学健康评价标准

生态学的健康可以采用标志性物种，也可以按照生物完整性指数进行计算。例如，按照鱼类的生存状况评价河流生态健康，见表 12-13。

表 12-13　河流生态学健康评价标准

指标	A	B	C	D	E
特定鱼类或指示鱼类	没有消失	几个消失	部分消失	大部分消失	全部消失
鱼类分布区域	没有变化	轻微变化	有改变	明显改变	剧烈变化
生物量	没有改变	轻微改变	根本改变	严重变化	剧烈变化

5. 河流整体健康评价方法

1) 河段健康评价

前面分别评价的是河流水文学、水化学、水生态以及河道栖息地的健康状况。这些指标只能代表一个评价河段或者一个功能区的河流分项健康状况。对于该河段（如水资源三级区的河流）的整体健康状况,采用单项最差的评价方法作为河段总体健康的标准,同时给出各专项的健康指数,见表 12-14。

表 12-14　河流健康综合评价

分类	评级
水文学	B
水化学	C
水生态	D
栖息地	A
综合评价	D

2) 流域整体健康评价

对于一个大型河流,要确定其整体健康状况和局部健康状况的关系。

为了评价流域尺度的河流健康总体状况,采用如表 12-15 所示的分级方法确定河流的健康等级。

表 12-15　流域尺度河流整体健康评价

河流整体健康等级	A	B	C	D	E
健康河段长度比例(%)	80～100	60～80	40～60	20～40	0～20

6. 河流社会经济功能评价标准

河流的生态健康和社会经济功能之间是既对立又统一的矛盾体。河流的健康评价目的是处理好河流开发和保护的关系,社会经济功能开发过度,必然威胁到河流的健康,并反过来影响社会经济功能。因此,从相互影响的系统动力学出发,不能将河流的生态健康和社会经济功能混淆在一起进行评价,也不能相互孤立地进行评判,而应按照同步评价、结合分析的原则,进行河流健康评价和社会经济功能的评价。

对于我国的河流来说,水资源开发程度、防洪、水功能区状况、公众满意程度是评价河流健康状况的 4 个最重要的因素,养殖、旅游、航运等对局部河段或湖泊有影响。因此,重点评价前 4 个方面的社会经济功能。

1) 水资源开发程度评价

狭义的河流仅仅考虑河道。其实,河流的概念包括很大的水资源循环空间,不仅横向上有河床、漫滩、湿地及洪泛平原和河岸交错带,从垂向上也包括地表水和地下水之间的循环系统。因此,河流的水资源开发利用评价不仅包括地表水的开发,也包括地下水开采。很多河道的干涸正是由地下水超采诱发的,而很多河流的过度开发也反过来减少了地下水的补给。

河流的水资源供应是支撑社会经济发展的重要社会经济功能,但也要有个度,这个度就是地表水的可利用量和地下水的可开采量。在这两个量的范围内,人类对河流的水量利用不会对生态系统造成巨大的影响。因此,按照可利用量作为开发强度的参照,进行供水功能评价,如表 12-16 所示。

表 12-16　河流供水功能评价

指标	A(剧烈)	B(强度)	C(中度)	D(轻度)	E(轻微)
地表水开发程度(地表水开发利用量/地表水可利用量)	>120%	100%~120%	60%~100%	30%~60%	0~30%
地下水开采程度(实际开采量/可开采量)	>120%	100%~120%	60%~100%	30%~60%	0~30%
综合评价	最高者	最高者	最高者	最高者	最高者

2)防洪

防洪评价指标包括调蓄能力(防洪库容/多年平均径流量)、堤防能力和蓄滞洪区达标效率等(见表 12-17),其中调蓄和堤防都存在生态胁迫作用。蓄滞洪区建设是和生态保护有正相关关系的措施,应作为重要的防洪措施在流域综合规划中考虑。

表 12-17　河流防洪评价

指标	A(高标准)	B(较高标准)	C(一般)	D(低标准)	E(微弱)
调蓄能力	>120%	80%~120%	40%~80%	10%~40%	0~10%
堤防能力	100~300 年	50~100 年	20~50 年	10~20 年	10 年以下
蓄滞洪区达标效率	80%~100%	60%~80%	40%~60%	20%~40%	0~20%

3)水功能区达标指标

评估年内水功能区达标次数占评估次数的比例大于或等于 80% 的水功能区确定为水质达标水功能区;评估湖泊流域达标水功能区个数占其区划总个数的比例为评估湖泊水功能区水质达标率。

4）公众满意程度

公众满意程度达到 70% 为合格。

12.2.2.3　河流健康整体评价

河流健康评估包括河流生态完整性和河流社会经济功能两个方面的指标。其中,河流生态完整性指标包括水文学指标、水化学指标、河道栖息地指标、生态学指标;社会经济功能指标包括水资源开发利用率、防洪能力、水功能区达标率及社会满意度几个方面。

综合河流生态完整性指标和河流社会经济功能指标可以得到河流健康情况。具体的操作方法是根据河流的具体情况给生态完整性指标和社会经济功能指标赋以不同的权重。

12.3　湖泊健康

湖泊是生态系统的一种重要组成形式,由于其复杂性和综合性对其健康内涵的定义、评估等仍然处于发展阶段,学者对健康湖泊的内涵至今没有一种统一的认识,不同的学者有不同的观点。有的学者认为,湖泊生态系统健康应该包含两个方面,即满足人类社会合理要求的能力和湖泊生态系统自我维持与更新的能力;有的学者认为,湖泊健康是指物质循环、能量流动未受损害,关键组成和有机组织保存完整,对扰动保持弹性和稳定性,整体上呈现出多样性和复杂性。

12.3.1　湖泊生态系统结构

湖泊是一个复杂的动态生态系统。湖泊及其所在流域时刻产生和发展着地质地貌、水文气象、化学、生物等各种自然现象,彼此相互依存、相互制约,统一于湖泊及其流域这一综合体中,从而形成了一个完整的湖泊生态系统。

湖泊生态系统包括湖泊水体和湖滨带两个重要组成部分。湖泊是个接收器,不同湖泊所在流域的入湖条件,如水文地质、土壤肥力与侵蚀程度、流域植被、地表水质等,导致了湖泊生态系统特性的区域差异。

12.3.1.1　湖泊水体

从流域进入湖泊的物质主要有水、水中溶解物和土壤类颗粒物三大类。

水:与河流不同,进入湖泊的水都会保留一段时间。在湖泊管理中,可利用这段时间,来改善湖水质量。在入湖水质变得较好与湖水明显变好之间会出现一个滞后期,同时受生物区系、沉积物和入湖水化学性质的影响,还会出现其他的滞后现象。

湖泊具有水"平衡"现象。它影响着湖泊的营养供给、湖泊水力滞留时间及由此产生的湖泊生产力和水质。

水中溶解物:主要因子有溶解氧(DO)、氮(N)、磷(P)等。其中,DO 是水中最重要的溶解物之一。

土壤类颗粒物:颗粒物如各种有机物、黏土、淤泥等可从流域随降雨径流冲刷进入湖泊,降低湖水的透明度和光的有效性,继而影响水生生物的生长。

12.3.1.2 湖滨带

湖滨带是湖泊流域中水域与陆地相邻生态系统之间的过渡带,其特征由相邻生态系统之间相互作用的空间、时间和强度所决定。其空间范围主要取决于周期性水位涨落、湖滨干湿交替变化的空间结构及其周围水域和陆地系统的空间布局。

湖滨带分为 4 个区,分别是陆向辐射带、岸坡带、水位变幅带、水向辐射带,见图 12-3。

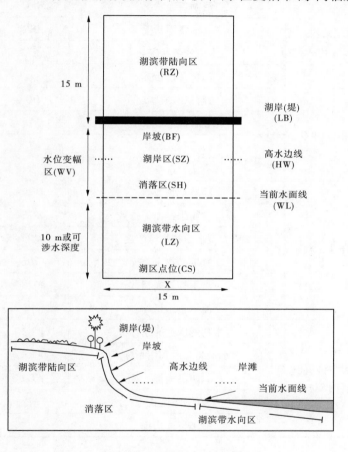

图 12-3 湖滨带分区示意图

12.3.2 评价指标

湖泊健康评估是对湖泊生态系统的物理完整性、化学完整性、生物完整性和服务功能完整性等的相互协调性的评价。

湖泊健康评估具体指标体系见表 12-18,需要指出的是,不同的流域可视流域的具体情况增加评估指标。

表 12-18 湖泊健康评估指标体系

目标层	准则层	指标层	代码	指标选择
湖泊健康	水文水资源指标(*HD*)	湖泊最低生态水位满足状况	*ML*	必选
		入湖流量变异程度	*IFD*	必选
		流域自选指标		
	物理结构指标(*PF*)	河湖连通状况	*RFC*	必选
		湖泊萎缩状况	*ASR*	必选
		湖滨带状况	*RS*	必选
		流域自选指标		
	水质指标(*WQ*)	溶解氧水质状况	*DO*	必选
		耗氧有机污染状况	*OCP*	必选
		富营养状况	*EU*	必选
		流域自选指标		
	生物指标(*AL*)	浮游植物数量	*PHP*	必选
		浮游动物生物损失指数	*ZOE*	
		大型水生植物覆盖度	*MPC*	必选
		大型底栖无脊椎动物生物完整性指数	*BIB*	
		鱼类生物损失指数	*FOE*	必选
		流域自选指标		
	社会服务功能指标(*SS*)	水功能区达标指标	*WFZ*	必选
		水资源开发利用指标	*WRU*	必选
		防洪指标	*FLD*	必选
		公众满意度指标	*PP*	必选
		流域自选指标		

12.3.3 评价方法

12.3.3.1 水文水资源指标

1. 湖泊最低生态水位满足状况(*ML*)

1)内涵与定义

湖泊水位变化是控制湖泊生态系统的重要力量。水位的变化范围、变化频率、持续时间是湖泊物理化学过程和生物过程的重要影响因子。湖泊生态水位是维护生态系统正常运行的合理水位,湖泊生态水位的变化按季节出现,也是湖泊生态系统健康的重要保障。评价湖泊水位变化特征的指标包括最高水位、最低水位、正常水位等特征水位,以及各特征水位的时序与持续时间等。我国湖泊流域水资源开发利用强度较大,保证湖泊最低生态水位的任务艰巨,因此健康评估重点评价湖泊最低生态水位的满足程度。

湖泊最低生态水位是生态水位的下限值,是维护湖泊生态系统正常运行的最低水位。

2)指标计算

湖泊最低生态水位采用相关法规性文件确定的最低运行水位、天然状况下的湖泊最低水位、湖泊形态法、水生生物空间最小需求法等确定,见表 12-19。

表 12-19　湖泊最低生态水位计算方法

方法	操作步骤
相关法规性文件确定的最低运行水位	湖泊如有相关法规性文件规定最低运行水位,则该最低运行水位为湖泊健康评估的最低生态水位
天然状况下的湖泊最低水位	如无上述规定,天然状况下湖泊多年最低水位作为最低生态水位。天然状况下的湖泊最低水位推算宜采用 20 世纪 80 年代以前日均水位数据,水文数据系列最好不低于 20 年,取 90% 保证率下的日均湖泊水位
湖泊形态法	根据湖泊水位与水面面积或库容曲线中水面面积或库容增加率的最大值相应水位确定湖泊最低生态水位
水生生物空间最小需求法	根据湖泊各类生物对生存空间的需求来确定最低生态水位。湖泊水生植物、鱼类等为维持各自群落不严重衰退所需最低生态水位的最大值为湖泊最低生态水位

3)指标赋分

湖泊最低生态水位满足程度评价标准如表 12-20 所示。其中,3 d、7 d、14 d、30 d、60 d 平均水位是对年内 365 d 的水位监测数据以 3 d、7 d、14 d、30 d、60 d 为周期的滑移平均值,ML 为评价湖泊的最低生态水位。

表 12-20　湖泊最低生态水位满足程度评价标准

评价指标	赋分
年内 365 d 日均水位均高于 ML	90
日均水位低于 ML,但 3 d 平均水位不低于 ML	75
3 d 平均水位低于 ML,但 7 d 平均水位不低于 ML	50
7 d 平均水位低于 ML	30
14 d 平均水位低于 ML	20
30 d 平均水位低于 ML	10
60 d 平均水位低于 ML	0

2.入湖流量变异程度(*IFD*)

1)内涵与定义

入湖流量变异程度指环湖河流入湖实测月径流量与天然月径流量过程的差异,反映评估湖泊流域水资源开发利用对湖泊水文情势的影响程度。

2)指标计算

入湖流量变异程度由评估年环湖主要入湖河流逐月实测径流量之和与天然月径流量的平均偏离程度表达。计算公式如下:

$$IFD = \left[\sum_{m=1}^{12} \left(\frac{q_m - Q_m}{\overline{Q_m}} \right)^2 \right]^{1/2}$$

$$Q_m = \sum_{n=1}^{N} Q_n$$

$$q_m = \sum_{n=1}^{N} q_n$$

$$\overline{Q_m} = \frac{1}{12} \sum_{m=1}^{12} Q_m$$

式中:q_n 为评估年每条入湖河流的实测月径流量;q_m 为评估年所有入湖河流实测月径流量;N 为环湖湖泊中主要入湖河流数量;Q_n 为评估年每条入湖河流的天然月径流量;Q_m 为评估年所有入湖河流天然月径流量;$\overline{Q_m}$ 为评估年天然月径流量均值,天然径流量是指按照水资源调查评估相关技术规则得到的还原量。

3)指标赋分

入湖流量变异程度(*IFD*)指标值越大,说明相对天然水文情势的河流水文情势变化越大,对河流生态的影响也越大。

入湖流量变异程度(*IFD*)指标的赋分如表 12-21 所示。

表 12-21　入湖流量变异程度指标赋分

IFD	0.05	0.1	0.3	1.5	3.5	5
赋分	100	75	50	25	10	0

3.水文水资源准则层赋分

水文水资源(*HD*)准则层包括 2 个指标,其赋分按照下式计算:

$$HD_r = IFD_r \cdot IFD_w + ML_r \cdot ML_w$$

式中变量如表 12-22 所示。

表 12-22　水文水资源准则层赋分公式变量说明

湖泊指标层	赋分	赋分范围	权重	建议权重值
湖泊最低生态水位满足状况	ML_r	0~100	ML_w	0.7
入湖流量变异程度	IFD_r	0~100	IFD_w	0.3

12.3.3.2　物理结构指标

1. 河湖连通状况（RFC）

1）内涵与定义

河湖连通状况反映的是湖泊水体与出入湖河流及周边湖泊、湿地等自然生态系统的连通性，反映湖泊与湖泊流域的水循环健康状况。影响我国湖泊流域河湖连通的主要因素包括气候变化、筑堤建闸、湖泊取水、湖泊萎缩等。

2）指标计算

环湖河流连通状况重点评价主要环湖河流与湖泊水域之间的水流畅通程度。环湖河流连通状况评估对象包括主要入湖河流和出湖河流。环湖河流连通状况赋分按照下式计算：

$$RFC = \frac{\sum_{n=1}^{N_s} W_n R_n}{\sum_{n=1}^{N_s} R_n}$$

式中：N_s 为主要环湖河流数量；R_n 为评估年环湖河流地表水资源量，万 m³/年，出湖河流地表水资源量按照实测出湖水量计算；W_n 为环湖河流河湖连通性赋分；RFC 为环湖河流连通状况赋分。

3）赋分标准

调查主要环湖河流的闸坝建设及调控状况，估算主要环湖河流入湖水量与入湖河流多年平均实测径流量，按照水功能区达标要求评估入湖河流水质达标状况，根据上述 3 个条件分别确定顺畅状况，取其中的最差状况确定每条环湖河流顺畅性状况及赋分。环湖河流顺畅状况判定及赋分标准如表 12-23 所示，环湖河流连通性整体评价标准如表 12-24 所示。

表 12-23　环湖河流顺畅状况判定及赋分标准

顺畅状况	断流阻隔时间（月）	年入湖水量占入湖河流多年平均实测年径流量比例（%）	评价年内入湖河流水质达标频率（%）	赋分
完全阻隔	12	0	0	0
严重阻隔	4	10	20	20
阻隔	2	40	40	40
较顺畅	1	60	80	70
顺畅	0	70	100	100

表 12-24　环湖河流连通性整体评价标准

等级	赋分范围	说明
1	80 ~ 100	连通性优
2	60 ~ 80	连通性良好
3	40 ~ 60	连通性一般
4	20 ~ 40	连通性差
5	0 ~ 20	连通性极差

2. 湖泊萎缩状况(ASR)

1)内涵与定义

在土地围垦、取用水等人类活动影响较大的区域,出现湖泊水位持续下降、水面积和蓄水量持续减小的现象,导致湖泊萎缩甚至干涸。

2)指标计算

湖泊萎缩比例按照下式计算:

$$ASR = 1 - \frac{A_C}{A_R}$$

式中:A_C 为评估年湖泊水面面积;A_R 为历史参考水面面积。

我国对湖泊大规模围垦主要发生在 20 世纪 50 ~ 80 年代,因此湖泊水面面积历史参考点选择在 20 世纪 50 年代以前。

3)指标赋分

据《全国水资源综合规划》对全国湖泊萎缩状况的调查成果,确定湖泊萎缩状况赋分标准如表 12-25 所示。

表 12-25　湖泊萎缩状况赋分标准

湖泊萎缩比例	赋分	说明
5%	100	接近参考状况
10%	60	与参考状况有较小差异
20%	30	与参考状况有中度差异
30%	10	与参考状况有较大差异
40%	0	与参考状况有显著差异

3. 湖滨带状况(RS)

湖滨带状况评估包括湖岸稳定性、湖滨带植被覆盖度、湖滨带人工干扰程度 3 个方面。

1)湖岸稳定性(BKS)

(1)内涵与定义。

岸坡稳定性根据湖岸侵蚀现状(包括已经发生的或潜在的湖岸侵蚀)评估。湖岸易于侵蚀可表现为湖岸缺乏植被覆盖、树根暴露、土壤暴露、湖岸水力冲刷、坍塌裂隙发育等。

湖岸岸坡稳定性评估指标包括岸坡倾角、岸坡高度、基质特征、岸坡植被覆盖度和坡脚冲刷强度。

（2）指标计算。

$$BKS_r = \frac{SA_r + SC_r + SH_r + SM_r + ST_r}{5}$$

式中：BKS_r 为岸坡稳定性指标赋分；SA_r 为岸坡倾角分值；SC_r 为岸坡植被覆盖度分值；SH_r 为岸坡高度分值；SM_r 为湖岸基质分值；ST_r 为湖岸坡脚冲刷强度分值。

（3）指标赋分。

湖岸稳定性评估的分指标赋分标准如表 12-26 所示。

表 12-26　湖岸稳定性评估的分指标赋分标准

岸坡特征	稳定	基本稳定	次不稳定	不稳定
分值	90	75	25	0
斜坡倾角（°）	<15	<30	<45	<60
植被覆盖率（%）	>75	>50	>25	>0
斜坡高度（m）	<1	<2	<3	<4
基质（类别）	基岩	岩土湖岸	黏土湖岸	非黏土湖岸
湖岸冲刷状况	无冲刷迹象	轻度冲刷	中度冲刷	重度冲刷
总体特征描述	近期内湖岸不会发生变形破坏，无水土流失现象	湖岸结构有松动发育迹象，有水土流失迹象，但近期不会发生变形和破坏	湖岸松动裂痕发育趋势明显，在一定条件下可以导致湖岸变形和破坏，造成中度水土流失	湖岸水土流失严重，随时可能发生大的变形和破坏，或已经发生破坏

2）湖滨带植被覆盖度（RVS）

（1）内涵与定义。

湖滨带植被覆盖度重点评估湖滨带陆向范围乔木（6 m 以上）、灌木（6 m 以下）和草本植物的覆盖状况。

（2）指标计算。

植被覆盖度是指植被（包括叶、茎、枝）在单位面积内植被的垂直投影面积所占百分比。分别调查计算乔木、灌木及草本植物覆盖度，采用两种方法赋分评估。

第 1 种：参考点比对赋分法。

对比计算评估湖泊乔木、灌木及草本植物覆盖度变异状况：

$$TCC = \frac{TC - TCR}{TCR}, SCC = \frac{SC - SCR}{SCR}, HCC = \frac{HC - HCR}{HCR}$$

式中：TCC、SCC、HCC 为乔木、灌木及草本植物覆盖度变化百分比；TC、SC、HC 为评估湖泊乔木、灌木及草本植物覆盖度；TCR、SCR、HCR 为评估湖泊所在生态分区参考点的乔木、灌木及草本植物覆盖度。

基于乔木、灌木及草本植物覆盖度变化状况计算各自赋分值，最后根据下式计算湖滨带植被覆盖度指标赋分值：

$$RVS_r = \frac{TC_r + SC_r + HC_r}{3}$$

第 2 种：直接评判法。

对比植被覆盖度评估标准，分别对乔木、灌木及草本植物覆盖度进行赋分，并根据上式计算湖滨带植被覆盖度指标赋分值。

（3）指标赋分。

参考点比对赋分法：不同生态分区的湖滨带植被覆盖度差异较大，需要根据所在生态分区的参考点的调查数据合理确定本评估湖泊的评估标准，在确定参考状态之后，根据表 12-27 进行乔木、灌木及草本植物覆盖度赋分。

表 12-27　基于参考点对比赋分法的湖滨带植被覆盖度指标赋分标准

乔木覆盖度变异状况	灌木覆盖度变异状况	草本植物覆盖度变异状况	赋分	说明
($TC - TCR$)/TCR	($SC - SCR$)/SCR	($HC - HCR$)/HCR		
<5%	<5%	<5%	100	接近参考点状况
<10%	<10%	<10%	75	与参考点状况有较小差异
<25%	<25%	<25%	50	与参考点状况有中度差异
<50%	<50%	<50%	25	与参考点状况有较大差异
<75%	<75%	<75%	0	与参考点状况有显著差异

直接评判法：乔木、灌木及草本植物覆盖度赋分标准如表 12-28 所示。

表 12-28　基于直接评判法的湖滨带植被覆盖度指标赋分标准

植被覆盖度（乔木、灌木、草本植物）	说明	赋分
0	无该类植被	0
0 ~ 10%	植被稀疏	25
10% ~ 40%	中度覆盖	50
40% ~ 75%	重度覆盖	75
>75%	极重度覆盖	100

3）湖滨带人工干扰程度（*RD*）

（1）内涵与定义。

对湖岸带及其邻近陆域典型人类活动进行调查评估，并根据其与湖岸带的远近关系区分其影响程度。

重点调查评估在湖岸带及其邻近陆域进行的9类人类活动，包括湖岸硬性衬砌、沿岸建筑物（房屋）、公路（或铁路）、垃圾填埋场或垃圾堆放、湖滨公园、管道、农业耕种、畜牧养殖、渔业网箱养殖等。

（2）指标计算。

采用每出现一项人类活动减少其对应分值的方法对湖岸带人类活动的影响进行评估。无上述9类活动的湖泊赋分为100分，根据所出现人类活动的类型及其位置减除相应的分值，直至0分。

（3）指标赋分。

湖岸带人类活动赋分标准见表12-29。

表12-29 湖岸带人类活动赋分标准

序号	人类活动类型	所在位置		
		湖滨带近水区（水边线以内）	湖岸带	湖岸带邻近陆域（50 m以内）
1	湖岸硬性衬砌		−5	
2	沿岸建筑物（房屋）		−10	−5
3	公路（或铁路）	−15	−10	−5
4	垃圾填埋场或垃圾堆放	−5	−60	−40
5	湖滨公园		−5	−2
6	管道	−5	−5	−2
7	农业耕种		−15	−5
8	畜牧养殖		−10	−5
9	渔业网箱养殖	−15		

4）湖岸带状况（*RS*）指标赋分计算

湖岸带状况（*RS*）指标包括3个分指标，赋分采用下式计算：

$$RS_r = BKS_r \cdot BKS_w + RVS_r \cdot RVS_w + RD_r$$

式中变量如表12-30所示。

表12-30 湖岸带状况指标赋分公式变量说明

分指标	标记	赋分范围	权重	建议权重值
湖岸稳定性	BKS_r	0~100	BKS_w	0.25
湖滨带植被覆盖度	RVS_r	0~100	RVS_w	0.50
湖滨带人工干扰程度	RD_r	0~100	RD_w	0.25

4. 物理结构准则层赋分

物理结构（PF）准则层包括 3 个指标,赋分按照下式计算:

$$PF_r = RFC_r \cdot RFC_w + ASR_r \cdot ASR_w + RS_r \cdot RS_w$$

式中变量如表 12-31 所示。

表 12-31　物理结构准则层赋分公式变量说明

变量	赋分范围	权重	权重值
RFC_r	0 ~ 100	RFC_w	0.4
ASR_r	0 ~ 100	ASR_w	0.3
RS_r	0 ~ 100	RS_w	0.3

12.3.3.3　水质指标

1. 溶解氧水质状况（DO）

1）内涵与定义

DO 为水体中溶解氧浓度,单位为 mg/L。溶解氧对水生动植物十分重要,过高和过低都会对水生生物造成影响,适宜值为 4 ~ 12 mg/L。

2）指标计算

采用全年 12 个月月均浓度,按照汛期和非汛期进行平均,分别评估汛期与非汛期赋分,取其最低赋分为指标的赋分。

3）指标赋分

按照《地表水环境质量标准》（GB 3838—2002）,等于及优于Ⅲ类水的水质状况满足鱼类生物的基本水质要求,溶解氧水质状况指标赋分标准见表 12-32。

表 12-32　溶解氧水质状况指标赋分标准

DO(mg/L)	饱和率大于90%（或 >7.5）	>6	>5	>3	>2	>0
赋分	100	80	60	30	10	0

2. 耗氧有机污染状况（OCP）

1）内涵与定义

耗氧有机物是导致水体中溶解氧大幅度下降的有机污染物,取高锰酸盐指数、化学需氧量、五日生化需氧量、氨氮 4 项对湖泊耗氧有机污染状况进行评估。

2）指标计算

对高锰酸盐指数、化学需氧量、五日生化需氧量、氨氮 4 项分别赋分。选用评估年 12 个月月均浓度,按照汛期和非汛期进行平均,分别评估汛期与非汛期赋分,取其最低赋分为水质项目的赋分,取 4 个水质项目赋分的平均值作为耗氧有机污染状况赋分,即

$$OCP_r = \frac{COD_{Mn_r} + COD_r + BOD_r + (NH_3—N)_r}{4}$$

3）指标赋分

根据《地表水环境质量标准》（GB 3838—2002）确定高锰酸盐指数、化学需氧量、五日

生化需氧量、氨氮赋分,见表 12-33。

表 12-33　耗氧有机污染状况指标赋分标准

高锰酸盐指数(COD_{Mn_r})(mg/L)	2	4	6	10	15
化学需氧量(COD_r)(mg/L)	15	17.5	20	30	40
五日生化需氧量(BOD_r)(mg/L)	3	3.5	4	6	10
氨氮(NH_3—N)$_r$(mg/L)	0.15	0.5	1	1.5	2
赋分	100	80	60	30	0

3. 富营养状况(EU)

1)内涵与定义

湖泊从贫营养向重度富营养过渡需经历贫营养、中营养、轻度富营养、中度富营养和重度富营养几个过程。从贫营养到重度富营养转变的过程中,湖泊中的营养盐浓度和与之相关联的生物生产量从低向高逐渐转变。湖泊营养状况评价一般从营养盐浓度、生产能力和透明度三个方面设置湖泊营养状态的评价项目。

2)指标计算

湖泊富营养化评价采用《地表水资源质量评价技术规程》(SL 395—2007)中的规定。营养状态评价项目包括总磷、总氮、叶绿素 a、高锰酸盐指数和透明度。叶绿素 a 为必评项目。

湖库营养状态评价采用指数法,计算公式如下:

$$EI = \sum_{n=1}^{N} E_n / N$$

式中:EI 为营养状态指数;E_n 为评价项目赋分值;N 为评价项目个数。

各评价项目的赋分值计算标准如表 12-34 所示。

表 12-34　湖泊(水库)营养状态评价标准及分级方法

营养状态分级	评价项目赋分	总磷(mg/L)	总氮(mg/L)	叶绿素 a(mg/L)	高锰酸盐指数(mg/L)	透明度(m)
贫营养($0 \leq EI < 20$)	10	0.01	0.02	0.0005	0.15	1
	20	0.04	0.05	0.001	0.4	5
中营养($20 \leq EI < 50$)	30	0.01	0.1	0.002	1	3
	40	0.025	0.3	0.004	2	1.5
	50	0.05	0.5	0.01	4	1

续表 12-34

营养状态分级		评价项目赋分	总磷（mg/L）	总氮（mg/L）	叶绿素 a（mg/L）	高锰酸盐指数（mg/L）	透明度（m）
富营养	轻度富营养（$50 \leqslant EI < 60$）	60	0.1	1	0.026	8	0.5
	中度富营养（$60 \leqslant EI < 80$）	70	0.2	2	0.064	10	0.4
		80	0.6	6	0.16	25	0.3
	重度富营养（$80 \leqslant EI \leqslant 100$）	90	0.9	9	0.4	40	0.2
		100	1.3	16	1	60	0.12

3）指标赋分

根据 21 世纪前 10 年水功能区水资源质量调查评价，对约 170 个湖泊富营养状况进行评价，确定湖泊富营养状况评价赋分标准，如表 12-35 所示。

表 12-35　湖泊富营养状况评价赋分标准

EI	10	42	45	50	60	62.5	65	70
赋分	100	80	70	60	50	30	10	0

4. 水质准则层赋分

水质准则层包括 3 个指标，以 3 个评估指标的最小分值作为水质准则层赋分。

$$WQ_r = \min(DO_r, OCP_r, EU_r)$$

式中：WQ_r 为水质准则层赋分；DO_r 为溶解氧水质状况指标赋分；OCP_r 为耗氧有机污染状况指标赋分；EU_r 为富营养状况指标赋分。

12.3.3.4　生物指标

1. 浮游植物数量（PHP）

1）内涵与定义

浮游植物数量及群落结构是反映湖泊状况的重要指标，相对于其他水生植物而言，浮游植物生长周期短，对环境变化敏感，其生物量及种群结构变化能很好地反映湖泊现状与变化。

浮游植物评价指标很多，包括浮游植物数量、浮游植物生物量、浮游植物多样性指数、浮游植物优势度、浮游植物群落初级生产力、浮游植物群落初级生产力与生物量比等。推荐采用藻类密度指标评价湖泊浮游植物状况。

2）指标计算

藻类密度指单位体积湖泊水体中的藻类个数。

3）指标赋分

藻类密度指标评价赋分有 2 种方法，评价湖泊可以根据实际情况采用其中合适的方法。

（1）参考基点倍数法。

以湖泊水质及形态重大变化前的历史参考时段的监测数据为基点（一般采用 20 世纪 50～60 年代或 80 年代监测数据），以评价年浮游水生植物密度除以该历史基点计算其倍数，然后根据表 12-36 进行赋分。

表 12-36 浮游植物密度变化状况赋分标准

相对于基点的倍数	1	3	10	50	100	150
赋分	100	80	60	40	20	0

（2）直接赋分法。

根据《中国湖泊环境》调查数据，我国 20 世纪 80～90 年代湖泊藻类数量年平均值变动范围在 10 万～10 000 万个/L。结合《中国湖泊环境》调查数据和相关文献调查数据，确定浮游植物数量指标赋分标准如表 12-37 所示。

表 12-37 浮游植物数量指标赋分标准

藻类密度（万个/L）	40	100	200	500	1 000	2 500	5 000
赋分	90	75	60	40	30	10	0

2. 浮游动物生物损失指数（ZOE）

1）内涵与定义

浮游动物是湖泊水生态系统食物链中将次级生产者藻类的能量传递到大型无脊椎动物及鱼类的重要环节，浮游动物种群结构对富营养化和鱼类养殖等环境胁迫有直接响应，因此浮游动物群落结构组成、多样性、形体大小等方面的调查评价成果可以反映湖泊水生态系统所受到胁迫的响应特征。

2）指标计算

浮游动物状况采用浮游动物完整性评估的生物损失指数进行评价。

浮游动物生物损失指标计算公式如下：

$$ZOE = \frac{ZO}{ZE}$$

式中：ZOE 为浮游动物生物损失指数；ZO 为评估湖泊调查获得的浮游动物种类数量（剔除外来物种）；ZE 为 20 世纪 80 年代以前评估湖泊浮游动物种类数量。

3）指标赋分

浮游动物生物损失指数赋分标准见表 12-38。

表 12-38 浮游动物生物损失指数赋分标准

浮游动物生物损失指数 ZOE	1	0.85	0.75	0.6	0.5	0.25	0
赋分 ZOE_r	100	80	60	40	30	10	0

3. 大型水生植物覆盖度(*MPC*)

1) 内涵与定义

大型水生植物是湖滨带的重要组成部分,为鱼类及底栖生物提供适宜的物理栖境,同时对湖泊污染物缓冲及水质净化具有重要意义。受到湖滨带人类扰动、湖泊水质恶化和水体富营养程度提高等的影响,湖泊由草型湖泊向藻型湖泊转变,湖泊大型水生植物种类数量、覆盖面积及最大生长水深等均不断减少。

2) 指标计算

大型水生植物状况重点评价湖滨带迎水水域内的浮水植物、挺水植物和沉水植物三类植物中非外来物种的总覆盖度。

3) 指标赋分

采用2种方法赋分评估。

(1) 参考点比对赋分法。

参考点确定推荐两种方法:一是选择同一生态分区或湖泊地理分区中湖泊类型相近、未受人类活动影响或影响轻微的湖泊作为参考系,采用规定的随机调查方案调查计算其大型水生植物覆盖度,基于专家判断,确定评价湖泊大型水生植物覆盖度评价标准;二是选择历史状态法确定评价湖泊大型水生植物覆盖度,评价建议选择湖泊形态及水质明显改变前的某一历史时刻作为评价标准。在确定评价标准之后,根据表12-39进行大型水生植物覆盖度赋分。

表12-39 基于参考点比对赋分法的大型水生植物覆盖度指标赋分标准

(*MPTC* – *MPTCR*)/*MPTCR*	赋分	说明
<5%	100	接近参考点状况
<10%	75	与参考点状况有较小差异
<25%	50	与参考点状况有中度差异
<50%	25	与参考点状况有较大差异
<75%	0	与参考点状况有显著差异

(2) 直接评判赋分法。

根据表12-40对湖泊大型水生植物覆盖度进行赋分。

表12-40 基于直接评判赋分法的大型水生植物覆盖度指标赋分标准

大型水生植物覆盖度	说明	赋分
0～10%	无该类植被	0
O – I	植被稀疏	25
10%～40%	中度覆盖	50
40%～75%	重度覆盖	75
>75%	极重度覆盖	100

4. 大型底栖无脊椎动物生物完整性指数(*BIB*)

1）内涵与定义

湖泊底栖无脊椎动物群落状况是衡量湖泊水生态系统生物状况和湖泊生态环境整体状况及其变化趋势的重要指标。由大型底栖无脊椎动物群落的结构和功能状况所组成的大型底栖无脊椎动物完整性指数(*BIB*)是评估河湖水生态状况应用最普遍的指标。

2）评估标准建立

参考《湖泊健康评价标准、指标与方法》建立评价湖泊底栖动物完整性指标最佳期望值 *BIBE*。

3）指标赋分

按照下式计算评估湖泊 *BIB* 指标赋分：

$$BIB_r = \frac{BIB}{BIBE} \times 100$$

式中，BIB_r 为评估湖泊底栖无脊椎动物完整性指标赋分；*BIB* 为评估湖泊底栖无脊椎动物生物完整性指数；*BIBE* 为湖泊所在水生态分区湖泊底栖动物完整性指标最佳期望值。

5. 鱼类生物损失指数(*FOE*)

1）内涵与定义

鱼类生物损失指数指评估湖泊内鱼类种数现状与历史参考系鱼类种数的差异状况。该指标反映了湖泊生态系统中顶级物种受损失状况。

2）评估标准建立

鱼类生物损失指数标准采用历史背景调查方法确定。选用 20 世纪 80 年代作为历史基点，调查评估湖泊鱼类历史调查数据或文献。基于历史调查数据分析统计评估湖泊的鱼类种类数，在此基础上，开展专家咨询调查，确定本评估湖泊所在水生态分区的鱼类历史背景状况，建立鱼类指标调查评估预期。

3）指标赋分

鱼类生物损失指标计算公式如下：

$$FOE = \frac{FO}{FE}$$

式中：*FOE* 为鱼类生物损失指数；*FO* 为评估湖泊调查获得的鱼类种类数量（不包括外来物种）；*FE* 为 20 世纪 80 年代以前评估湖泊的鱼类种类数量。

鱼类生物损失指数赋分标准见表 12-41。

表 12-41　鱼类生物损失指数赋分标准

鱼类生物损失指数 *FOE*	1	0.85	0.75	0.6	0.5	0.25	0
指标赋分 FOE_r	100	80	60	40	30	10	0

6. 生物准则层赋分

生物准则层赋分公式如下：

$$AL_r = PHP_r \cdot PHP_w + ZOE_r \cdot ZOE_w + MPC_r \cdot MPC_w + BIB_r \cdot BIB_w + FOE_r \cdot FOE_w$$

式中：AL_r 为生物准则层赋分；其他变量如表 12-42 所示。

表 12-42　生物准则层指标赋分公式变量说明

湖泊指标层	赋分	赋分范围	权重	建议权重值
浮游植物数量	PHP_r	0~100	PHP_w	0.15
浮游动物生物损失指数	ZOE_r	0~100	ZOE_w	0.15
大型水生植物覆盖度	MPC_r	0~100	MPC_w	0.2
大型底栖无脊椎动物生物完整性指数	BIB_r	0~100	BIB_w	0.25
鱼类生物损失指数	FOE_r	0~100	FOE_w	0.25

12.3.3.5　社会服务功能指标

1.水功能区达标指标(WFZ)

1)内涵与定义

水功能区达标程度以水功能区水质达标率表示。水功能区水质达标率是指对评估湖泊流域包括的水功能区按照《地表水资源质量评价技术规程》(SL 395—2007)规定的技术方法确定的水质达标个数比例。该指标重点评估湖泊水质状况与水体规定功能,包括生态与环境保护和资源利用(饮用水、工业用水、农业用水、渔业用水、景观娱乐用水)等的适宜性。水功能区水质满足水体规定水质目标,则该水功能区的规划功能的水质保障得到满足。

2)指标计算

评估年内水功能区水质达标次数占评估次数的比例大于或等于80%的水功能区确定为水质达标水功能区;评估湖泊流域达标水功能区个数占其区划总个数的比例为评估湖泊水功能区水质达标率。

3)指标赋分

水功能区水质达标率指标赋分计算如下:

$$WFZ_r = WFZP \times 100$$

式中:WFZ_r 为评估湖泊水功能区水质达标率指标赋分;$WFZP$ 为评估湖泊水功能区水质达标率。

2.水资源开发利用指标(WRU)

1)内涵与定义

水资源开发利用以水资源开发利用率表示。水资源开发利用率是指评估湖泊流域内供水量占流域水资源量的百分比。水资源开发利用率表达流域经济社会活动对水量的影响,反映流域的开发程度,以及社会经济发展与生态环境保护之间的协调性。

有关水资源总量及开发利用量的调查统计遵循水资源调查评估的相关技术标准。

2)指标计算

水资源开发利用率计算公式如下:

$$WRU = WU/WR$$

式中:WRU 为评估湖泊流域水资源开发利用率;WR 为评估湖泊流域水资源总量;WU 为评估湖泊流域水资源开发利用量。

3）指标赋分

水资源开发利用率指标健康评估概念模型：水资源开发利用率指标赋分模型呈抛物线，在30%～40%为最高赋分区（各流域可以根据流域特点适当修正），过高（超过60%）和过低（0）开发利用率均赋分为0。推算的概念模型公式为

$$WRU_r = a \cdot (WRU)^2 + b \cdot WRU$$

式中：WRU_r 为水资源开发利用率指标赋分；WRU 为评估湖泊水资源开发利用率；a、b 为系数，$a = 1\,111.11$、$b = 666.670$。

3. 防洪指标（FLD）

1）内涵与定义

本指标适用于有防洪需求的湖泊，无此功能的湖泊可以不予评估。

湖泊防洪功能主要体现在通过科学合理的防洪调度，蓄泄兼筹，利用湖泊的防洪库容拦蓄洪水，在上下游兼顾的原则下，既控制湖泊最高水位，保证环湖大堤的安全，减轻上游地区的防洪压力，又削减湖泊下泄的洪峰流量，减轻下游的洪水压力，力求把全流域的洪涝灾害损失降低到最低程度。

湖泊防洪功能评价主要涉及湖泊的防洪标准适应度、防洪工程完好率、库容系数、蓄泄能力、调节洪水能力、防洪效益、洪灾损失率等指标。选择湖泊防洪工程完好率（$FLDE$）和湖泊蓄泄能力（$FLDV$）作为湖泊防洪指标（FLD）。

2）指标计算

（1）防洪工程完好率。

防洪工程完好率指已达到防洪标准的堤防长度占堤防总长度的比例及环湖口门建筑物满足设计标准的比例，包括堤防工程达标率和环湖口门工程达标率两个方面。

$$FLDE = \frac{\left(\frac{BLA}{BL} + \frac{GWA}{GW}\right)}{2}$$

式中：$FLDE$ 为防洪工程完好率；BLA 为达到防洪标准的堤防长度；BL 为堤防总长度；GWA 为环湖达标口门宽度；GW 为环湖河流口门总宽度。

（2）湖泊蓄洪能力。

湖泊蓄洪能力指湖泊现状可蓄水量与规划蓄洪水量的比例，按照下式计算：

$$FLDV = \frac{VA}{VP}$$

式中：VA 为湖泊现状可蓄水量；VP 为规划蓄洪水量；$FLDV$ 为湖泊蓄洪能力。

3）指标赋分

$$FLDE_r = FLDE \times 100$$
$$FLDV_r = FLDV \times 100$$
$$FLD_r = FLDE_r \cdot FLDE_w + FLDV_r \cdot FLDV_w$$

式中变量如表12-43所示。

表 12-43　　湖泊防洪指标变量说明

防洪指标	赋分	赋分范围	权重	建议权重值
防洪工程完好率	$FLDE_r$	0 ~ 100	$FLDE_w$	0.3
湖泊蓄泄能力	$FLDV_r$	0 ~ 100	$FLDV_w$	0.7

（1）防洪工程完好率。

防洪工程完好率指标赋分标准见表 12-44。

表 12-44　　防洪工程完好率指标赋分标准

赋分	100	75	50	25	0
防洪工程完好率指标（$FLDE_r$）	95%	90%	85%	70%	50%

（2）湖泊蓄泄能力。

湖泊蓄泄能力指标赋分标准见表 12-45。

表 12-45　　湖泊蓄泄能力指标赋分标准

赋分	100	75	50	25	0
湖泊蓄泄能力指标（$FLDV_r$）	100%	90%	75%	60%	50%

4. 公众满意度指标（PP）

1）内涵与定义

公众满意度反映公众对评估湖泊景观、美学价值等的满意程度。该指标采用公众参与调查统计的方法进行。对评估湖泊所在地区的公众、当地政府、水利、环保等相关部门发放公众调查表，通过对调查结果统计分析，评估公众对湖泊的综合满意度。

2）指标计算

收集分析公众调查表，统计有效调查表调查成果，根据公众类型和公众总体评估赋分，计算公众满意度指标赋分。

$$PP_r = \frac{\sum_{n=1}^{NPS} PER_r \cdot PER_w}{\sum_{n=1}^{NPS} PER_w}$$

式中：PP_r 为公众满意度指标赋分；PER_r 为公众评估赋分；PER_w 为公众类型权重；NPS 为调查有效公众总人数。

3）指标赋分

公众类型权重统计见表 12-46。

表 12-46　公众类型权重统计

调查公众类型		权重
沿湖居民（湖岸以外 1 km 以内范围）		3
非沿湖居民	湖泊管理者	2
	湖泊周边从事生产活动者	1.5
	经常来湖泊旅游者	1
	偶尔来湖泊旅游者	0.5

5. 社会服务功能准则层赋分

社会服务功能准则层赋分计算公式如下：

$$SS_r = WFZ_r \cdot WFZ_w + WRU_r \cdot WRU_w + FLD_r \cdot FLD_w + PP_r \cdot PP_w$$

式中：SS_r 为社会服务功能准则层赋分，变量说明如表 12-47 所示。

表 12-47　社会服务功能准则层赋分公式变量说明

准则层	指标层	代码	赋分范围	权重	建议权重值
社会服务功能	水功能区达标指标	WFZ_r	0 ~ 100	WFZ_w	0.25
	水资源开发利用指标	WRU_r	0 ~ 100	WRU_w	0.25
	防洪指标	FLD_r	0 ~ 100	FLD_w	0.25
	公众满意度指标	PP_r	0 ~ 100	PP_w	0.25

12.3.4　总体评价

湖泊健康评估目标层包括 5 个准则层，基于水文水资源、物理结构、水质和生物准则层评价湖泊生态完整性，综合湖泊生态完整性和湖泊社会服务功能准则层得到湖泊健康评估赋分。

12.3.4.1　湖泊生态完整性赋分

湖泊生态完整性评估在湖区生态完整性评估基础上以评价湖区面积为权重统计湖泊生态完整性评估赋分。

1. 评价湖区生态完整性评估赋分

评价湖区生态完整性评估赋分按照以下公式计算各湖区 4 个准则层的赋分：

$$LEI_r = HD_r \cdot HD_w + PF_r \cdot PF_w + WQ_r \cdot WQ_w + AL_r \cdot AL_w$$

式中变量如表 12-48 所示。

表 12-48　湖区生态完整性评估赋分变量说明

准则层	赋分	赋分范围	权重	建议权重值
水文水资源	HD_r	0 ~ 100	HD_w	0.2
物理结构	PF_r	0 ~ 100	PF_w	0.2
水质	WQ_r	0 ~ 100	WQ_w	0.2
生物	AL_r	0 ~ 100	AL_w	0.4
湖区生态完整性	LEI_r			

2. 湖泊生态完整性评估赋分

湖泊生态完整性评估赋分采用以下公式计算：

$$LEI = \sum_{n=1}^{N_{sects}} \left(\frac{LEI_n \times A_n}{A} \right)$$

式中：LEI 为评估湖泊赋分；LEI_n 为评估湖区赋分；A_n 为评估湖区水面面积，km^2；A 为评估湖泊水面面积，km^2；N_{sects} 为评估湖区数量。

12.3.4.2　湖泊健康评估赋分

按照下列公式，综合湖泊生态完整性评估指标赋分和社会服务功能评估赋分，如表 12-49 所示。

$$LHI = LEI \cdot LEI_w + SSI \cdot SS_w$$

表 12-49　湖泊健康评估公式变量说明

变量	说明	权重	建议权重值
LEI	生态完整性状况赋分	LEI_w	0.7
SSI	社会服务准则层	SS_w	0.3
LHI	湖泊健康目标层		

12.4　河湖健康保护和修复的对策建议

12.4.1　保护和修复实现性问题

河湖健康评价后，可以对全国 1 055 个水资源三级区套地级行政区进行健康评价，也可以对数万个功能区的健康状况进行评价，也可以对七大江河的整体健康状况进行测算。

河流健康保护和修复目标：参考河流的健康评价，并利用健康评价的方法，结合未来规划情景，评价和预测未来不同规划水平年的河流健康恢复状况。由于考虑到现实性问题，在兼顾社会经济发展需求和河流生态保护的基础上，在处理好开发和保护的关系原则下,合理确定河流保护和修复的目标。例如,现状健康水平为 E 类,河流功能开发程度为 A(最高级)的河段,可能不应恢复健康水平到 C 类或者 B 类,而最多只能恢复到 D 类,甚至维持现状。

12.4.2　加强管理目标的研究

任何管理措施的制定都是建立在实现特定保护目标的基础上,因此保护目标的制定就显得尤为重要。在制定河流的保护目标过程中,各相关部门要加强研究和协商(一般这种方式是重要的确定手段),结合河流的自然属性,确定河流的保护尺度和标准,制定河流的管理目标,严格控制人类的无序开发行为。

12.4.3　加强河湖保护机制研究

河流保护不仅是跨部门的事情,还涉及陆域的管理。随着城市化进程和建设项目的推进,不透水地面比例不断增加,给河流健康带来巨大威胁。如果陆域的土地利用不能得到有效管理,河流也难以得到有效保护。根据前人研究,陆域不透水面积的比例和河流可修复的目标有直接关系,如表 12-50 所示。

表 12-50　陆域不透水面积比例与河流可修复目标之间的关系

影响指标	不透水面积占流域面积比例			
	10% ~25%	25% ~40%	40% ~60%	60% ~100%
清洁河流廊道	可行	可行	一般可行	局部可行
廊道自然化	可行	可行	一般可行	局部可行
综合性恢复	可行	一般可行	局部可行	不可行
恢复水生生物多样性	局部可行	不可行	不可行	不可行

河湖的保护是一个涉及多部门、多领域的复杂工程,要实现河流的综合管理及有效保护就需要加强河流保护机制的研究。

第 13 章　流域水生态补偿机制

13.1　流域水生态补偿的概念与需求

13.1.1　流域水生态补偿的概念与内涵

13.1.1.1　生态补偿

生态补偿最初源于对自然的生态补偿,是生态系统对外界干预的一种自我调节,以维持系统结构、功能和系统稳定。随着人类环境意识增强和对生态环境价值的认可,生态补偿概念得到不断发展。一般认为生态补偿是保护资源的经济手段,通过对损害(或保护)资源环境的行为进行收费(或补偿),提高该行为的成本(或收益),从而激励损害(或保护)行为的主体减少(或增加)因其行为带来的外部不经济性(或外部经济性),达到保护资源的目的。从外部性理论,生态补偿可定义为:引起生态服务消费负的外部性行为者(主体),通过合理的方式补偿其承受者(客体)和生态服务享有者(主体),通过适当的方式补偿其供给者(客体)。从经济学、生态学等综合角度,生态补偿可定义为:用经济的手段激励人们对生态系统服务功能进行保护和保育,解决由于市场机制失灵造成的生态效益的外部性并保持社会发展的公平性,达到保护生态与环境效益的目标。生态补偿的主体与客体的关系,在本质上属于人与自然的关系。按照人与自然和谐发展、资源环境可持续利用的要求,人类应当对其在社会经济活动中消费的生态服务功能支付相应的资源环境成本,用于恢复和维持生态服务功能的可持续性。如果人类长期无偿使用或低价享用生态服务功能,生态赤字不断积累,必然会导致环境污染和生态破坏,而人类最终也将自食生态恶化和资源枯竭的苦果。

但是,由于生态系统的空间范围及其生态服务功能的服务范围内通常包容了不同的人类经济社会实体(国家、地区、社团等),这些经济社会实体的不同行为方式不仅会对生态系统产生不同的影响,而且会对相互间的损益关系产生重大影响。生态系统的整体性和人类经济社会实体之间的分割性,导致了消费生态服务功能与支付生态成本的不对等性,从而使生态补偿从人与自然的关系衍生为人与人的关系。

因此,全社会贯彻落实科学发展观,坚持人与自然和谐发展,建设生态文明,加大生态建设与环境保护投入,是从宏观层面上调整人与自然的关系问题。对于通常所说的不同经济社会实体之间的生态补偿,则是遵循社会和谐与社会公平的原则,从中观和微观层面上协调人与人的关系问题,解决消费生态服务功能与支付生态成本不对等的问题,即一个经济社会实体向其他经济社会实体转移生态成本要从"无偿"向"赔偿"转变,一个经济社会实体为其他经济社会实体"代付"生态成本也要从"无偿"向"补偿"转变。

广义的生态补偿是指人类经济社会系统或特定的行为主体对其所消费的生态功能或

生态服务功能价值予以弥补和偿还的行为,是一种人与自然的关系问题。在这里,人类社会是补偿主体,生态系统是补偿客体,补偿方式是治理、修复或保护、建设。与森林、草原等具有固定空间位置的生态单元相比,江河水系通常是跨越多个行政区域的复杂生态系统,具有流动性、连续性、整体性的特点,其生态价值的核心主要体现在水量与水质两个方面的水生态效益。

13.1.1.2　流域水生态补偿

流域水生态补偿是生态补偿应用领域的拓展,是以水生态系统为媒介,研究流域内、区域间由水引起的损益变化引发的补偿问题。流域内行为主体活动影响水文循环和泥沙过程,损害了水生态系统服务功能,并通过水生态系统传递给利益相关者,从而需要行为主客体之间进行利益协调。从更为直观的角度看,流域生态补偿是对流域内由于人类活动加强了上、中、下游生物和物质成分循环、能量流通和信息交流而引起的流域内区域间利益关系失衡的调节。

流域水生态补偿是指在可持续发展理论的指导下,对人类经济活动所利用的水资源和生态资源予以保护或修复,用于恢复和维持流域水资源服务功能的可持续性;同时,对于流域水资源开发利用与保护工作中各利益主体间产生的外部性问题予以补偿或赔偿,综合利用政府、市场、法律等手段,促进流域一体化管理和水资源的可持续利用。

流域水生态补偿包含了人与自然、人与人的两层含义。从流域水资源的循环、开发、利用、建设与保护的动态全过程考虑,流域水生态补偿的研究内容包括两个方面:一是面对流域水资源和自然环境的变化,维护流域水资源良性循环所需的建设和保护投入的分摊与补偿问题。二是流域水资源开发利用过程中,由于水生态效益(正效益或负效益)具有从支流向干流转移、从上游向下游转移的特点,区域之间和不同利益主体之间开发利用、保护与修复活动过程中存在外部效应引起的补偿问题。

13.1.2　流域水生态补偿研究的发展过程

国外水生态补偿研究相对成熟,美国早在19世纪70年代初就开始了相关领域的研究与实践。目前,欧盟、日本等发达国家和地区也形成了系统的水生态补偿政策与途径。我国水生态补偿工作落后于草原生态补偿、森林生态补偿、矿山生态补偿等,原因较复杂,既与主客体相关者众多、利益关系复杂有关,也有正负外部性难以定量、保护效果难以考核评估等客观原因。但近年来,随着现实需求的日益增强,不少地区都在不断探索适宜的水生态补偿路径。国家层面也逐渐认识到水生态补偿的重要性,相继出台了一些政策。2011年,国家实施了首个跨界流域生态补偿试点——新安江流域生态补偿。各级区域都在积极推动流域生态补偿工作,根据不完全统计,近年来,我国有16个流域(区域)尝试实行水生态补偿(见表13-1)。从补偿牵涉的范围看,国家参与补偿的3例,省级行政区参与协调的10例,地方横向补偿的12例,其中补偿江河水源涵养区的5例,新安江等更是突破了省一级行政边界,尝试跨省流域生态补偿。我国水生态补偿方式主要包括三种类型:一是国家对水源区的转移支付水生态补偿,二是通过设立补偿基金进行补偿,三是由受益方直接进行补偿。

表 13-1　我国水生态补偿案例

地区	流域	地区	流域
安徽、浙江	新安江流域	江苏	太湖流域
江西、广东	东江流域	辽宁	辽河流域
福建	闽江、九龙江流域		东部水源涵养区
贵州	清水江流域	山东	小清河流域
河北	子牙河流域	浙江	全省八大水系源头地区
	省内七大流域		金华—磐安异地开发
河南	沙颍河流域	山西	全省主要河流
	省内四大流域	陕西	渭河干流

　　流域水生态补偿涉及水文与水资源学、生态学、资源与环境经济学、环境水利学、管理学、法学等多个学科。Tonetti 和 Zbinden 等将流域水生态补偿界定为流域水生态服务的交易。Pagiola、Savy 和张惠远等倾向于认为流域水生态补偿专指对水资源生态功能或生态价值保护和恢复或损害的补偿。钱水苗等从社会学的角度提出流域生态补偿是以实现社会公正为目的,在流域内上下游各地区间实施的以直接支付生态补偿金为内容的行为。周大杰等提出流域生态补偿机制就是中央和下游发达地区对由于保护环境敏感区而失去发展机会的上游地区以优惠政策、资金、实物等形式的补偿制度。中国水利水电科学研究院"新安江流域生态共建共享机制研究"课题组提出了流域生态共建共享的理念,并认为流域水生态补偿是指遵循"谁开发谁保护,谁受益谁补偿"的原则,由造成水生态破坏或由此对其他利益主体造成损害的责任主体承担修复责任或补偿责任,由水生态效益的受益主体对水生态保护主体所投入的成本按受益比例进行分担。

　　生态补偿标准的测算是建立生态补偿机制的关键技术和难点所在。当前绝大多数流域生态补偿标准的测算是从投入和效益两方面进行的。在投入方面,核算流域水资源和生态保护的各项投入,以及因水源地保护而发展受限制造成的损失。在效益方面,估算保护投入在经济、社会、生态等方面产生的外部效益,根据投入与效益估算补偿标准。根据国内外研究,采用生态服务功能价值评估难以直接作为补偿依据,采用机会成本的损失核算具有可操作性。以核算为基础,通过协商达成标准,往往是更有效的方法。

　　国际案例中,哥斯达黎加的埃雷迪亚市在征收水资源环境调节费时,以土地的机会成本作为对上游土地使用者的补偿标准,而对下游城市用水者征收的补偿费只占他们支付意愿的一小部分。美国进行的环境质量激励项目以高于生产者成本,但低于生产者创造的潜在收益作为建立补偿标准的依据。

　　在国内研究方面,王金南提出确定生态补偿标准的两种方法,即核算和协商。核算的依据为生态服务功能价值评估与生态损失核算,以及生态保护投入或生态环境治理与恢复成本。他还强调"核算往往难以取得一致的意见,协商通常更加行之有效"。

　　沈满洪分别从供给方的成本补偿和需求方的支付意愿两个方面分析了杭州市、嘉兴市对上游千岛湖地区的生态补偿量,综合分析了林业、水利、环保和新安江开发总公司的生态保护投入、限制发展的机会成本等，以及下游地区的用水量和用水价格，提出了补偿标准的计算方法。

阮本清等在水利部科技创新项目"黄河流域合理调水的补偿机制研究"、国家自然科学基金重点项目"面向可持续发展的水价理论与实践研究"、科技部社会公益性院所基金项目"首都圈水资源保障研究"中对流域生态补偿的相关问题进行了探索性研究。在"面向可持续发展的水价理论与实践研究"中，测算了东江上游的河源市因发展受到限制造成的机会损失，并将其作为生态成本纳入到了东深供水工程对下游的深圳、香港等地供水水价的全成本测算中，体现了流域生态补偿的思想。

张春玲等对北京市密云、怀柔两区的水源保护林在涵养水源、防洪蓄洪、保持土壤和净化水质方面的效益进行了评价，并对国民经济效益和社会效益、生态效益提出了分别以政府财政补贴和征收水费的形式进行补偿。

中国水利水电科学研究院对新安江流域生态补偿标准进行了测算。刘玉龙等按照流域生态共建共享理念，核算上游共建区的生态保护总投入，将共享区内受益主体按受益比例来分担投入作为补偿标准的测算方式。同时，考虑跨界断面的水量水质因素，建立了生态保护投入补偿模型，通过判断实际水质是否达到跨界断面的考核标准计算上下游之间的补偿量或赔偿量。

郑海霞等根据浙江省金华江的实地调查，从上游供给成本、下游需求费用、最大支付意愿和水资源的市场价格4方面剖析了流域生态服务补偿的支付标准和定量估算方法。

徐大伟等基于河流跨界断面的水质和水量指标，尝试采用"综合污染指数法"进行水质评价，并提出依据水权和全流域GDP的贡献度的方法进行水量的测算，计算各区域的生态补偿量系数，进而测算生态补偿量。

13.1.3　流域水生态补偿的现实需求

我国经济的快速发展导致人口、经济与资源环境之间的矛盾逐渐突出。流域内一定质量和数量的水资源的开发利用常常表现出不同程度的竞争性。水资源利用和保护存在正负两方面的外部效应，它会随着水循环的过程从上游向下游转移，一方面流域上游水资源过度开发可能造成下游水资源短缺或水污染加剧，往往不得不依靠国家的巨额投入对遭到严重破坏的水生态环境进行综合治理，但效果往往事倍功半。我国塔里木河、黑河、渭河、石羊河的综合治理投入数百亿元，"三河三湖"的水污染治理已投入上千亿元，但成效并不理想。另一方面，流域上游开发利用程度较低，保持了良好的生态环境质量，下游地区能够分享优质充足的水资源，但沉重的生态保护任务却限制了上游发展。大多数河流的上游地区往往经济相对落后，面临着加快经济发展和加强环境保护的双重压力，往往造成上下游发展差距继续拉大。这种区域之间无序竞争的后果往往导致水资源的过度利用和生态用水的长期挤占，造成生态环境功能下降，出现了江河断流、湖泊湿地萎缩、水土流失和水污染加剧、区域发展不平衡等突出问题，已经严重危害了群众健康、社会和谐和公共安全。

建立生态补偿机制是实现人与自然和谐的重要举措，也是推动当前污染防治和节能减排工作的有效保障，党和国家领导对此高度重视。近年来，全国人大，国家发展和改革委员会、财政部、水利部、环保部等相关部委和一些地方政府积极推进流域生态补偿机制的建设。2005年,国务院《关于落实科学发展观加强环境保护的决定》明确提出"要完善生态补偿政策,尽快建立生态补偿机制。中央和地方财政转移支付应考虑生态补偿因素,国家和地方可分别开展生态补偿试点"。2006年4月,关于在新安江流域建设生态共建共享示范区的建议被确定为全国人大重点处理建议,随后国家发展和改革委员会于2006年5月在北京主持召开了"新安江流域建设生态共建共享示范区建议案"办理专题座谈会,明确提出要加快推进生态补偿机制建设,并开展生态补偿建设试点。财政部对建立生态补偿机制问题进行了认真研究,提出了建立我国生态补偿机制的初步设想,明确建立生态补偿机制宜从跨省、跨流域生态补偿先行试点,2007年8月会同国家发展和改革委员会、国家环保总局提出了《关于开展流域生态补偿试点工作的指导意见》。党的十七大报告中明确提出建设生态文明,实行有利于科学发展的财税制度,建立健全资源有偿使用制度和生态环境补偿机制。国家发展和改革委员会提出到2010年初步建立适应我国实际的生态补偿机制的工作目标,并确定了重点领域和工作任务,其中涉及了水利方面的很多问题。2012年党的十八大报告明确提出,加强生态文明制度建设,建立反映市场供求和资源稀缺程度、体现生态价值和代际补偿的资源有偿使用制度和生态补偿制度。

由此可见,促进流域经济、社会和生态环境的全面协调发展已成为我国的国家目标之一。落实科学发展观,建立健全生态补偿机制,可以为国家主体功能区的规划和实施提供配套支持,有利于促进人与自然和谐共处,协调不同区域的水资源开发利用与保护活动,是建设生态文明的重要内容。为促进流域水资源的公平共享和可持续利用,迫切要求开展流域生态补偿理论、方法和政策机制的研究,为构建流域生态补偿长效机制提供科学依据,对于我国大力推进生态文明建设,实现流域水资源的可持续利用管理具有重要的理论价值和现实意义。

开展流域生态补偿有利于开创以预防保护为主的生态补偿新模式。"先污染后治理,先破坏后修复"的粗放式经济增长方式,曾在很长的一段时期内严重影响着流域经济社会的发展思路和模式,不少地区已出现了较为严重的水资源短缺、水环境恶化的水问题。为此,国家投入巨大人力、物力和财力进行了综合治理和生态修复,但由于这种末端治理难度极大、成本高昂,事倍功半。改变传统的流域发展模式,避免重蹈"先污染后治理,先破坏后修复"的覆辙,探索"流域上下游共建共享""源头控制,预防保护"的发展模式,坚持"在保护中开发,在开发中保护"的原则,是实现流域生态保护与经济发展双赢和事半功倍的明智抉择,对完善我国流域生态补偿机制具有重要意义。

加强整个流域的生态环境保护是流域上下游各级政府和人民的共同愿望。对流域开展生态补偿,将有利于统筹考虑和协调流域上下游地区的经济社会活动,增强上下游地区人民保护水资源的积极性和责任感。

开展流域生态补偿有利于建立流域生态保护长效机制。伴随和谐流域进程的推进,流域上下游加强流域生态环境保护的愿望是一致的,但是目前我国跨省生态保护互动协商平台尚未建立。因此,开展流域生态补偿试点,建立具有紧密利益关系的生态保护长效机制,巩固和完善流域生态共建共享机制,可以在实践层面深入探索党中央提出的"科学发展观""社会主义生态文明"和"建立健全生态环境补偿机制"等重要理论和思想,对构建"和谐流域"具有重要的试点探索和典型示范意义。

13.2　流域水生态补偿的理论与方法

13.2.1　理论基础

从目前的研究来看,流域生态补偿是可持续发展理论的必然要求,其理论基础包括资源的公共物品属性、资源的有偿使用理论、外部成本内部化理论、效率与公平理论等。

可持续发展的概念和要求决定了需要从全流域着眼,打破部门和专业的条块分割以及地区的界限,建立生态补偿机制,保证区域间生态系统建设和生态功能享用的公平性,以及社会经济与资源、环境的协调发展。

根据资源的公共物品属性和有偿使用理论,社会产品可分为公共产品和私人产品。水生态系统作为公共产品与私人产品相比具有两个基本特征:非竞争性和非排他性。水生态系统具有非竞争性,每个人对水生态系统的消费不会导致其他消费者对该产品消费的减少。水生态系统具有非排他性,价格系统对此失灵,很容易导致对水生态系统过度利用,产生"公地悲剧"和"搭便车"现象,最终使整个水生态系统受损。政府管制与政府买单是解决公共产品的有效机制之一。宗臻铃等提出生态环境资源价值的承担者为有形的物质产品和无形的生态效用,其中有形的物质产品的价值可通过市场以货币形式直接得到补偿,而无形的生态效用则应按照资源的有偿使用的原则获得一定的经济补偿,以保证生态环境资源的永续利用。

资源的公共物品属性造成的外部性理论认为作为公共物品的资源在对其使用过程中引起的外部性是实施生态补偿问题产生的重要原因,已成为测算和实施生态补偿标准的理论基础。流域内水生态系统服务外部性可以分为两类:一是水生态系统服务消费的外部性效用,如对清洁水的消费,一个消费者饮用的清洁水受到另一个经济行为影响。二是生态系统服务供给的外部性效用,例如对水源地进行生态保护,可使整个流域受益。外部性理论要求通过征税和补贴等手段使外部效应内部化,目前,已经在排污收费制度、退耕还林制度等方面得到了应用。

效率与公平理论为实施生态建设并为政府建立生态补偿机制提供了依据。例如,根据帕累托最优理论,退耕还林等流域上游地区生态建设项目的实施,其实质上是在进行土地利用结构的调整,从宏观上来讲所得大于所失,长期利益大于短期损失。同时,为了达到相对的公平,在市场失灵的领域需要政府适当地发挥作用。

国内外还提出了开展生态补偿的许多原则。国外主要提出了 PGP(Provider Gets Principle)和 BPP(Beneficiary Pays Principle)这两个基本原则,即生态保护者得到补偿和生态受益者付费的原则,在一些国家 PGP 模式已经得到实现。在国内,政府层面已非常重视这方面问题,如温家宝总理在第六次全国环境保护大会上就提出了"谁开发谁保护、谁破坏谁修复、谁受益谁补偿、谁排污谁付费"的原则。这些基本原则的确立为生态补偿研究和实施提供了依据。

流域生态共建共享理念。近年由中国水利水电科学研究院提出流域上下游及流域外所涉及的共享区共同担负流域共建区生态与环境保护的重任,实现流域生态保护外部成本与收益内部化的流域生态补偿理念。

13.2.2　实现途径

我国政府在实际工作中一直对生态补偿有所涉及,如退耕还林和退田还湖补偿费、资源税、资源费等,对生态补偿的认识也在逐渐深化。十七大报告中已明确提出实行有利于科学发展的财税制度,建立健全资源有偿使用制度和生态环境补偿机制。我国在林业、矿产资源等领域的生态补偿已有较成熟的实施案例,在流域生态补偿方面,以政府手段为主,对饮用水水源地保护和同一行政辖区内中小流域上下游的生态补偿进行了探索。江苏、浙江、福建等经济发达地区在省内局部的小流域实施了生态补偿。主要的政策手段是上级政府对被补偿地方政府的财政转移支付,或整合有关资金渠道集中用于被补偿地区,也探索了一些基于市场的生态补偿机制。

13.2.2.1　政府补偿

政府补偿是指通过政府的财政转移支付、政策支持等方式实施的补偿机制。补偿方式可以分为资金、实物、政策、经济合作、人才和技术支持等。

1.利用公共财政政策或设立基金的方式实施生态补偿

常用的方式有补偿金、减免税收、退税、信用担保的贷款、补贴、财政转移支付、贴息等。

(1)利用公共财政政策进行生态补偿。有三种依靠经常性收入的公共支出财政政策可以用于生态补偿。

一是纵向财政转移支付,指中央对地方或地方上级政府对下级政府的经常性财政转移。该政策适用于国家对重要生态功能区的生态补偿,实现补偿功能区因保护生态环境而牺牲经济发展的机会成本。建议在财政转移支付改革中,增加农村社会保障支出、生态功能区因子和现代化指数等因子,以便使中央对地方的财政转移支付具有生态补偿功能。这种改革还会给地方政府一个明确的政策信号,即保护生态环境也能得到好处,从而增强保护的积极性。

二是生态建设和保护投资政策,包括中央和地方政府的投资。中央政府的生态建设和保护投资政策主要适用于国家生态功能区的生态补偿,实现功能区因满足更高的生态环境要求而付出的额外建设和保护的投资成本。

三是地方同级政府的财政转移支付,适用于跨省界中型流域、城市饮用水水源地和辖区小流域的生态补偿。与纵向财政转移支付的补偿含义不同,受益地方政府对保护地地方政府的财政转移支付应该同时包含生态建设与保护的额外投资成本和由此牺牲的发展机会成本。

(2)设立生态补偿基金。补偿基金筹资方式主要有以下三个方面:一是财政统筹。二是受益区域和部门补偿,由税务部门征管,对受益多的地区征收生态效益补偿费,通过转移支付用于全市的生态公益林的建设和森林生态效益补偿;对直接依靠森林生态效益获取经济效益的部门,如水库、水电站、风景旅游区、森林公园、林地采矿、内河航运等,提取一定额度的生态效益补偿费,纳入县级财政专项管理,用于地方生态补偿。三是接受社会捐赠和海外发展援助等资金。可以分省际、省内和市内三个尺度建立不同的流域生态补偿基金,专用于流域上游的生态建设和环境污染综合整治,并落实到具体项目,国家有权审计基金的使用情况,上下游相关部门对基金的使用进行全程监督。

2. 通过政策、经济合作、技术、法规等措施实施生态补偿

流域生态补偿是一个复杂的系统工程,不仅需要解决补偿资金的问题,更需要政策、经济合作、技术、法规等其他措施予以配套和支撑,在生态保护任务重的地区大力发展生态经济和补偿经济,以"造血"的方式增强流域内经济欠发达地区开展环境保护的能力。

当前主要措施有:对不同的生态功能区采用不同的政绩评价标准,在资源开发利用过程中设立责任保险或押金退款制度,风景区、生态产品的生态标志制度,以及实施"异地开发"等区域经济合作、生态移民、人才和技术支持等。

13.2.2.2　市场补偿

市场补偿是指在政府的引导下实现流域上下游的资源保护方与受益方之间自愿协商的一种补偿方式。一些流域上下游生态服务供需矛盾尖锐,在资源产权清晰、公众或政府具有较好的生态意识和创新意识的情况下,可以形成不同形式的市场补偿机制。主要方式有:①采用流域水质水量协议的模式,根据达标与否实施奖惩或补偿。②实行水权和排污权交易等转让机制。

除了上述政府补偿、市场补偿等措施,《中华人民共和国环境保护法》《中华人民共和国水污染防治法》《中华人民共和国水法》《中华人民共和国清洁生产促进法》等国家法律,以及部分省部级规章条例,也强调了资源的有偿使用和对保护工作的补偿。

13.3　我国流域水生态补偿探索与实践

近年,围绕城市饮用水水源地保护和行政辖区内中小流域间的补偿,我国开创了流域水生态补偿的新模式,比较典型的有广东省境内东江流域生态补偿模式、浙江省"异地开发生态补偿模式"和"德清模式"、福建省流域上下游间的生态补偿模式、新安江流域"共建共享补偿模式"。

13.3.1　广东省境内东江流域生态补偿实践

为了保护东江中上游生态环境,广东省制定了东江流域生态环境保护和生态补偿机制法规和规划体系,先后开展了10多项专题研究工作。为了实现河源市东江干流水质保持国家地表水Ⅱ类标准,解决经济发展与水源保护的矛盾,遏制生态环境退化,广东省通过对东江中上游地区财政转移支付建立了生态补偿机制,具体包括如下:

从1992年起广东省财政每年安排4 000万元作为东江流域水质保护专项经费。从1995年起每年安排河源市经济建设专项资金2 000万元,从2002年起提高到每年3 000万元,作为对河源市保护东江水源水质所做贡献的补助。广东省财政从1999年起每年安排1 000万元用于东江流域水源涵养林建设。1999～2004年,广东省财政对河源市财政转移支付补助已超过40亿元,仅2004年就达到10亿元。1999～2007年安排东江流域生态公益林补偿资金6.3亿元,相当于每亩补助8元。东江上游的广东省枫树坝水电厂经

济发展总公司,每年从每度电中抽出 5 厘钱,累计 200 万元拨付给库区城镇,用于水土保持和绿化。从 2003 年开始,该款项交付河源市统一安排使用。

13.3.2　浙江省小流域的水权交易实践

(1)流域内的"异地开发生态补偿模式"。浙江省的安吉、德清、宁海、临安等县(市)都出台了"异地开发生态补偿"政策,规定上游镇(乡)的招商引资项目进入县(市)开发区,产生的税利全部返回给上游镇(乡)。在市域范围内,浙江省金华市在全省率先实施流域源头地区在下游异地开发建设,设立金磐扶贫经济开发区作为该市源头地区磐安县生产用地,并在政策与基础设施投入方面予以支持。异地开发是在流域生态效益货币补偿之外拓展生态补偿的新形式。

(2)小流域补偿的"德清模式"。德清县位于浙江省湖州市,该县西部地区是全县主要河流的源头和重要的水源涵养区,为确保水源安全,德清县从 6 个渠道建立生态补偿资金,进行专户管理。这 6 个资金渠道主要是:县财政每年在预算内资金安排 100 万元;从全县水资源费中提取 10%;在河口水库原水资源费中新增 0.1 元/t;从每年土地出让金的县得部分提取 1%;从每年排污费中提取 10%;从每年农业发展基金中提取 5%。2005年,共筹措资金 1 000 万元。这一生态补偿资金的建立,在德清县生态建设与环境保护中发挥着重要的作用。

13.3.3　福建省流域上下游间的生态补偿实践

福建省流域自成体系,闽江、九龙江、晋江等主要流域基本不涉及跨省的问题。近年来,这三个流域生态补偿机制已初见端倪,这里以闽江为例,其主要做法是设立专项资金。2005 ~ 2010 年,福州市政府每年增加 1 000 万元闽江流域整治资金,用于支持上游的三明市和南平市,各 500 万元;三明、南平在原来闽江流域整治资金的基础上,每年各增加 500万元用于闽江流域治理。专项资金每年合计 2 000 万元,由福建省财政设立专户管理,专款用于流域三明段、南平段的治理。另外,福建省环保厅安排 1 500 万元资金,参照专项资金的拨付办法使用。

资金使用方式:专项资金主要用于三明市、南平市辖区内列入福建省政府批准的《闽江流域水环境保护规划》和年度整治计划内的项目,重点安排在畜禽养殖业污染治理、农村垃圾处理、水源保护、农村面源污染整治示范工程、工业污染防治及污染源在线监测监控设施建设等项目。目前,借鉴福建省流域生态补偿的思路,浙江省也进行了钱塘江生态补偿机制的试点,并准备在浙江省其他流域推行。

13.3.4　新安江流域"共建共享生态补偿模式"

新安江流域水生态补偿实施的是共建共享的理念,即流域上下游及流域外所涉及的共享区共同担负流域共建区生态与环境保护的重任,实现流域生态保护外部成本与收益内部化,共享区与共建区共同可持续发展。

新安江是我国实施跨省大江大河流域水环境补偿机制的首个试点,通过实践探索,打破了上下游之间利益如何平衡、监测指标和标准如何制定、共建共管共享机制如何搭建等诸多瓶颈,为我国其他区域开展水生态补偿提供了范本。2011年,财政部、环保部正式启动试点工作,同时安排2亿元资金,专项用于新安江上游水环境保护和水污染治理。上下游安徽、浙江两省消除了流域生态保护与补偿的分歧。

13.4　我国流域水生态补偿机制

13.4.1　指导思想

以科学发展观为指导,以创建资源节约型、环境友好型的和谐社会为目标,以统筹流域上下游经济社会协调可持续发展为主线,以保护和改善生态环境质量为根本出发点,以政策创新、机制创新、管理创新和科技创新为手段,不断完善各级政府对流域环境污染防治和生态保护的调控手段和政策措施,充分发挥市场机制作用,通过试点示范,逐步建立公平公正、责权利界定清晰且具有良好可操作性的流域上下游生态补偿机制,促进流域经济社会与资源环境协调可持续发展。

13.4.2　基本原则

应按照"谁开发谁保护、谁破坏谁修复、谁污染谁治理"的原则建立区域之间的补偿机制,协调流域上下游的水资源开发利用与保护活动。流域生态补偿所需的相关原则可以归纳如下。

13.4.2.1　坚持保护者受益、开发者修复、损害者赔偿、受益者补偿、破坏者受罚的原则

生态环境是公共资源,环境保护者有权利得到投资回报,使生态效益与经济效益、社会效益相统一;开发利用者要为其开发、利用资源环境的活动承担保护与修复责任;环境损害者要对所造成的生态破坏和环境污染损失进行赔偿;享用环境效益者有责任和义务向提供优良生态环境的地区和人们进行适当的补偿;破坏生态环境者应及时采取补救措施并对其破坏行为承担相应的处罚。

13.4.2.2　坚持统筹协调、共建共享、共同发展的原则

坚持科学发展观,在生态环境保护中寻求经济社会的和谐发展,同时以经济社会发展促进生态环境的保护。统筹协调流域上下游以及区域内城乡之间的发展,坚持与时俱进的生态保护观,有效保护和利用现有的生态资源存量。要多渠道、多形式支持流域各水系源头地区、重要生态功能区、上中游欠发达地区和库区的经济社会发展,通过上下游的共建共享寻求共同发展。

13.4.2.3　坚持循序渐进、突出重点的原则

建立生态补偿机制既要从长远考虑,按照循序渐进、先易后难的原则逐步解决理论支撑和制度设计的问题,又要立足当前,按照突出重点的原则,在总结现有生态补偿实践经验的基础上,抓住流域经济社会协调发展机制建设的关键瓶颈,尽快建立和完善流域生态补偿机制,紧紧围绕流域生态补偿实施地区的主要生态环境问题、重点地区和重点领域,使生态补偿机制发挥出最佳的整体效益。

13.4.2.4　坚持政府主导、市场驱动、利益主体参与的原则

要充分发挥各级政府在生态补偿机制建立过程中的主导作用,结合国家相关政策和当地实际情况研究改进公共财政对生态保护的投入机制;同时,要积极引导社会各方参与,遵循市场经济规律,发挥市场机制作用,拓宽生态补偿市场化、社会化的路子,逐步建立多元化的筹资渠道和市场化的运作方式。

13.4.2.5　坚持公平公开、责权利相统一的原则

流域生态补偿必须在公平公开的平台上运行,科学核算生态补偿的标准体系,做到流域生态补偿运作、补偿程序和监督机制的公开透明,同时要建立责、权、利相统一的运行激励机制、责任追究制度和高效运作机制。

13.4.3　实施目标

通过分期实施,逐步形成有助于建立流域生态补偿机制的管理体制,落实补偿范围、考核标准及各利益相关方责任,建立科学的生态补偿标准测算体系,探索多样化的生态补偿方法与模式,逐步建立并完善流域生态环境共建共享的长效运行机制,推动生态补偿政策法规的制定和完善,为全面建立与推广跨省流域生态补偿机制奠定基础。通过建立生态补偿的长效机制,实施一批环境保护工程,鼓励、扶植流域发展生态经济,有效保持与改善流域生态环境状况,实现全流域人与自然、人与人之间的公平、和谐发展。

13.4.4　实施框架

根据流域水生态补偿的指导思想、基本原则和目标安排,提出以下总体实施框架,见图 13-1 和表 13-2。

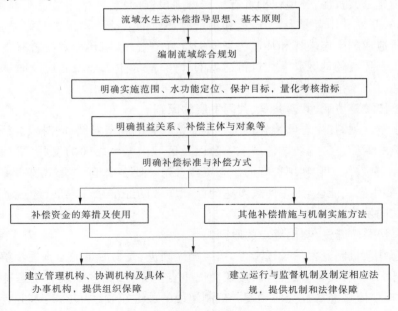

图 13-1　流域水生态补偿总体实施框架

表 13-2　流域水生态补偿实施汇总表

补偿问题	研究方法与实施措施
为什么补	通过分析流域内区域间水资源利用与保护的外部性,掌握实施生态补偿的必要性、原则和保护目标
谁补谁	通过生态补偿损益分析,确定补偿主体与补偿对象
补多少	分别通过水源涵养与保护的共建共享测算、上下游之间水资源保护的外部性补偿测算,估算实际保护投入补偿量和机会损失
补什么	对上游水源涵养与保护的资金投入和限制发展造成的机会损失,根据损失性质的不同,分别采取不同的补偿方式进行补偿
怎么补	对实际保护投入的补偿,以资金和生态保护项目支持形式为主进行补偿;对于因限制发展而造成的机会损失,可以结合一定的补偿资金,以建立上下游合作机制、给予优惠政策、技术援助等为主要措施

（1）制定实施生态补偿的指导思想和基本原则。

（2）在编制流域水资源及水生态环境保护等规划的基础上,明确项目区水功能定位、保护目标、考核指标,为生态补偿提供量化标准和奖罚依据。

（3）明确损益关系、补偿范围、补偿主体、补偿对象。

（4）通过核算与协商,确定补偿标准与补偿方式。

（5）明确补偿资金筹措和使用管理、其他措施和机制的构建与实施等问题。

（6）建立管理机构、协调机构及具体办事机构,为实施提供组织保障。

（7）建立法制化、规范化的生态补偿运行和监督机制,制定相应法规,为实施提供机制和法律保障,形成促进流域协调发展的长效机制。

13.4.5　补偿主体与补偿对象

根据流域的具体情况,生态补偿的主体与对象大致可分为以下几类。

13.4.5.1　补偿主体

1. 各级政府

（1）中央政府。主要负责跨省的生态补偿事宜。

（2）省级政府。主要负责省域内跨市、县的生态补偿事宜。

（3）市县政府。负责本行政区域内补偿主体缺位或补偿主体难以明确界定情况下的生态补偿事宜。

2. 经济社会实体（企业法人或其他单位与个人）

（1）开发利用水资源与水环境服务功能的受益者。

（2）未按规定履行生态建设和环境保护职责,导致生态环境劣变、质量下降的责任者。

(3)违反国家法规,导致环境污染、生态破坏的责任者。

(4)因污染环境、破坏生态给其他经济社会实体造成损害的责任者。

13.4.5.2　补偿对象

(1)为保护生态环境付出大量成本且成效显著的经济社会实体(区域、社团、企事业法人或其他单位和个人)。

(2)因其他经济社会实体污染环境、破坏生态而受到利益损害的经济社会实体。

(3)补偿主体与补偿对象的关系可随双方的损益关系变化而互相转化。如果补偿对象达不到生态环境保护标准而使补偿主体的利益受损,原作为补偿对象的乙方将成为负有赔偿责任的主体,而原作为补偿主体的甲方将成为有权索赔的补偿对象。

13.4.6　补偿方式

13.4.6.1　以法律法规为依据的强制性补偿方式

根据《中华人民共和国水法》《中华人民共和国环境保护法》《中华人民共和国森林法》《中华人民共和国土地管理法》《中华人民共和国矿产资源法》《中华人民共和国水土保持法》《中华人民共和国水污染防治法》《取水许可和水资源费征收管理条例》等法律法规的有关规定,我国依法开征了相关的资源环境税(费),明确了资源环境有偿使用的原则。在水生态补偿方面,主要包括水资源费、排污费、污水处理费、水土流失防治费以及从水力发电收入中提取的库区发展基金和移民补助资金等。

13.4.6.2　以政府为主导的补偿方式

政府补偿是指通过政府的财政转移支付和政策扶植等方式实施流域水资源和环境保护的补偿机制,主要有资金补偿、实物补偿、政策补偿、智力补偿等方式。资金补偿常见的方式有财政转移支付、补偿金、减免税收、退税、信用担保的贷款、贴息、加速折旧等;实物补偿是指补偿者运用物质、劳力和土地等进行补偿,提供受补偿者部分的生产要素和生活要素,改善受补偿者的生活状况,增强生产能力,有利于提高物质使用效率,如退耕还林(草)政策中运用大量粮食进行补偿的方式;政策补偿主要是对生态保护任务重的地区发展机会受到限制的补偿,在生态保护任务重的地区大力发展生态经济,如对不同类型的区域采用不同的政绩评价标准、建立资源开发的押金退款制度、项目支持、生态标志制度及各种经济合作政策;智力补偿指通过提供无偿技术咨询和指导,培训受补偿地区或群体的技术人才和管理人才,输送各类专业人才,提高受补偿地区的生产技能和管理组织水平。

13.4.6.3　运用市场机制的补偿方式

按照资源环境有偿使用和"保护者受益、开发者修复、损害者赔偿、受益者补偿、破坏者受罚"的原则,在生态补偿中引入市场机制,使生态补偿从政府单一主体向社会多元主体转变,从财政单一渠道向市场多元渠道转变,这样不仅可以拓宽生态补偿的资金渠道,更重要的是通过这种机制增强社会公众的生态环境成本概念和保护生态环境的意识,同时促进流域上下游的全面合作与协调发展。如水资源使用权有偿转让、排污权有偿转让、水价与水资源质量和稀缺程度挂钩、对超计划超定额用水实行累进加价收费、对超标排污实行累进加价收费、对不法排污和破坏生态环境者处以罚款或责令赔偿等。目前,这种补偿方式在我国还不够完善,是一个亟待加强的薄弱环节。

13.4.6.4　流域水生态补偿方式的组合应用

流域水生态补偿需要根据各种补偿关系和需要补偿的损失性质,结合以上补偿方式,对于流域水资源和环境保护活动或破坏行为,可以根据测算的实际成本、经济效益或损失,采取以资金和生态保护项目支持为主的生态补偿方式;对于流域水资源和环境保护中的因限制产业发展而造成的机会损失,在实施的过程中可以结合一定的补偿资金,以建立上下游合作机制、给予优惠政策和技术援助等为主要措施,采取以政策补偿、智力补偿、经济合作等措施为主的补偿方式。通过流域补偿机制建设过程中各种经验的逐步积累,逐步制定流域生态补偿的相关条例、法规,形成以法律法规为依据的相对成熟的补偿方式。

13.4.7　补偿途径

流域水生态补偿措施主要为资金补偿措施与其他补偿措施相结合。在中央政府的牵头协调下,通过双向互动,明晰生态补偿的范围和权利义务关系,建立必要的保障机制,使流域的生态环境保持良好状态,为经济社会发展提供有力支撑。

13.4.7.1　多渠道筹措生态补偿资金

生态补偿资金的筹措应坚持"各级政府主导、市场机制驱动、利益主体参与"的原则,充分发挥政府宏观调控、市场机制调节、社会公众参与的作用,拓宽多种形式的生态补偿资金筹集渠道。

1. 财政转移支付

按照中央政府和省级政府的管理事权,省域内不同行政区域之间的生态补偿资金,通过省级财政转移支付予以安排;跨省的生态补偿资金,通过中央财政转移支付适当安排。

2. 开发利用水资源的受益主体适当分担补偿成本

按照"开发者保护、受益者补偿"和"资源环境有偿使用"的原则,由开发利用水资源的受益主体,通过依法缴纳相关税费的形式来分摊生态补偿成本。如水资源费及水电、水产、饮料、旅游、航运等企业开发利用水资源与水环境的税金、收费等。

3. 损害或破坏水资源与水环境的责任主体承担补偿成本

按照"污染者付费、破坏者修复、违法者受罚"的原则,由损害或破坏水资源与水环境的责任主体承担生态补偿成本。如排污费、水土流失防治费、超额(超计划)用水累进加价收费、超标排污罚款等。

4. 专项资金倾斜

与生态补偿相关的各种项目在我国已实施多年,国家及地方相关部门已通过各自的管理渠道安排了各种专项资金,如森林生态效益补偿基金、退耕还林补助资金、天然林保护及生态公益林管护补助资金、农村改水改厕资金、企业节能减排技改补助资金、生态环保补助资金、移民补助资金、扶贫帮困资金等,可在现有渠道内加大对生态补偿试点地区的倾斜力度。

5. 其他资金来源

通过企业赞助、社会公众捐助、国际经济技术合作等途径,拓宽生态补偿资金筹集渠道。此外,还可以在生态环境优良的流域试行绿色产品标签制度,从获准使用绿色产品标签的企业收益中提取适当比例用于流域生态补偿。

13.4.7.2　补偿资金的使用

　　财政转移支付是生态补偿资金的主渠道,接受补偿资金的地方政府应统筹安排,专款专用,加强监督管理,提高使用效益。补偿资金在使用上应向符合生态、环保、节能、减排政策导向的领域倾斜。补偿资金应重点投向超出法律规定的提高环保标准的治污部门,向尚没有能力自我发展的弱势产业倾斜,重点主要有以下几个方面:

　　(1)对现已达标排放企业关、停、并、转的资金补助。

　　(2)对现已排放达标的企业提高排放标准的技术改造补助。

　　(3)生态友好型企业技术升级资金补助。

　　(4)城镇生活污水及垃圾处理设施运行费用补助。

　　(5)农村沼气建设、垃圾收集设备和运行费用补助。

　　(6)水土保持和森林管护资金补助。

　　(7)流域内沿江沿湖居民外出务工培训、组织及迁移安置资金补助。

　　(8)对生态建设和环境保护做出突出贡献的单位和个人的奖励资金。

　　(9)水量、水质监测体系建设运用费用补助等。

　　(10)其他。

13.4.7.3　其他支持措施

　　跨省流域生态补偿是一个复杂的系统工程,不仅需要解决补偿资金的问题,同时更需要政策法规、科学技术等其他措施予以配套和支撑,通过国家的政策支持和流域上下游各种合作机制的建立,以“造血”的方式增强流域内经济欠发达地区开展环境保护的能力。

　　1. 国家层面的支持

　　支持流域加快产业结构调整与优化,在跨省协商一致的基础上,建设国家级生态工业园区和生态农业示范区。

　　大力支持全流域加快城镇化进程和城镇基础设施(如城镇污水处理、垃圾无害化处理)建设,在国家财力许可的情况下,经国务院批准,国家对流域内计划建设的城镇治污项目基础设施可比照“三河三湖”重点治理标准给予支持。

　　扩大流域内国家重点公益林范围,提高养护补助资金标准。推进新农村建设,大力支持流域的农村面源污染防治及水土保持、沼气建设等基础设施建设,优先安排项目,适当增加中央出资比例。中央财政在启动阶段给予资金支持(监测设施、执法能力、基础研究等),在中央集中的排污费使用中,优先考虑流域内的项目。

　　编制和实施沿湖、沿江区生态移民规划,中央和地方通过政策、项目和资金等支持手段,为实施生态敏感区的生态移民和下山脱贫创造条件。

　　2. 上下游之间的合作

　　上下游地区加强协调,制定优惠政策,促进流域产业结构的优化升级。提高工业准入门槛,比照国家重点生态功能区标准,严格禁止污染行业在流域内发展,提高工业企业排放标准,逐步关停本地现有污染企业。限制污染企业向流域转移,鼓励劳动密集、技术密集和资本密集的环境友好型企业转移到流域。打破行政区划界限,引导、鼓励企业和个人以独资、合资、BOT 等多种方式,参与流域的环保产业、新型工业和生态农业建设。

　　流域内各市、县全面建成县级以上污水处理设施,收费标准按运行成本核定,污水处理运行管理费不足部分由本级财政补助。在保障收费落实到位的基础上,推动有关企业和社会资金以 BOT 方式参与流域范围内城镇基础设施建设。

流域内各级政府对目前居住在沿湖、沿江的居民迁村合并,分年逐步设置简易污水处理和固体废物收集设施,派专人负责汛期漂浮物打捞;下游有条件的地区为流域上游农村经济发展和污染治理提供必要的人才、技术支持,推广实用的农村简易式污染处理设施。

加强上下游之间在劳务输出、科技、人才、信息方面的合作,引导流域劳务输出的定向有序发展。

加强生态环境质量监测方面的合作,建立和完善现代化的水环境自动监测网络,提高水环境保护和监测的科技水平。

13.4.8　补偿机制框架

13.4.8.1　管理机制框架

1. 国家层面的管理与协调机制

由国家综合部门和其他相关部门共同组建跨省流域生态补偿领导小组,负责相关部委之间的工作协调,研究制定跨省流域生态补偿的方针、政策,审批流域综合规划及生态保护与建设的项目、资金安排,研究跨省流域生态补偿的原则、方式、标准及财政转移支付额度等重大问题,协调解决实施过程中出现的省际争议问题等。领导小组下设办公室,负责领导小组的日常工作。

2. 省际协调机制

建立由跨省相关部门、流域管理机构及所跨市参加的流域跨省生态协调委员会,负责协调处理两省、两市之间在实施过程中需要交流、合作的重要问题和可能出现的争议问题。

3. 地方层面的管理机制

建立由省政府相关部门和地市参加的流域生态补偿领导小组,负责本省境内流域水生态补偿工作的组织实施。领导小组下设办公室,负责承办领导小组的日常工作。

管理机制框架如图 13-2 所示。

13.4.8.2　运行机制框架

跨省流域生态补偿涉及面广、政策性强、社会敏感度高、操作难度大,需要建立一套科学、合理、有效的运行机制予以规范和约束,以利于项目的有序实施。

1. 协调机制

跨省流域生态补偿不仅涉及项目区的经济、社会与生态环境,而且涉及国家相关的法律法规和方针政策,涉及国家相关部门的管理职能以及区域利益,所以建立健全权威、高效的协调机制是顺利实施生态补偿的关键和前提。这种协调机制是国家宏观指导下的区域间协调。国家层面主要是政策、法规、资金分配的协调和相关部委之间的工作协调,地方层面则是省、市间涉及生态补偿的大量具体事务的协调,关键是建立协商平台和协商程序。

2. 合作机制

上下游密切合作是搞好生态补偿的基础,同时通过跨省、跨流域生态补偿,促进上下

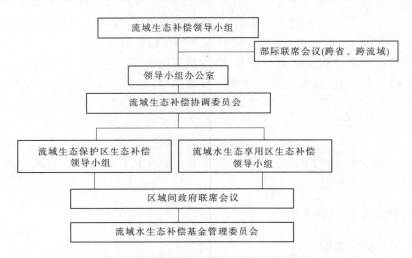

图 13-2 流域水生态补偿管理机制框架

游地区在社会、经济、科技、文化和生态保护等方面的全面合作,实现全流域协调发展、和谐发展和可持续发展,这是实施跨省流域生态补偿的长远目标和根本目的,所以建立切实可行的合作机制是顺利实施生态补偿的出发点和落脚点。树立流域整体观念和换位思考的思维方式,求大同,存小异,是建立合作机制的思想基础。直接补偿的数额是十分有限的,但全面合作带给双方的利益是不可限量的。

3.核算机制

生态补偿应坚持科学、合理、公平、公正的原则,必须以科学的态度、合理的方法客观公正地测算水资源与水环境的生态价值、经济价值、生态保护成本、生态补偿标准、利益主体的受益价值和生态补偿份额,建立健全水量、水质和其他有关生态环境质量的评价、考核指标。所以,建立科学合理的核算机制是实施生态补偿的科技支撑。要通过编制流域综合规划和相关专题研究制定科学、公平、合理的核算指标体系,并经上下游协商一致后试行,然后在试行中逐步修订完善。

4.激励机制

生态补偿应坚持"保护者受益、享用者补偿、污染者付费、破坏者修复、损害者赔偿"的原则,坚持奖罚分明的原则,保护和改善生态环境有奖,损害和破坏生态环境受罚,达不到生态保护目标的补偿对象,按比例扣减甚至取消补偿资金,生态环境严重恶化的还应处以罚款。对行政区域来说,可以建立行政首长负责制,把生态环境质量作为政绩考核目标之一。所以,建立包括正向激励和反向激励在内的激励机制,是维护生态补偿的公平性和公正性的基本要求。

5.监督机制

为确保生态补偿资金的合理分配、有效使用和科学管理,提高资金使用和工程建设成效,必须建立包括公众参与在内的精干高效的监督机制,为把生态补偿纳入法制化、规范化的轨道提供保障。

13.5　新安江流域水生态保护共建共享补偿

13.5.1　共建共享区的范围

由于水源涵养与保护的外部性,就流域上下游来说,上游保护的正效益或破坏生态的负效益会有一部分或大部分转移到下游地区,即共建区和共享区是两个不同的概念,在地域上通常不是完全重合的。

13.5.1.1　共建区

从水资源和水生态环境的特性考虑,新安江水资源共建区的范围是指新安江流域(含新安江水库)所有集水区分水岭以内的闭合区间,从行政区域上分属浙江省杭州市的建德市、淳安县,安徽省黄山市的屯溪区、徽州区、黄山区、歙县、休宁县、黟县、祁门县及宣城市的绩溪县。在这一区域内,各种利益主体的社会经济活动,都会对新安江流域的水资源和生态环境产生程度不同的正面效应或负面效应。

13.5.1.2　共享区

新安江水资源共享区包括共建区在内,并包括以新安江、富春江、钱塘江为水源的所有用水地区在内的相对开放的社会经济系统,即流域内外直接或间接分享新安江水资源效益的社会经济系统。现状范围包括共建区涉及的行政区以及下游杭州地区,包括浙、皖两省的 10 个市辖区、6 个县、3 个县级市,总面积约 24 019 km²。另外,还存在潜在共享区,它是一个动态变化的概念,是指今后可能参与分享新安江流域水资源和水生态效益的地区和单位。按照"谁受益谁补偿"的原则,共享区内的受益主体都有分担上游共建区水源涵养与保护成本的义务。新安江流域水源涵养与保护共建共享区示意图如图 13-3 所示。

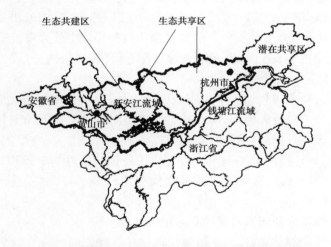

图 13-3　新安江流域水源涵养与保护共建共享区示意图

共建区与共享区的确定,不但能明确保护建设主体(共建),而且能明确共享水资源效益的各相关主体(共享)。一个完整的流域,虽然被不同的行政区分割,但流域水源涵养和生态保护是全流域的责任,让共享区内的不同受益部门和单位意识到自身对共建区的建设义务,将是实现流域水源涵养与保护共建共享的关键。

13.5.2　水源涵养与保护实际投入

13.5.2.1　水源涵养与生态保护投入

新安江流域水源涵养与生态保护投入主要体现为林业建设与保护投入、水土流失治理投入、生态移民投入。

林业建设与保护投入方面,新安江流域各地每年花费大量人力、物力、财力进行植树造林、封山育林,使森林覆盖率由新安江水库建库当初的 30% 提高到了现在的近 80%,有效地实现了涵养水源、防洪蓄洪、保持土壤、增加生物多样性等生态效益。2006 年新安江流域的黄山市和绩溪县对公益林建设、退耕还林、封山育林建设和管护的投入共 1.3 亿元,浙江省淳安县生态公益林建设、林业建设与管护投入约 0.5 亿元。水土流失治理投入方面,新安江流域安徽境内经过多年的治理,水土流失面积已有所下降,但至 2006 年仍有水土流失面积 2 368 km²,水土流失治理投资 550 万元;浙江省淳安县近年来每年治理水土流失面积约 30 km²,年治理投资约 330 万元。生态移民投入方面,新安江流域安徽省黄山市生态移民采取分阶段、分区域、分步骤的方式予以实施,平均每年生态移民投入为 1.6 亿元;浙江省淳安县生态移民向中心村、中心镇等较富裕地区转移和集聚,年生态移民投入为 1 000 万元。

13.5.2.2　水污染防治投入

新安江流域的水污染防治投入包括废水处理、污水处理厂及配套设施建设、排污口改造、疏浚清淤等。流域内的黄山市和淳安县在这方面做了很多工作。

安徽省黄山市"十五"以来已累计投入 5 亿多元,建成了日处理 5 万 t 的市生活污水集中处理厂一期工程、日处理 330 t 的市垃圾无害化处理场、市危险废物和医疗废物集中处置中心等。到 2006 年年底,城市生活污水集中处理率达 56.3%,城市生活垃圾无害化处理率达 60%,同时在重点乡镇试点开展垃圾集中收集和集中处置项目建设。2006 年黄山市污水处理厂建设投资 865 万元,污水处理厂配套管网改造、疏浚清淤、排污口改造等项投入共 6 150 万元。

浙江省淳安县近年来规划建设了 4 座城镇污水处理厂,其中投资 4 785 万元的千岛湖镇南山污水处理厂已经投入使用。初步预测 4 座污水处理厂和配套管网改造建设累计将投入 3.5 亿元。淳安县围绕农村生活污染防治,实施了"清洁乡村"工程。从 2006 年初至 2007 年年底已累计投入 1 200 余万元,建设了垃圾收集设施 3 983 个、处置设施 309 个,基本实现了农村垃圾收集和处置设施的全面覆盖。2006 年,淳安县水污染治理和垃圾处理投入约 6 000 万元。

13.5.2.3　新安江流域水源涵养与保护实际投入汇总

新安江流域水源涵养林建设、水土流失治理、生态移民、水污染治理等主要保护措施,2006 年总计投入 4.88 亿元,其中皖浙省界街口断面以上的安徽省地区投入 3.66 亿元,淳安县投入 1.22 亿元,如表 13-3 所示。

表 13-3 新安江流域 2006 年水源涵养与保护实际投入汇总 （单位：亿元）

项目区域	林业建设	水土流失治理	生态移民	水污染治理投入	合计
新安江街口以上	1.30	0.06	1.60	0.70	3.66
淳安县	0.49	0.03	0.10	0.60	1.22
新安江流域	1.79	0.09	1.70	1.30	4.88

13.5.3 新安江流域水资源的效益

水资源具有多种综合效益，包括供水、发电、灌溉、水产、旅游、航运、生态等，有的可以定量估算，有的则很难定量估算。目前，国内外对水资源国民经济和生态效益估算尚未形成一致认可的成熟估算方法，不同方法之间的估算差异也比较大。在对新安江流域水资源效益分享的比例关系进行确定的基础上，核算成本分摊明细。因而，根据测算思路，以 2008 年为例，采用效益分摊系数法、替代成本法等分别估算了新安江流域安徽省部分、淳安县部分及新安江水库下游区域分享的发电、水土保持、供水、旅游等效益。新安江流域的水资源效益分享方式如图 13-4 所示。

13.5.3.1 国民经济效益估算

1. 水力发电效益

新安江水电站 2008 年 12 月中旬完成该年度计划发电量 14.5 亿 kWh，按此发电量测算该年发电效益。按上网电价 0.25 元/kWh 计，则 2008 年新安江地表水资源在新安江水电站产生的发电总效益约为 3.63 亿元。目前，全国平均水力发电边际成本为 0.10 元/kWh 左右，即水力发电的单位净效益为 0.15 元/kWh，总的净效益为 2.18 亿元。

2. 水土保持减淤效益

新安江流域黄山市和绩溪县现有中度以上水土流失面积 1 095 km^2，淳安县现有中度以上水土流失面积 350 km^2，平均土壤侵蚀强度为 8 000 t/km^2。经过多年治理，各类水土保持措施平均每年减少中度以上水土流失面积约 55 km^2，其中黄山市和绩溪县减少约 30 km^2，淳安县减少约 25 km^2。由此推算，每年减少土壤侵蚀量 44 万 t。水库减淤效益按 4 元/t 计（按影子工程法，目前全国水库单位库容边际投资平均为 4 元/m^3 左右），现状水土保持的减淤年效益为 176 万元。

3. 供水效益

采用支付意愿法和效益价值法对新安江流域现状供水的直接效益进行定量计算，按 Ⅱ 类水供水标准，当地水资源的供水净效益为 1.14 元/m^3（如按 Ⅲ 类水供水标准则为 0.74 元/m^3）。2008 年，新安江流域上游安徽省部分的年供水总量为 4.3 亿 m^3，则总效益约为 4.9 亿元；浙江省淳安县年供水量约为 1.2 亿 m^3，供水效益约为 1.37 亿元。

下游地区的供水净效益由于缺乏准确数据，暂按新安江流域的标准进行计算。2008 年，杭州市总供水量为 56.7 亿 m^3，据浙江省水利厅统计，钱塘江河口目前的取水量约占年径流量的 5.3%，钱塘江多年平均地表水资源量为 387 亿 m^3，由此可得杭州市每年从钱塘江取水约 20.5 亿 m^3。下游取用钱塘江水量中来源于新安江流域水量的比例可按照

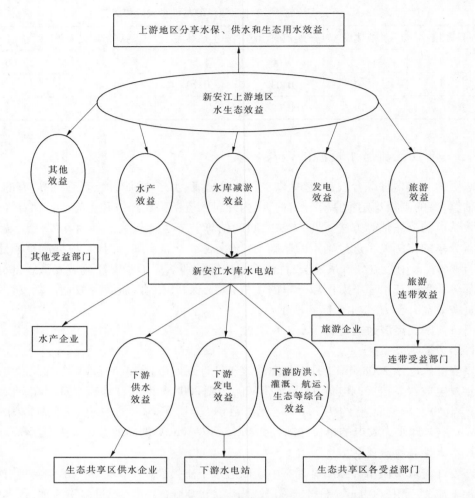

图 13-4　新安江流域水资源效益分享方式示意图

1/4左右来估算,即新安江水量中有 5 亿 m³ 在下游发挥供水效益,则供水效益为 5.7 亿元。现状上下游地区合计供水净效益为 11.97 亿元(按Ⅲ类水供水则为 7.77 亿元)。

随着经济结构的优化升级和水价改革的不断深化,特别是下游地区优质水源的日益匮乏和钱塘江河口地区咸潮上溯的影响,新安江流域优质水源的供水效益可能会进一步增加。

4. 渔业效益

新安江流域的黄山市和绩溪县水产品年产量约 2 万 t,2008 年渔业总产值 1.98 亿元。渔业生产分为河道捕捞、池塘人工养殖等类型,其中池塘人工养殖效益已计入供水效益,在此应予以扣除。由于缺乏统计资料,参照财政部委托项目“新安江流域生态补偿关键技术与措施研究”,河道捕捞或养殖的渔业产值按总产值的 50% 估算。水资源对渔业产值的贡献率按 30% 计,则水资源的渔业效益约为 2 970 万元。

新安江水库最大水面面积达 580 km²,具有发展水产养殖的良好条件。2008 年,淳安县渔业总产值达 1.96 亿元。在渔业效益中,按 50% 标准扣除池塘人工养殖的效益,水库大坝、水资源和经营管理的贡献率分别按 30%、30%、40% 计,则水资源的渔业效益为 2 940 万元。当渔业产值、成本等因素发生变化时,上述份额也会相应增加或减少。

新安江水库下游杭州市的渔业养殖涉及池塘养殖和新安江干支流养殖,但只有富春江、钱塘江干流的网箱养殖才会受到新安江水资源的影响,因而估算新安江水资源给下游渔业生产带来的效益存在较大困难,在此暂不做估算。

5. 旅游效益(景观服务功能)

新安江水库以其广袤的水面、优良的水质、秀丽的风光,成为闻名遐迩的千岛湖国家级风景名胜区,每年慕名而来的国内外游客已达到 160 万~200 万人次。2008 年,旅游人数达 165 万人,旅游总收入 19.37 亿元。在旅游收入中,水库、水资源、经营管理的贡献率按 30%、30%、40% 分摊,则水资源的旅游效益约 5.81 亿元。

新安江库区下游的富春江、钱塘江也同样给杭州市其他市、县带来了丰富的旅游资源,与黄山和千岛湖共同形成了杭州—富春江—千岛湖—黄山这一黄金旅游圈。2008 年,杭州市接待旅游人数 4 773 万人,总收入 707.2 亿元。从偏保守角度考虑,将水资源对旅游收入的贡献率取为 5%,新安江贡献水资源量占富春江、钱塘江水资源量的 1/4,由此计算新安江流域水资源在水库下游的杭州市产生旅游效益约为 8.8 亿元。

13.5.3.2　生态环境用水的公益性效益估算

新安江流域水资源发挥的生态环境用水的公益性效益分为河道内生态用水和纳污这两方面的效益。根据水利部“十五”重点科研项目“水利与国民经济协调发展研究”的成果,东南诸河单位生态环境用水总价值为 0.7 元/m³,其中河道内生态用水价值 0.11 元/m³,纳污价值为 0.59 元/m³,可据此进行生态环境用水的公益性效益估算。

1. 河道内生态用水效益

新安江在皖浙省界街口断面的多年平均径流量为 65 亿 m³,现状取水量约 4 亿 m³,计算得新安江在安徽省境内的河道内生态用水效益约为 6.94 亿元。

新安江水库多年平均来水量为 105 亿 m³,新安江流域内的黄山市和淳安县现状取水量约 10 亿 m³,因而新安江水库的河道内生态用水效益为 10.81 亿元。

钱塘江多年平均地表水资源量为 387 亿 m³,其中来源于新安江流域水量的比例可按照 1/4 来估算,钱塘江河口目前的取水量约 20.5 亿 m³,则新安江流域水资源在下游发挥的河道内生态用水效益约 10.14 亿元。

2. 纳污效益

纳污效益与水资源量、水体本底污染状况、地表水质控制标准等指标直接相关,通过以下两种方法进行估算:

(1)根据新安江流域水资源实际容纳的入河污染物量及污染物的治理成本,估算新安江流域水资源实际所发挥的纳污效益。根据 2008 年新安江皖浙省界断面和新安江水库的水质情况,粗略估算皖浙省界以上安徽省部分的入河污染物 COD_{Mn} 约 1.88 万 t,$NH_3—N$ 约 520 t;淳安县入河污染物 COD_{Mn} 约 4 800 t,$NH_3—N$ 约 125 t。根据有关报道,将 COD_{Mn} 的单位治理成本定为 1.25 万元/t,$NH_3—N$ 的单位治理成本定为 3 万元/t。据此估算,新安江流域安徽省部分和浙江省淳安县分享的纳污效益分别为 2.51 亿元和

0.64 亿元。新安江水库 2008 年出库水量约 54 亿 m³，水质总体上能够达到 Ⅰ 类水标准，而下游地区的富春江和钱塘江水质基本为 Ⅲ 类，因而新安江流域水资源对下游河道水体起到了很大的稀释净化作用。根据 Ⅰ 类水与 Ⅲ 类水的水质差异，保守计算新安江流域水资源给下游地区提供了 2.16 万 t 的 COD$_{Mn}$、4 590 t 的 NH$_3$—N 纳污容量，由此得到新安江流域水资源在下游地区发挥的纳污效益为 4.08 亿元。

（2）采用"水利与国民经济协调发展研究"的相关成果，按东南诸河单位水量纳污价值 0.585 元/m³ 估算，2008 年新安江流域地表水资源总纳污效益约为 65 亿元。按照（1）中测算的纳污效益比例，新安江流域水资源在安徽省部分、浙江省淳安县和新安江水库下游发挥的纳污效益分别为 23 亿元、5 亿元和 37 亿元。

比较上述两种估算结果，水资源的纳污效益按实际容纳入河污染物的效益来进行估算，即新安江流域水资源在黄山市、淳安县和下游地区所发挥的纳污效益分别为 2.51 亿元、0.64 亿元和 4.08 亿元。

13.5.3.3　水资源国民经济效益与生态环境用水效益汇总

由于基础资料有限，上述水生态价值的估算是不完全的。国民经济效益与水资源开发利用水平、供用水量、用水方式、用水效率等诸多因素相关，其变化比较稳定，而水资源的生态环境用水效益则随水文年的不同会有所变化。因而，应根据具体年份的水资源及其开发利用的实际情况估算流域水资源在各地区、各用水户中发挥的效益，各项测算结果见表 13-4。现状新安江流域水资源综合效益约为 65 亿元，其中国民经济效益 30 亿元，生态环境用水效益 35 亿元。

表 13-4　新安江流域水资源分项效益估算结果　　（单位：亿元）

分享效益		区域			
		新安江流域皖浙省界以上	淳安县	新安江水库	新安江水库以下
国民经济效益	水力发电			2.18	
	水土保持减淤			0.02	
	供水	4.90	1.37		5.70
	渔业	0.30	0.29		
	旅游		5.81		8.84
	小计	5.20	7.47	2.20	14.54
生态环境用水效益	河道内生态用水	6.94	10.81		10.14
	纳污	2.51	0.64		4.08
	小计	9.44	11.46		14.22
总计		64.53	14.64	18.93	2.20	28.76

13.5.4　水源涵养与保护投入的分摊

前面对新安江流域水资源在不同区域、不同部门分享的效益进行了估算，除需要按区域的不同进行划分外,考虑到水资源的效益包括生态环境用水效益和国民经济效益,所以水资源和水环境保护成本应按政府补偿与市场化补偿相结合的方式进行分担。在考虑进行效益补偿时,对于河道内生态用水、纳污等社会公益性效益,由于受益群体难以明确,因此可考虑由国家、地方政府来承担相应的成本,而对于国民经济效益则考虑用水受益者承担相应的成本。根据前述的测算思路,按照效益分享的比例来分摊水源涵养与保护投入,各地区各受益主体的分摊比例如表 13-5 所示。

表 13-5 新安江流域水源涵养与保护投入的分摊比例

分摊部门		地区			
		新安江流域皖浙省界以上	淳安县	新安江水库	新安江水库以下
用水部门分摊(%)	水力发电			3.38	
	水土保持减淤			0.03	
	供水	7.60	2.12		8.83
	渔业	0.46	0.45		
	旅游		9.00		13.70
	小计	8.06	11.57	3.41	22.53
政府分摊(%)		14.63	17.76		22.04
总计(%)		22.69	29.33	3.41	44.57

按照共享区内的安徽省部分、浙江省淳安县、新安江水库及水库下游的杭州市地区效益分享的比例来分摊共建区内水源涵养与保护投入。由表 13-4 的投入核算和表 13-5 给出的分摊比例,可以估算得到新安江流域水资源各个地区受益主体所应分摊的生态保护投入,如表 13-6 所示。新安江流域安徽省部分、浙江省淳安县、新安江水库和水库下游的杭州市应分担的投入分别约为 1.1 亿元、1.4 亿元、0.2 亿元和 2.2 亿元。

表 13-6 新安江流域水源涵养与保护投入分摊结果 (单位:亿元)

地区 分摊部门		新安江流域皖浙省界以上	淳安县	新安江水库	新安江水库以下
用水部门分摊	水力发电			1 645	
	水土保持减淤			13	
	供水	3 706	1 034		4 310
	渔业	225	222		
	旅游		4 394		6 684
	小计	3 931	5 650	1 658	10 994
政府分摊	中央	3 570	4 333		5 375
	地方	3 570	4 333		5 375
总计		48 789	11 071	14 316	1 658	21 744

从计算结果可以看出,各部门分享的效益远大于分担的投入,其比例约为 13.2∶1,这是因为自然因素在水资源发挥各种效益的过程中起着主要作用,人类的水资源保护投入则是发挥了保护性和辅助性的作用。在上述算例中,即使总投入达到 10 亿元,效益与成本之比仍然达 6.5∶1,可见这种效益—成本分摊方法是合理的。

13.5.5　因限制发展导致的机会损失估算

采用前述的实证调查法和经验对比法,通过两种方法相互验证,测算新安江流域因限制发展造成的机会损失。

13.5.5.1　实证调查法

根据新安江流域从 20 世纪 90 年代中期以来关闭污染企业、厂矿和否定污染企业建设项目的情况,估算其利润和税收损失,作为流域产业发展受限制而遭受的损失。

新安江流域的黄山市和绩溪县为减少工业污染源,从 20 世纪 90 年代至 2006 年共累计关闭污染企业、厂矿 170 多家,损失产值约 24 亿元,损失就业岗位约 22 500 个,损失利税约 2.7 亿元;否定污染项目 56 项,总投资 24.6 亿元,减少就业岗位 11 827 个,损失利税约 6 亿元。

在新安江水库建设后期,国家为帮助淳安县发展经济,曾有目的地扶植发展了一批工业企业,但受到当时的认识水平和生产技术的限制,这些企业大多是资源消耗型企业,污染严重。为控制工业污染,20 世纪 90 年代中期以来,先后关、停、并、转造纸、化工、农药、电镀、化肥等 40 余家污染企业,确保了企业污染治理工作的顺利开展。由于缺乏具体关闭企业的统计资料,根据黄山市和淳安县的工业生产规模,估计淳安县累计关、停、并、转企业损失产值约 14 亿元,损失利税 1.6 亿元,累计利税 3.6 亿元。

20 世纪 90 年代中期以来,新安江流域的黄山市和淳安县累计关、停、并、转企业 210 余家,累计损失产值约 38 亿元,损失工作岗位 3 万多个,损失利税 4.3 亿元。共计否定企业 150 余家,累计减少利税约 9.7 亿元,减少就业岗位约 2 万个。综上所述,新安江流域因限制发展造成的利税损失累计约 14 亿元,减少就业岗位约 5 万个。黄山市和淳安县制造业在岗职工平均工资约为 1 万元/年,按此标准估算因限制产业发展造成的居民收入损失约 5 亿元。

13.5.5.2　经验对比法

1. 新安江流域上游地区与下游地区的社会经济情况比较分析

新安江流域上游的黄山市和淳安县与下游的建德市、杭州市区的人均 GDP 指标及它们之间的差异如表 13-7 和图 13-5 所示。从 2000～2008 年各地区的人均 GDP 情况可以看出,新安江流域上游的黄山市和淳安县的人均 GDP 明显低于下游地区。2008 年,新安江流域上游地区(黄山市和淳安县)人均 GDP 约为建德市的 1/2 和杭州市区的 1/5,且发展差距呈逐年增大趋势。可见,新安江流域上游地区与下游地区的发展差距非常明显,这与区域的地理位置、资源条件、基础设施、地方政策等很多因素有关。新安江水库的水源涵养和保护工作,以及由此而使区域发展受到一定的限制,也是造成这种上下游经济发展差距的重要原因之一。

表 13-7 新安江流域上游地区与下游地区的人均 GDP 发展差异比较 （单位：元/人）

年份	黄山市	淳安县	新安江流域上游地区（黄山市和淳安县）	建德市	杭州市区	新安江流域上游地区与建德市差距	新安江流域上游地区与杭州市区差距
2000	5 439	7 382	5 895	13 132	28 952	7 237	23 057
2001	6 072	8 292	6 592	14 611	32 607	8 019	26 015
2002	6 842	9 210	7 398	15 961	36 640	8 563	29 242
2003	7 884	10 593	8 521	17 726	42 675	9 205	34 154
2004	9 555	11 156	9 932	20 098	51 241	10 166	41 309
2005	10 938	13 740	11 599	19 470	57 746	7 871	46 147
2006	12 594	14 894	13 135	22 643	66 476	9 508	53 341
2007	14 430	17 499	15 150	26 997	78 157	11 847	63 007
2008	16 867	20 655	17 753	31 706	89 805	13 953	72 052

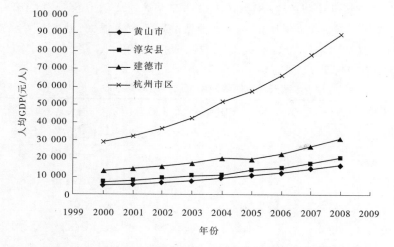

图 13-5 新安江流域上游地区与下游地区的人均 GDP 发展差异比较

2. 新安江流域因水源涵养造成限制发展损失分析

由于水源保护对新安江流域的经济发展制约程度难以量化，因而需要引入补偿系数的概念，考虑水源地保护限制发展影响最直接的是当地的财政收入和居民的工资报酬，由新安江流域的地方财政收入与 GDP 的比值来作为补偿系数。表 13-8 为新安江流域地方财政收入与 GDP 的比值在近年的变化情况，采用其平均值作为补偿系数，则黄山市的补偿系数为 5.98%，淳安县的补偿系数为 5.67%，新安江流域的补偿系数为 5.90%。

表13-8　新安江流域地方财政收入占 GDP 的比例

年份	黄山市			淳安县			新安江流域（黄山市和淳安县）		
	地方财政收入（亿元）	GDP（亿元）	比例（%）	地方财政收入（亿元）	GDP（亿元）	比例（%）	地方财政收入（亿元）	GDP（亿元）	比例（%）
2000	5.48	79.73	6.87	0.93	33.18	2.80	6.42	112.91	5.69
2001	5.49	89.10	6.16	1.78	37.26	4.78	7.26	126.36	5.75
2002	5.49	100.47	5.46	2.46	41.55	5.92	7.95	142.02	5.60
2003	6.02	115.82	5.20	3.11	47.82	6.50	9.13	163.64	5.58
2004	6.77	140.10	4.83	3.64	50.38	7.23	10.42	190.48	5.47
2005	8.56	160.40	5.34	4.78	62.17	7.69	13.34	222.57	5.99
2006	10.45	185.46	5.63	3.29	67.42	4.88	13.74	252.88	5.43
2007	14.01	213.23	6.57	4.13	79.27	5.21	18.14	292.50	6.20
2008	17.55	249.90	7.02	4.92	93.43	5.27	22.47	343.33	6.54
平均	8.87	148.25	5.98	3.23	56.94	5.67	12.10	205.19	5.90

　　将建德市作为邻近参照地区,根据黄山市和淳安县与建德市的人均 GDP 差值和补偿系数,可以计算得到新安江流域因限制发展导致的财政收入损失,见表13-9。新安江流域平均每年因水源保护而限制发展造成的财政收入损失约9.84亿元,其中黄山市约损失8.07亿元,淳安县损失1.77亿元。

表13-9　新安江流域因限制发展导致的财政收入损失

年份	人口（万人）		人均 GDP 差距（元/人）		损失地方财政收入（亿元）		
	黄山市	淳安县	黄山市与建德市	淳安县与建德市	黄山市	淳安县	总计
2000	146.6	44.9	7 693	5 750	6.75	1.46	8.21
2001	146.7	44.9	8 539	6 319	7.50	1.61	9.11
2002	146.8	45.1	9 119	6 751	8.01	1.73	9.74
2003	146.9	45.1	9 842	7 133	8.65	1.82	10.47
2004	146.6	45.2	10 543	8 942	9.25	2.29	11.54
2005	146.6	45.3	8 532	5 730	7.49	1.47	8.96
2006	147.3	45.3	10 049	7 749	8.85	1.99	10.84
2007	147.8	45.3	12 567	9 498	8.07	1.77	9.84
2008	148.2	45.2	14 839	11 051	8.26	1.81	10.07

　　根据实证调查法的估算结果,20世纪90年代中期以来新安江流域因限制发展造成利税损失约14亿元,其中关、停、并、转企业损失的调查结果较为准确,而对于否定企业所带来的损失难以进行准确、全面的估算。因而,通过实证调查法得到的结果偏小。根据经

验对比法估算得到新安江流域因水源保护而限制发展每年减少的地方财政收入约9.9亿元,此结果尚未包括同处于流域内的安徽省绩溪县的发展损失,是参照新安江流域与下游邻近的建德市的发展差距而做出的粗略估算。

综合实证调查法和经验对比法所得到的结果,保守估计新安江流域因发展受到限制而平均每年损失地方财政收入约5亿元,损失就业机会约1万个,按黄山市和淳安县制造业在岗职工平均工资约为1万元/年进行估算,新安江流域每年因限制产业发展造成的居民收入损失约1亿元。对新安江流域限制发展所造成损失的估算,可以为流域生态补偿的实现机制提供依据。对于这种因发展机会损失而进行的补偿,在实施的过程中可以结合一定的补偿资金,以建立上下游合作机制。

13.5.6 新安江流域水生态补偿试点实施

按照"保护优先,合理补偿;保持水质,力争改善;地方为主,中央监管;监测为据,以补促治"的原则,国家于2011年先行启动实施了新安江流域水环境补偿试点工作,具体补偿方案包括:一是补偿资金来源和额度。补偿资金额度为每年5亿元,包括中央财政出资3亿元,浙皖两省分别出资1亿元。二是补偿依据。按照《地表水环境质量标准》(GB 3838—2002)中高锰酸盐指数、氨氮、总氮、总磷4项指标确定补偿指数,即以省界国控街口断面的4项指标年平均浓度值为基本限值,综合考虑降雨径流等自然条件变化,确定水质稳定系数为0.85,得到补偿指数为无量纲值。三是补偿对象。补偿指数小于等于1,浙江省将1亿元资金拨付给安徽省;补偿指数大于1或新安江流域安徽省界内出现重大水污染事故,安徽省将1亿元资金拨付给浙江省。不论上述何种情况,中央财政资金全部拨付给安徽省。四是补偿资金用途。补偿资金专项用于流域产业结构调整和布局优化、水环境保护和水污染防治、生态建设等方面。

通过试点的开展,在现有工作基础上,不断总结经验,研究提出补偿依据更加科学、补偿内涵更加丰富、补偿标准更能体现生态服务价值的综合补偿试点方案。研究建立更加科学合理的评估体系,按照浙皖两省开展水资源和生态环境保护效果及享受生态服务价值,明确上游责任与权利;不断完善补偿标准和测算方法,充分体现流域上下游的合理诉求,在此基础上,研究增加水量、生态等方面的定量化指标。

第 14 章　水资源环境经济核算

14.1　研究背景与意义

随着人口增长和经济社会的快速发展,能源危机、水危机、环境污染、生态恶化等一系列资源环境问题日益凸显,然而传统的统计核算方法无法真实反映伴随在经济发展过程中的这些负面问题,不能客观反映人类社会在其发展过程中所付出的综合成本和所取得的真实效益。在此背景下,联合国开始研究建立综合环境经济核算体系(SEEA),在现有的国民经济核算的基础上,考虑人类活动对自然资源与环境的影响,将经济活动中自然资源的耗减成本与环境污染代价予以合理扣除,进行资源、环境、经济综合核算,不仅体现显性的投入产出关系,而且体现隐性的负面影响,形成一套能够全面、真实地描述资源环境与经济活动之间的内在联系,能够提供环境系统和经济系统之间资源交换以及伴随的经济信息的核算体系。

完整的综合环境经济核算至少应该包括五大项自然资源(土地资源、矿产资源、森林资源、水资源、渔业资源)耗减成本和两大项环境(环境污染和生态破坏)退化成本,水资源环境经济核算体系(System of Environmental and Economic Accounting for Water,SEEAW)就是核算水资源耗减和水环境退化给国民经济造成的负面影响,是综合环境经济核算体系下的子账户(高敏雪等,2003 年)。

水资源环境经济核算要按照综合环境经济核算的基本框架,针对水资源本身及涉水经济活动进行综合核算,其基本思路是把水信息和经济信息按照兼容的方式结合起来,以便同时从水供给和经济社会对水的需求角度做综合考量,为宏观决策提供科学、全面的综合信息支持,使决策者可以估计到涉水政策对经济社会产生的效果,使经济决策者明确意识到其经济活动规模和方式通过取水和废污水排放对水资源和水环境所产生的长期影响。

14.1.1　核算的必要性

14.1.1.1　开展水资源环境经济核算是可持续发展的迫切需求

从 20 世纪后半期开始,世界经济发展迅速,人口激增,与此相伴随的则是生态破坏、环境恶化以及资源快速耗减,由此使人们开始全面而深刻地反省人类自身的发展方式,关注人类活动对资源环境的影响,提出了可持续发展的战略思想,并逐渐被包括中国在内的全球各国所接受。可持续发展战略的实施要依赖于各个层面的决策以及在决策指导下的具体行动,而有效的决策必须有全面准确的数据信息做基础,其中特别需要在全球层面以及国家层面,对一定时期经济与资源环境之间的关系做出总体宏观定量描述,以便对发展成果进行总体评价,从结构上认识资源环境与经济的关系,评价人们的资源利用方式的合理性、与经济发展的协调性,以利于制定符合可持续发展要求的相应政策。随着水资源的日趋短缺及水环境问题的日益严峻,客观掌握水资源的数量、质量、开发利用状况,并对水资源开发利用造成的资源耗减及环境退化问题进行客观评价,对合理分析水资源与国民经济的关系、加强水资源管理、促进水资源的可持续利用具有重要的现实意义。

14.1.1.2　建立水资源环境经济核算体系是建立综合环境经济核算体系、改进经济发展评价体系的迫切需要

近年来,在经济快速发展的同时,在资源环境方面付出了沉重的代价,使得资源环境问题再次引起了全社会的广泛关注。发展绿色经济、循环经济,在注重经济发展的同时更加注重保护环境已经逐步被各国政府所认同和接受。GDP 不再是单纯衡量经济发展的唯一指标,在原有国民经济核算体系的基础上,将资源环境因素纳入其中,通过统计核算描述资源环境与经济之间的关系,为国家实施可持续发展战略和加强政府管理提供依据已经成为必然。综合环境经济核算体系(SEEA)涉及内容非常广泛,要实现综合环境经济核算,首先需要对多种资源及环境进行单独核算。水资源环境经济核算体系(SEEAW)正是 SEEA 体系的子账户之一。水资源环境经济核算体系通过编制水资源账户和水经济账户,对国民经济核算体系进行细化和延伸,从水资源可持续利用的角度,进一步完善社会经济发展效果的评价系统,为国家实施可持续发展战略和加强政府管理提供数据支撑,为合理制定经济发展目标、优化产业布局、促进经济发展方式转变和建设资源节约型、环境友好型社会提供宏观决策依据。可以说,水资源环境经济核算体系是综合环境经济核算体系不可缺少的一部分。

14.1.1.3　建立水资源环境经济核算体系是以水资源管理为核心进一步加强水利公共服务和社会管理能力的迫切需要

水资源是基础性的自然资源和战略性的经济资源,是生态与环境的重要控制性因素。必须实现水资源的合理开发、高效利用、综合治理、优化配置、全面节约、有效保护和科学管理,满足饮水安全、防洪安全、粮食安全、经济发展用水安全、生态用水安全,以水资源的可持续利用保障经济社会的可持续发展。这是可持续发展治水思路的基本要求。为此,一方面要进一步加强水利基础设施建设,不断提高水利的公共服务能力,为社会经济发展服好务;另一方面要以水资源管理制度建设为重点,不断提高涉水事务的社会管理能力,促进经济发展方式的转变。

水资源环境经济核算体系是水利管理的重要手段和工具。它将水资源、水环境、水设施、水活动、水支出等信息和国民经济信息结合起来,综合分析水对经济的贡献和经济对水的影响,可以全面反映水利与国民经济协调发展的关系。通过建立水资源环境经济核算体系,有助于科学分析社会经济发展对水利建设的需求,正确评价水资源对社会经济可持续发展的保障能力,为水利基础设施建设、水利行业发展提供决策依据;有助于客观分析和评价不同行业、不同部门的用水需求和效率;有助于协调生产用水、生活用水和生态用水及流域用水和区域用水,为以水权制度建设为核心的水资源管理制度建设,以水资源的优化配置和高效利用为目标的节水型社会建设提供可靠的数据支撑;有助于科学分析水利、水务活动和用排水活动的各种经济关系,客观反映水资源的价值,正确评估水资源枯竭和恶化的经济损失,理清社会经济活动与水资源保护与治理的关系,从而为水资源保护与治理、为与水有关的生态保护机制建设提供数据基础。同时,建立水资源环境经济核算体系有助于搭建一个利益各方都接受的信息平台,协调有关方面在水资源分配和交换、水资源保护和治理中的利益关系,吸纳相关各方参与与水相关的政策制定。

14.1.1.4　建立水资源环境经济核算体系是建立现代水利统计制度、提高统计工作水平的迫切需要

水利统计是水利部的一项重要基础性工作,尽管近年来通过不断加强队伍建设、加强标准化规范化建设、不断完善统计制度等措施,水利统计水平有了很大的提高,但基层统计力量薄弱、统计工作分散、统计工作与业务管理脱节的问题一直存在,如何建立一个与国际接轨、符合我国国情、满足国民经济需要的现代统计制度一直是水利统计工作的难题。通过建立水资源环境经济核算体系,有助于协调多部门、跨行业的多种与水有关的统计工作,整合分散的统计数据资源,增强水利综合统计能力;有助于在水利统计工作中引入国际标准和方法,推动水利统计制度和方法改革,规范涉水统计调查,提高统计数据质量;有助于拓展水利统计工作的范围,填补水利统计的空白,强化行业统计能力;有助于建立起涵盖水资源和水环境、水活动和水行业、水资产和水设施、水使用和水排放、水行政管理和水利现代化等方面的水利统计指标体系,满足水利发展和管理的基础统计信息需求。因此,建立水资源环境经济核算体系是加强水利统计的迫切要求,是建立现代水利统计体系的迫切需要。

14.1.2　作用和意义

14.1.2.1　建立一套统计核算体系,实时掌握水资源和水环境状况

我国涉水统计数据的收集与统计工作已开展了多年,但目前还存在一些问题:一是由于部门管理分割,涉水统计工作比较分散,力量不集中,涉水统计存在重复和空白,统计工作的规范性和效率均有待提高。二是统计调查方法比较单一,主要采取年度统计报表制度的调查形式,利用重点调查、抽样调查等方法开展涉水调查还比较少。三是数据资源比较分散,不同部门之间缺乏数据交换和共享机制。同时,由于缺乏统一的涉水数据标准,数据资源的整合利用受到制约。四是涉水数据的来源缺乏基层观测和管理记录,数据收集的方法还有待改进,数据报送、审核、汇总过程还有待进一步规范,部分数据的完整性、准确性有待进一步提高,数据的可靠性和可用性均受到制约。

水资源环境经济核算的基本目标是建立一套实用的水资源环境经济核算制度和标准方法,通过各种量水设施系统记录某一时段内的水资源数量、水资源质量、社会经济取用水量、污水及污染物排放量、环境中的水资源存量以及与水相关的资金来源及支出、投资、产出等实物量和价值量信息,将涉水数据统一在这一体系中,更好地反映中国水资源循环流动的各个方面的情况,形成全面核算涉水信息的统计核算平台,提高涉水统计数据的统一性和完整性。

14.1.2.2　推进用水环境成本核算,客观评价用水过程产生的负效用

水资源环境经济核算的重要目的之一是量化国民经济用水造成的水资源耗减和水环境退化问题,评价水资源开发利用促进国民经济发展的同时伴随的负面影响,分析经水资源耗减、水环境退化、水环境保护支出调整后的国内生产总值。通过统计的涉水相关信

息,可建立起水资源与国民经济之间的联系,通过投入产出技术及其他价值评价手段,评价由水资源开发利用造成的资源耗减和环境退化问题,为综合环境经济核算奠定基础。

14.1.2.3　强化用水管理,促进最严格水资源管理政策的实施

为实现水资源可持续利用,水利部提出实施最严格的水资源管理制度,其核心是建立水资源管理三条"红线":一是水资源开发利用红线,严格实行用水总量控制;二是用水效率红线,坚决遏制用水浪费;三是水功能区限制纳污红线,严格控制入河排污总量。

要实现上述目标,需要同时掌握用水过程中的宏观指标和微观指标,在宏观指标方面,要能够监测区域的用水总量,实时控制区域总用水在获得的水量分配指标范围之内,保证不挤占其他地区的用水指标;同时,需要监控区域的排污总量指标,控制污染物入河量在水功能区的允许范围之内,保证水功能区的水质安全。在微观指标方面,要能够实时监测各用水户的用水效率,保证用水户用水定额在合理的范围之内,避免用水浪费问题。只有实时掌握了地区用水过程中的宏观指标和微观指标,才能针对具体情况,合理采取行政、法规及经济措施保障三条"红线"的落实,把最严格的水资源管理落在实处。

水资源环境经济核算对严格水资源管理政策的支撑作用表现为:在用水总量控制方面,水的实物量供给使用表清晰记录了用水户从环境和其他经济体获得的取水总量以及供应到其他经济体和排放到环境中的总供水量,可提供各用水户及全区的总用水状况;在入河排污总量控制方面,排放账户清晰记录了各用水户直接排放的污染物毛排放量以及经污水处理厂处理后的净排放量,实时反映出各用水户的污染物排放量以及地区排放到环境中的污染物总排放量;在用水效率控制方面,混合账户将经济体的用水总量、排污总量和经济产出集合到同一账户中,直观反映出各经济体的用水效率及排污强度。

14.1.2.4　与国民经济核算相衔接,为水与国民经济协调发展提供统计平台

水是实现社会经济发展和社会进步的基本资源,通过水资源开发利用促进国民经济发展的同时,对水资源造成了严重的影响,突出的方面就是水资源耗减和水环境退化问题。只有客观掌握有多少水可供社会经济利用、社会经济活动对水资源产生了什么样的影响,才能制定科学的发展方略,并有针对性地制定合理的涉水政策,促进水资源的可持续利用。水资源环境经济核算从根本上将水资源与国民经济活动紧密地结合在一起。从微观上看,记录了水资源开发利用及水环境保护活动所发生的资金支出及来源,以及这些活动形成的资本积累,同时记录了水资源交换过程中发生的资金转移过程;从中观和宏观上看,记录了供用水活动过程中带来的行业增加值及全区的国内生产总值。水资源环境经济核算客观反映了社会经济活动与水资源的关系,为评价水资源与国民经济的关系提供了重要的数据支撑体系,为相关政策的制定提供了基础平台。

14.1.2.5　为水资源资产负债表编制和水权制度建设提供统计信息平台

我国正在开展包括水资源资产负债表在内的自然资源资产负债表研究探索工作,以期对传统的国民经济核算体系缺陷进行重大改进、补充和完善,通过对水资产本底、水负债亏缺的探索核算,科学认知水利发展效益与影响;通过水资源资产和负债的探究,促进水利统计制度的完善,使水利统计体系有效地融入国家统计体系;通过水资源产权主体的确定,为水资源有偿使用和水生态补偿标准制定、水生态环境损害责任终身追究制、水生态文明建设成效评估等提供量化指标和依据。水利部也在积极探索水权制度建设,主要

包括水资源使用权确权登记、水权交易流转、相关制度建设三个方面。水资源环境经济核算的核心是针对水资源实物量和价值量进行核算,明确核算区内水资源资产数量、质量,水资源在各类用户间的取、供、用、耗、排关系以及伴随开发利用过程发生的财务和经济信息,这些信息为水资源资产负债表、水资源使用权确权登记以及水权交易流转提供了必要的基础数据支撑,为开展水资源资产负债表编制和水权制度建设提供了重要的统计信息平台。

14.2　国内外研究进展

14.2.1　资源环境核算研究进展

从 20 世纪 70 年代起,许多国家和国际组织相继开展了资源环境核算的理论方法研究与实践探索,如法国、挪威、日本、澳大利亚、芬兰、韩国等,以及联合国、世界银行、欧盟等国际组织。我国也从 20 世纪 80 年代起开展了类似的研究和试点工作,但尚属探索行为。进入 21 世纪,我国才真正开始了资源环境核算方面的工作。

挪威是最早开始进行资源环境核算的国家,于 20 世纪 70 年代初提出了自然资源环境核算体系理念,并于 1981 年首次公布并出版了《自然资源核算报告》,1987 年又公布了《挪威自然资源核算研究报告》。在研究报告中,将自然资源分为实物资源和环境资源,构建了包括土地、水资源、森林、石油以及天然气等较为完整的实物资源核算体系。自 1997 年起,又进一步将环境账户包括固体废弃物、废水排放等纳入国民账户矩阵中,并开展了一系列对环境税的研究。

加拿大统计局也于 20 世纪 80 年代初开始尝试构建环境核算体系,目前已经编制了环境资产卫星账户、环境资源管理支出账户和物质流分析账户。通过这些账户,可以测算环境保护相关的财政压力以及环境保护对经济活动的贡献,账户显示采矿、造纸、冶金、石油加工和能源利用这五个行业的环保支出占总支出的 80% 。

韩国的资源环境核算体系建立在联合国 SEEA 框架的基础上,主要分为四类:环保支出与环境价值的评估、非生产性资源的资本账户、可再生资源的资本账户和环境的退化成本。其中,非生产性资源的资本账户包括了土地、森林、渔业及矿产等资源,其资本账户以市场现价乘以数量估算得出。

欧盟环境经济核算系统是由欧洲统计局(Eurostat)开发的资源环境核算系统,它是欧盟在第五次环境行动计划中针对环境议题的产物,以卫星账户的方式将环境保护活动与国民经济账户建立连接,并作为环境议题与相关统计资料的桥梁。该系统分为五组模型:环境保护支出账户、自然资源使用及管理账户、环境产业记录系统、特征活动投入产出分析以及物质流账户,目前发展中心在环境保护支出部分。

另外,一些发展中国家如墨西哥、菲律宾等也相继开展了资源环境核算的研究。墨西哥是较早开展资源环境核算的发展中国家。墨西哥的国家核算体系(SNA)尝试将环境相关数据(包括森林资源、石油、土壤侵蚀、水资源、水污染等)纳入,对不同环境主题的存量和流量以实物量的形式记录,并建立净绿色国内生产总值作为测量国家经济可持续增长的指标。其计算方式是由 GDP 减去固定资产消耗、自然资源损耗和环境退化。通过分析估算墨西哥 1985～1992 年的环境损失,得出了自然资源损耗成本约占 GDP 的 3.9%、环境退化成本占 GDP 的 8.6% 的结论。

菲律宾创建了两套资源环境核算体系,即 ENRAP(Environmental and Natural Resources Accounting Project)和 PSEEA,前者是 1990 年 Peskin 在 USAID 基金的资助下开发的,后者则是在 1995 年由国家统计局在联合国的建议下编制的,二者有共同之处,但编制理论不同。

我国的资源环境核算工作起步相对较晚,但发展较快,其发展进程大致可以分为三个阶段:

(1)消化起步阶段(20 世纪 80 年代初至 90 年代初),主要开展了一些资源环境核算的基础性研究工作。20 世纪 80 年代初,于光远提出应该对环境进行计量,呼吁开展污染和生态破坏经济损失的计算。中国环境科学研究院通过开展"公元 2000 年环境预测和对策研究",第一次核算了全国环境污染的经济损失。部分学者引入了国外相关研究成果,如翻译了《挪威的自然资源核算与分析》等国外的研究报告。1988 年,国务院发展研究中心成立了资源核算及其纳入国民经济体系课题组,进行了以环境污染经济损失为主的我国环境污染和生态破坏经济损失计量研究。对生态系统破坏的经济损失也开展了相应研究,如"中国典型生态区生态破坏经济损失及其计算方法"的研究。

(2)探索实践阶段(20 世纪 90 年代初至 2003 年),以第一阶段的探索为基础,逐渐开展了一系列资源环境核算的理论研究工作,主要包括实物量和价值量核算的理论和方法研究,现行国民经济核算体系的不足与纳入资源环境的可能性和纳入形式、理论和方法研究,以及一系列的实践工作。

这阶段的主要相关研究工作包括:全国生态环境成本的核算研究;重庆市大气环境污染核算;三峡工程的生态环境损失;在三明和烟台进行了真实储蓄率的核算试点研究;中国环境污染经济损失的计量研究。北京大学开展了"可持续发展下的绿色核算"课题研究,并以宁夏为试点进行核算。中国环境规划院开展了可持续发展与环境经济指标体系的研究,并提出了基于卫星账户的环境资源核算方案的初步设计方案,进而开展了国民经济核算体系改革中的环境实物量核算方案(环境卫星账户方案)研究。自 2003 年起,中国环境规划院开展了环境经济投入产出核算模型的研究,国家统计局也在《中国国民经济核算体系(2002)》中增加设置了自然资源实物量核算表作为附属账户,尝试编制了 2000 年全国土地、水资源、森林和矿产实物量表,并与挪威统计局合作分别编制了 1987 年、1995 年和 1997 年中国能源生产与使用账户,在黑龙江省、海南省和重庆市进行了环境保护支出、水资源、森林资源、工业污染等项目的试点研究;2003 年还将联合国的《综合环境与经济核算手册(2003)》(SEEA - 2003)翻译成中文(高敏雪等,2003)。

(3)提高规范阶段(2004 年至今),资源环境核算的研究受到前所未有的重视,迫切需要在原有研究与实践工作的基础上提高、规范,并逐步进入实质性的操作阶段。2004 年 3 月,国家统计局与国家环境保护总局(现更名为环境保护部)正式启动了"综合环境与经济核算(绿色 GDP)研究"项目,并于 2004～2008 年,开展完成了"中国环境经济核算 2004""中国环境经济核算 2005""中国环境经济核算 2006"以及 10 个省市的试点工作。

14.2.2　专项核算研究进展

根据 SEEA – 2003 中各类具体资源账户类型,所涉及的主题包括地下资源、水资源、林地、林木及林产品、水生资源、土地和生态系统等。各类资源之间的核算方法和体系构建存在一些共性,也因各自特性不同存在一些差异。当前国内外在森林资产、矿产资源及土地资源核算方面开展了广泛的研究。

14.2.2.1　森林资产

森林资产是在现有的认识和科学水平条件下,进行经营利用,能给其产权主体带来一定经济利益的森林资源,按其物质形态可分为森林生物资产、森林土地资产以及森林环境资产。森林资产集生物资产、不动产、存货和无形资产于一身,具有资产的多样性和复杂性等特点;森林资产能通过生长、蜕变、生产、繁育在质量和数量上发生变化,从而引起价值量的变化,具有实体的再生性和动态变化性;具有不动产性质,但其自然位置属性对森林资产的生长潜力有一定影响;具有外部影响性,不仅受自然因素的影响,还受政策和人为干预的影响。

目前,世界上许多国家和组织都已在森林资产核算方面做了很多工作。在美国,通过考虑森林资产对收入、资产的影响,来修正现有的国民经济账户。在德国的森林资产核算中,编制了林业当前账户、林业积累账户和林业平衡表三个账户来反映森林资产的变化情况。意大利的森林资产核算项目,将森林资产分为林木和非林木产品、土壤侵蚀防治、风景林火防治和固碳以及户外娱乐四部分。在芬兰,将森林资产核算指标分为财政、经济、社会和可行性指标,研究得出森林资产核算对前三者的作用较小,对环境作用最大,并通过建立平衡表来反映森林资产存量和流量的变化情况。我国从 1989 年开始对森林资产核算进行系统研究,《资产核算论》和《森林资产核算与纳入国民经济核算体系》等较为系统地介绍了我国森林资产核算的研究成果;《中国森林资产核算研究》又进一步从理论和技术方法等方面进行了系统阐述。另外,还有学者对三北防护林体系的生态效益进行了经济评价,以及对林木和林地的价值进行核算并将其纳入国民经济核算体系的研究等。

综合国内外对森林资产核算的研究来看,由于对森林资产的认识不同,存在将森林资产分别作为有形资产和无形资产进行独立研究的现象,而事实上森林资产具有多功能,并且林木在不同的成长阶段其价值也不同;森林资产核算以实物量核算为主,价值量核算被忽视或缺乏较为精确的核算方法,岳泽军提出从微观层次采用会计学方法对森林资产进行核算;另外,在环境资产的非市场价值估价方法上需要取得突破性的成果,尤其是在方法的可操作性方面。

14.2.2.2　矿产资源

矿产资源属于地下的不可再生资源,任何利用都将导致资源的耗减,并且是不可持续的,只有新的发现和资源的循环利用或资源替代能够修正这种不可持续性。矿产资源核算是从国民经济的角度出发,核算对象为矿产资源资产,即在现状技术经济条件下可开发利用的已探明矿产资源储量,以及矿业企业在明晰产权基础上已占有的储量、后备储量和可利用储量。

对于矿产资源的核算早已受人们关注。Robert 提出自然资源估价应源于三方面,即资源消耗、级差地租和垄断条件。在韩国,采用净价格法对矿产资源如煤矿、铜矿等进行了自然资源耗减的估算。

国内对矿产资源核算也有较为广泛的研究。王广成通过分析矿产资源定价的一般方法,如收益现值法、净价格法、重置成本法、潜在收益价值评估等,并运用多种方法进行结果分析比较;张士运等通过自然价值计量的方法将矿产资源纳入绿色 GDP 的核算模型,从现行的国内生产总值中扣除矿产资源的自然价值,并以北京市为例进行研究,结果为2007 年纳入矿产资源的 GDP 比纳入前下降了 0.107%。

可以看出,在矿产资源核算中,矿产资源的存量和流量变化情况,以及矿产资源的价值评估是主要问题。

14.2.2.3　土地资源

土地是由地球陆地部分一定高度和深度范围内的岩石、矿藏、土壤、水文、大气和植被等要素构成的自然综合体,有土地覆盖和土地利用两种分类方式,前者从自然角度划分土地类型,反映土地的自然功能,一般包括建设区域、草地、森林、河流和湖泊;后者从经济角度划分土地类型,反映土地的经济功能,包括居住、产业使用、运输、娱乐休闲和自然保护区。

SEEA 中,土地和生态系统属于一个综合核算模块,其实物型综合账户目前还处于构建探索中,包括实物型基本账户,反映存量和存量的变化情况;补充账户,有面向土地利用的账户、面向土地覆盖的账户、土地质量账户和土壤账户。菲律宾的 PSEEA 和 ENRAP 两套国民经济核算体系中均有对土地资源的核算部分,PSEEA 中包含土壤资源账户,尚未进行价值计算,ENRAP 中对农业活动对土壤造成的损失进行了估算;在加拿大的核算系统 CSESR 中,以实物量和价值量账户来记录土壤;韩国采用平均市场价格对土地资源进行了资源耗减的估算。

在国内研究进展方面,罗文运用收益还原法对湖南省的耕地资源进行了价值量核算,并提出了相应的利用对策。王永德等以资源核算理论为基础,进行了耕地资源的实物量核算,用以反映耕地资源的规模;进行了价值量核算,来反映耕地资源的质量;进行了存量及流量核算,来反映耕地资源的变化情况。

可见土地资源核算更加侧重于土地资源实物量账户的编制,虽然有一些价值量的核算方法,但目前的应用案例很少。

14.2.3　水资源核算研究进展

水资源区别于其他自然资源,具有可更新性、循环性和流动性等特征。广义的水资源包括大气水、地表水、地下水和土壤水,彼此之间紧密联系并在一定条件下相互转化。水资源本身为人类生存所必需,是国民经济发展的重要物质基础,兼具资源功能、受纳功能和生态服务功能。随着经济社会的不断发展,经济社会系统对水资源系统的扰动逐渐加大。水资源系统支撑着经济社会系统的发展,又依存于经济社会系统。

国际上水资源核算研究成果较为突出的国家有澳大利亚、南非和欧盟部分国家等。长期以来,澳大利亚统计署一直致力于把各种资源的环境账户建立到一个综合的信息系统,目前已开展了一系列的环境账户的试验项目,包括能源账户、矿物资源账户、水生物账户、水资源账户、环境保护支出和国民经济平衡表。2000年5月,澳大利亚统计署公布了基于1993~1997年的第1版水资源账户。该账户的建立是在综合环境经济核算的框架指导下完成的,包括水资源资产表(地表水和地下水资产、水质账户)、水资源供给使用表以及水资源账户与其他数据(水资源利用、就业率)的联系等。

南非也较早开展了水资源核算工作。2004年,南非出版了基于2000年的第1版水资源账户,并作为国民经济核算体系SAN–1993的一个卫星账户。在南非水资源账户中,水流量账户是核心部分,以水使用表的形式展现。水使用表着重于记录经济体和环境之间与经济内部之间的水流动,主要分为两部分,即水从环境到经济体内部和经济体之间的流动水。水供应表同样包括两部分,即经济体内一个经济单位向其他单位的供应和经济单元返回环境的水。

欧盟统计局专门成立了水资源核算工作组,及时总结欧盟国家在水资源核算方面的理论方法成果和新发现,该工作组已完成对水资源核算框架的进一步完善工作和对试验性研究成果的讨论,目前集中于对水资源相关经济活动的货币描述以及水资源的使用和向水环境的排水过程对经济的影响等方面的研究。

欧盟部分国家也广泛开展了水资源核算工作,并各具特色。荷兰统计局基于1991年的NAMEA(National Accounting Matrix including Environmental Accounts)研究,综合了水资源使用信息,将水资源使用和水污染数据与经济核算系统联系起来,构建了水资源核算体系(NAMWA)。法国基于排水池系统对河道质量核算进行试验性应用,对整个地区的废水构建NAMEA型排水账户进行可行性研究,构建水资源提取和分配的支出账户,并对1997年卢瓦尔河布列塔尼半岛流域的地区性废水进行了NAMEA型排水核算。丹麦针对1994年的水资源提取与利用编制了水资源账户,开展了与工业、家庭排放废污水相关数据账户编制的可行性研究,并通过1995~1996年的相关经济数据,综合描述水循环账户。德国统计学者联盟结合投入产出表中1990年、1991年和1993年在空气排出物、垃圾和废水方面的经济数据编制了水资源排出账户,编制了1995年水循环账户,并构建了1995年物质投入产出表。另外,一些欧盟国家如卢森堡、芬兰、希腊、挪威等也进行了水资源账户相关的编制工作。

在20多个国家和地区的研究和实践的基础上,联合国统计司与环境核算伦敦小组合作编制了《水资源环境经济核算体系》(SEEAW,2006年)。该手册在国民经济核算和综合环境经济核算的基础上,扩展了水资源的相关信息,形成了水资源与环境经济核算框架,主要包括水资源流量核算(供给使用表、排放账户、经济账户、混合账户)、资产存量核算(核算期初、期末的水资源存量和由于自然人为因素引起的水量变化)、质量状况核算(不同质量等级的水的期初、期末存量及存量变化),以及水资源估价。

在联合国统计司发布《水资源环境经济核算体系》之前,我国已开展了水资源核算的相关研究工作,但基本上属于探索性的研究,缺乏一定的系统性。王舒曼等以江苏省为案例区进行水质、水量的水资源实物量核算和采用恢复成本法进行了水资源价值核算,得出在1994~1997年间通过水资源的自然资源折旧调整,GDP下降了5.58%,表明以GDP为主要衡量指标的国民经济核算体系高估了以江苏省为代表的我国东部经济发达地区的经济发展水平;陈东景等以干旱地区第二大内陆河黑河流域中游的张掖地区为例,建立了

2000 年的水资源实物型账户、价值型账户、枯竭成本分配账户和综合账户,结果显示水资源枯竭成本占原净资本形成额的 9.39%。

《水资源环境经济核算体系》的成功编制,对我国的水资源核算研究工作起到了推动作用,水资源核算的框架逐步趋于成熟,同时水资源核算问题研究的难点逐渐显现。张宏亮通过对水资源实物量和价值量核算的研究,初步建立了水资源纳入宏观环境会计核算体系的理论框架;王萍、廖志伟等通过分析现有水利统计指标体系存在的问题,以水资源核算为基础提出了水利统计指标体系改革的方向;甘泓、高敏雪在分析水资源核算体系的基本构成和主要特点的基础上,提出了我国开展水资源核算研究的基本思路,提出了水资源核算的具体框架,包括水资源存量及变化核算、水资源供应与使用实物核算、水资源供应使用混合核算、水经济账户,指出了创建我国水资源核算体系的研究难点在于统计体系的障碍、技术方法的突破、政策体制的约束、数据资料的支撑以及认识水平的不足等方面。

近几年,针对水资源核算中的难点问题,如水资源的供应使用与国民经济核算体系的匹配问题、水资源核算的实际操作问题、水资源耗减量的计算以及水经济账户的编制问题等,国内许多学者开展了相应的探索研究。刘思清等探讨了水资源核算供应使用账户中应包含的实物内容和传统水利统计与水资源核算供应使用账户的关系,揭示了供应表与使用表中流量总和恒等的内在联系;卢琼等从水的自然循环和社会循环出发,分析了水资源核算体系框架下水的实物量供给使用表和水资源资产账户的水循环机制,并通过在国家层面的试算提出了进行水资源核算的建议。卢琼、甘泓等从水资源可更新性出发,提出了由于人类经济社会活动用水消耗所产生的水资源耗减的基本概念和水资源耗减量的分析计算方法。甘泓、秦长海等从水资源商品流通性出发,提出了以影子价格评价水资源价值的思路,并对 2005 年我国及一级流域的水资源耗减成本进行了估算和分析,结果显示,我国水资源耗减成本占 GDP 的 0.91%,海河流域的水资源耗减成本占 GDP 的 2.92%。

14.3　SEEAW 主要内容

14.3.1　SEEAW 基本框架

在不断的探索和完善中,联合国统计司于 2003 年发布了水资源环境经济核算体系草案(System of Environmental-Economic Accounting for Water-Final Draft),之后又持续进行修订,于 2006 年 5 月荷兰沃尔堡会议上发布了水资源综合环境经济核算讨论稿(Integrated Environmental and Economic Accounting for Water Resources-Draft for Discussion),之后经过多次修订,颁布了 SEEAW – 2012。

联合国水资源环境经济核算的基本理念是在将水资源引入到国民经济核算体系(SNA)中,按照 ISIC 分类标准,通过水资源资产账户、水资源质量账户、水的实物量供给使用表、排放账户、混合账户、自用供排水混合账户、涉水政府公共消费账户、国民支出及融资账户等记录社会经济对水资源的供给、使用、处理、排放过程以及同时发生的经济产出及财务支出状况,形成涉水统计核算体系,为政策应用及决策机制提供基础。联合国水资源环境经济核算框架见图 14-1。

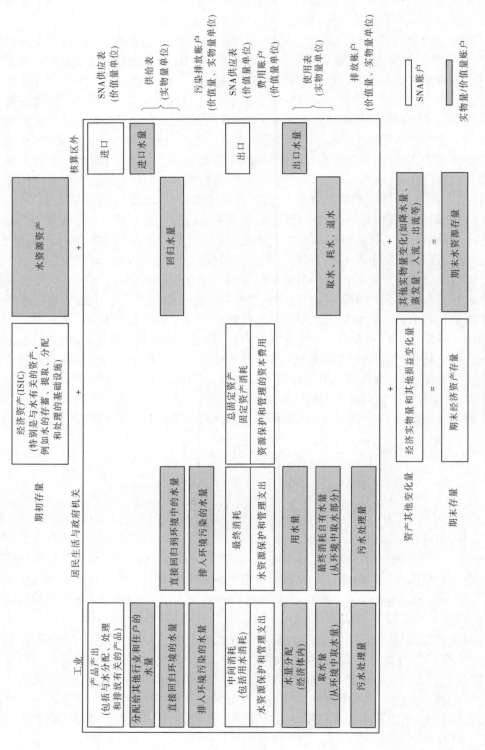

图 14-1 联合国水资源环境经济核算框架 ❶

❶ 资料来源:联合国等,水资源环境经济核算体系(2012)。

14.3.2　SEEAW 账户体系

联合国水资源环境经济核算框架中的账户包括水的实物量供给使用表、排放账户、混合账户、经济账户、水资源资产账户、水资源质量账户。

14.3.2.1　水的实物量供给使用表

水的实物量供给使用表(SUT)是以实物量作为单位,描述水在经济体内以及在环境与经济体之间的流量。

14.3.2.2　排放账户

排放账户是描述直接或通过污水管网系统间接排入水体的废污水中各种污染物含量的账户。该账户通过统计废污水中污染物的种类、数量及排放去向(如排入淡水水域或海水水域),分析人类活动对环境造成的压力。

14.3.2.3　混合账户

混合账户是将价值量和实物量的对应信息在同一核算表中并列反映,建立起国民经济活动中价值量与水资源实物量的关系,反映国民经济各部门的供水、用水、污水排放状况,以及供用水过程中伴生的国民经济产出和使用及固定资产形成,提供了一个详细的反映水资源与国民经济活动整体状况的数据库。

14.3.2.4　经济账户

经济账户是要将与水有关的内容从整个经济核算之中分离出来,形成相对独立的水经济核算体系,可以显示现实经济体系围绕水的开发与保护所付出的经济资源,显示在开发保护过程中不同部门之间的经济利益关系,显示与水有关产业的发展状况以及对国民经济的贡献,显示与水有关税费和水权等经济手段运用的力度。经济账户由一系列子账户构成,包括自用供排水混合账户、涉水政府公共消费账户、税费与补贴账户、国民支出及融资账户。

(1)自用供排水混合账户记录除专门供水及污水处理外的部门直接从环境取水或对产生的废污水进行排放前处理而发生的费用和取用、处理的水量等信息,与水供给和使用的混合账户结合起来,可以反映社会经济中全部供用水活动的实物量与价值量的供给和使用信息。

(2)涉水政府公共消费账户记录政府为了水资源管理、水环境保护等目的发生的直接或间接支出。其目的是分析政府在涉水服务中的作用,反映政府对涉水服务的支出状况,了解这些情况对制订经费支出计划具有重要作用。

(3)税费与补贴账户。水的供给与使用过程会产生相关的税费与补贴,该账户主要记录这些内容,反映政府利用经济杠杆对供用水活动的干预程度。

(4)国民支出及融资账户针对水资源开发利用、管理和保护等活动,核算以各种名义在各个环节发生的资金来源及使用去向,反映国民经济为进行水资源开发利用及保护所支付的总经济价值,反映企业、政府、住户之间形成的支出结构和利益关系。

14.3.2.5　水资源资产账户

水资源资产账户以实物量测算核算期期初和期末水资源的存量,在这里水资源被界定为自然资产。水资源资产账户还包括在核算期内所发生的存量的变化以及变化的原因。

14.3.2.6　水资源质量账户

水资源质量账户描述某一评价时段内水资源存量及质量变化。该账户可以综合反映水资源的质量及其变化情况,既是综合环境经济核算中生态核算的基础,又是进行水资源科学管理、废污水综合治理的依据。

图 14-2 是联合国水资源环境经济核算框架中的账户体系。

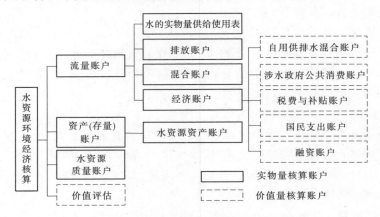

图 14-2　联合国水资源环境经济核算框架中的账户体系

14.4　我国水资源环境经济核算体系

14.4.1　总体框架

中国水利水电科学研究院、国家统计局以及中国人民大学等单位以联合国发布的统计核算体系为基础,结合我国的实际状况对核算体系进行了充实和完善,形成了我国水资源环境经济核算体系框架(甘泓等,2009),见图 14-3。框架包括以下三部分。

14.4.1.1　水资源实物量核算

水资源实物量核算一方面从水文循环出发,用实物单位描述在地表、地下和土壤中存在的总水量,以及这些水量在一定期间(一年)内的变化,并对水资源存量按照水质状况予以评估;另一方面从社会水循环出发,描述社会经济活动中取水、供水、用水、耗水、排水量以及污染物排放量,体现水资源与经济活动的关系,从根本上关注水资源对经济体系用水的保障程度。实物量核算包括存量核算和流量核算两个方面。存量核算包括数量核算和质量核算,流量核算包括水供给使用核算、水污染核算和水供给使用混合核算。

14.4.1.2　水经济核算

水经济核算主要是按照现有经济核算规则对围绕水所发生的各种经济活动进行核算,包括存量核算和流量核算,其基础是国民经济核算。核算内容包括三部分:一是将水资源的开发、管理、保护作为一类特殊的经济生产活动,对涉水产业的投入与产出进行核算;二是将水资源的开发、管理、保护活动提供的产出作为一类经济产品,对涉水产品的供给与使用发生的资金收支进行核算;三是从开发、管理、保护目的出发,对围绕水资源所发生的资产积累状况进行核算。

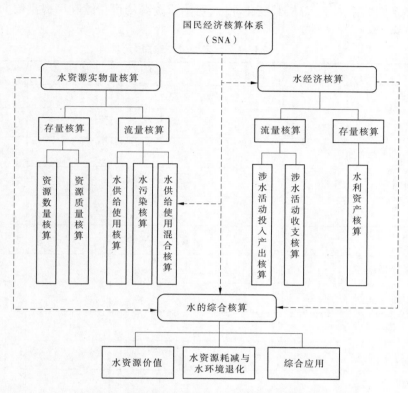

图 14-3　我国水资源环境经济核算体系框架[❶]

14.4.1.3　水的综合核算

水的综合核算目标是以水资源实物量核算、水经济核算以及国民经济核算为基础,评价水资源与国民经济的关联关系,进一步开展水资源价值核算、水资源耗减与水环境退化成本核算及政策应用研究,针对涉水活动中的实际问题,在水资源开发、水资源管理、水利投资及产业发展政策等方面为政府提供政策建议。

14.4.2　水资源的实物量核算

水资源实物量核算的主要目标是从水资源供、用、耗、排的循环过程进行核算,将水资源及其供给与使用在实物量意义上导入国民经济核算体系,体现水资源与经济活动的关系,反映水资源对于经济体系的重要性以及保障程度。通过水资源存量核算和流量核算,可全面掌握水资源数量、质量及供给使用信息,并将水的实物量供给使用信息与经济产品供给使用的价值量信息相结合,反映经济活动对水资源的利用效率、对废水的排放强度。

14.4.2.1　存量核算

存量核算有两个相互关联的账户:水资源资产账户和水资源质量账户。

---

❶资料来源:中国水资源环境经济核算研究组,中国水资源环境经济核算,2009 年。

水资源资产账户是将水资源作为自然资产进行核算,考察其在某一时点上(通常是指核算期的期初和期末)的存量以及两个时点(期初和期末)之间所发生的变化。从水资源与经济体系的关系入手,分析其变化原因,可为水资源的可持续利用提供依据。水资源资产账户见表14-1。

表 14-1 水资源资产账户

去向/来源	地表水	土壤水	地下水	合计
	A	B	C	D
1. 期初存量				
存量的增加				
2. 经济体的回归				
3. 降水				
4. 入流				
4.a 从上游邻国流入				
4.b 领土内的其他水资源				
4.c 调入水量				
存量的减少				
5. 取水				
6. 蒸发/实际蒸发				
7. 出流				
7.a 向下游流出				
7.b 海洋				
7.c 领土内的其他水资源				
7.d 调出水量				
8. 其他变化量				
9. 期末存量				

水资源质量账户描述了核算期期初和期末按质量等级进行分类的水的存量,以及核算期内不同水质类别的存量变化,一般分河流、湖泊、水库分别核算,见表14-2~表14-4。由于技术因素,在账户中很难将产生质量变化的原因与质量变化一一对应,并直接联系在一起,质量账户中只能体现某一核算期内质量的变化,而不再进一步分出变化的原因。

表 14-2　河流水质账户

核算时段	评价河长（km）	I 类		II 类		III 类		IV 类		V 类		劣 V 类	
		河长（km）	占评价河长（%）	河长（km）	占评价河长（%）	河长（km）	占评价河长（%）	河长（km）	占评价河长（%）	河长（km）	占评价河长（%）	河长（km）	占评价河长（%）
期初存量													
期末存量													
存量变化													

表 14-3　湖泊水质账户

核算时段	评价面积（km²）	I 类		II 类		III 类		IV 类		V 类		劣 V 类	
		面积（km²）	占评价面积（%）	面积（km²）	占评价面积（%）	面积（km²）	占评价面积（%）	面积（km²）	占评价面积（%）	面积（km²）	占评价面积（%）	面积（km²）	占评价面积（%）
期初存量													
期末存量													
存量变化													

表 14-4　水库水质账户

核算时段	评价需水量（m³）	I 类		II 类		III 类		IV 类		V 类		劣 V 类	
		蓄水量（m³）	占评价库容（%）	蓄水量（m³）	占评价库容（%）	蓄水量（m³）	占评价库容（%）	蓄水量（m³）	占评价库容（%）	蓄水量（m³）	占评价库容（%）	蓄水量（m³）	占评价库容（%）
期初存量													
期末存量													
存量变化													

14.4.2.2　流量核算

流量核算有三个相互关联的账户:实物量供给使用表、排放账户和混合账户。事实上,混合账户还包括一部分经济核算内容,兼有实物量核算和经济核算的功能,无法将其分为两个独立账户,研究中将其放到实物量核算中。

实物量供给使用表提供在环境和经济体之间,以及经济体内部包括国民经济各行业和住户部门之间水的流向和流量信息,这其中既包括经济体对水的使用即消费,也包括经济体对水的供给或排放,见表 14-5。对水的实物供给使用流量进行核算,其目标是采用实物单位系统描述核算期内"资源水进入经济体系—产品水在经济体系内部的循环—废水从经济体系排向环境"的整个过程。不仅要核算各个环节上水供给使用流量的多少,同时要在结构上给出供给使用的"来龙"和"去脉",尤其要关注经济部门分类下的供给使用结构。

表 14-5　水的实物量供给使用表

水的实物量			生产								生活	合计
			第一产业	第二产业					第三产业	产业小计		
				工业	自来水的生产供应业	污水处理及再生利用	建筑业	第二产业小计				
使用量（取水量）	直接取自环境的水量	地表水量										
		其中:河流										
		湖泊										
		水库										
		地下水量										
		其中:浅层水										
		深层水										
		微咸水										
		集雨工程雨水利用										
		城市径流量										
		淡化海水量										
		海水直接利用量										
		小计										
	取自其他经济体的水量	自来水										
		管道水										
		原水(水利工程供水)										
		再生水										
		废污水量										
		小计										
	总取水量(总使用量)											
	其中:新水取用量											
供给量	供给及排入其他经济体的水量	对外供水量										
		排入污水处理厂水量										
		小计										

续表 14-5

水的实物量			生产								生活	合计
			第一产业	第二产业					第三产业	产业小计		
				工业	自来水的生产供应业	污水处理及再生利用	建筑业	第二产业小计				
供给量	回归及排入环境的水量	排入内陆水域水量										
		输水回归地表水水量										
		输水回归地下水水量										
		排放回归地下水水量										
		小计										
	总供给量											
耗水量												

　　废污水对环境的影响不仅取决于废污水量的多少,更取决于废污水中所包含的污染物的多少。排放账户侧重于核算国民经济各行业和住户部门对环境排放的废污水中所含有的污染物数量。排放账户见表14-6。

表 14-6　排放账户

污水/污染物	生产							生活	合计
	第一产业	第二产业				第三产业	产业小计		
		工业	自来水的生产供应业	污水处理及再生利用	建筑业	第二产业小计			
1. 总排放量									
a. 直接排入水域									
a.1 经源内处理									
a.2 未经源内处理									
a.3 排向内陆水域									
a.4 排向海域									
b. 排入污水收集处理系统									
c. 排入其他经济体（污水回用）									
2. 分配污水处理厂排放量									
3. 净排放量									

　　混合账户是将实物量供给使用表中所记录的水资源实物量信息,与各部门的经济活动核算信息结合起来。其中,经济活动信息来自国民经济核算中的经济产品供给表、使用表。之所以称为"混合"核算,是因为有关水的供给使用信息用实物单位表示,有关经济产品供给使用的信息则是按照货币单位提供的。通过这样的混合核算,不仅保留了进入和排出经济体系的水量的信息,而且可以进一步提供对应经济活动规模的用水和排水信息,反映水资源的利用效率以及废水的排放强度。同时,可反映核算期内涉水产品的供给和使用状况,以实物量和价值量形式评价涉水产品的供给结构和使用结构。混合账户包括混合供给表、混合使用表和水供给使用混合账户三个账户,见表14-7～表14-9。

表 14-7　混合供给表

供给量	各产业部门总产出				进口	合计
	第一产业	第二产业	第三产业	合计		
1. 总产出与供给(亿元)						
1. a 自来水生产及供应						
1. b 原水供应与服务						
1. c 污水处理及再生水利用						
2. 水的总供给(亿 m^3)						
2. a 供水给其他经济单位						
2. a. 1 对外供水量						
2. a. 2 排入污水处理厂						
2. b 总排放量						
2. b. 1 排放到地表水体						
2. b. 2 排放到地下水体						
2. b. 3 排放到海洋						
3. COD 总排放量(万 t)						

表 14-8　混合使用表

使用量	产业部门中间使用				最终消费		资本形成总额	进口	合计
	第一产业	第二产业	第三产业	小计	政府	住户			
1. 中间消耗及使用(亿元)									
1. a 自来水生产及供应									
1. b 原水供应与服务									
1. c 污水处理及再生水利用									
2. 增加值合计(亿元)									
3. 水的总使用(亿 m^3)									
3. a 直接取自环境									
3. b 来自其他经济单位的水量									
3. b. 1 自来水供应									
3. b. 2 水利工程供水									
3. b. 3 污水处理及再生水利用									
3. b. 4 废污水									

表 14-9　水供给使用混合账户

分类	产业部门中间使用				最终消费		资本形成总额	进口	合计
	第一产业	第二产业	第三产业	小计	政府	住户			
1. 总供给（亿元）									
1.a 自来水生产及供应									
1.b 原水供应与服务									
1.c 污水处理及再生水利用									
2. 总使用（亿元）									
2.a 自来水生产及供应									
2.b 原水供应与服务									
2.c 污水处理及再生水利用									
3. 增加值（1−2）									
4. 水的总使用（亿 m^3）									
4.a 直接取自环境									
4.b 来自其他经济单位的水量									
4.b.1 自来水供应									
4.b.2 水利工程供水									
4.b.3 污水处理及再生水利用									
4.b.4 废污水									
5. 水的总供给（亿 m^3）									
5.a 供水给其他经济单位									
5.a.1 对外供水量									
5.a.2 排入污水处理厂									
5.b 总排放量									
5.b.1 排到地表水体									
5.b.2 排到地下水体									
5.b.3 排放到海洋									
6. COD 总排放量（万 t）									

14.4.3　水经济核算

将与水有关的经济活动从一般经济活动中分离出来,以便反映经济体系针对水资源开发、利用、管理、保护所发生的经济活动规模以及其中的经济利益关系。作为经济活动,这些内容实际在很大程度上已经包含在国民经济核算之中,因此所谓关于水的经济核算,就是要将与水有关的内容从整个经济核算之中分离出来,形成相对独立的水经济核算体系。通过水的经济核算,可以显示现实经济体系围绕水的开发与保护所付出的经济资源,显示在开发保护过程中不同部门之间的经济利益关系,显示与水有关产业的发展状况以及对国民经济的贡献,显示与水有关税费和水权等经济手段运用的力度。

14.4.3.1　**存量核算**

存量核算主要是水利资产核算,相关账户为水利资产账户。与水相关的资产包括企业或水管理部门所有的以提取、分配、处理和排放水为目的的水利基础设施。水利资产账户反映了涉水活动所形成的固定资产,用以评价涉水活动的财富积累状况。水利资产账户见表 14-10。

表 14-10　水利资产账户

分类	固定资产原值	固定资产净值	当年固定资产形成
水利工程设施			
城乡水务设施			
水资源监测计量设施			
用于水利、水务工程设备运营管理的配套设施			
总计			

14.4.3.2　**流量核算**

流量核算包括涉水活动❶投入产出核算和涉水活动收支核算,相关账户为自用水活动混合账户、涉水活动生产账户、税费补贴账户、国民支出账户和筹资账户。

自用水活动混合账户反映了各个产业和住户的自用性涉水活动状况,记录了直接从环境取水或对废污水进行排放前处理活动而发生的费用以及取用水量或处理水量等信息,与水供给与使用的混合账户结合起来,可以反映经济社会中全部供用水活动的实物量与价值量的供给和使用信息。自用水活动混合账户见表 14-11。

涉水活动生产账户记录了水资源开发、利用和保护行业生产产品与提供服务的活动,目的是将涉水行业的投入产出信息从国民经济核算中分离出来,反映与水有关行业经济活动的规模,评价涉水行业对国民经济的贡献。涉水活动生产账户见表 14-12。

---

❶　涉水活动指国民经济活动中,直接与水有关的活动,包括水的生产供应、水资源管理、水环境治理等过程相关的生产、管理及咨询活动。

表 14-11　自用水活动混合账户

部门分类			自用水使用/自用污水处理服务					
			经常性支出	资本性支出	当年固定资产形成	固定资产原值	固定资产净值	取水量
行业分类	第一产业	农业						
		林牧渔业						
	第二产业	采矿业						
		制造业						
		电力、燃气及热力的生产与供应业						
		火电						
		水电						
		供水及废污水处理业						
		水的生产和供应业						
		废污水排放和处理业						
		建筑业						
	第三产业	水利管理业						
		行业合计						
		住户						
		总计						

表 14-12　涉水活动生产账户

类别名称	总产出	中间消耗	增加值				
			小计	劳动者报酬	生产税净额	固定资产折旧	营业盈余
水的生产与供应业							
废污水排放和处理业							
水利、水务及航运工程设施建筑业							
水利管理及服务业							
其他水产业活动							
总计							

　　税费补贴账户记录了用水户在用水和排水过程中支付的税费以及获得的补贴,目的是分析国家利用各种经济杠杆对水资源消耗和水环境保护活动进行宏观调控的作用。我

国目前征收的与水有关的税费主要是水资源费和排污费,发放的与水有关的补贴主要包括农业用水补贴、节水补贴和治污补贴等。税费补贴账户见表 14-13。

表 14-13　税费补贴账户

部门分类			供用水活动		污水处理活动	
			水资源费支出	用水/节水补贴收入	排污费支出	治污补贴收入
行业分类	第一产业	农业				
		林牧渔业				
	第二产业	采矿业				
		制造业				
		电力、燃气及热力的生产与供应业				
		火电				
		水电				
		供水及废污水处理业				
		水的生产和供应业				
		废污水排放和处理业				
		建筑业				
	第三产业	水利管理业				
	行业合计					
住户						
总计						

　　在国民经济活动中,围绕水资源的开发、利用、管理和保护发生大量的资金投入,国民支出账户和筹资账户记录了核算期内与水有关活动的资金筹集和使用状况,目的是反映国民经济为进行水资源的开发、利用和保护活动所支付的总经济价值,以及企业、政府、住户之间形成的支出结构和利益关系,见表 14-14 和表 14-15。

表 14-14　水资源开发利用活动国民支出账户

支出去向	生产者		最终消费者		合计
	A. 开发利用部门	B. 其他生产者	C. 住户	D. 政府	(B + C + D)
1. 水资源开发利用活动经常性支出				—	
2. 水资源开发利用活动资本性支出	—				
3. 购买产品水的支出					
4. 国内支出合计(1 + 2 + 3)					
5. 水资源开发利用固定资产形成				—	

　　说明:"—"表示无关或为零;由于开发利用部门的支出在出售产品的过程中已转移给其他生产者和最终消费者,为了避免重复,行向合计不包括开发利用部门。

表 14-15　水资源开发利用活动筹资账户

资金承担者	生产者		最终消费者		合计
	A. 开发利用部门	B. 其他生产者	C. 住户	D. 政府	(B + C + D)
1. 政府					
2. 企业					
开发利用部门				—	
其他生产者					
3. 住户				—	
4. 国民支出(1 + 2 + 3)					

说明:"—"表示无关或为零。

14.4.4　水的综合核算

水的综合核算的基本思路是在存量和流量不同层面上,将水资源作为一个有机要素纳入国民经济核算内容之中,进行总量调整,以全面评价水资源对国民经济的贡献和影响。根据综合环境经济核算的原理,以水为主题,可以实现的总量调整主要有两个:一是将水资源作为经济资产的组成部分,估算水资源的经济价值,然后纳入国民财产核算之中,由此显示水资源作为一国所拥有的财富的重要性;二是将水资源作为经济活动的投入要素看待,估算经济活动所造成的水资源耗减成本和水环境退化成本,将其从反映经济产出成果的国内生产总值(GDP)扣除出去,形成经过调整后的 GDP,由此显示水资源对于国民经济的贡献以及经济过程对水资源的影响强度。

是否对国民经济核算进行调整,目前还存在争议。争议的焦点与其说在于是否应该进行总量调整,不如说是能否实现总量调整以及如何开发适当方法支持总量调整的实现。总体来看,在估价方法没有得到根本解决的情况下,总量调整似乎就是一个无法达到的目标,因此联合国《水资源环境经济核算体系》明确宣布"不讨论耗减和退化成本对宏观经济总量的调整"问题[①]。但是,作为水问题突出的发展中国家,我国有必要针对此领域进行尝试性的研究。通过对水资源进行估价研究,即可以像森林资源核算、污染核算那样,将资源环境经济学中所开发的方法与国民经济核算所应用的方法嫁接起来,推进总量调整的实现。

因此,综合核算的实质是依据实物量核算和经济核算的结果开展进一步分析,主要包括三个方面:第一,水资源价值核算,系统分析水资源价值属性,建立合理的可行评价理论和方法,对非市场化的水资源价值进行定量研究。第二,水资源耗减与水环境退化成本核算,以水资源价值核算为基础,评价水资源供给使用过程中的水资源耗减成本和水环境退化成本,反映水资源耗减和水环境退化对国民经济造成的负面影响。第三,政策应用,基于水资源核算成果,为水务主管部门提供水资源开发、管理方面的建议;结合水资源价值

[①]　System of Environmental-Economic Accounting for Water(final draft) , United Nations Statistics Division, paragraph 2. 43。

研究,在水资源费、排污费及水价制定方面为决策部门提供技术支撑;在供水、水污染治理等方面为政府提供水利投资建议;建立一系列宏观指标,评价水与国民经济的关系,在产业发展政策领域为政府宏观决策提供政策建议等。

14.5　水资源环境经济核算发展方向

14.5.1　开展广泛的试算

水资源环境经济核算已经初步形成了系统的理论体系,下一步的工作重点是逐步应用到实际操作中,通过实际的统计核算来检验体系的合理性和可行性,因此需要选定试点区开展试算研究,以逐步对体系进行改进、完善,促进其应用推广;水资源环境经济核算涉及众多部门,在数据获取层面需要建立各部门的合作,将涉水数据整合到统一的平台上,在理论研究层面上需要加强与其他学科的交流,尤其是在水资源价值评价、水资源耗减成本和水环境退化成本方面要借鉴其他资源的评价方法。

14.5.2　立足水资源,建立与统计核算部门的合作

水资源环境经济核算涉及水资源、社会经济等方面的信息,我国现状涉及这些方面数据的统计部门包括水利部、环保部、住房和城乡建设部、国家统计局等。因此,要建立水资源环境经济核算体系不能只局限于水利部一个部门,需要加强与各部门的协调合作,促进水资源环境经济核算的有力开展。

14.5.3　依托水资源环境经济核算,持续开展价值量核算研究

通过分析,初步总结出该领域存在的主要问题体现在三方面:①从联合国到欧盟乃至我国的水资源环境经济核算框架体系,还未经过实际操作层面的检验,核算方法和账户是否符合管理需求还有待验证;②在水资源价值量核算方面,我国水资源环境经济核算对水资源价值、水资源耗减成本、水环境退化成本等方面开展了拓展研究,校正了水资源价格偏低的问题,但是如何将水资源耗减和水环境退化产生的影响纳入国民经济核算中,形成考虑负效应的核算体系还需要进一步深入研究;③水资源环境经济核算的目标是为水资源管理和综合环境经济核算服务,如何利用水资源环境经济核算体系更合理地为水资源综合管理提供支撑作用,如何将水资源环境经济核算与综合环境经济核算衔接也是需要进一步研究的问题。

开展水资源环境经济核算的一个重要目标是将水资源开发利用引起的资源和环境问题纳入到国民经济指标分析中,将资源和环境成本纳入到经济系统是目前的一个热点和难点,需在水资源价值量核算方面开展深入研究,以推动水资源环境经济核算工作的有效开展,推动与国民经济核算的融合。

14.5.4　以水资源综合管理为导向,开展新形势下的涉水政策应用研究

水资源环境经济核算的另一个重要目标是为水资源综合管理提供技术支撑,一方面

要根据水资源管理需求,建立服务于实际管理的水资源环境经济统计核算平台;另一方面要以水资源统计核算体系为基础,进一步进行拓展分析研究,凝练指导性指标和政策方向,为最严格水资源管理制度提供指导。

14.5.5　实现水资源资产负债表与水资源核算的系统性关联

在可持续发展背景下,我国正着手构建国家资产负债表,以客观评价我国在某一时点的财富状况。全口径的国家资产负债表需要将自然资源作为非金融非生产性资产纳入到核算体系中。探索编制包括水资源在内的自然资源资产负债表不仅可促进建立生态文明评价制度,把资源消耗、环境损害、生态效益纳入经济社会发展评价体系,也是完善国家资产负债表及相应统计制度的重要内容。作为 SNA 的基本核算单元,国家资产负债表早已融于 SNA 体系中;而无论是自然资源资产负债表之于 SEEA,还是水资源资产负债表之于 SEEAW,则需要加大力度开展相关研究,除完成自然资源资产负债表及水资源资产负债表的编制工作外,还需实现自然资源资产负债表及水资源资产负债表与 SEEA 和 SEEAW 的系统性关联。同时,作为未来水权制度中基本水权益实体(water entity)的水核算平台,水资源资产负债表将在水资源转换或水权交易中发挥巨大作用。

第 15 章　智慧流域

15.1　智慧流域起源与时代背景

15.1.1　智慧流域驱动因素

15.1.1.1　智慧流域是建设生态文明的战略选择

　　党的十八大明确提出"新四化"和"五位一体"的战略部署,使"信息化"与"生态文明"成为两大突出亮点。在我国进入全面建成小康社会的决定性阶段,信息化成为发展的目标和路径,生态文明成为国家发展的重中之重。21 世纪是生态文明的世纪,随着以信息技术为代表的高新技术的推陈出新,未来的流域不仅越来越"生态化",也越来越"智慧化"。智慧流域的到来必将带来流域生产力的又一次深刻变革,形成推动生态流域和民生流域发展的强劲动力,成为建设生态文明和美丽中国的战略选择。

　　生态文明是现代社会的高级文明形态。面对资源约束趋紧、环境污染严重、生态系统退化的严峻形势,党的十八大明确要求更加自觉地珍爱自然,更加积极地保护生态,努力走向社会主义生态文明新时代,将生态文明提到关系人民福祉、关乎民族未来的长远大计高度,树立尊重自然、顺应自然、保护自然的生态文明理念,把生态文明建设融入经济建设、政治建设、文化建设、社会建设的全过程和各方面。生态文明是继原始文明、农业文明和工业文明后的一种高级文明形态,是社会文明演变发展的历史继承和提升,是对传统农业文明和工业文明的反思与超越,倡导的是人与自然的协调发展。

　　生态文明建设需要智慧流域发挥战略支撑作用。党中央之所以将生态文明建设提升到"五位一体"的高度,是因为生态环境已经影响到人民生活和生存,受到社会的普遍关注。资源约束趋紧、环境污染严重、生态系统退化的严峻形势已成为我国经济可持续发展的瓶颈。数据显示,我国近 30% 的国土面积分布在大江大河流域,横贯不同的行政区域,流域承载着密集的城镇、工矿企业和众多的人口,是我国经济发展的核心地带,流域内的水资源、土地资源、生物资源、矿产资源等为国民经济的可持续发展提供了源源不断的资源支撑和驱动力。流域是生态文明建设的基本单元,是生态文明建设过程中的摇篮和"孵化器"。如果没有健康的流域支撑,生态文明将是无源之水。因此,维护健康的流域是生态文明建设的重要路径和基石,是实现中华民族伟大复兴的通道。随着生态文明理念不断深入,健康的流域管理发挥战略作用,流域管理向智慧化方向转变成为信息化发展的终极趋势,是践行"节水优先、空间均衡、系统治理、两手发力"治水思路,保障水安全和生态文明战略实现的重要抓手。

15.1.1.2　智慧流域是社会融合发展的重要支撑

　　信息社会已成为社会发展的主流形态。随着科学技术的不断进步,信息社会已成为社会发展的主流形态,信息社会将信息化贯穿到了生产生活的各个方面,使信息化走向了"智慧",并使生产力得到了提升。据统计,目前发达国家 1/2 以上从业人员从事与信息相关的工作,照此推算,未来 10 年人们的全部工作中将有 4/5 与信息有关。信息社会已经显现出以下重要特征:一是信息网络泛在化,高速、宽带、融合、无线的信息基础设施将联通所有人或物。二是社会运行智能化,精细、准确、可靠的传感中枢将成为社会运行的要素。三是经济发展绿色化,高效、安全、便捷、低碳的数字经济将蓬勃兴起。四是人们生活数字化,科学、绿色、超脱、便捷的数字化新生活将变成现实。五是公共服务网络化,虚拟化、个性化、均等化的社会服务将无所不在。六是公共管理高效化,精细管理、高效透明将成为公共管理的必然趋势。随着信息社会的快速发展,社会各行各业都在发生改变,从社会网络、生产模式到管理方式与服务手段,这对流域发展及服务方式都产生重要影响,智能化、一体化、协同化成为流域发展的新趋势,智慧流域的到来是必然趋势。

智慧化理念促进了智慧流域的发展。2008 年年底,IBM 首次提出"智慧地球"新理念,感应器逐步被装备到电网、铁路、桥梁、隧道、公路、建筑、大坝、油气管道等各种物体中,并且被普遍连接,形成物联网。物联网与现有的互联网整合起来,实现人类社会与物理系统的整合。智慧地球的核心是更透彻的感知、更全面的互联互通和更深入的智能化。自智慧地球概念提出以来,各种智慧化应用与创新得到不断推广,智慧化理念的不断深入对我国智慧流域的发展也起到了积极推动作用(李德仁等,2010)。智慧流域是智慧地球建设过程中不可缺少的重要部分,通过智慧流域的发展,可以更有力地承担建设、保护和改善生态系统的重大使命,有效改善森林锐减、湿地退化、土地沙化、物种灭绝、水土流失、干旱缺水、洪涝灾害、气候变暖、空气污染等生态危机。智慧地球是一种低碳、绿色、和谐的发展模式,完全契合了我国构建生态文明、建设美丽中国的发展战略。随着智慧地球理念的不断深入,我国智慧流域的建设是必然趋势。尤其是在我国新型工业化、信息化、城镇化、农业现代化融合发展战略的促进下,流域智慧化的道路将加快推进、创新发展。

15.1.1.3 智慧流域是流域转型升级的现实需求

近年来,流域信息化有力支撑了生态流域建设,流域信息化全力促进了流域产业发展,流域信息化着力引领了生态文化创新,流域信息化大力提升了流域执政服务水平。总之,信息化促进了流域智慧转变。从信息到智慧,从数字流域到智慧流域,信息化在流域管理中的应用已经从零散的点的应用发展到融合的全面的创新应用。一是智慧流域创新服务,以"民生优先、服务为先、基层在先"的服务理念,用更全面的互联互通促进信息交互、服务多元化,极大地提升政府服务水平和基层参与管理的深度,从而有效支撑服务型政府的构建;二是智慧流域创新平台,用更透彻的感知摸清水资源和生态环境状况、遏制生态危机、共建绿色家园,用更深入的智能监测预警事件支撑生态行动、预防生态灾害,从而打造一体化、集约化的发展平台;三是智慧流域创新管理,以智能建设生态流域、提速民生事业,用更智慧的决策掌控精细管理、处置应急事件、促进协同服务,实现最优化的创新管理。

经过多年的努力,流域信息化快速发展,流域管理水平不断提高,流域生态文明建设也取得了一定成果。但是,智慧流域在未来发展过程中仍将面临较大的挑战:一是信息共享和业务协同程度低,二是新技术应用支撑能力不足,三是感知体系不完善,四是数字鸿沟依然悬殊。目前存在的各种问题,不仅制约了流域管理发展,而且影响了国家发展大局,如果不加快流域发展模式转型升级,将影响美丽中国的实现。因此,需要全面加快流域信息化建设,促进流域管理转型升级,实现流域智慧化发展。今后的流域将实现高度智能化——信息化引领、一体化集成、智慧化创新。

15.1.1.4 智慧流域是主动寻求变化的结果

随着人类社会的发展,流域管理思想也发生着巨大变化,从传统管理方式不断向重视生态、兼顾生态与经济的协调发展转变,从而构建更加适应社会发展需要的流域模式,这需要充分利用现代科学技术和手段,提高全社会广泛参与保护和培育流域资源的积极性,高效发挥流域的多功能和多重价值,以满足人类日益增长的生态、经济和社会需求,现实的需要为智慧流域的发展提供了契机。

现代信息技术革命不断促进社会发展。20世纪以来,在世界范围内兴起了一场以微电子技术、计算机技术与光纤通信技术等为核心的信息技术革命,对社会发展产生了重要影响,是以往任何一次技术革命所不可比拟的。目前,信息技术革命主要经历了三个阶段,即计算机的产生与发展、互联网的产生与发展、物联网的产生与发展。信息技术革命是近代历史上所发生的重要科技革命,计算机技术开辟了智能化时代;互联网技术使信息传播途径成功升级,实现了信息分享无处不在、信息传递精准定位、信息安全便捷可保;物联网、云计算、移动互联网等新一代信息技术实现了互联互通、快速计算、便捷应用等。牢牢把握新一轮信息技术革命的机遇,充分利用现代信息技术的强力作用,将为社会发展不断创造奇迹。

现代信息技术在流域发展中发挥了重要作用。随着现代信息技术的逐步应用,通过对流域的全面有效监管,能实现流域资源状况的实时、动态监测和管理,获取流域资源基础数据,实现对流域资源与社会、经济、生态环境的综合分析,对流域发展态势进行详细分析,对流域演化情况进行预测和模拟。

新一代信息技术为智慧流域的发展提供重要支撑。随着云计算、物联网、下一代互联网等新一代信息技术变革,以及智慧经济的快速发展,信息资源日益成为流域发展的重要要素,信息技术在流域发展中的引领和支撑作用进一步凸显。目前,信息技术在流域基础设施建设、流域资源监测与管理、流域政务系统完善、流域产业发展等方面已得到广泛应用,对智慧流域的发展起到重要推动作用。

与智慧流域密切相关的是目前的数字流域。数字流域是伴随地理信息系统和虚拟现实技术产生的概念,强调各种数据与地理坐标联系起来,以图形或图像的方式来展示。然而仅提供三维、航空和地面多视角等多维位置服务的数字流域已经不能适应大信息量、高精度、可视化和可量测方向的发展趋势,以及不能满足数据生产、加工、服务内容和更新手段提出的自动化、实时性和智能化的更高要求(李德仁等,2010)。智慧流域的提出意味着一种与数字流域不同的视角,它以物体基础设施和IT基础设施的连接为特色,数字代表信息和信息服务,智慧代表智能、自动化与协同,注重人的个性体验和发展。数字流域以信息资源的应用为中心,智慧流域以自动化智能应用为中心,虽然两者有关联与交集,但是所强调的内涵不同。智慧流域不但具有数字流域的特点,更强调人类与物理流域(现实流域)的相互作用,实现流域物理世界中人与水、水与水、人与人之间的便利交流,与数字流域巧妙结合,构建"数字流域－物理流域－人类社会"三元体系的联合互动模式,突出其作为新一代流域变革理念的特色和生命力。

15.1.2　智慧流域概念解析

15.1.2.1　概念界定

"智慧"的理念最早起源于 IBM 提出的"智慧地球"这一概念,其理论基础是互联网进化论。2008 年 11 月,恰逢 2007～2012 年环球金融危机伊始,IBM 在美国纽约发布的《智慧的地球:下一代领导人议程》主题报告中提出了"智慧地球",即把新一代信息技术充分运用到各行各业中。具体来说,"智慧"的理念就是通过新一代技术的使用使人类能以更加精细和动态的方式管理生产和生活的状态,通过把传感器嵌入和装备到全球每个角落的供电系统、供水系统、交通系统、建筑物和油气管道等生产生活系统的各个物体中,使其形成的物联网与互联网相联,实现人类社会与物理系统的整合,而后通过超级计算机和云计算将物联网整合起来。此后这一理念被世界所接纳,并作为应对金融海啸的经济增长点。在此基础上,全世界以城市智慧化建设作为智慧地球建设的切入点和体现形式,掀起了智慧城市建设的浪潮。智慧城市被认为有助于促进城市经济、社会与环境、资源协调可持续发展,缓解"大城市病",提高城镇化质量。

基于国际上的智慧城市研究和实践,"智慧"的理念被解读为不仅仅是智能,即新一代信息技术的应用,更在于人体智慧的充分参与。推动智慧城市形成的两股力量,一是以物联网、云计算、移动互联网为代表的新一代信息技术,二是知识社会环境下逐步形成的开放城市创新形态。一个是技术创新层面的技术因素,另一个则是社会创新层面的社会经济因素。正如有学者指出,新一代信息技术与创新 2.0 是智慧城市的两大基因,缺一不可。

综合上述对智慧化理念的解读,不管是智慧地球,还是智慧城市,主要体现为物的智能和人的智慧,前者是指信息技术的发展,后者是人的创新能力的发展,两者相互促进,相辅相成,缺一不可。正是两者的结合,使管理对象,如地球、城市等,呈现出智慧化的形态,保持可持续发展。因此,智慧理念的构成有三要素:物(客体或准主体)、技术(手段)、人(主体)。人通过创新,使技术得到进步,技术进步使物具备了智能化,正是物的智能化,使人类居住的生态环境、社会经济与自然资源协调发展。

经过上述分析,参考智慧地球的定义,借鉴智慧城市等相关领域的概念定义,在此给出智慧流域的定义:

将新一代信息技术充分运用于流域综合管理,把传感器嵌入和装备到流域的自然系统和人工系统中,泛在互联形成"流域物联网",通过超级计算机和云计算将"流域物联网"整合起来,以大数据、流域系统模型、虚拟地理环境等为支撑,完成数字流域、物理流域和人类社会的无缝集成,通过充分利用人类的开放创新精神,实现以更加智慧、精细和动态的方式进行流域规划、设计、建设和运行的"全生命周期"管控,使人类社会与生态环境永续和谐,达到能够智慧化高效运行的可持续发展的流域形态。

简单地说,智慧流域是指充分利用云计算、物联网、大数据、移动互联网等新一代信息技术,融合人类个体和群体智慧,通过感知化、物联化、智能化、社会化的手段,形成流域立体感知、管理协同高效、生态价值凸显、服务内外一体的流域发展新模式。

15.1.2.2　概念辨析

1. 智慧流域与数字流域的关系

数字流域是指基于宽带网络通信基础设施和计算资源基础设施推进城市信息化建设,数字流域可以看作是智慧流域的初级形态。我国多数流域信息基础设施建设亟待加快,但不能因此降低了智慧流域的标准和水平,缩小了智慧流域的目标和愿景。除基础设施及衍生业务外,智慧流域更多地聚焦于社会管理创新、民生保障改善等管理和服务层面,能够深入推动流域产业体系转型升级,切实带动流域人文环境与自然环境的改造提升。因此,智慧流域可以具备数字流域基本框架,但数字流域无法囊括智慧流域的丰富内涵。

依据李德仁院士对"数字城市"与"智慧城市"两者关系的解读,可以认为数字流域存在于网络空间(cyber space)中,虚拟的数字流域与现实的物理流域相互映射,是现实生活的物理流域在网络世界中的一个数字再现。智慧流域则是建立在数字流域的基础框架上,通过无所不在的传感网将它与现实流域关联起来,将海量数据存储、计算、分析和决策交由云计算平台处理,并按照分析决策结果对各种设施进行自动化控制。在智慧流域阶段,数字流域与物理流域可以通过物联网进行有机的融合,形成虚实一体化的空间(cyber physical space)。在这个空间内,将自动和实时地感知现实世界中人和物的各种状态和变化,由云计算中心处理其中海量和复杂的计算与控制数据,为人类生存繁衍、经济发展、社会交往等提供各种智能化的服务,从而建立一个低碳、绿色和可持续发展的流域。

智慧流域的发展与早期的信息基础设施以及数字流域的建设一脉相承,但智慧流域阶段更注重信息资源的整合、共享、集成和服务,更强调流域管理方面的统筹与协调,时效性要求也更高,是信息化流域和数字流域建设进入实时互动智能服务的更高级阶段,同时是工业化和信息化的高度集成。

李成名(2013)在《从数字城市走向智慧城市》一文中,从测绘地理信息的角度分析了数字城市与智慧城市的区别与联系。他认为,与数字城市相比,智慧城市将从"两式四化"发展到"4S 四化"。在数字城市阶段,两式即"分布式、一站式",数据不集中,采取分布式存储逻辑式集中,通过平台对用户提供一站式的服务;四化即"数字化、网络化、空间化、协同化",各种信息首先表现为数字化,在网络上在线运行,当然专题信息是分布在空间上的,同时在两式的支撑下,政府及其各部门实现业务的协同处理。在智慧城市阶段,4S 即"基础设施即服务(IaaS)、平台即服务(PaaS)、软件即服务(SaaS)、数据即服务(DaaS)";四化即"鲜活化、虚拟化、代理化、灵性化",集成物联网智能感知的实时信息,通过虚拟化方式进行数据、软件功能、平台和基础设施的共享,依托"代理"宿主寄存各类资源,通过智能组合方式,按需为用户提供服务。

2. 智慧流域与其相关概念的关系

流域是以水系划分的地理区域,在地理上属于区域层面。在此层面上,数字区域、数字城市都应该包含在内。但它在领域中又属于专业层面,尤其是水利专业层面,目前在流域管理层面上,也只有水利部派出的各个流域水利委员会。此外,由于"流域"一词对一般人员来说比河流(或由自然水系和人工水系组成的水网)抽象,智慧流域不像智慧河流

（或智慧水网、智能水网）那样单纯，它所涉及的不仅仅是河流（或水网）本身，而是流域面上的方方面面，尤其是社会、经济和环境等方面，与水利以外的领域有很多的交叉与重叠。但是，水利工作者的关注点又往往在流域内的具体水利问题上，在考虑时容易偏向"智慧水利"（或智慧水务、水联网）。智慧水利是智慧流域在水利中的应用体系，包括水利的各种专业应用，如智慧电站、智慧水务、智慧水资源、智慧水环境等。与此类似，智慧环保是智慧流域在环保中的应用体系。智慧流域并不等于以水系划分的区域上的智慧水利或智慧环保，当然也不是水系划分的区域上的智慧区域。但是，流域作为一个具有明确边界的地理单元，它以水为纽带，将上、中、下游组成一个普遍具有因果关系的生态系统，是实现资源和环境管理的最佳单元。因此，智慧流域有明显的特点和重要性，专业性也比较强，决非智慧区域之类可以取而代之，是介于智慧地球与智慧城市间的一个重要区域层次。

15.1.3　智慧流域内涵和特征

15.1.3.1　智慧流域内涵

智慧流域是智慧地球的重要组成部分，是未来流域创新发展的必由之路，是统领未来流域工作、拓展流域技术应用、提升流域管理水平、增强流域发展质量、促进流域可持续发展的重要支撑和保障，它既是信息时代现代流域发展的新目标，又是实现流域科学发展的新模式，是信息技术与流域发展的深度融合。智慧流域与智慧地球、美丽中国紧密相连；智慧流域的核心是利用现代信息技术，建立一种智慧化发展的长效机制，实现林业高效高质发展；智慧流域的关键是通过制定统一的技术标准及管理服务规范，形成互动化、一体化、主动化的运行模式；智慧流域的目的是促进流域资源管理、生态系统构建、绿色产业发展等协同化推进，实现生态、经济、社会综合效益最大化。

智慧流域的本质是以人为本的流域发展新模式，不断提高流域生态和民生发展水平，实现流域的智能、安全、生态、和谐。智慧流域主要通过立体感知体系、管理协同体系、生态价值体系、服务便捷体系等来体现智慧流域的智慧。其内涵包括以下几个方面：

（1）流域感知体系更加深入。通过智慧流域立体感知体系的建设，实现空中、地上、地下、水中感知系统全覆盖，可以随时随地感知各种流域信息。

（2）流域政务系统上下左右通畅。通过打造国家、流域、省、市、县一体化的流域政务系统，实现流域政务一体化、协同化，即上下左右信息充分共享、业务全面协同，并与其他相关行业政务系统链接。

（3）流域建设管理低成本、高效益。通过智慧流域的科学规划建设，实现真正的共建共享，使各项工程建设成本最低，管理投入最少，效益更高。

（4）流域民生服务智能更便捷。通过智慧流域管理服务体系的一体化、主动化建设，使政府、企业、居民等可以便捷地获取各项服务，达到时间更短、地点准确、质量更高。

（5）流域生态文明理念更深入。通过智慧流域生态价值体系的建立及生态成果的推广应用，使生态文明的理念深入社会各领域、各阶层，使生态文明成为社会发展的基本理念。

15.1.3.2　智慧流域特征

1. 智慧流域的理念特征

智慧流域的理念特征包括以人为本、协同整合、创新驱动和可持续发展。

(1)以人为本:是强调智慧流域要从以管理为中心向以服务为中心转变,把人的需求和发展放到首要位置,着力突出公众在智慧流域中的主体地位。无论是政策的设计还是公共服务的供给,都要响应公众诉求,满足民生需求,把提升公众的满意度和幸福感放在首位,使公众的意愿得到充分尊重和体现。

(2)协同整合:整合是智慧流域的主要形式。智慧流域建设要从条块分割的信息化模式向协同整合的模式转变,实现以流域为单元的"大系统整合",通过跨部门的信息资源共享、业务管理协同、联合政策制定,提高流域综合规划能力、管理能力、运行效率,实现资源更有效的配置,提升流域承载力。

(3)创新驱动:流域发展要从依赖资源、资本驱动向依赖知识、科技驱动转变。要充分发挥创新主体的作用,依靠政府、企业、公众共同推动,在技术、机制、商业模式、服务方式上进行创新,提升流域发展的质量。重视用户创新、开放创新、公众创新等新形势,鼓励政府开放数据,通过社会参与、节省政府开支、增加服务供给实现多方共赢的模式创新。

(4)可持续发展:智慧流域的长远目标是实现整个流域的可持续发展。流域可持续发展在维持流域系统的生态、环境和水文整体性的同时,充分满足大流域当代及未来的社会发展目标,按发展阶段层次性地提高流域的安全度、舒适度和富裕度。流域的可持续发展要求流域的人口、资源、环境、生态、经济协调发展,在社会主义市场经济体制不断完善的条件下,使流域的安全度、舒适度和富裕度不断得到提高。流域可持续发展不仅要满足当代人的需求,而且要满足子孙后代的需求,根据流域的自然地理条件(安全度),协调人类与自然之间的关系(舒适度),最终实现经济增长和社会进步(富裕度)。

2. 智慧流域的技术特征

智慧流域的技术特征包括:智慧流域建立在数字流域的基础框架上;智慧流域包含物联网、云计算和大数据;智慧流域面向应用和服务;智慧流域与物理流域融为一体;智慧流域能实现自主组网和自维护。

(1)智慧流域建立在数字流域的基础框架上:数字流域将流域中各类信息按照地理分布的方式统一建立索引和模型,为数字化的传感和控制提供基础框架。智慧流域需要依托数字流域建立的地理坐标和流域中的各种信息(自然、人文、社会等)之间的内在有机联系和相互关系,增加传感、控制以及分析处理功能。

(2)智慧流域包含物联网、云计算和大数据:在有了基础框架后,智慧流域还需要进行实时的信息采集、处理分析与控制,如同人除躯干外,还需要触觉、视觉等用于采集信息,需要大脑处理复杂的信息,需要四肢来执行大脑的控制命令。物联网和云计算就是实现这些功能的关键。物联网和云计算的核心和基础是互联网,其用户端延伸和扩展到了任何物品和物品之间,使它们之间进行信息交换和通信,弹性地处理和分析。智慧流域中的物联网、云计算和大数据应该包括以下四个方面:

①智能传感网。利用射频识别(RFID)和二维码等物联设施随时随地获取物体的信息和状态。

②智能安全网。通过在互联网、广播网、通信网、数字集群网等各类型网络中建立各类安全措施,将物体的信息和状态实时、安全地进行传递。

③云计算智能处理。在云端采用各种算法和模型,以大数据技术为支撑,实时对海量的数据和信息进行分析和处理,为实时控制和决策提供依据。

④智能控制网。采集的信息经过云端智能处理后,根据实际情况实时地对物体实施自动化、智能化的控制,更好地为流域提供相关服务。

(3)智慧流域面向应用和服务:智慧流域中的物联网包含传感器和数据网络,与以往的计算机网络相比,它更多的是以传感器及其数据为中心。与传统网络建立的基础网络适用于广泛的应用程序不同,由微型传感器节点构成的传感器网络则一般是为了某个特定的应用而设计的。它通过无线或有线节点,相互协作地实时监测和采集分布区域内的各种环境或对象信息,并将数据交由云计算进行实时分析和处理,从而获得相近而准确的数据和决策信息,并将其实时推送给需要这些信息的用户。

(4)智慧流域与物理流域融为一体:在智慧流域中,各节点内置有不同形式的传感器和控制器,可用以测量温度、湿度、位置、距离、土壤成分、移动物体的速度大小及方向等流域中的环境和对象数据,还可通过控制器对节点进行远程控制。随着传感器和控制器种类和数据量的不断增加,智慧流域将流域与电子世界的纽带直接融入到现实城市的基础设施中,自动控制相应流域基础设施,自动监控流域的水量、水质等,与现实流域融为一体。

(5)智慧流域能实现自主组网和自维护:智慧流域中的物联网需要具有自组织和自动重新配置的能力。单个节点或局部节点由于环境改变等因素出现故障时,网络拓扑应能根据有效节点的变化而自适应地重组,同时自动提示失效节点的位置及相关信息。因此,网络还具备维护动态路由的功能,保证不会因为某些节点出现故障而导致整个网络瘫痪。

3.智慧流域的功能特征

智慧流域的功能特征包括更通达的水网、更精细的管理、更全面的感知、更泛在的互联、更深度的整合、更个性的服务、更智慧的决策、更智能的管控、更协同的业务、更生态的发展。

(1)更通达的水网(连通化):充分有效借助自然水循环形成的自然河湖水系,通过人工运河、调度工程等水利工程的直接连通和区域水资源配置网络的间接连通,构建多功能、多途径、多形式、多目标,适合经济社会可持续发展和生态文明建设需要的蓄泄兼筹、丰枯调剂、引排自如、多源互补、生态监控的河湖水系连通网络体系。

(2)更精细的管理(精细化):采用流域与区域管理相结合的管理方式,依据水循环的特性,结合现有的流域水资源及规划的水资源分区、水质迁移转化特征,将相关人、地、物进行网格化,创新管理模式,对流域实现精细化的管理。

(3)更全面的感知(感知化):充分利用物联网技术中各种空、天、地表、地下、水中等传感设备,构建空天地一体化监测网络,作为智慧流域的“五官”,对“自然－社会”二元水循环及其伴生过程的各个环节以及相关的软硬件环境运行状态的参数信息进行全方位采集,使获取的信息要素更全、精度更高、时效性更强。

（4）更泛在的互联（互联化）：利用各类宽带有线、无线网络和移动网络等与通信技术为中水与水、人与水、人与人的全面互联、互通、互动，为管理各类随时、随地、随需、随意应用提供基础条件。宽带泛在网络作为智慧流域的"神经网络"，极大地增强了智慧流域作为自适应系统的信息获取、实时反馈、随时随地智能服务的能力。

（5）更深度的整合（一体化）：基于云计算技术，充分发挥云计算虚拟化计算、按需使用、动态扩展的特性，以最大限度地开发、整合和利用各类信息资源为核心，推进实体基础设施和信息基础设施的整合与共享，构建智慧流域基础支撑环境，实现软硬件集中部署、统建共用、信息共享，从而提升信息化基础环境的充分运用。

（6）更个性的服务（个性化）：智慧流域通过云计算技术将基础设施、应用支撑平台、软件、数据等各种资源以云端服务按需供应的方式提供给政府、企业和公众；并通过各种固定或移动终端设备，借助于高速互联互通的计算机网络和通信技术，根据政府、企业和公众不同用户的需求，将系统运行中的常规信息、应急信息、处理后的信息和决策信息，以位置服务的形式快速有效地传递给用户。

（7）更智慧的决策（智慧化）：智慧流域让所有的事物、流程及运行方式都具有更深入的智能化，政府、企业和公众获得更加智能的洞察。基于云计算和大数据，通过智能处理技术的应用实现对海量数据的存储、计算与分析，并进入综合集成法（综合集成研讨厅），通过人的"智慧"的参与，将专家体系、知识体系与机器体系有机组合，发挥综合系统的整体优势去解决问题，大大提升决策支持的能力。基于云计算平台的大成智慧工程，构成智慧流域的"大脑"。

（8）更智能的管控（智能化）：智能化是信息社会的基本特征，也是智慧流域运营的基本要求，利用物联网、云计算、大数据等方面的技术，进行快捷、精准的信息采集、计算、处理等。在应用系统管控方面，体现为各种传感设备、智能终端、自动化装备等管理服务的智能化。智慧流域的智能调控包括决策信息指令的自动执行以及基于多元传感设备及高速传输网络的各种水网控制工程的智能调控。决策信息指令的自动执行是利用集中控制方式实现对防洪、水源、城乡供水、城市排水、生态河湖等控制工程的远程调控；水网控制工程的智能调控指整个控制工程系统能够以调度指令和水安全作为边界条件，在不受干扰的情景下，实现自动、高效、安全、有序的自感知、自组织、自适应、自优化的调控。

（9）更协同的业务（协同化）：信息共享、业务协同是流域智慧化发展的重要特征，就是要使流域规划、管理、服务等各功能单位之间，以及政府、企业、居民等各主体之间，在流域管理、灾害监管、产业振兴、移动办公和流域工程监督等流域政务工作的各环节实现业务协同，在协同中实现流域的和谐发展。

（10）更生态的发展（生态化）：生态文明是智慧流域的本质性特征，就是利用先进的理念和技术，进一步丰富流域自然资源、开发完善流域生态系统、科学构建流域生态文明，并融入到整个社会发展的生态文明体系之中，保持流域生态系统持续发展强大，从而形成生态优化、产业绿色、文明显著的智慧流域体系，进一步做到投入更低、效益更好，展示综合效益最优化特征。

15.1.4　智慧流域基本构成

　　从智慧流域的定义、内涵、特征分析,抽取其本质要素,智慧流域的基本构成包括流域系统、智能感知、智能传输、智能计算、智慧管控,如图 15-1 所示。流域系统是智慧流域的核心和关键要素,智慧流域的终极目的就是打造一个美丽流域,达到人水和谐的状态。通过智能感知获取流域的自然环境和社会经济多尺度全要素信息,然后利用智能计算对获取的所有信息进行处理,再利用人的智慧和物的智能相结合,制订有益于流域发展的方案或措施,最

图 15-1　智慧流域基本构成

后将其作用于流域自然环境和社会经济。为了检验方案或措施的有效性,利用智能感知获取调整状态的流域信息,再利用智能计算对这些信息进行处理,智慧管控利用从定性到定量综合集成各种信息支撑决策,对流域状态是否达到预计目标进行综合判断;若没有达到目标,则再进行方案或措施的调整,从而通过智慧流域这个闭环系统的自适应运行,使流域运行达到智慧化状态。闭环系统的运行离不开信息的快速传输,只有通过四通八达的"信息高速公路",才能使人类社会、流域系统、物体系统达到有机融合,因此智能传输是智慧流域的重要组成部分。

　　通过类比人类神经系统(见图 15-2),流域系统是组成人的躯干和四肢,智能感知是听觉/视觉/感觉/运动等系统,智能传输就类似于神经网络系统,智能计算类似于人的大脑,智慧管控就是通过大脑信息指令的发出,对流域系统的改造。李成名认为,一个智慧

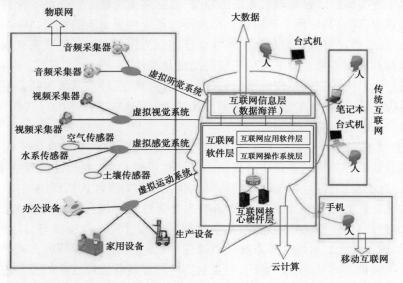

图 15-2　互联网进化大脑图

化的系统应包括像人类感官一样的实时信息感知设备,像人类神经系统一样的信息与指令双向传输网络系统,像人类大脑一样的云计算中心,像人类行为器官一样的应对与处置专题系统。

15.1.4.1 流域系统

流域是人类生活的主要生境,对人类生存与社会发展起着重要支撑作用。随着我国人口的快速增长以及经济的迅猛发展,流域自然资源遭受严重破坏,生态环境持续恶化,多种环境资源危机共存且日益严重,并呈现出流域性特征,使流域社会 – 经济 – 生态可持续发展面临重大挑战。突出表现在:流域性复合型水污染问题在众多流域日益突出;水资源短缺问题从干旱地区季节性缺水转变为普遍的季节性缺水与水质型缺水并存的局面;流域内生物多样性降低、湿地破坏、生物群落退化等生态问题凸显,并呈现"局部改善、整体退化"的总体格局;在全球气候变化的影响下,水灾害与突发事件的频率、强度以及风险都在进一步加剧。我国自然生态与环境先天脆弱性及经济持续高速发展,导致这些本应在不同发展阶段出现的流域危机在短期内集中呈现与爆发,各种问题相互作用、彼此叠加,使流域资源、环境与生态问题越来越复杂化与多样化,人与自然、人与社会之间的矛盾日益尖锐与突出。而在我国要以稀缺的水资源、有限的水环境容量和脆弱的水生态,承载不断扩展的人口规模和高增长、高强度的社会经济活动,面临着比世界上任何处于同一发展阶段的国家都要复杂、严峻的流域性问题与前所未有的压力。

流域水问题的系统性、复合性、多样性、突发性和严峻性等特征要求基于复杂性科学的视角,站在流域社会 – 经济 – 自然复合系统的层面对其进行分析,以清晰、全面认识其成因与复杂性,进而用科学方法进行管理。

流域社会 – 经济 – 自然复合系统是以人为主体、要素众多、关系错综复杂、目标功能多样的复杂开放巨系统,具有复杂的时空结构与层次结构,呈现整体性、动态性、非线性、适应性以及多维度等特性。水是流域系统的纽带,具有多重属性。它既是一种自然资源,又是物质生产资源,同时是一种生活资源。而人作为系统中最活跃的要素,具有一定的经济行为和社会特征,通过资源开发与利用等社会经济行为将资源和环境紧密联系在一起,人的广泛参与及其有限理性造就了流域系统的高度复杂性。

构成流域复合系统的三个不同性质的系统——自然系统、经济系统与社会系统,各自又是复杂自适应系统,有特殊的结构、功能和作用机制,而且它们自身的存在和发展又受其他系统结构、功能的制约。

(1)流域自然系统是一个完整的生态系统,具有自组织、自调节与自生长的能力,是复合系统形成的基础。系统内部存在着复杂的非线性反馈机制,并与社会经济系统存在物质、能量与信息的交换,以生物与环境的协同共生及环境对流域内活动的支持、容纳、缓冲及净化为特征。人类对自然生态系统的影响主要体现在环境污染型与资源破坏型影响,其又通过一系列自然过程、物理过程、化学过程及生物过程等自身状态与结构发生变化,进而决定其服务功能。自然生态系统可以通过外部组织或自组织两种方式进行调节。许多传统的工程保护方式就是外部组织,但是它们结构僵硬且适应变化的潜力较小。

(2)流域经济系统以资源为中心,经济活动主要由市场机制与宏观反馈控制机制进行调节。市场机制是以经济内在本体机制,市场把流域内外各种经济活动与需求紧密联系在一起,对资源配置和经济运行起着重要的自调节作用。而宏观反馈控制机制体现在政府通过行政手段与经济政策对经济系统进行宏观调控与干预。流域内经济结构本身就是在市场机制与宏观反馈控制机制相互作用下形成的。其中,宏观反馈控制机制与资源环境压力是对经济系统的约束;而市场机制的作用过程是在前两者作用下,系统内微观主体受价格、供求与竞争等影响,不断调整其经济行为,逐步自组织、自适应的过程。单纯依赖政府直接干预或市场自我调节都是过于简单的做法,因此在实践中两者之间的力度把握与时机选择是相当复杂的问题。

(3)流域社会系统以人为中心。流域系统的基本功能是满足人类生活的需求。在市场机制逐步健全的今天,人类生活用品绝大部分是从经济系统中获取的,因而人类物质与文化需求是推动经济发展的根本动力。人类在改变其生存环境与生活质量的过程中,直接或间接地对自然系统产生了影响。所以,社会系统在复合系统中起主导作用,其主体的价值取向与行为方式主要受到文化系统、价值观等内化因素与法律规范、经济刺激等外部因素的影响,只有对主体价值取向等有很好的规范才能保证流域经济、自然的健康发展。

在这三种机制及其相互作用下,流域系统表现出强烈的整体性、动态性、涌现性等特点。如人类追求经济发展与社会稳定带来的资源过度开发与污染物排放,使流域生态状况恶化,并严重影响生态系统自我调节与自适应能力;而自修复能力降低导致其环境容量同步下降,加速恶化趋势。同时,经济发展与人口膨胀致使水资源需求量及水污染排放量同步扩大,而污染引发的水质恶化进一步加剧水资源短缺。流域生态持续退化,不但造成区域生存与发展的自然条件退化,而且造成大范围生态失衡,加剧了灾害风险和生态危机,使经济难以持续增长并引发社会不稳定。人类筑堤修坝、围湖造田、超采地下水等经济活动或抵御灾害的行为,一方面使生态环境的脆弱性更加显著,尤其是大量水利工程设施使流域被人为地渠道化、破碎化,污染物净化能力、水生生物生产能力等不断下降;另一方面人类自身抗灾能力日益下降。进而,在多重因素影响下,流域灾害层出不穷和快速增长,并以诱导型自然灾害为主。

总之,流域系统中社会、经济、环境、资源相互联系、相互制约和相互作用,构成了人与自然相互依存、共生的复合体系,具有强大的交互反馈能力。流域水危机从表面上看是由于各种水问题相互影响、彼此叠加而愈演愈烈,但是从本质上讲,人的社会生活与经济生产等对流域系统产生的干扰已不再是对流域自然过程的简单干扰,而是社会过程、经济过程与自然过程交织作用的集中体现。

15.1.4.2　智能感知

智慧流域环境下,人类获取信息的途径、方式、来源都将越来越丰富,如同一个人通过眼睛、耳朵、鼻子、皮肤等无时无刻不在感知着周边环境,接收着繁多的信息。立体感知就是要应用包括卫星遥感、卫星定位、地球对地观测和物联网在内的新一代数据采集手段,建立覆盖资源环境、社会经济等各领域的更加发达的观测传感器网络,在任何时间、任何地点,以任何方式来感知流域各种不同时空尺度上的自然、经济和人文现象与事件。

物联网改变了人类感知事物的方式,这得益于传感器技术的迅猛发展。

传统的环境监测、地质勘探、地震监测手段中人工参与的比重较大,这样的监测显然效率低下、准确度不高,并且成本高,不同类型传感器的发展就像人类的五官一样,更加逼真、智能地采集信息,如光敏传感器(视觉)、声敏传感器(听觉)、气敏传感器(嗅觉)、化学传感器(味觉)及压敏、热敏、流体传感器(触觉)等不同类型传感器的不断开发和大力应用,将为环境、地质、地震、减灾应急等众多领域提供更多信息采集的手段,并且能够大大提高信息采集的范围和准确度。从生活层面来看,"无所不在"的传感器充斥在我们的生活中,例如电视遥控器、空调遥控器、声控灯、电脑鼠标、测温仪、电饭煲、火警报警器等,不得不说,传感器的发展正在改变着我们的生活、生产方式。

传感器能够测量周边环境中的热、红外、声呐、雷达和地震波信号等,从而探测包括温度、湿度、噪声、光强度、压力、土壤成分,移动物体的大小、速度和方向等物质现象。利用传感器技术,建立环保、交通、水利、地震、气象等监测站点,将大大扩展人类感知事物的范围。"十五""十一五"期间,我国在环境保护方面,省、市、县共计建设2 300多个环境监测站,初步形成了以国控网络监测站为骨干的环境地面监测网络体系,进行水环境、大气环境、生态环境的全面监测。

截至"十一五"末期,全国已有6 000多家重点污染源自动监测点,全国环保系统各级监测站每年上报监测数据3 000多万条;海洋交通方面,建设全国沿海和重要内河水域的船舶自动识别岸基网络系统,包括132座基站和22个中心,实现对300总吨以上船舶的有效监控,建成52个船舶交通管理中心、202个雷达站;水利方面,全国省级以上水利部门已建成各类信息采集点约2.7万个,其中自动采集点约占47.5%,以及由1个卫星主站、500多个卫星终端小站组成的全国防汛卫星通信网,建成灌区水情遥测点73处、水位监测点261处、闸位监测点147处、雪量监测点24处、泵站监测点526处、渠道流量监测点261处、闸门控制点15处、视频监测点17处;地震方面,有152个国家级的地震监测台站、792个国家投资的区域地震台站、6个火山台网、1套GPS地壳形变监测网、近200个流动观测站,形成了由27个连续观测的基准站和1 055个定期流动观测的区域站组成的地壳运动观测网络,在中国大陆及周边建成了260个GNSS连续观测基准站、2 000多个不定期复测的GNSS区域站、30个连续观测重力站;气象方面,全国自动气象观测站的数量近3万个(杜平等,2009)。

对地观测技术与传感器密不可分,对地观测技术充分扩展了传感器的感知范围,延伸和扩展了物联网的时空尺度,为人类感知事物提供了更开阔的视角。

对地观测指的是利用航天航空飞行器(卫星、平流层飞艇和飞机等)和地面各类平台所携载的光电仪器对人类生存所及的地球环境及人类活动本身进行的各种探测活动。太空给了人类一个非常独特的视角来观测地球,全球各国在近几十年里竞相发展航天卫星遥感技术,以提升本国的对地观测能力。据不完全统计,目前包括我国在内,以及美国、俄罗斯、法国、英国、日本、印度、以色列和伊朗9个国家已经拥有自行研制和发射人造卫星的能力,德国、意大利、加拿大等20多个国家和地区拥有自己研制的卫星,未来其他国家及地区也计划发展遥感卫星对地观测能力。对地观测能力的提升,各种卫星的应用,将使得对人类所生存的整个地球的感知成为可能,卫星导航定位、航天航空遥感、航天航空地球物理探测等对地观测活动,将有助于对地球空间环境及其运动变化规律的研究。目前,对地观测技术已经在气象气候、资源环境、海洋管理、防灾减灾、公共安全等各个方面获得了广泛应用,日益成为公共社会生活、日常娱乐的重要信息来源,人类的生产和日常生活已经越来越离不开对地观测的支持。对地观测技术实现了大到整个地球的感知,小到某一事物的感知,加之物联网环境下传感技术与纳米技术的不断研究,使得感知的尺寸可以小到一粒尘埃。结合生物传感器,感知对象范围甚至可以小到一个细胞、生物大分子等。

时至今日,全球范围内在轨的卫星数量已不下几百颗,其空间分辨率、时间分辨率、光谱分辨率都有了很大提高,从最初的 700 多 km 提高到 0.41 m 的全色影像(GeoEye 公司的 GeoEye - 1/IKONOS 卫星)。时间分辨率已经可以达到实时或准实时地提供数据。美国的高分辨率商业地球观测卫星 QuickBird,其采集分辨率为 0.6 ~ 0.7 m 的全色(黑和白)影像,以及分辨率在 2.4 ~ 2.8 m 的多光谱影像;自主定位精度为 23 m,在不借助地面控制时,其精度可以达到 17 m,在这样的分辨率下,可以轻易地看到建筑和其他公共基础设施的细节。加拿大发射的 Radarsat - 2 雷达卫星可以为用户提供分辨率 3 ~ 100 m、幅宽 10 ~ 500 km 的雷达数据,用于全球环境和自然资源的监测、制图和管理,尤其在海冰监测、制图、地质勘探、海事监测、救灾减灾、农林资源监测以及地球上的一些脆弱生态环境保护等方面得到广泛应用。意大利的 Cosmo - SkyMed - 4 雷达卫星的分辨率为 1 m,扫描带宽为 10 km,具有雷达干涉测量能力。我国的陆地卫星“天绘一号”的卫星遥感数据包括 10.0 m 分辨率多光谱数据、2.0 m 高分辨率数据和 5.0 m 分辨率三线阵数据;我国第一颗海洋动力环境卫星“海洋二号”,首次采用双频 GPS 精密定轨技术,其测高精度优于 0.4 m,达到国际先进水平;我国的第一颗商业卫星“北京一号”,是具有中高分辨率双遥感器的对地观测小卫星,卫星中分辨率遥感器为 32 m 多光谱,幅宽 600 km,高分辨率遥感器为 4 m 全色,幅宽 24 km。

综合观测是对地球系统的大气圈、水圈、冰雪圈、岩石圈、生物圈五大圈层的物理、化学、生物特征及其变化过程和相互作用开展长期、连续、系统的观测。综合观测是由地基、空基、天基气象观测系统有机结合、优势互补构成的全面、协调和可持续的集成系统。

观测系统按照传感器所处的位置可分为地基观测、空基观测、天基观测。地基观测是指传感器在地球表面的观测,主要由地面气象观测、地基气候系统观测、地基遥感观测、地基大气边界层观测、地基中高层大气和空间天气监测、地面移动气象观测等组成。空基观测是指传感器在地球表面以上、中层大气及以下的观测,主要由气球探测、飞机探测、火箭探测组成。天基观测是指传感器在中层大气之外的观测,主要由低轨卫星和高轨卫星以及相应的地面应用系统组成。

智慧流域环境下的立体感知是多种技术综合的感知。通过各类传感器技术,感知物体和过程的多种要素,射频识别技术对物体进行识别;卫星导航定位技术感知物体位置;M2M 物物数据通信技术以及互联网、电信网、电视广播网三网的融合和 3G 技术的发展,将各种感知信息接入网络进行综合等。多种技术综合应用将最终实现对各类物体、过程的智能化感知、识别、管理和控制。

传感器技术、射频识别技术、GPS 等技术的综合实现信息获取。传感器技术主要是从自然信息源获取信息,并对其进行处理(交换)和识别,获取信息靠各类传感器,如各种物理量、化学量和生物量的传感器,传感器就像人类的感觉器官,感知着周围环境。射频识别技术能够识别物体的身份及属性的存储,有助于传感器对信息的感知,采集重要的标识信息。GPS 是具有海、陆、空全方位实时三维导航与定位能力的卫星导航定位系统,具备全天候、高精度、自动化、高效益等显著特点,对移动物体的信息采集具有重要作用。传感器技术、射频识别技术和 GPS 等技术的综合将实现静态、动态物体的全天候、全方位的信息获取,与自动控制技术的综合能够实现对物体的管理和控制。

15.1.4.3　智能传输

无线传感器网络(WSN)技术、Wi-Fi 和 GPRS 等技术综合实现信息汇聚。无线传感器网络技术是将一系列空间上分散的传感器单元通过自组织的无线网络进行连接,从而将各自采集的数据通过无线网络进行传输汇总,以实现对空间分散范围内的物理或环境状况的协作监控。Wi-Fi 是基于接入点的无线网络结构。GPRS 是基于 GSM 移动通信网络的数据服务技术。无线传感器网络技术、Wi-Fi 和 GPRS 与传感器相结合,能够实现感知信息的汇聚。

互联网、通信网、3G 网、广电网等网络融合实现信息传输。互联网、通信网、3G 网、广电网等不同类型的网络,能够将多种方式、多种手段、多种途径感知的信息,通过有线、无线等方式进行传输。各种网络的融合以及综合利用,更加有助于卫星平台(气象卫星、大气卫星、测绘卫星和环境与减灾卫星等)、低空平台(无人机、飞艇、气球等)、地面传感器(大气、温度、湿度等)等全方位、全天候所感知的信息与地面数据服务系统间的良好传输与交互。

物联网和对地观测等各种技术和功能的融合与协调,将实现一个完全可交互的、可反馈的感知环境。无论从时空尺度,还是从精准度等方面讲,都将进入一个多层、立体、多角度、全方位和全天候感知的新时代,最终实现智慧流域的立体感知。

15.1.4.4　智能计算

智慧流域环境下,人类通过多维立体感知所获取的海量信息,需要经过如同大脑般判断、思考的处理过程,持续不断地创造出新的想法,最终才能为我们提供决策支持。智能计算就是这样一个过程,即利用高性能计算机、海量存储、数字仿真模拟、时空模型分析、数据仓库、业务智能、GIS、SOA、计算与存储虚拟化等最先进的 IT 技术,构建具有专业化信息处理、标准化数据服务和智能化计算服务特点的集约化云计算数据中心,提供高效、高性能的计算能力和信息模型,为科技创新、产业升级、政府决策和社会发展等各个方面提供专业化、标准化和规模化的数据与计算服务。

1. 云计算为智能计算提供支撑条件

智能计算将云计算技术与成熟的信息模型相结合,云计算技术将提供与地理位置无关、与具体设备无关的通用的超算能力,成熟的信息模型能够实现对现实的反演,只有云计算技术所创造的基础支撑与信息模型相辅相成,才能达到智能计算的效果。这样的智能计算能够自主判断资源的可用性,合理优化地调配计算资源,具备一定的自组织能力,能够智能地实现数据挖掘和知识发现。

云计算为智能计算提供超算能力。我们目前处于一个数据时代,海量的数据正以指数形式飞速增长,对海量数据的有效利用才是实现数据真正价值的有力途径。云计算技术的发展将会实现对海量数据的存储、计算、服务、应用。云计算的最大优势在于其打破了人类传统的计算模式,形成了一种基于互联网的超级计算模式,这无论是在计算速度、准确度,还是在计算方法上都将是质的飞跃。从各种传感器、摄像头、分析设备以及先进测量工具得到的大量数据浩如烟海,若缺少设备和缺乏技术来存储、筛选、加工处理这些"数据宝藏",将是对实现数据价值的极大浪费。为了将这些"数据宝藏"有效地利用起来,少不了对其进行计算、加工、处理,云计算技术的发展在一定程度上为海量数据的计算提供了基础支撑,因此智能计算将离不开云计算技术,云计算技术将为智能计算提供支撑条件。

信息模型的参与将使计算更为智能。如果说云计算技术为智能计算提供基础支撑,使得智能计算具备了超算能力的条件,那么对于计算本身,即信息的处理、加工、分析归纳、总结,应在基础支撑之上,结合已成型的信息模型,通过再计算创建新的信息模型,以达到决策支持的目的。智能是解决客观实际中某一问题的能力,而具有这种能力一般需要具备一些知识,如客观实际问题的背景知识,问题本身的专业知识,解决问题的一般策略知识,把问题进行分析、选择、归纳、总结的一般方法知识等。对这些知识的合理存储、组织、分析、加工处理,并能够满足决策支持的需要,这将是未来智慧流域环境下的智能计算的体现。就对地观测活动而言,航天航空各类装载传感器以及地面的接收装置每时每刻都将产生庞大的数据,对海量数据的处理、建立处理模型又将依赖于数据类型、分辨率、波段数和影像特征等多种因素,并且需要满足多时－空－谱多源海量数据提取与变化分析的需求。智能计算应利用云计算技术,综合考虑对地观测传感网条件下的多维、多尺度、高动态、多耦合等复杂的数据与信息关系,结合先验知识以及现有的较为单一的信息提取与数据处理方法模型,发展多时－空－谱特征数据的一体化融合模型与方法,实现对多源观测数据的协同处理。由此可见,基于云计算技术并且结合了信息模型的计算将能够实现数据的挖掘以及有助于新知识的发现,使得计算更高效、更智能。

2. 智能计算将提供更科学的决策支持

智能计算打破了专业领域各自计算的单一模式,其与现有的领域信息模型相结合,在借助云计算技术所提供的超算能力的情况下,能够推算出虚拟仿真模型,为决策支持提供有力依据,具备一定的前瞻性,能够实现对未来的预测。

智能计算的最终目的是提供科学的决策支持,决策支持的背后必然得益于烦琐、精准的海量计算。各类决策支持系统发展至今,不得不提及决策支持系统的发展过程:20世纪70年代提出的决策支持系统,主要是利用数据库技术等实现各级管理者的管理业务,在计算机上进行各种事务处理工作,为各级管理者提供辅助决策能力。发展至80年代,模型库、知识库逐渐成为决策支持系统的主体,模型库中的模型已经由数学模型扩大到数据处理模型、图形模型等多种形式,决策支持系统的本质是将多模型有机结合起来,通过定量分析进行辅助决策。90年代初,决策支持系统逐渐引进专家经验,与专家系统结合起来,形成了智能决策支持系统。专家系统可以进行定性分析辅助决策,它与定量分析辅助决策的支持系统相结合,进一步提高辅助决策能力。智能决策支持系统发展至今,经过了数学模型、数据处理模型、数据挖掘、知识发现,再到对知识的推理即形成智能模型的过程。由此可见,支持决策的数据、模型、知识,决策的演变过程是与海量、烦琐的计算离不开的,数据到模型再到知识的转变,是大量数据、多种模型综合计算的结果,随着人工智能、机器学习等加入,结合专家经验,直到决策的形成,将是智能计算的又一新的提升。

智能计算所提供的决策支持将不仅仅局限于决策支持系统的发展,它将从目前互联网中各类数据、模型的海量计算延展到物联网下更丰富的数据、模型、知识的超能计算,它不仅能够为各级用户提供决策能力,还能使独立的物体具备自决策的能力,大到工厂、房屋、汽车、飞机等,小到桌椅、水杯、钥匙等,使得每一个物体都具备一个像人脑那样的计算中心,能够对所需信息进行自获取、自组织、自处理,并且可以按照一定的规律和方法形成决策。可想达到这样效果的智能计算将不仅会对提高计算速度、存储容量提出要求,更主要的是对数据的筛选判断、加工处理、模型组建、知识形成提出更高标准、更高要求。因此,云计算技术与高智能信息模型的发展将为智能计算提供决策支持。

　　3. 面向用户的智能计算服务

　　智能计算将以云计算等全新技术的全面发展为基础,在"信息云""存储云""服务云"等的逐渐实现中,将智能计算中的计算数据、信息模型、决策支持等的计算资源封装成服务向用户提供。

　　智慧流域环境下,智能计算所能提供的无论是惊人的计算速度、超大的存储容量,还是按需的知识、智能的决策,都是以服务的形式提供。对于用户而言,他不必知道他所做的决策,其信息从哪里来,将存储于哪里,怎么演变而来,为什么会是这样的决策,他只需享受这个决策所呈现的效果。这就像电一样,用户不需要知道电是怎么来的,从哪个发电厂来的,怎么制造出来的,谁向他提供的等问题,他只需要确定他需要照明,因此按了电源开关甚至是都不用自己手动去触摸开关,也许只是一个意念,灯就会亮起来。照明这样的结果背后,一切的操作、计算都将对用户透明,也可以说这种计算的结果是为用户提供一种照明服务。智能计算就是这样以一种服务的形式向用户提供计算服务,以达到智能决策的效果。

　　智能计算以服务的形式给人们提供计算服务,为了达到更好的服务效果,应提供一个和谐的人机交互环境,具备便捷化、人性化、个性化等特点。便捷化是指任何服务的提供都是建立在方便获取的前提下,智能计算既然将延展到物联网范畴,这就使得人们获取智能决策的途径更加方便快捷,更易于理解和操作。人性化是指允许人通过说、写、表情、动作甚至是意念与机器、智能物体进行对话,具备大容量的记忆和存储功能,能够总结和归纳人的经验自主推断,预测下一步的决策;同时,具有贴心的提示和辅助功能,能够根据使用者的使用情况及状态控制和调整其工作内容和日程安排等,并进行提示或通知。个性化是指具备一定的学习能力,可以记住其使用者的喜好和习惯,帮助使用者自动快速地收集、整理周边的信息,扩展人们的思维方式。

15.1.4.5　智慧管控

　　智慧流域环境下的政府、企业、个人之间的协同服务的实现是以网络技术、信息技术为基本手段,融合物联网、云计算等新型技术,对政府、企业、个人的业务模式、管理模式、服务方式进行优化与扩展,对单一业务、单一领域的各类服务进行整合,结合工作流机制、集成技术、接口技术等具体技术,最终向用户提供集中或者一站式的各类业务协同服务,并为各政务部门之间的业务协同提供协同平台。

　　智慧管控的协同服务模式为:智慧流域环境下的政府、企业、个人的业务协同服务首先是数据的共享,通过物联网传感器技术、对地观测技术等手段全方位、全天候立体感知获取数据,在提供数据的同时借助网络通信技术,完成所获取数据的流畅传输,基于云计算技术形成地理信息云、政务信息资源数据云等,依托各类网络实现数据在政府、个人、企业之间的真正共享;其次,业务协同服务的创建与提供,在政务信息资源数据云环境下,在国家各省、市、县各部门、各行业相关部门已创建的各类业务服务的基础上,创建满足用户新需求的新业务服务,并且综合协同服务范围和服务内容,整合和集成服务,完成业务协同服务的创建与注册;最后,协同应用的建立,基于全国各省、市、县各部门、各行业相关部门各自的职能以及各部门提供的各类政务信息资源服务以及业务协同服务,采用政务协同工作平台技术、数据交换和系统集成技术和安全保密技术等机制,建立跨部门、多领域的协同应用,并向用户提供统一入口。

　　智慧管控的协同服务平台是以业务为核心、信息为基础、计算为过程、技术为支撑,面向政府、企业、个人的业务协同平台。首先,业务协同架构,真正从个人、企业、政府部门的实际需求角度梳理出政府各职能部门、各企业主要业务之间的相互作用关系,围绕业务目标,有效地组织和编排不同业务流程,使得各类业务能规范化、流程化,并且支持基于服务流配置满足各类业务需求,实现业务层面的协同配置;其次,建立和维护信息架构,即明确各部门、各行业、各领域的实际业务处理的信息对象及信息流,通过信息架构实现从业务模式向信息模型的转变、业务需求向信息功能的映射、基础数据向信息的抽象等;再次,建立计算架构,基于云计算技术是更好地完成各类信息智能计算的实现手段,明确政务信息资源数据云服务能力与计算资源之间的对应关系,建立丰富的信息库、知识库、决策库;最后,技术支撑,即面向政府、企业、个人的业务协同服务平台所必需的支撑环境,包括软硬件系统和各类机制,以及实现平台建设的各类技术,即组件技术、封装技术、服务技术、注册技术、流程技术、管理技术、检索技术、集成技术、质量保证技术等具体技术。

15.1.5　智慧流域通用模型

　　根据智慧流域的概念、内涵与特征,凝练出智慧流域建设的通用模型,主要由六部分组成:二元水循环(Dualistic Water Cycle)、软硬件基础设施(Infrastructure)、服务(Service)、政府(Government)、企业(Business)、公众(Public),简称DISGBP。政府、企业、公众是水务管理的主体,二元水循环是流域管理的客体,软硬件基础设施是主体和客体互联的纽带,服务是连接的方式,主、客体之间通过智慧服务进行协调形成良好的互动,从而降低行政成本,提高水资源、社会经济、生态环境的综合效益。DISGBP模型强调智慧服务的核心地位,基于物联网、云计算和大数据等新一代信息技术,可以将服务分为资源服务、数据服务、功能服务、模型服务,如图15-3所示。

　　在这个模型中,更加强调政府、企业、公众三者的协作,以及三者与水循环的互动,它们通过基于物联网和云计算的智慧服务形成良好的沟通。如图15-3所示的智慧流域模型是全要素、全时段、全覆盖的智能化的流域管理新模式,它依赖智能化的手段,围绕提供优质、高效的服务,充分调动政府、企业(社会单位)、公众(社区)三者之间的和谐互动,推动水循环和谐畅通,实现流域管理智能化与业务管理网格化的结合,实现条块资源的整合与联动,建立政府监督协调、企业规范运作、公众广泛参与的联动机制。

　　在该模型中,软硬件基础设施是物,政府、企业和公众是人,这四者之间存在多种相互关联的关系,这些关系都是通过智慧服务进行关联的,每种关系在模型中都表现为一系列

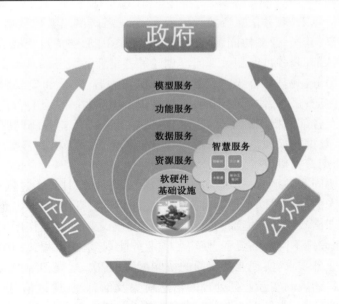

图 15-3　智慧流域模型

具体的服务,而各种具体的服务之间又可能相互结合形成更高层次的服务和更复杂的关系,最终形成一个立体交叉的智慧服务体系。

其中,硬设施包括遍布各处的各类感知设备、云计算基础设施、移动终端及各类便民信息服务终端等;软设施包括政策法规、标准规范、工作机制和保障措施、创新人才培养等。物联网技术通过部署传感器、视频监控设备、卫星定位终端和射频识别读写设备,实现对流域诸要素运行状态的实时感知,通过传感网及时获取并安全传输各类感知信息,进行智能化识别、定位、跟踪、监控和管理。云计算技术是通过基础设施云服务、平台云服务和应用软件云服务,实现信息化的统筹、集约建设。移动通信技术是通过智能移动终端,打破时间、空间的限制,为政府、企业和公众提供按需无线服务。大数据技术是对基础数据、综合数据、主题共享数据和实时感知数据等进行智能处理,围绕某项专题或某个领域,为政府、企业和公众提供融合化、关联性信息。

智慧流域应用信息技术,对流域运行要素进行实时感知、智能识别,实时获取流域运行过程中的各类信息,并对信息进行加工整合和多维融合。宏观、中观和微观新信息相结合,分析和挖掘信息关联,面向各级政府、政务工作人员、企业和社会公众等各相关服务对象,提供按需服务,形成反馈协调运行机制,实现流域运行诸要素与参与者和谐、高效的协作,达成流域运行最佳状态。

面向政务领导,要以仪表盘、指示灯等形式,使其看到各类决策服务信息,包括流域运行全景视图和专题关联视图等,并可以通过宏观信息进一步看到中观、微观信息。面向社会公众和企业,要通过信息亭、智能移动终端、信心板、互联网网站、数字电视等多种渠道,使其看到关联服务信息,实时享受便捷、个性化服务。面向政府工作人员,要以图表、空间图层、街等信息展现形式,进行实时化、精细化业务监管和超前预警预测,实现"信息随时看,监管及时做"。

智慧服务通用框架设计流程如图 15-4 所示,具体描述如下:

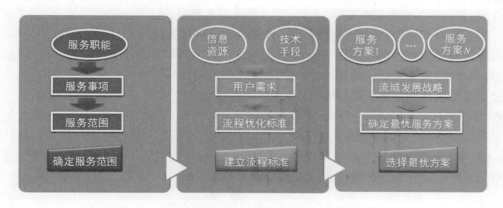

图 15-4　智慧服务通用框架设计流程

（1）确定服务范围。根据政府服务的重点领域和相应的服务职能,对面向企业和公众的服务事项分别进行梳理,确定用户需求的范围。

（2）建立流程标准。明确服务事项后,对其进行细分,梳理各项服务的具体流程,结合用户需求,立足已有的信息资源和技术手段,以智慧服务本质为依据,从各项服务中抽取共性特征,制定统一的流程优化标准。

（3）选择最优方案。从流域管理的实际情况出发,寻求最适合流域管理发展、与水资源管理发展战略保持一致的最优服务方案,同时建立服务绩效评估体系,促进服务水平的持续改进。

15.2　智慧流域体系架构和关键技术

15.2.1　智慧流域体系架构

15.2.1.1　总体框架

智慧流域是基于数字流域,应用云计算、物联网、移动互联网、大数据等新一代信息技术发展起来的,不仅具有数字流域的特征,而且具有感知化、一体化、协同化、生态化、最优化的本质特征,这也是区别于数字流域的地方。它依托数字流域技术将流域中的人和物按照地理位置进行组织,通过物联网获取并传输数据和信息,将海量实时运算交由云计算进行处理,并将结果反馈到控制系统,通过物联网进行智能化和自动化控制,最终让流域达到智慧状态。

智慧流域注重系统性、整体性运行,强调人的参与性、互动性,体现人的智慧,追求高级生态化的目标,实现投入少、消耗少、效益大的最优化战略。在基础设施方面,主要体现在技术先进,各部门能够共建共享,实现流域内人与水、水与水之间相互感知;在数据管理方面,体现在通过流域信息资源整合改造和开发利用,建立各种类型的数据库,实现各种流域业务应用系统、流域政务信息资源共享,使流域信息资源开发利用最佳;在服务支撑方面,体现在通过流域云、大数据、智能决策平台等重要支撑平台和系统,实现海量数据的智能处理、智慧决策等;在智慧应用方面,通过先进的技术、创新的理念和现代科学管理相结合,为智慧流域运营发展提供一体化管理和主动化服务。

　　智慧流域的核心是以一种更智慧的方法通过利用以物联网、云计算、大数据、移动互联网等为核心的新一代信息技术来改变政府、企业和公众相互交往的方式,对于包括民生、环保、公共安全等在内的各种需求做出快速、智能的响应,提高流域运行效率,为居民创造更美好的流域生活。从功能角度来讲,智慧流域体系架构应包含"六横二纵一环",如图 15-5 所示:"六横"含实体水圈层、立体感控层、网络传输层、数据活化层、服务支撑层、智慧应用层;"两纵"含标准规范体系和信息安全体系;"一圈"含高效运行保障体系(运维体系)。这些要素相互联系、相互支撑,形成一体化的闭环的运营体系,服务于流域的规划、设计、建设和运行等全生命周期的管理。

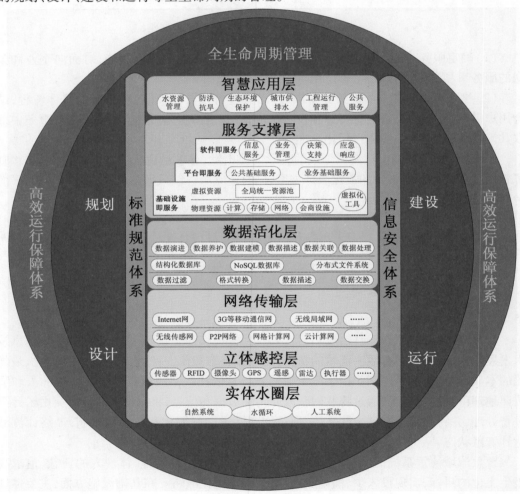

图 15-5　智慧流域体系架构

1. 实体水圈层

　　实体水圈层是智慧流域的实体基础,是以水循环为纽带,由水资源系统、生态环境系统和社会经济系统等自然系统和人工系统组成的复杂开放巨系统,它是天然水循环自然系统进化的产物,是气候系统与生物圈、岩石圈长期相互作用的结果,同时为其他众多的生态系统平衡、经济社会系统的发展和环境保护提供基础;同时是智慧流域感知和管理的对象。为了实现精细化管理,将水圈层网格化。智慧流域利用先进信息技术将人类社会、实体流域和数字流域高度融合,充分发挥物的智能和人的智慧,服务于流域的"规划、设计、运行、建设"全生命周期发展过程,优化水圈发展格局,使水资源、生态环境与社会经济耦合系统协调发展,实现生态文明流域的目标。

2. 立体感控层

立体感控层是智慧流域的信息基础,主要进行信息采集、简单处理及数据传输,为智慧流域的高效运营提供基础信息,实现人与水、水与水之间的相互感知。立体感控层中的感知体系主要是利用3S及北斗导航技术、自动识别技术、多媒体视频技术、物联网、移动互联网等技术建立感应层,通过立体的"四维"感应,实现对流域全面感知、深度感知。信息自动获取设施主要指位于智慧流域信息化体系前端的信息采集设施与技术,如遥感技术(RS)、视频识别技术(RFID)、GPS终端、传感器(Sensor)以及摄像头视频采集终端等,实现位置感知、图像感知、状态感知等。

立体感控层负责对流域环境中各方面的数据进行感知和收集,对采集的信息进行处理和自动控制,并通过通信模块将数据定向汇聚到合适的位置。立体感控层由感知对象子层、感知单元子层、传感网络子层、接入网关子层等组成。

感知对象主要是流域中的"物",比如需要监测的水文水资源要素、监测设施和设备、被监控的人,甚至在遥感测绘中的流域地表被感知的对象等。

感知单元是指具有数据采集功能的,用于采集流域中发生的事件和数据的设备和网络。采集的数据可以包含各类物理量、标识、音频、视频数据等。数据采集设备涉及传感器、RFID、多媒体信息采集、二维码和实时定位设备等。

传感网络是由传感设备组成的传感网,包括通过近距离无线通信方式组成的无线传感网以及其他的传感网。在智慧流域体系中要求每个感知设备都能够寻址,都可以通信,都可以被控制。

接入网关主要负责将感知层接入到智慧流域网络传输层中,可以进行协议转换、数据转换、多网融合及数据汇集等工作,这取决于感知层和网络层采用的技术。

3. 网络传输层

网络传输层是智慧流域信息传输的高速公路,是未来智慧流域的重要基础设施,由大容量、高带宽、高可靠性的光纤网络和全城覆盖的无线宽带网络,组成"宽带、无线、泛在、融合"的智慧一体化网络,为实现流域智慧化奠定良好的基础。网络传输层包括基础网络支撑层和基础设施网络层。基础网络支撑层是融合网络通信技术的保障,包括无线传感网、点对点(Peer-to-Peer,P2P)网络、网格计算网、云计算网,这些网络通信技术为流域的互联互通奠定了基础;基础设施网络层主要包括Internet网、无线局域网、移动通信网络等。信息高效传输设施指有线及无线网络传输设施,主要包括通信光纤网络、3G无线通信网络、重点区域的WLAN网络等,以及相关的服务器、网络终端设备等,实现各种信息流的双向传递和网状交互。以多网结合的模式,建设高质量、大容量、高速率的数据传输网络,为数据互联互通、开放共享、实时互动提供可靠通道。

网络传输层是利用物联网、传感网、新一代互联网等新型网络技术,负责对智慧流域中的感知数据进行传递、路由和分发。

4. 数据活化层

数据活化层是智慧流域的信息仓库,为智慧流域的高效运营提供丰富的数据源,全面支撑智慧流域的各项应用。数据层主要是通过基础数据库工程的实施,规范流域信息分类、采集存储、处理、交换和服务的标准,建成基础数据库,实现数据的共建共享、互联互通,为智慧流域建设打下坚实的基础。数据集成管理主要是借助于数据仓库技术,分类管理组成"智慧"的数据库系统,涉及空间数据与属性数据库、栅格数据与矢量数据库、资源数据与业务数据库以及面向应用的主题数据库;在数据集成管理的基础上,借助云计算技术,通过共享服务层为应用系统提供数据信息与计算服务。

活化层是智慧流域技术体系中数据管理的核心层,负责将海量流域数据进行分类和聚集,通过数据关联、数据演进和数据养护等技术,实现对数据的活化处理,向服务层提供活化数据支持。

5. 服务支撑层

服务支撑层是智慧流域科学、高效运营的关键,是智慧流域的中枢,主要包括地理信息平台、流域云平台、决策支持平台等,为智慧流域的应用系统提供科学、智能、协同、包容、开放的统一支撑平台,负责整个系统的信息加工、海量数据处理、业务流程规范、数表模型分析、智能决策、预测分析等,为实现流域资源监测、应急指挥、智能诊断提供平台化的支撑服务和智能化的决策服务。模型是智慧流域建设的核心,它通过构建以大气水—地表水—土壤水—地下水"四水"转化为基本特征的天然水循环系统、人工取用水系统以及伴生的环境、生态系统区域模型,再现区域的历史,预测区域的未来,为解决国民经济中迫切需要解决的诸如防汛减灾、水量调度、水资源保护、水土保持、工程管理等问题提供现代化工具。

该层对底层的数据和活化服务将进一步地封装,为智慧流域上层应用的开发提供复用和灵活部署的能力,其功能涵盖了云平台、大数据处理、虚拟仿真、公共数据引擎等平台与服务等。

6. 智慧应用层

智慧应用层是智慧流域建设与运营的核心,主要进行信息集成共享、资源交换、业务协同等,为智慧流域的运营发展提供直接服务。它位于智慧流域体系架构的最顶端,不同规模、不同发展类型的流域可以选择、开发适合自身特点的不同智慧应用,行业特性较强。通过集成各种信息基础设施,建设面向一体化管理的信息集成系统,实现各种业务管理的高度集成与服务,提供智慧化决策以及智能化远程调控;同时,系统能够面向政府、企业和公众以各种固定或移动信息终端提供弹性服务,以数据采集体系获取的水务信息为基础,通过模型分析计算、数据挖掘分析处理、预测预报等智慧化作业,并借助各类先进的信息技术构建专业的水务信息管理系统,提升对基础水务信息的处理和管理能力。业务支撑体系主要包括水利、环保等相关领域的业务管理。

7. 标准规范体系

标准规范体系是智慧流域建设和运营的重要支撑保障体系,主要包括智慧流域总体标准、信息资源标准、应用标准、基础设施标准。智慧流域总体标准是标准化体系的基础标准,是其他标准制定的基础,主要包括智慧流域信息标准化指南、智慧流域信息术语、智慧流域信息文本图形符号和其他综合标准。智慧流域信息资源标准主要包括流域信息分类与编码、流域信息资源的表示和处理、流域信息资源定位、流域数据访问、目录服务和元数据等标准。智慧流域应用标准主要包括智慧流域信息资源业务应用流程控制、流域资源成果文档格式、流域资源业务功能建模、流域资源业务流程建模、流域资源业务应用规程和信息资源目录与交换体系等标准。智慧流域基础设施标准主要包括信息安全基础设施和计算机设备等标准。

8. 信息安全体系

信息安全体系是智慧流域建设与运营的重要保障。智慧流域信息安全体系内容包括物理安全、网络安全、系统安全、应用安全、数据安全五部分。物理安全主要包括机房内相同类型资产的安全域划分;网络安全主要是保护水利基础网络传输和网络边界的安全,包括网关杀毒、防火墙、入侵检测等几个方面;系统安全是通过建设覆盖流域全网的分级管理、统一监管的病毒防治、终端管理系统,第三方安全接入系统、漏洞扫描和自动补丁分发系统;应用安全是在水利内外网建立水利数字证书认证中心,与国家电子政务认证体系相互认证,各级水利部门内外网建立数字证书发证、在线证书查询等证书服务分中心,信息体系可以有效实现数据的保密性、完整性;数据安全主要是解决流域资源数据丢失、数据访问权限控制等。

9. 高效运行保障体系(运维体系)

智慧流域建设需要在遵循国家有关法律法规的基础上,在智慧流域建设运营过程中,制定出台更具针对性的智慧流域制度体系,如建立健全日常事务、项目建设实施、信息共享服务、数据交换与更新、数据库运行、信息安全、项目组织等管理办法和制度,为智慧流域建设保驾护航。

运维体系是智慧流域建设的根本保障,建立完善的智慧流域运维体系,将对水利系统提高绩效、构建智慧型流域起到至关重要的作用。按照"统一规划,分级维护"的原则,智慧流域运维体系主要由运维服务体系、运维管理体系、运维服务培训体系、评估考核体系等部分构成。为保障智慧流域建设的有序开展和高效能运行,应当在政策、机制、资金、技术、标准、人才、安全等七个方面予以保障,建立健全智慧流域建设的保障体系,为智慧流域的建设、管理、运行、维护与发展全方位保驾护航。

15.2.1.2　业务框架

要开展智慧流域建设,必须要对智慧流域的业务构成进行统一规划,自下而上将总体业务构建分为四个层次,如图 15-6 所示。

基础业务:智慧流域将物联网与互联网系统完全连接和融合,通过传感器将各项基础设施连接起来,能够对运行进行实时监测。因此,首先利用网络基础设施按照一定的标准分成若干单元,把人、地、物、事、组织等内容全部纳入其中,对每个单元的部件和事件巡查,提供流域的网络化、精细化管理。

行政审批:在公共服务方面,由于各种行业都在开展信息化建设,不同部门之间缺乏协调,往往各自为政,政府信息资源缺乏整合,产生了大量信息孤岛,部门之间的审批难以

图 15-6　智慧业务架构

协同。因此,需要连通各个孤立的系统,整合各部门的资源,建立"一站式"公共服务,将一系列行政事务进行整合和管理优化,全面提升公共服务的效率和质量。

智慧服务:针对流域面临的具体问题,提出智慧解决方案。通过对各类信息资源的开发整合和利用,科学计算,优化配置,推进实体技术设施和信息设施的整合共享,提升管理与运行能力,让管理中各项功能彼此协调运作,使得管理的关键基础设施组件和服务更互联、高效和智能。

高效能运行管理:高效能运行管理可概括为日常运行状态和突发事件应急处理状态。日常状态下,智慧流域系统对各智慧服务子系统的运行进行协调指挥,促进统一协同处理,保障智慧流域的宏观运行。应急处理状态下,流域管理部门更需要统一协调,协同开展工作。通过多部门协作、多资源调配,实施综合指挥,能够快速应对各种突发问题,妥善处置,进而使系统科学、高效地综合运行。

15.2.1.3　功能框架

系统功能的需求分为四类,即信息有效、管理有措、应急有策和决策有助。

1. 提供信息服务,做到信息有效

信息的准确性、及时性和完整性是业务管理、决策支持及应急响应功能有效发挥的根基兼核心。流域管理信息的获取方式有直接监测和间接监测两类,直接监测是利用监测设备对水务管理所需要的水情、雨情、工情、台风、墒情、水质、水保等信息进行自动监测或人工监测;间接监测就是在直接监测的基础上,以科学的模型计算体系为依托,采用统计模型或数学模型的方法,获取业务管理、决策支持及应急响应所需的业务信息。信息不管是来自直接监测,还是间接监测,保证其有效性是最根本的,否则智慧流域系统会发出"愚蠢"的指令和做出"错误"的行为。

2. 提供业务管理,做到管理有措

在充分掌握全面有效信息的基础上,能为防汛管理、水资源管理、水环境管理和水生态管理提供支撑。防汛管理包括调度指令实施管理、防汛人员信息管理、防汛部门信息管理、防办文档管理、抢险队伍信息管理、防汛物资管理、防汛组织管理、防汛经费管理以及防汛值班管理;水资源管理包括水源管理、供水管理、用水管理、排水管理以及污水处理与回用;水环境管理包括水功能区监督与管理和入河排污口管理;水生态管理包括水生态系统保护与修复管理和水土保持管理。

3. 提供应急响应,做到应急有策

应急响应对应急预案实施的保障能力体现在为各个应急环节提供科学支撑和技术支持。应急响应一方面作为突发事件信息的"汇集点",在大量突发事件中快速有效地整合、分析、提取危险源和事件现场的信息;另一方面作为应对突发事件的"智能库"(包括数据库、预案库、模型库和决策技术库),提供不同条件下突发事件的科学动态预测与危险性分析,判断预警级别并快速发布预警,进而作为整个应急指挥决策的"控制台",逐步落实应急预案,调整决策和救援措施等,实现科学决策和高效处置。如为确保人民群众的饮水安全,必须建立反应敏捷、启动及时的应急机制。在居民饮用水水源主要依靠主要江河、湖泊、水库供水的条件下,必须要有完善的监测设备,一方面要经常观测主要江河、湖泊、水库水体的水质变化,随时能够启动应急响应机制;另一方面,一旦发生问题,要能够做到在最短时间内掌握灾情信息,以建立应对重大突发性水污染事件的有效机制,显著提升应对重大突发性水污染事件的能力。

4. 提供决策支持,做到决策有助

流域管理的目标是保护和改善水体质量并且实现水资源的可持续利用。随着对水利用问题认识的深入,流域管理目标已经从传统的疏浚通航、洪水治理、生态保护、水产养殖等单目标管理发展到目前强调生态、经济、社会综合功能的多目标可持续流域管理。具体来说,流域综合管理既要满足不断增长的社会经济发展要求,又要持续保护河流生态和景观;既要统筹兼顾水质、自然保护、生态、防洪、航运、工业、矿业、农业和旅游业等,又要公正协调不同利益集团的要求。由于流域生态环境的复杂性、多尺度性和多目标性,决策支持系统(Decision Support System,DSS)作为高性能的模拟和可视化工具,在帮助流域管理者确定管理目标、设计管理方案、综合评价流域状况等方面具有不可替代的作用。决策支持系统的概念最早于 20 世纪 70 年代初被提出。它面对半结构化的决策问题,以管理科学、计算机科学、行为科学和控制论为基础,以计算机技术、人工智能技术、经济数学方法和信息技术为手段,是一种支持中、高级决策者决策活动的人机系统。它能为决策者迅速而准确地提供决策需要的数据、信息和背景资料,可帮助决策者明确目标、建立和修改模型、提供备选方案、评价和优选各种方案、通过人机对话进行分析、比较和判断,从而为正确决策提供有力支持。在流域管理方面,大多数决策支持系统通过地理信息系统收集数据,并且能够以方案预算和模型耦合为基础,对不同管理方案产生的水文、生态和经济后果进行跨学科的多标准分析。它通过对流域(包括地表水、地下水、水量、水环境、取排水等)的动态监测、数据采集、实时传输和信息存储管理,结合特定流域的社会、经济、人口、环境等因素和生活、工农业等对水资源的需求,实现对流域水资源的远程调配控制和智能管理,以支持流域水资源日常管理办公自动化。

15.2.2　智慧流域建设模式

通过解析智慧流域框架,提出智慧流域建设模式如下:

(1)通过各种与流域管理密切相关的感应器和专业探测器,利用传感技术获取地球及其相关事物的数据和信息,包括与日常生活、企业规划、政府决策和科学研究等密切相关的数据。如通过温度、湿度、噪声等感应器获取环境相关数据;通过条形码、磁卡、无线射频技术获取食物及产品的数据;通过星载、机载、船载的专业传感器获取资源环境、国土监控、地球空间几何信息等专业信息;通过嵌入式传感器获取微观领域的信息等。

(2)采用通信技术(特别是移动无线通信技术)、计算机技术、数据库技术和网格计算等技术对数据进行传输、集成,并利用云计算技术建立虚拟数据中心对数据和信息进行管理。

（3）采用模式识别、人工智能、数学领域所支持的通用算法模型、各专业领域的专业模型和方法对数据识别、处理提取有用的信息,对信息进行集成、分析、挖掘,获得所需要的知识。

（4）通过硬件集成和制造、软件的开发、个性化服务的定制、相应的商业化和非商业化运作模式,把知识转化为适应需求的各种服务模式和产品,为最需要的人在最适宜的时间和地点提供最适宜的灵性服务。

15.2.3　智慧流域运行机制

智慧流域就是实时的数据获取、普适的数据通信和集成、智能化的数据处理及面向需求的智能化服务。具体是指采用遥感和嵌入式感应技术,对物体进行感应和量测,获得物体的静态和动态实时数据,通过互联互通的网络进行数据的通信和传输,在虚拟的数据中心进行数据的集成,并采用专业模型进行数据的处理、分析、挖掘和预测,最终实现面向政府机构、行业应用和个人生活的智能化服务。这是一个由客观物体到数据、数据到信息、信息到知识、知识到决策和服务的过程。其核心是信息处理,技术载体是网络,关键是智能化,目标是服务,即实现以最便捷的方式给最需要的人提供最需要的服务。

智慧流域通过各种网络通信手段和终端设备以及云计算平台建设,能够提供模型服务和数据服务,更重要的是智慧流域还能提供流域管理全生命周期的功能服务。智慧流域的功能服务实现了流域的智能化管理和自动化控制,发挥了其拟人化操控流程,提供了智慧化的管理手段。

流域管理的智能化和自动化要求信息"双向"流动,信息从传感设备获取,最终将处理后的信息传送给传感设备,实现对流域的闭环管理。按这种信息传递模式,智慧流域提供的功能服务包括智能感知、智能仿真、智能诊断、智能预警、智能调度、智能处置、智能控制,如图15-7所示。

15.2.3.1　智能感知

智能感知就是利用各种信息传感设备及系统,如无线传感器网络、射频标签阅读装置、条码与二维码设备、遥感监测和其他基于物－物通信模式的短距无线自组织网络,构建覆盖主要水监测对象的智能感知网络体系,并建立这些传感设备之间的标识和联通,实现对二元水循环过程中水量、水质、水情、工情等各种信息全覆盖、全天候的时空无缝监测、监控和采集。如利用各种监测和监控技术对主要水源地的水质、水量变化,流域和城市水流线路中水质、水量变化,供水系统中管道的取用排水量和渗漏量,固定断面的污染物种类和浓度,大坝变形参数,堤岸的渗漏参数等进行实时监测。通过优化布设传感器对自然水循环和社会水循环过程进行实时监控,为科学、精确、动态的流域管理提供完备的数据支持。

15.2.3.2　智能仿真

智能仿真就是综合虚拟现实技术、云计算技术、遥感技术和数值模拟技术,将真实的涉水情况搬入计算机,在计算机中建立与现实相对应的可交互控制的虚拟环境,并将各种

图 15-7　智慧流域运行机制图

影响安全的信息进行实时仿真,从而实现对流域工程的可视化展示与管理。通过建立基于云计算技术的数值仿真平台,主要包括分布式水文模型、水源区面源污染模型、水动力水质生态数值仿真模型、城市管网和洪水预报模型等,实现对降水径流过程、污染物迁移转化过程、城市管网供水过程、生态需水过程、泥石流淹没过程以及洪水演进过程的数值仿真,同时与虚拟现实系统实时交互,将模拟结果通过可视化技术实时展现在虚拟场景中,为流域综合管理提供基础。

15.2.3.3　智能诊断

在建立水质水量综合诊断指标体系的基础上,结合感知的水量、水质和水情、工情信息,采用专家系统、神经网络、模糊理论等方法进行信息的深度挖掘,对各种水安全风险因子进行智能识别。经过综合诊断,识别出供水对象所面临的水量短缺和水质恶化的高度风险区域,利用在线观测、移动观测设备对这些区域进行实时跟踪监控,一旦发生安全风险事件,开展以追踪溯源为核心的智能诊断,自动判断安全隐患或突发性事件发生的地点、类型、性质。

15.2.3.4　智能预警

智能预警是在智能诊断出的高风险突发性事件的基础上,分析水安全事件的特点,根据集成到智能仿真平台中的分布式水量水质模型、河网水量水质水生态模型、洪水预报模型、生态需水模型等对诊断出的突发性水安全事故进行模拟,预测预报事故的演变规律,定量给出事故的影响范围和深度,根据事故所隶属的等级以及直接危害或间接危害的程度,通过虚拟现实与可视化技术将事故的危害程度直观表现在三维虚拟环境中,同时利用各种电子终端自动联合发布相关的预警信息。

15.2.3.5　智能调度

智能调度是根据水安全事件的诊断与预警,运用智能计算方法形成可行的调度方案,利用智能仿真技术进行多种调度方案的模拟分析,并实现对方案的跟踪管理。对高风险区域,事先制订应急调度预案。对没有发生在高风险区域的事件,可以参考邻近位置预案集和应急调度预案集,生成可行的应急调度方案;由感知系统获取的数据实时传递给智能仿真系统和智能诊断与预警系统平台,诊断突发事件的类型,计算影响范围和程度,进而制订实时应对方案,并对方案的实施效果进行实时评估、实时调整与改进,尽量将水安全事件的负面影响降到最低。

15.2.3.6　智能处置

智能处置是应对突发水安全事件提出相应的处置措施及方案。当仅仅通过水质水量联合调度无法满足水安全的要求时,必须对其进行相应处置。如突发的水污染极端事件造成供水风险和生态风险,仅仅采用闸门的联合调控或者分质供水不能有效地应对风险的产生,首先将其影响限定在一定范围内,然后可以采用化学的方法、物理的方法或生态的方法将污染物浓度降低到一定范围内,去除有毒污染物的毒性。当发生供水管道破裂时,除自动关闭该管段的闸门禁止通水外,还应迅速通知市政部门对其抢修。

15.2.3.7　智能控制

智能控制就是充分利用各个智能子系统的应用信息,优化各种不同类型控制建筑物和设备(如闸门、泵站机组、发电机组)的自适应控制算法,建立所有控制性建筑物和设备的智能控制模型。在此基础上,利用智能仿真模型以及各个监控站点信息的相互智能感知,建立区域内所有控制性建筑物和设备的联合控制模型。联合控制模型能够以水量调度系统下达的水量分配方案为目标对区域内所有控制性建筑物和设备进行统一控制,并以当前河道或流域状况作为反馈修正对闸、泵的控制达到区域闭环的效果,实现系统运行数据和设备状态的智能化监控,在满足调度目标的同时确保输水河道以及输水建筑物安全,达到统一调度方式安全水量分配。

15.2.4　智慧流域支撑技术

15.2.4.1　数字流域相关技术

"数字流域"的概念最早源于美国前副总统阿尔·戈尔在1998年提出"数字地球"时提到的数字化的虚拟地球场景。通过技术融合,可使其较好地融入互联网,为人类提供服务。其中,数字流域作为数字地球的重要区域层次及组成部分,成为数字化应用和研究的热点。

具体来说,数字流域是一个覆盖整个流域的无缝信息模型,把分散在流域各处的各类信息按流域的地理空间坐标组织起来,这样既能体现出流域中的自然、人文、社会等各类信息的相互关系,又能便于按人类理解的地理坐标进行检索和利用。数字流域可以理解为流域在数字世界中的一个副本,它包括全部流域相关资料的数字化、地理化和可视化。数字流域按表现形式可以分为以文本形式提供的信息点、二维数字流域平面(包括流域二维地图和遥感影像图等)、三维数字流域空间、四维时空数字流域空间。

数字流域相关技术涵盖流域空间信息的获取、管理、使用等方面,数字流域建设的具体需求也推动着相关技术逐步发展和成熟。数字流域从数据获取、组织到提供服务的技术如下:

(1)天空地一体化的空间信息快速获取技术。2006年《自然》(Nature)杂志发表的封面论文"2020 Vision"认为,观测网将首次大规模地实现实时获取现实世界的数据。现在,天空地一体化的空间信息观测和测量系统已初具雏形,空间信息获取方式也从传统人工测量发展到太空星载遥感平台、全球定位导航系统,再到机载遥感平台、地面的车载移动测量平台等。空间信息获取和更新的速度越来越快,定位技术将由室外拓展到室内和地下空间,多分辨率和多时态的观测与测量数据日益俱增。数字流域具有监测各种分辨率空间信息的能力,如降水、蒸(散)发、径流、土地类型、水工建筑物、滑坡和泥石流等流域信息。3S是RS(遥感)、GPS(全球定位系统)、GIS(地理信息系统)这3项相互独立而在应用上又密切关联的高新技术的总称,是空间技术、传感器技术、卫星定位导航技术和计算机技术、通信技术相结合,多学科高度集成的对空间信息进行采集、处理、管理、分析、表达、传播和应用的现代信息技术。北斗卫星导航系统是中国正在实施的自主研发、独立运行的全球卫星导航系统,是继美国GPS和俄罗斯GLONASS之后的第三个成熟的卫星导航系统。北斗卫星导航系统可在全球范围内全天候、全天时为各类用户提供高精度、高可靠定位、导航、授时服务,并具短报文通信能力,已经初步具备区域导航、定位和授时能力,定位精度优于20 m,授时精度优于100 ns。北斗卫星导航系统在水利方面具有广阔的应用空间,为流域资源监测及安全管理等提供重要支撑作用。北斗卫星导航系统可以同时提供定位和通信功能,具有终端设备小型化、集成度高、低功耗和操作简单等特点。

(2)海量空间数据调度与管理技术。面对数据容量不断增长、数据种类不断增加的海量空间数据,PB(Peta Byte)级及更大的数据量更加依赖于相关数据调度与管理技术,包括高效的索引、数据库、分布式存储等技术。

(3)空间信息可视化技术。从传统的二维地图到三维数字流域,数字流域的空间表现形式由传统的抽象的二维地图发展为与现实世界几近相同的三维空间,使得人类在描述和分析流域空间事物的信息上获得质的飞跃。包含真实纹理的三维地形和流域模型可用于流域规划、生态分析、构成虚拟地理环境等。

(4)空间信息分析与挖掘技术。数字流域中基于影像的三维实景影像模型,可构成大面积无缝的立体正射影像,用于自主的实时按需量测,以挖掘有效信息。

(5)网络服务技术。通过网络整合并提供服务,数字流域作为一个空间信息基础框架,可以整合集成来自网络环境下与地球空间信息相关的各种社会经济信息和生态环境信息,然后通过Web Service技术向专业部门和社会公众提供服务。

(6)数字流域模型技术。随着经济发展和人口增加,水资源短缺引发了一系列生态环境问题,加之全球气候变化,进一步增加了未来流域水资源演变的不确定性,干旱与洪涝灾害发生频率增加,水生态及水环境的脆弱性加剧,这一系列与水相关的问题成为当前全球关注的焦点。然而不论水问题的表现形式如何,都可归结于水循环过程的演化,因为水循环承载着每一滴水的形成和转化,同时又与水生态、水环境、水社会、水经济等过程相伴生,且具有作用与反作用关系。因此,如何合理利用好每一滴水,协调好水循环过程中水资源、水生态、水环境、水社会、水经济五大系统间的相互作用关系,维持健康的水循环,直接关系着流域/区域的可持续发展。

基于水循环过程进行水资源的规划与管理,是研究复杂水问题和实现水资源可持续开发利用的基本途径,也是现代水文水资源学研究的重要内容。自然界周而复始的水循环运动是产生地球淡水资源的根本动因,也是联系大气圈、生物圈、土壤与岩石圈等其他圈层的纽带,伴随大气降水、截留、融雪、蒸(散)发、下渗、产流(地表径流、壤中流、地下径流)、坡面汇流、水库(湖泊)调蓄和河道汇流九大水循环过程与水量转换,牵动着陆地表层系统其他物理、化学和生物过程的演化,如泥沙、水质和生态等过程。人类社会经济系统的演变也同样与水循环过程休戚相关。受气候和下垫面变化的影响,陆地水循环要素的时空变异性极其突出,很多国家的水资源时空分布严重不均。多数流域的降水集中在汛期,与农业生产需求不一致,加上水土、水热条件的不匹配严重制约了社会经济的发展。为此,人类兴修水利工程(如水库、闸坝和调水工程等)试图改变水资源的不均匀分布,以便更有效地利用水资源。由于缺乏对水循环大系统整体过程的足够认识,难以综合考虑水与气候、水与生态、水与环境、水与社会、水与经济等多种过程的联系与反馈作用,特别是缺乏支撑多种过程综合和系统集成研究的模拟平台,所以许多管理与规划决策往往“顾此失彼”,在兴利的同时带来了更大的生态与环境灾害,这反过来又制约着经济社会的发展,使我们面临严峻挑战。因此,为研究单一传质或过程采用的“分离”方法,要转向多过程多传质耦合的“综合”方法,来实现水循环及其伴生水过程的综合模拟。已经证明采用偏微分方程组(PDEs)的方法可求解多物理场现象,为综合模拟提供了技术支持。由于人类活动的参与性,天然河流已变成人工天然河流,满足单目标的分散模型已不足以反映各种工程与非工程措施所引起的河流复杂响应。流域管理的多目标和精细化,愈加突出自然过程、生态环境和经济社会的综合模拟,愈加需要全过程、全要素的动态定量模拟预报。为此,要从“水-土-气-生-人”复杂系统集成的角度出发,运用交叉集成的流域模拟模型和管理模型,构建流域数学模拟系统,实现水-生态-经济多场耦合。

15.2.4.2　智能传感器技术

智能传感器(Intelligent Sensor)是具有信息处理功能的传感器。智能传感器带有微处理机,具有采集、处理、交换信息的能力,是传感器集成化与微处理机相结合的产物。一般智能机器人的感觉系统由多个传感器集合而成,采集的信息需要计算机进行处理,而使用智能传感器就可将信息分散处理,从而降低成本。与一般传感器相比,智能传感器具有以下三个优点:①通过软件技术可实现高精度的信息采集,而且成本低;②具有一定的编程自动化能力;③功能多样化。智能传感器的功能是通过模拟人的感官和大脑的协调动作,结合长期以来测试技术的研究和实际经验而提出来的。智能传感器是一个相对独立的智能单元,它的出现对原来硬件性能的苛刻要求有所减轻,而靠软件帮助可以使传感器的性能大幅度提高。在信息存储和传输功能方面,智能传感器通过测试数据传输或接收指令来实现各项功能。如增益的设置、补偿参数的设置、内检参数的设置、测试数据的输出等。在自补偿和计算功能方面,智能传感器的自补偿和计算功能为传感器的温度漂移和非线性补偿开辟了新的道路。这样,可放宽传感器加工精密度要求,只要能保证传感器的重复性好,利用微处理器对测试的信号进行软件计算,采用多次拟合和差值计算方法对漂移和非线性进行补偿,就能获得测量结果较精确的压力传感器。在自检、自校、自诊断方面,采用智能传感器情况则大有改观,首先自诊断功能在电源接通时进行自检,诊断测试以确定组件有无故障。其次,根据使用时间可以在线进行校正,微处理器利用存在EPROM(可擦除可编程只读寄存器)内的计量特性数据进行对比校对。在复合敏感功能方面,智能传感器具有复合功能,能够同时测量多种物理量和化学量,给出能够较全面反映物质运动规律的信息。在智能传感器的集成化方面,由于大规模集成电路的发展使得传感器与相应的电路都集成到同一芯片上,而这种具有某些智能功能的传感器叫作集成智能传感器。

15.2.4.3　物联网技术

物联网(Internet of Things,IOT)就是"物物相连的互联网",是通过智能感知、识别技术与普适计算、泛在网络的融合应用,首先获取物体/环境/动态属性信息,再由网络传输通信技术与设备进行信息/知识交换和通信,并最终经智能信息/知识处理技术与设备实现"人－机－物"世界的智能化管理与控制的一种"人物互联、物物互联、人人互联"的高效能、智能化网络,从而构建一个覆盖世界上所有人与物的网络信息系统,实现物理世界与信息世界的无缝连接。物联网是互联网的应用拓展,以互联网为基础设施,是传感网、互联网、自动化技术、计算技术和控制技术的集成及其广泛和深度应用。物联网主要由感知层、传输层和信息处理层(应用层)组成,它为智慧流域中实现"人－机－物"三元融合一体的世界提供最重要的基础使能技术与新运行模式。应用创新是物联网发展的核心,以用户体验为核心的创新2.0是物联网发展的灵魂。物联网用途极其广泛,遍及交通、安保、家居、消防、监测、医疗、栽培、食品等多个领域。作为下一个经济增长点,物联网必将成为智慧流域建设中的重要力量。

15.2.4.4　云计算技术

云计算(Cloud Computing,CC)是一种新兴的共享基础架构的方法,可以将巨大的系统池连接在一起以提供各种IT服务。在智慧流域建设中,云计算在海量数据的处理与存储、智慧流域运营模式与服务模式等方面具有重要作用,可以支撑智慧流域的高效运转,提高流域管理服务能力,不断创新IT服务模式。云计算主要包括三个层次的服务:基础设施级服务(IaaS)、平台级服务(PaaS)、软件级服务(SaaS)。云计算作为新型计算模式,可以应用到智慧流域决策服务方面,通过构建高可靠智慧流域云计算平台为流域管理智能决策提供计算和存储能力,其扩展性可以极大地方便用户,使其成为智慧流域的核心。智慧流域云计算平台的虚拟化技术及容错特性保证了其存储、运算的高可靠性。对于海量的流域资源数据的存储,需要使用云计算存储,将网络中不同类型的存储设备通过应用软件集合起来协同工作,共同对外提供数据存储和业务访问功能。利用云计算的并行处理技术,挖掘数据的内在关联,对数据应用进行并行处理。IaaS层提供可靠的调度策略,是智慧流域云计算得以高效实现的关键。

15.2.4.5　大数据技术

大数据(Big Data,BD)指的是所涉及的资料量规模巨大到无法透过主流软件工具,在合理时间内达到获取、管理、处理,并整理成帮助管理者经营决策的资讯。大数据技术的战略意义不在于掌握庞大的数据信息,而在于对这些含有意义的数据进行专业化处理。

大数据可分成大数据技术、大数据工程、大数据科学和大数据应用等领域。目前,谈论最多的是大数据技术和大数据应用,即从各种各样类型的数据中,快速获得有价值的信息。大数据技术是超大容量、多样性、时效性高的数据与采集它们的工具、平台、分析系统的总称,主要包括大数据的存取、挖掘、管理、处理技术,解决智慧流域庞大的结构化、半结构化和非结构化数据快速存取、挖掘、管理、处理,是支持智慧流域各业务进行有效智慧决策和预测的基础技术。目前,大数据技术已经应用到安全管理、金融等领域,随着互联网行业终端设备的应用、在线应用和服务,以及垂直行业的融合等,互联网行业急需大数据技术的深度开发和应用,并且将快速带动社会化媒体、电子商务的快速发展,其他的互联网分支也会紧追其后,整个行业在大数据的推动下将会蓬勃发展。随着信息技术在水利行业的应用及水利管理服务的不断加强,大数据技术在水利领域的应用也是不可或缺的,包括系统信息共享、业务协同与云计算的高效运营,以及资源监测、应急指挥、远程诊断等管理服务。

15.2.4.6　虚拟现实技术

虚拟现实(Virtual Reality,VR)是以计算机为核心,结合相关科学技术,生成与一定范围真实环境在视、听、触感等方面高度近似的数字化环境,用户借助必要的装备与数字化环境中的对象进行交互作用、相互影响,可以产生亲临对应真实环境的感受和体验。VR是人类在探索自然、认识自然过程中创造产生,逐步形成的一种认识自然、模拟自然,进而更好地适应和利用自然的科学方法和科学技术,具有 Immersion(沉浸)、Interaction(交互)、Imagination(构想)的 3I 特征,其目的是利用计算机技术及其他相关技术复制、模仿现实世界或假想世界,构造近似现实世界的虚拟世界,用户通过与虚拟世界的交互,体验对应的现实世界。VR 技术将计算机从一种需要人用键盘、鼠标进行操纵的设备变成了人处于其创造的虚拟环境中,通过感官、语言、手势等比较自然的方式进行交互、对话的系统和环境,从根本上改变了人适应计算机的局面,创造了计算机适应人的一种新机制。VR 通过沉浸、交互和构想的 3I 特性能够高精度地对现实世界或假想世界的对象进行模拟与表现,辅助用户进行各种分析,为解决面临的复杂问题提供一种新的有效手段。以虚拟现实理念/虚拟现实技术为核心,基于地理信息、遥感信息以及赛博空间网络信息与移动空间信息,发展出了具有地学特色的虚拟地理环境,用于研究现实地理环境和赛博空间的现象与规律。

15.2.4.7　移动互联网技术

移动互联网是移动通信技术与互联网融合的产物,是一种新型的数字通信模式。广义的移动互联网是指用户使用蜂窝移动电话、平板电脑或者其他手持设备,通过各种无线网络,包括移动无线网络和固定无线接入网等接入到互联网中,进行语音、数据和视频等通信业务。随着无线技术和视频压缩技术的成熟,基于物联网技术的网络视频监控系统,为水利工作提供了有力的技术保障。基于 3G、4G 技术的网络监控系统需具备多级管理体系,整个系统基于网络构建,能够通过多级级联的方式构建一个全网监控、全网管理的视频监控网,提供及时优质的维护服务,保障系统正常运转。

15.2.4.8　综合集成研讨厅技术

从定性到定量的综合集成方法是钱学森从现代科学技术体系的高度,在深入思考开放复杂巨系统之间协同工作解决现实问题时,以"实践论"为立足点,将"整体论"与"还原论"结合起来,于1990年左右提出来的研究方法。之后,钱学森又在更深层次的支撑平台进行思考,于1992年左右提出了从定性到定量的综合集成研讨厅体系(Hall for Workshop of Metasynthetic Engineering, HWME)。

简单地说,综合集成研讨厅是由人与计算机系统构成的一个解决复杂问题的社会团体。在这个团体中,人与人、计算机与计算机、人与计算机进行密切合作,各尽所能,对它所面临的问题进行综合集成。这种综合集成的意义不同于目前流行的"集成",它不仅仅是由简单的多种模块所组成,而是根据问题在某时刻的需要,在系统理论意义下动态构成社会团体的若干个子集,在不断的信息交流过程中求得解(一般是局部解)。系统具有"进化"的特征,它可以不断成长,不断提高,其关键之处在于:每一个瞬间系统所构成的小团体也许是不同的,系统构成是动态的。

综合集成研讨厅由三部分组成:专家体系、机器体系和知识/信息体系,其中:①由参与研讨的专家组成的专家体系,是研讨厅的主体,是决策咨询求解任务的主要承担者;②由专家所使用的计算机软硬件及为研讨厅提供各种服务的服务器组成的机器体系,具有高性能的计算能力、数据运算和逻辑运算能力,在定量分析中发挥重要作用;③由各种形式的信息和知识组成的知识/信息体系,包括与决策咨询相关的知识、信息和问题求解的知识、信息。以信息网络为基础的综合集成研讨体系具有较强的可操作性,同时在运行过程中产生着创造思维,对于这一体系所服务的社会系统而言,涌现着社会智能。正是这种创造思维、涌现智慧的平台,对于个人和群体形成了创造的环境,造就了"社会智能"的产生。

15.2.4.9 业务流程优化技术

业务流程优化指通过不断发展、完善、优化业务流程,从而保持企业竞争优势的策略,包括对现有工作流程的梳理、完善和改进。在流程的设计和实施过程中,要对流程进行不断的改进,以期取得最佳的效果。对现有工作流程的梳理、完善和改进的过程,即称为流程的优化。流程优化不仅仅指做正确的事,还包括如何正确地做这些事。为了解决企业面对新的环境、在传统以职能为中心的管理模式下产生的问题,必须对业务流程进行重整,从本质上反思业务流程,重新设计业务流程,以便在衡量绩效的关键(如质量、成本、速度、服务)方面取得突破性的改变。

业务流程优化要坚持立足于企业战略目标,基于企业现存的流程困惑,立足于企业自身的能力设计、体系的自我完善与改进等原则。其方法如下:

首先是现状调研。业务流程优化小组的主要工作是,深入了解企业的盈利模式和管理体系、企业战略目标、国内外先进企业的成功经验、企业现存问题以及信息技术应用现状。管理目标和现存问题两者间的差距就是业务流程优化的对象,这也是企业现实的管理再造需求。以上内容形成调研报告。

其次是管理诊断。业务流程优化小组与企业各级员工对调研报告内容协商并修正,针对管理再造需求深入分析和研究,并提出对各问题的解决方案。以上内容形成诊断报告。

最后是业务流程优化。业务流程优化小组与企业对诊断报告内容协商并修正,将各解决方案细化。

具体的业务流程优化的思路是：总结企业的功能体系；对每个功能进行描述，即形成业务流程现状图；指出各业务流程现状中存在的问题或结合信息技术应用可以改变的内容；结合各个问题的解决方案即信息技术应用，提出业务流程优化思路；将业务流程优化思路具体化，形成优化后的业务流程图。

15.2.5　智慧流域评估模型

从智慧流域内涵特征和框架结构分析中，提炼出智慧流域的五大关键要素，分别是服务（Service）、管理和运营（Management & Maintenance）、应用平台（Application platform）、资源（Resource）和技术（Technology）。五大要素的英文首字母正好构成单词"SMART"，故称之为 SMART 模型。

结合智慧流域的发展理念，不难得出五大要素之间的关系。服务是智慧流域建设的根本目标，管理和运营是服务水平提升的核心手段，应用平台是实现流域智慧化运行的关键支撑，资源和技术是智慧流域建设的必要基础。由此确定出 SMART 模型的层次结构；五大要素以流域发展战略目标为导向，服务位于顶层，体现出智慧流域建设的本质是惠民，要求将公众服务需求的满足放在首位；管理和运营紧随其后，是智慧服务的重要支撑和保障；应用平台是智慧流域实现协同运作的信息化手段；资源和技术位于底层，是智慧流域建设的基础条件。

作为智慧流域评估的理论模型，根据评估侧重点不同，SMART 模型可划分为投入层、产出层和绩效层。其中，投入层主要考察智慧流域在资源和技术方面的投入情况；产出层重点考虑智慧流域建设过程中所产生的应用平台的支撑能力；绩效层重点考察智慧流域在社会服务、管理和运营等方面所呈现的效果。三大层级可综合评估智慧流域的整体建设水平。

15.2.5.1　SMART 模型的服务

服务的产生源于需求，而需求的发展在很大程度上受到流域发展水平的影响。从数字流域，再到智能流域和智慧流域，公众的服务需求层次逐步实现了从量变到质变的飞跃。在流域的最初管理阶段，计算机开始应用但普及率并不高，公众的服务需求主要停留在公平地享受到尽可能全面的服务；在数字流域阶段，随着信息的数字化、信息系统的应用，公众的需求从服务数量上升到服务质量；在智能流域和智慧流域阶段，移动网络覆盖率和智能终端渗透率的提高，激发出公众对服务方式和服务内容的更高要求。

根据不同发展阶段的流域需求变化规律，提取出服务需求层次结构。流域的服务需求共分为六个层级，从底层的均等化到顶层的个性化。各层次的具体含义如下：

（1）均等化。流域范围内的个体均能平等享受到已有的各项服务。

（2）全面化。已有的服务基本上覆盖用户的现实需求。

（3）准确化。提供的各项服务与用户的预期基本一致。

（4）及时化。提供的服务能够及时到达服务对象。

（5）多样化。提供多种服务渠道，满足用户随时随地接入服务的需要。

（6）个性化。根据用户需求对服务进行细分，提供满足用户个人需求的服务。

首先，从层级的逻辑关系来看，六种需求向阶梯一样逐级递升，但这种次序不是完全不变的。比如及时性和准确性,在应急管理服务领域,预警信息发布的及时性和准确性同样重要。其次,流域发展的每个阶段都有服务需求,某层的需求得到满足后,更高层级的服务需求才会出现,未被满足的需求往往是最迫切的。最后,最高层的服务需求与低层级需求得到满足后的发展方向。以智慧流域为例,智慧流域的服务应同时满足均等、全面、准确、及时、多样、个性六大需求。

15.2.5.2　SMART 模型的管理和运营

智慧流域的管理和运营是一个过程,而不是单纯活动的集合,是指政府、企业、科研机构、用户等参与的从规划、建设、运营维护到监督的一个完整的过程,该过程具备资源集约、公正透明、协同配合、决策支持、监督评价等特征。智慧流域的管理和运营应立足于流域的宏观管理,包括智慧流域规划管理、运营管理和监督评价管理三个组成部分。

规划管理是智慧流域管理和运营的前提。规划管理具有全局性、前瞻性、持续性等特征,是以国家、流域的相关规划、政策法规为依据,对重大项目和重大工程进行的人力、资金、物资的计划、组织、协调和控制。

运营管理是智慧流域管理和运营的关键。运营管理涵盖了水利、环保、国土、交通、电力、能源等多个领域,涉及运营管理模式、盈利模式、运营效果等具体内容。考虑到智慧流域建设的规模,在建设模式上采用政府主导、企业建设、社会各界共同参与的方式。因此,在运营模式方面,采用企业运作、服务社会的模式;在盈利模式方面,可探讨公众增值应用、广告运营等多种组合方式;在运营效果方面,引入第三方机构,通过公正公开的评估,促进管理效果的持续提升和改进。

监督评价管理是智慧流域管理和运营的保障。监督评价管理强调公众参与流域具体的管理活动。政府相关部门应建设完善的监督评价渠道,建立配套机制,及时接收来自社会各界的反馈,根据反馈意见有针对性地提高管理水平。

计划、组织、协调、控制是管理和运营活动的主要职能,也是智慧流域管理的重要组成部分。智慧流域的建设切忌一哄而上的盲目建设,必须认真地准备和严密地组织。第一,对流域发展的现状有一个清晰的认识,评估流域所处的发展阶段,考察是否具备建设智慧流域的必要条件;第二,立足于流域发展的现状,确定智慧流域建设的具体目标和重点任务,并对任务进行分解;第三,成立专门的智慧流域建设领导小组,权责明确,调动一切可调动的资源;第四,建立有效的沟通渠道,协调智慧流域参与各方的关系;第五,建立监督机制,做好智慧流域建设的控制工作。

智慧流域管理和运营四大职能的最终效果表现在对时间、成本和质量的管理上。在时间管理方面,制订年度滚动计划,确保阶段性目标的顺利实现;在成本管理方面,预算的制定需经过严格的调查论证,除特殊情况外,实施过程严格按照预算进行;在质量管理方面,制定统一的质量评估标准和奖惩机制,定期考核。

15.2.5.3　SMART 模型的应用平台

应用平台建设是智慧流域服务和管理的实现手段,与流域服务管理所涉及的各个领域密切相关。狭义的应用平台主要包括各个领域能实现智能处理的信息系统,广义的应用平台还包括面向企业和个人的、整合领域内部资源或跨领域资源的、能够提供统一管理服务的软硬件环境。

应用平台具有统一性、开放性、安全性等典型特征,其建设的根本目的是要实现信息资源的互联互通。在总体框架设计上,应用平台应抛开具体的业务功能特征,在总体框架上保持一致,以保证子系统之间信息的交换和共享,促进机构间的协作。以信息资源的流转方向为依据,应用平台通用框架应从接入、传输、应用、支撑四个方面规定通用的标准和规范。

应用平台的接入层应满足用户接入方式的多样化,支持个人电脑、智能终端、自助终端、虚拟桌面等多种接入方式,实现信息的随时随地查询和推送;传输层致力于通过互联网、无线网、传感网、融合网等各种网络渠道,保证信息流通的准确性、及时性和稳定性;应用层由一系列子系统构成,包括运用管理子系统、安全管理子系统、业务处理子系统、辅助决策子系统等,强调系统的物联能力、云计算能力、行业能力和泛在能力;支撑层位于底层,既包括支撑系统运行的通用技术组件、软件系统,也包括人口信息、空间地理信息、法人信息、宏观信息等信息资源。

应用平台与智慧流域服务管理密切关联,涵盖了流域服务管理的各个领域。就我国流域应用平台的发展现状来看,各个领域基本都有独立的信息系统,但各个系统都处于封闭和孤立状态,无形中增加了运维成本,也不利于提高服务效率。因此,在智慧流域建设的过程中,一方面要完善已有的分领域信息系统的功能,提高系统的可靠性;另一方面,相关的领域之间要建立起统一的应用平台,打破条块分割和信息孤岛,提高公众服务水平。

15.2.5.4　SMART 模型的资源

资源可分为自然资源、基础设施资源和信息资源三大类。资源的开发和利用是智慧流域建设的基础。自然资源包括土地、能源、水资源等天然存在的资源。基础设施资源主要包括网络基础设施、服务终端、防灾减灾设施等流域基础设施和公众服务设施。

自然资源在总量上是一定的,也是当前限制流域发展的重要因素。智慧流域的建设,其着力点是如何发挥好基础设施的作用,整合利用信息资源,实现自然资源的优化配置和高效利用,建设资源节约型、环境友好型、流域持续发展的高效信息化社会。

基础设施资源,尤其是网络基础设施,包括各种传感网、有线宽带网和无线网络,是智慧流域建设的物质基础。信息资源的整合和利用是实现流域智慧管理和智慧服务的前提条件。当前流域管理活动中普遍存在资源分散、标准不统一等问题,造成信息共享和交换困难重重。因此,急需进行有效的数据元管理,制定统一的交换标准和流程优化标准,为智慧流域建设打造良好的信息资源基础。

智慧流域建设的战略目标是为了满足公众更高层级的服务需求。政府正是流域服务的主要提供者,这就决定了智慧流域的重点资源主要是与政府的服务管理活动相关的信息资源,包括国家基础信息资源和政务信息。

15.2.5.5　SMART 模型的技术

科学技术是第一生产力。信息技术的应用改变了人们的生产生活方式,创造了新的产业,推动了经济社会的共同发展,是流域发展中重要的推动力量。根据 SMART 体系,在智慧流域的建设过程中,技术的作用主要体现在如何提升应用平台的运作效果。如果将智慧流域的所有应用看成一个统一的大系统,那么系统的感知层、传输层、应用层和终端层,均需要通过不同的技术手段实现。而这些技术中,尤以下一代互联网技术、新一代移动通信技术、云计算、物联网、大数据、智能网络终端以及宽带网等信息技术最为关键。

感知层的关键技术:物联网技术及下一代互联网技术。在智慧流域背景下,与流域服务管理相关的物体之间将不再是孤立的个体,而是相互作用,形成一张物物相连的网络。物联网技术可广泛应用于智慧水利、智慧环保、智慧电力、智慧交通、智慧林业等诸多领域,实现信息的实时监控、采集、追溯等。而要实现物联网的规模应用,则需要借助下一代互联网技术来提供更丰富的网络地址资源,两大技术共同实现整个流域的智慧感知。

传输层的关键技术:新一代移动通信技术和宽带网。新一代移动通信技术使得服务随时随地接入成为可能,移动上网的速度、质量均得到极大的改善。宽带网使得网络的承载能力更大、速度更稳定。新一代移动通信技术和宽带网优势互补,共同为公众提供移动、泛在、稳定、高速、安全的网络环境,确保网络的任意接入以及信息资源及时准确地传输。

应用层的关键技术:云计算和大数据。智慧流域多个应用系统之间存在信息共享、信息交互的需求,云计算能够将传统数据中心不同架构、品牌和型号的服务器进行整合,通过云操作系统的调度,向应用系统提供统一的运行支撑平台。此外,借助于云计算平台的虚拟化基础架构,能够实现基础资源的整合、分割和分配,有效降低单位资源成本。面向智慧流域中各类数量庞大的大数据,尤其是空间、视频等非结构化的大数据,应积极面对挑战,通过充分发挥云计算的优势并重点研究数据挖掘理论,对大数据进行有效的存储和管理,并快速检索和处理数据中的信息,挖掘大数据中的信息与知识,充分发挥大数据的价值。

终端层的关键技术:智能终端。智能终端是服务对象与服务提供者之间的桥梁,解决了智慧流域应用的"最后一公里"问题。通过智能手机、平板电脑、自助终端等各种类型的智能终端,为用户提供多样化的服务渠道,满足用户在任何时候、任何场合享受流域提供的各种服务的需求。

综上,以 SMART 模型为依据,可以初步理清智慧流域的建设要求,主要体现在以下几方面:

(1)构建全面感知的流域基础环境,实现流域环境完备智能。流域环境完备智能是指流域的感知终端、信息网络等基础设施具有能够全面支撑流域公众、企业和政府间的信息沟通、服务传递和业务协同,人才培养,资金使用,自然资源利用,环境保护等各方面造就流域巨大的创新潜力和可持续发展能力。

(2)实现协同集约的流域管理。这就要求政府部门实现网络互联互通、信息资源按需共享、业务流程高效协同,为政府决策提供基础支撑,大幅度提升管理效率。

(3)提供高效便捷的民生服务。流域便捷的民生服务,是指公众具备应用信息与通信技术的意识与能力,应用网络与电脑、手机各类终端设备,熟练获取各类社会服务,提升生活质量,实现流域和谐、公众幸福。

15.2.6　智慧流域应用模式

15.2.6.1　在防洪减灾中的应用

当流域可能发生特大洪水时,根据卫星传感器传送的云层信息,采用区域气候模式预测可能的降雨量,将其作为输入条件,利用云计算和云存储技术读取网络上模型所利用的下垫面条件,启动陆面过程模型和数据同化技术对整个流域的洪水进行实时的计算,将模型计算结果、洪水淹没过程和制订的防洪预案与调度方案及可撤离路线通过可视化手段展现在三维虚拟场景中,然后通过网络将这些信息以文字、图片、视频图像、语音等多种方式实时发送到流域内居民的手机、电脑等终端设备中。在洪水突发过程中,采用沿程传感器和射频标签将测站名称和水位信息传递给模型实时滚动修正,同时将监控探头和遥测设备观测的洪水淹没范围传递给决策中心,供决策者参考。此时,洪水的暴发有可能影响大坝和堤防安全,利用射频标签、传感器、监控探头将大坝变形、位移、裂缝信息传递给决策者,决策者根据这些信息判断可能溃堤的位置,并以电视、电脑、手机等通知居民做好抢堵溃口的准备。信息及时沟通在很大程度上能够提高防洪减灾的科学性和有效性。

15.2.6.2　在抗御干旱中的应用

智慧流域能够利用由无线传感器组成的天地一体化系统,对降水、风速、温湿度、蒸发、土壤墒情等资料进行智能监测和采集,实时监测地下水位的变化和土壤墒情,避免以前人工操作布置监测点的时空局限性和数据采集的不连续性,充分发挥天地一体化优势,能够全天候24 h连续不断地进行信息采集,实现对干旱发生的前兆、过程、危害程度的全程定量监测;对干旱造成的各类损失进行评估;根据天地监测结果和区域气候模式,对未来的影响范围、持续时间、强度变化等进行预报预警。同时,对干旱区范围内的水库进行实时监测,计算水库可能的存储水量,由此制订水库联合调度方案,以应对干旱所带来的水危机。干旱是个全局性问题,不仅仅涉及政府部门,也应该发挥群众的智慧。以前仅靠电视作为宣传终端,而智慧流域则使用手机、电脑、传感器、射频标签实现了人与人、人与水、水与水之间的互联互通。在干旱来临时,智能系统根据监测数据分析出可能发生的灾害结果并将其反馈给决策者和人民群众,尽量避免或者降低干旱所带来的影响以及减小灾害波及范围。

15.2.6.3　在防治污染中的应用

智慧流域系统通过遥感传感器和地面观测设施对河流、湖泊、水库、饮用水源地、地下水观测点、近岸海域等流域内的现场水质进行连续自动监测,客观地记录水质状况,及时发现水质的变化,进而实现对水域或下游进行水质污染预报,达到掌握水质和污染物通量,防治水污染事故的目的。水质量测传感器将感知的水质参数传递给环境管理部门进行水质评价,然后由环境管理部门将评价结果通过多种方式如 E-mail、短信、网站等方式进行发布;并装置报警传感器,在某种污染物浓度超过阈值时,由水质量测传感器自动与报警传感器和控制供水传感器相连,通过流域物联网,启动报警装置并自动关闭供水管网。

若突发污染事件,智慧流域系统根据污染源处的传感器测得污染物种类和浓度信息,通过多种用户终端通知水域周围或者下游居民存储一定的水量作备用,做好应对措施。污染源传感器经过流域物联网与供水管网和排水管网建立智能连接,并将相关水质信息传递给环境管理部门进行水质信息分析,用相应的水质评价模型和污染物动态模型对水质进行评估和对污染物的运移过程进行预测预报,以便制订出应急预案。采用沿程监控探头和沿程污染物浓度测量传感器,实时跟踪监测水质信息,并将当前的画面实时传输给管理部门或者当地群众,发挥大众智慧来解决面临的水质问题。

15.2.6.4 在水资源管理中的应用

　　智慧流域在社会水循环中的作用主要体现在以取水—输水—供水—用水—排水—回用水等环节为监控对象,通过点(水源地、取用水口、入河排污口、地下水监测井等)和线(河流、水功能区等)的装备传感器、射频标签,并借助遥感卫星监测动态水情信息,掌握面(行政区、水资源分区和地下水分区等)的情况;通过取用水户的取水和排水数据、行政分区的入境水量和出境水量数据、地下水数据等的互相智能校核,以及监测信息、统计信息、流域及区域水循环模型等数据信息的互相智能校验,为实行"总量控制,定额管理"提供支撑,实现对水资源的科学调配和精细管理;在准确掌握水资源状况的基础上实现社会水循环过程(取水—输水—供水—用水—排水—回用水)与自然生态系统中的天然水循环(降雨—蒸散发—产汇流—入渗)的合理匹配,为实现水资源的优化配置、高效利用和科学保护,以及社会－经济－自然的可持续协调发展提供技术支撑。

15.3 智慧流域展望和应用设想

15.3.1 智慧流域展望

15.3.1.1 智慧流域发展策略

　　1. 以标准化为纲,促进系统建设规范化

　　智慧流域体系的建设与发展必须加快制定统一的信息标准规范,大力推进标准的贯彻落实。对多年的数据进行整合,梳理出明确规范的编码体系和数据规则,再通过对历年业务数据的收集和整理,归纳并建立统一规范的数据标准和信息管理体系。各业务系统的建设应遵循统一的标准规范。

　　各级部门的智慧流域体系建设应以数据中心建设为契机,开展信息化地方标准的研制工作。在进行标准体系建设时,要考虑与国家或行业信息化标准的结合,并结合地方信息化的现状,重点进行数据和管理规范的建设。

　　2. 以数据流为轴,提高信息资源共享的水平和能力

　　应严格遵循行业标准和信息化标准,以多维、立体化的思维模式,从数据库架构升级、数据结构改善、数据字典规范化、数据内容核准与筛选4个方面入手,对原有数据库架构和数据结构进行升级改造,确保数据的准确性、唯一性,全力打造出科学完善的数据模型体系,为监测信息化的高级应用提供根本的数据保障和技术支持。

　　通过数据中心建设,形成各级部门的信息资源目录体系;推动数据共享机制的建立,构建信息资源共建共享技术指引;逐步形成各级部门的信息统一编码规则和元数据库数据字典。

　　在数据中心建设过程中,应开展信息资源规划,以流域全生命周期管理等为主线,进行数据的梳理整合,构建全域数据模型。在国家或行业化分类标准的约束下,生成全域数据模型。全域数据模型主要用以指导支撑各级部门的相关领域各类业务系统数据模型的设计,逐步深化并持续改进。

3. 以顶层设计为本,破解业务系统建设偏失

将智慧流域体系建设涉及的各方面要素作为一个整体进行统筹考虑,在各个局部系统设计和实施之前进行总体架构分析和设计,理清每个建设项目在整体布局中的位置,以及横向和纵向关联关系,提出各分系统之间统一的标准和架构参照。

可引入先进成熟的联邦事业架构(Federal Enterprise Architecture,FEA)、电子政府交互框架(e-Government Interoperability Framework,e-GIF)、面向电子政务应用系统的标准体系架构(Standard and Architecture for e-Government Application,SAGA)等理论框架为指导,对各级部门的相关领域业务系统进行分析,确保智慧流域体系方向正确、框架健壮,确保各业务系统边界明确、流程清晰。同时,项目建设不应急于求成,而要按照"再现—优化—创新"三段式发展,循序渐进地推动各项业务应用系统的标准化和规范化,最终达到通过信息技术支持行政管理机制创新和变革的效果。

4. 以流程规范为重,通过整合与重构推进业务协同

传统管理方式中的职责不清、工作流程随意性大是制约信息化发展的重要管理因素。智慧流域离不开业务流程的优化。从某种程度上讲,智慧流域伴随的流程再造过程,是变"职能型"为"流程型"模式,超越职能界限的全面改造工程。如果管理业务流程不能事先理顺,不能优化,就盲目进行信息系统的开发,即便一些部门内部的流程可以运转起来,部门间的流程还是无法衔接。

各级部门的智慧流域体系建设,应充分重视业务流程的梳理和规范化的作用,以标准、规范的工作流程逐渐替代依赖个人经验管理环境事务的方式。一方面,对已有的应用系统要进行深入整合,实现重点业务领域的跨部门协同;另一方面,随时适应各级部门的组织体系调整,重构一些重大综合应用系统,特别是面向公众的一些社会管理、公共服务的系统,提高公共服务能力和社会化管理水平。

5. 以数据挖掘和模型技术为径,提升综合决策能力

引入先进的模型技术,构建流域模型模拟与预测体系,利用流域信息感知平台获取的数据,为流域管理提供模拟、分析与预测。升级流域水循环及其伴生过程集成模拟预测预报系统,形成水循环、水生态、水污染业务预报能力。开发基于三维 GIS 的各级部门的水资源综合评价预警系统。

通过流域时空数据挖掘分析,开展流域水资源–生态环境–社会经济形势联合诊断与预警分析及基于社会经济发展–生态环境改善–水资源支撑能力增强的预测模拟,开展流域形势分析与预测,识别经济社会发展中的重大水资源与生态环境问题;开展流域规划政策模拟分析,探索建立各类政策模拟分析模型系统,实现环境税、排污收费、排污权交易、生态补偿、价格补贴等手段对经济社会的影响的预测,开展水环境经济政策实施的成本分析;开展流域水环境风险源分类分级评估、水环境风险区划等工作,支撑环境风险源分类分级分区管理政策的制定。

智慧流域的发展主要体现在新型技术支撑手段的应用和面向综合性决策智能化两个方面。一方面,随着新兴的云计算、人工智能、数据挖掘、环境模型等技术的不断发展,智慧流域的技术支撑体系正在发生深刻变革;另一方面,随着水安全保障工作的不断深入,面向流域管理中的综合性决策需求也日益迫切。如何有效地进行水安全形势分析与预

测,结合经济社会发展形势与趋势,建立水安全形势分析指数与预警方法,开发短、中、长期预测模型系统,开展水安全分析与预测,识别经济社会发展中的重大水问题;如何针对水安全目标与方案的不确定性问题,建立多情景方案、模型方法及决策支持平台,开展不同目标可达性及多方案的优选模拟理论与应用研究;如何以投入产出模型、CGE 模型、费用效益分析、系统动力学模型等为基础,开展水政策的模拟分析,对水政策投入对经济社会和生态环境的贡献度进行测算分析,是未来智慧流域在宏观决策层面关注的重点领域。

15.3.1.2　智慧流域推进路径

智慧流域是水利现代化和数字流域发展的高级阶段,以物联网、云计算、移动互联网等新一代信息技术为基础,通过更深入的智慧化、更全面的互联互通、更有效的交换共享、更协作的关联应用,实现流域自然资源更丰富、流域生态系统更安全、流域绿色产业更繁荣、流域生态文明更先进。智慧流域建设是一项长期性、系统性工作,需分步骤、分阶段扎实推进。依据各工程项目的紧迫性、基础性、复杂性、关联性等,建设智慧流域分基础建设、展开实施、深化应用三个阶段。

(1)基础建设阶段。本阶段主要是编写智慧流域规划,出台智慧流域建设的相关政策,安排扶持资金等,并局部开展智慧流域的探索实践工作。在现有流域信息化成果基础上,选择基础性强的流域大数据工程、流域云建设工程、下一代互联网提升工程、流域应急感知系统、流域环境物联网和无线网等优先建设,为后续的智慧流域的全面建设奠定良好的基础。

(2)展开实施阶段。在本阶段,智慧流域建设全面展开,汇聚各方力量,加大人、财、物方面的投入,积极鼓励企业、公众参与智慧流域建设。本阶段以智慧流域基础设施为基础,完成智慧流域各个行业平台工程建设,智慧流域建设的步伐明显加快,智慧流域框架体系基本形成。

(3)深化应用阶段。经过展开实施阶段,智慧流域建设有了量的积累,需要各个部分走向相互衔接、相互融合,实现质的飞跃。本阶段主要建设整合所有软硬件基础设施,构建智慧化系统工程,智慧流域的应用效果和价值逐步显现,其竞争力、集聚力、辐射力明显增强。

15.3.1.3　智慧流域保障措施

(1)强化组织领导,健全工作机制。组建以各级水利主管部门主要领导为组长的智慧流域建设工作领导小组,统筹领导智慧流域建设工作,负责研究、决策和解决智慧流域建设中的重大问题。领导小组下设办公室,承担领导小组的日常工作,负责具体组织实施或牵头协调、监督智慧流域建设的重大项目及相关工作。建立上下联动的智慧流域建设工作机制,形成国家、流域、省、市、县五级智慧流域组织体系。切实形成自上而下、比较完善的智慧流域工作机制。加强分工协作,完善相关配套条件,加大协调服务力度,加快形成有利于智慧流域建设的合力。

(2)创新投入模式,引导多元参与。智慧流域建设处于高起点起步、跨越式发展的战略机遇期,迫切需要大量的资金投入和稳定的资金来源,保证各项工程的顺利实施。加强智慧流域建设和运维的资金保障,加快建设以政府投资为主、社会力量广泛参与的资金保障机制。流域、省、市、县水利主管部门要加大财政资金投入力度,在年度投资预算中安排智慧流域建设专项资金,用于支持智慧流域各工程项目建设。在市场化效益明显的领域,积极吸纳社会投资,加快智慧流域建设步伐。鼓励和引导具有管理、技术和资金优势的企业、社会机构参与智慧流域建设项目投资或提供运行维护服务,积极为智慧流域发展营造良好的配套服务环境。加强与气象、环保、农业、旅游等相关部门的沟通交流,提高智慧流域关注度,建立长效的数据共享和交换机制,为更好地服务用户提供有力支撑。

(3)加强项目管理,强化监督考核。结合智慧流域建设的实际需要,加强对重点项目的督察考核,建立"事前有计划、事中有管控、事后有评估"的项目管理机制,重视对重大项目的立项、招投标、资金使用、项目验收、效果评价等环节的监督管理,规避各种潜在风险和不利因素,确保智慧流域安全、规范、有效建设及运行。建立健全智慧流域建设与运行考核评估机制,由智慧流域建设领导小组及其办公室牵头制订各专项计划和重大项目的目标管理与考核办法。定期对各专项计划及重点项目的资金使用、执行进度、实施成效等进行检查、评价,出具考核意见,并落实到相应的责任人和责任单位,确保智慧流域建设扎实、稳步推进。

(4)统一标准规范,促进信息共享。加快制定智慧流域建设相关制度与标准体系,出台智慧流域建设重点项目管理办法等,并在智慧流域建设运行实践中不断完善优化,保障信息资源有效开发利用、网络平台和体验中心高效运行、信息系统互联互通。深入整合原有数据库、信息系统和服务平台,以减少信息孤岛、杜绝重复建设为原则,建立涵盖日常监管、信息反馈、风险防控、资源利用和政务工作各环节的实时信息共享长效机制,为智慧流域建设保驾护航。

(5)加强基础研究,提高技术水平。信息技术发展快,软硬件更新快,业务需求变化快,必须认真研究并及时把握水利信息化发展规律,加强水利信息化基础研究和科研能力建设。要认真分析研究下一代网络、第三代移动通信等新兴信息技术给水利工作带来的影响,结合水利工作特点,及时或超前提出水利信息系统建设和升级方案,保证水利信息化的先进性和适度超前性,为水利工作提供有力支撑。要结合水利业务和信息化的特点,建立相对完善的标准体系,促进网络互联互通、应用协同互动和信息共享利用。

(6)注重人才培养,深化合作交流。智慧流域建设集多项高新技术于一体,技术含量高,建设难度大。应注重提高水利工作者的素质,聘请专家普及信息化知识、开展技能培训。面向偏远林区和老少边穷地区开展形式多样的信息化知识和技能教育服务,提高基层信息技术应用能力。建立和完善人才机制,创建培养人才、吸引人才、用好人才、留住人才的良好环境。加强与国外的合作交流,学习国外智慧流域建设的成功经验和做法,促进智慧流域建设的优势互补和共同发展。积极开展与其他行业的交流,吸收先进技术和管理经验,不断提高智慧流域建设水平和新技术应用能力。

(7)加强宣传推广,营造良好氛围。加大对智慧流域的宣传推广力度,充分利用电视、广播、报刊、互联网等各种媒体,广泛宣传智慧流域建设对国家社会发展的重要推动作用,加强对智慧流域建设的舆论引导。大力推广智慧流域建设的重点工程和试点示范经验,及时通报智慧流域建设工作的进展情况和建设重点。通过举办智慧流域建设主题系列沙龙、智慧流域巡回演讲和科普宣传等重大活动,营造和培育浓厚的智慧流域建设氛围,宣传生态文化。加强有关智慧流域的新思想、新观念、新知识、新技术的研究和宣传,激发和提高社会与公众参与智慧流域建设的热情和意识。

(8)加强运维管理,保障信息安全。加强网络、网站、应用系统的运行维护工作。加强运维管理,提升运维服务水平。全力做好信息安全和等级保护工作,继续推进行业信息安全等级保护体系建设,指导行业等级保护测评和整改。发布行业等级保护定级指导意见及指南。做好新上线系统的等级测评工作。开展等级保护培训工作,全面完成等级保护项目建设。加强信息安全保障能力建设,增加安全防护工具,防止信息泄露事故发生。以等级保护项目建设为契机,提升信息安全运维队伍建设水平,提高网站防护能力。

15.3.2　智慧流域典型应用设想与初步实践

依据智慧流域理论框架和技术体系,提出在流域管理及行业管理中的一些应用设想和初步实践,主要包括太湖智慧流域(叶建春,2013)、南水北调智慧水网(蒋云钟等,2014)、上海智慧水务(胡传廉,2011)、浙江智慧水务(浙江省水利厅,2012)以及太湖智慧湖泊建设的初步实践(无锡市水利局,2012)。

15.3.2.1　太湖智慧流域应用设想

1."智慧太湖"提出背景

太湖流域地处长江三角洲核心区域,是我国大中城市最密集、经济最发达的地区之一,独特的平原河网为流域经济社会发展提供了良好的水利条件,也决定了流域防洪减灾、水资源、水生态环境等问题的复杂性、艰巨性和长期性。综合考虑流域内各区域特点和全流域的整体性特征,站在一个新的更高的起点上构筑太湖流域智慧的流域防洪减灾、水资源调控、水生态环境保护和流域综合管理体系。创新管理服务模式,是流域经济社会发展对防洪安全、供水安全及水生态环境安全的必然要求。近年来,太湖流域管理局和流域各省(直辖市)不断加强水利信息化建设,并已取得显著成效。上海提出建设"智能水网",将信息化与水务管理深度融合,实现感知监测、精细监管、数字档案、动态评价和智能调度;江苏、浙江在全国率先实现水利现代化,以全面实施"金水工程"为抓手,基本构建了"智慧水利"的框架,并积极开展试点建设,在信息采集、基础网络、工程监控、数据中心、业务应用、资源整合等方面不断取得新进展。太湖流域水利信息化总体水平处于全国领先地位,为"智慧太湖"建设奠定了良好的基础。

面对太湖流域水利可持续发展和实现流域水利现代化的新形势、新要求,以有效保障流域防洪安全、供水安全和水生态安全为出发点,太湖流域管理局适时提出在统筹流域资源和协调发展的高度上,推动形成智慧的太湖流域管理信息化框架,充分利用太湖流域水利信息化良好的基础设施和丰富的建设成果,大幅度提升和扩展现有信息监测站网和通信网络,探索太湖流域一体化的水利信息化和现代化建设模式,创新智慧的流域管理和服务体系。

同时,考虑以下几方面因素,建设"智慧太湖"已经具备必要的基础条件:

一是太湖流域是"感知中国"的策源地,是全国"智慧城市"建设的先行先试地区和新一代信息技术的创新热点地区,该区域的信息基础设施条件优越,地方政府对信息化带动下的现代化管理理念和模式接受程度高,在水利、环保、气象、农业等信息化建设方面形成了丰富的信息资源和应用成果,为开展"智慧太湖"建设、探索流域治理新模式提供了良好的大环境。

二是《太湖流域综合规划（2012—2030 年）》描绘了形成与流域经济社会发展相适应、与涉水行业发展相协调的流域综合治理和管理格局，率先实现流域水利现代化的清晰蓝图。其中包含了深刻的信息化、现代化理念和特征，突出体现为架构在水信息实时感知和全面互联基础上的智慧核心业务体系，构成了"智慧太湖"的基本内涵。

三是《太湖流域管理条例》为太湖流域确立了流域管理与行政区域管理相结合的管理体制和立足流域层面的统筹协调机制，这为推动基础信息资源充分整合、业务流程对接和应用系统重构、建设"智慧太湖"提供了体制机制保障。

四是物联网、云计算、移动互联网等新一代信息技术的不断成熟和应用，可实现对各类水利信息的实时感知、安全传输，对海量数据的处理分析、智能挖掘、高效运用和安全共享，提高基础管理的数字化、精细化和集约化水平，还为推进"智慧太湖"建设奠定了技术基础。

因此，在推进太湖流域水利信息化建设的基础上，充分考虑流域内各区域的特点和全流域的整体性特征，建设"智慧太湖"，将有力促进水利与信息化的深度融合、水利及相关行业信息的深度开发和利用，实现流域与区域、水利和涉水行业网络互通、系统对接、信息共享和业务协同，支撑太湖流域水利工作由"管理型"向"管理服务型"转变，全面提升水利服务太湖流域经济社会发展的能力和水平。

2. "智慧太湖"总体目标

"智慧太湖"建设的总体目标是：通过先进的传感和监测技术，实现各类水信息的全面实时感知；建成整合的太湖流域多业务融合通信网络，实现网络全面互联和信息实时共享；通过先进的控制方法以及先进的决策支持系统，实现高度智能的调度和业务协同，最终实现"实时感知水信息、准确把握水问题、深入认识水规律、高效运筹水资源、有力保障水安全"的流域水利现代化的目标，为形成与流域经济社会发展相适应、与涉水行业发展相协调的流域综合治理和管理格局提供强大的信息化技术支撑。

3. "智慧太湖"技术架构

"智慧太湖"建设是一个长期的持续过程，涉及太湖流域管理体制机制、组织管理流程、技术支撑条件和资金投入等多个方面的创新。结合目前太湖流域管理的现实基础，围绕太湖流域管理局的职能定位和重点工作，"智慧太湖"总体技术架构由两个纵向体系和四个横向技术层构成。两个纵向体系包括通信传输体系、安全保障体系。通信传输体系主要由有线、无线无边界网络的建设标准，完善的有线数据通信骨干网、覆盖太湖重点区域的无线网络等构成；安全保障体系由信息安全保障、组织保障、制度保障以及投资保障等要素构成。四个横向技术层包括感知层、支撑层、应用层和展现层。通过从下而上的技术应用层次，在已有但分散、独立的信息化基础上，横向整合感知、通信能力，数据存储、分析、处理能力，打通各类业务系统形成的信息孤岛，形成各类业务互通共用的信息基础平台和应用支撑平台，构建起"智慧太湖"的核心业务体系。主要技术要求包括以下几个方面。

1) 构建云计算中心

"智慧太湖"技术架构通过优化复用已有的感知和互联基础网络，完善数据共享、支撑平台的设计。以"智慧太湖"云计算中心为基础,把零散、割裂的应用服务进行整合,改变目前单应用服务独立运行的模式,形成应用关联、精准、实时的高效服务运行模式,提升各项业务应用水平。整合现有系统,实现各类实时信息与管理信息的集成,建立"智慧太湖"信息一体化平台。

2)统一技术标准

"智慧太湖"技术架构实施的重点工作是整合、集成现有的各子信息系统,搭建统一的运行平台,规范、整理、合并各种基础数据,逐步建立集中、统一、开放式中心数据库,实现各信息系统的无缝连接。通过模块化设计思想,在主模块中预留各种标准接口,随时根据业务发展的需要进行系统对接,最大程度地提高工作效率、规范管理、降低运营成本和提高服务质量,为管理和决策提供及时、准确的信息服务和技术手段。

3)确保系统安全

"智慧太湖"技术架构也从物理安全、网络安全、应用安全、硬件安全、软件安全、数据与文档安全、运行管理安全等多方面设计全局范围内的信息安全技术体系,完善"智慧太湖"网络出口和接入安全检测体系,提高网络监控能力,确保信息资源不受侵害、信息系统安全高效运行。

"智慧太湖"总体技术架构是统筹兼顾流域、区域水利的建设和管理要求,使各类水利信息资源得到充分共享,信息化技术应用于业务系统的深度和广度得到显著拓展,形成服务于流域水利、城市水务等多种对象的太湖流域信息资源网络,为流域防洪减灾、水资源管理与保护、水土保持和水生态修复、岸线水域管理等提供全面支撑和技术保障。

4."智慧太湖"实施策略

"智慧太湖"构想的实现不仅要靠技术创新,更需要理念、机制体制创新,要整合流域各方力量,总体规划,合力推进,分步实施。重点需要考虑如下四个方面的实施策略。

1)创新共享机制

为确保实现信息资源共享,必须创新流域、区域的共建共享机制。按照"分级建设、共建互通、共同受益"的原则和《太湖流域管理条例》中"统一规划布局、统一标准方法、统一信息发布"的要求,太湖流域管理局与流域地方政府共同建立太湖流域监测体系和信息共享机制,通过签署框架协议、合作备忘录等形式,明确流域管理机构与区域内其他相关单位分工建设、数据交换、业务协同的具体内容,确定数据的交换时机及共享方式等,合理划分数据共享、交换的权利义务,实现共同受益的目标。在共建共享框架下,流域、区域内所有水情、雨情、工情、墒情、旱情、灾情、水质、气象信息整合共用,实时汇聚至"智慧太湖"云计算中心;环境保护、国土资源、住房和城乡建设、交通运输、农业、渔业、林业、气象等有关部门,按信息采集频率及时互换信息,并在同一个平台上("智慧太湖"云计算中心基础信息资源数据库)同步更新。

通过流域内互通的无边界网络和"智慧太湖"云计算中心,流域和区域使用同一张网、同一个数据中心,实现互联互通、分级访问。建立全流域的目录服务,实现流域数据的有效检索、发布、管理等功能。根据数据的不同类型,按照"常用数据集中存储,短期关注数据分散存储,其他数据定期交换"的原则进行数据的存储和管理,形成具有流域特色的信息交换与共享机制,做到分散和集中相统一,合理调配流域水信息资源。

2）坚持"五统一"原则

"智慧太湖"规划应重视顶层设计，整体规划，统筹兼顾，在水利部总体部署下，坚持"统一技术标准、统一运行环境、统一安全保障、统一数据中心和统一门户"原则，夯实信息化基础设施，深化业务系统，加强信息资源共享，完善保障环境。加快项目推进工作，优先选取重点项目实施建设，分步实施，推进"智慧太湖"的尽快落地。

3）加强人才和技术储备

"智慧太湖"的规划建设结合了物联网、云计算、大数据等当今前沿思想和技术，需要重视关键技术的基础研究和人才储备。建立技术培训制度，明确对不同层次的建设管理、专业技术和运行维护人员进行专业理论和实际操作技能的培训；建立健全人才激励机制，创建一个有利于信息技术人才发展的良好环境，制定吸引、稳定信息化人才的政策、措施，建立起一支掌握和运用信息技术应用的骨干技术队伍；积极探索创新的管理理念和工作思路，引领"智慧太湖"的全面建设。

4）重视推广应用

管理信息系统的生命力很大程度上取决于应用。一方面，要加强应用培训，加大信息系统的应用推广力度；另一方面，管理信息系统并非一成不变，而是要随着管理模式、管理方法的变化而变化，还必须对信息系统进行不断完善。

"智慧太湖"是太湖流域水利现代化的目标，是在新的技术条件下实现流域管理信息化、现代化的综合性建设，必将极大促进太湖流域水利管理、服务能力的提升，为流域水利工作提供充足的技术保障、数据支撑和管理手段，全面提升水利服务太湖流域经济社会发展的能力和水平，实现人水和谐的美丽太湖梦。

15.3.2.2　南水北调智慧水网的应用设想

1. 建设背景

全球气候变化和人类活动影响加剧了水资源安全风险，对强化水资源安全保障能力和优化水资源配置格局提出了更高要求。2011 年中央一号文件《中共中央国务院关于加快水利改革发展的决定》提出"完善优化水资源战略配置格局，在保护生态前提下，尽快建设一批骨干水源工程和河湖水系连通工程，提高水资源调控水平和供水保障能力"。2009 年，水利部部长陈雷提出"河湖连通是提高水资源配置能力的重要途径"，要"构建引得进、蓄得住、排得出、可调控的江河湖库水网体系，根据丰枯变化调水引流，实现水量优化配置，提高供水的可靠性，增强防洪保安能力，改善生态环境"。

水网工程的构成要素包括自然水系、人工水系和调度规则三部分（李宗礼等，2011）。其中，调度规则说明了水网工程不仅仅是基础设施建设，而且更要重视管理，只有对自然水系和人工水系实行安全、高效和合理的调控，实现水资源优化配置，才能充分发挥河湖连通工程的社会、经济和生态效益，才不违背水网战略实施的初衷。水网工程不能只注重水量的优化配置，还应该更加重视水质保障，否则水量的时空优化配置就失去了应有价值，因此要双管齐下，实现水量水质双要素管理。信息化技术突飞猛进为水量水质双要素调控管理从粗放式向精细化、科学化、智能化转变提供了重要支撑手段。

伴随着国家防汛抗旱指挥系统和国家水资源管理系统的两大骨干水利信息化工程体系建设，水行政主管部门逐渐对自然水循环和社会水循环的水量信息实施了动态监测和综合管理,这些信息化基础设施和应用系统建设为水网工程的数字化和智能化管理奠定了基础和提供了经验。水网工程作为国家重大治水战略,已经在全国如火如荼开展,如南水北调东中线工程即将完工,山西大水网、山东大水网规划的批准实施,而与之相配套的管理技术手段的规划却较为滞后,就会造成现有的水量监测传输设施仍然满足不了未来防洪抗旱减灾、水资源调配、水生态环境保护的需要。与水量监控能力相比,水质监控显得迫切需要加强。我国现有水网工程水环境监测能力主要是针对地表水环境质量监测建设的,满足不了饮用水水质监测的及时性、全面性、准确性的技术要求。如缺少反映饮用水安全的生物毒性、重金属和有机物指标,难以适应水网工程中水质高标准要求。自动监测网布控缺乏应急监测网,自动监测数据传输网络单一,数据传输速度不足,数据存储能力不足,难以适应水网工程水质监控及时性的监测要求。水网工程跨地域、跨气候带、高标准水体的水环境评价和水质模拟预测技术尚不完善,难以实现实时监测、模拟与预报,以及水质科学、高效和实时管理。因此,急需加强水质在线监测、水质传输网络、水质预报和风险预警的建设。

物联网理念随智慧地球概念提出并受到世界广泛关注。2009 年以来,一些发达国家纷纷出台物联网发展计划,进行相关技术和产业的前瞻布局,我国也将物联网作为战略性的新兴产业予以重点关注和推进(孙其博等,2010)。不同领域的研究者对物联网所基于的起点各异,对物联网的描述侧重于不同的方面,短期内还没有达成共识,比较有代表性的概念是:物联网指通过信息传感设备,按照约定的协议,把任何物品与互联网连接起来,进行信息的交换和通信,以实现智能化识别、定位、跟踪、监控和管理的一种网络,是在互联网基础上的延伸和扩展(王保云,2009)。物联网总体架构分为感知层、传输层、应用层,具有全面感知、可靠传送、智能处理等特征,被抽象出的信息功能模型包括信息获取、信息传输、信息处理、信息施效等功能(孙其博等,2010)。物联网技术契合了水安全保障的国家重大需求,具有水质保障要求的太湖流域在国内率先推出了"感知太湖,智慧水利"的物联网应用示范工程,已取得初步效果,但若要推广应用尚有许多问题亟待克服(国家智能水网工程框架设计项目组,2012)。欧盟、美国、韩国等发达国家和地区的水网工程也在逐步实施,与其相配套的物联网信息化处于规划实施阶段(国家智能水网工程框架设计项目组,2012)。

水网工程水质监控系统具有国内外刚刚兴起的物联网特征,属于流域智能调控体系的范畴(蒋云钟等,2010),也是智慧流域理论方法与关键技术在水网工程中的应用实践,具体表现为水质监测仪器自动化设备组成感知层,基于无线网络和互联网的监测数据传输、运行状态数据传输的信息化系统组成传输和网络层,以水质评价、水动力和水化学预测模型、污染风险预警模型为核心的模型化系统组成应用层,构成河湖连通工程水质调控自动化、信息化、智能化、业务化的物联网系统,服务于提高水质监测系统的机动能力、快速反应能力和自动测报能力,实现重点地区、重点水域的水质自动监测,突发污染水域的应急监测,提高监测信息数据传输和分析效率,从而满足各级管理部门及社会公众对水质信息的需要,以及满足对突发、恶性水质污染事故的预警预报及快速反应能力要求。

2. 智慧水网总体框架

物联网综合了传感器技术、嵌入式计算技术、现代网络及无线通信技术、分布式信息处理技术等,能够通过各类集成化的微型传感器间的协作,实时监测、感知和采集各种环境或监测对象的信息,通过嵌入式系统对信息进行处理,并通过随机自组织无线通信网络以多跳中继方式将所感知的信息传送到用户终端。

物联网的架构可分为三层:感知层、网络层和应用层。感知层以 RFID、传感器、二维码、GPS、终端、传感器网络等为主,实现"物"的识别;网络层主要通过现有的三网(互联网、广电网、通信网)或下一代网络,对感知层获取的信息进行传输和计算;应用层是物联网与行业专业技术的深度融合,与行业需求结合实现行业的智能化。

蒋云钟等(2010)提出了基于物联网的流域智能调控技术框架,研究了物联网与流域水资源调控系统建设的集成模式。水网水质水量智能调控及应急处置系统属于流域智能调控系统体系的范围,只是将应用对象从传统的流域扩展到水网工程。因此,借鉴该研究思路,确定物联网在水网水质水量智能调控及应急处置系统体系中为三层架构(见图 15-8)。

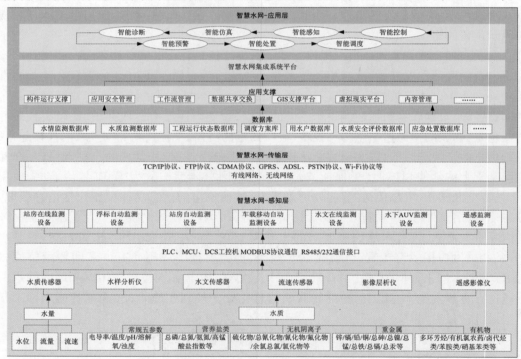

图 15-8　智慧水网架构

(1)感知层(实时感知):主要包括 RFID、水质水量传感器网络等,将浮标、固定监测台站、移动监测车(船)、卫星遥感、水下仿生机械人、视频监控等大量的感知节点散布在监测区域内,这些感知节点自适应组网形成水质监测传感网络,实时在线感知获取与快速传输水质信息,负责采集与监测对象相关的数据,包括水域的温度、pH、浊度等常规参数,并将其协同处理后的数据传送到汇聚节点,即水质监测站(汇聚节点)的水质监测设备和系统,提升对区域监测对象的监测能力。

(2)网络层(水信互联):作为将传感器网络采集到的数据传输到数据中心的通道,可根据具体应用需求,采用有线或无线等多种方式,可通过 CDMA、GPRS、3G、Wi-Fi、ADSL

等多种数据传输方式,整合不同技术,提供解决方案,将数据传输至应用层。

(3)应用层(智慧决策):分为数据中心、应用支撑平台、水质监测业务三个部分。数据中心采用云存储管理方式统一设计水质监测数据体系,形成水质信息资源数据中心,包括基础数据、业务数据(含历史数据和实时数据)、决策分析数据等。应用支撑平台提供构建运行支撑、应用安全管理、工作流管理、数据共享交换、RFID 中间件、GIS 支撑平台、内容管理、流域虚拟现实仿真平台等功能,为上层应用提供统一支撑,并支持对原有业务系统的全方面整合。应用层根据传感器位置、数据采集时间等信息综合分析监测数据共同组成的水资源监测体系,实现对水源地水质、水污染的监测,从而对被监测对象实现综合感知,并利用多模块嵌入技术集成复杂多类型水域水动力水质多维耦合模拟组件、复杂水域大尺度水体水污染事件水质水量快速动态预测组件、水污染风险源危害等级评估与水质安全评价诊断组件、水污染风险预警组件、水质水量多目标优化调度组件、突发水污染事件多尺度多类型多目标应急处置组件,形成基于物联网的水网工程水质水量智能调控及应急处置系统,实现水网工程立体智能感知、智能仿真、智能诊断、智能预警、智能调度、智能处置、智能控制等的水质水量智能调控及应急处置服务功能。

3.智慧水网关键技术

水网工程的水质水量智能调控及应急处置系统建设需要解决的关键支撑技术包括以下几种:

(1)水网水质传感网的多载体监测组网与实时传输技术。针对多种水质监测形式,需要重点研究适用于水质水量联合调控及应急处置与水质应急监测的不同水质监测站(监测断面)自主筛选和水质信息自动提取模式,以及移动水质监测车(船)、水下仿生机械人监测仪的智能调度与数据远程在线提取和自我定位的自适应组网技术。研究站房式、浮标式、移动水质监测、水下仿生机械人监测、水文在线监测组成的多类型载体水质监测台站的通信网元动态组网技术,以及同一载体或不同载体中多种水质监测仪器之间的异质网元动态组网技术。研究以通信基站为主和 GPRS、CDMA 为辅的无线通信网等局部动态自治和网络融合中异质网元的互联互通技术,以及多元水质信息融合与自治机制技术。研究应急状态下的动态组网技术,实现水质监测数据无线传输至监测中心。将采集到的数据、图像以及视频等多媒体信号封装在 IP 数据包内通过无线网络实时传输,在数据链路层实现 GPRS 网络、宽带虚拟专网 VPN、宽带因特网等多种网络选择和优化是实现现场水质采集系统与远程监控中心实时传递的关键。

(2)水网海量水量水质数据的智能存储与多模块无缝对接技术。由于感知层水质监测仪器的多样性、监测指标的多元化,使得检测采集接口获得的数据存在命名、格式和结构上的异构问题,不能直接对其直接存储或处理,需要对异构数据进行预处理,解析源数据和目标数据的映射关系,因此要研究异构数据的分析、融合和规范化技术。监测站与监控中心传递的数据包括监测数据、GIS 矢量图、遥感影像、视频、文档等多元信息,数据量大,且数据处理实时性要求高,研究海量数据高效压缩技术、分布式数据存储技术、混合多级索引技术,建立智能搜索引擎是提高数据库存储效率、降低网络传输量和快速检索的关键。水质水量智能调控与应急处置系统由水质监测数据采集、水质水量耦合模拟预测模型、水质诊断评价模型、水质预警模型、水质水量调度模型、水质应急处置模式、智能控制模型、GIS 应用系统、三维虚拟仿真、视频会商等多模块组成,多模块之间的数据交换、模块连接方式和功能调用模式是重点研究的关键技术。

(3)水网复杂多类型水域水动力水质多维耦合模拟技术。水网工程包括深水水库、河道型水库、河流、湖泊、长距离输水干渠等多类型大空间尺度水域。上述典型水域由于地形特征和控制方式不同,其内在的水动力和水质过程呈现不同的特征和规律,掌握上述规律是制订合理水质安全保障调控方案的基础。因此,针对不同类型的水域特征,构建不同维数的水动力水质模型组件群,然后将其耦合形成适用于复杂多类型水域的统一模拟模型,实现复杂人工调控下水动力水质的快速和高精度仿真。

(4)水网污染风险源危害等级评估及水质安全评价诊断技术。根据污染源污染物危害的严重程度、污染源中污染物进入水网工程中库群及重点水系的概率大小和可能数量,确定污染风险源危害等级。综合考虑不同典型水域的水污染类型和污染特征,建立面向水网工程的污染风险源数据库,构建面向水网工程的多类型水污染的水质安全评价诊断技术,为水质水量多目标联合调控和应急处置决策制定提供技术支持。

(5)水网复杂水域大尺度水体水污染事件水质水量快速动态预测模型构建技术。集成复杂水域大尺度水体水质水量预测的多源信息融合和模型架构设计方法,结合随机理论、模糊数学、人工智能等复杂系统理论、方法与技术,形成面向深水水库、河道库弯等复杂水域的大尺度水体水污染事件水质水量快速动态预测模型构建技术,针对性构建服务于水网工程调控的水质水量预测模型,快速率定重点考核断面的水动力水质参数,为突发水污染事件与实际调控提供快速决策支持。

(6)水网库群水质水量多目标优化调控技术。水网工程的水库群承担着供水、防洪、发电、灌溉、航运等方面的任务。制订库群水质水量多目标调度方案,最大化满足年内不同典型时期面临的多种不同类型的水量调度需求和复杂约束要求,实现水网工程安全高效输水和水库自身防洪兴利多目标协调;结合水质水量多目标耦合优化策略,集成系统优化理论、智能群体优化算法,构建服务于水网工程调控的水质水量多目标优化调控模型群,形成应用于实际调控的决策方案库。

(7)水网突发水污染事件的"四步三模型"动态预警技术。不同水动力条件下,污染物类型、事发位置、暴露途径等对水网工程敏感受体和水体功能的影响程度和范围不同,建立基于水质快速预报模型、事件危害判定模型、预警区域分级划定模型进行浓度场预测、风险场判定、预警区域分级、预警信息可视化的"四步三模型"突发水污染事件预警模式,准确评判污染事件的风险,进行污染事件动态预警,并把预警模型计算过程在虚拟环境和 GIS 下进行展现,为应急处置预案的选择与准备提供决策依据。

(8)水网突发水污染事件多尺度多类型多目标应急处置技术。由于水网工程的特殊功能属性,其突发污染事件的处置技术实施要比其他天然水体受到更多的约束与限制,污染物的类型、污染云团扩散的空间尺度、流经水网工程各功能节点的时间以及处置地点周围的社会经济环境等都会对处置方式、效果、次生危害程度及成本等产生显著的影响。研发适用于不同水网工程区段的各类高风险典型污染物的拦截、阻断、移除等处置技术,优化设置应急处置设备与材料的动态存储位置,丰富完善突发性水污染事件处置技术预案库,是保障南水北调水质安全的关键技术。

4.智慧水网功能体系

水网工程水质水量智能调控及应急处置系统的功能主要包括智能感知、智能仿真、智能诊断、智能预警、智能调度、智能处置、智能控制。

1）智能感知

水质水量智能调控及应急处置系统的基础是在水网工程沿线区域布设传感器节点实现对供水、输水、配水等环节的水质水量要素参数的实时动态感知。系统要建设服务于水网工程的多载体（站房式水质自动监测、浮标式自动监测、移动式水质自动监测、遥感监测、水下仿生机械人监测、现场视频监测等）水质常规和应急相结合的具有自适应组网功能的监测系统。对站房式水质远程在线监测系统、浮标和浮动平台监测系统、应急自动监测车（船）监测系统介绍如下：

（1）站房式水质远程在线监测系统是一种基于自动监测分析的水质分析系统，可全天候、连续、定点地观测水文、水质等内容。主要由站房、采样设施、水样处理系统、分析仪器设备（多参数在线测定仪、高锰酸盐指数在线测定仪、总磷在线监测仪、在线重金属测定仪、综合毒性在线测定仪、藻类在线测定仪）、预报通信传输系统、供电供水及附属设施组成。

（2）浮标和浮动平台监测系统是一种现代化监测手段。采用浮标观测技术，可全天候、连续、定点地观测气象、水文、水质等内容，并实时将数据传输到岸站。水质浮标和浮动平台主要由浮体、监测仪器（多参数水质仪、营养盐仪、气象仪、水文动力学仪）、集成单元、数据传输单元、供电单元（电池组和太阳能供电系统）、系泊装置、保护单元（GPS、灯标、报警系统）组成。

（3）应急自动监测车（船）系统是一种可移动的现场水质监测手段，具有站房式水质远程在线监测系统、浮标和浮动平台监测系统的双重特点，根据不同监测目的，装备自动配置化学分析检测仪、多参数水质仪等设备。

2）智能仿真

智能仿真主要包括水网工程河库渠水质水量耦合模拟和快速预测功能。

水网工程典型水域水动力水质耦合模拟是利用建立的耦合模型，基于水库群的调度规程和不同水文汇入特征，模拟库群不同尺度联合调度方案和不同汇入边界条件下的水动力变化过程，研究多尺度联合调度下的上游库群及重点河流水动力变化规律。利用建立的基于水动力模拟的污染物输移和水质模拟模型，模拟库群多时间尺度联合调度方案和不同汇入边界条件下的水质过程，分析库群调度下近坝深水库区、上游河道型库区、支流回水区库弯等典型水域水体水质响应，分析库群调控下水网工程的水质演变规律。

水网工程长距离输水污染物运移与水质模拟是利用建立的水网工程水动力水质耦合模型，模拟水网工程在不同输水时段、不同污染条件、不同输水流量和闸阀联动控制模式下的污染物运移扩散过程和生化演变过程，总结输水控制模式下明渠、倒虹吸、暗涵、内排段和外排段等不同典型渠段对水质的影响机制，分析完善的输水控制模式下水网工程水质演变规律。

水网工程水污染事件的水质水量快速预测是以现有的输水供水调度方案为基础，在水质水量监测与智能诊断结论的基础上，基于水质模拟模型建立水网工程污染物运移模型,考虑水网工程总干渠的复杂调控方案,包括输水控制模式、输水时间、渠段位置、环境条件及控污设施等内容,按照数值模拟—数据挖掘—数据整合—预测的顺序,结合关联分析、聚类分析和智能预测技术,建立复杂人工控制条件下的水网工程水质水量快速预测模型,实现水网工程水质预警及应急调控决策服务信息的快速获取。

水网工程水污染事件污染团跟踪预测是在水污染事件发生以后,根据水污染事件的特征、水动力水质数值模拟结果,以及应急监测成果,确定水污染事件的排放类型、主要特征污染物因子、污染负荷排放过程及总量,利用水质模拟模型模拟污染团在复杂水文和水动力条件下的输移、转化和削减过程,依据水污染事件特征污染物的安全阈值,跟踪超标污染团的运动轨迹,并模拟分析水污染事件的影响范围和影响程度,重点关注水污染事件对调水区邻近水域的水质安全的威胁,为正确制订突发性水污染事件的应急处置方案提供技术支持。

3)智能诊断

智能诊断主要包括水网工程污染风险源诊断、水网工程水质安全评价诊断等功能。

水网工程污染风险源诊断是从地表水污染、地下水污染、大气污染、外源性化学污染和内源性微生物污染等污染来源角度,基于国家职业卫生监测资料、水质资料、水质调查及国控监测点数据,通过深入的数据分析和挖掘,结合现场污染源调查和污染源解析、分析生物学检测方法,摸清水网工程污染风险源和特征污染物,建立污染源风险数据库;基于污染源风险数据库,结合污染源产生污染的概率、污染源中潜在污染物的毒性特征、污染源距离水网工程的距离,应用危险度评价模型,对污染风险源危害等级做出诊断评估,为水质健康评价提供基础。

水网工程水质安全评价诊断是在建立包括本地污染物种类、污染水平、地表水标准、生活饮用水标准、生产用水标准等水质污染物环境和健康危害风险数据库的基础上,针对本地污染种类、类型、水平,特别是针对微量持久性有机污染物和重金属,利用水环境健康风险评价模型,根据以最大无作用剂量或者最小有害作用剂量确定的污染物阈值,评价污染物固有危害和环境危害以及健康危害风险及其特征。

4)智能预警

在智能仿真和智能预测水质快速预报模型、智能诊断事件危害判定模型和预警分级模型的基础上,建立具有浓度场预测、风险场判定、预警区域分级划定、预警信息可视化功能的"四步三模型"突发性水污染事件预警模型;结合 GIS 技术,研发水网工程突发污染事件的多目标、多级别、多尺度动态预警技术;采用远程过程调用技术、中间件技术、GIS二次开发技术等,编写封装污染预警模型组件。针对水网工程沿线可能存在的交通运输引起的突发性水污染事件,以及大气降尘污染、地下水渗透污染、沿程与交叉河流超标准洪水形成的面源污染等水质安全隐患,结合水网工程周边地区的社会经济环境特点,利用智能诊断功能,以判定突发性污染事件的发生概率为目标,以水网工程各段覆盖区域的经济结构、工业布局、基础设施状况等为影响因子,在归结的总结前期各类突发性事件因果、时空关系的基础上,构建风险评估指标体系;建立潜在风险源危险品特征数据库和全程水文水动力水质参数系统数据库,提出水质安全监测预警模式,基于智能仿真和智能预测功能,构建突发水污染预警模块,为实现快速预警定位与甄别提供技术支持。

5）智能调度

智能调度主要包括水网工程库群水质水量多目标调度和河湖连通工程骨干水系临界调控及应急调控功能。

水网工程库群水质水量多目标调度是基于水库群的调度规程,综合考虑防洪、发电、航运、供水、灌溉和水网工程输水水质和水量目标,构建库群水质水量多目标调度数学模型;基于复杂系统优化理论、分解协调理论和智能优化理论,提出水质水量多目标调度数学模型高效求解策略,并嵌入水质快速预测模型实现水质目标的快速量化。以年内不同典型时期的入库径流、多目标需求作为输入,求解模型得出对应库群优化调度方案集,包括出库流量过程和水位蓄放过程,为实际调度提供决策支持。

河湖连通工程骨干水系临界调控是基于骨干水网污染物运移转化模型,模拟不同输水流量和分段配水方案下,骨干水网沿线的水量变化过程,以及水质指标在长时间稳定输水状态和短时间水力过渡状态下的输移转化过程。分析不同速率的闸阀联动控制对输水稳定性和输水安全的影响以及对污染物的扩散稀释和生化演变作用。以特征污染物的安全阈值为界线,制订常规可控水污染情景下,骨干水系不同典型渠段输水临界调控方案,为实际调控提供决策支撑。

河湖连通工程骨干水系应急调控是针对骨干水系沿线潜在的污染源类型和分布,设定不同突发水污染事件情景,利用骨干水系污染物运移与水质模型,分析不同典型渠段多闸阀联动调控方案下的水流运动过程、污染物输移扩散和生化演变过程,得出水位波动及其波动幅度、污染物浓度分布、峰值传播历程和速度、直接影响范围等信息,在此基础上,以快速实现输水状态到突发水污染事件应急处置状态平稳过渡为目标,以控制建筑物和渠段安全、污染波及范围最小为评价标准,设计不同突发水污染事件的水网工程不同典型区段应急调度预案,为突发水污染事件应急处置提供决策支持。

6）智能处置

对水网工程构筑物及水体、地理、社会、经济、环境等特征进行调研踏勘,针对典型的实际环境条件,进行主要风险污染物分类。针对溶解性有机污染物,研究依托节制闸、生产桥或公路桥的桥墩等水系构筑物垒筑过滤坝的实施方案;针对不溶性有机污染物,研究过滤坝线围栏设置、污染团收聚材料及收集物处理装置等技术方案;针对可溶性的重金属污染物,研究投放药剂的程序方法及沉淀物分离等处理技术方案。研究针对上述应急处置方法的大流量条件下低阻力高效过滤处置技术方案,基于典型污染风险源特征及其所处渠段环境特征,综合考虑环境效应、经济成本和社会影响等因素,制订相应的突发性水污染处置预案,形成水网工程中突发水污染应急处置技术预案库。

7）智能控制

水网智能控制就是控制整个水系的水量和水深变化,控制动作与河流水力学响应有关,既要满足流量变化时水系水位的稳定,又要控制流量变率。水系的自动化控制通过对节制闸的控制来实现,节制闸是对输水过程实施调节的主要设备。通过对闸门开度的调节快速满足用户需求,保证在有限的时间内使水流恢复到稳定状态。根据闸群的控制方式,水网控制系统分为当地控制和中央集成监控两大类。

15.3.2.3　上海智慧水务应用设想

1. 建设背景

上海地处太湖流域和长江流域的下游,位于长江三角洲的前缘,滨江临海,海网水系密布,具有感潮河口、平原河网的自然地理特征。城市运行保障涉水行业包括水利、供水、排水、交通港口、环境保护、市容绿化、气象水文、海洋海事等,网格化管理与服务体系包括水系河网、供水管网、排水管网、气象海洋与水文监测网、水上交通网等。依托和发挥上海的区位优势、行政体制集约化改革优势、城市信息化的基础设施优势,上海涉水事务信息化发展完全有能力进一步提高。

经过长期的积累和发展,上海城市运行管理涉水事务信息化建设在基础设施、数据资源、综合管理、协同服务、综合应用等方面取得了长足发展,基本建立了水务、市政、交通、港口、市容、绿化、土地、气象、海洋、海事等多个领域的基础数据库,信息化应用项目的规模、层次、能级不断提升,基于网络环境的信息化应用系统彼此互联较为普遍,集成度也越来越高。先后建成了城市网格化管理信息系统、水务公共信息平台、交通综合信息平台等一批应用水平高、效果显著的信息化应用项目,形成了一批跨系统、跨行业、跨地域的信息化应用系统,从而对提高城市管理能力和水平发挥了积极作用。

其中通过数字水务的建设,水务数据中心已经汇聚整合了气象、海洋、海事、水文、水利、供水、排水等多行业(部门)的数据,积累了各类基础设施信息、实时信息、业务管理信息、政务信息、元数据信息,实现了水务信息资源的集成交换、集中存储、分级管理和分层维护,服务于防汛保安、水资源调度、水环境整治多任务应用。

虽然上海水务信息化发展已取得进展,但是还存在信息采集不适应现代水务管理需求,业务流转和跨部门协同支撑不足,行业标准和管理规程尚不健全,基层应用与行业管理不协调等问题。

围绕城市发展的总体目标要求,聚焦城市运行的涉水事业发展、涉水事务管理、涉水行业服务,其信息化规划设计要从城市信息化现状和需求出发,理清思路、科学规划,提出城市涉水事务信息化发展规划及其顶层设计框架。

2. 规划理念

智慧水务就是运用物联网、云计算、无线宽带互联等技术,通过互联的网络把江河湖海水文水资源监测站网、供排水生产处理厂站和输配水管网、水利闸站设施水系河网运行网以及水务事务服务网的智能化控制传感器连接起来,依托机制创新整合共享气象水文、海洋海事、水文环境、市容绿化、建设交通等领域信息,结合涉水事务网格化、条段化的精细管理,组成基于各行业数据中心"云"的应用系统,对感知的信息进行智能化的处理和分析,对包括电子政务、电子商务、城市管理、生产控制、环境监测、交通、公共安全、家庭生活等各个领域、各种需求提供智能化的支持,并支撑涉水事务跨行业协同管理,为社会公众提供无所不在的个性化服务。

随着信息领域技术的快速发展,信息化建设的系统模块化、结构扁平化、业务流程化趋势将愈加明显,从而更好地支撑跨行业、跨领域业务的全面感知、反应灵敏、所需应变的协同应用。

　　各基层单位、各行业管理部门、各跨行业管理服务机构按照业务需求建立和配置监控、监测和监管站点设施设备,并按照统一分配的 IP 地址接入标准接口的感知能动互联网——物联网,配置存储这些站点数据的数据库服务器及其控制站点行为的应用服务器,加入到基于互联的数据库群,按照业务需求和安全权限从数据库群的资源目录中重组虚拟专用数据库——数据云,通过云计算技术支撑再造业务流程的应用系统。

3. 规划建设任务

1) 基础网络

　　智慧水务的发展,应围绕城市涉水事务的业务需求,逐步升级改造基于智能技术的监测监控网络平台,搭建基于云计算技术的集群数据平台,完善基于三网融合和无线宽带互联等技术的泛在互动服务平台;重点在完善感知化监测监控、深化网格化精细管理、开展动态化预警评价、强化协同化行政办事、提供个性化服务等领域有创新突破;构建水系统监测监控、水安全预警指挥、水资源配置调度、水交通运行保障、水环境整治监管、水行政协同服务系统,进一步有力支撑政府转变职能、行业强化监管和社会公共服务。

　　发展智慧水务,要建设水监控网系统、水数据云系统和水服务网系统三大基础网络系统。

　　(1)水监控网系统:改造各相关行业现有监测监控系统物联网接口,按需重组物理上互联、逻辑上专用、安全上可靠的监测监控网智能系统;在此基础上,各行业(部门、单位)可逐步拓展站网布局、加密监测监控频次、增加监测指标参数。主要建设完善长江口杭州湾水文系统监测、水资源监控调度、黄浦江苏州河综合整治监视网格化监管、供排水设施网格化监管、城市防汛监测监视等系统。难点是基于同一技术标准的物联网产业发展及产品支撑,和基于行业规范的水监控网节点参数设置、IP 资源配置的统一规划和管理。

　　(2)水数据云系统:构建与涉水事务相关的各行业(部门、单位)数据中心、数据库,按照信息资源目录体系标准接口在网络上形成基于云计算技术的数据库群;并提供网络数据服务标准接口,方便形成各种业务应用的数据云支撑。主要建设城市管理涉水事务数据库群应用服务平台、各行业数据中心、重点应用系统的数据云。难点是数据库群接口标准,基于云计算的数据库服务平台技术、管理、服务标准规范,基于各行业信息资源目录体系的数据资源管理标准。

　　(3)水服务网系统:整合现有各行业(部门、单位)涉水事务办事服务网点、网上电子政务、电子商务服务窗口、电话呼叫中心服务热线等服务资源,重组协同服务业务,通过基于无线宽带、三网融合通信、数据分项服务等技术的多样媒体向社会公众提供无所不在、随时可用的个性化服务。主要建设涉水行业综合响应服务中心、基于云计算的应用服务发布平台。难点是服务中心的任务分派业务流程再造,以及满足多种媒体人机交互的软硬件产品统一数据、技术、服务标准的应用开发。

2) 综合协同业务系统

　　基于智慧水务的基础网络,可以建设六大综合协同业务应用系统,主要包括水安全智能指挥系统、水资源智能调度系统、水交通智能服务系统、水环境智能监控系统、智慧水务电子政务系统和智慧水务电子商务系统。

　　(1)水安全智能指挥系统:针对城市防汛安全、供水安全、水污染灾害安全事件的应急防范和处置,开展全方位监测预报、事前预警、事中评价、事后评估、多级联动、跨部门协同的业务应用。作为城市应急指挥应用平台的重要组成部分,系统具有基于地图服务的全方位水情实时监测预报、工情网格巡检监管、险情监视处置、灾情动态风险评价、抢险预警预案管理、救灾队伍物资协同等功能。社会公众可以随时随地获得所在区域气象水文实测预报、灾害预警预案提醒、防范措施提醒、撤离安置途径、交通疏导等信息,了解突发性自来水管爆裂、水污染事件分级预警及其响应预案提醒、所在小区自来水停水预告和就近应急供水安置等信息。

(2)水资源智能调度系统:针对原水、地下水、取水、供水、用水、污水、排水等水资源循环开发利用流程,开展生产运行全过程系统监测、智能调度、行业监管、用水服务等流程化业务应用。作为最严格水资源管理制度的配套手段,系统具有水资源系统智能监测、控制红线的预警、生产运行自动控制、综合动态统计评价、调度配置决策支持、网上综合服务等功能。社会公众可以随时随地获得所用水的水源地、出厂水水质、循环水状态、分类水费标准、所在范围用水控制提醒、表具标准和实时计量情况、排水纳管和污水处理情况等信息服务。

(3)水交通智能服务系统:针对河道行船、过闸过桥、码头靠泊、堤防碰撞等安全运行监管和事件防范,开展行船过桥过闸服务、航道港口监管等业务。社会公众可以随时随地获得停船预警、通航通知、行船过桥过闸候潮时间、限高与限重动态警示和导航、过闸电子收费、船只靠泊码头停留时间等信息服务。

(4)水环境智能监控系统:针对江河湖海水环境变化、水生态整治,开展水生态环境全要素系统监测、动态评价、统计分析、智能决策等综合业务。社会公众可以随时随地获得所在位置周边江河湖海功能区划控制、生态环境动态评价指标及达标状态、用水计划及执行状态、输配水系统运行状态、节能减排达标情况、所在周边水系及两岸生物多样性以及水面保洁状态等信息服务。

(5)智慧水务电子政务系统:针对涉水事务行政许可、规划协调、行政执法等办事业务,开展网上网下一站式受理、市区县多部门网上流转、协同办公、电子签章、电子监察等个性化泛在服务。社会公众可以随时随地进行许可执法等行政事务受理申报、办事指南及状态查询,享受到涉水事务协同办理的便捷,并获得行政事务办事提醒信息、各类业务信息查询等服务。

(6)智慧水务电子商务系统:针对用水抄表、水费缴纳、停水预警、水质信息发布及供排水接管服务,开展自动检测、电子收费、网上办理、泛在信息服务等协同业务。社会公众可以随时随地申请获得供排水接管等水务事务委托,通过电脑、手机、电子卡等电子付费手段支付相关费用、购买涉水事务资源服务等。

15.3.2.4　浙江智慧水务应用设想

1.项目背景

当今世界,高新技术的发展正不断地影响和改变着人们的工作和生活方式,以物联网、云计算、移动互联网为主要标志的新一代信息技术,已逐渐成为推动当今世界经济、政治、文化等各个领域发展的强大动力。这一特征,被人们概括为"智慧地球""信息社会""智慧时代"等。

　　我国高度重视现代信息技术的发展,积极实施工业化和信息化融合战略。浙江省政府顺应时代发展趋势,前瞻布局,于 2012 年 5 月召开全省智慧城市建设试点和推进信息化与工业化深度融合工作会议,全面启动智慧城市建设示范试点工作,首批确定了 13 个示范试点项目,其中台州市智慧水务为试点项目之一,建设周期为 3~5 年。

　　智慧水务旨在提升水务管理和服务的水平,为经济社会的发展提供更好的支撑。

　　2. 建设目标和原则

　　台州市智慧水务总体目标是,通过试点项目建设,增强台州市整体的防汛防台、水资源开发利用、水生态环境保障、城乡供排水以及对公众服务的能力,提高水务建设管理和服务水平;以试点项目建设促进取水、供水、排水等相关涉水资源整合,为建立和完善台州市防洪防台抗旱减灾体系、水资源合理配置和高效利用体系、水资源保护和河湖健康保障体系、城乡供水和排水保障体系,健全水务科学发展的体制机制和制度体系提供智慧保障,并通过试点为全省智慧水务建设积累经验,建立示范。

　　为确保智慧水务试点建设成效,保证项目顺利实施,项目建设应遵循以下原则:

　　(1)以人为本,服务至上。把以人为本、服务至上作为开展智慧水务建设试点工作的出发点和落脚点,更加注重水务保障和改善民生,提升服务能力,促进城乡公共服务均等化。

　　(2)突出特色,体现共性。从试点区域的实际情况出发,既要着眼试点区域智慧水务的地区特色,切实提升试点区域水务智慧化水平,也要放眼全省智慧水务的共性需求,为智慧水务的推广提供经验。

　　(3)注重标准,培育产业。同步开展标准化设计,形成智慧水务建设的业务标准,为应用推广提供基础条件;以应用促发展,以应用促创新,突破核心技术,带动相关产业发展,培育新兴产业,壮大龙头企业,培育新的经济增长点。

　　(4)综合防范,保障安全。健全网络与信息安全保障体系,关注试点项目各市场主体的权益、运营秩序和信息安全,增强抵御风险和自主可控的能力。

　　(5)总体设计,分步实施。按照"一揽子"解决问题的思路,加强科学规划,统筹协调,全面、系统地进行智慧水务总体框架设计,明确建设目标和建设任务,分步实施,协调推进。

　　3. 建设内容和预期成果

　　1)建设内容

　　智慧水务试点项目建设内容可简单概括为 1 个中心、2 个平台和 4 大支撑体系,简称"124"结构体系。

　　(1)1 个中心。

　　建立智慧水务运行服务中心。该中心是相关单位联合办公、协同管理、资源共享和一个口子对外的管理服务中心,各单位之间建立"资源共享、业务协同、标准统一、服务一体"的协同机制,统一承担开发建设、系统集成、运营维护和完善提升等建设和运营职能,提供专业网络服务和业务支撑服务,同时为智慧台州提供技术积累和服务。

　　(2)2 个平台。

　　①信息管理平台。

　　信息管理平台是水务部门各级业务应用系统的基础支撑平台,主要完成对水务信息的汇集、处理、整合、存储与交换,形成综合水信息资源,通过提供各类信息服务,实现水信息资源的开发利用,实现规范信息表示、共享信息资源、改进工作模式、降低业务成本和提高工作效率的目标。

②指挥调度平台。

指挥调度平台是智慧水务信息化系统的监控、决策和指挥中心,在监控中心汇集展示水务信息、运行状况等,集中提供信息共享和服务,为会商、决策和指挥提供全面支撑。

(3)4 大支撑体系。

①数据采集体系。

通过合理规划,建设全面覆盖的智能终端设施,采集各类数据,提供可靠的基础数据来源。借助物联网技术,建设足够数量和密度、类别更加丰富的信息采集和监测站点,自动获取各类原始信息,内容包括水雨墒情监测、工情监测、水生态监测、水资源监测和供排水管网监测等。

②网络传输体系。

以多网结合的模式,建设高质量、大容量、高速率的数据传输网络,为数据互联互通、开放共享、实时互动提供可靠通道。内容包括计算机网络、GPRS 网、卫星网、3G 网等。

③业务支撑体系。

以数据采集体系获取的水务信息为基础,通过模型分析计算、数据挖掘分析处理、预测预报等智慧化作业,并借助各类先进的信息技术构建专业的水务信息管理系统,提升对基础水务信息的处理和管理能力。业务支撑体系主要包括防汛(台)抗旱决策支持、水资源管理、水生态环境监测保护、水务工程安全管理和城乡供排水监测调度五项业务管理。

防汛(台)抗旱决策支持:以提高防汛(台)抗旱应急能力为目标,利用监测数据,准确分析评估汛情、旱情、灾情和工情,实现实时监测、趋势预测、会商决策支持,并采取相应的调度措施,确保区域水安全。

水资源管理:通过水资源信息的实时采集、传输、模型分析,及时提供水资源决策方案,并快速给出方案实施后的评估结果等,以确保实现水资源的统一、动态和科学管理,做到防洪与兴利、水库水与河道(网)水、常规水与非常规水、地表水与地下水、当地水与外调水、水量与水质之间的联合调度与管理,确保水资源与经济社会、生态环境之间的协调发展,以支撑经济社会可持续发展。

水生态环境监测保护:通过建立面向水生态水环境的管理系统,将水环境相关技术方法和现代数据库技术、网络技术、计算机可视化技术融为一体,为相关部门及有关人员提供包括水生态及水环境评价结果、水环境预测结果的信息查询服务,提供形象直观的监测数据和分析结果,为水生态会商决策提供基础信息支持。

水务工程安全管理:依托监测站网提供的实时数据,通过历史数据分析、实时数据监测、调查等措施,对水库、水电站、水闸、堤塘、供排水管网泵站等水务工程建设和运行实行智慧化管理,直观反映工程建设过程及完成情况,以准确评估工程运行情况、建设进展情况和存在的问题,采取相应的措施,确保工程安全。

城乡供排水监测调度:通过对水源地、水厂供水量、管网压力、城市下立交及城乡易积水区域的实时信息采集传输和模型分析,及时掌握供排水状况,日常性进行取水、供水和泵站排水的调度,应急处置城乡断水和大面积积水等突发事件,保障城乡居民的正常生活。

（4）公共服务体系。

公共服务体系是水务行业利用信息技术实现公众业务网上受理和办理，提供公共信息服务的重要平台。公共服务体系主要提供水务公共服务、公共信息发布和水文化宣传三项基本服务：①水务公共服务，包括涉水项目审批、涉水事故网上应急响应和处置、水务政策法规网上咨询服务等；②公共信息发布，包括防汛、气象信息的实时发布，涉水应急事件的信息发布，新闻媒体发布等；③水文化宣传，包括水利景区宣传、水文化遗产保护、治水历史宣传和水科普教育等。

2）预期成果

智慧水务项目的预期成果可概括为"666"，即"6 个构建、6 个形成、6 个实现"。

（1）6 个构建。

构建全面准确的水务监测体系，形成覆盖气象、水文、工情、给排水、水资源开发利用等对象的监测网络；构建先进兼容的网络传输体系，形成大容量、高速率、高质量、高保障的数据传输网络；构建云计算数据处理中心，为水务管理和社会公众服务需求提供全面支撑；构建面向行业的管理支持体系，为防汛（台）抗旱指挥调度、水资源开发利用、水生态环境保护、水工程安全运行、城市供水排水安全保障等提供支持；构建面向公众的服务支持体系，为水政务、民生水务、水文化宣传提供服务；构建智慧水务示范基地，为智慧水务应用推广提供理论和实践经验。

（2）6 个形成。

形成一个智慧水务运行服务中心；形成一个智慧水务研究机构；形成一支装备现代的基层服务队伍；形成一支基层智慧水务管理服务队伍；形成一套协同管理工作机制；形成一套建设管理标准。

（3）6 个实现。

实现采集站网全覆盖；实现资源共享协作；实现业务综合管理；实现信息统一综合展示；实现监测全能服务；实现应急联动响应。

4. 建设模式

智慧水务试点建设内容多、任务重、技术复杂、涉及范围广，是一项极具挑战的项目。为做好浙江省智慧水务建设试点工作，省政府积极推进"3＋X"（浙江省政府、工业和信息化部、国家标准化管理委员会和水利部）模式进行试点共建；省级厅局层面成立了以省水利厅为牵头单位的业务指导组，相关成员单位包括省环保厅、省建设厅、省国土资源厅、省经济和信息化委员会、省质量技术监督局五个厅局；试点城市台州市政府是试点项目的责任主体和项目建设主体。

5. 运营和服务模式

为保障智慧水务项目的成功建设和长效运行，在项目建设和运营管理上作了以下考虑。

1）组建智慧水务运行服务中心负责建设运营

建立智慧水务运行服务中心，从项目建设初期开始，负责建设工作，在项目建成后，承担运行维护工作，作为智慧水务维护、办公、展示、演示的场所。

2）委托通信运营商负责监测部分的商业运营

对雨量、水位、潮位以及其他各类物联网感知站点，中心管理平台等采用 BOT 方式，由通信运营商负责建设和经营,设置收费套餐。

3)组建智慧水务研究机构提供技术支撑

组建专业的智慧水务研究机构,保障智慧水务的先进性、稳定性、可靠性。研究机构从项目建设初期开始,开展与智慧水务有关的研发工作,包括面向行业的业务管理体系建设、面向公众的服务支持体系建设等;在项目建成后,承担运行技术维护工作。

4)形成基层智慧水务管理队伍

在乡级设立水务管理服务站,村级设立水务员,配备智慧一体机,赋予其防汛预警、水工程巡查、河道水资源管理、水生态遥感监测、农村水利监测、水利科技宣传等职责,为智慧水务的实现提供全面基本信息保障。

5)落实机构运营经费

一是在建物联网站点以及其他项目时,采用 BOT 方式,提前设定一定比例费用用于整个智慧水务的运行维护;二是根据项目建设费用,按一定比例从财政列支项目运行维护经费,以保障专职人员和公司运行管理的必要经费。

15.3.2.5　太湖智慧湖泊的初步实践

近年来,随着监测和观测技术的迅速发展,各种在线检测仪器、传感器技术、无线通信网络技术成为主流信息源,为水环境的定量监测和生物过程的研究提供了新的技术手段。利用这种多源异构数据进行高频率监测,实现了许多在以往传统监测方法中无法获取的实时数据和现象。国外目前正在开展的原位高频率的自动观测技术,以及在此基础上发展的预测和预警技术,突破了传统的湖沼学研究方法。这些新技术和新方法的应用,必将给湖沼学带来一场深刻的变革,将最终解决湖泊生态恢复、环境管理和生态灾害的预测预警等一系列技术问题。

无线传感器网络(Wireless Sensor Network,WSN)是近年来发展起来的一门崭新技术,是物联网最重要的核心技术,它综合了传感器技术、嵌入式计算技术、分布式信息处理技术和无线通信技术等多学科交叉的研究成果,能够灵活地实时监测、感知和采集网络分布区域内的各种环境或监测对象的数据,并对这些数据进行处理,获得详尽而准确的信息,传送给需要这些信息的用户。无线传感器网络是国务院发布的《国家中长期科学和技术发展规划纲要(2006—2020 年)》中列出的重大专项、优先发展的关键信息技术之一。无线传感器网络作为感知物理世界的末梢神经网络,具有数据采集、信息融合和协同处理等功能,可以使人们在任何时间、任何地点和任何环境条件下获取大量翔实而可靠的信息。移动通信网络是目前,也是可预见的将来应用范围最广、用户最为广泛、业务成熟度最高的面向大众的网络,无线传感器网络形成物物互联的全新业务。

将无线传感器网络与移动通信网络的广域覆盖传输以及运营管理能力相结合,并将其应用到太湖富营养化及蓝藻水华在线实时监控和治理中,能够实现太湖水环境无线监测网络的无缝覆盖;实现全天候实时动态监测,能极大避免数据丢包及通信中断等情况发生,为太湖富营养化及蓝藻水华在线实时监控及预警提供准确、实时、稳定的数据;实现蓝藻监测、预警、打捞及综合化利用全过程的自动化管理,通过指挥中心的全局掌控,做到信息实时获取、有效预警、打捞任务自动智能分配,以及蓝藻处理的自动化,提高水环境监测和治理的智能化水平,促进管理效率的提升,进一步增强太湖水质水文监测与治理的力度。

1. 太湖智慧湖泊建设目标

基于现有的防汛指挥系统,结合物联网技术对太湖水文、蓝藻湖泛、蓝藻打捞处置进行智能感知、调度和管理,建设"感知太湖,智慧水利"一体化综合管理和服务平台。太湖智慧湖泊是以传感网技术为切入点,将先进、稳定的物联网感知技术引入到系统中,通过独有的网络传输机制和智能分析判断能力,为太湖的水利水文和水污染治理奠定坚实的基础信息平台。具体目标包括:

(1)通过对新型水质参数传感技术,传感器通用接口及其标准化,湖泊水体的微型智能化设计,水面无线传感网组网等相关设备研制,完成太湖水环境自动监测节点的设计,实现对太湖水质的全面感知。

(2)通过对3G网络、有线/无线互联网与湖泊现场监测站的无缝连接,完成公共基础网络与传感网相结合的无线物联感知网络,并实现对太湖的全面监测,建设太湖富营养化及蓝藻水华分布式动态实时智能化监测站网,为太湖富营养化及蓝藻水华水质数据采集、传输的安全性、稳定性及可靠性提供保障。

(3)完善蓝藻打捞、处理的智能化、自动化建设,实现太湖蓝藻打捞及时、有效的指挥管理,自动分配调度打捞船,同时进行蓝藻藻水分离站的智能自动化改装工作,实现藻水分离、脱水等处理的自动化,全面提高藻水分离站的处理能力,为应对蓝藻大规模暴发提供基础支撑。

(4)完成监测、预警、打捞及综合化利用全过程的指挥中心建设,实现对太湖自动监测站网的维护、运行及控制,对收集到的数据同化、存储、管理、展示等,依据构建的专家系统完成预测预警系统研制并发布太湖蓝藻水华预警信息等,实现信息智能处理,同时指挥中心能够根据监测到的数据智能自动分派打捞船,监控藻水分离站的处理过程,调度各种相关运输车辆,实现蓝藻监控全过程的自动指挥控制。

2. 太湖智慧湖泊总体架构

为了达到上述建设目标,太湖智慧湖泊采用四层模式进行管理,总体架构如图15-9所示。智能感知调度在最底层,负责信息的采集,包括水质、蓝藻等信息,将收集到的信息通过GPRS等手段传输至水利局现有信息中心进行处理,而最高层——智能管理服务层则利用处理过的数据监控水质和打捞船情况,以达到智能的目的。

3. 太湖智慧湖泊建设内容

太湖智慧湖泊的主要建设内容包括智能感知监测点的构建、车船定位与调度、藻水分离站的网络化管理、水利综合指挥中心的构建与数据传输专网的设计与构建等。

(1)智能感知监测点构建:围绕太湖水文水质和蓝藻湖泛的监测治理工作,进行智能感知站点的设计,包括其通信子系统、数据采集子系统、能源供应子系统、站点建筑子系统、站点安全子系统等多项设计与实施。

(2)车船定位与调度:针对蓝藻处理、湖泛防治等的车船使用情况,根据藻水处理站、资源再利用基地、蓝藻和湖泛规模,对在此过程中担负巡查、打捞、运输等任务的车和船进行实时定位和智能调度,加快处理速度,提高管理效率。

(3)藻水分离站的网络化管理:对藻水分离站的生产工作流程进行监控,提供由传感器、视频系统和人工提供综合支持的生产过程网络化监控,上报生产数据。同时,针对本

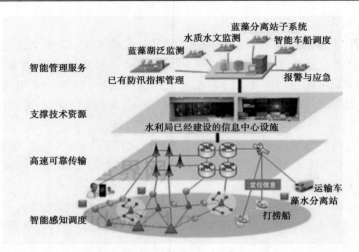

图 15-9　太湖智慧湖泊总体架构

站的生产要求,对蓝藻和湖泛治理过程中的车和船发送调度请求,并在具有条件的分离站点构建面向公众的展示中心。

(4)水利综合指挥中心的构建:主要包括中心建筑物、信息化中控室、高效数据处理中心、海量数据存储中心、防汛抗旱指挥系统、蓝藻湖泛监测系统、水质水文监测系统、蓝藻分离站信息系统、智能车船调度系统、报警与应急系统的设计与构建。

(5)数据传输专网的设计与构建:数据传输专网主要包括面向固定设置的多网自适应切入接入、高速接入方案和面向移动目标的移动网络覆盖与卫星网络定位导航技术。保障整个系统任意两点间的双向信息交流和从顶至下的远程可操控通信机制。

4.太湖智慧湖泊的功能

具有智能感知、智能调度和智能管理能力的一体化综合管理及服务系统是太湖流域提升信息化管理水平的迫切需要。

(1)智能感知功能是构建基于物联网技术的先进感知系统,实现对太湖饮用水水源地、调水沿线、主要入湖河道的水质、水量等水文指标的实时监测;实时感知蓝藻、湖泛的发生、规模和程度;对蓝藻进行打捞、处置和利用全过程的定位、跟踪和监控。

(2)智能调度功能主要是构建双向可控的车、船和站点等资源的网络化信息交互与调度系统蓝藻打捞船的智能调度;蓝藻运输车、船和蓝藻处置、利用站点的智能调度;水利管理人员与智慧水利信息中心之间的实时双向信息交互。

(3)智能管理功能是将物联网技术与现有信息中心资源进行整合,进行智能化管理功能升级,从而实现基于物联网信息共享与发布平台的蓝藻打捞、运输、处理、再利用过程的数据集中管理和决策;综合地理信息系统的可视化动态用户界面,提高管理效率和指挥效能;通过智能化的设备及人力资源的科学联动管理,提高蓝藻湖泛的应急处置能力。

参 考 文 献

[1] Best A,Zhang Lu,Mc Ma hon T,et al. A critical review of paired catchment studies with reference to sea-sonal flows and climatic variability[R]. Can berra://Murray Darling Basin Commission,2003.

[2] Andersen J,Dybkjaer G,Jensen KH, et al. Use of remotely sensed precipitation and leaf area index in a distributed hydrological model[J]. Journal of Hydrology 2003,264(1-4): 34-50.

[3] Arnell N W. The effect of climate change on hydrological regimes in Europe: a continental perspective [J]. Global Environmental Change,1999,9: 5-23.

[4] Ohmura A,WildM. Is the hydrological cycle accelerating? [J]. Science,2002,298: 1345-1346.

[5] Australian Bureau of Meteorology. Exposure Draft of Australian Water Accounting Standard 1. 201

[6] Australian Bureau of Meteorology. Preliminary Australian Water Accounting Standard and Associated Model Report, 2009.

[7] Australian Bureau of Statistics. Water Account Australia, 2004-05, cat no. 4610. 0, 1,1-18; 2,14-15; 4,68-78.

[8] Bao Z X, Zhang J Y, Wang GQ,et al. Simulation of evaporation capacity and its sensitivity to climate change, Zhengzhou: The 4th International Yellow River Forum, 2009.

[9] Beven K J, Kirkby M J. A physically based variable contributing area model of basin hydrology[J]. Hydrol Science Bulletin,1979,24(1):43-69.

[10] Beven K J,Wood E F. Catchment geomorphology and the dynamics of runoff contributing areas[J]. Journal of Hydrology,1983,65:139-158.

[11] Beven K J. TOPMODEL: a critique[J]. Hydrological Processes, 1997,11(9):1069-1085.

[12] Beven K J,Freer J. Equifinality, data assimilation, and uncertainty estimation in mechanistic modelling of complex environmental systems using the GLUE methodology[J]. Journal of Hydrology. 2001,249(1-4):11-29.

[13] Beven K J, Clarke R T. On the variation of infiltration into a homogeneous soil matrix containing a popu-lation of macropores[J]. Water Resources Research, 1986,22(3): 383-388.

[14] Bouchereau, Jean Marie,Mark Tuddenham. Environmental accounts in France-NAMEA pilot study for France Phase Ⅲ[R]. Final Report to Eurostat from IFEN,2000.

[15] Bourke D M ,Bain D. Water accounting-International standards and ABS experience. 18th World IMACS/MODSIM Congress, Cairns, Australia,13-17 July 2009.

[16] Brown T C, Taylor J G, Shelby B. Assessing the direct effects of streamflow on recreation: a literature review[J]. Journal of the American Water Resources Association, 1991, 27(6):979-989.

[17] Bureau of Meteorology . Water Information- Accounting for Australia's Water. 2010.

[18] Chahine T M. The hydrological cycle and its influence on climate[J]. Nature,1992,359: 373-380.

[19] Lan Cuo, Beyene T K,Voisin Nathalie, et al. Mid-21st century climate and land cover change effects on the hydrology of the Puget Sound basin, Washington[J]. Hydrological Processes ,2009,23(6): 907-933.

[20] Dai A G. Drought under global warming: a review[J]. Wiley International Reviews: Climate Change,

2011,2(1):45-65.

[21] Daily G C. Nature's Services: Societal dependence on nature ecosystem[M]. Washington D C: Island Press, 1997.

[22] Danielopol D L. Groundwater fauna associated with riverine aquifers[J]. Journal of the North American Benthological Society,1989,8:18-35.

[23] Department of Economic and Social Affairs Statistics Division. System of Environmental-Economic Accounting for Water[M]. United Nations,2012.

[24] European Commission, et al. System of Environmental-Economic Accounting Central Framework, White cover publication, pre-edited text subject to official editing(2012).

[25] Gilks W, Roberts G, Sahu S. Adaptive Markov Chain Monte Carlo through regeneration[J]. Journal of the American Statistical Association,1998, 443(93):1045-1054.

[26] Hastings W K. Monte-Carlo sampling methods using Markov Chains and their applications [J]. Biometrika, 1970, 57:97-109.

[27] Holland J. Adaption in Natural and Artificial Systems [M]. Ann Arbor: University of Michigan Press, 1975.

[28] Intergovernmental Panel on Climate Change(IPCC). Managing the risks of extreme events and disasters to advance climate change adaptation[M]. Cambridge:Cambridge University Press, 2012.

[29] IPCC, 2013: Summary for Policymakers. In: Climate Change 2013: The Physical Science Basis. Contribution of Working Group I to the Fifth Assessment Report of the Intergovernmental Panel on Climate Change[Stocker, T. F., D. Qin, G. K. Plattner, M. Tignor, S. K. Allen, J. Boschung, A. Nauels, Y. Xia, V. Bex and P. M. Midgley (eds.)]. Cambridge University Press, Cambridge, United Kingdom and New York, NY, USA.

[30] Standford J A,Ward J V,Elllis B K. A general protocol for restoration of regulated rivers[J]. Regulated Rivers: Research & Management,1996,12:391-413.

[31] John R. Teerink,Masahiro Nakashima. 美国日本水权水价水分配[M]. 天津:天津科学技术出版社, 2000.

[32] Karen Bakker. Water security: research challenges and opportunities[J]. Science, 2012, 337:914-915.

[33] Li Lijuan, Zhang Lu, Wang Hao, et al. Assessing the impact of climate variability and human activities on streamflow from the Wuding River basin in China[J]. Hydrological Processes,2007,21: 3485-3491.

[34] Ma Huan, Yang Da Wen, Tan S K, et al. Impact of climate variability and human activity on streamflow decrease in Miyun Reservoir catchment[J]. Journal of Hydrology,2010,389: 317-324.

[35] Ma Zhenmei , Kang Shaozhang, Zhang Lu, et al. Analysis of impact of climate variability and human activity on streamflow for a river basin in arid region of northwest China[J]. Journal of Hydrology,2008, 352: 239-249.

[36] Metcal,Eddy. Water Reuse[M]. USA: McGraw-Hill, 2007.

[37] Metropolis N, Rosenbluth A W, Rosenbluth M N, et al. Equations of state calculations by fast computing machines [J]. Journal of Chemical Physics,1953,21:1087-1091.

[38] Moss R, Edmonds J A,Hibbard K A,et al. The next generation of scenarios for climate change research and assessment[J]. Nature,2010,463(7282): 747-756.

[39] Taylor Richard G,Scanlon Bridget, Döll Petra, et al. Ground water and climate change[J]. Nature Clim ate Change,2013,3(4):322-329.

[40] Richey J E,Nobre C, Deser C. River discharge and climate variability: 1903-1985[J]. Science,1989,

246: 101-103.

[41] Rosenbrock H H. An automatic method for finding the greatest or least value of function [J]. The Computer Journal,1960, 3: 175-184.

[42] Saurral R I, Barros V R, Lettenmaier D P. Land use impact on the Uruguay River discharge [J]. Geophysical Research Letters,2008, 35(12): 12401-12406.

[43] Su Fengge, Adam J C, Bowling L C, et al. Streamflow simulations of the terrestrial Arctic domain[J]. Journal of Geophysical Research,2005,110: 1-25.

[44] Thanapakpawin P, Richey J E, Thomas D, et al. Effects of landuse change on the hydrologic regime of the Mae Chaem river basin, NW Thailand[J]. Journal of Hydrology,2003,334(1-2): 215-230.

[45] Bamett T P, Pierce D W. Sustainable water deliveries from the Colorado River in a changing climate[J]. Proceedings of the National Academy of Sciences of the United States of America,2009, 106(18): 7334-7338.

[46] United Nations Statistical Division. Integrated Environmental and Economic Accounting for Water Resources, Draft for Discussion, 2006,1:1-14.

[47] US EPA. EPA Needs to Assess the Quality of Vulnerability Assessments Related to the Security of the Nation's Water Supply [R]. September, 2003 http://epa. gov//oig/reports/2003 / Report2003M000013. pdf

[48] Vannote R L, Minshall G W, Cummins K W, et al. The River Continuum Concept[J]. Canadian Journal of Fisheries and Aquatic Sciences,1980,37:130-137.

[49] Vörösmarty C, Lettenmaier D, et al. Transforming the global water system [J]. Eos Transactions, American Geophysical Union,2004,85: 509-514.

[50] Vrugt J A, Grupta H V, Bouten W, et al. A Shuffled Complex Evolution Metropolis algorithm for optimization and uncertainty assessment of hydrological model parameters[J]. Water Resource Research, 2003,39(8).

[51] Wang Gangsheng, Xia Jun, Chen J: Quantification of effects of climate variations and human activities on runoff by a monthly water balance model: A case study of the Chaobai River basin in northern China[J]. Water Resources Research,2009,45.

[52] Wang Jiahu, Hong Yang, Gourley J, et al. Quantitative assessment of climate change and human impacts on long-term hydrologic response: a case study in a sub-basin of the Yellow River, China [J]. International Journal of Climatology,2010,30: 2130-2137.

[53] Water Accounting Standards Board. Preliminary Australian Water Accounting Standard and Associated Model Report. 2009.

[54] Wentz F J, Ricciardulli L, Hilburn K, et al. How much more rain will global warming bring? [J]. Science,2007, 317: 233-235.

[55] Xie Zhenghui, Su Fengge, Liang Xu, et al. Applications of a Surface Runoff Model with Horton and Dunne Runoff for VIC[J]. Advances in Atmospheric Sciences,2003,20(2):165-172.

[56] Yates D N, Strzepek K M. Modeling the Nile basin under climate change [J]. Journal of Hydrologic Engineering,1998,3: 98-108.

[57] Yates D N. WatBal: An integrated water balance model for climate impact assessment of river basin runoff [J]. International Journal of Water Resources Development,1996, 12(2): 121-139.

[58] Yool A, Tyrrell T. Role of diatoms in regulating the ocean's silicon cycle[J]. Global Biogeochemical Cycles, 2003,17(4):1103-1124.

[59] Zhang Xiaoping, Zhang Lu, Zhao Jing, et al. Response of streamflow to changes in climate and land use/cover in the Loess Plateau, China[J]. Water Resources Research, 2008, 44.

[60] Zhang Xuebin, Zwiers F W, Hegerl G C, et al. Detection of human influence on twentieth-century precipitation trends[J]. Nature, 2007, 448:461-465.

[61] 安徽巢湖地区巢湖水产资源调查小组. 裕溪闸鱼道过鱼效果及其渔业效益的探讨[J]. 淡水渔业, 1975(7):19-23.

[62] 白玮, 郝晋珉. 自然资源价值探讨[J]. 生态经济, 2005(10):5-7.

[63] 保罗·萨缪尔森, 威廉·诺德豪斯. 微观经济学[M]. 17版. 萧琛, 等, 译. 北京:人民邮电出版社, 2004.

[64] 庇古. 福利经济学[M]. 金镝, 译. 北京:华夏出版社, 2007.

[65] 曾文忠. 我国水资源管理体制存在的问题及其完善[D]. 苏州:苏州大学, 2010.

[66] 常修泽. 产权交易理论与运作[M]. 北京:经济日报出版社, 1995.

[67] 陈东, 张启舜. 河床枯萎初论[J]. 泥沙研究, 1997(4):14-22.

[68] 陈家琦, 王浩, 杨小柳. 水资源学[M]. 北京:科学出版社, 2001.

[69] 陈雷. 关于几个重大水利问题的思考[EB/OL]. http://www.mwr.gov.cn/zwzc/ldxx/cl/zyjh/201001/t20100129_173812.html. [2009-01-29].

[70] 陈利群, 刘昌明. 黄河源区气候和土地覆被变化对径流的影响[J]. 中国环境科学, 2007, 27(4): 559-565.

[71] 陈庆秋. 水资源管理市场经济机制的理论剖析[J]. 人民黄河, 2005, 27(5):35-36,54.

[72] 陈先达. 马克思主义哲学原理[M]. 北京:中国人民大学出版社, 2003.

[73] 陈阳宇, 等. 数字水利(上、下册)[M]. 北京:清华大学出版社, 2010.

[74] 陈志松, 王慧敏. 基于水市场生命周期的水资源管理模式及其演进[J]. 节水灌溉, 2008(3):47-51.

[75] 池丽敏. 江河水源地突发性水污染事故风险评价[J]. 工业安全与环保, 2009(3):32-34.

[76] 仇亚琴. 水资源综合评价及水资源演变规律研究[D]. 北京:中国水利水电科学研究院, 2006.

[77] 大卫·李嘉图. 政治经济学及赋税原理[M]. 周洁, 译. 北京:华夏出版社, 2005.

[78] 董哲仁. 保护和恢复河流形态多样性[J]. 中国水利, 2003(11):53-57.

[79] 窦以松. 中国水利百科全书[M]. 北京:中国水利水电出版社, 2004.

[80] 段爱旺, 孙景生, 刘珏, 等. 北方地区主要农作物灌溉用水定额[M]. 北京:中国农业科学技术出版社, 2004.

[81] 段永红. 中国水市场培育研究[D]. 武汉:华中农业大学, 2005.

[82] 段治平. 借鉴美国水价管理经验, 推进我国水价改革[J]. 山西财经大学学报, 2003, 25(3):38-41.

[83] 凡勃伦. 有闲阶级论——关于制度的经济研究[M]. 蔡受百, 译. 北京:商务印书馆, 1964.

[84] 范红霞. 中国流域水资源管理体制研究[D]. 武汉:武汉大学, 2005.

[85] 甘泓, 高敏雪. 创建我国水资源环境经济核算体系的基础和思路[J]. 中国水利, 2008(17):1-5.

[86] 甘泓, 秦长海, 卢琼, 等. 水资源耗减成本计算方法[J]. 水利学报, 2011(1):40-46.

[87] 高健. 美国水价管理的主要做法及其对我国的启示[J]. 价格月刊, 2009(11):60-62.

[88] 高敏雪, 许建, 周景博. 综合环境经济核算——基本理论与中国应用[M]. 北京:经济科学出版社, 2007.

[89] 格里高利·曼昆. 经济学原理[M]. 3版. 梁小民, 译. 北京:机械工业出版社, 2003.

[90] 郭汉生, 等. 水资源知识问答[M]. 郑州:黄河水利出版社, 1996.

[91] 国家智能水网工程框架设计项目组. 智能水网国际实践动态报告[R]. 北京:中国水利水电科学研究院, 2012.

[92] 国家智能水网工程框架设计研究项目组.水利现代化建设的综合性载体——智能水网[J].水利发展研究,2013(3):1-24.

[93] 韩晓刚,黄廷林.我国突发性水污染事件统计分析[J].水资源保护,2010,26(1):84-86.

[94] 何希吾,顾定法,唐青蔚.我国需水总量零增长问题研究[J].自然资源学报,2011,26(6):901-909.

[95] 胡传廉.上海"智慧水网"发展理念与展望[J].上海信息化,2011(3):14-17.

[96] 黄春林,李新.陆面数据同化系统的研究综述[J].遥感技术与应用,2004,19(5):424-430.

[97] 贾金生,彭静,郭军,等.水利水电工程生态与环境保护的实践与展望[J].中国水利,2006(20):1-5.

[98] 姜弘道.水利概论[M].北京:中国水利水电出版社,2010.

[99] 姜文来,王华东.我国水资源价值研究的现状与展望[J].地理学与国土研究,1996(1):1-5.

[100] 蒋云钟,冶运涛,王浩.基于物联网的河湖水系连通水质水量智能调控及应急处置系统研究[J].系统工程理论实践,2014,34(7):1895-1903.

[101] 蒋云钟,冶运涛,王浩.智慧流域及其应用前景[J].系统工程理论与实践,2011,31(6):1174-1181.

[102] 蒋云钟,冶运涛,王浩.基于物联网理念的水资源智能调度体系刍议[J].水利信息化.

[103] 矫勇,张国良,等.向现代化迈进的中国水利[M].北京:中国水利水电出版社,2004.

[104] 金君良,陆桂华,吴志勇.VIC 模型在西北干旱半干旱地区的应用研究[J].水电能源科学,2010,28(1):12-14.

[105] 金瑞,云奥婷.水资源管理体制的研究[J].内蒙古水利,2012(2):91-92.

[106] 卡尔·马克思.资本论[M].曾令先,等,译.北京:商务印书馆,2007.

[107] 匡尚富,等.农业高效用水灌排技术,中国高效用水灌排技术[M].北京:中国农业出版社,2001.

[108] 莱斯特·R·布朗.B 模式[M].林自新,暴永宁,等,译.北京:东方出版社,2003.

[109] 李成名,李兵.从数字城市走向智慧城市[J].地理空间信息,2013,11(A01):8-10.

[110] 李春光.美国污水再生利用的借鉴[J].城市公用事业,2009,23(2):25-28.

[111] 李代鑫,叶寿仁.澳大利亚的水资源管理及水权交易[J].中国水利,2001(6):41-44.

[112] 李德仁,龚健雅,邵振峰.从数字地球到智慧地球[J].武汉大学学报(信息科学版),2010,35(2):127-132.

[113] 李德顺.价值论[M].2 版.北京:中国人民大学出版社,2007.

[114] 李广贺.水资源利用与保护[M].北京:中国建筑工业出版社,2010.

[115] 李国英.建设"三条黄河"[J].人民黄河,2002,24(7):1-2.

[116] 李国英.建设"数字黄河"工程[J].人民黄河,2001,23(11):1-4.

[117] 李纪人,潘世兵,张建立,等.中国数字流域[M].北京:电子工业出版社,2009.

[118] 李荣生.人与粮食概论[M].武汉:湖北科学技术出版社,1998.

[119] 李思忠.中国淡水鱼类的分布区划[M].北京:科学出版社,1981.

[120] 李新,程国栋,吴立宗.数字黑河的思考与实践 1:为流域科学服务的数字流域[J].地球科学进展,2010,25(3):297-305.

[121] 李新,黄春林,车涛,等.中国陆面数据同化系统研究的进展与前瞻[J].自然科学进展,2007,17(2):163-173.

[122] 李新,黄春林.数据同化——一种集成多源地理空间数据的新思路[J].科技导报,2004(12):13-16.

[123] 李燕玲.国外水权交易制度对我国的借鉴价值[J].水土保持科技情报,2003(4):12-15.

[124] 李原园,李宗礼,郦建强,等.水资源可持续利用与河湖水系连通[C]//中国水利学会 2012 学术

年会特邀报告汇编.2012:17-37.

[125] 李宗礼,李原园,王中根,等.河湖水系连通战略研究:概念框架[J].自然资源学报,2011,25(3):513-522.

[126] 林朝晖,刘辉志,谢正辉,等.陆面水文过程研究进展[J].大气科学,2008,32(4):935-949.

[127] 林而达,刘颖杰.温室气体排放和气候变化新情景研究的最新进展[J].中国农业科学,2008,41(6):1700-1707.

[128] 林毅夫.关于制度变迁的经济学理论:诱致性变迁与强制性变迁[M].上海:上海三联书店,1991.

[129] 刘斌.浅谈初始水权的界定[J].水利发展研究,2003(2):26-27.

[130] 刘昌明,傅国斌.今日水世界[M].广州:暨南大学出版社,2000.

[131] 刘春蓁.气候变化对我国水文水资源的可能影响[J].水科学进展,1997,8(3):220-225.

[132] 刘洪先.国外水权管理特点辨析[J].水利发展研究,2012(6):1-3.

[133] 刘吉平,王乘,袁艳斌,等.数字流域中的空间信息及其应用框架结构研究[J].水电能源科学,2001,19(3):18-22.

[134] 刘家宏,秦大庸,王浩,等.海河流域二元水循环模式及其演化规律[J].科学通报,2010,55(6):512-521.

[135] 左其亭,窦明,马军霞.水资源学教程[M].北京:中国水利水电出版社,2008.

[136] 刘家宏,王光谦,王开.数字流域研究综述[J].水利学报,2006,37(2):240-246.

[137] 刘绿柳,任国玉.百分位统计降尺度方法及在 GCMs 日降水订正中的应用[J].高原气象,2012(3):715-722.

[138] 刘宁.我国河口治理现状与展望[J].中国水利,2007(1):34-38.

[139] 刘普.中国水资源市场化制度研究[D].武汉:武汉大学,2010.

[140] 刘起运,陈璋,苏汝劼.投入产出分析[M].北京:中国人民大学出版社,2006.

[141] 刘强,桑连海.我国用水定额管理存在的问题及对策[J].长江科学院院报,2007,24(1):16-19.

[142] 刘文,等.资源价格[M].上海:商务印书馆,1996.

[143] 刘艳丽,径流预报模型不确定性研究及水库防洪风险分析[D].大连:大连理工大学,2008.

[144] 刘艳丽,张建云,王国庆,等.气候变化对水资源影响评价中气候自然变异的影响研究(I:基准期的模型与方法)[J].中国科学(E辑),2010.

[145] 陆健健.河口生态学[M].北京:海洋出版社,2003.

[146] 马丽.中国水资源管理体制分析[J].黄河水利职业技术学院学报,2009(1):28-31.

[147] 马晓强,韩锦锦.论我国水权制度创新[J].经济纵横,2001(11):20-23.

[148] 马歇尔.经济学原理[M].陈良璧,译.北京:商务印书馆,2005.

[149] 倪红珍,李继峰,张春玲,等.我国供水价格体系研究[J].中国水利,2014(6).

[150] 倪红珍.基于绿色核算的水资源价值与价格研究[D].北京:中国水利水电科学研究院,2004.

[151] 聂振邦,等.世界主要国家粮食概况[M].北京:中国物价出版社,2003.

[152] 牛冀平.数字流域的正交软件体系结构研究[J].黄冈师范学院学报,2003,23(6):35-37.

[153] 农业部发展计划司.新世纪初中国农业展望[M].北京:中国农业出版社,2002.

[154] 欧阳志云,赵同谦,王效科,等.水生态服务功能分析及其间接价值评价[J].生态学报,2004,24(10):2091-2099.

[155] 裴志强.我国水市场的培育和发展问题研究[D].石家庄:河北师范大学,2011.

[156] 钱正英,张光斗.中国可持续发展水资源战略研究综合报告及各专题报告[M].北京:中国水利水电出版社,2001.

[157] 秦长海,甘泓,卢琼,等.基于 SEEAW 混合账户的用水经济机制研究[J].水利学报,2010(10):

1150-1156.

[158] 秦长海,裴源生,张小娟.南水北调东线和中线受水区水价测算方法及实践[J].水利经济,2010, 28(5):33-37.

[159] 邱凉.城市水源地突发污染事故风险源项辨识与分析[J].人民长江,2008(23):19-20.

[160] 屈强,张雨山,王静,等.新加坡水资源开发与海水利用技术[J].海洋开发与管理,2008(8):41-45.

[161] 全国节约用水办公室.全国节水规划纲要及其研究[M].南京:河海大学出版社,2003.

[162] 全国水资源综合规划项目专题.全国水资源数量及其开发利用调查评价[R].中国水利水电科学研究院,2007,6.

[163] 任宪韶.海河流域水资源评价[M].北京:中国水利水电出版社,2007.

[164] 山仑,黄占斌,张岁岐.节水农业[M].广州:暨南大学出版社,2000.

[165] 山崎凉子,杜纲.日本的排水规划目标及管理措施[J].中国给水排水,2007,23(18):106-108.

[166] 山崎凉子,杜纲.日本的河流水管理[J].中国给水排水,2007,23(22):103-106.

[167] 山崎凉子,杜纲.日本非传统水源的开发利用[J].中国给水排水,2009,25(8):101-103.

[168] 沈大军,梁瑞驹,王浩,等.水资源价值[J].水利学报,1998(5):54-59.

[169] 沈大军,王浩,梁瑞驹,等.水价理论与实践[M].北京:科学出版社,1999.

[170] 沈满洪.水权交易制度研究——中国的案例分析[D].杭州:浙江大学,2004.

[171] 沈振荣,汪林,于福亮,等.节水新概念——真实节水的研究与应用[M].北京:中国水利水电出版社,2000.

[172] 沈振荣,苏人琼,等.中国农业水危机对策研究[M].北京:中国农业科学技术出版社,1998.

[173] 石秋池.从美国"9·11"之后为保护饮用水水源地所做的工作看我国饮用水水源地应急保护中的问题[J].水资源保护,2003(5):50-52.

[174] 石玉林,卢良恕.中国农业需水与节水高效农业建设[M].北京:中国水利水电出版社,2001.

[175] 石玉林.中国区域农业资源合理配置、环境综合治理和农业区域协调发展战略研究,农业资源合理配置与提高农业综合生产力研究[M].北京:中国农业出版社,2008.

[176] 水价制度研究项目组.水价制度研究报告[R].1999.

[177] 水利部南京水文水资源研究所,中国水利水电科学研究院水资源研究所.21世纪中国水供求[M].北京:中国水利水电出版社,1999.

[178] 水利部农村水利司.灌溉管理手册[M].北京:水利电力出版社,1994.

[179] 水利部农村水利司,中国灌溉排水技术开发培训中心.水土资源评价与节水灌溉规划[M].北京:中国水利水电出版社,1998.

[180] 水利部农村水利司,中国灌溉排水技术开发培训中心.农业节水探索[M].北京:中国水利水电出版社,2001.

[181] 水利部水利水电规划设计总院.中国水资源及其开发利用调查评价[M].北京:中国水利水电出版社,2014.

[182] 中华人民共和国质量监督检验检疫总局,中国国家标准化管理委员会.GB/T 23598—2009 水资源公报编制规程[S].北京:中国标准出版社,2009.

[183] 宋晓红,李振海.日本污水处理及回收再利用实例分析[J].电力环境保护.2006,22(1):37-39.

[184] 宋怡,马明国.基于SPOT VEGETATION数据的中国西北植被覆盖变化分析[J].中国沙漠,2007,27(1):89-93.

[185] 苏凤阁,郝振纯.一种陆面过程模式对径流的模拟研究[J].气候与环境研究,2002,7(4):423-432.

[186] 苏人琼. 黄土高原地区水资源合理利用[J]. 自然资源学报,1996,11(1):15-22.

[187] 孙凤华. 以色列的水资源开发及管理[J]. 水利发展研究,2006(1):54-57.

[188] 孙其博,刘杰,黎羴,等. 物联网:概念、架构与关键技术研究综述[J]. 北京邮电大学学报,2010,33(3):1-9.

[189] 汤君友,高峻峰. 数字流域研究与实践[J]. 地域研究与开发,2003,22(6):35-37.

[190] 唐克旺,王研. 我国城市供水水源地水质状况分析[J]. 水资源保护,2001(2):30-31.

[191] 唐克旺,朱党生,唐蕴,等. 中国城市地下水饮用水源地水质状况评价[J]. 水资源保护,2009(1):1-4.

[192] 唐运忆,栾承梅. SCE-UA 算法在新安江模型及 TOPMODEL 参数优化应用中的研究[J]. 水文,2007,27(6):33-35.

[193] 万荣荣,杨桂山. 流域土地利用/覆被变化的水文效应及洪水响应[J]. 湖泊科学,2004,16(3):258-264.

[194] 汪党献,王浩,倪红珍,等. 水资源与环境经济协调发展模型及其应用研究[M]. 北京:中国水利水电出版社,2011.

[195] 甘泓,汪林,倪红珍,等. 水经济价值计算方法评价研究[J]. 水利学报,2008,39(11):1160-1166.

[196] 甘泓,汪林,倪红珍,等. 水经济价值及相关政策影响分析[M]. 北京:中国水利水电出版社,2009.

[197] 汪志祥,徐磊. 城市污水处理厂工艺方案选择技术经济分析[J]. 工业安全与环保,2008,34(2):23-25.

[198] 王保云. 物联网技术研究综述[J]. 电子测量与仪器学报,2009,23(12):1-7.

[199] 王国庆,张建云,贺瑞敏. 环境变化对黄河中游汾河径流情势的影响研究[J]. 水科学进展,2006(6):853-858.

[200] 王国庆,王苗苗,贺瑞敏,等. 可变下渗容量模型及其在黄河流域的应用[J]. 干旱区地理,2009,32(3):397-402.

[201] 王国庆,张建云,刘九夫,等. 气候变化和人类活动对河川径流影响的定量分析[J]. 中国水利,2008(2):55-58.

[202] 王浩,贾仰文. 人类活动影响下的黄河流域水资源演化规律初探[J]. 自然资源学报,2005,20(2):157-162.

[203] 王浩,秦大庸,王建华. 多尺度区域水循环过程模拟进展与二元水循环模式的研究[C]//刘昌明,陈效国. 黄河流域水资源演化规律与可再生性维持机理. 郑州:黄河水利出版社,2001.

[204] 王浩,阮本清,沈大军. 面向可持续发展的水价理论与实践[M]. 北京:科学出版社,2003.

[205] 王浩,唐克旺,杨爱民,等. 水生态系统保护与修复理论和实践[M]. 北京:中国水利水电出版社,2010.

[206] 王浩. 中国水资源问题与可持续发展战略研究[M]. 北京:中国电力出版社,2010.

[207] 王建华,陈明,等. 中国节水型社会建设理论技术体系及其实践应用[M]. 北京:科学出版社,2013.

[208] 王金霞,黄继焜. 国外水权交易的经验及对中国的启示[J]. 农业技术经济,2002(5):56-62.

[209] 王军,王淑燕. 水资源开发利用及管理对策分析——以新加坡为例[J]. 中国发展,2010,10(3):19-22.

[210] 王礼先,张志强. 干旱地区森林对流域径流的影响[J]. 自然资源学报,2001,16(5):454-459.

[211] 王兴奎,张尚弘,姚仕明,等. 数字流域研究平台建设刍议[J]. 水利学报,2006,37(2):233-239.

[212] 王兴勇,郭军. 国内外鱼道研究与建设[J]. 中国水利水电科学研究院学报,2005,3(3):222-228.

[213] 王研,唐克旺. 全国城镇地表水饮用水水源地水质评价[J]. 水资源保护,2009(2):1-4.

[214] 王壮凌.国外节水举措撷选[J].中国资源综合利用,2003(10):40-40.

[215] 文森特·奥斯特罗姆,埃莉诺奥·斯特罗姆.公益物品与公共选择［EB/OL］.www.lwlm.com/public/200102/264051.P2.html.中国论文联盟网,2004(10).

[216] 无锡市水利局."感知太湖,智慧水利"物联网示范工程[EB/OL].[2012-05-15].http://www.wxwater.gov.cn/BA16/M/01/5444019.shtml.

[217] 吴波,张万昌,陈炯烽.基于种群进化的多目标参数优化[J].水电能源科学,2006,24(6):20-24.

[218] 吴恒安.财务评价、国民经济评价、社会评价、后评价理论与方法[M].北京:中国水利水电出版社,1998.

[219] 吴恒安.实用水利经济学[M].北京:水利电力出版社,1988.

[220] 吴健,黄沈发,唐浩,等,河流潜流带的生态系统健康研究进展[J],水资源保护,2006,22(5):5-8.

[221] 吴文静.水市场的培育途径研究[D].南京:河海大学,2004.

[222] 谢平,窦明,宋勇,等.流域水文模型——气候变化和土地利用/覆被变化的水文水资源效应[M].北京:科学出版社,2010.

[223] 谢新民,蒋云钟,闫继军,等.流域水资源实时监控管理系统研究[J].水科学进展,2003,14(3):255-259.

[224] 谢正辉,刘谦,袁飞,等.基于全国50 km×50 km网格的大尺度陆面水文模型框架[J].水利学报,2004(5):76-82.

[225] 信忠保,许炯心,郑伟,等.气候变化和人类活动对黄土高原植被覆盖变化的影响[J].中国科学,2007,37(11):1504-1514.

[226] 徐方军.水资源配置的方法及建立水市场应注意的一些问题[J].水利水电技术,2001,32(8):6-8.

[227] 徐凤.水资源的经济特性分析[J].中国水利,1999(5):37-38.

[228] 徐晗宇.我国水资源管理体制研究[D].哈尔滨:东北林业大学,2005.

[229] 许吟隆.中国21世纪气候变化的情景模拟分析[J].南京气象学院学报,2005,28(3):323-329.

[230] 许振成.环境质量资源有偿使用是实施可持续发展的重要举措[J].环境工作通讯,2003(10):36-38.

[231] 薛同汝,等.用水管理技术[M].北京:新华出版社,1996.

[232] 亚当·斯密.国富论[M].唐日松,等,译.北京:商务印书馆,2007.

[233] 杨桂山,马荣华,张路,等.中国湖泊现状及面临的重大问题与保护策略[J].湖泊科学,2010,22(6):799-810.

[234] 杨晓霞,迟道才.国内外水权水市场的比较研究[J].沈阳农业大学学报(社会科学版),2006,8(2):352-354.

[235] 冶运涛.流域水沙过程虚拟仿真研究[D].北京:清华大学,2009.

[236] 叶建春.建设"智慧太湖"的目标及实施策略[J].中国水利,2013(17):19-21.

[237] 易赛莉,卢磊.城市污水处理可持续发展工艺选型和技改方法初探[J].环境科学与技术,2007,30(8):60-63.

[238] 袁飞,谢正辉,任立良,等.气候变化对海河流域水文特性的影响[J].水利学报,2005,36(3):274-279.

[239] 袁文洁,李洪建.浅析我国流域水资源管理体制现状[J].山西大学学报(自然科学版),2011,34(S2):138-140.

[240] 袁艳斌,张勇传,袁晓辉,等.以主题式点源数据库为核心的数字流域层次开发模式[J].水电能源

科学,2001,19(3):23-25.

[241] 约翰·穆勒. 政治经济学原理[M]. 北京:商务印书馆,1991.

[242] 张行南,丁贤荣,张晓祥. 数字流域的内涵和框架探讨[J]. 河海大学学报(自然科学版),2009,37
(5):495-498.

[243] 张建云,王国庆,等. 气候变化对水文水资源影响研究[M]. 北京:科学出版社,2007.

[244] 张建云,王国庆,贺瑞敏,等. 黄河中游水文变化趋势及其对气候变化的响应[J]. 水科学进展,
2009(2):153-158.

[245] 张建云,轩云卿,李健,等. 模型参数优化方法及其应用[J]. 水文,1999(增刊):61-66.

[246] 张建云,何惠. 应用地理信息进行无资料地区流域水文模拟研究[J]. 水科学进展,1998,9(4):
345-350.

[247] 张军,秦奋,邢昱. 黄土高原水土保持措施对下垫面抗蚀力影响分析[J]. 水土保持研究,2010,17
(1):50-55.

[248] 张秋文,张勇传,王乘,等. 数字流域整体构架及实现策略[J]. 水电能源科学,2001,19(3):4-7.

[249] 张维,胡继连. 水权市场的构建与运作体系研究[J]. 山东农业大学学报(社会科学版),2002
(1):60-64.

[250] 张雅君,杜晓亮,汪慧贞. 国外水价比较研究[J]. 给水排水,2008,34(1):118-122.

[251] 张勇,等. 1985—2005年中国城市水源地突发污染事件不完全统计分析[J]. 安全与环境学报.
2006(2):79-84.

[252] 张雨华. 我国现行水资源管理体制的主要弊端及其克服建议[J]. 煤炭技术,2012,31(12):173-
174.

[253] 张云昌. 水市场及水价形成机制浅析[J]. 中国水利,2003(11):41-44.

[254] 张正斌. 作物抗旱节水的生理遗传育种基础[M]. 北京:科学出版社,2003.

[255] 张志乐. 水资源费或间接水价的数量分析方法[J]. 水利科技与经济,1997(1):4-5.

[256] 赵娉婷,胡继连,徐光增. 我国水资源管理体制研究[J]. 水利经济,2004,22(5):1-3.

[257] 赵薇莎. 论我国水资源管理体制的完善[D]. 北京:中国政法大学,2006.

[258] 赵学敏. 湿地:人与自然和谐共存的家园[M]. 北京:中国林业出版社,2005.

[259] 浙江省水利厅. 浙江省"智慧水务"示范试点项目建设构想[EB/OL]. http://www.mwr.gov.cn/
ztpd/2012ztbd/2012slxxh/ggggggggc/201210/t20121029_331269.html. [2012-10-29].

[260] 中共中央国务院. 关于加快水利改革发展的决定[M]. 北京:人民出版社,2011.

[261] 中国大百科全书总编辑委员会. 中国大百科全书——大气科学·海洋科学·水文科学[M]. 北
京:中国大百科全书出版社,1992.

[262] 中国金属学会海水淡化及废水回用技术考察团. 海水淡化及废水回用技术考察报告[J]. 中国冶
金,2008(4):54-59.

[263] 中国科学院可持续发展战略研究组. 中国可持续发展战略报告——水:治理与创新[M]. 北京:科
学出版社,2007.

[264] 中国水资源环境经济核算课题组. 中国水资源环境经济核算框架[R]. 北京:中国水利水电科学
研究院,2009.

[265] 中国水资源环境经济核算课题组. 中国水资源环境经济核算研究总报告[R]. 北京:中国水利水
电科学研究院,2009.

[266] 中华人民共和国水利部,中华人民共和国国家发展和改革委员会. 北京:中国水资源及其开发利
用调查评价,2008.

[267] 中华人民共和国水利部. SL 72—94 水利建设项目经济评价规范[S]. 1994.

[268] 中华人民共和国水利部.中国水资源公报 2012[M].北京:中国水利水电出版社,2013.

[269] 中共中央宣传部宣传教育局,水利部办公厅.水资源问题与对策[M].北京:学习出版社,2002.

[270] 钟玉秀,刘洪先.对水价确定模式的研究与比较[J].价格理论与实践,2003(9):17-18.

[271] 周晓峰,王志坚.数字流域剖析[J].计算机工程与应用,2003(3):104-106.

[272] 朱建民.以色列的水务管理及其对北京的启示[J].北京水务,2008(2):1-5.

[273] 朱晓林.美国自来水业规制体系改革与绩效分析[J].经济研究导刊,2009(11):250-252.

[274] 邹景忠,董丽萍,秦保平.渤海湾富营养化和赤潮问题的初步探讨[J].海洋环境科学,1983(2):41-54.

[275] 左其亭,王中根.现代水文学[M].2 版.郑州:黄河水利出版社,2006.